国防科技图书出版基金

塑性成形件质量控制理论与技术

Theory and Technology of Quality Control for Plastically Formed Parts

吕炎 等 编著

国防工业出版社

·北京·

图书在版编目(CIP)数据

塑性成形件质量控制理论与技术 / 吕炎等编著 . —北京：
国防工业出版社，2013.5
ISBN 978-7-118-08649-2

Ⅰ.①塑…　Ⅱ.①吕…　Ⅲ.①金属压力加工—塑性变
形—质量控制　Ⅳ.①TG3

中国版本图书馆 CIP 数据核字(2013)第 063527 号

※

国防工业出版社出版发行

(北京市海淀区紫竹院南路 23 号　邮政编码 100048)
北京嘉恒彩色印刷责任有限公司
新华书店经售
*

开本 710×1000　1/16　印张 31½　字数 580 千字
2013 年 5 月第 1 版第 1 次印刷　印数 1—2500 册　定价 120.00 元

(本书如有印装错误,我社负责调换)

国防书店：(010)88540777　　　发行邮购：(010)88540776
发行传真：(010)88540755　　　发行业务：(010)88540717

致 读 者

本书由国防科技图书出版基金资助出版。

国防科技图书出版工作是国防科技事业的一个重要方面。优秀的国防科技图书既是国防科技成果的一部分，又是国防科技水平的重要标志。为了促进国防科技和武器装备建设事业的发展，加强社会主义物质文明和精神文明建设，培养优秀科技人才，确保国防科技优秀图书的出版，原国防科工委于1988年初决定每年拨出专款，设立国防科技图书出版基金，成立评审委员会，扶持、审定出版国防科技优秀图书。

国防科技图书出版基金资助的对象是：

1. 在国防科学技术领域中，学术水平高，内容有创见，在学科上居领先地位的基础科学理论图书；在工程技术理论方面有突破的应用科学专著。

2. 学术思想新颖，内容具体、实用，对国防科技和武器装备发展具有较大推动作用的专著；密切结合国防现代化和武器装备现代化需要的高新技术内容的专著。

3. 有重要发展前景和有重大开拓使用价值，密切结合国防现代化和武器装备现代化需要的新工艺、新材料内容的专著。

4. 填补目前我国科技领域空白并具有军事应用前景的薄弱学科和边缘学科的科技图书。

国防科技图书出版基金评审委员会在总装备部的领导下开展工作，负责掌握出版基金的使用方向，评审受理的图书选题，决定资助的图书选题和资助金额，以及决定中断或取消资助等。经评审给予资助的图书，由总装备部国防工业出版社列选出版。

国防科技事业已经取得了举世瞩目的成就。国防科技图书承担着记载和弘扬这些成就，积累和传播科技知识的使命。在改革开放的新形势下，原国防科工委率先设立出版基金，扶持出版科技图书，这是一项具有深远意义的创举。此举势必促使国防科技图书的出版随着国防科技事业的发展更加兴旺。

设立出版基金是一件新生事物，是对出版工作的一项改革。因而，评审工作需要不断地摸索、认真地总结和及时地改进，这样，才能使有限的基金发挥出巨大的效能。评审工作更需要国防科技和武器装备建设战线广大科技工作者、专家、教授，以及社会各界朋友的热情支持。

让我们携起手来，为祖国昌盛、科技腾飞、出版繁荣而共同奋斗！

国防科技图书出版基金

评审委员会

前　言

塑性成形件的质量优劣对产品性能和寿命有直接影响,甚至危及安全,因此,提高塑性成形件质量对我国许多工业部门的发展有重大意义。

本书是在我们编写的《锻件质量分析》(机械工业出版社,1983年出版),《锻件组织性能控制》(国防工业出版社,1988年出版),《锻压成形理论和工艺》(机械工业出版社,1991年出版),《锻件缺陷分析与对策》(机械工业出版社,1999年出版)和《精密塑性体积成形技术》(国防工业出版社,2003年出版)等书的基础上,并且反映了国内外在该方面的新进展编写的。本书继承了前人大量的相关理论成果,同时也反映了作者在多年科研实践基础上提出的一些新见解,例如,局部加载时沿加载方向的应力分布规律及其对金属变形和流动的影响,剪切变形对金属组织和性能的影响,高温合金临界变形粗晶形成机理,等等。这些新见解均已被近代测试技术和实际应用所证实,在科研和生产实践中取得了多项重要成果,并获得国家级和部、省级科技进步奖多项。

本书系统深入地阐述了塑性成形件的质量控制理论;介绍了控制和提高塑性成形件质量的技术思路和措施;另外,介绍了一些控制和提高塑性成形件质量的实例。

本书第2～第4章运用金属物理、物理化学和塑性加工力学的原理阐述了金属塑性变形和塑性加工过程中(包括加热、冷却和塑性加工)组织、性能变化的机理和规律。第5章深入分析了影响塑性成形件质量的几个主要问题和控制措施。第6、7章深入分析了各种金属材料塑性成形件和各主要成形工序中常见的质量问题及其控制措施。第8、9章分别简要介绍了大型锻件和塑性成形件生产过程中的质量控制。第10章实例将理论和实际有效地予以结合。

本书第1章1、2节,第2章、第3章1节～5节,第4章1节～8节和12节由吕炎编写;第1章3、4节由张国庆编写;第5章1节～9节和11节和第6章第7节由宗影影编写;第3章6、7节和第6章1节～6节由单德彬编写;第4章9节～11节、第7章1节～7节和13节由袁林编写;第5章第10节和第7章9节～11节由吕雪梅和杨玉英编写;第7章第8节和12节由徐文臣编写;第8章由郭会光编写;

第 9 章由徐文臣、杜忠权编写；第 10 章由吕炎、单德彬、徐文臣、宗影影、袁林编写，全书由吕炎统编。

感谢国防科技图书出版基金对本书出版的支持。

塑性成形件的质量问题涉及学科较多，限于编者水平，不妥之处在所难免，请读者批评指正。

编著者

2013 年 6 月

目　　录

Contents

第1章 绪 论

塑性成形件质量的优劣对机械零件,特别是对许多重要零件的性能和寿命影响极大。例如,国内外曾发生过的航空发动机的涡轮盘、涡轮叶片、压气机叶片的炸裂和折断事故,电站主轴叶轮发生的爆炸事故,汽车发动机和高速柴油机连杆在运行中的折断事故等,都与其锻件的内部质量有极为密切的关系。又如,锻件质量优良的铬 12 型钢冷冲模可冲压 300 万次以上,而质量低劣的同样模具寿命却不足 5 万次;采用塑性加工方法提高了表面质量的涡轮叶片寿命在 1000h 以上,而通常涡轮叶片的使用寿命仅为 200h,前者较后者高 5 倍以上。上述事实说明,提高塑性成形件质量对许多重要工业部门的发展有着重大的意义。因此,塑性加工时,除了必须保证所要求的形状和尺寸外,还必须满足零件在使用过程中所提出的性能要求,其中主要包括强度指标、塑性指标、冲击韧性、疲劳强度、断裂韧性和抗应力腐蚀性能等,对高温工作的零件,还有高温瞬时拉伸性能、持久性能、抗蠕变性能和热疲劳性能等。而成形件的性能又取决于其组织和结构(以下简称为组织)。不同材料或同一材料的不同状态的锻件,其性能不同,归根到底都是由其组织决定的。金属的组织与材料的化学成分、冶炼方法、塑性加工过程和热处理工艺等因素有关。其中,塑性加工过程对成形件的组织有重要的影响,尤其对那些在加热和冷却过程中没有同素异构转变的材料;例如,奥氏体和铁素体耐热不锈钢、高温合金、铝合金和镁合金等,主要依靠在塑性加工过程中,正确控制热力学工艺参数来改善成形件的组织和提高其性能[1,2]。

本章主要介绍四方面的问题:①塑性加工对金属组织和性能的影响;②塑性加工过程中常见的质量问题;③塑性成形件质量检验的内容和方法;④塑性成形件质量分析与控制的一般过程。

1.1 塑性加工对金属组织和性能的影响

塑性加工用的原材料是铸锭、轧材、挤材、锻坯和板材等。而轧材、挤材和锻坯分别是由铸锭经轧制、挤压及锻造加工后形成的半成品。塑性加工中,采用合理的工艺和工艺参数,可以通过下列几方面来改善原材料的组织和性能:

(1) 打碎柱状晶,改善宏观偏析,把铸态组织变为锻态组织,并在合适的温度和应力条件下,焊合内部孔隙,提高材料的致密度;

(2) 铸锭经过塑性变形形成纤维组织,进一步通过轧制、挤压、模锻,使锻件得

到合理的纤维方向分布;

(3) 控制晶粒的大小和均匀度;

(4) 改善第二相(如莱氏体钢中的合金碳化物)的分布;

(5) 使组织得到形变强化或形变—相变强化等。

由于上述组织的改善,使成形件的塑性、冲击韧度、疲劳强度及持久性能等也随之得到了提高,然后通过零件的最后热处理就能得到零件所要求的硬度、强度和塑性等良好的综合性能。

但是,奥氏体和铁素体耐热不锈钢、高温合金、铝合金、镁合金等在加热和冷却过程中,没有同素异构转变的材料,以及一些铜合金和钛合金等。在锻造过程中产生的组织缺陷用热处理的办法不能改善。

在加热和冷却过程中有同素异构转变的材料,如结构钢和马氏体不锈钢等,由于锻造工艺不当引起的某些组织缺陷或原材料遗留的某些缺陷,对热处理后的锻件质量有很大影响。现举例说明如下:

(1) 有些锻件的组织缺陷,在锻后热处理时可以得到改善,锻件最终热处理后仍可获得满意的组织和性能。例如,在一般过热的结构钢锻件中的粗晶和魏氏组织,过共析钢和轴承钢由于冷却不当引起的轻微的网状碳化物等。

(2) 有些锻件的组织缺陷,用正常的热处理较难消除,需用高温正火、反复正火、低温分解、高温扩散退火等措施才能得到改善。例如,低倍粗晶、9Cr18 不锈钢的孪晶碳化物等。

(3) 有些锻件的组织缺陷,用一般热处理工艺不能消除,结果使最终热处理后的锻件性能下降,甚至不合格。例如,严重的石状断口和棱面断口、过烧、不锈钢中的铁素体带、莱氏体高合金工具钢中的碳化物网和带等。

(4) 有些锻件的组织缺陷,在最终热处理时将会进一步发展,甚至引起开裂。例如,合金结构钢锻件中的粗晶组织,如果锻后热处理时未得到改善,在碳、氮共渗和淬火后常引起马氏体针粗大和性能不合格;高速钢中的粗大带状碳化物,淬火时常引起开裂。

1.2　塑性加工过程中常见的质量问题

1.2.1　原材料的主要缺陷及其引起的成形件质量问题

原材料的良好质量是保证成形件质量的先决条件,如原材料存在缺陷,将影响成形件的成形过程及成形件的最终质量。

例如,原材料的化学元素超出规定的范围或杂质元素含量过高,对成形件的成形和质量都会带来较大的影响,例如,S、B、Cu、Sn 等元素易形成低熔点相,使锻件易出现热脆。为了获得本质细晶粒钢,钢中残余铝含量需控制在一定范围内,例如,Al酸 0.02%~0.04%(质量分数)。含量过少,起不到控制晶粒长大的作用,常易使锻件的本质晶粒度不合格;含铝量过多,塑性加工时在形成纤维组织的条件下易形成木纹状断口、撕痕状断口等。又如,在 1Cr18Ni9Ti 奥氏体不锈钢中,Ti、Si、Al、Mo 的含量越多,则铁素体相越多,锻造时越易形成带状裂纹,并使零件带有磁性。

原材料的主要缺陷及其引起的成形件质量问题通常有以下几种。

1. 表面裂纹

表面裂纹多发生在轧制棒材和锻制棒材上,一般呈直线形状,和轧制或锻造的主变形方向一致。造成这种缺陷的原因很多,例如,钢锭内的皮下气泡在轧制时一面沿变形方向伸长,一面暴露到表面上和向内部深处发展。另外,在轧制时,坯料的表面如被划伤,冷却时将造成应力集中,从而可能沿划痕开裂,等等。这种裂纹若在塑性加工前不去掉,塑性加工时便可能扩展引起成形件裂纹。

2. 折叠

折叠形成的原因是当金属坯料在轧制过程中,由于轧辊上的型槽定径不正确,或因型槽磨损面产生的毛刺在轧制时被卷入,形成和材料表面成一定倾角的折缝。对钢材,折缝内有氧化铁夹杂,四周有脱碳。折叠若在塑性加工前不去掉,可能引起成形件折叠或开裂。

3. 结疤

结疤是在轧材表面局部区域的一层可剥落的薄膜。结疤的形成是由于浇铸时钢液飞溅而凝结在钢锭表面,轧制时被压成薄膜贴附在轧材的表面,即为结疤。锻后锻件经酸洗清理,薄膜将会剥落而成为成形件表面缺陷。

4. 层状断口

层状断口的特征是其断口或断面与折断了的石板、树皮很相似。层状断口多发生在合金钢(铬镍钢、铬镍钨钢等),碳钢中也有发现。这种缺陷的产生是由于钢中存在的非金属夹杂物、枝晶偏析以及气孔疏松等缺陷,在锻、轧过程中沿轧制方向被拉长,使钢材呈片层状。如果杂质过多,锻造就有分层破裂的危险。层状断口越严重,钢的塑性、韧性越差,尤其是横向力学性能很低,所以钢材如具有明显的层片状缺陷是不合格的。

5. 亮线(亮区)

亮线是在纵向断口上呈现结晶发亮的有反射能力的细条线,多数贯穿整个断口,大多数产生在轴心部分。

亮线主要是由于合金偏析造成的,轻微的亮线对力学性能影响不大,严重的亮线将明显降低材料的塑性和韧性。

6. 非金属夹杂

非金属夹杂物主要是熔炼或浇铸的钢水冷却过程中由于成分之间或金属与炉气、容器之间的化学反应形成的。另外,在金属熔炼和浇铸时,由于耐火材料落入钢液中,也能形成夹杂物,这种夹杂物统称夹渣。在成形件的横断面上,非金属夹杂物可以呈点状、片状、链状或团块状分布。含严重的夹杂物容易引起成形件开裂或降低材料的使用性能。

3

7. 碳化物偏析

碳化物偏析经常在含碳高的合金钢中出现。其特征是在局部区域有较多的碳化物聚集。它主要是钢中的莱氏体共晶碳化物和二次网状碳化物,在开坯和轧制时未被打碎和均匀分布造成的。碳化物偏析将降低钢的锻造变形性能,易引起锻件开裂。锻件热处理淬火时容易局部过热、过烧和淬裂。制成的刀具使用时刃口易崩裂。

8. 铝合金氧化膜

铝合金氧化膜一般多位于模锻件的腹板上和分模面附近。在低倍组织上呈微细的裂口,在显微组织上呈涡纹状,在断口上的特征可分两类:①呈平整的片状,颜色从银灰色、浅黄色直至褐色、暗褐色;②呈细小密集而带闪光的点状物。

铝合金氧化膜是熔铸过程中敞露的熔体液面与大气中的水蒸气或其他金属氧化物相互作用时所形成的氧化膜在转铸过程中被卷入液体金属的内部形成的。

锻件和模锻件中的氧化膜对纵向力学性能无明显影响,但对高度方向力学性能影响较大,它降低了高度方向强度性能,特别是高度方向的伸长率、冲击韧度和高度方向抗腐蚀性能。

9. 白点

白点的主要特征是在钢坯的纵向断口上呈圆形或椭圆形的银白色斑点,在横向断口上呈细小的裂纹。白点的大小不一,长度为 1mm～20mm 或更长。

白点在镍铬钢、镍铬钼钢等合金钢中常见,普通碳钢中也有发现,是隐藏在内部的缺陷。

用带有白点的钢锻造出来的锻件,在热处理时(淬火)易发生龟裂,有时甚至成块掉下。白点降低钢的塑性和零件的强度,是应力集中点,它像尖锐的切刀一样,在交变载荷的作用下,很容易变成疲劳裂纹而导致疲劳破坏。所以锻造原材料中绝对不允许有白点。关于白点的详细介绍见第 5 章 5.5 节。

10. 粗晶环

粗晶环常常是铝合金或镁合金挤压棒材上存在的缺陷。

经热处理后供应的铝、镁合金的挤压棒材,在其圆断面的外层常常有粗晶环。粗晶环的厚度,由挤压时的始端到末端是逐渐增加的。

粗晶环的产生原因与很多因素有关。但主要因素是由于挤压过程中金属与挤压筒之间产生的摩擦和挤压筒的温度偏低引起的。

有粗晶环的坯料锻造时容易开裂,如粗晶环保留在锻件表层,则将降低零件的性能。有粗晶环缺陷的坯料,在锻造前必需将粗晶环车去。

11. 缩管残余

缩管残余一般是由于钢锭冒口部分产生的集中缩孔未切除干净,开坯和轧制时残留在钢材内部而产生的。

缩管残余附近区域一般会出现密集的夹杂物、疏松或偏析。在横向低倍中呈不规则的皱折的缝隙。锻造时或热处理时易引起锻件开裂。

1.2.2　加热工艺不当产生的质量问题

加热不当所产生的缺陷:①由于介质影响使坯料外层组织化学状态变化而引起的缺陷,如氧化、脱碳、增碳和渗硫、渗铜等;②由内部组织结构的异常变化引起的缺陷,如过热、过烧和未热透等;③由于温度在坯料内部分布不均,引起内应力(如温度应力、组织应力)过大而产生的坯料开裂等。下面介绍其中几种常见的缺陷。

1. 脱碳

脱碳是指金属在高温下表层的碳被氧化,使得表层的含碳量较内部有明显降低的现象。脱碳层的深度与钢的成分、炉气的成分、温度和在此温度下的保温时间有关。采用氧化性气氛加热易发生脱碳,高碳钢易脱碳,含硅量多的钢也易脱碳。

脱碳使零件的强度和疲劳性能下降,磨损抗力减弱。关于脱碳的详细介绍见第 5 章第 5.4 节。

2. 增碳

经油炉加热的锻件,常常在表面或部分表面发生增碳现象。有时增碳层厚度达 1.5mm～1.6mm,增碳层的含碳量达 1%(质量分数)左右,局部点含碳量甚至超过 2%(质量分数),出现莱氏体组织。

这主要是在油炉加热的情况下,当坯料的位置靠近油炉喷嘴或者就在两个喷嘴交叉喷射燃油的区域内时,由于油和空气混合得不太好,因而燃烧不完全,结果在坯料的表面形成还原性的渗碳气氛,从而产生表面增碳的效果。

增碳使锻件的机械加工性能变坏,切削时易打刀。

3. 过热

过热是指金属坯料的加热温度过高,或在规定的锻造与热处理温度范围内停留时间太长,或由于热效应使温升过高而引起的晶粒粗大现象。

碳钢(亚共析或过共析钢)过热之后往往出现魏氏组织。马氏体钢过热之后,往往出现晶内织构,工模具钢往往以一次碳化物角状化为特征判定过热组织。钛合金过热后,出现明显的 β 相晶界和平直细长的魏氏组织。合金钢过热后的断口会出现石状断口或茶状断口。过热组织,由于晶粒粗大,将引起力学性能降低,尤其是冲击韧度。

一般过热的结构钢经过正常热处理(正火、淬火)之后,组织可以改善,性能也随之恢复,这种过热常称为不稳定过热;而合金结构钢的严重过热经一般的正火(包括高温正火)、退火或淬火处理后,过热组织不能完全消除,这种过热常称为稳定过热。关于过热的详细介绍见第 5 章 5.2 节。

4. 过烧

过烧是指金属坯料的加热温度过高或在高温加热区停留时间过长,炉中的氧及其他氧化性气体渗透到金属晶粒间的空隙,并与铁、硫、碳等氧化,形成了易熔的氧化物的共晶体,破坏了晶粒间的联系,使材料的塑性急剧降低。过烧严重的金属,镦粗时轻轻一击就裂,拔长时将在过烧处出现横向裂纹。

过烧与过热没有严格的温度界线。一般以晶粒出现氧化及熔化为特征来判断过烧。对碳钢来说,过烧时晶界熔化、严重氧化。工模具钢(高速钢、Crl2 型钢等)过烧时,晶界因熔化而出现鱼骨状莱氏体。铝合金过烧时出现晶界熔化三角区和复熔球等。锻件过烧后,往往无法挽救,只好报废。关于过烧的详细介绍见第 5 章 5.2 节。

5. 加热裂纹

在加热截面尺寸大的大钢锭和导热性差的高合金钢和高温合金坯料时,如果低温阶段加热速度过快,则坯料因内外温差较大而产生很大的热应力。加之此时坯料由于温度低而塑性较差,若热应力的数值超过坯料的强度极限,就会产生由中心向四周呈辐射状的加热裂纹,使整个断面裂开。

6. 加热温度低造成的裂纹

坯料加热温度过低,由于金属材料的塑性差,锻造时常常容易产生开裂。

7. 铜脆

铜脆在锻件表面上呈龟裂状。高倍观察时,有淡黄色的铜(或铜的固溶体)沿晶界分布。

坯料加热时,如炉内残存氧化铜屑,在高温下氧化铜还原为自由铜,熔融的铜原子沿奥氏体晶界扩展,削弱了晶粒间的联系。另外,钢中含铜量较高(大于 2%(质量分数))时,如在氧化性气氛中加热,在氧化铁皮下形成富铜层,也引起铜脆。

8. 表面污染

镍基高温合金在燃烧含硫重油的炉子里加热时,硫沿着晶界渗透侵蚀,锻造时便发生开裂。坯料表面上的油漆或染料如含有硫,在加热前未加清除,加热时也会产生同样后果。

1.2.3 锻造工艺不当常产生的质量问题

锻造工艺不当产生的缺陷通常有以下几种。

1. 大晶粒

大晶粒通常是由于始锻温度过高和变形程度不足、或终锻温度过高、或变形程度落入临界变形区引起的。铝合金变形程度过大,形成变形织构(经再结晶后形成织构大晶粒);高温合金变形温度过低,形成混合变形组织时也可能引起粗大晶粒。晶粒粗大将使锻件的塑性和韧性降低,疲劳性能明显下降。

2. 晶粒不均匀

晶粒不均匀是指锻件某些部位的晶粒特别粗大,某些部位却较小。产生晶粒不均匀的主要原因是坯料各处的变形不均匀使晶粒破碎程度不一,或局部区域的变形程度落入临界变形区,或高温合金局部加工硬化,或淬火加热时局部晶粒粗大。耐热钢及高温合金对晶粒不均匀特别敏感。晶粒不均匀将使锻件的持久性能、疲劳性能明显下降。

3. 冷硬现象

变形时由于温度偏低或变形速度太快,以及锻后冷却过快,均可能使再结晶引起的软化跟不上变形引起的强化(硬化),从而使热锻后锻件内部仍部分保留冷变形组织。这种组织的存在提高了锻件的强度和硬度,但降低了塑性和韧性。严重的冷硬现象可能引起锻件裂纹。

4. 裂纹

裂纹通常是由于塑性加工时存在较大的拉应力、切应力或附加拉应力引起的。裂纹发生的部位通常是在坯料应力最大、厚度最薄的部位。如果坯料表面和内部有微裂纹,或坯料内存在组织缺陷,或热加工温度不当使材料塑性降低,或变形速度过快、变形程度过大,超过材料允许的塑性指标等,则在镦粗、拔长、冲孔、扩孔、弯曲、挤压和胀形、拉深等工序中都可能产生裂纹。

5. 龟裂

龟裂是在锻件表面呈现较浅的龟状裂纹。在锻件成形中受拉应力的表面(例如,未充满的凸出部分或受弯曲的部分)最容易产生这种缺陷。引起龟裂的原因:①原材料含 Cu、Sn 等易熔元素过多;②高温长时间加热时,钢料表面有铜析出、表面晶粒粗大、脱碳、或经过多次加热的表面;③燃料含硫量过高,有硫渗入钢料表面。

6. 飞边裂纹

飞边裂纹是模锻及切边时在分模面处产生的裂纹。飞边裂纹产生的原因可能是:①在模锻操作中由于重击使金属强烈流动产生穿筋现象;②镁合金模锻件切边温度过低,铜合金模锻件切边温度过高。

7. 折叠

折叠是金属变形过程中已氧化过的表层金属汇合到一起而形成的。它可以是由两股(或多股)金属对流汇合而形成;也可以是由一股金属的急速大量流动将邻近部分的表层金属带着流动,两者汇合而形成的;也可以是由于变形金属发生弯曲、回流而形成;还可以是部分金属局部变形,被压入另一部分金属内而形成。折叠与原材料和坯料的形状、模具的设计、成形工序的安排、润滑情况及锻造的实际操作等有关。详见第 5 章 5.6 节。

折叠不仅减少了零件的承载面积,而且工作时由于此处的应力集中往往成为疲劳源。

8. 压缩失稳

压缩失稳在板料拉深、厚板弯曲和细长杆件压缩时常产生。例如,板料拉深时法兰区起皱。压缩失稳产生的原因是在垂直方向的压应力过大和坯料的尺寸比例不合适引起的。详见第 5 章 5.9 节和第 7 章的有关成形工序。

9. 穿流

穿流是流线分布不当的一种形式。在穿流区,原先成一定角度分布的流线汇合在一起形成穿流,并可能使穿流区内、外的晶粒大小相差较为悬殊。穿流产生的原因与折叠相似,是由两股金属或一股金属带着另一股金属汇流而形成的,但穿流部分的金属仍是一整体。

穿流使锻件的力学性能降低,尤其当穿流带两侧晶粒相差较悬殊时,性能降低

7

较明显。

10. 锻件流线分布不顺

锻件流线分布不顺是指在锻件低倍上发生流线切断、回流、涡流等流线紊乱现象。如果模具设计不当或锻造方法选择不合理，预制毛坯流线紊乱；工人操作不当及模具磨损而使金属产生不均匀流动，都可以使锻件流线分布不顺。流线不顺会使各种力学性能降低，因此对于重要锻件，都应有流线分布的要求。详见第 5 章5.3 节。

11. 铸造组织残留

铸造组织残留主要出现在用铸锭作坯料的锻件中。铸态组织主要残留在锻件的困难变形区。锻造比不够和锻造方法不当是铸造组织残留产生的主要原因。

铸造组织残留会使锻件的性能下降，尤其是冲击韧度和疲劳性能等。

12. 碳化物偏析级别不符要求

碳化物偏析级别不符要求主要出现于莱氏体工模具钢中。主要是锻件中的碳化物分布不均匀，呈大块状集中分布或呈网状分布。造成这种缺陷的主要原因是原材料碳化物偏析级别差，加之改锻时锻造比不够或锻造方法不当。

具有这种缺陷的锻件，热处理淬火时容易局部过热和淬裂。制成的刀具和模具使用时易崩刀等。

13. 带状组织

带状组织是铁素体和珠光体、铁素体和奥氏体、铁素体和贝氏体以及铁素体和马氏体在锻件中呈带状分布的一种组织，它们多出现在亚共析钢、奥氏体钢和半马氏体钢中。这种组织是在两相共存的情况下锻造变形时产生的。

带状组织能降低材料的横向塑性指标，特别是冲击韧性。在锻造或零件工作时常易沿铁素体带或两相的交界处开裂。

14. 局部充填不足

局部充填不足主要发生在筋肋、凸角、转角、圆角部位，尺寸不符合图样要求。产生的可能原因：①锻造温度低，金属流动性差；②设备吨位不够或锤击力不足；③制坯模设计不合理，坯料体积或截面尺寸不合适；④模腔中堆积氧化皮或石墨润滑剂等。

15. 欠压

欠压是指垂直于分模面方向的尺寸普遍增大。产生的可能原因：①锻造温度低；②设备吨位不足，锤击力不足或锤击次数不足。

16. 错移

错移是锻件沿分模面的上半部相对于下半部产生位移。产生的可能原因：①滑块(锤头)与导轨之间的间隙过大；②锻模设计不合理，缺少消除错移力的锁口或导柱；③模具安装不良。

17. 轴线弯曲

锻件轴线弯曲，与平面的几何位置有误差。产生的可能原因：①锻件出模时不注意;②切边时受力不均;③锻件冷却时各部分降温速度不一;④清理与热处理不当。

18. 形位误差

形位误差是板料成形时,成形件形状和某些孔的位置不符合设计图纸要求。例如,板料弯曲时曲板弹复而引起的形状不符合要求;又如,先冲孔后弯曲或拉深时孔的形状和位置发生变化,不符合图纸要求等。

另外,备料、热处理和清理过程中如果工艺不当也可能产生一系列质量问题,详见第 9 章。

1.3   塑性成形件质量检验的内容和方法

塑性成形件缺陷的存在,有的会影响后续工序处理质量或加工质量,有的则严重影响成形件的性能及使用,甚至极大地降低所制成品件的使用寿命,危及安全。因此,为了保证或提高成形件的质量,除在工艺上加强质量控制,采取相应措施杜绝成形件缺陷的产生外,还应进行必要的质量检验,防止带有对后续工序(如热处理、表面处理、冷加工)及使用性能有恶劣影响的缺陷成形件流入后续工序。经质量检验后,还可以根据缺陷的性质及影响使用的程度对已制成形件采取补救措施,使之符合技术标准或使用的要求。

因此,成形件质量检验从某种意义上讲,一方面是对已制成形件的质量把关;另一方面则是给塑性成形工艺指出改进方向,从而保证成形件质量符合技术标准的要求,并满足设计、加工、使用上的要求。

塑性成形中,因锻件涉及的范围广质量问题比较多。本节主要介绍锻件质量检验的内容和方法。

1.3.1   锻件质量检验的内容

锻件质量的检验包括外观质量及内部质量的检验。外观质量检验主要指锻件的几何尺寸、形状、表面状况等项目的检验;内部质量的检验则主要是指锻件化学成分、宏观组织、显微组织及力学性能等各项目的检验。

具体来说,锻件的外观质量检验也就是检查锻件的形状、几何尺寸是否符合图样的规定,锻件的表面是否有缺陷,是什么性质的缺陷,它们的形态特征是什么。表面状态的检验内容一般是检查锻件表面是否有表面裂纹、折叠、折皱、压坑、橘皮、气泡、斑疤、腐蚀坑、碰伤、外来异物、未充满、凹坑、缺肉、划痕等缺陷。而内部质量的检验就是检查锻件本身的内在质量,是外观质量检查无法发现的质量状况,它既包含检查锻件的内部缺陷,也包含检查锻件的力学性能,而对重要件、关键件或大型锻件还应进行化学成分分析。对于内部缺陷我们将通过低倍检查、断口检查、高倍检查的方法来检验锻件是否存在内裂、缩孔、疏松、粗晶、白点、树枝状结晶、流线不符合外形、流线紊乱、穿流、粗晶环、氧化膜、分层、过热、过烧组织等缺陷。而对于力学性能主要是检查常温抗拉强度、塑性、韧性、硬度、疲劳强度、高温瞬时断裂强度、高温持久强度、持久塑性及高温蠕变强度等。

由于锻件制成零件后,在使用过程中其受力情况、重要程度、工作条件不同,其所用材料和冶金工艺也不同,因此不同的部门依据上述情况并按照本部门的要求将锻件分出类别,不同的部门,不同的标准对锻件的分类也是不同的。但不管怎样,对于锻件质量检验的整体来说都离不开两大类检验,即外观质量的检验和内部质量的检验,只不过锻件的类别不同,其具体的检验项目、检验数量和检验要求不同罢了。例如,有的工业部门将结构钢、不锈钢及耐热钢锻件分成Ⅳ类进行检验,有的部门将铝合金锻件和模锻件按其使用情况分成Ⅲ类进行检验,还有的部门将铝合金、铜合金锻件分成Ⅳ类进行检验。表1-1是结构钢、不锈钢及耐热钢锻件分成Ⅳ类的质量检验要求,表1-2是铝合金锻件和模锻件质量检验要求。

表 1-1　结构钢、不锈钢及耐热钢锻件的质量检验要求

类别	热处理状态	检验项目和数量					
		材料牌号	表面质量和几何尺寸	硬度	力学性能	低倍	断口	晶粒度
Ⅰ	预备	100%检验	100%,当能确保质量时,模锻件的几何尺寸允许抽检	每热处理炉抽检10%,但不少于3件	每熔批抽检1件	每熔批抽检1件	每熔批抽1件在本体上检验,其余100%在专用余料上检验	每熔批抽检1件
	最终			100%	每熔批抽1件在本体上检验,其余100%在专用余料上检验			
Ⅱ	预备			每热处理炉抽检10%,但不少于3件	每熔批抽检1件	每熔批抽检1件	按需要每熔批抽检1件	需化学热处理的零件和有需要的其他件,每熔批抽检1件
	最终			100%	每验收批抽检1件或试料上检验			
Ⅲ	预备			每热处理炉抽检5%~10%,但不少于3件	不检验	首批生产或改变主导工艺时抽1件检验金属流线和工艺缺陷	不检验	按需要
	最终			100%				
Ⅳ	预备			每热处理炉抽检5%~10%,但不少于3件	不检验	不检验	不检验	按需要
	最终			每热处理炉抽检10%,但不少于3件,若有一件不合格,则100%检验				

注:1. 各类锻件,无论是否有检验断口的要求,当怀疑锻件过热时,应增加断口检验,奥氏体钢锻件不检查断口;
2. 如另有检验要求,可在专用技术文件中规定进行检验。

表 1－2　铝合金锻件和模锻件质量检验要求

类别	检验项目和数量							
	表面质量和几何尺寸	化学成分	力学性能		显微组织	断口	低倍	超声波探伤
			抗拉性能	硬度				
Ⅰ	100%	每熔次抽检一件	余料部位100%和每批（炉）抽检1件	不检验	每批（炉）抽检1件	需方有要求时每批抽检1件	每批抽检1件	需方有要求时，每批100%
Ⅱ	100%		每批（炉）抽检1件	100%				
Ⅲ	100%		不检验	100%		不检验	首批或工艺改变时抽检1件	

注：1. 化学成分可由原材料保证；
　　2. 在确保质量的前提下，Ⅲ类件的硬度每批可抽检5%且不少于5件；
　　3. 低倍和断口组织检查不允许重复试验。

下面就不同材料和不同规格锻件的内部质量检验内容作一简要介绍。

1. 材料类型不同，检验项目不同

对一般钢锻件，都是在预备热处理状态切取试样，经规定的热处理后，检验力学性能、断口和晶粒度等。对于奥氏体钢、高温合金、铝合金、镁合金、钛合金和铜合金锻件，是在最终热处理状态的锻件上直接取样，检验力学性能和低倍等。

对一般钢锻件，只做常温拉力、冲击两项试验。对于高温合金锻件，要作高温性能试验。对高温合金、铝合金、镁合金、铜合金锻件，一般不做冲击试验。

对奥氏体钢、高温合金锻件，一般不做断口检验。

对合金结构钢锻件，要作本质晶粒度检验。对其他材料锻件，要做实际晶粒度检验。对零件不进行化学热处理的合金结构钢锻件，也多做实际晶粒度检验。对高温合金、奥氏体钢、铝合金、镁合金、钛合金锻件，要检查晶粒度。对工具钢、不锈钢、钛合金、铝合金、碳钢、低碳合金结构钢锻件，要检查显微组织。

另外，对于某些重要的耐热不锈钢锻件，要作晶间腐蚀检验。对于磁性材料锻件，要作导磁、导电性能检验。

2. 锻件规格不同，检验项目不同

水压机生产的大型自由锻件与一般锻件相比，其检验特点如下：

（1）除要检验力学性能外，还要做残余应力测试和冷弯试验。

（2）大型自由锻件，多半由钢锭直接成形。锻件检验也是材料的质量检验，要做化学成分和横向低倍检验，而一般中小锻件的化学成分分析在原材料检验时进行，锻件要作纵向低倍分析，检验流线分布。

（3）大型锻件要留试验余料，进行逐件检验。而对于中小型锻件，只按熔批破坏锻件抽检。

11

（4）对锻件要逐件进行超声波探伤,检验内部缺陷。

近年来,锻件的无损检验获得了日益广泛的应用,它主要包括超声波检验、磁力探伤、表面腐蚀检验等。

在锻件表面质量方面,铝合金模锻件在交付检查前,必须进行酸洗,重要锻件还应经过阳极化处理。表面应该光滑和干净,待加工表面上的裂纹和腐蚀痕迹必须全部清除担。点状夹杂、折叠、起皮、气泡、疏松、缩孔、偏析痕迹、碰伤、外来异物、暗斑和白斑以及其他缺陷,允许在交付检查前清除,但清除以后的表面同样必须保证锻件还有 1/3 的名义加工余量。

对非加工表面,上述影响使用性能的缺陷必须全部清除。缺陷清除以后,仍须保证该处具有锻件图上规定的单面最小极限尺寸,孔和槽的情况则相反。

钛合金模锻件的表面不允许有裂纹和折叠等缺陷。如果有这些缺陷存在,允许用打磨方法清除,但清除以后的表面必须保证锻件至少还有 1/2 以上的机械加工余量。

钛合金模锻件在交货前必须经过去除污染层的表面处理。污染层的特点是 α 相密集,其深度不应超过 1.6mm。确定污染层深度的最好方法是检查锻件的表面硬度。如果对锻造工艺的稳定性没有把握,应该 100% 地检查表面硬度(HV),证明其值不高于基体(中心部分)的硬度。锻件在经过用化学方法去除 α 层的处理后,还要对最薄部位的含氢量进行测定。测定含氢量的目的是为了保证即使在以后的工序中含氢量有所增加,但总的含氢量仍不超过标准。如果含氢量过高,还应该进行真空除氢处理。

由表 1-1 和表 1-2 可以看出,锻件质量的检验除个别类别的个别项目外均具有抽检的性质,抽检合格,表示整个验收批的锻件质量合乎要求。对于有的类别的锻件规定了不检验项目,不能认为对该类锻件的这些项目不进行控制,而是由于在生产中都采取了相应的质量保证措施,如原材料复验制度、锻件定形制度、定期检验制度、工艺纪律检查制度及合理组批等措施,从而在保证锻件质量的前提下简化检验工序,并保证使用要求。

总之,锻件质量检验的内容涉及的范围很广,项目也很多,在实际工作中应根据设计对产品的要求及技术标准所要求的项目进行锻件质量的检验。

1.3.2　锻件质量检验的方法

当今时代,人们对产品的使用要求更高了,相应对制造产品的锻件也提出了更高的要求。而锻件质量问题的表现形式又多而杂,某些类型的锻件缺陷又将严重地降低锻件的性能,威胁使用的安全性、可靠性,缩短了使用寿命,这类缺陷的存在其后果是严重的。因此对锻件质量的检验也提出了更高的要求,即绝不能将带有缺陷的锻件放过去,特别是不能放过那些严重影响使用性能的带有缺陷的锻件。要做到这一点,就要在进行锻件质量的检验和控制时,除充分地沿用常规的检测方法及手段外,也要采用反映当代水平的更快速更准确的检测手段和方法,使之对锻件质量的评估、锻件缺陷性质的判断、产生原因的判断及形成机理的分析更准确，更符合实际，从而保证不放过缺陷锻件，并能采取得当的解决措施来改进和提高锻件质量。

如前所述，锻件质量的检验分为外观质量的检验和内部质量的检验。外观质量的检验一般来讲是属于非破坏性的检验，通常用肉眼或低倍放大镜进行检查，必要时也采用无损探伤的方法。而内部质量的检验，由于其检查内容的要求，有些必须采用破坏性检验，也就是通常所讲的解剖试验，如低倍检验、断口检验、显微组织检验、化学成分分析和力学性能测试等，有些则也可以采用无损检测的方法，而为了更准确地评价锻件质量，应将破坏性试验方法与无损检测方法互相结合起来进行使用。而为了从深层次上分析锻件质量问题，进行机理性的研究工作还要借助于透射型或扫描型的电子显微镜、电子探针等。

通常锻件内部质量的检验方法包括：宏观组织检验法、微观组织检验法、力学性能检验、化学成分分析法及无损检测法。宏观组织检验就是采用目视或者低倍放大镜（一般倍数在 30× 以下）来观察分析锻件的低倍组织特征的一种检验。对于锻件的宏观组织检验常用的方法有低倍腐蚀法（包括热蚀法、冷蚀法及电解腐蚀法）、断口试验法和硫印法。

低倍腐蚀法用以检查结构钢、不锈钢、高温合金、铝及铝合金、镁及镁合金、铜合金、钛合金等材料锻件的裂纹、折叠、缩孔、气孔偏析、白点、疏松、非金属夹杂、偏析集聚、流线的分布形式、晶粒大小及分布等。只不过对于不同的材料显现低倍组织时采用的浸蚀剂和浸蚀的规范不同。

断口试验法用以检查结构钢、不锈钢（奥氏体型除外）的白点、层状、内裂等缺陷、检查弹簧钢锻件的石墨碳及上述各钢种的过热、过烧等，对于铝、镁、铜等合金用来检查其晶粒是否细致均匀，是否有氧化膜、氧化物夹杂等缺陷。

而硫印法主要应用于某些结构钢的大型锻件，用于检查其硫的分布是否均匀及硫含量的多少。

除结构钢、不锈钢锻件用于低倍检查的试片不进行最终热处理外，其余材料的锻件一般都经过最终热处理后才进行低倍检验。

断口试样一般都进行规定的热处理。

微观组织检验法则是利用光学显微镜来检查各种材料牌号锻件的显微组织。检查的项目一般有本质晶粒度，或者是在规定温度下的晶粒度，即实际晶粒度，非金属夹杂物，显微组织如脱碳层、共晶碳化物不均匀度、过热、过烧组织及其它要求的显微组织等。

力学性能和工艺性能的检验则是对已经过规定的最终热处理的锻件和试件加工成规定试样后利用拉力试验机、冲击试验机、持久试验机、疲劳试验机、硬度计等仪器来进行力学性能及工艺性能数值的测定。

化学成分的测试一般是采用化学分析法或光谱分析法对锻件的成分进行分析测试，随着科学技术的发展，无论是化学分析还是光谱分析其分析的手段都有了进步。对于光谱分析法而言,现在已不单纯采用看谱法和摄谱法来进行成分分析,新出现的光电光谱仪不仅分析速度快,而且准确性也大大地提高了,而等离子光电光谱仪的出现更大大地提高了分析精度,其分析精度可达 10^{-6} 级,这对于分析高温合金锻件中的微量有害杂质如 Pb、As、Sn、Sb、Bi 等是非常行之有效的方法。

以上所说的方法,无论是宏观组织检验法,还是微观组织检验法或性能及成分测定法,均属于破坏性的试验方法。对于某些重要的、大型的锻件破坏性的方法已不能完全适应质量检验的要求,这一方面是因为太不经济;另一方面主要是为了避免破坏性检查的片面性。无损检测技术的发展为锻件质量检验提供了更先进更完善的手段。

对于锻件的质量检验所采用的无损检测方法一般有磁粉检验法、渗透检验法、涡流检验法、超声波检验法等。

(1)磁粉检验法广泛地用于检查铁磁性金属或合金锻件的表面或近表面的缺陷,如裂纹、发纹、白点、非金属夹杂、分层、折叠、碳化物或铁素体带等。该方法仅适用于铁磁性材料锻件的检验,对于奥氏体钢制成的锻件不适于采用该方法。

(2)渗透检验法除能检查磁性材料锻件外,还能检查非铁磁性材料锻件的表面缺陷,如裂纹、疏松、折叠等,一般只用于检查非铁磁性材料锻件的表面缺陷,不能发现隐在表面以下的缺陷。

(3)涡流检验法用以检查导电材料的表面或近表面的缺陷。

(4)超声波检验法用以检查锻件内部缺陷,如缩孔、白点、心部裂纹、夹渣等,该方法虽然操作方便、快且经济,但对缺陷的性质难以准确地进行判定。

随着无损检测技术的发展,现在又出现了声振法、声发射法、激光全息照相法、CT法等新的无损检测方法,这些新方法的出现及在锻件检验中的应用,必将使锻件质量检验的水平得以大大地提高。

值得提出的是,锻件质量检验结果的准确性,虽然有赖于正确的试验方法和测试技术,但也有赖于正确的分析和判断。只有正确的试验方法,而没有准确的分析判断,也不会得出恰当的结论。因此,锻件质量的分析实际上是各种测试方法的综合应用及各个测试结果的综合分析,对于大型复杂锻件所出现的质量问题不能单纯地依赖于某一种方法,从这一点上可以说各种试验方法在分析过程中是相辅相成的,各种试验方法的有机配合,并对各自试验结果进行综合分析,才能得出正确的结论。同时就锻件质量分析的目的而言,除了正确的检验外,还应进行必要的工艺试验,从而找出产生质量问题的真正原因,并提出圆满的改进措施及防止对策。

当然,在实际工作中究竟选用哪些检测方法,运用何种检测手段应根据锻件的类别和规定的检测项目来进行。在选择试验方法和测试手段时,既要考虑到先进性,又要考虑到实用性、经济性,不能单纯地追求先进性,能用一种手段解决问题就不要用两种或更多种,测试手段的选择应以准确地判定缺陷的性质和确切找出缺陷产生的原因为出发点,有时测试手段选择过于先进反而会导致不必要的后果,以致造成不应有的损失。

还应指出,对于检验而言,无论哪种检验或试验都有相应规定的标准试验方法,必须依据规定的试验方法进行试验或检验,表1-3给出了部分试验方法标准。

表1-3 部分试验方法标准

检验项目	方法标准代号	检验项目	方法标准代号
化学成分	GB/T 223	显微组织	GB/T 13298
拉力试验	GB/T 228		GB/T 13299
冲击试验	GB/T 229	钢的硫印	GB/T 4236
高温持久	GB/T 6395	晶间腐蚀	GB/T 1223
高温拉伸	GB/T 3652	冷弯试验	GB/T 232
高温蠕变	GB/T 2039	高温合金低倍、高倍	GB/T 14999
旋转弯曲疲劳	GB/T 2107	铝及铝合金显微组织	GB/T 3246
布氏硬度	GB/T 231	铝及铝合金低倍组织	GB/T 3247
洛氏硬度	GB/T 230	镁及镁合金显微组织	GB/T 4296
低倍组织	GB/T 226	镁及镁合金低倍组织	GB/T 4297
断口试验	GB/T 1814	两相钛合金高低倍	GB/T 5168
晶粒度	GB/T 6394	锻制圆饼超声波检验	GB/T 1786
脱碳层	GB/T 224	钢锻件超声波检验	GB/T 6402
非金属夹杂	GB/T 10561		

1.4 塑性成形件质量分析与控制的一般过程

塑性成形件质量分析的目的就是弄清问题、找出原因,采取适当措施,从而制造出符合技术标准规定的锻件,以满足产品设计和使用的要求,并制定出切实可行的防止对策,预防类似缺陷的再发生,使成形件质量不断提高。

塑性成形件中,由于锻件涉及的范围比较广,问题比较复杂,故下面以锻件为例介绍塑性成形件质量分析与控制的一般过程。

由于锻件在锻后还要经过热处理,甚至表面处理工序及机械加工工序,制成零件后还要投入使用。因此,锻件质量分析工作除了对锻后的锻件进行质量分析外,也包括对锻后在热处理、表面处理、冷加工过程中和使用过程中发现的锻件质量问题的分析。此时,在锻件上或已制成品件上,也可能出现锻后的后续工序工艺不当、使用维护不当或者设计与选材不当引起的质量问题,出现了除锻造工艺不当之外的其他影响因素,因此在进行半成品件、成品件、使用件的质量分析时,只有在排除了设计、选材、热处理、表面处理、冷加工及使用维护的因素后,才能准确地进行锻件本身的质量分析工作,从而寻找出锻件质量问题产生的原因和提出改进措施及防止对策。

在实际工作中,若要判定半成品件、成品件或使用件的故障究竟是什么原因造成的并不是一件非常容易的事情。相对而言,半成品件或成品件出现的故障分析起来可能稍容易些,而对于使用件的故障或者失效原因的分析就要费些周折。在进行这些故障件的分析时首先应了解故障件的使用经历和制造经历,即要了解设计情况、选材情况、冷工艺情况、热工艺情况、受力情况、使用维护情况，包括环境情况。只有对以上各项情况进行全面了解之后，并根据故障件的宏观、微观形貌特征，这些形貌特征在什么情况下出现，是否具有产生这种形貌特征的条件，并通过材质分析、力学性能分析、金相组织分析，配以电子显微镜、电子探针等一些先进手段，通过与各方面专业人员的学习、交流、分析，按照失效分析的程序得出故障件产生故障的真实原因，并能得知故障产生的原因是否为锻件质量问题。

锻件质量问题产生的原因是多方面的，通过对锻件的宏观、微观分析，有时还要进行模拟试验，从而得出质量问题产生的原因究竟是锻造工艺本身还是其他影响因素（如原材料、热处理、表面处理或者试验本身的失误等）；是锻造工艺制定得不合理、不完善还是工艺纪律不严格、没有严肃认真地执行工艺，这些都只有在经过细致的研究、分析之后才可作出结论。

既然锻件的质量问题包括外观质量和内部质量问题，而各种问题之间又有可能是互相联系的，因此分析的着眼点应是全面的，要考虑到锻件缺陷与力学性能的联系，锻件缺陷本身的互相影响。

因此，锻件质量分析工作一般可分为现场调查阶段、试验研究分析阶段、提出解决措施及防止对策阶段。而在实施这几个阶段的工作之前，最好能制定实施方案，内容包括这三个阶段所要进行的工作、工作程序、完成时间。该实施方案在实施过程中可进行适当的补充和修改。制定实施方案是分析大型复杂锻件及使用件质量问题的重要一环。

在现场调查阶段，主要是调查锻件所用原材料的材料牌号、化学成分、材料规格、材料保证单上的试验结果，进厂复验的各种理化测试和工艺性能测试的结果，甚至还要查明原材料的冶炼和加工工艺情况。与此同时，还应调查锻造的工艺情况，包括锻件应该用的材料、规格、下料工艺、锻造加热的始锻和终锻温度，所用锻压设备、加热设备、加热工艺、锻造的操作、锻后的冷却方式、预备热处理的工艺情况等。必要时还要调查操作者的情况和环境情况及执行工艺的原始记录。对于在后续工序和使用中出现的锻件质量问题还应调查后续工序的工艺及使用情况。

现场调查切忌主观，即调查情况要客观全面，实事求是，调查的情况一定要保证原始，现场调查情况的真实性直接影响以后试验研究分析和结论的正确性。

试验研究分析阶段的工作是比较复杂的，这是进行锻件质量分析的关键阶段，该阶段工作的优劣直接影响质量问题判断的正确性及产生原因分析的准确性，该阶段的工作一定要与现场调查阶段的工作结合起来进行。

在该阶段，首先要查明锻件质量问题的客观反映，锻件缺陷的部位、宏观及微观的形貌特征，从而分析出缺陷的性质。通过宏观及微观的试验分析并辅以化学成分、力学性能测试、原材料的情况，必要时结合工艺执行情况和进行模拟试验，找出缺陷或质量问题产生的原因。

在该阶段还要注意选择合适的试验方法及测试手段，避免由于测试手段或方法上的问题或分析思路不当而导致分析结论的差错。

在进行试验分析过程中,必要时还要进行现场再调查,以排除因外界因素的干扰而影响分析结论正确性的可能。

在提出解决措施阶段,就是在有了准确的锻件缺陷产生原因的基础上,结合生产实际提出切实可行的预防措施和解决办法。这里包括对锻造设备、加热设备、生产环境,所用原材料、锻造工艺人员素质等提出改进意见和措施,并且要在生产实践中得到验证,不断地修正改进措施,以使提出的改进措施及防止对策具有实用性、正确性甚至先进性,从而使锻件质量不断提高。

第2章　金属的塑性变形

2.1　概　述

本章介绍金属塑性变形的机理和基本规律。工业用金属通常都是多晶体,由于多晶体的塑性变形与其中各个晶粒的变形行为是密切相关的,并且多晶体中单个晶粒的塑性变形规律与单晶体的塑性变形规律相同[3],所以,本章先介绍单晶体塑性变形的基本理论,再介绍多晶体及合金塑性变形的基本规律。

2.1.1　单晶体滑移变形[4,5]

单晶体的塑性变形机构主要有两种形式:滑移变形和孪生变形。

用单晶体所做的试验,可对塑性变形的本质得到初步的认识。例如,将表面经过良好抛光的单晶体试件进行拉伸试验时,当发生一定量的塑性变形后,在其表面用肉眼可以观察到许多相互平行的倾斜线条(图2-1)。在电子显微镜下可以观察到试件表面有许多滑移阶梯,这是由于晶体塑性变形时发生了滑移,使试件表面上产生了高低不一的台阶所造成的。另外,从试件上可形象地看出单晶体的塑性变形是沿着某些结晶学平面两侧的晶体产生相对滑移的结果。

所谓滑移,就是在切应力作用下,晶体的一部分与另一部分沿一定的晶面及晶向产生相对滑动(图2-2)。

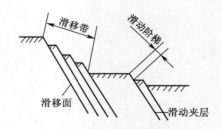

图2-1　单晶体拉伸后的外形　　　　图2-2　单晶体滑移示意图

因此,人们将在光学显微镜下观察到的滑移痕迹称为滑移带,而把在电子显微镜下观察的滑移阶梯称为滑移线。

当金属塑性变形量不断增大时,一方面滑移带不断加宽;另一方面在原有滑移带之间还会出现新的滑移带。滑移带的数目、宽度、带间距以及每一滑移带中滑移线的数目,随金属和合金的成分、变形温度、变形速度以及晶体表面状态的不同而变化。

从对滑移带的结构研究中可知,金属进行大塑性变形时,滑移也只是集中在一小部分的滑移面上(大约小于1%)。也就是说有许多潜在的滑移面并没有参与滑移,大多数晶面上的原子对其相邻晶面上的原子来说并没有滑动。这说明滑移的空间分布是不均匀的。因此,单晶体的塑性变形是不均匀的。

任何晶体的滑移,只能沿一定的结晶学平面(滑移面)发生,而且只能沿此面上的一定晶向(滑移方向)进行。由于晶体具有各向异性的特点,所以滑移也是各向异性的。大量研究证实,滑移方向是原子密度最大的密排方向,而滑移面一般也是原子密度最大或比较大的晶面。这是由于最密排面的面间距最大,其晶面间结合力也最弱,故沿此面滑移容易。同样,也可以解释滑移方向是原子密度最大的密排方向。

一个滑移面和该面上的一个滑移方向构成一个"滑移系"。每种晶格类型都有几个可能产生滑移的滑移面,而每个滑移面上又同时可能存在几个滑移方向。不同的晶格类型,可能组成的滑移系的数量也不同,表2-1列出了三种常见晶格的主要滑移系[6]。

表2-1　三种常见晶格的主要滑移系

晶　格	体心立方晶格	面心立方晶格	密排六方晶格
滑移面 滑移方向	(110) ×6 [111] ×2	(111) ×4 [110] ×3	(0001) ×1 [1210] ×3
滑移系	6×2=12	4×3=12	1×3=3

面心立方晶格金属,滑移面都是最密排的。铝在高温时除了密排面(111)面是滑移面外,次密排面(100)也是滑移面。

体心立方晶体不是最密排的点阵,因此没有最密排的晶面。(110)面是原子密度最大的晶面,但是与(112)面和(123)面几乎一样,因此,沿这三个晶面滑移的难易程度差不多,至于哪个晶面首先发生滑移,主要取决于三个晶面中谁对外力作用的方位更有利。对于体心立方晶体来讲,决定滑移的晶体学特征是存在一个最密排的晶向,即[111]方向。

对密排六方晶体金属,决定滑移面的非常重要的因素之一是轴比c/a,当轴比$c/a>1.633$时,基面(0001)是密排六方晶体中最密排的晶面,如锌和镉;当轴比$c/a<1.633$时,棱柱面(10$\bar{1}$0)是最密排的面,如α-Ti和铍;镁的轴比$c/a=1.633$处于二者中间,一般除了基面是滑移面外还有棱柱面。密排六方晶体的滑移方向都是其六边形的对角线方向,如[1$\bar{2}$10]方向。

影响滑移系的因素主要有晶格类型、变形温度和速度、合金成分等。

这三种常见的晶格中，面心立方纯金属的塑性最高，通常面心立方单晶体金属不可能有纯粹的脆性断裂。密排六方金属的滑移面最少，因此其纯金属塑性较低。体心立方金属，滑移系数目较多，因此塑性较高。但与面心立方金属相比，其滑移面的原子密排程度较低，因此，塑性相对也稍差些。

在受切应力不大时，晶体只是产生弹性变形，当作用在滑移系上的切应力增大并超过某一临界值时，滑移便沿此滑移系发生，这一临界值称为滑移的临界切应力。由图 2-3 可确定临界切应力 τ_k 与拉伸应力 σ 的关系。F 为沿着拉伸轴方向的拉力，A 为单晶体试件的横截面积，设滑移面是倾斜的，它与拉伸轴线夹角为 ϕ，则滑移面面积为 $A/\cos\phi$；λ 是滑移方向与拉伸轴线夹角，沿滑移方向力的分量是 $F\cos\lambda$；作用在滑移面上的切应力为

$$\tau = \frac{F}{A}\cos\phi \cdot \cos\lambda \tag{2-1}$$

当开始滑移时的拉伸应力为 $\sigma_s = \dfrac{F}{A}$（即屈服极限）时，则此时临界分切应力 τ_k 为

$$\tau_k = \sigma_s \cos\phi \cos\lambda \tag{2-2}$$

式中：$\cos\phi$、$\cos\lambda$ 为取向因子。

许多单晶体的拉伸试验已证实了上述关系。对于密排六方单晶体的试验表明（其只有一组滑移面），当取向因子变化时，并不引起沿一定的滑移面及滑移方向的临界切应力值的改变，而只引起拉伸屈服应力 σ_s 的变化（图 2-4）。当 λ 及 ϕ 均为 45°，$\cos\phi$、$\cos\lambda$ 值最大，等于 $\dfrac{1}{2}$，此时屈服应力最小，$\sigma_s = 2\tau_k$。当 ϕ 角接近于 90° 时，屈服应力急剧增大，此时不可能产生滑移。所以单晶体的拉伸屈服极限不是定值，与取向因子有很大的关系，这一点是与多晶体不同的（多晶体的 σ_s 在一定条件下有一定值）。

但单晶体的临界切应力，却不随取向因子变化而变化。对于具体的金属单晶体来讲，在一定滑移系中的临界切应力只与变形温度、变形速度等变形条件有关，而与滑移面和滑移方向以及外力的作用方位无关。

单晶体由滑移引起的塑性变形，除上述在一组互相平行的滑移系中进行平动滑移外，对于有多组滑移面的晶体来说，随着塑性变形量的增加，有时还会出现复杂的滑移，即发生多系滑移。这时滑移面发生扭转、塑性弯曲以及亚结构细化等现象。

例如，从锌单晶体试件的拉伸试验中（图 2-5）可观察到，试件两端被夹头夹住，不变形部分为 c 区，试件中间均匀变形部分为 a 区，这两区之间的过渡区为 b 区。由于滑移时外力在滑移面上的分力产生的力偶作用下，滑移面发生旋转（以滑移面上与外力垂直的线为轴）力图转向与外力 F 平行的方向；同时滑移面还以其法线为轴转向滑移面内最大切应力方向。

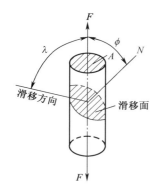
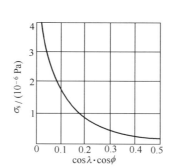
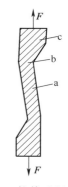

图 2-3　外力 **F** 在滑移
方向上的分切应力

图 2-4　单晶锌的屈服极限 σ_s
与其取向因子的关系

图 2-5　拉伸过程中晶体
取向转动示意图

多系滑移时,总是从那些最早达到临界切应力的一组滑移系上开始,当这组滑移面因滑移而旋转产生几何硬化后,若不增加外力,则会停止滑移。但另一组滑移系会因前者的转动而处于有利的位向而进行滑移。由后者的滑移引起滑移面的旋转,可能使前者又回到有利位向而继续滑移。发生多系滑移时,在表面看到的滑移线就不只是一组平行线,而是两组或多组的交叉的滑移线(图 2-6)。

通过电子显微镜对单晶体塑性变形的研究说明,单晶体内的亚晶随变形量的增大而不断细化,形成了许多位向差别很小的细小亚结构(或称嵌镶块)。

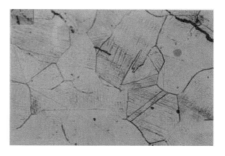

图 2-6　50Mn18Cr4V 钢多系
滑移时的滑移带　500×

晶体的塑性变形,晶体的滑移是通过位错的运动来实现的。理论和实践都已证明,在晶体中存在着位错。晶体的滑移不是晶体的一部分相对于另一部分同时作整体的刚性移动,而是通过位错在切应力的作用下沿着滑移面逐渐移动的结果,如图 2-7 所示。

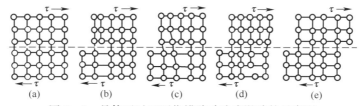

(a)　　　(b)　　　(c)　　　(d)　　　(e)

图 2-7　晶体通过刃型位错移动造成滑移的示意图

若晶体中没有任何缺陷,原子排列得十分整齐时,经理论计算,在切应力的作用下晶体的上、下两部分沿滑移面作整体刚性的滑移,此时所需的临界切应力 τ_k 与实际强度相差十分悬殊。例如,铜的临界切应力理论计算为 $\tau_k \approx 1500\text{MPa}$,而实

际测出为 $\tau_k \approx 0.98$MPa，两者相差达 1500 倍。对这一矛盾现象的研究便导致了位错学说的诞生。

当一条位错线移到晶体表面时，便会在晶体表面上留下一个原子间距的滑移台阶，其大小等于柏氏矢量的量值。如果有大量位错重复按此方式滑过晶体，就会在晶体表面形成显微镜下能观察到的滑移痕迹，这就是滑移线的实质。由此可见，晶体在滑移时并不是滑移面上全部原子一齐移动，而是像接力赛跑一样，位错中心的原子逐一递进，由一个平衡位置转移到另一个平衡位置，如图 2-8 所示，图中的实线表示位错（半原子面 PQ）原来的位置，虚线表示位错移动了一个原子间距（$P'Q'$）后的位置。可见，位错虽然移动了一个原子间距，但位错中心附近的少数原子只作远小于一个原子间距的弹性偏移，而晶体其他区域的原子仍处于正常位置。显然，这样的位错运动只需要很小的一个切应力就可以实现，这就是实际滑移的 τ_k 比理论计算的 τ_k 低得多的原因。

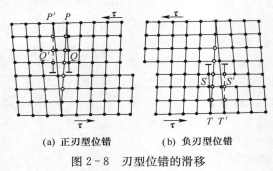

(a) 正刃型位错　　　　　　(b) 负刃型位错

图 2-8　刃型位错的滑移

2.1.2　单晶体的孪生变形[6,9]

单晶体的塑性变形，除滑移变形外还存在另一种形式的变形，就是孪生变形，也称孪生或机械孪生。

孪生变形也是在切应力作用下产生的。孪生变形的结果使晶体的变形部分（孪晶）与未变形部分形成以孪晶面为分界面呈镜面对称的位向关系。孪生变形与滑移变形不同，它的主要特点是，孪晶中一系列相邻晶面内的原子都产生同样的相对位移。因为这种切变在整个孪生区内部都是均匀的，并符合晶体结构几何学，所以孪生过程又叫做均匀切变。如图 2-9 所示，MN

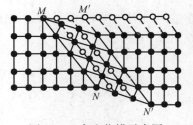

图 2-9　孪生位错示意图

及 $M'N'$ 面均为孪生面，MN 及 $M'N'$ 面之间部分是均匀切变形成的孪晶带（孪晶）。

孪生变形的另一个特点是，相邻晶面中原子的相对位移量总是小于一个原子间距，是点阵间距的几分之一。但累积起来形成的总变形量可以比原子间距大许多倍。

　　孪生变形也是沿着一定的晶面和晶向发生的。对面心立方晶格,孪生面是(111)面,孪生方向是[112]方向。对于体心立方晶格,孪生面是(112)面,孪生方向是[111]方向。密排六方晶格中,(1012)是孪生面,[1011]是孪生方向。

　　发生孪生变形的条件主要与晶体结构、变形温度和变形速度有关。密排六方和体心立方的金属易发生孪生变形。一般在冲击载荷或较低温度下发生。例如,密排六方晶格的金属,锌、镁、镉等常温下慢速拉伸就可发生孪生变形;对于体心立方晶格的α铁,在室温受冲击载荷或在低温下不太大的变形速度时也发生孪生变形。而面心立方晶体很难发生孪生变形,例如单晶体纯铜在特别低的温度(-230℃)下才发生孪生变形。

　　孪生变形过程进行得很快,几乎接近声速,并发出一种碎裂的声音。进行孪生变形所需的切应力大于滑移变形时所需的切应力。例如镉发生孪生所需切应力为3.5MPa~4.0MPa,而进行滑移时所需的切应力为0.30MPa~0.70MPa。若单晶体的位向不利于滑移时,便发生孪生变形,可是经一定的孪生变形后造成晶体位向的改变,使某些滑移系处于有利的位向,于是又开始了滑移变形。这时滑移变形所需的切应力下降。图2-10示出孪生变形时的应力—应变曲线。

　　孪生变形引起的变形量是较小的,因此,晶体的塑性变形主要依靠滑移变形。

　　除了上述的机械孪生(或形变孪生)外,在相变或再结晶退火过程中也会发生孪生,这种孪生称退火孪生。α-Fe的形变孪晶为细带状,镁和锌的形变孪晶为透镜状(图2-11和图2-12)。

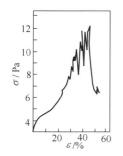

图2-10　镉在发生孪生变形时的应力—应变曲线

图2-11　α铁中的形变孪晶

图2-12　锌拉伸时的形变孪晶

2.1.3　多晶体的塑性变形[9]

　　工业上实际使用的金属都是多晶体,虽然单晶体塑性变形的规律与多晶体内单个晶粒的变形行为基本相同,但因多晶体内各晶粒的大小、形状、位向都不同,每个晶粒要受到晶界和相邻不同位向晶粒的约束。因此,多晶体的变形比单晶体要复杂得多。

多晶体的塑性变形包括晶内变形和晶界变形。其主要特点是变形的不均匀性和各晶粒变形的相互协调性。由于多晶体内各晶粒的空间位向不同,当受到外力作用时,变形首先从那些处于有利位向的晶粒中进行。在这些晶粒内,位错沿位向最有利的滑移面运动。但是,多晶体作为一个整体,要求各晶粒之间有一定的协调性,否则将造戍裂缝。因此,在首先变形的晶粒内运动的位错不能自由地走出晶粒,而受阻于晶界,并沿滑移面排成平面塞积群(图2-13)。位错平面塞积群在其前沿附近区域造成很大的应力集中。随所加载荷的增大,应力集中也增大,最后将促使相邻晶粒陆续开始塑性变形。因此,由于各晶粒在空间的取向不同,以及晶界的影响,多晶体塑性变形时,在时间上,各晶粒变形的先后不一致;在空间上,各处的塑性变形不均匀。图2-14为铝多晶体经受拉伸试验后所测定的结果,由该图可见,在多晶体内,不仅各晶粒的实际变形量是极不均匀的,而且各晶粒内部的实际变形程度也极不均匀。另外,在一个晶粒内靠近晶界区域的变形量都比晶粒内部小,这表明晶界处较难变形。

图2-13 位错在晶界前的塞积群(不锈钢
薄膜透射电镜) 17500×

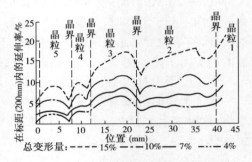

图2-14 在不同总变形量下多晶铝的
几个晶粒各处的实际变形量

多晶体塑性变形时,各晶粒的变形不均匀,但作为一个整体要求变形是连续的,在晶粒交界处也应保持连续,否则将在晶界处发生开裂。为保证在晶界处应变的连续性,各晶粒的变形必须相互协调,要求相邻晶粒能进行多系滑移,即依靠多系滑移来协调邻近晶粒的形变。

所以,如果多晶体的晶粒有较多的滑移系,能够满足协调变形时滑移的要求,变形就容易传给邻近的晶粒,从而该多晶体的塑性就好;反之,则塑性较差。例如,面心立方和体心立方晶体有较多的滑移系,塑性较好,而密排六方晶体的滑移系少,塑性则较差。图2-15为镁和铝在单晶体和多晶体时的拉伸曲线,由图中可见,密排六方晶格的镁多晶体塑性很差。

低温时,晶界变形较晶内困难的原因,首先是由于晶界处原子排列极不规则,并聚集着较多的杂质原子,使滑移受到阻碍,变形阻力较大。其次是由一个晶粒至另一个晶粒的位向有突变,即晶界处晶粒的结构是不连续的,因而在此处各晶粒相互制约,使晶界变形困难。

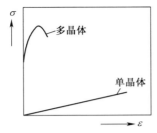

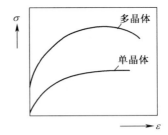

(a) 镁单晶体与多晶体的拉伸曲线   (b) 纯铝的单晶体与多晶体的拉伸曲线

图 2-15　单晶体与多晶体的应力与应变曲线

由图 2-14 可以看出,晶界对晶内变形分布的影响是有一定范围的。对大晶粒,其中部受影响小,而对于小晶粒,其影响几乎遍及整体。因此,金属的晶粒越细,其晶界面积越大,每颗晶粒周围具有不同取向的晶粒也越多,因而变形抗力较大,塑性较高。

多晶体的不均匀变形过程中,将引起各个晶粒之间、单个晶粒各部分之间相互作用的附加应力。多晶体变形时,由于变形不均匀,在相邻晶粒间产生了相互牵制又彼此促进的协同动作,因而出现力偶(图 2-16),造成了晶粒间的相对转动。晶粒相对转动的结果,可促使原来已变形的晶粒能继续变形。另外,在外力作用下,当晶界所承受的切应力已达到(或者超过了)阻止晶粒彼此间产生相对移动的阻力时,则将发生晶间的移动,即相邻两晶粒沿其晶界进行相对切变。通过晶界的切变,可以松弛相邻两晶粒间由于不均匀变形而引起的应力集中。

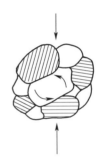

图 2-16　晶粒的转动

在低温下晶粒的转动与移动,常常造成晶间联系的破坏,出现显微裂纹。如果这种破坏不能依靠其他塑性变形机构来修复时,继续变形将导致裂纹的扩大与发展并引起金属的脆化。

由于晶界难变形区的作用,低温下晶间强度比晶内大,因此低温下发生晶粒移动与转动的可能性较小。晶间变形的这种机构只能是一种辅助性的过渡型式,它本身对塑性变形贡献不大,同时,低温下出现这种变形,又常常是断裂的预兆。

在高温下,由于晶间一般有较多的易熔物质,并且因晶格的歪扭原子活泼性比晶内大,所以晶间的熔点温度比晶粒本身低,而产生晶粒的移动与转动的可能性大。同时伴随着产生了软化与扩散过程,能很快地修复与调整因变形所破坏的联系,因此金属借助晶粒的移动与转动能获得很大的变形,且没有断裂的危险。可以认为,在高温下这种变形机构比晶内变形所起的作用大,对整个变形的贡献也较大。因此,当晶粒足够细小时,晶粒可进行相对移动和转动的晶界总面积大,在适当的温度和变形速度下便可实现超塑性变形,其变形程度可达到 200%、300% 或更大。

2.1.4 合金的塑性变形[9,17]

生产上实际使用的金属材料大部分是合金,合金按其组织特征可分为两大类:①单相合金,即以基体金属为基的单相固溶体组织;②多相合金,即除基体相外,还有(一种或多种)第二相。下面按这种分类讨论合金塑性变形的情况。

1. 单相固溶体合金的变形

由于单相固溶体的显微组织与多晶体纯金属相似,因而其变形情况也与之类似。但是,在单相固溶体中由于溶质原子的存在,使其塑性变形的抗力增加。固溶体的强度、硬度一般都比溶剂金属高,而塑性、韧性则有所降低,并有较大的加工硬化率。

溶质原子与晶体中的位错产生相互作用,会造成晶格的畸变而增加滑移阻力。另外,异类原子大都趋向于分布在位错附近,又可减少位错附近晶格的畸变程度,使位错易动性降低,因而使滑移阻力增大。

2. 多相合金的变形

多相合金(这里仅以两相合金为例)中的第二相可以是纯金属、固溶体或化合物。在一般工业合金中,起强化作用的主要是硬而脆的化合物,因此这里只研究当第二相是脆、硬的化合物时,合金的塑性变形特点。第二相对合金塑性变形特性的影响,除与第二相本身的性能、数量及大小有关外,还与其在基体上的分布特征有密切关系。下面,将按最常见的三种第二相分布方式来分别讨论。

1) 第二相以连续网状分布在基体晶粒的边界上

在这种情况下,滑移变形只限于基体晶粒内部,脆性的第二相网络几乎不能进行塑性变形。因此,当发生塑性变形时,在脆性的第二相网络处将产生严重的应力集中并且过早地断裂。随着第二相数量的增加,合金的强度和塑性皆下降。例如,含碳量大于 0.9% 的碳钢,当其组织为珠光体加网状二次渗碳体时,随其含碳量的增加、钢的硬度与脆性也增加,而强度与塑性下降。

2) 第二相以弥散的质点(或粒状)分布在基体晶粒内部

在这种情况下,第二相质点可以使合金的强度显著提高而对塑性和韧性的不利影响可减至最小程度。第二相以细小质点的形态存在而使合金显著强化的现象称为弥散强化。

弥散强化的主要原因如下:当第二相在晶体内呈弥散分布时,一方面相界(晶界)面积显著增多并使其周围晶格发生畸变,从而使滑移阻力增加。但更重要的是这些第二相质点本身成为位错运动的障碍物。

第二相质点以两种明显的方式阻碍位错的运动,当位错运动遇到第二相质点时,质点或被位错切开(软质点)或阻拦位错而迫使位错只有在加大外力的情况下才能通过。

当质点小而软,或为软相时,位错能切开它并使其变形(图 2-17),这时加工硬化小,但随质点尺寸的增大而增加。

当质点坚硬而难于被位错切开时,位错不能直接越过这种第二相质点,但在外力作用下,位错线可以环绕第二相质点发生弯曲,最后在质点周围留下一个位错环而让位错通过(图2-18)。使位错线弯曲将增加位错影响区的晶格畸变能,增加位错移动的阻力,使滑移抗力提高。位错线弯曲的半径越小,所需外力越大。因此,在第二相体积分量一定的条件下,第二相质点的弥散度

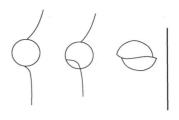

图 2-17 位错切开软相

越大(分散成很细小的质点),则滑移抗力越大,合金的强化程度越高(因为位错线的弯曲半径,取决于质点间的距离,质点细化使质点数目增多而质点空间间距减小)。但应注意,第二相质点细化,对合金强化的贡献是有一个限度的,当质点太细小时,质点间的空间距离太小,这时位错线不能弯曲,但可"刚性地"扫过这些极细小的质点,因而强化效果反而降低。这就存在着一个能造成最大强化的第二相质点间距 λ ,这个临界参数有下列计算式:

$$\lambda = \frac{4(1-f)r}{3f} \tag{2-3}$$

式中:f 为半径为 r 的球形质点所占体积分数。

对一般金属 λ 值约为 25 个～50 个原子间距。当质点间距小于这个数值时,强化效果反而减弱。

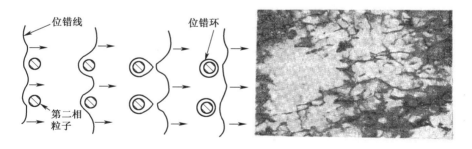

(a) 示意图　　　　　(b) 位错绕过 GH49 合金 γ′相(薄膜透射电镜)　48000×

图 2-18 位错线绕过第二相质点

第二相呈弥散质点分布时,对合金的塑性、韧性影响较小,因为这样分布的质点几乎不影响基体的连续性,塑性变形时第二相质点可随基体相的变形而"流动",不会造成明显的应力集中,因此,合金可承受较大的变形量而不致破裂。

3) 第二相在基体相晶粒内部成层片状分布

这时,第二相对塑性变形的阻碍作用与前一种类似。随着第二相层片间距减小(即层片的细化),合金的强度增加而塑性有所降低。层片状第二相对塑性的不利影响比质点状的要大一些,因为此时基体相的连续性受到损害,但是呈层片状的第二相组织仍可以有相当好的塑性(取决于第二相层片的尺寸)。

表2-2是碳钢中渗碳体的存在形态对力学性能的影响。从表中可以看出,渗碳体呈球状分布比呈片状分布时强度下降,而塑性有较大提高。渗碳体呈片状分布时,随着片间距的减小,强度升高而塑性变化不大。强度升高的原因是由于在层片组织中位错的移动往往被限制在碳化物层片之间,随着片间距的减小,可滑移的路程越短,故变形较困难,变形抗力也较大。较厚的渗碳体变形时易发生断裂,而薄的渗碳片可以有少量变形(图2-19),故综合地看,碳钢中渗碳片间距减小时,塑性变化不大。

表2-2　碳钢中渗碳体存在形态对力学性能的影响

材料及组织 性能	工业纯铁	共析钢(0.8%C)					过共析钢(1.2%C) 网状渗碳体
		片状珠光体 片间距 ≈6300Å	索氏体 片间距 ≈2500Å	屈氏体 片间距 ≈1000Å	球状珠光体	淬火 +350℃回火	
σ_b/MPa	275	780	1060	1310	580	1760	700
δ/%	47	15	16	14	29	3.8	4

 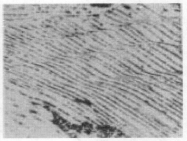

(a) 厚片渗碳体断裂　　　　　　　　(b) 薄片渗碳体变形

图2-19　碳钢经冷塑性变形后渗碳体的断裂和变形　15000×

2.2　金属的塑性

金属在外力作用下,稳定地改变自己的形状或尺寸而各质点间的联系不破坏的能力称为金属的塑性。所成形材料具有足够的塑性是塑性加工的前提。但是,金属塑性的高低不仅取决于本身的情况,而且与加工条件有关。加工条件指的是金属所受外力情况、加工温度和变形速度。应该指出外部条件对于塑性的影响比物质本身的性质所起的影响往往大得多。例如,某些耐热材料,在一般条件下呈脆性,但在适当的条件下,可以承受一定的塑性变形。

2.2.1　金属的塑性指标和塑性图

前面提到,金属的塑性,只是在一定条件下所表现出的性质,因此,很难用某一种指标来反映金属的塑性。它既决定于金属本身的材料种类、组织状态，而又同时决定于金属在变形时的外部条件。但是，可以测定在某种特定条件下金属塑性的相对数据。这些数据能定性地在某些方面反映出在该种条件下的金属塑性高低。

一般常用拉伸试验时试样的相对延伸率 δ 和断面收缩率 ψ 来表示塑性指标。有时还运用冲击试验时的冲击韧性 a_k 来反映金属在冲击力作用下进行塑性变形时的金属的塑性。

在不同的温度条件下进行这些试验，测定在不同温度时的这些指标（δ、ψ、a_k）对金属塑性加工有着重要的意义。因为金属塑性加工往往是在高温条件下进行的。

为使试验时的变形方式和锻压加工时的变形方式类似，金属的塑性试验往往采用镦粗试验。

镦粗试样做成高度 H 为直径 D 的 1.5 倍的圆柱形（图 2 - 20(a)）。例如 $D=$ 20mm、$H=$30mm。将试件分成几组，分别加热到不同温度。每一组的几个试样均加热到同一温度。在某一温度下，同一组的几个试样分别镦粗到不同的高度。待试样冷却后观察试样的侧表面，这时可能有多个试样侧表面出现裂纹（图 2 - 20(b)），在那些侧表面有裂纹的试样中高度最大的一个试样的高度为 h_k，则变形程度为

$$\varepsilon = \frac{H - h_k}{H} \times 100\%$$

此式即表示在这一温度条件下金属的塑性指标。

为了减少试件的数量和试验的工作量，可以将试样做成楔形块（图 2 - 21）。这样每种温度下只要一个试样，或重复少数几次，冷却后在试样的侧面观察裂纹。只要计算出离小头端距离最短的那条裂纹（第一条裂纹）处的变形程度 ε，就可以定出金属的塑性指标[7]。

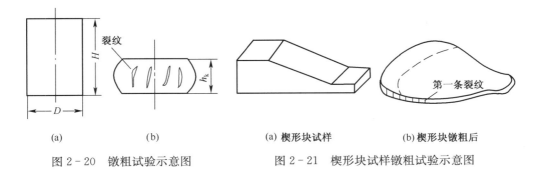

(a)　　　　　　　(b)　　　　　　　　(a) **楔形块试样**　　　　(b) **楔形块镦粗后**

图 2 - 20　镦粗试验示意图　　　　　图 2 - 21　楔形块试样镦粗试验示意图

金属的塑性指标除了拉伸、镦粗和冲击试验之外，还可以用扭转试验的指标表示。各种指标分别表示不同变形方式条件下的金属的塑性，有时这些指标得出的结果不完全一致。

一般根据镦粗试验指标 ε 可以分类如下：

$$\varepsilon \geqslant 60\% \sim 80\% \qquad 高塑性$$
$$\varepsilon = 40\% \sim 60\% \qquad 中塑性$$
$$\varepsilon \leqslant 20\% \sim 40\% \qquad 低塑性$$

生产实践表明：当金属的塑性指标 ε > 50% 时，锻压加工无困难。当塑性指标 ε ≤ 50% 时，加工比较困难。当塑性指标 ε < 20% 时，该金属材料实际上难以锻造。

将各种试验条件下（不同温度）得到的塑性指标（如 δ、ψ、ε 及 a_k 等）绘成曲线图形，即以温度为横坐标，以塑性指标（δ、ψ、ε、a_k 等）为纵坐标绘成函数曲线，这种曲线图形称为塑性图。图 2-22 为高速钢的塑性图。塑性图对于制定锻压工艺，选定锻造温度范围具有重要的意义。

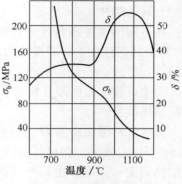

图 2-22　高速钢塑性图

2.2.2　影响塑性的因素及提高塑性的措施

前面已经讲到金属的塑性不仅决定于金属本身的内在因素，而且和塑性变形时的外部条件有紧密的关系。只有弄清影响塑性的各种内因和外因的变化规律，才能根据这些规律采用合理的加工方法，使一般钢材能顺利地进行加工，并且对低塑性材料也能达到加工成形的目的。

1. 影响塑性的内在因素

影响塑性的内在因素有化学成分和组织状态。其中化学成分对塑性的影响一般也是通过形成不同的组织状态来实现的，下面首先讨论组织状态对塑性的影响。

1）组织状态的影响

金属材料的组织状态和其化学成分有密切关系，但也不完全由化学成分所决定，它还和金属材料的制造方法（如冶炼、浇铸和热处理方法等）和变形温度有关。不同的组织状态，其塑性是有差别的。同一材料，如果冶炼、浇铸、结晶条件不一样，形成的组织状态一般是不一样的。同一材料，在不同的变形温度下，组织状态也可能是不一样的。例如，45 钢在室温是珠光体和铁素体组织，在高温时是奥氏体组织。金属材料的牌号很多，其组织状态各异，这里不打算一种材料一种材料地讨论，仅就组织状态对塑性的影响作一般介绍。

（1）金属基体的晶格类型对塑性的影响。如本章 2.1 节所述，基体晶格是面心立方的金属（如 Al、Cu、γ-Fe、Ni）塑性较好，基体晶格为体心立方的金属（如 α-Fe、V、W、Mo）塑性就要低一些。基体晶格为密排六方的金属（如 Mg、α-Ti、Be、Cd 等）塑性则更低些。当然，也不能孤立地来排这种顺序，因为晶格类型不是决定塑性高低的唯一因素，还与下面很多因素有关。

（2）单相或多相对塑性的影响。加入元素以单相固溶体形式存在于金属材料内时塑性较高，以过剩相存在时，一般说来塑性较低。例如，护环钢由高温冷却时，在700℃左右析出碳化物，塑性降低，所以护环钢通常要进行固溶处理（或称为奥氏体化处理）。具体过程是将经热锻后的锻件加热到1050℃～1100℃并保温一段时间，使碳化物溶于奥氏体基体中，然后自炉中取出，在水中和空气中交替冷却。

（3）第二相的性质和分布情况对塑性的影响。当第二相为低熔点物质且位于晶界处时，金属的塑性很低。例如，FeS的低熔点共晶体是使钢在锻造时发生热脆的原因。Cu渗入钢的晶界时也会产生同样的结果。当第二相虽是低熔点物质但主要存在于晶内时，则仍可以得到满意的塑性。例如，含Pb的β黄铜$H_{59}Pb$的热塑性加工性能就不错。如果α黄铜中含Pb太多，则由于分布在晶界处就会使热塑性加工发生困难。

当第二相为硬脆的化合物（如碳化物、氮化物及金属间化合物），而且这些化合物在晶界形成网状分布时，则塑性极差。不仅要避免在这种情况下锻造，就是在锻造后也应避免出现这种组织状况，以免使工件的性能下降。基于这个原因，通常在锻造过共析钢（如GCr15）时，一般终锻温度要略低于析出二次渗碳体的温度，以便边析出边将网状碳化物打碎，并以较快的速度冷却（夏天要喷雾冷却），避免二次渗碳体再次析出形成网状，在低于其析出温度区间后再慢冷。

当第二相为硬脆的化合物在晶内呈片状分布（如钢中的珠光体）时，这种分布对基体的塑性比上述呈网状分布要好一些。而且随着细化程度的增加，可使基体的强度增大，塑性也比粗片状分布时相对好一些。

当第二相呈细质点弥散分布时，使基体的塑性下降得最小。

当第二相为塑性较好的硫化物（如MnS）时，对基体塑性的影响很小，可以随基体自由变形。

前面已经提到过，金属的塑性加工应尽可能地在单相组织状态下进行，但是不能认为塑性变形只能在单相区进行。例如，碳钢的冷镦、冷挤是在室温下进行的，这时是处于双相组织状态。又如，对于轴承钢GCr15等过共析钢，虽然始锻是在单相的奥氏体组织状态下进行，但终锻时却是在双相区。

一般说来，锻造时应考虑金属材料的塑性问题，但不能孤立地片面追求高的塑性。上面所述原则只是说明在什么条件下塑性相对高一些或相对低一些。在制定具体工艺时要根据具体情况综合考虑各种因素对金属塑性的影响。又如过去曾经流行的观点之一是：在相变区不宜进行塑性加工。近年来也被一些事实所打破，因为那时金属的塑性虽然相对于相变前后的温度时低一些，但毕竟还是较室温时的塑性高。

（4）材料状态对塑性的影响。铸造组织由于首先析出的是较纯的金属或固溶体，后析出的是化合物，还有许多最后析出的杂质分布于晶界并常常组成低熔点共晶体，同时铸锭内部有疏松、气孔等缺陷，所以塑性较差。因此开始锻造时变形量要小些，待铸造组织经热塑性变形逐步转变为锻造组织后，每次的塑性变形量可以逐步加大。

特别是对于某些合金铸锭,由于铸造组织本身塑性就差,同时在铸锭的表面存在着较多缺陷或夹杂物,为了避免表面裂纹扩展,往往还需要进行剥皮加工后才能装炉加热和进行锻造。

冷变形后组织由于加工硬化的原因,内部缺陷增加,塑性降低。

2) 化学成分的影响

常见的钢和合金都含有两种以上的元素,但作为基体元素的一般只是其中的一种。前面已经提到,化学成分对塑性的影响一般是通过形成不同的组织状态实现的,关于这方面的问题将在第 6 章中结合各类金属材料锻件的塑性成形进行讨论。

2. 影响塑性的外部条件

影响塑性的外部条件有应力状态、变形温度和速度、加热时的周围介质等,现分别介绍如下:

1) 应力状态的影响

低塑性的金属材料自由镦粗时,由于侧表面沿切向受拉应力,常易产生裂纹。如果在坯料的外面加一层厚的低碳钢包套,如图 2-23 所示,使坯料侧表面处于受压状态,镦粗时裂纹便不易产生。生产薄壁筒形件时,用变薄拉深的办法(图 2-24(b))每次允许的变形量比用反挤压的办法(图 2-24(a))小得多。反挤压时是三向压应力状态,而前者在轴向受拉力。

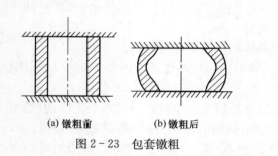

(a) 镦粗前　　(b) 镦粗后　　　　　　(a) 反挤压　　(b) 变薄拉深

图 2-23　包套镦粗　　　　　图 2-24　筒形件的变薄拉深和反挤压

从上述例子中可以看出:在塑性加工中,变形区的金属,若受拉应力的影响越小,受压应力的影响越大时,则塑性越高;相反,若受拉应力的影响越大,受压应力的影响越小,则塑性越差。因此,只要创造必要的条件,低塑性的金属材料都是可以进行塑性加工的。

根据拉应力对金属塑性的影响,在塑性加工中,将九种应力状态依次排列如图 2-25 所示。标号越高塑性越低。1 号为三向压力状态,塑性最高。7 号为三向拉应力状态,塑性最低。3a 号是介于 3 号和 4 号之间的情况,5a 号是介于 5 号和 6 号之间的情况。当然,这只是从应力状态的角度来比较其对塑性的影响。

为什么压应力的影响越大时,金属的塑性就越高呢?原因如下:

(1) 拉应力会促进晶间变形,加速晶界的破坏,而压应力阻止或减少晶间变形,随着三向压缩作用的增强,晶间变形更加困难,因而提高了金属的塑性。

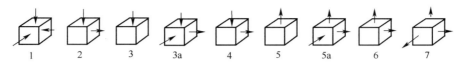

图 2-25 应力状态对塑性的影响

(2) 三向压缩应力有利于消除由于塑性变形而引起的各种破坏;而拉应力则相反,它促使各种破坏的发展。例如,在某晶粒的滑移面上,由于滑移变形而产生显微缺陷,若此时滑移面上作用着拉应力,则会促使原子层的彼此分离,加速晶粒的破坏;反之,若作用着压应力,则有助于该缺陷的封闭和消除(图 2-26)。

(3) 当变形体内原来存在着少量对塑性不利的杂质、液态相或者组织缺陷时,三向压缩作用能抑制这些缺陷,全部或部分地消除其危害性;反之,在拉应力作用下,将在这些地方形成应力集中,促使金属破坏(图 2-27)。

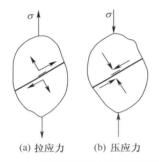

图 2-26 滑移面上的显微缺陷受拉应力和压应力作用的示意图

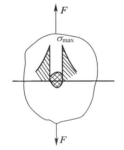

图 2-27 应力集中示意图

(4) 三向压缩作用能抵消由于不均变形所引起的附加应力。例如圆柱体镦粗时,侧表面可能出现附加拉应力而导致纵向裂纹的产生。如采用包套镦粗(图 2-23)即施加侧向压应力后,就能抵消此附加拉应力而防止裂纹的产生。

由此可见,如果三向压缩作用越强,也即静水应力越大,则提高塑性的效果就越显著。

在实际生产中,通过改善应力状态来提高金属的塑性是经常采用的。

例如,在平砧间拔长圆截面坯料时常产生中心裂纹,而如改用型砧拔长(图 2-28),由于增加了侧向压应力的作用,则可提高金属的塑性,避免裂纹的产生。又例如,某些有色金属及耐热合金,铸态塑性很低,通常都用挤压工艺生产毛坯(图 2-29(a))。有时仍不能防止挤出部分开裂。为了进一步加强三向不均匀压缩状态,采用附加反向推力的挤压(图 2-29(b)),可以得到较好的挤压效果。

2) 变形温度的影响

对大多数金属而言,变形温度对金属塑性影响的总趋势是:随着变形温度的升高(直至过烧温度以下),金属的塑性增加。但是,某些金属材料在升温过程中,往往有过剩相析出或有相变发生而使塑性降低。

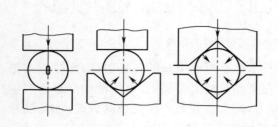

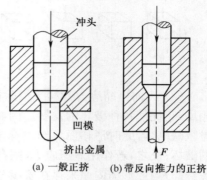

(a) 平砧　　(b) 上平、下V形砧　　(c) 上、下V形砧　　　　(a) 一般正挤　　(b) 带反向推力的正挤

图 2-28　工具形状对拔长时金属塑性的影响　　　图 2-29　挤压方法对金属塑性的影响

一般情况下,温度升高,金属塑性增加的原因如下:

(1)随着温度升高,原子热振动加剧,回复和再结晶容易进行。

(2) 随着温度升高,滑移系增加。

以镁为例,在室温时(0001)面的临界切应力比(1011)面低,此时,(0001)面是唯一的滑移面。随着温度升高,这两个面的临界切应力均降低,且(1011)面降低得更快,当超过一定温度(212℃)时,(1011)面也参与滑移,故由于滑移系增加,塑性增高。

又如,面心立方的铝,在室温时滑移面为(111)面,当温度达到 400℃ 时,除(111)面外,(100)面也开始发生滑移,使塑性提高。

(3) 金属的组织结构发生变化,可能由多相组织转变为单相组织,也可能由对塑性不利的晶格转变为对塑性有利的晶格。

例如,碳钢低温时为体心立方晶格铁素体加渗碳体的双相组织,而高温时,则为面心立方晶格的奥氏体,为塑性较好的单相组织。

又如钛,在低温时呈密排六方晶格,当温度高于 882℃ 时,转变为体心立方晶格,塑性有明显增加。

(4) 新的塑性变形方式—热塑性的产生。

当温度升高时,原子的热振动加剧,晶格中的原子处于一种不稳定的状态。而当晶体受到外力作用时,原子就沿应力场梯度方向,由一个平衡位置转移到另一个平衡位置(并不沿着一定的结晶面和结晶方向),使金属产生塑性变形,这种变形方式称为热塑性(也称扩散塑性)。热塑性较多地发生在嵌镶块的晶面和晶界处,其作用随温度的升高而加强。在回复温度以下,热塑性对金属塑性变形所起的作用并不显著,只有在很低的变形速度下才有考虑的必要。在高温时,热塑性的作用大为加强,因而增加了金属的塑性。

(5) 晶界性质发生变化,有利于晶界变形的进行和晶界破坏的消除。

温度升高时,晶界强度比晶粒本身强度下降得快,因此减小了晶界对界内变形的阻碍作用,而使晶间变形容易进行。另外,由于再结晶及溶解—沉淀作用,原子在扩散中充填了晶界处的微裂纹,使塑性变形过程中出现的晶界破坏在很大程度上得到修复或完全消除。这一切促使金属在高温下具有较好的塑性。

温度升高,除了促使金属塑性增加外,还可能发生一些使金属脆化的物理—化学变化。从一般情况看,金属具有低温、中温和高温三个脆性区,如图2-30所示。

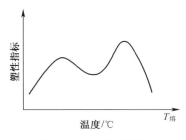

图2-30 温度对塑性影响的典型示意图

低温脆性区可能由下述原因产生:

(1)沿晶界的某些组成物质在低温下变脆。例如,Mg-Zn系合金中的化合物MgZn、MgZn$_2$和Mg$_2$Zn$_{11}$等在室温下呈脆性,而在高温下呈塑性。

(2)低温下的滑移抗力大于孪生抗力和断裂抗力,使滑移变形未开始时即已出现孪生变形或断裂。

(3)从固溶体中析出脆性物质,或者出现由塑性相向脆性相的相变。

中温脆性区可能由下述原因产生:

(1)在一定的温度—速度条件下,在塑性变形的影响下,从过饱和固溶体中析出脆性组成物。

(2)晶间物质的强度显著降低,或由于晶界上的低熔点共晶体熔化,使晶界强度丧失。

(3)固溶体分解后,形成脆性相或机械性能差别很大的相,使变形不均匀和产生附加应力,而导致金属破坏。

高温脆性区可能由下述原因产生:

(1)沿晶界出现液相,而使晶界强度丧失。

(2)周围介质的影响,例如,金属在氧化性炉气中长时间加热,致使晶界氧化而变脆、这种情况亦称过烧。

(3)晶粒急剧长大,晶界强度降低。

图2-31是温度对碳钢塑性影响的定性曲线。图中Ⅰ、Ⅱ、Ⅲ、Ⅳ表示塑性降低区域(即脆性区),1、2、3表示塑性增加的区域。Ⅰ区相当于-200℃左右,这时塑性几乎完全丧失。某些钢,如含磷0.08%和含砷高于0.3%在-40℃~-60℃变成了脆性。塑性降低的第二个区域位于200℃~400℃的范围内,此区称为"蓝脆"区,即在钢的断裂部分呈现蓝的氧化色。

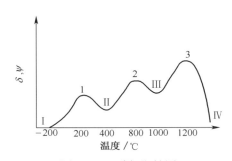

图2-31 碳钢塑性图

在该区产生某些夹杂物以沉淀的形式析出,存在于晶内和晶界,故使塑性下降。塑性降低的第Ⅲ个区域位于800℃~950℃,此区域与相变有关;若晶界上存在FeS

与 Fe 的低熔点共晶体等物质时,此区塑性将显著降低,一般称为"红脆区"。塑性降低的第Ⅳ个区域,接近金属的熔化温度,当再加热时可能发生金属的过热和过烧现象。

在各个脆性区内,由于金属塑性降低,故塑性加工一般应避免在这些脆性区的温度范围内进行。但是,如果由于工艺上的某种要求,需在上述温度范围内成形,而材料此时尚具有一定的塑性,可以满足成形要求时,则不应排除采用的可能性。

3) 变形速度的影响

关于变形速度,应当和工具的速度(即锻压机器所给出的)区别开来,变形速度是指单位时间内的相对变形量,单位以 1/s;而不是用 cm/s 或 m/s 表示。

变形速度增大后会产生以下几方面的效果:

(1) 随着变形速度增大,回复和再结晶来不及进行、加工硬化加剧,使塑性下降。因为再结晶是一个重新生核成长的过程,它需要一定的时间才能实现。材料的化学成分越复杂,完成再结晶过程所需的时间越长,因此变形速度增加时相应的塑性降低现象也就越显著。

(2) 随着变形速度增大,热效应增大,使工件升温,从而塑性提高,冷变形时这方面的效果比热变形时要大。

所谓热效应是在变形过程中,消耗于塑性变形的能量有一部分转化为热能,当变形速度较大时,热能来不及扩散,便使物体的温度升高。例如在锤上快速锻造时,越锻工件温度越高就是这个缘故。

(3) 随着变形速度增大,有些物理化学变化(例如第二相的析出)来不及进行,故有利于塑性提高。

例如,含有 9%Al 和 4%Fe 的铸造青铜,在静载荷作用下,在 400℃左右出现中温脆性区,但在动载荷作用下,在 300℃~700℃温度范围内塑性几乎保持不变(图 2-32)对这种现象的解释是:在静载荷下,有足够的时间完成使金属塑性降低的物理化学变化;而在高速载荷下,该种物理化学变化来不及发生。

除以上三方面外,变形速度还可以通过改变摩擦系数而对金属的塑性产生一定的影响。

由此看来,变形速度对塑性的影响是一个比较复杂的问题。随着变形速度的增加,既有使金属塑性降低的一面,又有作用相反的一面,而且在不同温度下,变形速度的影响亦不同。因此,很难得到对任何温度下,对所有金属均适用的统一结论,但总的来说,塑性随变形速度变化的一般趋势如图 2-33 所示。

当变形速度不大时(图 2-33)中 ab 段,增加变形速度有降低塑性的作用,这是由于加工硬化而引起的塑性降低大于热效应所引起的塑性增加。变形速度较大时(图 2-33 中 bc 段),由于热效应较显著,使得塑性基本上不再随速度的增加而降低。当变形速度更高时(图 2-33 中 cd 段),则由于热效应的作用显著而使塑性回升。必需指出,图 2-33 中的曲线没有任何数量上的意义。该曲线上不同变形速度区段,冷热变形时的塑性变化趋势并不相同。一般说来,冷变形时,随着变形速度的增加,塑性略有降低,以后由于热效应作用加强,塑性可能略有上升。而热变形时,随着变形速度的增加,塑性通常降低的较显著,以后由于热效应作用的加强而使塑性提高。但当热效应太大,以致变形温度达到过烧温度时,则金属的塑性又急剧下降(如虚线 *de* 段)。

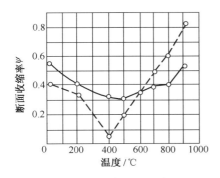

图 2-32 含 9%Al 和 4%Fe 的
铸造青铜的塑性图
(实线——动载荷;虚线——静载荷)

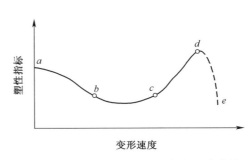

图 2-33 塑性随变形速度变化的示意曲线

因此,变形速度对工件塑性的影响,要根据工件的形状尺寸和材料等情况具体确定。例如,对于薄壁的工件(如叶片)用高速锤挤压时,由于热效应和散热慢等原因,较用水压机挤压时的塑性高。但是,对于同一种材料,用同一始锻温度时,在高速锤上锻造也曾出现因温升过高(超过 100℃)而使工件过烧的现象(在普通锤上锻则无此现象)。所以通常高速锤上锻造的始锻温度可以取得稍低一些。

如果在工件实际变形温度(在考虑温升、温降后)和摩擦系数基本相近的前提下进行比较,也就是说仅考虑变形速度的影响时,一般认为变形速度增加时由于再结晶过程来不及进行,或进行得不充分,因而塑性下降。材料化学成分越复杂,再结晶速度越低时,这种影响也显著,而对碳钢和一般合金结构钢影响较小。所以,高温合金和镁合金自由锻时用水压机较用锻锤时的塑性高。

4) 加热时周围介质对金属塑性的影响

在金属的加热过程中,周围的介质可能在其表面层引起腐蚀或吸附一部分气体以致产生脆性。

如高镍钢和镍铬合金在含硫的气氛中加热时,会在表面形成低熔共晶体 Ni_3S_2,它促使金属产生脆性。因此在火焰加热炉中加热此类金属时要注意燃料的成分(含硫的情况)和加热条件,以避免此种情况的产生。

含铜的钢材及含氧的铜和铜合金在还原性气氛中加热时,氢气能使氧化铜还原并生成水汽,水汽向外逸出而形成显微裂纹。

在含铜的介质气氛中加热钢材时,则会引起钢材在锻造时开裂。这在加热过铜的加热炉中,未经清洁处理炉底就接着加热钢材便会产生这种情况。原因是铜在 1083℃时熔化,而未经清洁处理的加热炉中残留着氧化铜,再接着加热钢材,氧化铜被铁还原成液态铜,液态铜在高温下以很高的速度沿着晶界扩散,使晶粒彼此间被液态铜隔开,这样在锻造时容易造成工件的开裂。因此必须将加热过铜的炉底清理干净才能接着加热钢材。清理的方法也可以采用化学清理的方法。即在炉中撒上食盐,则因形成氯化亚铜而易于挥发掉,避免炉内残留铜及其氧化物。化学反应式为

$$Cu_2O + Fe \longrightarrow 2Cu + FeO$$
$$Cu_2O + 2NaCl \longrightarrow 2CuCl \uparrow + Na_2O$$

另外,钛合金也不能在还原性气氛中加热,否则在其表面吸附大量气体而使塑性降低。

总之,虽然影响塑性的因素很多,但从原则上来说,又是很有规律的,即凡是形成裂纹并促使它发展的因素都使塑性降低;凡是有利于裂纹焊合及阻碍其发展的因素都使塑性增加。在上面分析影响塑性的因素的基础上,便可找出提高金属塑性的办法或措施。

3. 提高塑性的工艺措施

提高塑性的办法很多,要根据具体条件来选用,以下提供一些思路和做法。

(1) 提高坯料组织成分的均匀性。铸态组织偏析较为严重,组织结构非常不均匀,通常采用扩散退火的办法能起到均匀化的作用。例如,铝合金铸锭在变形前常采用高温均匀化处理,使化合物最大限度地溶入晶内而提高塑性。但这种工艺周期长、耗费大,所以目前有些厂采用增加锻造加热时的保温时间来代替。这种办法对白点敏感的钢也能起到消除白点的作用。

(2) 控制合适的变形温度和变形速度。锻造温度和速度的选择应保证再结晶得到充分的进行,同时又不产生过热和过烧。除了加热温度和终锻温度按工艺规定外,在操作时应避免局部过冷,工具要预热到足够高的温度。操作时的变形速度也很重要,既要抓紧时间,操作迅速,又要避免仅在一处重复打击。

(3) 改善变形时的受力状况。总的原则是避免出现拉应力,增加压应力。从变形方式看,采用挤压变形时,塑性高于开式模锻,而开式模锻又比自由锻对提高塑性有利。在自由锻时用型砧拔长比平砧拔长对提高塑性有利。改善受力状况的另一个重要方面是应注意减少由于变形不均而产生的附加应力,这可以从下列几方面努力:①注意操作方法,提高变形均匀性;②改进工具几何形状;③采用合适的润滑剂或软金属垫;④创造新的加工方法等。

毛坯的表面缺陷会在变形过程中引起应力集中,事先应加以处理(剥皮、磨掉、铲除等)也能提高锻件的成品率。

2.3 屈 服 准 则

屈服准则是研究塑性加工问题中的重要概念之一。当判断坯料是否进入塑性状态及控制各变形区进入塑性状态的先后顺序等问题时均要用到。

由材料力学可知,韧性金属材料单向拉伸时,当拉应力达到屈服极限 σ_s 材料即行屈服,进入塑性状态[8]。而这里则要讨论在一般应力状态下,材料进入塑性状态的力学条件,这个力学条件就叫屈服准则,也称塑性条件或塑性方程。

屈服准则只是对点应力状态而言,物体中某一点的应力状态符合了屈服准则,该点就进入塑性状态。

本节讨论各向同性全塑性材料的屈服准则[7,8]。

1. 屈雷斯加屈服准则(最大剪应力不变条件)

屈雷斯加(H. Tresca)于 1864 年提出,最大剪应力强度理论可以作为屈服准则。该准则可表述如下:当材料中的最大剪应力达到某一定值时,材料即行屈服,该定值只决定于材料在变形条件下的性质,而与应力状态无关;或者说,材料处于塑性状态时,其最大剪应力始终是某一定值。

最大剪应力是三个主剪应力中的绝对值最大的一个,而主剪应力则是两主应力之差的 $1/2$。所以只要 $|\sigma_1-\sigma_2|$、$|\sigma_2-\sigma_3|$、$|\sigma_3-\sigma_1|$ 之中有一个达到某一定值,材料即行屈服。如设 $\sigma_1 \geqslant \sigma_2 \geqslant \sigma_3$,则屈雷斯加屈服准则可表示为

$$|\sigma_1-\sigma_3|=常数 \tag{2-4}$$

式中的常数可以通过试验求得。

由于屈服准则必须适合任何应力状态,故可用最简单的应力状态,例如用单向拉伸来作试验求出这一常数。设单向拉伸试验时的屈服应力为 $\boldsymbol{\sigma_s}$,则材料单向拉伸进入塑性状态时的应力状态为:$\sigma_1=\sigma_s$,$\sigma_2=\sigma_3=0$。将它们代入式(2-4),得

$$\sigma_s=常数$$

于是式(2-4)可写成

$$|\sigma_1-\sigma_3|=\sigma_s \tag{2-5}$$

当事先不知道主应力的大小次序时,屈雷斯加屈服准则的表达式应写成

$$\begin{cases} |\sigma_1-\sigma_2|=\sigma_s \\ |\sigma_2-\sigma_3|=\sigma_s \\ |\sigma_3-\sigma_1|=\sigma_s \end{cases} \tag{2-6}$$

2. 密席斯屈服准则(弹性形变能不变条件)

密席斯(Von Mises)于 1913 年提出另一个屈服准则,它有许多表达方式,这里将它表述为:当等效应力达到某一定值时,材料即行屈服,该定值只决定于材料在变形条件下的性质,而与应力状态无关;或者说,材料处于塑性状态时,其等效应力是某一定值,即

$$\bar{\sigma}=\sqrt{\frac{1}{2}\left[(\sigma_1-\sigma_2)^2+(\sigma_2-\sigma_3)^2+(\sigma_3-\sigma_1)^2\right]}=常数 \tag{2-7}$$

同样,用单向拉伸时的应力状态(σ_s、0、0)代入式(2-7)得:

$$\sqrt{\frac{1}{2}\left[(\sigma_s-0)^2+(0-\sigma_s)^2\right]}=\sigma_s=常数$$

因此,密席斯屈服准则的表达式为

$$\bar{\sigma} = \sigma_s \tag{2-8}$$

即

$$(\sigma_1 - \sigma_2)^2 + (\sigma_2 - \sigma_3)^2 + (\sigma_3 - \sigma_1)^2 = 2\sigma_s^2 \tag{2-9}$$

或

$$(\sigma_x - \sigma_y)^2 + (\sigma_y - \sigma_z)^2 + (\sigma_z - \sigma_x)^2 + 6(\tau_{xy}^2 + \tau_{yz}^2 + \tau_{zx}^2) = 2\sigma_s^2$$

$$\tag{2-10}$$

密席斯提出该准则时,只是想把式(2-6)写成一个统一的关系式,以简化计算。直到1924年汉基才解释了它的物理意义:当材料中单位体积的弹性形变能(形状变化的能量或称剪变形能)达到某一定值时,材料就屈服。所以,密席斯屈服准则又称弹性形变能不变条件,或称单位体积形状变化能不变条件,简称能量条件。

密席斯屈服准则与屈雷斯加屈服准则实际上相当接近,在某些应力状态下还是一致的。密席斯在提出该准则时还认为屈雷斯加屈服准则是准确的,而该准则只是近似的,以后的试验证明,对于多数金属材料,密席斯准则更接近于实际情况。

两个屈服准则的差别主要是密席斯屈服准则考虑了主应力的影响,而前者则未考虑。在数量上的差别如图2-34所示。当$\sigma_2 = \sigma_1$或$\sigma_2 = \sigma_3$时两者是一样的,$\beta = 1$,而当$\sigma_2 = \dfrac{\sigma_1 + \sigma_3}{2}$,即平面变形时,$\beta = 1.155$。

密席斯屈服准则的表达式可写成

$$\sigma_1 - \sigma_3 = \beta\sigma_s$$

式中:$\beta = \dfrac{2}{\sqrt{3 + \mu_\sigma^2}}$。

参数μ_σ为罗德应力参数,可表达为

$$\mu_\sigma = \frac{2\sigma_2 - \sigma_1 - \sigma_3}{\sigma_1 - \sigma_3} = \frac{(\sigma_2 - \sigma_1) - (\sigma_3 - \sigma_2)}{\sigma_1 - \sigma_3}$$

关于屈服准则的应用如下:

(1) 物体中某一点、某一区域或整个变形体的应力状态如符合屈服准则时,则该点、该区域或该变形体便进入塑性状态,从而产生塑性变形。

(2) 对两个受力区来说,哪个应力区的状态最容易满足屈服准则,则该区首先产生塑性变形,而且变形也较大。

(3) 根据屈服准则可以建立不同的应力状态或不同的σ_s来控制塑性变形区,使有的区域先变形,有的区域后变形或不变形。例如,拉拔时(图2-35)轴向受拉力作用,图中有阴影的区域直径虽稍大于直径为d的杆部,但此区轴向受拉、径向受压,为异号应力状态,而杆部为单向受拉的应力状态。在一定的尺寸比范围内,阴影部位为变形区,而杆部不变形,称为传力区。

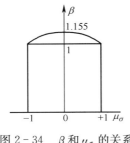

图 2 - 34 β 和 μ_σ 的关系

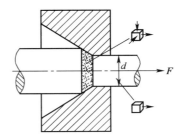

图 2 - 35 拉拔时的主应力简图

2.4 金属塑性变形的不均匀性

2.4.1 塑性变形的不均匀性[7,8]

　　塑性加工时,由于金属本身性质(成分、组织等)不均和各处受力情况不同,金属内各处的变形情况也不同。变形首先发生在那些先满足屈服准则的部分。因此,有的地方先变形,有的地方后变形,有的地方变形大,有的地方变形小,实际上在绝大多数情况下,金属的塑性变形是不均匀的。举一个最明显的例子,用凸肚型轧辊轧制板条件,由于各处的压下量不一样,变形是不均匀的,中间变形大,两侧变形小(图 2 - 36)。实际上,即使用平轧辊轧制板条,由于中间和两侧边的应力、应变条件不一样,变形也是不均的。冷轧塑性较低的金属板料时,边部常因附加拉应力而开裂。

　　例如,镦粗时,在存在摩擦的条件下变形也是不均匀的。从宏观看呈鼓形,在内部,沿轴向和径向的分布是很不均匀的(图2 - 37)。

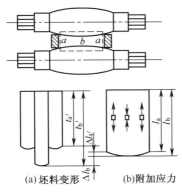

(a)坯料变形　　(b)附加应力

图 2 - 36 用凸肚形轧辊轧制时
坯料的变形和附加应力简图

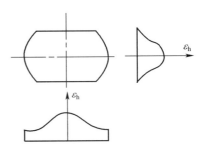

图 2 - 37 镦粗时变形程度沿轴向和
径向的分布(ε_h—高度方向变形程度)

　　又如,挤压时,在润滑较好的情况下,变形区集中在孔口附近,随着坯料的前进,变形相继地向坯料后端发展(图 2 - 38)。

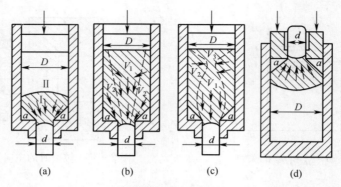

图 2 - 38　挤压时金属在挤压筒内的流动情况

以上实例均是金属各区域之间的变形不均匀的情况。另外,在坯料内部由于组织和性能的不均匀,也要引起变形不均。例如当两相多晶体的晶粒变形时,在其他条件相同的情况下,强度较低的晶粒由于先满足屈服准则就先变形,强度较高的晶粒后变形,而且变形比较困难。从更微观的角度看,在一个晶粒内部变形也是不均匀的,变形主要集中在滑移平面附近。

总之,塑性变形实际上都是不均匀的。

从对上面几个实例的分析,可以将塑性变形的不均匀性概括为两个方面:①塑性变形程度的不均匀性(指变形最后结果而言),如镦粗,凸肚型轧辊轧制等;②塑性变形的不同时性(时间上有先后),如拉拔,润滑情况良好时的挤压以及超塑性成形等。

产生塑性变形不均匀的原因主要取决于以下几个方面:

(1) 受力情况,主要指应力场的情况,它与下列因素有关:①工具形状、作用力的大小和方向;②摩擦力的情况;③坯料的尺寸和形状。

(2) 材料本身的情况,它与下列因素有关:①材料变形抗力 $\boldsymbol{\sigma}_s$ 的大小和均匀情况;②单相或多相材料;③晶格的类型。

关于这些因素对塑性变形影响的具体情况见 2.6 节。

2.4.2　塑性变形的协调性和附加应力

协调性是指变形金属内相互间的作用,其存在协调性的原因有下列两点。

1. 变形金属为连续整体必须协调

例如凸肚形轧辊轧制时,压下量大的部分伸长大,压下量小的部分伸长小,如果各部分彼此分离的话(图 2 - 36(a)),则各部分伸长的尺寸不一样,而变形金属为一整体,于是变形大的部分拉着变形小的部分伸长,后者则牵制着前者。于是便产生相互平衡的内力,即附加应力。

附加应力必定是成对出现的,变形大者受附加压应力,变形小者受附加拉应力(图 2 - 36(b))。

2. 为使变形过程能够继续进行必须协调

以冲孔为例,冲孔时将变形金属分为 A、B 两区(图 2-39),冲头下部的 A 区金属为直接受力区,外圈 B 区金属是间接受力区。首先是 A 区金属受压缩而变形,直径增大,与此同时 B 区金属也受径向压应力,也随之变形。如果 B 区金属不变形,则 A 区金属也不能变形。为使塑性变形能继续进行,A、B 两区金属必须协调,于是两区之间便产生相互平衡的内力,亦即附加应力。A 区是径向和切向受压;B 区是径向受压,切向受拉。

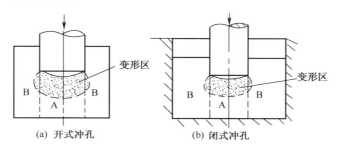

图 2-39 冲孔时的变形情况

通常附加应力分为三类:①第一类:存在于各大区之间;②第二类:存在于各晶粒之间;③第三类:存在于晶粒内部。

2.4.3 塑性变形不均匀引起的不良后果

1. 可能引起物体应力状态的改变

以图 2-36 所示的凸肚形轧辊轧制板条件为例,基本应力是单向(厚度方向)压应力,由于变形不均,中间部分受两向(厚度方向和轴向)压应力,两侧部分的厚度方向受压应力,轴向受拉应力。

2. 可能导致物体的破坏

由图 2-36 可看出,当两侧部分所受的拉应力超过了金属强度所能承受的大小时,可能造成破裂。

镦粗和冲孔时锻件侧表面的裂纹,矩形截面坯料在平砧上拔长时的表面裂纹和角裂,圆截面坯料在平砧上拔长时中心裂纹,大锻件内部的横向裂纹等也都是变形不均及附加拉应力引起的。

3. 造成物体的歪扭

当变形物体某方向上各处的变形量差别过大,而物体的规整性不能起限制作用时,则所出现的附加应力不能自相平衡而导致物体外形的歪扭,如轧制薄板、薄带时出现的镰刀形、上翘下弯,边部出现荷叶边、中间呈波浪状等。

4. 形成残余应力

由于附加应力是成对存在,彼此平衡的,只要变形的不均匀状态不消失,它是始终存在的,所以变形过程完成后(引起变形的载荷去除后),它仍能残留在物体内而形成残余应力。

5. 可能残留铸态组织或粗大晶粒

由于变形不均,存在小变形区(困难变形区),使锻件中残留铸态组织或粗大晶粒,使产品性能不合格。

6. 常常存在临界变形区和粗晶

由于变形不均匀,而且由大变形区到小变形区之间一般是连续过渡的,故在变形金属内常常存在临界变形区,引起晶粒粗大。

7. 使坯料轴心偏析区外移

在某些变形工序中,例如,镦粗时,由于变形不均匀,使坯料轴心部位质量不好的金属外流,引起产品质量降低,这对高速钢刀具和大型锻件常常是一个很重要的问题。

8. 可能引起剪切变形和局部粗晶

由于变形不均匀和金属流速不均匀,在坯料的局部区域产生强烈的剪切变形,引起局部粗晶等缺陷,使产品性能不合格。

2.4.4 塑性变形不均匀性的控制和利用[7,13]

由于变形不均而引起的这种附加应力常常是塑性加工过程中引起零件畸变和材料塑性破裂的重要原因。金属塑性变形不均匀性还直接引起锻件内部组织和性能的不均匀,对锻件的内部质量有直接影响(见《锻件组织和性能控制》一书)[9],尽管影响变形不均的因素很多,各种因素造成变形不均的表现形式又各异,但他们是有规律的,是可以被认识和掌握的。我们掌握了这些变形不均匀的规律性就可以。

(1)在某些情况下为保证锻件的质量采取适当的措施,尽可能地减小变形不均匀的程度;

(2)充分地利用某些因素造成的变形不均匀实现变形工艺上和组织性能上的某些要求。

关于第一个问题,以镦粗为例,由于变形不均常引起侧表面裂纹和内部组织不均匀,热镦粗时引起变形不均的主要原因:①工具与接触部分金属之间的摩擦影响;②与工具接触部分的金属由于温度降低快,流动极限 σ_s 较高。因此,为保证内部组织均匀和防止侧表面裂纹产生,应当改善或消除引起变形不均的那些条件,如改善润滑条件,减小摩擦,预热工具或采用合适的坯料形状,采取合适的变形方法,如铆镦,叠镦等,见第 7 章 7.1 节。有关这方面的问题将在第 7 章中结合各个工序作具体介绍。

关于第二个问题,即充分地利用某些因素造成的变形不均匀实现变形工艺上的某些要求也是常常用到的。例如,采用冲头扩孔时,若孔冲偏了,则扩孔前应将壁薄的部分放在水中冷却一下,使此处的金属流动极限增高些以保证均匀地扩孔。又例如热轧齿轮时,为避免内孔变形,需选择适当的感应炉频率,使坯料仅在一定深度的外层部分加热。又如,农业机械上的一种螺旋推进器(图 2-4C),过去是一段一段地焊起来的,现在利用变形不均匀的道理,用等宽等厚的条料,用锥形轧辊(图 2-41)直接一次轧成。在辊轧生产中常采用的强制展宽和强制伸长等工艺也均是利用了变形不均匀,即依靠各区变形金属相互之间的作用来实现的。

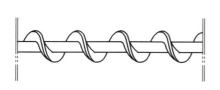

图 2-40 螺旋推进器

图 2-41 用锥型轧辊轧制螺旋推进器叶片示意图

2.5 局部加载时沿加载方向的应力分布规律

2.5.1 局部加载时沿加载方向的应力分布规律概论

局部加载是塑性加工过程中最为普遍的情况,绝大多数塑性加工工序都是局部加载。例如,拔长、辊锻、冲孔、挤压、摆辗以及拉拔等都表现为坯料的局部区域直接承受外部载荷或与工具、模具相接触。虽然不同工序各自的应力应变状态和变形流动情况不尽相同,但是,由局部加载这一基本特征所决定的各工序变形体内部的力学特性都有着某些共同的、本质的规律性。

对这个问题的认识,是我们对下列一些实际现象的应力应变分析中首先提出来的[11,12]。这些现象如下:

(1) 圆截面坯料在平砧上小压下量拔长时为什么变形区集中在上部和下部,而中间变形小(图 2-42);

(2) 高坯料小送进量拔长时为什么上部和下部变形大中间变形小(图 2-43);

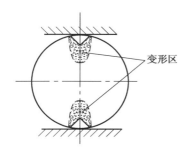

图 2-42 圆截面毛坯在平砧上
小压下量拔长时的变形情况

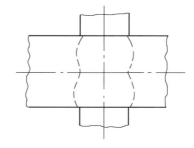

图 2-43 矩形截面毛坯小送
进量拔长时的变形情况

(3) 开式冲孔和闭式冲孔时,在直接受力区(A 区)内,为什么变形区在靠近冲头的一段距离内(图 2-39);

（4）为什么在润滑条件较好的情况下挤压高坯料时，变形区集中在孔口附近（图2-44），而润滑条件较差时，整个挤压筒内金属都变形。

还可以举出许多类似的例子。所有这些现象用传统观点都是难以解释的。

仔细分析上述各工序中坯料的受力和变形情况，可以发现，尽管它们的具体表现形式和变形结果不同，但有着相同的受力和变形发展过程，存在着共同的规律性[11,12]。这种共同的规律性可表述为：局部加载时沿加载方向的正应力随受力面积不断扩大，其绝对值逐渐减小。这就是局部加载时沿加载方向应力分布的一般规律。这一规律适用于在加载方向上，坯料尺寸较大而加载工具的作用面积与此作用面的

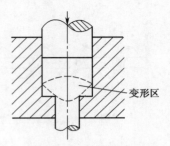

图2-44 在较好润滑条件挤压时的变形情况

总面积之比较小的情况。例如前面所述的拔长、辊锻、冲孔、挤压、摆辗和拉拔等。这一规律对弹性状态和塑性状态都是适用的。

以冲孔为例（图2-39），冲头下面的金属为直接受力区（A区），其余为间接受力区（B区）。由于坯料为一整体，冲头下面的A区金属被压缩时，必然拉着紧挨着的B区金属向下移动，于是通过A区的变形（弹性变形或塑性变形）将外力传给了与其相邻的b_1区金属（图2-45），使受力面积增大。再往下时，由于同样的原因受力面积又扩大到b_2区、b_3区……结果沿加载方向受力面积不断扩大。当A区金属拉着B区金属往下移动时，B区金属则反抗前者的作用，力图保持原状，它们之间是通过切应力相互作用的（图2-46）。因此，由于沿加载方向受力面积不断扩大，作为该方向的应力值（指绝对值）将逐渐减小，以满足不同截面（指垂直于加载方向的截面）之间力的平衡。

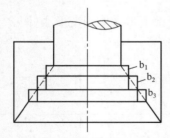

图2-45 冲孔时沿加载方向受力面积逐渐扩大的示意图

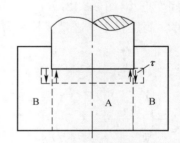

图2-46 A区与B区相互作用的示意图

用光弹和光塑性试验方法可以直接观察到沿加载方向受力面积逐渐扩大的情况。图2-47是我们用光弹性方法测得的结果。

为了定量地描述局部加载时沿加载方向应力的分布规律，我们在文献[11,12]中用弹塑性有限元方法对局部加载的典型工序之一——非对称拔长（图2-48）的应力、应变进行了分析。

图 2-47 局部加载时的等差线图

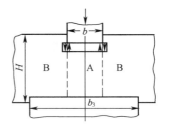

图 2-48 非对称拔长示意图

图 2-49 是载荷为 36000N 时变形体内不同水平截面上 σ_z 沿横轴的分布曲线。此时,计算截面全部单元均处于弹性变形状态。图中曲线表示了弹性阶段沿加载方向应力分布的特点。

如同其他局部加载工序一样,也可将非对称拔长时变形坯料分为直接受力区和间接受力区。在施加载荷的过程中,这两部分金属产生相互作用。由图 2-49 可以看出,按同一水平坐标分析(对同一条曲线),纵向应力 σ_z 无论在直接或间接受力区都是沿横轴方向逐渐减小的(指绝对值,下同)。但沿纵轴方向情况则不同。在直接受力区内 σ_z 逆纵轴方向(加载方向)逐渐减小,而在间接受力区 σ_z 逆纵轴方向逐渐增大。这就体现了沿加载方向应力在直接受力区和间接受力区的传递作用,如前所述,这一传递是通过剪应力实现的。

由图 2-49 中的应力分布曲线可以看出,随着载荷逐渐增大,塑性变形将首先在直接受力区的上部发生,然后逐渐向下部扩展。图 2-50 是外载荷为 72000N 时,不同水平截面上 σ_z 沿 y 轴的分布情况(图中截面位置同图 2-49)。此时,塑性变形已经扩展到几乎整个变形平面。由图中曲线可以看出,在塑性变形状态,变形体内的应力分布仍然符合上述由受力面积—应力关系所确定的趋势。此时,应力分布规律受弹性状态下应力分布规律遗传的影响,同时,各应力间的关系应符合屈服准则。例如非对称拔长时,在对称平面上为平面变形状态,此时纵向应力 σ_z 与轴向应力 σ_y 之间应满足平面变形条件下的屈服准则,即此时 σ_z 的数值取决于 σ_y 的大小,而在弹性状态时则没有这方面的限制。

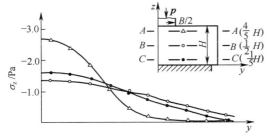

图 2-49 载荷为 36000N 时不同水平截面上
σ_z 沿 y 轴方向的分布曲线

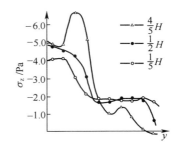

图 2-50 载荷为 72000N 不同水平
截面内 σ_z 沿 y 轴方向的分布曲线

在直接受力区,轴向应力 σ_y 的大小受两方面因素的影响:①间接受力区的影响;②直接受力区上、下部金属之间的影响。上部先变形的金属对下部金属作用有附加拉应力,使下部金属受到的轴向应力绝对值 $|\sigma_y|$ 减小;相应地,上部先变形的金属受附加压应力,使 $|\sigma_y|$ 增大。这也正是弹性状态下应力分布规律的遗传影响所致。

在文献[11,12]中用密栅云纹法对非对称拔长进行了试验。结果(图 2-51)与用有限元法计算的结果(图 2-52)无论在变化趋势还是绝对数值上都很吻合。

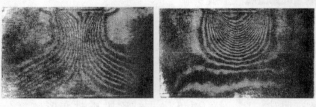

(a) 水平场   (b) 垂直场

图 2-51   载荷为 60000N 时的密栅云纹图

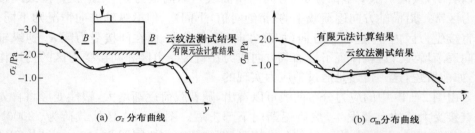

(a) σ_z 分布曲线   (b) σ_m 分布曲线

图 2-52   载荷为 60000N 时 $B-B$ 截面上纵向应力 σ_z 和平均应力 σ_m 分布曲线

根据局部加载时沿加载方向应力分布的上述规律可以导出沿加载方向平均应力(静水应力)的变化规律和正应变的分布规律:

(1) 局部加载时,在直接受力区,沿加载方向平均应力(静水应力)σ_m 的绝对值随着离加载工具的距离增加而减小。

如上所述,$|\sigma_3|$ 沿加载方向是逐渐减小的,根据屈服准则($\sigma_1 - \sigma_3 = \beta\sigma_s$),$|\sigma_1|$ 和 $|\sigma_2|$ 也应相应地减小,因此,平均应力 $\sigma_m = \dfrac{1}{3}(\sigma_1 + \sigma_2 + \sigma_3)$ 沿加载方向逐渐减小。

(2) 局部加载时,大塑性变形区位于加载工具的作用面附近,在直接受力区随着离加载工具的距离增加,正应变的绝对值逐渐减小。图 2-53 是非对称拔长时正应变 ε_z 和等效应变 ε_i 沿对称轴分布的情况。

局部加载不仅载荷为压力时存在上述应力分布规律,当载荷为拉力时,也存在同样的规律性。图 2-54 是我们对薄板料局部拉伸时用密栅云纹法测试的照片,由该图中可以看到:变形主要集中在加载点附近的区域,而较远处变形则很微小,再远处基本上未产生塑性变形,这也是由于沿加载方向随受力面积逐渐扩大,正应力逐渐减小的缘故。因此,这一规律可用于说明和控制复杂形状的板料零件拉深

48

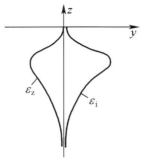

图 2-53　正应变沿对称轴的分布情况

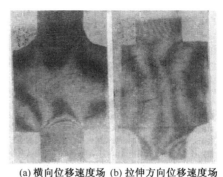

(a) 横向位移速度场　(b) 拉伸方向位移速度场

图 2-54　局部拉伸时的密栅云纹图

过程中某些失稳折皱现象。

由上述分析可以看出,局部加载时沿加载方向应力分布规律是客观存在的。在塑性加工过程中正确运用这一规律可以充分地分析和说明许多用传统观点难以解释的现象,它对研究、开发塑性加工领域的新工艺、新技术具有重要的意义。

2.5.2　局部加载时沿加载方向的应力分布对金属变形和流动的影响

现对前面提到的一些工序的变形和流动进行分析。

1. 圆截面坯料在平砧上拔长

圆截面毛坯在平砧上拔长,按平面变形用有限元方法进行计算,在水平对称轴上轴向应力 σ_3 和径向应力 σ_1 的分布情况如图 2-55 所示[14]。用光学方法测得的结果如图 2-56 所示。由两个图中可以看到沿整个直径上都受到垂直应力 σ_3 作用。这说明圆截面坯料在平砧上拔长时,在作用力方向受力面积是逐渐扩大的,如图 2-57 中虚线所示。于是在上部和下部 $|\sigma_3|$ 较大,而中间较小。另外由于工具摩擦阻力的影响,上部和下部金属在水平方向流动的阻力大,而中部较小,但是当压下量 Δh 较小时,由于接触面积小,上部和下部的垂直应力 $|\sigma_3|$ 比中部大很多,而摩擦力这时又不大,故上部和下部金属较中间部分容易满足塑性条件,于是变形主要集中在上部和下部,中间部分变形小。

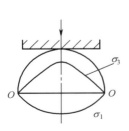

图 2-55　在水平对称轴上 σ_1 及 σ_3 的分布情况

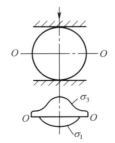

图 2-56　在水平对称轴上 σ_1 及 σ_3 的分布情况

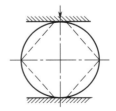

图 2-57　用平砧压缩圆截面坯料时受力面积变化示意图

高毛坯小送进量拔长时,上部和下部变形大、中间变形小的原因与上面分析的相似。应当指出,它与高毛坯镦粗时出现的双鼓形虽然形状相似,但产生的原因有本质不同。

2. 开式冲孔和闭式冲孔

冲孔时在作用力方向受力面积是逐渐扩大的(图2-58)。于是A区(直接受力区)的上部 $|\sigma_3|$ 大,下部的 $|\sigma_3|$ 小,当A区较高时,上、下两处 σ_3 的差值更大,于是下部较不易满足塑性条件。但是A区上部靠近冲头的金属,由于受摩擦阻力影响较大,也常常成为困难变形区,于是变形区集中在冲头下面的一段距离内(图2-58),随着冲头下降,变形区也逐渐下移;相应地,B区(间接受力区)的变形也是逐渐下移的。

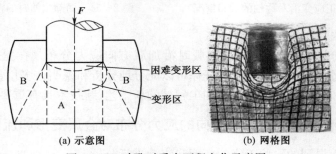

(a) 示意图　　　　　　　(b) 网格图

图2-58　冲孔时受力面积变化示意图

3. 挤压

挤压高坯料时,直接受力区如图2-59所示。由于靠近凹模口处的环形受力面积小, $|\sigma_3|$ 较大。当润滑较好时此处优先于其他部分满足塑性条件,于是,变形区主要集中在孔口附近(图2-60)。当润滑较差时,由于凹模筒壁的摩擦阻力增大,离冲头越远(离凹模孔口越近)处坯料受到的作用力越小。当局部加载和摩擦两种因素所起的作用相近时,整个挤压筒内金属便都同时变形,详见第7章7.6节。

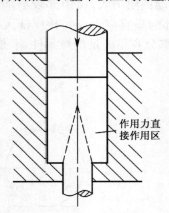

图2-59　挤压高坯料时受力
面积分布情况

图2-60　在润滑较好的条件
下挤压时坯料的变形情况

由上述分析可知,局部加载时,沿加载方向的应力分布对金属变形和流动影响的实质在于,沿加载方向 $|\sigma|$ 不断减小,因而有的地方先满足屈服准则,有的地方后满足屈服准则,有的地方先变形,变形大,有的地方后变形,变形小。

应用这一新观点不仅可以简便而完善地说明某些工序的变形和流动特点,而且可以充分地利用这一规律在加载方向上造成不均匀的应力分布,使希望变形的部位先满足屈服准则,从而实现变形工艺上和组织性能上的某些要求。

例如,为了有效地焊合汽轮机、电动机主轴、转子等大锻件内部的孔隙和微裂纹,我们采用非对称拔长工艺(上、下砧不等宽)进行拔长(图 2-61),用不同进料比,不同砧面形状和不同压下量进行了大量的变形分布和焊合效果试验,图 2-62 是受力面积变化示意图,图 2-63 是纵向剖面的网格变化分布情况,图 2-64 是 $\dfrac{b_1}{h} = 0.5$、$\dfrac{b_2}{h} = 1.4$ 时的变形分布情况,图 2-65 是新工艺与一般工艺对孔洞锻合效果的对比情况。上述结果表明新工艺比一般的正常工艺有较大的优越性。新工艺的根本点也正是利用了局部加载时在作用力方向受力面积逐渐增大,应力的绝对值逐渐减小这一道理。由于上部的 $|\sigma_3|$ 大,下部的 $|\sigma_3|$ 小(表 2-3),上部金属易满足屈服准则,故上部金属变形大,下部变形小,或上部金属变形,下部不变形。当上部金属高度减小并沿轴向和横向流动时,受到下部小变形(或不变形)区金属的牵制,于是使轴心部分金属受强烈的三向压应力作用,从而有利于锻合内部缺陷,保证获得高质量的锻件。

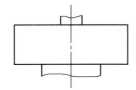

图 2-61　非对称拔长示意图

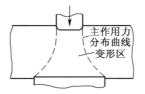

图 2-62　非对称拔长时受力面积变化示意图

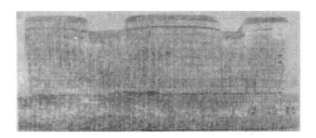

图 2-63　非对称拔长时纵向剖面的网格变化

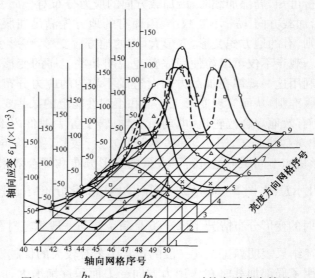

图 2-64　$\dfrac{b_1}{h} = 0.5$、$\dfrac{b_2}{h} = 1.4$ 时的变形分布情况

（a）变形前情况　　　　（b）一般工艺变形后情况　　　　（c）一新工艺变形后情况

图 2-65　新工艺与一般工艺对孔洞锻合效果比较

表 2-3　上、下接触面平均应力 σ_{3ms}

参数	b_1/h	0.3	0.4	0.5	0.6	0.8	0.5（普通拔长）
平均主应力	$\varepsilon_h/\%$	23	21	21	21	22	24
变形力	p/N	31000	31500	32000	40000	47500	27000
平均主应力 /MPa	上接触面	−62.2	−40.6	−36.5	−33.4	−33.7	−33.3
	下接触面	−14.3	−14.3	−14.4	−18.3	−20.8	−33.3

2.6　塑性加工中局部塑性变形区的控制

当金属内有应力作用时便要引起变形（弹性变形或塑性变形）。但是只有当应力状态满足屈服准则时才引起塑性变形。因此,塑性加工时,在一般情况下坯料并

不是同时进入塑性状态的。而是有先有后，先满足屈服准则的先塑性变形，而其他处则处于（或暂时处于）弹性状态。

根据密席斯屈服准则，当满足以下条件时，金属进入塑性状态，即

$$(\sigma_1 - \sigma_2)^2 + (\sigma_2 - \sigma_3)^2 + (\sigma_3 - \sigma_1)^2 = 2\sigma_s{}^2$$

或

$$\sigma_2 - \sigma_3 = \beta\sigma_s$$

或

$$\sigma_1 - \sigma_3 = \sigma_s$$

等式的左边取决于坯料内各处的应力情况，等式的右边则取决于材料的性质及对其有影响的诸因素。对某一种材料，在一定的具体条件下 σ_s 为一定值。因此，材料是否进入塑性状态主要取决于应力情况，即应力状态是否满足屈服准则（异号应力状态最易满足屈服准则）。

为此，塑性加工中局部塑性变形区的控制可以从以下诸方面考虑[7,13]。

1. 在坯料上局部加载

在坯料上局部加载，局部受力，使该局部区域满足屈服准则（拔长、轧制、辊锻、弯曲、错移等属此类情况）。而其他部分不受力，因此也就没有变形。

2. 在坯料不同部位建立不同的应力状态

在坯料不同部位建立不同的应力状态，使希望变形的部位满足屈服准则（这当然是对整体受力而言）。实现这一方案的具体措施是采用恰当的工具、合适的坯料形状和尺寸。拉深、胀形、缩口、扩口、拉拔以及薄板料的喷丸成形等均属此类情况。

在第 2.3 节中已介绍，拉拔是依靠工具的作用，使轴向的拉力转变成径向的压应力，造成异号应力状态，因而较变形过的杆部（单向拉应力状态）易于满足屈服准则。但是这样的变形也是有限度的，因为变形程度过大时（毛坯很粗，要求拉拔后很细），在出口处 $\sigma_1 > \sigma_s$。这时反而使杆部变形而坯料不变形。

薄板料的喷丸成形是在薄料的板面方向受单向或双向拉应力，在板厚方向的一面通过喷丸施加压应力，由于喷丸的接触面积小，在板厚方向压应力的大小不均。由于喷丸面的压应力大，故此处先满足屈服准则，先变形或变形大。于是板面发生弯曲，逐步达到所要求的形状。

缩口是依靠工具的作用使轴向的压力转变成较大的切向应力，因而较未变形的筒部易于满足屈服准则。

拉深时筒壁是单向拉应力状态，法兰部分是异号应力状态（图 2-66），故法兰易满足屈服准则。与拉拔时一样，这样的拉深变形也是有一定限度的。因为在凹模孔口处 $\sigma_1 = 1.1\sigma_m \cdot \ln\dfrac{R}{r}$。当 $\dfrac{R}{r}$ 大到一定值时，可能使 $\sigma_1 > \sigma_s$。这时法兰部分不变形，冲头底部（两向受拉）和筒壁（单向受拉）则成为塑性变形区，即由拉深变形转变为"胀形"变形了。因此，关于拉深和胀形，可以说一种成形是另一种成形的特殊情况。例如，胀形是拉深的一种特殊情况（$\sigma_1 \geqslant \sigma_s$），或者反过来说也可以（$\sigma_1 < \sigma_s$）。

3. 在作用力的方向上造成不均匀的应力分布

在作用力方向上造成不均匀的应力分布,使希望变形的部位先满足屈服准则,实现这一方案的具体措施如下:

(1) 在作用力方向造成不同的受力面积,以形成不均匀的应力分布。例如反挤压(图2-67)时,由于冲头面积小,$|\sigma_3|$较大,易于满足屈服准则,于是变形集中在冲头附近。

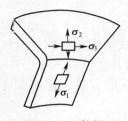

图2-66 拉深

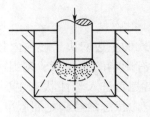

图2-67 反挤压

(2) 依靠工具的摩擦阻力改变沿其作用方向的应力分布。例如为了获得变截面的管件(图2-68(a)),我们曾用管坯在图2-68(b)所示的模具内进行顶镦。凹模是由两半模组成的。工作时加以适当的压力使两半模紧紧地夹住坯料。顶镦变形时由于坯料和凹模间的摩擦力很大,从而沿轴向逐渐抵消了一部分作用力(其数值与夹紧力大小和夹紧部分的长度等有关)。曾用传感器分别测量了夹紧力、顶镦力和坯料下部受到的作用力,筒壁摩擦力最大时占顶镦力的80%。于是坯料上端的$|\sigma_3|$较大,往下逐渐减小,故上端较易满足屈服准则,变形较大,而下端则较小,图2-69是变形后的实物照片。根据对管件的尺寸要求和不同的具体条件,恰当地控制好凹模的夹紧力,便可生产出合格的管件。

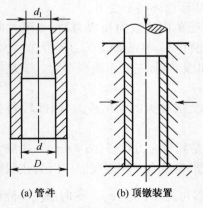

(a) 管件　　　(b) 顶镦装置

图2-68 变截面管件的顶镦

图2-69 顶镦件的实物照片

4. 在坯料各处形成不同的σ_s值

在坯料各处形成不同的σ_s值,使σ_s低者先满足屈服准则,实现这一方案的措

54

施:①建立不均匀的温度场;②使部分金属形变强化或形变速率强化等。这方面的实例是很多的。

(1)电热镦粗时坯料长径比$\frac{L}{d}$可达35,就是使坯料局部加热,使变形区局限在一段很短的长度内(图2-70),这样便可以避免镦锻时失稳。

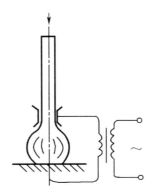

图2-70　电热镦粗工作原理图

(2)中心压实法就是利用坯料中部温度较高,σ_s较低,较易满足屈服准则这一道理。

(3)冲孔时如孔冲偏了,扩孔前可以在薄壁处沾一下水以提高σ_s,使之不易变形,从而达到均匀扩孔的目的。

(4)超塑性拉伸和胀形就是利用超塑性材料的形变速率强化特点,使变形速率较大处的σ_s提高,便不再满足屈服准则,于是变形转移到第二处发生;第二处形变速率强化后又转移到第三处……结果,使整个坯料变形均匀,从而可以得到很大的变形程度。

又例如板料胀形和管材内压成形时,如果选用硬化系数n大的材料,则可以提高胀形的均匀性,提高胀形极限变形程度。

第3章 锻造加热和冷却时金属组织的变化

本章主要介绍塑性变形前加热和冷却过程中金属组织的变化及其对锻造、锻后组织和零件性能的影响。零件的性能是由其组织决定的。因此,对锻件组织和性能影响的关键是对组织的影响。锻件的组织包括基体组织和第二相(指基体组织以外的所有相,包括第二相化合物和第二相固溶体)。关于基体组织的转变在有关金属学的著作中均有详细介绍,第二相的固溶(转变)和析出对锻造、热处理以及产品的组织和性能有很大影响。故本章主要讨论第二相问题。本章利用物理化学和金属物理学的基本原理[15—17],分析研究固态相变中新相的形核和长大问题,锻造加热和冷却时第二相固溶(转变)和析出的规律,以及第二相的种类、形态、分布等对金属性能的影响。这些内容是正确地控制锻件组织及性能,获得优质锻件的重要理论基础。

3.1 概 述

3.1.1 加热和冷却对金属材料的可锻性及锻件组织性能的影响

锻造加热的目的是使坯料具有较高的塑性和较低的变形抗力,即具有良好的可锻性,因为在高温下加热一方面使原子活动能力增大,原子间结合力减弱,扩散速度增快,使回复和再结晶容易进行,使变形抗力大大下降;另一方面在高温下加热,将使金属的组织结构发生变化,从而提高金属及合金的塑性。例如,亚共析钢(或过共析钢)室温为珠光体和铁素体(或珠光体和渗碳体),加热到 A_{c3} 或 A_{cm} 以上时转变为单相奥氏体。一般地讲,单相组织比双相组织具有较高的塑性。然而,加热温度也不宜过高。过高时,会引起一系列缺陷。例如,低合金结构钢加热温度过高时,第二相大量固溶,晶粒急剧长大,而且第二相固溶越多,缓慢冷却时析出也越多,容易引起石状断口。又例如马氏体、贝氏体钢在严重过热之后会产生组织遗传现象。加热温度过高,还可能使某些不锈钢(如 1Cr18Ni9Ti 奥氏体不锈钢和 1Cr13 马氏体不锈钢等)的 α 铁素体含量显著增多,使材料性能下降。

锻后冷却过程中,如果冷却规范不适当,第二相可能沿晶界呈网状析出,使材料性能下降。

不同材料在加热和冷却过程中的组织变化规律是不一样的。因此,掌握这些规律是正确控制锻件组织性能的前提。

3.1.2　锻造常用金属材料(按相组成)的分类

锻造常用金属材料按正常锻后空冷至室温状态的相组成可分为以下三类：

(1) 单相固溶体。例如，Cr17、Cr28 铁素体不锈钢，0Cr18Ni9 奥氏体不锈钢，纯铝，纯铜，H68、H70、H80、H90 黄铜，QA15、QA17、QSn4 - 0.3 青铜和 α -钛合金等。

(2) 基体组织和第二相固溶体。例如，1Cr18Ni9，1Cr18Ni9Ti，1Cr13，Cr15，Cr17Ni2，(α＋β)黄铜，(α＋β)青铜，(α＋β)钛合金和亚共析钢(本书将亚共析钢中少量的先共析铁素体也作为第二相考虑)等。

(3) 基体组织和第二相化合物。例如，过共析钢，轴承钢、高锰钢、莱氏体工模具钢，铝合金，镁合金和高温合金等。

3.1.3　各类材料在加热和冷却过程中的组织转变概况

1. 单相固溶体

除少数几种合金(如 H68、α 钛合金等)外，大多数单相固溶体材料在锻造加热及冷却过程中都没有相变发生，在室温和高温均呈单相组织。H68 黄铜在较高温度时有 $\alpha \rightarrow (\alpha＋\beta)$ 转变；α 钛合金在锻造加热过程中有 $\alpha \rightarrow (\alpha＋\beta) \rightarrow \beta$ 转变。

2. 基体组织和第二相固溶体

这类合金在加热和冷却过程中组织变化有两种类型：

(1) 在室温和高温均存在第二相，但第二相的数量有变化，例如 1Cr18Ni9、Cr17Ni2 等，加热时超过某一温度后第二相的数量明显增多，而冷却时第二相的数量并不相应减少，即冷却后第二相的数量比加热前增加。

(2) 室温存在第二相，加热时，超过相变点后形成单相，属于这一类的合金有亚共析钢，(α＋β)铜合金，(α＋β)钛合金等。

亚共析钢室温为珠光体加铁素体($p＋\alpha$)，当加热温度超过 A_{c1} 后转变为奥氏体加铁素体($\gamma＋\alpha$)，继续升温超过 A_{c3} 后全部转变为单相奥氏体。冷却时，低于 A_{r3} 后，先部分地析出铁素体，低于 A_{r1} 后，基体组织奥氏体继续转变，随冷却速度不同，奥氏体转变为珠光体，或贝氏体，或马氏体。对亚共析钢来说，加热至适当高的温度后形成单相奥氏体，这对塑性变形是有利的。而(α＋β)铜合金和(α＋β)钛合金锻造加热时，一般不希望形成单相。因为在加热时，第二相固溶体溶入基体后，机械阻碍作用消失，基体相晶粒将迅速长大，形成粗晶。如果变形量较小时，冷却过程中第二相呈魏氏组织析出，这种由于过热形成的粗晶组织用热处理办法不能细化，使锻件性能降低。例如(α＋β)钛合金过热后出现的"β"脆性。

3. 基体组织和第二相化合物

这类合金在加热过程中随着温度升高，第二相化合物逐渐地溶入基体。但第二相溶入基体的程度与化合物的稳定性和加热温度有关。化合物越稳定，越不易固溶。例如共析钢、过共析钢等一些材料，在锻造温度下，第二相化合物能全部或基本上溶入基体,形成均匀的单相组织。而高速钢、Cr12 型钢、高温合金、一些铝合金和镁合金,由于一些第二相化合物稳定性高,在锻造温度下不能完全固溶,以过剩相的形式存在。表 3-1 是 4Cr12Ni8Mn8MoV 耐热钢加热至锻造温度和随后冷却时相的成分变化,为了便于对比在一定温度下的相成分,均采用水中淬火的方法。

表 3-1　4Cr12Ni8Mn8MoV 耐热钢加热至锻造温度和随后冷却时相的成分变化

处 理 方 法	相 成 分
原始状态	奥氏体＋NbC＋VC＋$M_{23}C_0$
加热到 1150℃,保温 50min,水淬	奥氏体＋NbC＋VC＋$M_{23}C_0$ 残余痕迹
加热到 1150℃,保温 3h～8h,水淬	奥氏体＋NbC＋VC
加热到 1200℃,保温 0.5h～1h,水淬	奥氏体＋NbC＋VC
加热到 1200℃,保温 4h～8h,水淬	奥氏体＋NbC
加热到 1250℃,保温 4h,水淬	奥氏体＋NbC

加热时第二相化合物固溶的情况对晶粒度的大小,对材料的塑性及锻后材料的性能有很大影响。

在冷却过程中,随着温度降低,溶解度减小,第二相化合物由基体中析出。第二相的析出位置、颗粒大小及其分布情况对锻件性能有很大影响。

综上所述,三类材料中都有基体组织,后两类材料中存在第二相。一些材料(如结构钢、轴承钢、工模具钢、(α+β)铜合金、(α+β)钛合金等)的基体组织在加热和冷却过程中有同素异构转变,有些材料(如铝合金、镁合金、高温合金等)则没有。后两类材料和第一类材料中的部分合金在加热和冷却过程中都存在第二相的固溶和析出问题。

本章从锻造工艺过程的角度出发介绍锻造加热和冷却过程中金属组织的变化。以钢为列介绍基体组织的转变,由于钢的同素异构转变问题在金属学中已有详细介绍,故在本书中从简叙述。本章将详细讨论第二相的转变问题,重点介绍那些在锻造工艺过程中产生而在后续热处理工艺过程中又不易(或不能)改善的组织的转变问题(主要是高温下的组织转变问题)。

3.2　新相的形核和长大

本节主要研究固态相变时的形核和长大问题。它是固态相变中的共性问题,锻造加热和冷却过程中基体组织的转变、第二相的固溶(转变)和析出都遵循固态相变的一般规律。

3.2.1　新相的形核

形核是在母相基体的小范围内出现形成新相所必须的成分及结构,它是一种涨落现象。形核阶段可能以两种方式进行:一种是涨落的强度大,新相与基体之间有明显的界面,但出现的范围小,即所谓经典形核的情况;另一种是涨落的强度小,而出现的范围大,新相与基体之间不出现明确的界面,在这种情况下,转变以调幅分解的方式进行。本节讨论第一种情况,即经典形核[16、17]。

新相形核时,根据形核的具体条件不同,又分为均匀形核和非均匀形核。所谓均匀形核,是在母相中,各个位置形核的概率和条件相同,新相核心均匀自发形成。与此相反,如果在母相中存在着某些更容易形核的地方,例如杂质或某些晶体缺陷等,新相在母相中不是均匀分布的形核,称为非均匀形核。非均匀形核比均匀形核的形核功小,因此形核较容易。

1. 均匀形核

固态相变时,新相形成自由能的变化为

$$\Delta G_{总} = WV - \Delta G_{体}V + \sigma A$$
$$= \frac{4}{3}\pi r^3(E\varepsilon^2 - \Delta G_{体}) + 4\pi r^2\sigma \qquad (3-1)$$

式中:$\Delta G_{总}$ 为总的自由焓变化;W 为单位体积的应变能,$W = E\varepsilon^2$;$\Delta G_{体}$ 为体积自由焓;σ 为界面能;V 为晶坯体积;A 为晶坯表面积。

使 $\dfrac{\mathrm{d}\Delta G_{总}}{\mathrm{d}r} = 0$,可以得到临界半径 r_c 和临界晶核的形核功 ΔG_c,即

$$r_c = \frac{2\sigma}{\Delta G_{体} - E\varepsilon^2} \qquad (3-2)$$

$$\Delta G_c = \frac{16\pi\sigma^3}{3(\Delta G_{体} - E\varepsilon^2)^2} \qquad (3-3)$$

由式(3-1)~式(3-3)可以看出,与液态结晶相比,固态相变时多了一项弹性能,临界晶核半径和临界晶核形核功均增大,使新相生核困难。ε 越大,生核便越困难。

与液态结晶相比,固态相变比液态结晶的阻力大,这除了由于多出一项弹性能外,还由于固态相变温度低,扩散较困难。

不同的固态相变之间也存在着差异,而且有的差异很大,这除了由于 $\Delta G_{体}$ 值不同外,弹性能的大小以及扩散系数的差异很可能起主要作用。

由于上述原因,有些固态相变,尽管从热力学角度看能够进行,但是由于新旧相间的比容差大,或由于温度低扩散困难使固态相变无法进行,以致旧相可以长期处于亚稳状态。与此相对应,在组织中形成了在成分或结构,或两者都处于新旧相之间的一种亚稳相,也称过渡相。

在实际的相变过程中,形核常常沿着所需形核功最小的一些途径进行。这些途径如下:

(1) 在晶体缺陷处(如晶界、亚晶界和位错处)和已存界面上形核,即非均匀形核;

(2) 以形成共格界面或半共格界面形核;

(3) 按照最适宜的晶格取向关系形核;

（4）按照最适宜的形状形核。

因此，研究非均匀形核对实际过程是最重要的。

2. 非均匀形核

固态相变主要依靠非均匀形核，这首先是由固态金属在结构和组织方面先天的不均匀性所决定的。固态金属具有各种点、线、面和体缺陷，这些缺陷分布不均匀，所具有的能量高低也不同。这就给非均匀形核创造了条件。显然，能量越高的缺陷越有利于形核。

相对来说，界面是各种缺陷中具有最高能量的一类，所以晶体的外表面、内表面（缩孔、气孔、裂纹的表面）、晶界、相界以及孪晶界和亚晶界等往往是优先形核的地方，相变最易在这里开始和扩展。其次是在位错处，再其次是在空位及其他点缺陷的地方。

1）晶界形核

大角度晶界具有高的能量，此处形成新相可以使晶界能量释放，使形核功降低，形核容易，特别是非共格形核更是如此。因此，固态相变易在晶界上形核。

根据计算，非共格形核时，在晶界上临界晶核的形核功约为晶内形核功的1/3。因此，非共格形核时，晶界优先于晶内形核。所以，当过冷度较小时，绝大多数固态转变首先是沿着表面和晶界进行，形成常见的网状组织，只有当过冷度增大时，晶内和晶界可以同时进行，形成比较均匀的组织。

2）位错形核

新相在位错线上形核时，在新相形成处位错线消失，位错释放的能量作为相变驱动力，使形核功降低而促进形核。

根据计算[3]，位错形核与晶界形核的难易程度相近，这两种形核几乎同时进行。因此，利用塑性变形增加晶体中的位错密度，便可减小晶界形核的概率，而把脱溶相引导到晶粒内的位错线上，这样可起到减轻由晶界脱溶引起的脆性和其他降低合金性能的效果。

3. 以形成共格界面或半共格界面进行形核

相界面可分为非共格界面、共格界面及半共格界面三类。其中以共格界面的界面能最低，非共格的最高，半共格的则介于两者之间。固态转变时，以形成共格界面而进行相变形核的阻力最小，半共格界面阻力次之，非共格界面阻力最大。

4. 按照最适宜的取向关系形核

在某些相变过程中，新、旧相之间保持一定的晶体学关系，新相的某一晶面 $\{hkl\}$ 和某一晶向 $\langle uvw \rangle$ 往往分别与母相的给定晶面 $\{h'k'l'\}$ 和晶向 $\langle u'v'w' \rangle$ 相平行，即 $\{hkl\}$ // $\{h'k'l'\}$ ，$\langle uvw \rangle$ // $\langle u'v'w' \rangle$。例如，纯铁进行同素异构转变（$\gamma - Fe \rightarrow \alpha - Fe$）时，$\gamma - Fe$ 和 $\alpha - Fe$ 大多具有这样的取向关系：$\{110\}_\alpha$ // $\{111\}_\gamma$ ，$\langle 111 \rangle_\alpha$ // $\langle 110 \rangle_\gamma$ ，这个关系称为 K - S 关系。无论是晶面 $\{110\}_\alpha$ 和 $\{111\}_\gamma$ 或晶向 $\langle 111 \rangle_\alpha$ 和 $\langle 110 \rangle_\gamma$ 都分别是这两种结构中原子排列最密的晶面或晶向，也是这两种结构中相互间最相似的晶面和晶向。显然，这样的晶面和晶向相互

平行,其界面能(σ)是最低的。因而所要求的形核功和临界晶核半径也是最小的。因此,具有这种取向关系的晶核应该优先形成。

新相总在母相的某一晶面上形成,这样的晶面称为惯习面(或称习面)。

5. 按照最适宜的形状形核

在形核过程中,新相的形状对弹性能和界面能均有影响。因此,为了使形核容易进行,它将按照使形核功最小的形状形核。

当仅考虑界面能时,从减小总的界面能来看,第二相应该成为球形。但是,第二相形成时,由于与基体相的比容不同,常常有弹性能产生,而弹性能的大小与第二相的形状有关。假设新相呈椭圆球体,其半轴为a、c,则弹性能与$\frac{c}{a}$之间的关系见图 3-1。随$\frac{c}{a}$的增加,W 先增后减,在$\frac{c}{a}=1$ 时,也即呈球状时,W 最大,$\frac{c}{a}<1$ 时为凸透镜形,$\frac{c}{a}>1$ 时为针状。此时弹性能均较低,故界面能和弹性能两者与新相形状的关系恰恰相反。所以,当界面能比弹性能的作用大时,新相呈球状。例如,形成非共格晶界时就是这样(因为非共格界面的界面能很大)。相反,当弹性能比界面能的作用大时,新相将成饼状或片状。例如,形成共格晶界,而且新旧相的比容差又很大时就是这样。当界面能和弹性能两个因素的作用相近时,新相成针状的概率较大。

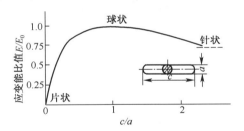

图 3-1 新相形状与应变能的关系

总之,不同合金由于相变中的具体条件不同,新相的形状也就随之不同。即使同一合金中的同一相变,由于相变过程中各阶段的主要影响因素可能不一样,因而新相的形状往往会随着相变的发展而变化。例如,某些相变,在初期新相为球状或粒状,后期可变为针状或片状,而有的则相反。

还应指出,上述分析是针对各向同性的情况而言的。对方向性较强的合金来说,新相的组织形貌还要受方向性的影响。例如,有些第二相与基体不仅成共格界面,而且它们在母相中形成时有特定的惯习面,它们在晶粒内部按一定的取向呈片状析出,例如,魏氏组织、共格沉淀物和马氏体等。

3.2.2 新相的长大

对于有扩散的相变,长大过程可大致分为界面控制和扩散控制两类。界面控制的长大速率取决于靠近界面的原子的迁移过程,而与原子的长程输运无关,典型的界面控制过程是在一定温度下,新相以恒定速度长大,其线速度正比于长大时间。而扩散控制的长大速率则取决于原子的长程输运,在一定温度下,新相长大的速度逐渐减小,其线速度正比于时间的平方根。在有些相变中这两种过程兼而有之,如共析转变和不连续析出均属于此种情况。至于无扩散的相变(如马氏体型转变),本节不予讨论。

1. 界面控制的长大过程

对于一些无成分变化的转变(如同素异构转变、再结晶晶粒长大和有序—无序转变),可以把新相的长大过程看成纯粹是 α-β 相界的移动过程。这时,温度是影响生长速度的主要因素,生长速度与温度的关系可按下述方法处理。以同素异构转变为例,如图 3-2 所示,由 $\beta \rightarrow \alpha$,β 相的原子越过界面进入 α 相的频率为

$$f_{\beta \rightarrow \alpha} = V\exp(-\Delta g/KT) \tag{3-4}$$

由 $\alpha \rightarrow \beta$ 反向运动的频率为

$$f_{\alpha \rightarrow \beta} = V\exp[-(\Delta g + \Delta g_{\alpha\beta})]/KT \tag{3-5}$$

若原子层的厚度为 λ,生长一层原子,界面迁移 λ,在单位时间内界面前进速度为

$$u = \lambda V\exp(-\Delta g/KT)[1-\exp(\Delta g_{\alpha\beta}/KT)] \tag{3-6}$$

当 $\Delta g_{\alpha\beta} \ll KT$ 时,有

$$\exp(-\Delta g_{\alpha\beta}/KT) \approx 1 - \Delta g_{\alpha\beta}/KT \tag{3-7}$$

此时,

$$u = \frac{\lambda V}{K}(\Delta g_{\alpha\beta}/T)\exp(-\Delta g/KT) \tag{3-8}$$

由式(3-8)可知,在驱动力小的情况下,生长速度与驱动力成正比。

当 $\Delta g_{\alpha\beta} \gg KT$ 时,有

$$u = \lambda V\exp(-\Delta g/KT) \tag{3-9}$$

此时,u 随温度降低按指数函数减小。将 u 与温度的关系绘出来将出现两头小中间大的趋势,如图 3-3 所示。

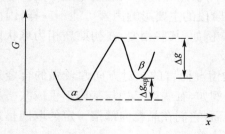

图 3-2 $\beta \rightarrow \alpha$ 转变时,原子正向运动与反向运动的位垒

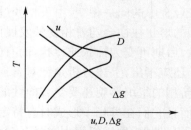

图 3-3 生长速度与温度的关系

关于生长速度与温度的关系,也可用另一种方法来分析。即新相生长的速度等于驱动力与迁移率的乘积:

62

$$u = FM \tag{3-10}$$

式中：F 为驱动力，即 $\Delta g_{\alpha\beta}$ ；M 为相界面的迁移率，即单位驱动力下的生长速度。

在影响迁移率的因素中，扩散系数（ $D = D_0 \mathrm{e}^{-\Delta g/KT}$ ）是起主要作用的。

对于冷却过程中发生的相变，当温度较高时，扩散系数较大，迁移率较高，但驱动力 $\Delta g_{\alpha\beta}$ 较小；当温度较低时，$\Delta g_{\alpha\beta}$ 较大，但扩散系数较小，迁移率较低。在这两种情况下生长速度 u 均较小，而在中间某温度出现一极大值。

对于加热时发生的相变，F 和 M 皆随温度的升高而增大，故生长速度 u 随温度的增高而单调地增大（图 3-4）。钢在加热时形成奥氏体的转变即属此种情况。

2. 扩散控制的长大过程

对于有成分变化的转变（如连续沉淀），新相的长大依靠溶质原子的长程扩散。生成新相时，成分的变化有两种情况（图 3-5）。母相 α 的初始浓度为 C，在新相 β 析出过程中界面上母相 α 的浓度为 C_α，β 相的浓度为 C_β。在相界处新相与母相之间有一平衡浓度 $C_\alpha - C_\beta$，平衡浓度由相图所决定。在母相内有浓度差 $C_\alpha - C$，此浓度差引起母相体内的扩散，以降低浓度差。于是，这就破坏了相界的平衡，引起相间的扩散，即新相长大以恢复相界平衡浓度。因此，长大过程需要溶质原子由远离相界的地方扩散到相界处或者由相界处扩散到远离相界的地方。在这种情况下，相界的移动速度将由溶质的扩散速度所控制，即新相长大速度取决于原子的扩散速度。

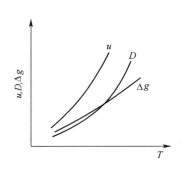

图 3-4　加热时相变的生长速度
　　　　与温度的关系

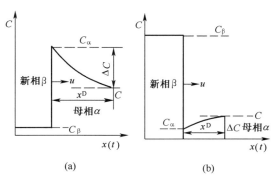

图 3-5　脱溶相生长扩散图

在时间 $\mathrm{d}t$ 内，通过单位面积界面的扩散通量为 $D\dfrac{\partial C}{\partial x}\mathrm{d}t$ ，界面在同样的时间间隔内移动 $\mathrm{d}x$，故输送给 β 相的溶质原子为 $(C_\beta - C_\alpha)\mathrm{d}x$ ，所以

$$D\frac{\partial C}{\partial x}\mathrm{d}t = (C_\beta - C_\alpha)\mathrm{d}x \tag{3-11}$$

长大速率为

$$u = \frac{\mathrm{d}x}{\mathrm{d}t} = \frac{D}{C_\beta - C_\alpha} \cdot \frac{\partial C}{\partial x} \tag{3-12}$$

浓度梯度以 $\dfrac{dx}{dt}$ 表示，$\Delta C = C - C_\alpha$，x^D 是有效扩散距离，式（3-12）可以改写为

$$u = \frac{dx}{dt} = \frac{C - C_\alpha}{C_\beta - C_\alpha} \cdot \frac{D}{x^D} \qquad (3-13)$$

对平面界面的一维长大，x^D 因溶质原子不断从基体中移出而增加，而且 $x^D = \sqrt{Dt}$ ，代入式（3-13），积分后得

$$x = \frac{2(C - C_\alpha)}{C_\beta - C_\alpha} \sqrt{Dt} \qquad (3-14)$$

即新相的线度和时间的平方根成正比。

应当指出，以上是按照均质考虑的。固态相变时，由于金属内部原子按点阵规律排列，具有明显的各向异性，因此，新相长大时还遵循惯习现象等规律。

新相长大时易沿着母相的某些特定的晶面和晶向以针状或片状的形式优先发展，这种现象称为惯习现象。

惯习现象是形核的取向关系在长大过程中的一种特殊反映。在界面能随接触界面或晶体取向的不同而变化的条件下，使界面能最低的方向相界面得到充分发展。同理，在应变能随新相长大方向而变化的条件下，使应变能最低的方向相界面得到充分发展，这就是惯习现象之所以出现的基本原因。随具体条件的不同，这两个因素的相对作用大小可能有所不同，惯习现象的表现形式也就有所差别。

固态转变过程中的取向关系和惯习现象，即使出现，也不一定都能保持下来，它既可以随母相的消失而消失，也可以随着固态转变的再结晶过程而消除。

在新相形核过程中，共格界面有利于形核，但在新相长大过程中共格界面就不尽然了。对马氏体或贝氏体型转变来说，无论是形核或长大，相界面都必须保持共格性，否则这种转变就无法进行。但对扩散型转变来说，新相长大过程主要依靠非共格界面的扩散移动，而共格界面此时成了阻碍成长的因素，一旦共格界面破坏，反而会加速长大。这是由于共格界面的界面能低，界面扩散移动困难的缘故。

3.3 锻造加热和冷却时基体组织的转变

除奥氏体钢和铁素体钢外，绝大多数钢，以及（α+β）钛合金和（α+β）铜合金等在锻造加热和冷却时基体组织都发生固态相变。本节以共析钢为例，介绍锻造加热和冷却时基体组织转变的一般规律[6,17]。

1. 钢加热和冷却时基体组织转变的热力学条件

从 Fe - Fe_3C 状态图（图 3-6）上可以看出，钢在加热到临界点 $A_1 = 727℃$ 之前，其组织结构并不发生变化，当加热温度超过 A_1 点时，共析钢（含 0.77%C）中珠光体将转变为奥氏体：

$$(\alpha + Fe_3C) \xrightarrow[\text{加热}]{T>A_1} \gamma$$

这一过程称为奥氏体的形成。

假设再从奥氏体状态缓慢冷却,当温度低于A_1后,奥氏体即转变成珠光体:

$$\gamma \xrightarrow[\text{冷却}]{T<A_1} (\alpha + Fe_3C)$$

这个过程叫做奥氏体的共析分解。

上述的两种相变就构成了钢中最基本的一组固态相变。

钢中组织转变的驱动力是新相与母相之间的自由能差。由高能量状态向低能量状态变化,就是相变的热力学条件。如图3-7所示,由于奥氏体与珠光体的自由能随温度变化的趋势不同,所以两条曲线便在某一温度相交,某交点就是共析温度(727℃)。在高于727℃时奥氏体的自由能比珠光体的自由能低,钢处于奥氏体状态最稳定,这就发生珠光体向奥氏体的转变。反过来,当冷却时,低于727℃,珠光体的自由能比奥氏体的自由能低,便会发生奥氏体向珠光体的转变。但是,只有当温度超过或低于A_1点时,两者之间才出现自由能差,促使母相向新相转变。当形成一个新相的临界尺寸晶粒时,体积自由能补偿不了界面能和弹性能的增加,体系总能量是正值,还需靠能量起伏来补偿。因而相变并不按照状态图中所示的临界点A_1、A_3、A_{cm}进行,而往往发生转变的实际温度和上述临界点有所偏离。这种由于加热或冷却产生的温度差,通常称为过热或过冷。过热或过冷的温度间隔称为过热度或过冷度,它随加热速度或冷却速度增加而加大。这样就使得加热和冷却的临界点不在同一温度上。通常把加热时的临界点加注"c",把冷却时的临界点加"r",如A_{c1}、A_{r1}、A_{c3}、A_{r3}等。

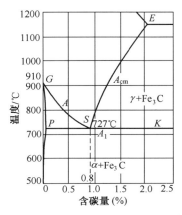

图3-6 Fe-Fe$_3$C状态图的左下角
(钢的部分)

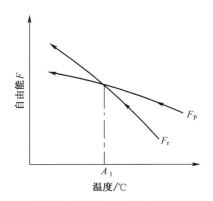

图3-7 珠光体自由能F_P和奥氏体自由能F_r
与温度的关系

2. 钢在加热时奥氏体的形成

由体心晶格的铁素体→面心晶格的奥氏体是通过铁原子的扩散。由低碳的铁素体→0.77%C的奥氏体是通过碳原子的扩散。因而,奥氏体的形成属于扩散型相变。

珠光体向奥氏体的转变过程由以下四个阶段组成:①形核;②核向铁素体及渗碳体两个方向长大;③残余渗碳体的溶解;④奥氏体的均匀化。在这里主要讨论第一和第二个阶段中的有关问题。

由于铁素体只含有极少量的碳,而渗碳体中的碳量又很高(6.69%),所以,奥氏体晶核总是在渗碳体与铁素体两相交界面上形成。然后已经形成的奥氏体晶核逐渐吞并相邻的铁素体;另外,邻接的渗碳体又不断地溶于奥氏体中供给碳份,促使奥氏体的长大。

珠光体向奥氏体的转变,是由两相组织转变为单相组织,而在原来的组织中有大量的相界面,所以生核数量非常大,并且随过热度加大而急剧增加(表3-2)。这是因为:①随着过热度的加大,自由能差增大,晶核形成功降低;②原子扩散能力增大。但是过热度很大时,即奥氏体化温度太高会使奥氏体晶粒粗化。因此,快速加热到适当的温度,可以得到细化晶核的效果。

核的长大是一个扩散过程,它通过渗碳体的溶解,碳在奥氏体中的扩散以及界面(奥氏体—铁素体与奥氏体—渗碳体)向铁素体与渗碳体中推移来进行的。如在铁素体与渗碳体的相界面上形成了奥氏体的核(图3-8),由图3-9可知,奥氏体内碳的浓度是不均匀的,与铁素体交界处的含碳量为C_1,而与渗碳体交界处的含碳量为C_2,因$C_2 > C_1$,故奥氏体内的碳原子将向铁素体一侧扩散。扩散的结果破坏了平衡,使奥氏体与渗碳体交界处的碳浓度小于C_2。为了恢复平衡,高碳的渗碳体将溶入奥氏体中,使与渗碳体邻接的奥氏体中的含碳量恢复为C_2;低碳的铁素体也将转变为奥氏体,使与铁素体邻接的奥氏体的含碳量下降为C_1。即通过碳原子在奥氏体内的扩散,使奥氏体的两个界面向铁素体与渗碳体方向推移,奥氏体不断长大。

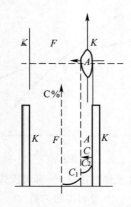

图3-8 奥氏体核长大示意图

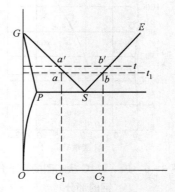

图3-9 奥氏体在t_1温度下形成时碳的浓度

奥氏体长大的线速度u主要取决于温度,即随温度的升高而增加(表3-2)。

表 3-2　奥氏体形核率 n 和生长速度与温度的关系

温度/℃	740	750	760	780	800
形核率 n /(t/mm³·s)	2280	—	11000	51500	616000
生成速度 u /(mm/s)	0.001	0.004	0.010	0.026	0.041

影响奥氏体形成速度的因素有:加热温度、含碳量、原始组织和合金元素等。加热温度越高,含碳量越高,碳化物弥散度越大时,奥氏体形成速度越快。

3. 钢在冷却时的转变

以共析钢为例,奥氏体等温转变曲线如图 3-10 所示。

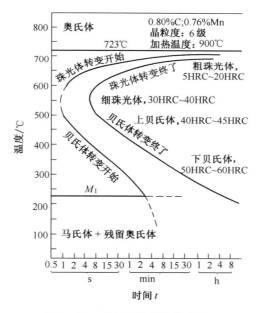

图 3-10　共析钢的等温转变图

当奥氏体过冷到图 3-7 上的 A_1 以下,在不同温度进行保温,由于过冷度的不同,奥氏体等温转变后的组织也是不同的。根据过冷度的不同,奥氏体等温转变大致可分为三种类型:珠光体转变、贝氏体转变和马氏体转变。

1) 珠光体型转变

当奥氏体过冷到 $A_1 \sim 650℃$ 之间的某一温度进行等温转变时,由于温度较高,原子有足够的扩散能力,因此转变的特点是依靠铁和碳原子的扩散来进行的。其转变过程是:首先在奥氏体晶界处,原子排列不规则的地方形成渗碳体晶核,相应渗碳体两侧的奥氏体中碳浓度下降,这就为铁素体在此处形核创造了条件。此时:多余的碳原子向外扩散,使铁素体不断长大。随着铁素体的不断长大,便增高与铁素相邻的奥氏体的碳浓度。当奥氏体含碳量增加到一定程度时,又将在铁素体一侧形成新的渗碳体晶核,而后又逐渐长大。如此反复,直至整个奥氏体晶粒为铁素体和渗碳体所代替,而形成粗片层状珠光体(图 3-11)。一个奥氏体晶粒最终能形成许多珠光体团(图 3-12)。

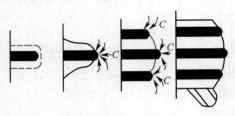

图 3-11　珠光体形成过程示意图　　　图 3-12　奥氏体晶粒转变为一些珠光体团

当奥氏体过冷度较大时,例如冷到 650℃~600℃ 之间等温转变,由于渗碳体和铁素体的成核率高,且大于其长大速度,因而形成的铁素体和渗碳体片层间距变小,此组织称为索氏体。

如果奥氏体过冷度更大,例如,过冷到 600℃~500℃ 之间等温转变时,这时成核率更大,且远大于长大速度,故得到更细的片层组织,此组织称为屈氏体。

2) 贝氏体转变

550℃~350℃ 等温转变形成上贝氏体(图3-13(a))。350℃~250℃ 等温转变形成下贝氏体(图3-13(b))。

上贝氏体转变的温度较高(相对于下贝氏体)碳原子扩散能力尚较强,碳化物析出在铁素体片间,呈断续杆状,它们平行于铁素体分布,故在显微镜下观察时,上贝氏体呈羽毛状(图3-13(a))。

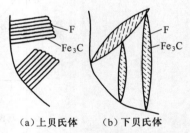

(a)上贝氏体　　(b)下贝氏体

图 3-13　贝氏体形态示意图

下贝氏体由于转变温度低,碳原子扩散能力很弱,因而碳化物大部分在铁素体内沉淀析出,小部分还固溶于 α-Fe 中。下贝氏体呈针状(图3-13(b))。

3) 马氏体型转变

当奥氏体过冷到 M_s 点以下时,即低于 230℃ 时,由于温度很低,铁和碳原子都失去了扩散能力,这时铁原子的晶格改组是通过切变共格方式进行的,由 γ-Fe→α-Fe,而碳又未能析出,因而形成了过饱和碳的铁素体,这种组织称为马氏体。

在钢及铁基合金中,马氏体有两种截然不同的形貌,习惯上称为板条马氏体和片状马氏体。经透射电镜观察表明,在板条马氏体中含有由滑移产生的极高密度的位错,含有大量的胞状亚结构;而片状马氏体则是由许多细微的孪晶组成的。板条马氏体也称为块状马氏体、位错马氏体、胞状结构马氏体或捆状马氏体等;片状马氏体也称针状马氏体、孪晶马氏体或透镜状马氏体等。含碳量在 0.6% 以下的 Fe-C 合金中主要是板条马氏体,在 0.6% 以上的主要是片状马氏体。在少数高合

68

金钢中还有第三种形貌,即薄板状马氏体。

板条马氏体的结构为体心立方,而片状马氏体的结构为体心正方。

两类马氏体的形成方式有显著区别,板条马氏体的形成特点是相邻的板条平行生长,有时一组板条同时生长,有时相继地形核而后平行于先前的板条生长;而片状马氏体则是一片一片地形成,第一片横跨奥氏体晶粒,而后来形成的马氏体是在已被分割的奥氏体中形成,随着奥氏体的被分割,马氏体越来越小。片状马氏体是不相互平行的片,其尺寸大小相差悬殊;而板条马氏体在一组之内,板条平行形成,而尺寸也大体均匀一致。

高合金钢中薄板状马氏体的结构往往是六角点阵,它们平行于奥氏体的{111}形成,薄板内尚未观察到亚结构。

3.4 锻造加热和冷却时第二相化合物的固溶和析出

第二相化合物,从来源看,有的是为了强化合金、改善金属性能而加入一些合金元素形成的强化相,例如高速钢中的合金碳化物,铝合金中的 $CuAl_2$、Mg_2Si 等;有的是冶炼时不可避免地带来的一些非金属夹杂,例如钢中的硫化物、氮化物、硅酸盐等;有的是热加工过程中外来元素引起的。例如,加热炉中残存有铜,加热钢料时,铜可能沿晶界渗入钢坯表面层内,形成铜的化合物。如果燃料中含硫量较高时,硫也可能渗入坯料表层内,形成硫的化合物。

金属化合物的种类很多,根据它们的结构类型、结合键的类型,以及形成条件等的不同,常见的金属化合物可以分为:正常价化合物(如铝合金中的 Mg_2Si);电子化合物(如黄铜中的 β 相 CuZn);间隙化合物等。间隙化合物又分为间隙相(如 WC、VC、TiC)和复杂结构的间隙化合物(如 Fe_3C 和 Cr_7C_3 等)。

第二相化合物固溶于基体或由基体内析出,其驱动力是系统的自由能降低。当自由能曲线呈上凹形状时(图 3 - 14(a))第二相固溶;当自由能曲线呈上凸形状时(图 3 - 14(b)),第二相析出[15、16]。

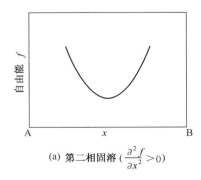

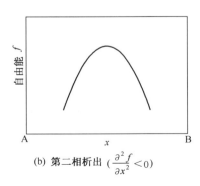

(a) 第二相固溶 $\left(\dfrac{\partial^2 f}{\partial x^2} > 0\right)$　　(b) 第二相析出 $\left(\dfrac{\partial^2 f}{\partial x^2} < 0\right)$

图 3 - 14　自由能曲线与第二相固溶和析出的关系

第二相化合物的固溶和析出是通过原子的扩散的方式进行的。因此,这里首先就有个化合物在什么条件下分解的问题,也就是化合物本身的稳定性问题。化合物稳定性越高,越不易固溶。

3.4.1 锻造加热时第二相化合物的固溶

第二相化合物固溶,主要问题是固溶的数量和合金元素均匀化。它们与最大固溶度、固溶温度和时间等有关。

1. 最大固溶度

前面已经提到,加热时第二相化合物是以原子状态溶入基体的,它们或呈置换形式,或呈间隙形式,不同溶质元素在溶剂中的溶解度是不一样的。

对于置换固溶体,溶解度的大小主要取决于以下几个因素:

(1) 溶质与溶剂的晶格类型。如果溶质和溶剂的晶格类型相同,则可能完全互溶;反之,如果两种组元的晶格类型不同,则组元之间的溶解度只能是有限的。

(2) 溶质原子与溶剂原子的直径比。对大量合金系所作的统计表明,当溶质与溶剂原子半径相对差别为 14%~15% 时便只能形成有限固溶体,而且,在其他条件相同的情况下,两者原子半径差别越大,其溶解度越小。

(3) 固溶体的电子浓度。所谓电子浓度是价电子数与原子数目的比值,面心立方晶格的极限电子浓度值为 1.36,体心立方晶格为 1.48,密排六方晶格为 1.75。溶质原子溶入溶剂后,如果电子浓度超过以上极限值时,晶格便不稳定,便只能形成有限的溶解。超过得越多,溶解度也就越小。

(4) 溶质原子与溶剂原子的电化学性质。溶质和溶剂原子的电化学性质越相近,溶解度越大,反之则越小。

形成间隙固溶体的条件:溶质与溶剂原子半径的比值 $\dfrac{R_{非}}{R_{金}} < 0.59$,其溶解度与溶剂金属的晶格类型有关。例如,碳在 γ-Fe 中的最大溶解度可达 2.11%,而在 α-Fe 中的最大溶解度只有 0.0218%,显然这与不同类型的晶格所具有的最大间隙半径有关。例如,γ-Fe 晶格中的最大间隙是 0.52Å,与碳原子的半径 0.77Å 比较接近,因此当空隙周围的铁原子由于某种原因离开平衡位置时或者由于晶体缺陷的存在有可能使空隙扩大一些,于是碳原子便可以挤入空隙。由于碳原子挤入空隙后,将引起晶格畸变,所以不能每一个空隙均为碳原子所填充。经计算,大约平均 27 个奥氏体晶胞中仅能溶入一个碳原子。而在 α-Fe 晶格中,最大空隙半径为 0.36Å,这就表明,虽然 α-Fe 晶格中的总间隙体积大于 γ-Fe 晶格中的总间隙体积,但由于其分布较散,单个间隙较小,因此 α-Fe 的溶碳能力比 γ-Fe 小得多。

总之,在加热过程中,随着温度的升高和晶格类型的改变(由 α-Fe→γ-Fe),溶质原子在溶剂金属中的溶解度逐渐增大。

2. 化合物的化学稳定性

化合物的化学稳定性是由其化学键决定的,化合物的稳定性越高,越不易分解和固溶。从量子力学的观点来解释,原子间的化学键是各个原子的电子花样互相作用的结果。原子结合成分子,形成化学键,能够释放出能量,而分子分解成原子,使化学键拆开,需要供给一定的能量。化学键越强,使其拆开,要供给的能量就越多,化合物便越稳定。例如在高速钢中形成的合金碳化物比一般钢中的渗碳体化学键强,稳定性高,因此必须在较高的温度下才能分解和固溶。例如碳钢加热时,超过727℃,碳原子就迅速地溶入奥氏体中。而高速钢加热时,铬的碳化物于900℃开始溶解,到1100℃时才能全部溶入奥氏体中;钒的碳化物在900℃～1000℃时几乎还不溶解,只有到1000℃～1200℃时才迅速溶解;钨的碳化物在950℃～1150℃开始少量溶解,在1150℃以上$(FeW)_6C$型碳化物才迅速溶解,然而到1325℃也还未全部溶解。图3-15是不同温度下合金元素的溶解度。

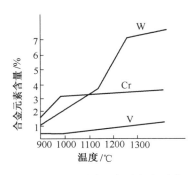

图3-15　不同温度下合金元素在γ-Fe中的溶解度

3. 固溶温度

固溶温度越高,固溶的速度越快,固溶的数量也越多。这主要有以下几方面的原因:

(1) 温度越高时,越有助于化合物的分解和固溶。反之,稳定性较高的化合物便不能分解和固溶。

(2) 温度升高时,溶剂原子的动能增大,溶剂原子离开其平衡位置的概率也越大。

(3) 溶质原子溶入溶剂是以扩散方式进行的,因$D=D_0 e^{-\frac{Q}{RT}}$,即扩散速度随温度的升高而增大,故温度越高,固溶的速度越快。

例如,600℃时,碳在α-Fe中的溶解度为0.008%,而在727℃时,溶解度上升到0.0218%。

4. 固溶时间

增加固溶时间可以使固溶的数量增多并使溶质原子在溶剂内均匀化。

溶质原子在溶剂内均匀化的程度对固溶后冷却过程中的形核情况,以及对产品性能(指淬火后的零件性能)等均有影响。

以合金钢为例,奥氏体形成后,在残留的合金碳化物刚刚全部溶入奥氏体时,碳和合金元素在奥氏体内的分布是极不均匀的。原来为合金碳化物的区域,碳和合金元素的浓度较高,而原来为铁素体的区域,碳和合金元素含量较低,这种浓度的不均匀性,随加热速度的增大而更加严重。因此,只有经继续加热或保温,借助于碳和合金元素的扩散,才能使整个奥氏体中碳和合金元素的分布趋于均匀,因为合金元素的扩散速度比碳小得多(仅为碳的1/10000～1/1000),所以合金钢的均匀化时间就要比碳钢长得多。

综合以上四点可以看出,对某一具体材料,加热过程中第二相固溶的数量主要取决于加热温度和保温时间。因此,加热温度越高,保温时间越长,固溶的数量也越多,见图 3-16。但是,锻造加热温度过高,第二相大量固溶后也会带来如下主要不良的后果。

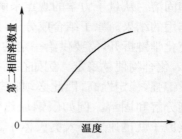

图 3-16　固溶度随温度的变化

(1) 晶界上的机械阻碍物消失,晶粒迅速长大。这是因为未溶入基体的第二相质点对晶粒长大有机械阻碍作用。当加热温度过高时,机械阻碍物就溶入基体,晶界上的机械阻碍作用就不再存在,于是晶粒将迅速长大。

(2) 溶入基体的第二相原子越多,在同样的冷却条件下,通常从基体中析出的第二相也越多。当第二相在晶界上析出时,则会造成锻件的内部缺陷。

3.4.2　第二相化合物的析出

当含有较多溶质原子的固溶体自高温冷却时,由于溶解度降低,形成过饱和状态,于是溶质原子便从固溶体中析出,并形成其他结构的新相。

如图 3-17 所示,某一原始成分为 x_0 的合金加热到 T_1 温度,保温适当时间,它将成为一单相固溶体。若此合金冷却到 T_3 保温,β 相将会由固溶体中析出。此变化可用反应式表示:

$$\alpha(x_0) \longrightarrow \alpha(x_1) + \beta(x_2)$$

上述反应式表示的是一个平衡反应,它表示 β 相(成分为 x_2)脱溶后,基体成分将由 x_0 变为 x_1,x_1、x_2 都是固溶线上的平衡浓度。这种性质

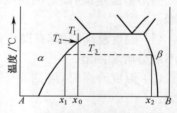

图 3-17　固溶度随温度的变化

的脱溶只能发生在距固溶线不远的地方(图 3-17 中的 T_2 以下)。

若合金迅速冷却(如淬火)到足够低的温度,由于扩散困难,第二相的析出将被抑制,而得到过饱和固溶体。如将此过饱和固溶体在某一温度(T_2 以下)加热保温,此时将发生新相的脱溶,而此时的析出相往往不是相图中的平衡相,而是亚稳相。这种类型的脱溶常常会导致合金的强化,故称为脱溶强化或时效强化。亚稳相的脱溶主要是在回火和时效(人工时效和自然时效)等工艺过程中出现。

关于新相的形核和晶核长大问题 3.2 节已经讨论过了,这里只讨论与析出有关的一些问题。

1. 析出温度与析出速度

第二相的析出是在一个温度范围内进行的,其上限受化合物的稳定性等影响,其下限受扩散速度等控制。

前面讨论固溶问题时曾提到,化合物越稳定,越不易固溶,即固溶的温度较高,

析出时也有同样特点,即化合物越稳定,析出的温度也越高。以碳化物为例,在合金钢中,碳原子不仅与铁原子相互作用,也与其他溶质原子相互作用。如果碳与铁的结合力比碳与其他溶质元素(如 Ni、Co)强,则较多的碳原子将集中在铁原子周围的间隙中;如果碳与溶入合金元素的结合力比铁强,则较多的碳原子将集中在这些溶质原子周围的间隙中,如 Cr、V、Ti、Mo、W 等就属于这样的元素。由于这些合金元素的激活能大,扩散速度慢,因此它们对碳原子的扩散起约束和牵制的作用,只有在较高的温度下,碳原子具有较高的能量时,才能摆脱那些溶质原子的约束。

各种材料第二相的析出温度上限(开始析出的温度)可根据相图上的固溶度线确定,为满足形核所需的体积自由能差 $\Delta G_{体}$,需要有一定的过冷度 ΔT。因此,开始析出的温度略低于固溶度线。例如,在图 3-17 中,成分为 x_0 的合金,开始(最高)析出的温度应比 T_2 低一个过冷度 ΔT。不同的化合物其 ΔT 是不一样的,这与它们形成临界晶核时的界面能和弹性能有关。

第二相冷却时的析出速度与加热时的固溶速度不一样,加热时的固溶速度和数量与温度成单值的关系,而冷却时第二相的析出速度则受两方面因素的影响。一方面是温度越低,固溶体中溶质原子的溶解度越低(过饱和程度越大),从热力学条件看,越不稳定,使溶质原子的析出动力增大;另一方面,温度降低时,原子的活动能力减弱,使析出速度减小。因此,在一定的温度范围内,析出速度具有最大值。即在某一温度范围内析出速度较快,在其他温度范围内析出速度较慢(图 3-18)。

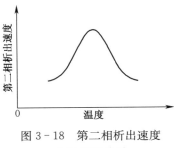

图 3-18　第二相析出速度
与温度的关系

对于基体相有同素异构转变的材料,有时第二相有两个析出速度最快的温度范围。例如 AlN 在钢中有两个析出速度最快的温度范围,一个是在奥氏体区间,一个是在珠光体区间(见第 3.7 节)。

同一化合物,在不同牌号的材料中,其开始析出的温度和析出速度最大的温度区间常常是不一样的。例如,AlN 析出的峰值(析出速度最快)温度,在 Cr-Ni-Mo-V 炮钢中约为 600℃ 和 900℃,而在 38Cr 和 30CrMnSi 钢中约为 720℃ 和 900℃。这主要是由于在不同材料中第三元素的影响不同所引起的。

2. 析出部位

第二相析出的部位,取决于在这些部位析出时的形核功大小。

第二相可以在晶内析出,也可以沿晶界析出。从能量的观点来看,它们优先在金属的缺陷位置(包括晶界、亚晶界、滑移面、孪晶面、位错等)和惯习面上析出和长大。因为在这些位置形核所需的形核功最小。例如碳、氮等能与铁形成间隙固溶体的元素,较多地分布于晶界,而且这种现象在 α-Fe 中比在 γ-Fe 中更为显著。由于晶界溶质原子富集,有利于形核。因此,当冷却速度较慢时,碳化物、氮化物等第二相常常沿晶界析出,形成网状组织。

当第二相以共格的方式形核时,由于共格界面的界面能很小,晶内共格的形核功与晶界共格或半共格的形核功相近,因此,形核可以相平行地进行。

在晶界或晶内共格形核,并沿惯习面按一定的晶体取向长大所需的能量较小,因此,第二相常常沿惯习面析出,形成魏氏组织。

由式(3-3)中可以看到,形核功与体积自由能差 $\Delta G_{体}$ 成反比,当 $\Delta G_{体}$ 很大时,ΔG_c 减小,而且此时界面能 $\sigma \cdot A$ 所起的作用就不那么突出了。因此,当过冷度较大时,第二相可以在晶内和晶界同时析出,形成比较均匀的组织。增大过冷度,促进第二相在晶内析出的另一个原因是对扩散系数的影响。因为从晶体点阵中析出的溶质原子能否扩散到晶界,要看溶质原子本身的活动能力大小和时间。例如高温缓慢冷却,则较多的溶质原子沿晶界析出;如果冷却速度较快,则只能在晶内析出;如果冷却速度很快,则溶质原子的析出可能被抑制。

(1)轴承钢锻后缓冷时,特别是在 $A_{rm} \sim A_{r1}$ 间缓冷时(GCr15 的 A_{r1} = 695℃,A_{rm} = 707℃,$A_{rm} \sim A_{r1}$ 是由奥氏体中大量析出二次碳化物的温度区间),沿晶界析出网状碳化物。当网状碳化物严重时,用一般热处理方法不容易消除,使冲击性能下降;热处理淬火时易引起龟裂。因为轴承环大都是模锻成形的,变形量是一定的,另外考虑到变形力等问题,锻造温度不宜太低。因此,对轴承钢,避免这种网状碳化物的主要措施是锻后应当快冷,以抑制碳化物析出。当冷却速度大于 100℃/min 时,锻件中将几乎不出现网状碳化物。一些工厂常采用喷雾冷却,最近有的工厂正在试验直接用温水冷却。

(2)奥氏体不锈钢(1Cr18Ni9,1Cr18Ni9Ti)在 800℃~550℃ 的温度范围内缓冷时,有大量含铬的碳化物沿晶界析出。由于碳化物的析出,使晶界产生贫铬现象,使抗晶间腐蚀的能力降低(因为铬的含量>12%时才能有较高的抗腐蚀能力,如果碳原子析出时,在晶界上与铬形成含铬的碳化物,则奥氏晶界上含铬量减少)。为了防止碳化物沿晶界析出,在 800℃~550℃ 温度范围内应当快冷。

第二相在位错线上析出可以降低形核功,3.2 节的有关计算结果表明,位错形核与晶界形核的难易程度相近,因此,利用塑性变形增加晶体中的位错,便可以减少沿晶界的析出,促使第二相在晶内析出。

例如,过共析钢,如果终锻温度较高(高于 A_{rm}),锻后缓冷时,碳化物便沿奥氏体晶界呈网状析出。因此,对这种材料应当:① 控制终锻温度,使 $t_{终} = t_{r1} + (40 \sim 50)$℃,即在两相区终锻。这样,一方面可促使碳化物沿晶内位错线析出,同时使已沿晶界析出的网状碳化物立即被打碎分散;②适当提高冷却速度。

关于第二相析出形态对材料性能的影响,将在后面进行讨论,在这里只指出两点:

(1)第二相沿晶界析出,造成晶界弱化,使材料的冲击韧性下降;且常易产生沿晶破断;

(2)在高温下沿奥氏体晶界析出的第二相,在正常的热处理中不容易消除,而遗留在零件中,降低产品性能。

3. 析出相密度

第二相沿晶界析出的密度越大,晶界弱化越严重。其原因将在后面讨论,这里主要研究沿高温奥氏体晶界析出相的密度问题。

钢从高温冷却时,沿奥氏体晶界的析出相密度,取决于析出的数量、颗粒的大小和析出的面积等因素。析出的数量与析出速度和时间等有关,在前面已经讨论过了,而析出的面积,与晶粒尺寸有关。在同样大小的体积内,晶粒尺寸越大,则晶界总面积越小。例如,晶粒尺寸增大 1 倍,晶界总面积减少 1/2。因此,在析出数量相同的情况下,晶粒尺寸越粗大,则沿晶界的析出相密度也越大。

析出相的颗粒大小对析出相的密度也有影响,在析出相体积分数和析出面积相同的情况下,析出相的颗粒越细小,则析出的密度越大。例如,颗粒尺寸减小为原来的 1/10,则在体积分数不变的条件下,颗粒数将增大 1000 倍。应当指出,最初析出和形成的颗粒都是很细小的。但是,在高温下长时间停留时,它们将聚集长大。

因为析出相的数量、析出部位、析出面积、析出相的颗粒大小等均与加热温度和加热速度等有关。因此,为避免析出相沿高温奥氏体晶界大量析出,关键是控制加热温度和冷却速度。

控制好加热温度可避免第二相大量固溶和析出,避免晶粒过度长大,从而可控制析出相的密度。

控制好冷却速度可以避免在析出速度最大的温度区间大量析出,特别是避免沿奥氏体晶界大量析出。主要的措施是冷却时迅速越过奥氏体区析出速度最大的温度区间。

4. 析出相形貌

析出相的形貌随合金成分和析出条件的不同可以是多种多样的。例如,有球状(或粒状)、块状、片状、针状、棒状、树枝状或规则几何图案状等。

影响析出相形貌的因素很多,除了前面已讨论过的界面能和弹性能外,脱溶过程中的扩散条件对新相形貌也起很重要的作用。例如,当界面附近浓度梯度较平缓,扩散距离较大,因而扩散较缓慢时,新相多易成长为粗块状或等轴状;反之,若浓度梯度较大、扩散距离较短、扩散较快时,新相多易成长为细棒状或针状;介于这两种情况之间时新相易成长为柱状(图 3-19)。基体 γ 相的原始浓度为 C_0,γ 相的

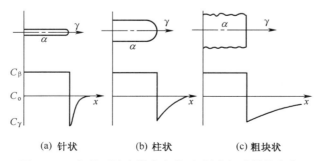

图 3-19 相界面浓度梯度变化时,析出相形貌的变化

平衡浓度为 C_γ，析出相 β 的浓度为 C_β。浓度梯度的大小，实际上也反映了 γ 相的过饱和度的大小。

当新相沿母相晶界扩散成长较快时，新相易形成与晶界相似的形貌，形成网状组织。当新相沿母相内某些面或方向扩散成长较快时，便易于形成片状或针状的魏氏组织。

5. 析出相的集聚和形貌转化

析出相的粒度大小，随条件的不同，可以在一个很大的范围内变化，小至十几纳米，大至零点几毫米，也就是说其尺寸变化范围可达 5 个～6 个数量级。析出过程完成后，即新相已充分析出而母相也基本达到其平衡浓度，如果再延长时间或提高温度，就会发生新相的聚集长大和形貌转化过程。此时，大的颗粒将继续长大，而小颗粒将溶解消失。针状、片状或其他不规则形状的粒子将逐渐向着近似球状、球状或规则形状转化。这样转化的结果使系统的总界面能降低，而析出相的总体积分数基本上保持恒定。颗粒的溶解、粗化、球化，最后达到统计性分布的平衡态，这些变化都遵从一定的规律。

当界面不是平面而是球面时，会引起压应力（$\Delta p = \dfrac{2\sigma}{r}$）从而引起化学位的升高，其关系式为

$$d\mu = V \cdot \Delta p = \frac{2V\sigma}{r}$$

式中：V 为比容（克原子体积）。

因此，如果界面能和其他条件一定，析出相的半径越小，则其化学位越高，并且在母相中的固溶度也越大。这个关系可近似地表达为

$$x_r^m = x^m \left(1 + \frac{1 - x^m}{x^\beta - x^m} \cdot \frac{V^\beta \cdot 2\sigma}{K \cdot T \cdot r} \right) \tag{3-15}$$

式中：x^m 为相界面为平面时的母相浓度，它相当于相图中一般固溶线的成分；x^β 为析出相的成分；V^β 为析出相的体积；r 为析出相的粒子半径；x_r^m 为与 r 对应的母相成分。

显然，当析出相的浓度比母相大时，式（3-15）右端永远为正。所以 r 越小，x_r^m 便越大；反之，当析出相的浓度比母相小时，式（3-15）右端括号内第二相将为负值，这时 r 越小，则 x_r^m 也越小。

当由母相中析出化合物时，析出相的浓度比母相大。假设析出相为球状，那么颗粒半径越大，则与其相平衡的母相浓度必将越小。这说明，当析出相颗粒大小不均匀时，母相的浓度也将不均匀，大颗粒周围的浓度低，而小颗粒周围的浓度高（图3-20）。这种不均匀性，对相应的颗粒半径来说是平衡的，但从整体来说是不平衡的，所以，如果条件允许，就会发生溶质原子由小颗粒周围向大颗粒周围扩散，这样就破坏了它们各自的平衡关系。平衡关系的恢复只能是小颗粒溶解，而大颗粒长大。显然，只要扩散能够进行，当颗粒尺寸有差别时，这个过程就可以不断地进行下去。而且随着时间的延长，粒子尺寸的差别将逐渐增大，所以若其他条件不变，

这个过程将越来越快,直到大颗粒周围的小颗粒完全溶解为止。由此可见,随着时间的延续,颗粒的平均直径将越来越大,颗粒间的平均距离也越来越大,扩散的距离也越来越长。于是,聚集长大过程也就因之而减慢下来,直到一定阶段后,便基本停止了。这说明,在一定的扩散条件下(如当温度一定时),析出相的粒度具有一个大致稳定的平均值。温度越高,这个平均值就越大;反之,温度越低,这个平均值就越小。

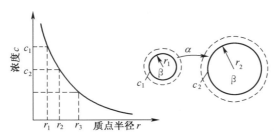

图 3-20 脱溶相粒度大小对母相平衡浓度的影响

如前所述,析出相形貌转化的规律是由针状、片状……逐渐向着球状或规则形状转化。引起析出相形貌转化的原因与析出相聚集的道理是一样的。假设一个析出相颗粒各处的曲率半径不一样时,则与其相接触的母相,其相应的浓度也不一样。即曲率大处浓度高,曲率小处浓度低,这就会发生溶质原子由曲率大的地方向曲率小的地方扩散,并将导致前者的溶解,而后者长大,即同一个颗粒其细小尖锐的部分将溶解,而粗大平钝的部分将长大。最后,针状、片状的将逐渐变为块状、近似球状或球状的。所以,这个过程也叫球化。但实际表明,除非在完全各向同性的介质里,真正达到球状的并不多。而且,近年来发现,有的合金还可以发生相反的转变。这说明影响形貌转化的因素是复杂的。

3.5 锻造加热和冷却时第二相固溶体的转变和析出

具有第二相固溶体的合金和部分单相固溶体合金在锻造加热和冷却的过程中发生第二相固溶体的转变和析出。第二相固溶体转变和析出的驱动力是系统自由能的降低。

第二相固溶体的转变和析出有两种情况:①有些合金,例如亚共析钢、(α+β)铜合金、(α+β)钛合金等,在加热时其第二相固溶体转变为基体相,冷却时又由基体相中析出;②还有些合金(如 1Cr18Ni9Ti、1Cr13、Cr17Ni2 等不锈钢)在加热时,其第二相固溶体由基体中析出,冷却时又转变为基体相[18]。由于大多数合金材料的转变和析出的情况类似,因此这里结合亚共析钢和 1Cr18Ni9Ti 不锈钢来介绍第二相固溶体的转变和析出规律。

3.5.1 亚共析钢中先共析铁素体的转变和析出

亚共析钢加热时的转变一般由奥氏体的形成、先共析铁素体的溶解、残留碳化物的溶解及成分均匀化四个阶段组成。

前面已经提到,亚共析钢中奥氏体的形成过程是通过形核和长大来进行的。奥氏体是在铁素体与渗碳体的界面上形核。核的长大是通过渗碳体的溶解、碳在奥氏体中的扩散以及奥氏体—铁素体界面与奥氏体—渗碳体界面向铁素体与渗碳体方向推移来进行的。在含碳量较高的亚共析钢中,先共析铁素体的转变与上述奥氏体晶核的长大过程是类似的。但是,对碳含量比较低且碳化物呈细片状的亚共析钢,当在 $A_{c1} \sim A_{c3}$ 之间慢速加热或长时间保温,这时铁素体的转变过程:在 A_{c1} 温度时,γ 相和 α 相的含碳量分别是 C_{r0} 和 $C_{\alpha0}$(图 3-21),加热到 t_1 温度($t_1 > A_{c1}$)时,奥氏体内碳的浓度是不均匀的,与铁素体交界处的碳浓度是 C_{r1},低于奥氏体的平均碳浓度 C_{r0},因而引起了奥氏体内碳的扩散。为了保持相界处碳浓度的平衡,碳向相界附近的铁素体中扩散,使该处的铁素体转变为奥氏体,相界向铁素体中迁移。与此同时,相界处铁素体的平衡碳浓度 $C_{\alpha1}$ 也低于铁素体的平均浓度 $C_{\alpha0}$,于是在铁素体内碳浓度也不均匀,并引起碳向相界处扩散。为了保持相界处碳浓度的平衡,必须使相界处的铁素体转变为奥氏体,界面向铁素体中迁移。随着温度升高,这一过程不断进行,铁素体区不断缩小,奥氏体区不断扩大。超过 A_{c3} 点后,铁素体全部转变为奥氏体。

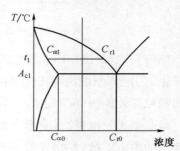

图 3-21 γ 相和 α 相在 A_{c1} 和 t_1 时的碳浓度

在冷却过程中,温度低于 A_{r3} 点后自奥氏体中析出先共析铁素体。这时的先共析铁素体可以按两种不同的机构析出。一种是无共格有扩散的机构。按这种机构析出时,铁素体的晶核在奥氏体的晶界上形成,然后通过碳原子和铁原子的扩散而不断长大。在靠近铁素体晶核处的奥氏体,其碳浓度为 $C_{\gamma-\alpha}$,高于奥氏体的平均碳浓度 C_r,因而引起了碳的扩散。为了保持相界处碳浓度的平衡,必须从奥氏体中析出铁素体,从而使铁素体晶粒长大。在铁素体长大的过程中,部分铁原子将发生扩散,而使晶格点阵由面心立方转变为体心立方。此时析出的铁素体与奥氏体之间没有共格关系,外形呈块状。随着钢中含碳量的增加,先共析铁素体量下降。另一种是有共格有扩散的机构。当铁原子的扩散受到限制时,过剩的铁素体将按此机构析出。这时,铁素体的晶核也是在奥氏体的晶界上形成,然后沿一定的晶面向晶内生长,形成与奥氏体有一定位向关系的片状铁素体,铁素体与奥氏体之间有第二类共格联系。在显微镜下观察,可以看到一系列从晶界生长出来的相互平行的针状铁素体。这样的组织,称为魏氏组织。在针状铁素体长大过程中只有碳原子扩散而无铁原子扩散,也即通过切变使面心立方点阵的奥氏体改组为体心立方点阵的铁素体。

在亚共析钢中,从奥氏体中析出的先共析铁素体形态见图3-22。图(a)、(b)、(c)表示铁素体形成时与奥氏体无共格联系;图(a)、(b)为块状铁素体;图(c)为网状铁素体。图(d)、(e)、(f)表示铁素体长大时与奥氏体有共格联系而形成的片状铁素体。

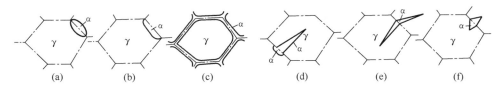

图3-22 亚共析钢的先共析铁素体形态示意图

先共析铁素体的析出形态取决于析出驱动力的大小和扩散条件(包括界面附近的浓度梯度、扩散距离和扩散速度等),而这些又与过冷度大小、钢的化学成分和晶粒度大小等有关。

当过冷度较小时,由于驱动力小,只有非共格界面可以移动。由于这时温度较高,有利于铁原子的自扩散,于是铁素体向无取向关系的奥氏体晶粒内长大,外形呈块状,并在一定条件下沿 γ 晶界发展成网状。而在较大的过冷度下,由于驱动力较大,足以克服阻止共格界面移动的弹性应变能,这时晶界上的铁素体沿一定的晶面向有取向关系的奥氏体晶粒内长大,并形成魏氏组织。但是,冷却速度过快,将抑制片状铁素体的成长,因此,过冷速度太大也不能形成魏氏组织。

关于界面附近浓度梯度对析出相形貌的影响,前面已经讨论过(图3-19)。综上所述,可知:

(1)在亚共析钢中,当奥氏体晶粒较细,冷却速度较慢和析出温度较高时,有利于铁原子的自扩散,先共析铁素体一般呈等轴块状组织;

(2)如果奥氏体晶位粗大,成分均匀以及冷却速度又比较适中,先共析铁素体常常成片状析出,形成魏氏组织;

(3)如果奥氏体晶粒较大、冷却速度较慢或较快时,先共析铁素体多沿奥氏体晶界呈网状析出。

($\alpha+\beta$)铜合金和($\alpha+\beta$)钛合金加热时,超过转变点后,由 $\alpha+\beta$ 转变为 β 相,晶粒迅速长大;冷却时 α 相沿一定的晶面析出,形成魏氏组织。例如 α 黄铜(面心立方)由 β 黄铜(体心立方)中析出时,两相之间存在下列取向关系:

$$(110)_{\beta}//(111)_{\alpha}$$

$$[\bar{1}11]_{\beta}//[\bar{1}10]_{\alpha}$$

α 相的密排面与 β 相的原子密度最大的晶面相平行,同时两者的密排方向也平行。关于($\alpha+\beta$)铜合金和($\alpha+\beta$)钛合金中第二相转变和析出的具体问题将在第6章中介绍。

3.5.2　1Cr18Ni9Ti 不锈钢中 α 相的转变和析出

由 Fe‑Cr 状态图（图 3‑23）中可以看到，当加热温度超过转变点后，1Cr18Ni9Ti 由单相奥氏体 γ 转变为 α＋γ 双相，即自 γ 相中析出 α 相，并随着加热温度的升高 α 相的数量逐渐增加，当超过 1250℃后 α 相将迅速增加，如图 3‑24 所示。

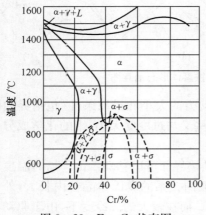

图 3‑23　Fe‑Cr 状态图

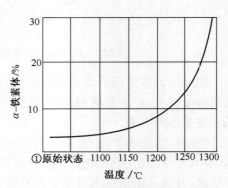

图 3‑24　加热温度对 1Cr18Ni9Ti
钢铁素体的影响

α 相的转变过程可参见图 3‑5(b)，但图中新相改为 α，母相改为 γ，相应地 C_β 改为 $C_{\gamma_{\alpha\alpha}}$，$C_\alpha$ 改为 $C_{\gamma_{\gamma\alpha}}$，C 改为 $C_{\gamma_{\gamma\gamma}}$。当加热温度超过转变点后，首先在 γ 相的晶界上形成 α 相晶核。在靠近 α 相晶核处的 γ 相，其铬浓度为 $C_{\gamma_{\gamma\alpha}}$，低于 γ 相的平均铬浓度 $C_{\gamma\cdot\gamma}$，因而引起铬的扩散。为了保持相界铬浓度的平衡，必须从 γ 相中析出 α 相，从而使 α 相晶粒长大。在铁素体长大的过程中，部分 Fe 原子将发生扩散，使晶体点阵从面心立方转变为体心立方。随着加热温度的增高，γ 相相界的铬平衡浓度 $C_{\gamma_{\gamma\alpha}}$ 与基体平均浓度 $C_{\gamma\cdot\gamma}$ 之差越大，使铬的扩散加速。另外，温度越高时，铬和铁的扩散速度也增大。因此，加热温度越高，新生 α 相的数量越多。

冷却过程中，如冷却速度非常缓慢时，在 1Cr18Ni9Ti 钢中发生（α＋γ）→γ 相的转变（图 3‑5(a)），由 α 相中析出 γ 相晶核，在靠近 γ 相晶核处的 α 相，其铬浓度为 $C_{\gamma_{\alpha\gamma}}$，高于 α 相的平均铬浓度 C_{γ_α}，因而引起铬的扩散。为了保持界面铬浓度的平衡，必须从 α 相中析出 γ 相，从而使 γ 相晶核长大，故界面便向 α 相中迁移，α 相逐渐减少，γ 相逐渐增多。但是，在实际生产中，冷却速度较快，铬的扩散速度减慢。由文献[э]表 1‑5 可见，当由 1300℃降为 1150℃，铬在铁中的扩散速度降低为原先的 1/30～1/70。1150℃时铬在铁中的扩散速度大约是碳的扩散速度的 1/2000。由于铬的扩散速度减慢，故转变过程不易进行完全。因而锻后在一般的空冷条件下，高温生成的 α 铁素体，将较多地残留在锻件组织内。

1Cr18Ni9Ti 钢中 α 相的增多,使钢的力学性能(主要是塑性指标)和抗腐蚀性能下降。

当 1Cr18Ni9Ti 不锈钢中存在过多的 α 相时,可以在 1150℃～1200℃的温度范围内长时间保温,使 α→γ 的转变进行得较充分,使 α 相的数量减少,使钢中聚集成块的 α 铁素体细化,并变成圆形,从而提高钢的塑性。

如果由于原材料中 α 相数量较多,塑性较低,锻造生产中常常产生裂纹时,应适当延长锻前加热的保温时间或采用锻前固溶处理以减少 α 相的数量。

1Cr13 和 Cr17Ni2 等钢中第二相固溶体的转变和析出的情况与 1Cr18Ni9Ti 的相类似,具体过程将在第 6 章中介绍。

3.6 第二相的种类、形态、分布等对金属性能的影响

现从锻件组织性能控制的角度出发,主要介绍由于锻造工艺不当,经正常的热处理工序后,第二相的遗传性对零件性能的影响。

3.6.1 第二相对力学性能的影响

第二相对力学性能的影响取决于第二相的性质、数量和分布情况。下面就脆性相和韧性相分别予以讨论。

1. 脆性相

脆性相对力学性能的影响与其分布、数量和形态等有关,具体分析如下:

(1)脆性相沿晶界呈网状分布。脆性相沿晶界呈网状分布时,一方面弱化了晶界;另一方面在脆性的网络处能产生很大的应力集中,使材料的塑性和韧性下降,常易产生沿晶断裂。图 3-25 为轴承钢的不同网状级别与冲击值的关系。图 3-26 为 Cr-Ni-Mo-V 钢锻后缓冷,AlN 沿晶界析出的网络和裂纹沿晶界析出的网络扩展。18Cr2Ni4WA 和 40CrNiMoA 钢严重过热后,冷却时 MnS 沿粗大的奥氏体晶界析出,形成石状断口,使材料的强度、断面收缩率和冲击韧性下降。MnS 沿晶界析出的密度越大,晶界弱化越严重,塑性降低越显著。

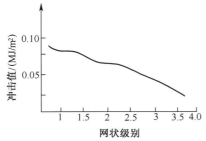

图 3-25 轴承钢不同网状级别与
冲击值的关系(850℃淬火时)

图 3-26 裂纹沿有析出相的奥氏体
晶界扩展情况 160×

脆性相沿晶界呈网状析出后,是否产生沿晶断裂,取决于晶界和基体的相互关系。基体塑性和韧性较好时,一般呈沿晶断裂;基体脆性较大时,则可能是穿晶或穿晶和沿晶的混合断裂。例如,18Cr2Ni4WA 钢严重过热后,MnS 沿粗大奥氏体晶界析出。若进行调质处理,则使钢的基体韧性增强,折断时呈现沿晶断裂的石状断口;如未经调质处理,则基体脆性较大,就可能呈现穿晶解理的萘状断口。

（2）脆性相在晶内分布。脆性相在晶内分布于缺陷位置（滑移面、孪晶面、亚晶界）和惯习面等处。对力学性能来讲,脆性相分布在晶内比分布在晶界好,其具体影响还与数量和分布情况等有关。

一般说来,脆性相含量越高,则塑性和韧性越低。因为从断裂过程的特点来看,大多数经过锻造的零件在使用状态下呈韧性断裂。在一定的变形程度下,脆性相含量越高形成的韧窝越多,材料越易断裂。图 3 - 27 为脆性相含量对珠光体钢纵向拉伸 $\varepsilon_{纵}$ 的影响;图 3 - 28 为硫化物和氧化物的体积分数 f_v 对奥氏体不锈钢断裂时总应变 ε 的影响;图 3 - 29 为脆性相体积分数 f_v 对断裂韧性 K_{1C} 的影响。由图 3 - 29 可见,材料越纯,K_{1C} 越高,因此,"纯化"是提高断裂韧性应用最广的途径之一。

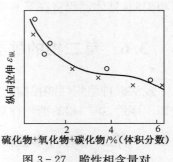

图 3 - 27　脆性相含量对珠光体钢纵向拉伸 $\varepsilon_{纵}$ 的影响

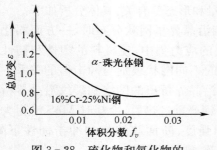

图 3 - 28　硫化物和氧化物的体积分数 f_v 对奥氏体不锈钢断裂时总应变 ε 的影响

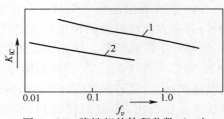

图 3 - 29　脆性相的体积分数 f_v 对断裂韧性 K_{1C} 的影响

$1—\dfrac{\sigma_s}{E}=6.8\sim7.3; 2—\dfrac{\sigma_s}{E}=7.9\sim8.5$。

图 3 - 28 和 3 - 29 中的 f_v 是脆性相的体积分数,其值如下:

$$f_v = N_v\left(\frac{\pi}{6}D^3\right)$$

式中: N_v 为单位体积内脆性相的颗粒数; D 为脆性相颗粒的平均直径。

脆性相（这里指强化相）分布越弥散,即颗粒间的间距越小,对提高强度指标越好。但对塑性指标的影响与断口形态有关。韧断时,颗粒间的间距越大,则断裂韧性越高,因为间距越小时,产生的韧窝越接近,材料越易断裂。但解理断裂时,情况则相反,颗粒间的间距越小,断裂韧性越高。因为间距小可缩短位错塞积带间距

82

离,使解理断裂不易发生;同时,还可以阻止裂纹的发展,使裂纹尺寸限于颗粒间距内,从而提高了解理断裂的强度。高速钢刀具和铬12型钢模具在使用状态下是高碳回火马氏体,一般呈准解理断裂。因此,碳化物颗粒愈小,分布越弥散,则性能越好。当碳化物颗粒粗大时,使用中常易崩刃。

大量的微观观察表明,大块碳化物常常是导致裂纹的主要原因。在解剖分析矿用牙轮钻头中发现,裂纹发生在大块碳化物与基体的交界处,对高速钢疲劳破坏试样的观察也发现,疲劳源就在大块碳化物处。在经小能量多次冲击的Cr12MoV钢试样断口中发现,在大块碳化物周围存在着显微裂纹,这些裂纹主要沿着大块碳化物与基体的界面或者直接穿过大块碳化物而扩展。

脆性相的形状对力学性能也有很大影响。在不规则的脆性相周围常常存在应力集中,容易形成裂纹。但是,脆性相呈球形对减少应力集中最为有利。试验证明,在钢中,球形碳化物比片状碳化物具有较高的塑性(图3-30),一些文献中用形状系数(渗碳体短径/长径)来表示渗碳体的球化状况。对S25C和S50C钢进行扭转试验,得出了断裂应变与形状系数之间的关系(图3-31)。从图3-31中看到,随着形状系数的增大(渗碳体越趋于球形),其断裂应变越高。形状系数为0.07～0.1的片层状渗碳体及形状系数为0.5的粒状渗碳体两组试样,经扭转试验,其断裂应变相差2倍。

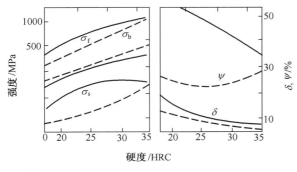

图3-30　碳化物形状对共析钢力学性能的影响
（实线——球状Fe_3C;虚线——片状Fe_3C）

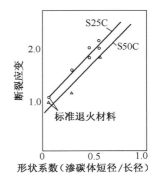

图3-31　扭转试验时,渗碳体形状系数(短径/长径)与断裂应变之间的关系

在透射电镜下的观察发现,围绕着大块不规则形状的碳化物周围,存在着大量的位错塞积,而这些位错塞积所造成的畸变、应力集中常常是裂纹的起源。

1700轧机渗碳轴承的寿命对比表明,当轴承渗层中存在许多块状、网状碳化物时,仅使用10d就破坏了;而当渗层中碳化物细小且呈圆形时,使用寿命达到550d,两者相差55倍。

（3）脆性相呈纤维状分布。材料经轧制和锻造后,其杂质和化合物沿主伸长方向被拉长,并形成纤维结构,结果使材料的力学性能出现方向性,对强度指标影响不大,但横向塑性指标,主要是断面收缩率明显下降。其原因是横向的韧窝容易连在一起,使材料塑性降低。

合金结构钢,如杂质含量过高(超过正常含量),在形成纤维组织后便要出现层状、木纹状和撕裂状(撕面状)断口,详见第 5 章 5.3 节。

(4) 脆性相在零件表面分布。当脆性相分布在零件表面时,对疲劳极限和接触疲劳强度的影响很大。因为在多数情况下,零件工作时表面的应力值最大,而脆性杂质所在处是一个微观缺陷,此处容易应力集中,因此,常常成为疲劳源。例如,轴承钢常在非金属夹杂与基体的交界处形成疲劳源。因此,轴承套圈和钢球都希望纤维分布与工作表面平行,在工作表面上不希望有流线露头(流线露头处正是杂质所在位置)。

脆性相对零件力学性能的影响除与上述几何特性有关外,还和它们与基体结合力的强弱以及热膨胀系数大小等有关。例如,MnS、Al_2O_3 和硅酸盐等在室温下与基体的结合力较弱,而 Fe_3C 等与基体的结合力较强,前者在少量塑性变形时便与基体分离,先形成初次微坑,而 Fe_3C 则在随后的大塑性变形时才形成二次微坑。因此,在零件内常易沿 MnS 等杂质与基体的交界处形成裂缝。

有些脆性相,例如 MnS 的热膨胀系数比 $\alpha-Fe$ 大,冷缩后 MnS 所在处常易形成空穴。

有些结构钢出现石状断口后,σ_b、ψ、α_k 均明显降低,可能与以上两方面的原因有关:①MnS 与 Fe 的结合力弱,稍稍塑性变形就分离了;②MnS 比 $\alpha-Fe$ 的热膨胀系数大,淬火后形成空穴。

2. 韧性相

亚共析钢、奥氏体不锈钢、半马氏体和马氏体不锈钢中的铁素体,铁素体不锈钢中的奥氏体都是韧性的第二相。但是,第二相铁素体和第二相奥氏体对零件力学性能的影响是不同的,现分别介绍如下:

(1) 第二相铁素体。亚共析钢、奥氏体不锈钢和马氏体不锈钢中的铁素体,由于 σ_s 小,零件工作时先是铁素体局部变形,并在此处形成初始裂缝,致使材料塑性和韧性下降。

第二相铁素体对零件塑性和韧性的影响与铁素体的形态有关。铁素体呈等轴颗粒状时,对塑性和韧性的影响较小;铁素体呈带状分布时,则影响较大;当铁素体沿晶界呈网状分布时,则影响更大,很易沿网状铁素体开裂。

(2) 第二相奥氏体。铁素体不锈钢,特别是高铬(大于 21%)型的不锈钢,虽然抗腐蚀性好,但强度和韧性都很差,若在合金中加入少量的 Ni、Mn 等合金元素,形成少量的奥氏体,就可以提高材料的韧性。

铁素体不锈钢中有少量的奥氏体时,不仅可以通过细化铁素体晶粒提高材料韧性,而且由于可以阻止裂纹的扩展,使材料的韧性得以提高。后者是因为裂纹扩展遇到韧性相奥氏体时,由于韧性相不易解理断裂,而塑性变形又要消耗较大的能量,故起到阻止裂纹扩展的作用。另外,裂纹扩展到韧性相奥氏体时,由于直接前进受阻,被迫改变到阻力较小及危害性较小的方向,从而松弛能量,提高了韧性。

上面介绍了钢中韧性相对力学性能的影响。下面再看看钛合金的情况。

在(α+β)钛合金中,α相的形态和数量对零件的力学性能有很大影响。例如,TC4钛合金(Ti-6Al-4V)在β相区终锻而且变形量又不大时,空冷后得到的是针状α相,具有这种组织的钛合金,室温塑性低,脆性大,使用性能差;而在(α+β)相区锻造时,空冷后得到组织中有部分等轴细α相。当采用适宜的锻造温度,使(α+β)钛合金中含有20%~30%的等轴细α相时,将获得较理想的综合力学性能,既具有高强度,又有适当的冲击韧性(见第6章之6.7节)。

3.6.2 第二相对理化性能的影响

第二相对化学性能的影响,主要指对抗腐蚀性能的影响。单相材料的抗腐蚀性能较高。当存在第二相时,由于两者的电极电位不一样,将引起电化学腐蚀,使抗腐蚀性能下降。因锻造工艺不当而引起抗腐蚀性能下降,常见的有以下三种情况:

(1)第二相固溶体非正常出现。例如,奥氏体不锈钢中出现α相和铁素体不锈钢中出现γ相。

(2)在不锈钢中沿晶析出含铬量高的碳化物,导致固溶体晶界贫铬。当晶界处含铬量低于12%~13%时,其电极电位则下降很多,固溶体晶粒与晶界上析出的碳化物便构成阳极和阴极,加速了晶间的腐蚀。含碳量高于0.1%的铁素体不锈钢和含碳量高于0.06%的18-8型奥氏体不锈钢,在冷却过程中,尤其在500℃~800℃缓冷时,沿晶界有大量高铬的碳化物析出。另外,不锈钢在还原性介质中加热时,碳渗入晶界,并与铬形成碳化物析出。

(3)锻件中流线露头的地方抗腐蚀性能很低,在垂直于纤维方向有拉应力存在时(应力腐蚀)更为严重。图3-32为连杆酸洗时间过长,沿分模面和两端流线露头处被严重腐蚀的情况。

图3-32 沿分模面流线露头处产生严重腐蚀(箭头所指)

由于应力腐蚀造成零件破断的事例大量发生,已开始引起设计和工艺工作者对应力腐蚀问题的重视。

第二相对物理性能的影响是多方面的,现举例如下:

(1)奥氏体钢是无磁性材料,如化学成分的含量和锻造工艺不当,出现α相后将引起磁性;

(2)铬12型模具钢碳化物呈带状分布时,热处理时引起纵向和横向的变形不均,常造成模具尺寸超差而报废。

金属材料宏观上所表现出的力学性能和理化性能，是由金属内部的组织结构所决定的；而材料的组织结构又取决于材料的成分和加工工艺过程。

第二相的固溶（转变）和析出，以及外来元素的渗入都是有一定规律的。掌握第二相的这些规律，采取恰当的措施，就可以保证获得具有良好的组织和性能的合格锻件。

3.7 一些化合物的固溶、析出规律和应用举例

3.7.1 硫化锰（MnS）

MnS 是冶炼时产生的非金属夹杂之一，是合金结构钢中常见的析出相，当 MnS 沿高温奥氏体晶界析出时，易引起石状断口。

由 Fe-S 状态图（图 3-33）可知，硫在固态铁中的溶解度很小，914℃时为 0.01%，1370℃时为 0.065%。硫是炼钢时不易除尽的有害杂质元素，它与铁形成熔点为 1190℃ 的 FeS，而且 FeS 与 Fe 形成的共晶熔点仅 989℃，分布于晶界，加热时超过 1000℃ 它就熔化，锻造时一击就碎。这就是所谓的"红脆"（也称热脆）。

锰是为减弱硫的有害作用在冶炼时加入的。锰和硫的亲和力大于铁和硫的亲和力，因而锰可以取代铁而形成 MnS。MnS 的熔点是 1600℃，故锻造时可避免"红脆"现象。MnS 在低温时呈大块状存在于晶界，塑性较低，但高温时塑性较好，能随同基体金属一道变形。

锰在 γ-Fe 中的溶解度为 100%，可以完全互溶（呈置换形式）。锰在 α-Fe 中的溶解度约为 3%。

在合金结构钢中，MnS 约从 950℃ 开始固溶，并且随着温度的升高，固溶的数量增大。

在锻造和锻后冷却时，溶入奥氏体的 MnS 便由奥氏体内析出到晶界上。加热温度越高，固溶的 MnS 越多，晶粒越粗大，冷却时析出的也相应越多，其密度也越大。

这种在高温下沿奥氏体晶界析出的硫化锰，在一般热处理时较难消除，并遗传在零件的组织内，降低产品的冲击韧性和断裂韧性（后文具体对其进行阐述）。具有这种组织的零件调质后在韧性状态下打断口时，常常呈现石状断口。石状断口是沿晶塑性孔坑性断裂（图 3-34）。MnS 是形成韧窝的核心。这是由于 MnS 与铁结合力弱，MnS 的膨胀系数比铁大，所以受力时 MnS 很容易与铁分离，形成微裂，并由此不断扩展。当 MnS 析出密度越大时，孔坑越易连在一起，故晶界弱化越严重。

避免产生这种缺陷的办法是控制加热温度和高温保温时间，以减少 MnS 的溶解（相应析出的也就少些）和使晶粒不致长得过大，以降低析出密度。

3.7.2 氮化铝（AlN）

AlN 在钢中可以起机械阻碍作用，控制晶粒长大。但是当 AlN 在高温奥氏体

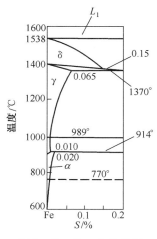

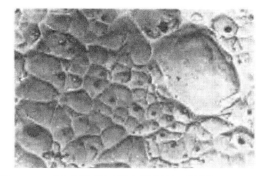

图 3-33 Fe-S 状态图   图 3-34 MnS 沿晶界析出引起的石状断口 4000×

晶界弥散析出时,则易引起石状断口。

铝是冶炼时为脱氧而加入的。氮是冶炼时由炉气中进入钢内的,不同方法冶炼的钢其含氮量也不同(平炉冶炼的碳素钢为 $0.001\sim0.008\%$,纯氧顶吹转炉钢为 $0.003\%\sim0.006\%$,电炉钢中约为 $0.008\%\sim0.016\%$,碱性转炉钢中约为 $0.01\sim0.039$)。

氮在铁中呈间隙形式固溶。氮在 α-Fe 中的溶解度,室温时在 0.001% 以下,590℃时达最大值,约为 0.1%;而在 γ-Fe 中,高温时溶解度可达 2.8%。

铝在铁中呈置换形式固溶。Al 在 γ-Fe 中的最大溶解为 0.625%,在 α-Fe 中的最大溶解度为 36%。

AlN 的熔点是 2400℃,由于 AlN 稳定性较大,固溶温度较高。因此,它在钢中的存在对晶粒常起机械阻碍作用。所谓本质细晶粒钢,在低于 930℃ 时,晶粒长大很慢,就是由于 AlN 及 Al_2O_3 等阻碍作用的结果。但应指出,当 AlN 颗粒细小分散度较大时,机械阻碍作用才明显;反之,当 AlN 呈粗大颗粒时,将失去机械阻碍作用。

AlN 约从 950℃ 开始固溶,1030℃ 后开始大量固溶,到 1200℃ 时,多数已溶解,到 1232℃,几乎全部固溶。

在锻造过程和锻后冷却时,固溶于奥氏体的 AlN,便由晶内析出。在 Cr-Ni-Mo-V 钢中 AlN 的等温析出曲线见图 3-35。由图中可以看出,在不同温度等温处理时,AlN 的析出有两个峰值,一个峰值是在 900℃ 左右的奥氏体区;另一个峰值是在 600℃ 左右的铁素体区。在 800℃~950℃ 的奥氏体区间缓慢冷却时,AlN 沿奥氏体晶界析出。在 500℃~700℃ 区间缓冷时,虽然析出的速度更快些,但 AlN 不沿晶界析出,而是在晶内呈弥散状分布。在其他钢中,由于第三元素的影响,AlN 析出的峰值温度略有差别。

AlN属于金属化合物,晶体结构为密排六方晶格,由于奥氏体与AlN相的密排面$(111)_\gamma$∥$(0001)_{AlN}$,且$[110]_\gamma$∥$[11\overline{2}0]_{AlN}$,它们在密排面上的原子排列情况相同,都具有最紧密的堆垛,并且奥氏体的点阵常数$(a=3.564\text{Å})$与AlN相的点阵常数$(a=3.114\text{Å})$相近。因此,AlN相从奥氏体中析出时,常具有共格转变的特征。一般认为这种共格的析出相呈圆盘状、立方状及棒状。

沿高温奥氏体晶界中析出的AlN呈薄片状。这种在高温下沿原奥氏体晶界析出的AlN,在正常热处理时较难消除,并使这种高温下形成的组织遗传在零件内,降低产品的性能。析出的密度越大,晶界的弱化也越严重。

具有这种组织的零件,经调质后在韧性状态打断口时,常常呈现棱面断口。棱面断口也是沿晶塑性孔坑性断裂,AlN是形成孔坑(韧窝)的核心(图3-36)。

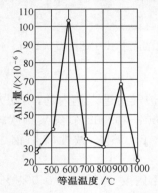

图3-35 Cr-Ni-Mo-V钢AlN等温
析出曲线(原始AlN量为0.019%)

图3-36 AlN沿晶界析出引起的
棱面断口 5000×

避免产生这种缺陷的办法是控制加热温度和冷却速度。在950℃～800℃区间快冷,减少在这一区间的停留时间。

3.7.3 9Cr18不锈钢中碳化物的固溶和析出[19]

9Cr18不锈钢中的碳化物主要是$(Cr、Fe)_{23}C_6$和$(Cr、Fe)_7C_3$。$(Cr、Fe)_{23}C_6$的固溶温度较低,大约从1000℃开始固溶,随着加热温度升高,溶解的数量逐渐增多,到1160℃时几乎全部固溶入基体;而此时,$(Cr、Fe)_7C_3$才开始部分溶解,加热到1250℃时,仍有少量的$(Cr、Fe)_7C_3$未溶于奥氏体。

随着加热温度升高,碳化物固溶的数量增多,晶粒便迅速长大,固溶体中的合金浓度增高(图3-37),于是,锻造和锻后冷却时,奥氏体越稳定,残留的奥氏体数量越多,材料硬度下降也越多。

锻造加热温度在1140℃以下时,锻后组织为隐针马氏体,一次、二次碳化物以及少量的奥氏体。加热温度超过1140℃时,锻后奥氏体晶粒粗化,残留奥氏体的数量增多,材料硬度下降(图3-38)。加热温度超过1160℃后,在锻造和退火过程中,在奥氏体基体上均出现孪晶(见图3-39、图3-40),并沿孪晶线有$(Cr、Fe)_7C_3$

碳化物析出,形成链状碳化物。加热温度越高,链状碳化物越严重。锻造加热温度超过1220℃后,锻后还产生粗大连续的网状碳化物。

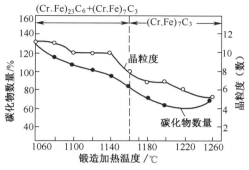

图3-37　锻造加热温度对奥氏体晶粒度、碳化物数量和晶型的影响

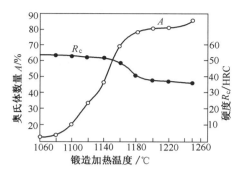

图3-38　锻造加热温度与奥氏体数量和硬度的关系

图3-39　9Cr18 1210℃加热锻后组织（有严重孪晶）500×

图3-40　820℃退火后碳化物沿孪晶线析出　500×

　　由于$(Cr,Fe)_7C_3$的固溶温度较高,这种链状和网状碳化物组织用一般热处理方法不易消除。因此,存在链状和网状碳化物组织的零件在淬火处理后,其力学性能、特别是塑性指标,明显下降。这是因为这种硬而脆的碳化物沿着孪晶界面分布后,把晶粒分成数块,阻止界面的塑性松弛,成为位错运动的障碍,位错将在孪晶碳化物前塞积,并在塞积群的前端形成弹性应力场,并产生足以使碳化物断裂的拉应力,因而诱发解理裂纹,又由于孪晶碳化物附近的基体组织系高硬度的马氏体,吸收变形功的能力很小,一旦孪晶碳化物形成了裂纹,就可凭借裂纹尖端所聚集的弹性能高速扩展,最后导致材料的断裂。图3-41为锻造加热温度对淬火后压碎负荷、导出应力、接触疲劳和磨损的影响。图3-42为锻造加热温度对淬火后的弯曲强度、挠度和冲击韧性的影响。由图中可以看出,正常加热温度锻造后,各项性能均呈现较高的数值,并且在1060℃～1140℃范围内性能基本相近;而过热锻造后,除了挠度外,所有的性能均随温度的升高而急剧下降。

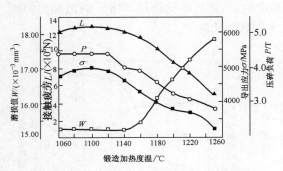

图 3-41　锻造加热温度对淬火后的压碎
负荷、导出应力、接触疲劳和磨损值的影响
（1050℃淬火＋160℃回火）

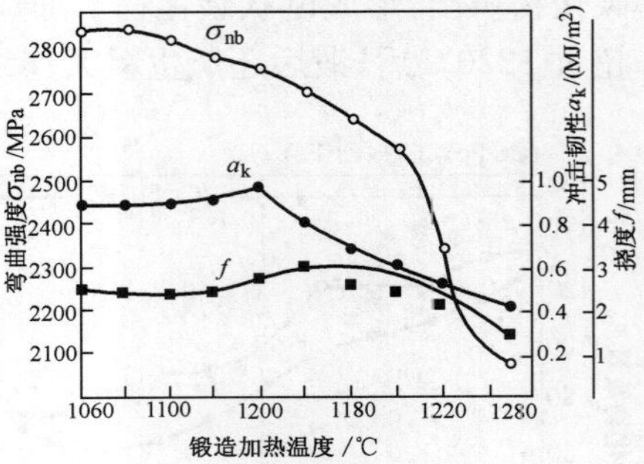

图 3-42　锻造加热温度对淬火后的弯
曲强度、挠度和冲击韧性的影响
（1050℃淬火＋160℃回火）

防止或消除 9Cr18 不锈钢孪晶碳化物的途径如下：

1. 高温反复退火

采用高温多次反复退火（加热至 1100℃，以 30℃/h 的速度冷却）的方法使孪晶碳化物在高温下熔断、聚集而成为球状，并通过多次重结晶使锻后的粗大晶粒细化，从而使材料性能得到改善（表 3-3）。

表 3-3　多次高温退火对力学性能的影响

序号	处理方法	力学性能			
		σ_{nb}/MPa	f/mm	a_k(MJ/m²)	硬度/HRC
1	正常锻造＋900℃退火＋1050℃淬火＋160℃回火	2768.4	2.70	0.884	60
2	过热锻造＋900℃退火＋1050℃淬火＋160℃回火	2402.8	2.62	0.622	56
3	过热锻造＋1100℃退火＋1050℃淬火＋160℃回火	2426.4	2.60	0.624	55
4	过热锻造＋二次 1100℃退火＋1050℃淬火＋160℃回火	2602.0	2.68	0.744	57
5	过热锻造＋三次 1100℃退火＋1050℃淬火＋160℃回火	2740.0	2.76	0.866	59

2. 深冷处理

孪晶碳化物的存在取决于奥氏体的残留，如果将已形成孪晶的锻件进行深冷处理，使奥氏体转变为马氏体，孪晶便将随之消失。既然不出现孪晶界，随后退火时碳化物也就不会在其上沉淀，从而可防止这一缺陷的产生。表 3-4 为深冷处理对力学性能的影响。

表 3-4　深冷处理对力学性能的影响

序号	处理方法	力学性能			
		σ_{nb}/MPa	f/mm	a_k(MJ/m²)	硬度/HRC
1	正常锻造＋900℃退火＋050℃淬火＋160℃回火	2768.4	2.70	0.884	60
2	过热锻造＋900℃退火＋1050℃淬火＋160℃回火	2402.8	2.62	0.622	56

（续）

序号	处 理 方 法	力 学 性 能			
		σ_{nb}/MPa	f/mm	a_k(MJ/m²)	硬度/HRC
3	过热锻造＋－75℃冷处理＋900℃退火＋1050℃淬火＋160℃回火	2020.0	2.60	0.722	59
4	过热锻造＋－196℃冷处理＋900℃退火＋1050℃淬火＋160℃回火	2704.2	2.64	0.818	60

3. 采用较低终锻温度和较大变形量

终锻温度低和变形量较大时,锻后残留的奥氏体晶粒和孪晶带都较细小。退火时在短小的孪晶界面上析出的碳化物也必然是短而细小的。这样细小的孪晶碳化物就可能在退火过程中聚集成球状或短条状,于是便可以消除其对合金性能的危害。

4. 严格控制锻造加热温度

由于孪晶碳化物系沿共格和非共格的孪晶界面形成的,要防止它,首先应避免出现退火孪晶。因此,应尽可能减少残留奥氏体的数量,最简便的方法是采用较低的锻造加热温度(小于 1160℃),使锻造后的组织由马氏体、碳化物以及少量的奥氏体组成。由于奥氏体数量少并且晶粒细小,所以形成的孪晶也短而细小,既使以后退火时在孪晶界析出碳化物,也会聚集球化,或者在随后高温淬火时被溶解,所以不会对合金性能构成危害。

上述四种途径中,前两种适于已产生孪晶碳化物的锻件,后两种则用来防止孪晶碳化物的产生。第一种耗能源较多,第二种较经济,但对消除网状碳化物无效,第三种的适用范围有一定局限性。因为 9Cr18 钢在高温时具有较高的强度,又极易在锻造冷却过程中形成马氏体,所以过低的终锻温度极易引起开裂。因此,第四种是根本的、有效的解决方法。于是,9Cr18 钢的锻造加热温度应控制在 1160℃以下,最好是 1060℃～1140℃。

3.7.4 高温合金弯曲晶界的形成

弯曲晶界对阻止裂纹的发生和发展有显著的作用。因此,它对提高高温合金的综合性能,特别是高温持久性能和室温冲击韧性具有较明显的作用。近年来,国内外都在进行这方面的研究工作。这里介绍高温合金弯曲晶界的形成条件和机理。

1. 弯曲晶界的形成条件

通过对大量试验事实的观察发现,平直晶界的状态往往是晶界上第二相颗粒细小,间隔稠密,呈链状均匀分布;弯曲晶界则是析出相颗粒粗大、间隔稀疏,呈锯齿状不规则分布,其颗粒越粗大,间隔越稀疏,则弯曲程度越大。由此可见,粗大、稀疏的晶界析出相的形核、长大是形成弯曲晶界的根本因素。晶界上析出相的形核率及晶核长大速度取决于脱溶时的析出条件。缓冷和等温保温工艺能满足新相形核率低、晶核长大快的脱溶动力学条件。因而有助于形成弯曲晶界。

2. 弯曲晶界的形成机理

高温合金固溶加热后，在一定温度区间内缓冷或等温保温时，过饱和固溶体分解，析出相在晶界稀疏的地方形核并迅速长大，使界面向两侧基体迁移，与此同时，两颗相邻析出相之间的晶界段也随着作不规则的迁移，这就是晶界弯曲的基本道理。在高温合金中能引起晶界弯曲的析出相主要是 γ' 和 M_6C。采用缓冷工艺时，主要是 γ' 相起作用，采用等温保温工艺时，主要是 M_6C 相起作用。固溶后缓冷时，γ' 相在晶界析出，与基体共格，两者成分相近。而固溶后等温保温时，M_6C 也在晶界析出，但与基体非共格，并且两者成分完全不同。所以，这两种析出相的晶核生长机制也就不同，晶界 γ' 相的生长只涉及所在界面处的原子输送；晶界 M_6C 相的生长则受扩散控制。由于两相的晶核生长机制不同，因此，二者引起晶界弯曲的形成机理也不一样。这里仅介绍在缓冷工艺下由 γ' 相影响的晶界迁移模型。

缓冷过程中，与基体成分相同的 γ' 相在晶界上形核，然后随着母相原子越过界面进入新相，相界面向母相迁移，使新相逐渐长大。试验结果表明，新相 γ' 只与相邻一侧基体柜晶粒共格，而与另一侧非共格（这是由于大角度晶界两侧晶粒通常没有对称关系，通常析出相不可能与两侧晶粒同时共格）。析出相与基体共格的一侧界面能低，但晶界迁移困难，原子越过界面进入新相时所需的激活能高，所以长大速度慢。而非共格的一侧界面能高，析出相长大的速度快，界面呈球冠状（以降低其界面能）向母相迁移（图 3 - 43（a））。图中 γ'_A 与晶粒 A 共格，而与晶粒 B 非共格，并向晶粒 B 长大，造成界面向晶粒 B 迁移。γ'_B 与晶粒 B 共格，与晶粒 A 非共格，故晶界向晶粒 A 迁移，最后能量达到平衡。迁移结束后，该晶界段便形成弯曲状。

综前所述，由于过冷度小，形核速度慢，形核数量少，所以析出相之间的间隔往往很大，于是没有析出相的晶界段则因三叉结点处界面张力必须平衡的原因也必然发生迁移（图 3 - 43（b））。图中 $\sigma_{\gamma'-\gamma（共格）}$ 比 $\sigma_{（晶界）}$ 和 $\sigma_{\gamma'-\gamma}$（非共格）小得多，所以从下列平衡关系式中可看出 $\sin\alpha$ 必须很小，也就是 α 角应该接近 $180°$，于是原晶界必须向晶粒 A 迁移才能满足平衡条件。

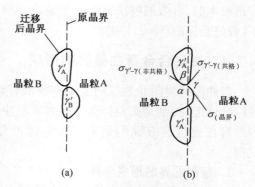

图 3 - 43 晶界 γ' 相形核长大引起
一段晶界迁移的模型

$$\frac{\sigma_{\gamma'-\gamma（共格）}}{\sin\alpha} = \frac{\sigma_{\gamma'-\gamma（非共格）}}{\sin\gamma} = \frac{\sigma_{（晶界）}}{\sin\beta} \qquad (3-16)$$

于是，由于局部晶界段的各自迁移，便形成了弯曲晶界。

3.7.5　铜相沿晶界分布引起铜脆

锻造过程中有时发现在锻件表面出现龟裂的情况(图 3-44)。引起锻件表面产生龟裂的原因之一是铜脆,高倍观察时,铜脆的特征是有淡黄色的铜相(或铜的固溶体)沿晶界分布,裂纹沿渗铜的晶界扩展(图 3-45)。局部定量分析时,该部位的铜含量远远超过其他部位。

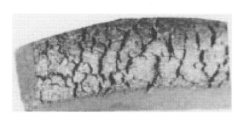

图 3-44　锻件表面上铜脆引起的龟裂

图 3-45　渗铜晶界上的铜相(箭头所指)和开裂情况　200×

锻造生产中引起铜脆的原因有两种:

(1) 加热炉内事先加热过铜料,炉内有大量的氧化铜屑,再加热钢料时,在高温下,氧化铜被铁还原为自由铜($Cu_2O+Fe\Longrightarrow2Cu+FeO$),被还原的铜原子以很高的速度沿奥氏体晶界向钢内扩散。因铜的熔点为 1083℃,故在锻造温度下奥氏体晶界被液态铜所隔开。因此,锻造时锻件表面必然产生裂纹。当钢坯表面晶界上有 FeS 夹杂物存在时,铜与 FeS 形成熔点更低的共晶体,而使铜脆现象更加剧。

为防止这一类铜脆,在加热钢件的加热炉内一般不要加热铜件。对已加热铜件的炉子,需清除炉内残留的铜屑或氧化铜,然后方能加热钢料。清除时,除应将铜屑扒尽外,还应向炉内撒食盐。在高温下,氯化钠与氧化亚铜能进行下列反应:

$$Cu_2O+2NaCl\Longrightarrow Na_2O+2CuCl$$

反应生成的氧化亚铜的熔点为 420℃,在高温下氧化亚铜极易挥发。如炉中残留有熔融铜,但又急需用此炉时,可在炉底上放一层钢板,将坯料与熔铜隔开。

严格控制加热炉气氛,对防止渗铜是有利的,一般在氧化性气氛中加热,坯料表面形成氧化皮的速度大于铜渗入的速度时,往往不会产生铜脆。只有在还原性气氛中加热,铜渗入表层的速度大于表层形成氧化皮的速度时,才产生铜脆。

(2) 钢料中含铜量较高时,如在氧化性气氛中加热,在氧化铁皮下易形成富铜层,铜相沿晶界分布,锻造时易引起铜脆。为防止这一类铜脆,对含铜量较高的坯料可采用快速加热,缩短保温时间或控制加热温度在 1100℃以下。

第4章　塑性变形对金属组织和性能的影响

塑性变形对金属组织和性能的影响如下：

（1）塑性变形可使金属强化（加工硬化），具有加工硬化的组织在一定温度下将发生回复和再结晶，使材料软化；

（2）热塑性变形可以改善铸态组织，破碎树枝状组织，焊合内部孔隙，在主伸长变形方向形成金属纤维组织；

（3）塑性变形对固态相变有影响，从而影响金属的组织和性能；

（4）塑性变形通常是不均匀的，它对金属组织和性能的影响具有双重性。

掌握和利用塑性变形对金属组织和性能影响的规律，通过采用合适的变形工艺（如精密成形、静液挤压、表面形变强化等）和最佳参数，可以有效地改善锻件的组织和性能。采用形变和相变复合工艺，例如形变热处理可以更大限度地发挥材料的潜力。

4.1　冷塑性变形对金属组织和性能的影响[9]

4.1.1　多晶体冷塑性变形组织的变化

1. 显微组织的变化

多晶体经塑性变形后，其显微组织发生明显的改变。各晶粒出现大量的滑移带。易发生孪生变形的金属中还会出现孪晶带。此外，晶粒形状也逐步发生变化。随着变形量增大，原来的等轴晶粒沿变形方向逐步伸长。变形量越大，晶粒伸长的程度也越显著。当变形量很大时，呈现出一片如纤维状的条纹（图4-1）。

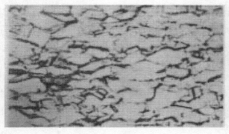 

（a）压缩率30%　30×　　　　　　　　（b）压缩率90%　30×

图4-1　铜材在不同变形程度下冷轧的组织状态

2. 形变金属亚结构的变化

未塑性变形的金属或经良好退火的金属的晶粒内存在亚结构或称亚晶粒,这早已被试验观察所证实。金属经塑性变形后,其亚结构"碎化",即亚结构因细化而使其数目增多。随着变形量的增大,许多金属的亚结构变成一种胞状亚结构。金属的塑性变形主要是由于位错的增殖和运动引起滑移变形而进行的。随着变形量的增大,晶体中的位错密度也不断增大,经很大的冷变形后,位错密度可以由原来退火状态的 $10^6 \, \text{cm}^2 \sim 10^7 \, \text{cm}^2$ 增至 $10^{11} \, \text{cm}^2 \sim 10^{12} \, \text{cm}^2$。而亚结构尺寸从 $10^{-4} \, \text{cm} \sim 10^{-3} \, \text{cm}$ 减小到 $10^{-6} \sim 10^{-4} \, \text{cm}$。

对许多金属试样观测的结果表明,多数金属经变形后其位错分布不均匀,这是因位错的交互作用所造成的。位错先是比较纷乱地纤缠成群,形成"位错缠结"。如果变形量增加,就形成胞状亚结构。所谓胞状亚结构,是指变形晶粒内的亚结构是由许多称为"胞"的小单元组成,各个胞之间有微小的取向差。高密度的缠结位错主要集中在胞的周围区域,构成胞壁,而胞内的位错密度却很低。

随变形量增大,胞的数量增多,而其尺寸减小。各个胞之间的平均取向差也逐渐增大,特别是在变形量增大时(如冷轧和冷拉丝),不但胞的尺寸细小,其形状也将随晶粒外形的改变而变化。

许多研究指出,变形金属中胞状亚结构的形成,不仅与变形量有关,还与材料的种类有关。具有高层错能的金属及合金进行塑性变形时,会很快地形成胞状结构,这是因为高层错能金属的全位错不易分解,它能借助位错的交滑移来克服其滑移过程中所遇到的障碍,具有较大的滑移灵便性,直到与其他位错发生交互作用而塞积形成缠结,并将晶体分成许多高位错密度和低位错密度的区域,此即胞状结构的初始阶段。随着变形的继续进行,位错不断增殖和运动,大量的位错缠结发展成为胞壁,将低位错密度区域包围分隔开来,形成了明显的胞状亚结构。

对于具有低层错能的金属,如不锈钢,其中的位错通常分解成较宽的扩展位错,使其交滑移困难。因此,在这类材料中易观察到位错塞积群的存在。由于位错的滑移灵便性差,大量位错杂乱地排列于晶体中。故这种金属经较大的塑性变形后,也不倾向形成胞状亚结构。

3. 形变织构

像单晶体塑性变形时滑移面要发生旋转和转动一样,多晶体塑性变形时,各晶粒的变形也同样伴随有晶面的转动,这样各晶粒也要发生转动,使各晶粒的同一晶格方向转到与力轴的方向一致。这种使各晶粒的取向逐渐趋于一致的过程称择优取向。择优取向的结果称织构,变形引起的织构称形变织构。

由于晶界的限制,晶粒的转动不能像单晶体那样自由。只有当变形量很大时,各晶粒才会逐渐地调整其取向而彼此一致。一般只有经过较大的塑性变形后才可能产生形变织构。

按加工方式不同,织构的类型也不同,拉拔时形成的织构称丝织构,轧制板材时形成的织构称为板织构。

一般体心立方金属的丝织构是<110>方向,平行于拉拔轴。面心立方金属的丝织构是<111>及<100>方向。密排六方金属的丝织构是 $<10\overline{1}0>$ 方向平行于拉拔轴。

面心立方金属的板织构有两种类型:一种是{110}<112>,如黄铜;另一种是{112}<111>,如铜。体心立方金属的板织构是{110}<110>,也可能是{112}<110>或{111}<112>织构。密排六方金属的板织构一般是{0001} $<2\overline{11}0>$ 。

多晶体出现织构后,在一定程度上可能出现像单晶体那样的各向异性。如板材,如果有了织构,沿板面各方向的强度和塑性不同。对材料的冷塑性加工成形和使用性能有很大影响。存在形变织构的板材,经退火后还有可能存在织构,这种织构称再结晶织构。如果这样的板材用于塑性成形,特别是深冲压成形,由于存在各向异性,因此变形不均匀,成形的零件不但壁厚不均匀,而且会出现边缘凸凹不平,产生所谓的"凸耳"。故应采取适当措施,消除织构。但在某些场合,又希望获得特殊的织构。如磁性材料硅钢片,希望获得{110}<100>织构,以获得高导磁率。织构获得的程度除与加工变形量有关外,还与变形方式、变形温度及材料本身的特点有关,这里不作进一步讨论。

多晶体塑性变形除发生上述组织变化外,还发生所谓"扩散塑性变形"的现象。在塑性变形过程中,溶质原子(或杂质原子)在应力场的作用下,定向地移动到新的平衡位置,使滑移面、亚晶界、晶界处溶质原子的浓度增高,引起溶质原子富聚并沉淀出第二相。除此之外,溶质原子在应力场作用下还能够通过空位扩散而移动。上述扩散塑性变形现象随温度升高而加剧,因此可形成塑性变形的另一基本机构——扩散蠕变。

4.1.2 多晶体冷塑性变形后性能的变化

冷塑性变形后的金属,由于内部组织的变化,引起力学性能、物理性能和化学性能变化,这一现象称为加工硬化。其中变化最显著的是力学性能。图4-2为铜材经不同变形程度冷轧后强度和塑性的变化情况。随变形程度增加,强度不断增高而塑性下降。一般在变形程度大于60%以后强度指标增加缓慢,塑性指标下降也缓慢。表4-1为冷拉对低碳钢(0.16%C)力学性能的影响。

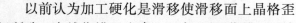

图4-2 冷轧对铜材拉伸
性能的影响

在工业中,加工硬化现象被用来强化金属,这种方法被称为形变强化。

以前认为加工硬化是滑移使滑移面上晶格歪扭所致。自从位错理论建立以来,可用位错理论来阐明加工硬化现象。一般认为,在塑性变形过程中,随着变形程度的增加,位错运动所受到的阻力越来越大,进一步变形就变得困难,因而出现加工硬化现象。如前所述,运动位错所受阻力大致来自两方面:①由于位错间的弹性交互作用。由位错源产生的一系列位错在运动中受到阻碍,造成位错塞积。这时塞积群的领先位错和障碍物之间存在弹性交互作用,只有当外加力较大时才能越过障碍物继续滑移。障碍物可以是晶粒边界杂质原子或其他固定位错。变形越大,塞积越严重,为了越过障碍需要的外加力也越大。②由于位错的交截所产生的割阶不在滑移面上,带割阶的位错要运动,只有在较高的应力或比较高的温度下才能继续。

表 4-1　冷拉对低碳钢(0.16%C)力学性能的影响

冷拉截面收缩率/%	屈服强度/MPa	抗拉强度/MPa	延伸率/%	断面收缩率/%
0	276	450	34	70
10	407	518	20	65
20	566	350	17	63
40	500	656	16	60
60	607	701	14	54
80	662	702	7	26

由于加工硬化使金属的变形抗力提高、塑性下降,使继续塑性变形发生困难。因此加工硬化主要用于那些不能通过热处理强化的材料。例如,工业纯铝、Al-Mn合金 Al-Mg 合金、工业纯铜等、大型发电机的护环零件也是靠形变强化来提高其强度的(见第 8 章 8.3 节)。

4.2　冷塑性变形金属在加热过程中的变化[9]

经冷塑性变形的金属在加热过程中,将依次发生回复、再结晶、晶粒长大(聚合再结晶)三个变化阶段。为什么只有经塑性变形的金属才会发生上述三个阶段的变化呢?这是由于冷变形金属内储存能的存在,为上述过程提供了驱动力。经冷变形产生加工硬化的金属,在退火后,可以恢复到冷塑性变形前的状态,这是由于在退火加热过程中金属的冷变形储存能得到释放的结果。随着冷变形金属中储存能的释放,金属的组织和性能也将发生相应的变化,图 4-3 示出了储存能释放和硬度、电阻率、密度、胞状亚结构尺寸的变化情况。

通常,在回复期间硬度只发生少量变化,约小于总变化量的 1/5。这是因为硬度高低与位错密度有关,而在回复期间位错密度变化不大。在再结晶期间,位错密度发生很大的变化,因而,金属的硬度、强度、塑性也发生很大变化(图 4-4)。

电阻率的变化,反映了晶格对电子定向运动的阻力,而点缺陷(空位和间隙原子)对电阻率影响较大。在回复期间,电阻率发生明显的变化,这说明点缺陷的浓度发生较大变化。

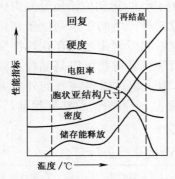

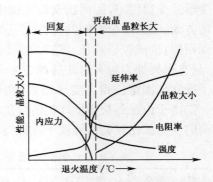

图 4-3　储存能释放与几种性能　　　图 4-4　退火温度与晶粒大小、性能
　　　　变化对应关系　　　　　　　　　　　变化的关系

在冷塑性加工初期,变形使铸态金属中存在的气泡、疏松等缺陷得到闭合,从而使金属密度提高;但继续加工时,由于空位浓度增加,金属的密度下降。刃型位错对密度增大有一定作用。在回复期间金属的密度回升反映空位浓度减少,而密度的大量变化,则是发生在再结晶期间。

胞状亚结构的尺寸在回复初期变化不大,而在后期,再结晶开始之前,胞状亚结构的尺寸已显著增大,同时胞壁的厚度减薄。

冷塑性变形金属在退火过程中性能的变化是由组织结构的变化引起的,下面将对各过程分别给予讨论。

4.2.1　回复

冷塑性变形金属在加热过程中,一般首先要发生回复现象。所谓回复是指冷塑性变形金属在加热时,发生某些亚结构以及物理和化学性能的变化过程。在光学显微镜下观察,其组织形态没有变化,如冷变形形成的纤维状组织在回复后,光学显微镜下就看不到变化。

回复过程的实质,主要是点缺陷及位错在加热过程中运动,从而改变了它们的数量和分布。

金属加热温度不同时,晶体中点缺陷及位错的数量和分布也不同。随着加热温度升高,回复过程可分为三个阶段。如果以 T_H 表示回复温度,T_m 表示熔化温度,$0.1T_m < T_H < 0.3T_m$ 为低温回复阶段;$0.3T_m < T_H < 0.5T_m$ 为中温回复阶段;$T_H > 0.5T_m$ 属于高温回复阶段。

冷变形金属处于低温加热阶段时,回复过程主要是点缺陷的运动。点缺陷运动的结果是使其浓度下降。点缺陷可以通过不同机制而消失。例如,空位迁移到晶界或位错处而消失、点缺陷彼此对消或结合凝集成空位片等。

在中温加热时,回复的主要过程是位错滑移导致重新组合以及同一滑移面内两个异号位错聚集而相互抵消。

在高温加热时,回复的主要机制是多边化过程。多边化是位错从冷变形后塞积的高能组态转变成稳定的有规则排列的低能组态的过程。冷变形后沿滑移面塞积的位错,通过攀移和滑移,使同号刃型位错沿垂直于滑移面的方向排成位错墙,即小角度的亚晶界。

在这个过程中,如果在不同滑移面上的两个异号位错可通过攀移或交滑移在同一个滑移面内相遇并且抵消,则使位错密度略有降低。

冷变形金属在加热过程中发生多边化的驱动力来自应变能的下降。当同号位错塞积在同一滑移面时,它们产生的应变能是相加的,因为在一个正刃型位错的应变场内,滑移面上部区域是受压缩,滑移面下部区域是受拉伸的。而当多边化使同号刃型位错沿垂直于滑移面方向重叠排列时,上下两个同号刃型位错的间隔区域之间的应变场,是两个同号位错应变场部分相互抵消的结果,因而多边化后使整个晶体的应变能降低。

位错的攀移,一般正攀移是通过空位扩散到位错处实现的,而扩散是一种热激活过程,因而多边化的速度随温度升高而迅速增加。

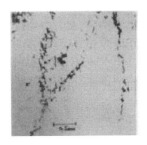

由多边化出现位错墙之后,它们还相互合并。其合并过程是,两个相邻的位错墙形成"Y"结点,然后"Y"结点逐渐长大,两个位错墙合并成一个位错墙(图4-5)。位错墙合并后,墙两侧的亚晶取向差也增大,这样亚晶的尺寸也增大。

图 4-5 "Y"结点的
形核和生长

多边化的实质是亚晶的形成过程,但回复后形成的亚晶并不是全由多边化而来,多边化只是形成亚晶的机理之一。通过透射电镜对薄膜金属的观察表明,由冷变形形成的胞状亚结构的边界(胞壁)是由位错缠结构成。在退火时,壁内的位错重新调整变得更规整,胞壁变得更薄些,胞状亚结构尺寸变得相应更大些。图4-6为在室温经5%塑性变形的纯铝于200℃回复退火后观察的结果。图4-7为形变形成的胞状亚结构在回复时变化的示意图,多边化过程形成的亚晶粒尺寸,要比由上述胞状结构演变而形成的亚晶粒尺寸约大10倍。

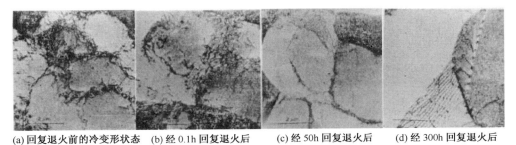

(a) 回复退火前的冷变形状态　(b) 经0.1h回复退火后　(c) 经50h回复退火后　(d) 经300h回复退火后

图 4-6　在室温经5%塑性变形的纯铝于200℃回复退火不同时间后的透射电子显微组织

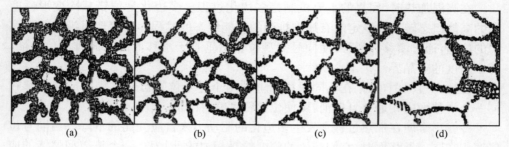

图 4-7　形变形成的胞状亚结构在回复时的变化过程示意图

　　有些金属经多边化形成的亚晶粒非常稳定,不易发生再结晶,始终保持多边化后的亚晶组织。例如高纯度的铁,经冷塑性变形后退火只发生回复,而不发生再结晶。

　　根据回复过程的上述机理,不难理解回复后性能的变化。电阻率下降,主要是空位浓度的降低,以及位错应变能的减少。内应力的降低,主要是金属内的弹性应变基本消除,即第一类残余应力基本消除。因而金属的强度、硬度下降不多,以及塑性恢复很小,主要是由于在回复后位错密度下降得不大的缘故。

　　在生产实践中,回复退火主要是用作消除残余应力,使冷加工金属零件基本保持加工硬化状态下金属的强度和硬度,降低残余应力,提高零件的使用寿命,避免变形或开裂。例如,经深冲成形的黄铜(含 Zn30%)弹壳,在室外放置一段时间后会自动发生开裂。这是由于冷变形后的残余应力与外界气氛对晶界的腐蚀作用,导致了"应力腐蚀开裂"的结果。为避免发生这种现象,冷变形后需要进行去应力退火(260℃)。除对冷塑性形成的零件采取低温退火(去残余应力退火)外,生产中对铸件、焊接件等也进行去残余应力退火,其实质都是通过回复作用达到去除残余应力的目的。

4.2.2　再结晶

　　经冷塑性变形的金属加热时,其组织与性能变化最显著的阶段是在再结晶阶段发生的。再结晶的实质是无畸变的晶核的形成和长大过程,或具体地说是通过新的可移动的大角变晶界的形成及迁移,从而使无畸变晶粒代替由于形变而引起的畸变组织的过程。再结晶的结果获得等轴的无畸变组织。这个过程虽然是形核长大过程,但它不是固态相变过程,因为再结晶前后金属的晶格类型并没有发生变化。

　　经过再结晶,金属的各种性能都恢复到相当于变形前金属性能的水平。因此,在工业生产中,可利用再结晶消除加工硬化的影响,这种热处理工艺称为再结晶退火。

　　试验观察发现再结晶形核,是通过形变金属中已有界面的突然移动进行的。经冷变形的金属中,主要存在两种类型的界面:一类为变形时生成的亚晶界;另一类为变形前原存的晶界(经变形没有消失)。根据金属种类和变形程度不同再结晶形核来源于已存晶界或亚晶界的突然移动。

一类情况是,再结晶核心是在多边化所产生的无应变的亚晶的基础上形成的。多边形化产生的由小角度晶界所包围的某些较大的无应变亚晶粒,可以通过两种不同方式生长:一种方式通过亚晶界的移动,吞并相邻的形变基体和亚晶而生长(图4-8(b));另一种方式是通过两个亚晶之间亚晶界消失,使两相邻亚晶粒合并而生长(图4-8(a))。在这一过程中,组成亚晶界的位错将发生攀移和滑移并且并入邻近的亚晶界中去。无论哪种方式,包围着亚晶粒的一部分亚晶界的位向差必然会越来越大,最后构成了大角度晶界。大角度晶界一旦形成,由于它较亚晶界有大得多的迁移率,故可迅速移动,扫过高位错密度区。而在大角度晶界迁移的后面,形成无应变的晶体,这样就形成再结晶核心。

　　上述再结晶核心的形核机理主要适用于经较大冷塑性变形(如变形程度大于20%)的金属。再结晶的形核是依靠已存晶界的突然弓出生核。在冷变形金属中,某已存晶界两侧的两个晶粒中的位错密度有较大的差异,一侧位错密度高,另一侧位错密度低,在一定温度下,晶界的一段向着高位错密度的晶粒一侧突然移动,被晶界弓出扫过去的那块扇形晶体中,冷加工储存能释放,变成无应变的晶体,这样就形成了再结晶的核心(图4-8(c))。

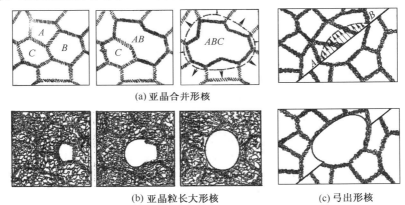

(a) 亚晶合并形核

(b) 亚晶粒长大形核　　　　　(c) 弓出形核

图4-8　三种再结晶形核方式的示意图

　　再结晶核心无论是上述哪类机理形成,都可以借其周围大角度晶界向形变地区(有畸变的高位错密度地区)移动,大角度晶界移动的驱动力是其两侧的位错密度差(两侧的畸变能差)。当各个再结晶核心长大到互相接触时,就形成了完全由大角度晶界所分界的无应变的新的等轴晶粒组织,这就是一次再结晶。

　　由于再结晶过程不是相变过程,因而再结晶温度不是一个严格的物理量,它与许多因素有关。工业上规定,当冷变形金属在变形量大于60%时,经1h退火,能完成再结晶的最低温度为再结晶温度。对于纯金属来讲,再结晶温度$T_{再}$与金属绝对熔化温度T_m存在下面的经验关系:

$$T_{再}=(0.35\sim0.4)T_m$$

再结晶温度不仅随材料变化而变化,还与冷变形程度,原始晶粒度及杂质含量等因素有关。

再结晶过程不是瞬间完成的,而是以一定的速率进行的。将单位时间内完成新的无应变再结晶晶粒的体积定为再结晶速率。再结晶速率用再结晶等温动力学曲线表示(图4-9)。从图4-9中可以看出,再结晶的发生需要一定的孕育期。再结晶形核的孕育期与预先变形程度、加热温度有关。随着预先变形程度增大,加热温度的升高,再结晶速率增高,完成再结晶所需时间缩短。除此之外,再结晶速率还与第二相数量、大小、杂质含量及原始晶粒度有关。

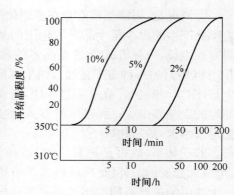

图4-9 铝不同形变量下的等温再结晶动力学曲线

4.2.3 再结晶后晶粒大小

再结晶后形成的晶粒,通常呈等轴形状,其晶粒大小与许多因素有关。主要取决于冷塑性变形程度、退火温度和时间、杂质及合金成分、组织状态和原始晶粒度等。

在其他条件相同的情况下,再结晶后晶粒大小与变形程度的关系见图4-10。变形程度很小时不发生再结晶,晶粒保持原来的状态。当达到临界变形量时,再结晶后的晶粒特别粗大。按传统的观点,其原因主要是变形量不大,再结晶成核数目少的缘故。我们根据对高温合金的研究认为,在临界变形量时不发生再结晶,这时出现的粗晶是无形核直接长大形成的(见文献[20、42]和第10章例11)。一般纯金属的临界变形量大约为2%~10%,随退火温度的变化以及合金元素及其含量的变化,临界变形量也发生变化,例如,退火温度越高时,临界变形量越小(图4-11)。超过临界变形量后随着变形量增加,再结晶晶核增多,因而得到较细的组织。有些金属(如铝等)在变形特别大时,再结晶图上出现第二个大晶粒区(图4-10中虚线)。

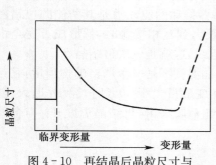

图4-10 再结晶后晶粒尺寸与变形量的关系

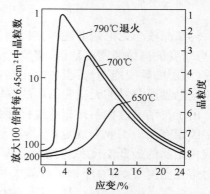

图4-11 低碳钢(0.06%C),应变程度及退火温度对再结晶后晶粒大小的影响

一般认为这是由于变形很大时,晶粒位向大致相同,经再结晶后形成织构大晶粒。

加热温度越高,保温时间越长,再结晶后晶粒越粗大。在完成一次再结晶后,在高温下晶粒继续长大的现象称为聚合再结晶。将变形程度、加热温度和晶粒大小之间的关系画成的三维立体图称为再结晶立体图(图4-12)。反映冷变形后重新加热时变形程度对晶粒大小影响规律的再结晶图称为第一类再结晶图,以区别于反映热变形时变形程度对晶粒尺寸影响的规律的第二类再结晶图。关于变形温度、杂质及合金成分对晶粒大小的影响将在第5章中详细讨论。

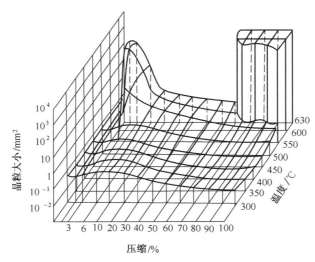

图4-12 工业纯铝再结晶立体图

4.2.4 再结晶织构

通常具有形变织构的金属,再结晶后的新晶粒仍具有择优取向,这种结晶学取向与形变织构的金属结晶学取向存在一定的取向关系。再结晶后的晶粒具有择优取向的组织称为再结晶织构。

对再结晶织构的形成原因有两种说法:①定向生长理论;②定向生核理论。近年来的试验表明,前一种理论在形成再结晶结构中起主导作用。定向生长理论认为,晶界的移动速度取决于晶界两侧晶粒的取向差。那些处于有利取向的晶核,能够通过消耗变形基体而迅速成长,而其他取向不利的晶核,由于它们的晶界迁移速率太低,在竞争生长中被淘汰。由这些有利取向晶核生长成的晶粒几乎具有同样的取向,从而形成再结晶织构。

控制金属材料的再结晶织构的生成,对保证材料质量及塑性加工产品质量有重要的意义。例如,深冲用铜板,经过$90\%\sim95\%$的冷轧并退火后,会形成$\{100\}$<001>的再结晶织构。具有这样织构的铜板其各向异性非常显著,顺着轧制方向和垂直轧制方向的延伸率只有40%,而与轧制方向成$45°$的<110>方向的延伸率可达 75%。这就使深冲后的工件壁厚不均匀,并在杯形件边部出现凸耳,从而使产品报废。为了避免上述情况,退火前冷轧的变形量最好不超过 50%。对于已形成再结晶织构的铜板可通过 20% 的冷轧将再结晶织构破坏。但是,对于磁性材料,如前所述,则希望有织构存在,以获得高的磁导率。

再结晶织构类型受许多因素影响,如冷塑性变形的历史情况,退火时加热速度,材料中的杂质种类及含量等,应根据具体情况来控制。

4.2.5　二次再结晶

以上讨论的再结晶称为一次再结晶,而所谓二次再结晶,是在一定条件下,在一次再结晶后的晶粒长大期间,少数晶粒靠吞食周围其他晶粒而急剧长大,形成特别粗大晶粒的现象。

发生二次再结晶的原因:绝大多数晶粒长大比较困难,而少数晶粒可以较迅速地成长。可能的条件:①一次再结晶后形成再结晶织构,在这样的组织中,再结晶后的晶粒具有相近的取向,所以不存在大角度晶界,晶界的迁移速度比较小,晶粒不易长大。②金属中含有较多杂质,特别是第二相弥散分布于组织内,会使晶界的活动性显著下降。在这种情况下晶粒长大很缓慢,而且长到一定尺寸后就稳定下来,很难发展。③在薄板金属中,晶粒边界与板面相交处形成沟槽,也会阻碍晶界移动,此时晶粒组织也是较稳定的。由于上述三种原因,在一次再结晶后,晶粒长大期间,出现相对稳定的较细晶粒组织。如果于更高的温度加热时,会使某些少数晶粒的稳定条件破坏,则出现少数晶粒突然过分长大现象,这就是二次再结晶。由此可知,二次再结晶一般是在塑性变形量很大,加热温度特别高时容易发生,特别是板材中更常见。

由于二次再结晶会导致晶粒粗大,从而会降低材料的强度、塑性和冲击韧性等,并影响塑性成形后零件的表面粗糙度,因而要防止出现二次再结晶现象。

4.3　热加工过程中的动态回复和动态再结晶[9]

热加工过程是在再结晶温度以上的塑性变形过程。一般的塑性变形都伴随有加工硬化产生,有加工硬化就将在适当的条件下发生回复或再结晶。因此,热加工时,在变形金属内加工硬化的产生与回复或再结晶软化过程是同时存在的。如果就回复或再结晶发生的条件来看,可分为五种形态:静态回复、静态再结晶、动态回复、动态再结晶、亚动态再结晶。

关于静态回复和静态再结晶,在上面已经讨论过了,它们是在塑性变形终止后发生的。热加工后发生的静态回复或静态再结晶是利用热加工后的余热进行的,与冷加工之后的区别是不需要重新加热而已。

动态回复和动态再结晶是在塑性变形过程中发生的回复和再结晶,而不是在变形停止之后。图4-13为回复或再结晶的动、静态概念示意图。

亚动态再结晶是指在有动态再结晶进行的热变形过程中,终止热变形时,称为亚动态再结晶。此时动态再结晶未完成的过程会遗留下来,将继续发生无孕育期的再结晶过程。

热加工过程中的动态回复或动态再结晶都是使热变形过程中金属软化的机制,在动态回复没有被人们认清以前,人们很长时期曾错误的认为热变形过程中,再结晶是唯一的软化机制。

根据金属及固溶体合金在热加工过程中所发生的组织变化的不同,可将它们分为两类:

（1）层错能较高的金属材料。例如,工业纯度的 $\alpha-Fe$ 铁素体钢及铁素体合金,铝和铝合金以及密排六方的锌、镁、锡等。由于它们中位错的交滑移和攀移比较容易进行,一般认为这类金属材料的热加工过程中只发生动态回复,即动态回复是这类材料热加工过程中唯一的软化机制。即使在远高于静态再结晶温度下进行热加工,在热变形过程中通常也不会发生动态再结晶。如果将这类材料在热变形终止后,迅速冷却到室温,可发现其显微组织为沿变形方向拉长的晶粒或纤维状组织。

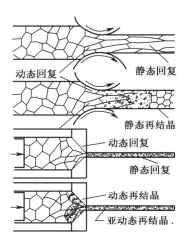

图4-13 回复或再结晶的动、静态概念示意图

（2）堆垛层错能较低的金属及固溶体合金。例如,$\gamma-Fe$、奥氏体钢及奥氏体合金,镍及镍合金,铜及铜合金,金、银、铂及其合金以及高纯度的 $\alpha-Fe$ 等,它们大多数属于面心立方晶格结构的材料,这类金属材料中的全位错易形成扩展位错。因其层错能较低,扩展位错中的两个不全位错之间层错带较宽,因两个不全位错相距较远,较难束集成一个全位错,故这类材料中位错的交滑移和攀移较高层错能的铝及铝合金等材料困难得多。由于位错交滑移和攀移困难,因而不易发生动态回复。这类材料在一定条件下的热加工过程中,由于塑性变形会积累足够高的位错密度,这时将导致发生动态再结晶。特别是在较高的变形温度和较低的应变速度条件下,动态再结晶将是热加工过程中主要的软化机制。

下面将分别讨论高温塑性变形过程中的动态回复和动态再结晶。

4.3.1 动态回复

1. 高温动态回复时的流动曲线

未塑性变形或经再结晶退火的金属,如果属于高层错能的金属材料,在高温塑性变形中只发生动态回复。在应变速度不变(实际上只能做到近似不变)的条件下加载,其流动曲线可分为三个不同的阶段(图4-14)。

第一阶段是微应变阶段,在此区域内应变速度从零增加到试验应变速度。在

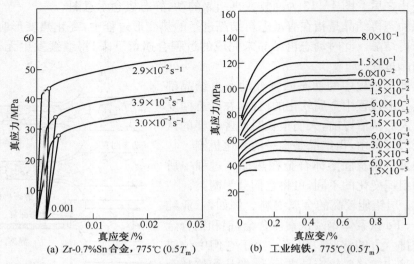

(a) Zr-0.7%Sn合金，775℃（$0.5T_m$）　　(b) 工业纯铁，775℃（$0.5T_m$）

图 4-14　动态回复时的流动应力应变曲线

此阶段虽然应力应变曲线不如常温下陡，但应力迅速升高，它的斜率在 $E/50$（高温，低应变速度）到 $E/5$（较低温度，高应变速度）之间。当温度高，加载速度低时，微残余应变为 1%。当温度低，加载速度高时，微残余应变为 0.2%。当应力应变曲线的斜率降低约一个数量级时，微应变阶段结束。流动极限可定为残余应变为 0.1%～0.2%时的应力值。

继续变形，进入第二阶段，即加工硬化率逐渐降低阶段。此阶段曲线斜率由高温低速的 $E/500$ 到低温高速的 $E/100$ 之间。斜率对温度和应变速度都是敏感的。

随应变增大，加工硬化率逐渐降低，最后达到第三阶段，加工硬化的实际速度为零，称为平稳态阶段。在这阶段，应力、温度、应变速度皆不变，称为三参数守恒阶段。

图 4-14 所示的流动曲线是只发生动态回复时的流动曲线。如果该过程中除动态回复外，还有其它过程出现，如沉淀相粗化、硬组织消失、绝热升温、动态再结晶、超塑性流动等变化，曲线将下降。如果发生脱溶或软组织消失等变化，曲线将上升。

2. 在动态回复时塑性体内显微组织的变化

现在讨论只发生动态回复时，三阶段的显微组织的变化。

在第一微应变阶段，金属中位错密度由退火状态的 $10^6\,\mathrm{cm}^{-2}$～$10^7\,\mathrm{cm}^{-2}$ 增加到 $10^7\,\mathrm{cm}^{-2}$～$10^8\,\mathrm{cm}^{-2}$。

第二加工硬化阶段，宏观流动开始后直到第三阶段稳定态，位错密度增加并保持在 $10^{10}\,\mathrm{cm}^{-2}$～$10^{11}\,\mathrm{cm}^{-2}$。

在由第一微应变和第二加工硬化阶段所发生的滑移变形过程中，位错塞积，出现位错缠结和胞状亚结构。到第三阶段稳定态出现时加工硬化实际速度为零，此时出现的胞状亚结构达到平衡状态。也就是说,在第三阶段的塑性变形过程中,胞壁之间的位错密度,胞壁之间的距离以及胞状亚结构之间的取向差保持不变,即出现了位错密度保持不变的状态。这是由于位错增殖速度与位错相消速度达到动态平衡,因而建立起平衡位错密度。

位错增殖速度取决于应变速度和使位错增殖的有效应力。这个过程是由滑移变形时位错塞积使位错密度增高的机制引起的。

另外,位错相消使位错密度降低的速度取决于已产生的位错密度和控制回复机制的难易性,即位错交滑移、攀移和位错脱锚的难易性。位错相消机制可以认为是,因螺型位错通过交滑移从它们原来存在的滑移面(塞积带)内逸出,随后在新的滑移面上与异号的螺型位错相抵消,因此,一定的应力及高温有助于交滑移。同样,高温也有助于刃型位错通过滑移离开原来存在的滑移面(塞积带),随后在新的滑移面与异号刃型位错相抵消。而且位错的交滑移和攀移也有助于位错脱锚,这样就能够使位错增殖速度和相消速度相等,实现维持在恒定的位错密度和恒定应力条件下,使加工硬化净速度为零的塑性变形过程。这就是动态回复过程的实质。

这个过程中的组织特点:随着变形程度的增大,晶粒形状随着金属主变形方向而变形,而亚结构形状始终保持等轴。此时如果快速冷却下来,就得到晶粒形状伸长或在变形量很大时的纤维状组织,而亚晶粒保持等轴的组织形态。出现这样的特点是由于亚晶界在滑移变形过程中反复被拆散,并且在胞壁间的距离、位错密度及胞状组织之间取向差保持不变的条件下,由位错的交滑移、攀移而反复多边化再形成新的亚晶界。

在这样反复被拆散和再形成亚晶界的过程中,亚结构的尺寸受变形温度和速度控制。因为应变速度和温度的变化引起了平衡位错密度的变化。温度的提高,应变速度的降低,使流动应力降低,位错增殖速度降低。而位错相消速度主要取决于温度和已生成的位错密度。温度升高,增加位错相消速度,但位错增殖速度的降低使已生成的位错密度降低,也降低了位错的相消速度,这样,平衡位错密度也相应降低。所以,降低应变速度,升高形变温度,使亚结构尺寸增大。此时亚结构中含有较少位错,亚组织边界中的位错密度相应也低,且排列整齐,亚结构边界轮廓清晰。

由此可知,动态回复的变形过程不能看作冷变形和静态回复(消除应力退火)过程的迭加。应变与回复的同时出现避免了冷加工效果的积累,在这种情况下,形变金属中不能发展成高位错密度。此时,金属中的位错密度低于相应冷变形量时的位错密度,而高于相应冷变形后再经静态回复时的位错密度。同样亚结构的尺寸大于相应冷变形时胞状组织的尺寸,而小于相应静态回复时亚晶粒的尺寸,此时,亚晶的平均直径 d 与温度和应变速率呈如下关系:

$$d^{-1} = a + b\lg z$$

$$z = \dot{\varepsilon}\exp(Q/RT)$$

式中:z 为温度校正过的应变速率;Q 为过程的激活能;R 为气体常数。

如上所述,动态回复是通过位错的攀移、交滑移和位错结点的脱锚而进行的。因此层错能高的金属容易发生动态回复,而层错能低的金属,由于所形成的扩展位错中的两个不全位错间的距离较宽,因此位错的攀移、交滑移和结点脱锚不易进行,也就不易发生动态回复(较易发生动态再结晶)。所以在高层错能金属的热变形过程中,动态回复是唯一的软化机制。

4.3.2 动态再结晶

1. 高温动态再结晶时的流动曲线

在容易发生动态再结晶的金属中,开始塑性变形阶段回复程度较小,紧接着,塑性变形过程中便发生动态再结晶。再结晶开始后,位错密度很快下降,此时不是通过位错攀移、交滑移和结点脱锚使位错相消,而是以无畸变的晶核的生成、长大及形成再结晶晶粒代替含有高位错密度的形变晶粒的过程。动态再结晶时的流动应力应变曲线比动态回复时的流动应力应变曲线要复杂些。图 4-15 表示了发生动态再结晶时的流动曲线特征。

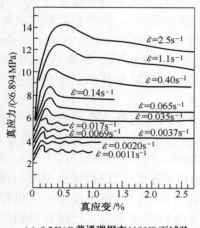

(a) 0.25%C 普通碳钢在1100℃下试验

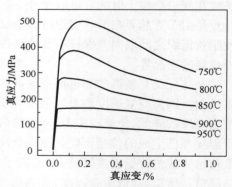

(b) TC11 钛合金在应变速率 0.1s^{-1} 下试验

图 4-15 动态再结晶时的流动应力应变曲线

在应变速度较高情况下,开始塑性变形阶段,流动曲线表现了加工硬化特征。当升高到一极大值时,与流动应力对应的应变用 ε_p 表示(ε_p 称为峰值应变)。此后随应变增加,由于开始出现再结晶,流动应力下降,最后出现平稳态。

在应变速度低的情况下,动态再结晶引起软化而使流动应力下降之后,紧接着又是重新产生加工硬化而使流动应力再次上升,这样就循环出现周期几乎不变但幅度逐渐减小的流动应力应变曲线。例如,在 γ-Fe 中,大于 $0.1s^{-1}$ 应变速度下,再结晶软化一开始就是连续的;相反在小于 $0.1s^{-1}$ 应变速率下,出现加工硬化与再结晶软化的周期性过程。上述动态再结晶时流动曲线的这种宏观特征与高温变形过程中具体的动态再结晶有关。

2. 动态再结晶时塑性体内组织的形成

在易发生动态再结晶的金属中,由于开始塑性变形阶段回复程度较小,形成的位错胞状亚结构比回复程度较大的金属中的胞状亚结构尺寸要小,胞壁中有较多的位错缠结,有利于再结晶的形核。当应变速度较小时,再结晶通过已存大角度晶界的弓出形核而后长大。当应变速度较大时,易出现较大取向差的胞状亚结构,再结晶通过胞状亚结构生长而形核。无论是哪种形核方式,再结晶晶核长大都是依靠大角度晶界的迁移。决定晶界迁移的驱动力及速度的是晶界两侧的位错密度差。由于在再结晶晶粒的形核和长大过程中,塑性变形继续进行,所以已生成的或正在生成的再结晶晶粒不可能是无应变的晶粒。在低应变速度情况下,由正在生成的再结晶晶粒的中心到正在前进着的晶粒边界,应变能的梯度小,并且紧靠着前进着的晶界后面的地方,由于还没有应变,几乎没有位错。前进着的晶界两侧的位错密度差与静态再结晶时没有太大的差别。因此,连续变形对再结晶驱动力和晶界迁移速度影响较小。由于形变的不断进行,当某一次再结晶完成之后,在再结晶晶粒中心部分仍处于形变状态,当变形使位错密度增加到一定程度后,又开始一轮新的再结晶。于是热加工过程中出现如图 4-15 所示的周期性波浪曲线。在应变速度较高情况下,由于再结晶晶粒和正在移动着的晶界之间,应变能的梯度高,紧靠着前进着的晶界后面,已再结晶的地方,也有一定程度的应变,因此位错密度也较大。这样前进着的晶界两侧的位错密度差相应减小(与静态再结晶比较),再结晶驱动力有一定程度降低,晶界迁移速度也减慢。在这次再结晶完成之前,在再结晶晶粒中心的位错密度达到足够发生另一次再结晶,新的形核周期又开始。在已再结晶的晶粒中又开始新一轮的形核长大。因此,在任一时刻,在金属内均存在它的应变量的差别范围,由零到稍大于峰值应变 ε_p 之间的应变分布。由于加工硬化和再结晶同时进行,并且当加工硬化率与再结晶软化速率平衡时,便形成了稳定的流动曲线。此时,流动应力保持在再结晶退火后在该温度下的屈服极限和动态再结晶开始时的峰值应力之间的数值。

如果将这种动态再结晶状态下的组织极迅速地冷却下来,所获得的组织的强度、硬度高于静态再结晶后获得同样大小晶粒的强度和硬度。因此,无论是在高应变速度还是在低应变速度下的动态再结晶的组织状态,都不等于冷加工后经再结晶的组织。

通常发生动态再结晶的金属,是高温变形时动态回复能力较低的金属。因为低速率的动态回复,使胞状亚结构的位错密度增大,位错密度高的亚结构会促进再结晶形核。具有较低层错能的一些面心立方金属,如镍、铜和奥氏体钢等属此种情况。除此之外,发生动态再结晶的倾向性也与晶界迁移的难易程度有关。固溶体合金中的溶质原子趋于减小金属回复的可能性,因此增加动态再结晶倾向。但溶质原子也可能阻碍晶界迁移,减慢动态再结晶速率。弥散分布的第二相能稳定亚结构,阻止晶界移动,因而阻碍动态再结晶的进行。

图 4-16 为动态再结晶起软化作用的铜及其合金的高温变形时的流变曲线。从该图中可以看到,在应变达到 0.15 ~ 0.2 以前,控制动态回复过程的加工硬化速率随着应变的增加而减少。在较纯的铜中,再结晶开始时流动应力迅速下降,然而,进一步变形到应变为 0.5 之后,流动应力才进入稳态阶段。在含 0.05% 氧的铜中,存在许多 Cu_2O 弥散粒子,它阻碍晶界迁移,因而动态再结晶软化被滞后,要求进一步增加应变才开始发生动态再结晶软化过程。在 Cu-Ni 合金中的流动曲线可看到更大差别。这里加入 9.5% 的镍,大大降低了动态回复速率,而且加工硬化速率比其他两种材料都高。镍的加入也影响再结晶形核和晶界迁移过程,因此在变形结束(应变

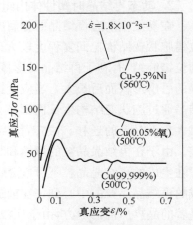

图 4-16　铜及其合金高温变形
时流变曲线

达到 0.7)时,动态再结晶软化仍然未能得到充分的发生。由此可见,固溶体中的溶质原子和杂质及细小弥散第二相对发生动态再结晶的倾向性有很大影响。因此为达到稳态流动,使动态再结晶发生,将要求更高的变形温度。

上面概要介绍了热加工过程中的回复和再结晶,根据动态回复和动态再结晶的规律,采用适当的冷却速度可以防止动态回复后可能发生的静态回复,静态再结晶和亚动态再结晶,而将动态回复后的亚结构保留下来以强化合金。利用亚晶来强化金属材料具有重要的意义。例如,对铝及铝合金进行亚结构强化,钢及高温合金的形变热处理,低合金高强度钢的控制轧制等皆直接地或间接地与亚结构的强化有关。

4.4　塑性变形对锻合孔隙的影响

这里所说的孔隙是指未经氧化、不含非金属夹杂的内部气孔、裂纹、类似在沸腾钢铸锭里的白点或气泡。为使这些缺陷和疏松区压实而被锻合需要有足够的压缩变形量及较高的温度。

所谓锻合就是使孔隙内壁闭合,使相邻的原子恢复结合力并形成应有的规则点阵状态。为使孔隙内壁闭合需有足够的变形量。温度越高金属重新结合所需的力越小,且原子活动能力强易于扩散、孔隙易于焊合。

在以钢锭为原坯料的大型锻件生产中,解决好孔隙的锻合问题具有重要的意义。

4.4.1　镦粗时内部孔隙的锻合

镦粗时锻件的中间部分为最大变形区,该区处于三向压应力状态(见第 7 章图 7-3),孔隙易于锻合,而坯料端面及侧面部分锻合的情况则较差。试验证明,当坯料由高径比 $H/D = 2$ 压缩到 $H/D < 1$,即 $\varepsilon > 40\%$ 时,轴心缺陷开始收缩,中心部

分先锻合;坯料继续被压缩时,锻合区逐渐向上、下扩大;当压缩至 $H/D = 0.2$,即 $\varepsilon \approx 80\%$ 时,轴心缺陷全部焊合(图 4 - 17)。实际上镦粗时,$H/D \leqslant 1/2.5$($= 0.4$),故一般建议 $H/D \approx 0.5$,或 $\varepsilon \approx 50\% \sim 60\%$。

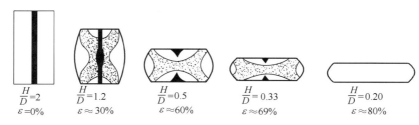

图 4 - 17 不同变形量对孔隙焊合的影响

试验证明,锻合后的坯料与整体锻造坯料在强度方面相差不多,但前者塑性指标有所下降,且变形程度越小,下降越多。

在 1225℃ 下热镦粗轴向钻孔的普通碳钢方坯,所得性能几乎与实心材料经镦粗后的相差无几(表 4 - 2)。

表 4 - 2 镦粗钢坯的横向抗拉性能

性能＼状态	原棒材	镦粗后的钢坯（镦粗前未钻孔）	镦粗后的钢坯（镦粗前经钻孔）
屈服强度/MPa	372	372	333
拉拉强度/MPa	539	566	562
延伸率/%	17.7	27.8	21.0
断面收缩率/%	26.6	51.0	47.7

除变形程度及金属的温度以外,对锻件内部缺陷锻合的影响因素还有材料的性质、孔隙的大小和位置及镦粗垫板表面粗糙度。孔隙越小,锻合所需的变形量越小;镦粗垫板表面粗糙度越高,摩擦阻力越大,造成镦粗时侧面部分压应力越大,越有利于缺陷的锻合。

4.4.2 拔长时内部孔隙的锻合

拔长钢锭时,影响锻件变形分布和孔隙锻合的主要因素是压缩量、锤头宽度、进料比和锤头形状等。

1. 压缩量

压缩量较小时,变形主要集中在坯料的上、下部分,中心区变形较小(图 4 - 18(a));当压缩量足够大时,变形主要在中心部分(图 4 - 18(b)、(c)),易使坯料轴心部分(钢锭质量最差,疏松、气孔最严重部分)得以锻合。但是一次行程的压缩量也不宜过大,否则翻转 90° 再压缩时易产生弯曲而使钢锭的中心区偏移,影响锻件

111

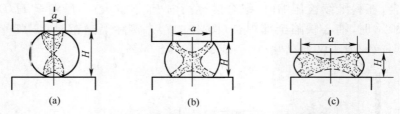

图 4-18　拔长圆柱体在不同压缩量时的变形分布

内部质量。一般一次压缩后的坯料高度与宽度之比 $\frac{H}{a} \approx \frac{1}{2}$，并应使 $\frac{H}{a} \leqslant \frac{1}{2}$。

2. 砧面宽度

窄砧不利于钢锭中心孔隙的锻合，且易产生折叠。采用宽砧可增加沿锻件轴向的压应力，有利于中心孔隙的锻合，故锻造主轴、转子等重要锻件时均采用宽砧和较大的进料比（第 7 章 7.2 节）。但是砧面也不宜过宽，否则锻件沿轴向不易伸长，反而促使横向变形的发展，易产生内部纵向裂纹等缺陷。

3. 砧面形状

常用的砧子形状有三种，图 4-19 给出了采用不同形状砧子拔长时锻件内部的变形分布。

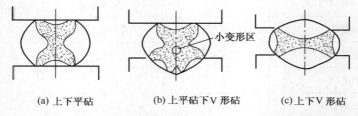

图 4-19　采用不同形状砧子拔长时锻件内部的变形分布示意图

从图 4-19 中可以看出，采用上、下平砧大压下量及采用上、下 V 形砧时变形集中在中心，且为三向压应力状态，最利于锻合钢锭的中心孔隙。

生产实践证明，为使钢锭中心孔隙焊合，用平砧锻成方形最好，采用上、下 V 形砧次之，采用上平下 V 形砧最不利。有些资料给出坯料直径与砧宽之比 $D/B = 1.8 \sim 2.2$ 较好，V 形砧角度在 $125° \sim 135°$ 左右较好。

在大型锻件的生产中，在最初开坯时，为锻合内部孔隙宜采用宽砧、大压下量，但采用这种工艺需要的设备吨位较大。如果设备吨位不能满足需要时，可以采用我们曾提出的、并在生产中验证过的非对称拔长工艺（见第 2 章 2.5 节）。我国在 20 世纪 80 年代前后也曾引进国外专利技术——中心压实法，其主要是将经初步开坯的坯料加热至 $1200℃ \sim 1500℃$，然后表面用喷水等措施使表面快速冷至 $950℃$ 左右（坯料中心部分仍有 $1150℃$ 左右）。这时沿轴向进行局部加载，使坯料中心部位变形（表层变形较小），从而使中心部位孔隙焊合，但采用这种工艺时，由于厂房内产生的雾气很大，劳动条件不好。

4.5　塑性变形对第二相分布的影响

塑性变形可以改变第二相的大小、形状和分布状态,表现如下:

1. 形成纤维组织

锻造时金属中的杂质和某些化合物及偏析沿主要伸长方向分布,使组织呈现一定的方向性,这样的组织通常称为纤维组织或流线。纤维组织形成后,金属材料的性能将呈现异向性。

不同形式的塑性变形会影响金属中的偏析或夹杂物的形状。它们在铸锭中大致呈球形。热塑性变形可以使它们变成线形、条形或圆片形。当变形为挤压或拔丝类型时它们则变成线形;当变形为轧制类型时,它们变成条形;而当变形为镦粗或横轧类型时,则它们变成圆片形。

关于纤维组织对性能的影响见第 5 章 5.3 节。

2. 形成带状组织

在亚共析钢,奥氏体钢和半马氏体钢中常形成铁素体带,使材料的横向塑性指标和冲击韧性下降。

以亚共析钢为例,铁素体带的形成有下面三种情况。

(1) 在 A_{r3} 和 A_{r1} 温度区间锻造时,由于铁素体和奥氏体同时变形,形成带状,铁素体带更为细长,在温度低于 A_{r1} 后,奥氏体转变为珠光体,而铁素体保持为带状。

(2) 锻造时,钢材中的 MnS 等沿主要伸长方向分布,冷却时铁素体在被拉长的 MnS 杂质上优先形核,结晶长大。故铁素体也形成带状。

(3) 由于 P、Si 和 W 等元素的偏析而形成的带状铁素体,例如,含 P 较高的偏析部分在锻造主伸长方向上得到延伸,当逐渐冷却时,铁素体在含 P 高的区域析出,C 原子被赶入含 P 低的区域,当接近 A_{r1} 点时仅在含 P 低的区域存在奥氏体,在温度低于 A_{r1} 点之后变为珠光体,这样便形成了带状铁素体和珠光体。

第一类带状组织可以通过重结晶退火(或正火)予以消除,第三类带状组织可以通过高温均匀化(扩散退火或由奥氏体区快速冷却防止碳原子长距离扩散移动等办法)予以消除。但第二类带状铁素体无法用热处理方法消除,因此称为不可逆带状组织。

关于带状组织对性能的影响见第 5 章 5.4 节。

3. 细化第二相,从而改善其分布状态

塑性变形对改善第二相的分布有重要影响。例如,高速钢和铬 12 型钢的铸态组织中一次共晶碳化物沿晶界分布,使材料的韧性很低,用热处理办法不能改善这种分布情况,而只能用锻造的办法将碳化物破碎,并使其弥散分布。又如,过共析钢,如终锻温度较高,锻后在 $A_{rm} \rightarrow A_{r1}$ 区间缓冷时,碳化物将沿晶界呈网状析出,并可能使零件在淬火时产生龟裂。因此,锻造过共析钢时采用降低终锻温度的办法($t_{终} = A_{r1} + (40 \sim 50)\ ℃$),使沿晶界呈网状析出的碳化物立即被破碎,并弥散分布于基体中。

4.6 热塑性变形对铸态组织和性能的影响

铸态组织的主要特点是组织和成分不均匀以及密度较低。

铸锭的最外面是由细小等轴晶组成的一层薄壳,中间是一层相当厚的粗大柱状晶区域,中心部分为粗大的等轴晶。

在柱状晶区域,由于选择结晶的原因而存在枝晶偏析和晶间偏析,在晶间有低熔点杂质及非金属夹杂物聚积,在枝干间存在有显微孔隙,在铸锭中心部分存在缩孔、疏松和低熔点杂质等缺陷。由于上述原因,铸锭的塑性差、强度低。

铸锭经热塑性变形后,组织和性能发生很大的变化。图4-20为45钢钢锭采用不同锻比进行拔长后的力学性能曲线(实线代表纵向力学性能,虚线代表横向力学性能)。由曲线可以看出:锻造比增加时,强度指标 σ_b 几乎没有什么变化,而

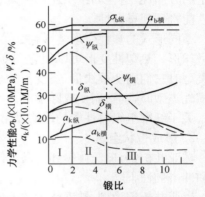

图4-20 锻比对45钢力学性能的影响

塑性指标 δ 冲击韧性 α_k 变化很大。性能的变化是与组织的变化相对应的。下面分三个阶段来分析。

(1) 第 I 阶段:锻造比 $y = 1 \sim 2$ 左右。

在这个阶段中钢锭的组织发生下述变化:①粗大的树枝状结晶组织被破碎,经过再结晶形成细小的晶粒;②晶界集聚的碳化物和非金属夹杂物有的被打碎和分散(如脆性的碳化物和氧化物等),有的随同金属一起变形(例如高温下塑性较好的硫化物)。它们呈链状或带状分布于基体中;③枝干间的显微孔隙和钢锭内部的气泡、疏松、微裂缝在高温和高压应力作用下被焊合,提高了钢料的致密度;④由于锻前高温加热和塑性变形增大了原子的扩散能力,使各处化学成分趋于均匀。

在此阶段,强度指标稍有提高,钢料纵向和横向的延伸率 δ、断面收缩率 ψ 和冲击韧性 α_k 均有显著提高。

(2) 第 II 阶段:锻造比 $y = 2 \sim 5$。

锻比继续增加时,晶界处的碳化物和杂质随金属流动逐渐形成纤维组织,使钢料的性能呈现方向性。此时,钢料的纵向塑性指标仍随锻比的增加继续提高,而横向塑性指标却显著降低。

(3) 第 II 阶段:锻造比 $y > 5$。

在这一阶段中,随着锻比的进一步增大,钢料中形成了一致的纤维组织。此时,纵向强度与塑性指标均不再提高;横向性能,主要指塑性指标,却继续下降。

图4-20说明了热塑性变形对铸锭性能影响的一般规律。对于不同材料、不

同断面形状和尺寸的锭料,因其铸造缺陷程度不一,合金元素不同,上述各阶段锻造比的数值范围亦不尽相同。例如,40CrNiMoA 钢,第 I 阶段的锻造比 $y \approx 4$;第 II 阶段的锻造比 $y \approx 4 \sim 8$;第 III 阶段的锻造比 $y > 8$。

热塑性变形对 40CrNiMoA 钢疲劳极限 σ_{-1} 的影响见表 4-3,其所对应的纵向低倍组织见图 4-21。

表 4-3　塑性变形对 40CrNiMoA 钢疲劳极限 σ_{-1} 的影响

锻造比	$y=1$	$y=2$	$y=3$	$y=4$	$y=6$	$y=8$	$y=12$	$y=20$	$y=40$
σ_{-1}/MPa $n > 10^7$	370	460	480	490	500~510	530~540	530~540	530~540	530~540

由该表可见,随着锻比的增加,钢的疲劳极限得到提高,当锻造比达到 8 时,疲劳极限 $\sigma_{-1} = (530 \sim 540)$ MPa,比铸态提高了 $43\% \sim 46\%$;锻造比再增大时,σ_{-1} 不再提高,保持在相同的水平上。

综合分析图 4-21 和表 4-3 的试验结果可以看出,热塑性变形对疲劳性能 σ_{-1} 影响的规律与不同锻比时的低倍组织结构是相吻合的。即随着锻造比的增加,破碎了钢中树枝状组织和柱状晶,使其沿主伸长方向形成纤维结构,使钢中疏松、孔隙压实和焊合,使杂质、偏析分布得较均匀些,从而提高了材料的致密性和均匀性,使宏观或微观的缺陷得以改善和消除。这一切无疑有利于减少应力集中或延缓应力集中的出现过程,因而使材料的抗疲劳性能得到提高。当锻造比达到 8 时,铸态组织已得到了充分改善,再增大锻造比,疲劳极限的提高就不明显了。

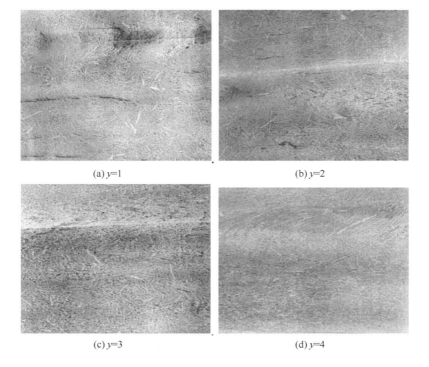

(a) $y=1$　　　　　　　　　(b) $y=2$

(c) $y=3$　　　　　　　　　(d) $y=4$

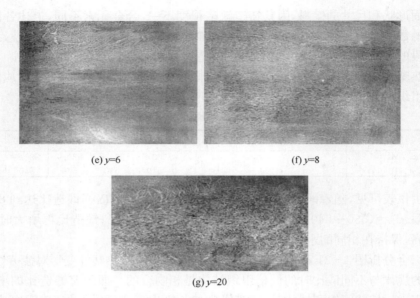

(e) *y*=6　　　　　　　　(f) *y*=8

(g) *y*=20

图 4-21　锻比对 40CrNiMoA 钢纵向低倍组织的影响

4.7　塑性变形不均匀性对金属组织和性能的影响

塑性加工时,由于金属材料本身性质(成分、组织等)不均和各处的受力情况不同,金属内各处的变形情况也不一样。变形首先发生在那些先满足塑性条件的部分,因此,有的地方先变形,有的地方后变形;有的地方变形大,有的地方变形小;无论从宏观看还是从微观看,在绝大多数情况下塑性变形都是不均匀的(见第 2 章 2.4 节)。本节仅介绍塑性变形不均匀性对金属组织和性能影响。

4.7.1　塑性变形不均匀对组织性能的不良影响

在塑性加工生产中,变形不均匀引起产品组织和性能不合格的现象是较常发生的。主要原因如下:

(1) 由于变形不均匀,存在小变形区(困难变形区),使锻件中残留铸态组织或粗大晶粒,使产品的性能不合格。例如,汽轮机叶轮的轮毂部分,在锻造工艺不当时,常残留枝状组织;又如 TC4 压气机盘模锻件,锻比小时,锻后也常常残留铸态组织。

(2) 由于变形不均匀,而且由大变形区到小变形区之间一般是连续过渡的,故在变形金属内常常存在临界变形区,引起晶粒粗大。例如,GH49 高温合金叶片模锻后常常产生表面粗晶(见第 10 章例 11)。

(3) 在一些变形工序中,例如镦粗时,由于变形不均匀,使坯料轴心部位质量不好的金属外流,引起产品质量降低,这对高速钢刀具和大型锻件常常是一个很重要的问题。

（4）金属塑性变形的不均匀性和变形物体本身的完整性（协调性）决定了变形体内部必然产生相互平衡的内力，或称之附加应力。这种附加应力常常在压力加工过程或后续工序中引起锻件开裂和应力腐蚀开裂等。

（5）由于变形不均匀和金属流速不均匀，使坯料的局部地区产生强烈的剪切变形，引起局部粗晶等缺陷，使产品性能不合格。

另外，变形不均匀还可能引起脱碳层堆积等缺陷，使产品性能不合格。

尽管影响塑性变形不均匀的因素很多，各种因素造成变形不均匀的表现形式又各异，但是，它们都是有规律的，是可以而且也是应该被认识和掌握的。掌握了变形不均匀的规律就可以：①在某些情况下为保证锻件质量，采取适当的措施，尽可能减小变形不均匀的程度；②自觉地利用某些因素造成的变形不均匀提高锻件质量和实现变形工艺上的某些要求。

4.7.2　减小变形不均匀提高锻件质量的措施

为使变形均匀保证锻件质量，应当减小或消除引起变形不均匀的因素或采取合适的变形方法。例如，镦粗时为使变形均匀可以采用软金属垫，采用润滑剂和预热工具，采用铆镦和叠镦等。对具体零件应根据其具体情况采取恰当的措施。

例如，GH49 涡轮叶片表面粗晶，主要是表层部分变形程度小，落入临界变形区所致，引起这种变形不均匀的原因是润滑条件差和模压时坯料表层温降大，于是改善润滑条件，预热模具，提高操作速度等便可有效地解决此粗晶问题[20]。

汽轮机叶轮轮毂部分残留铸态组织，性能不合格，是由于锻造过程中此处变形小的缘故。这往往是锻造时未经平砧镦粗，直接插入垫环内墩粗成形造成的（图 4-22）。因为这样直接成形时环内金属受环壁的限制，变形量很小，缺陷不能被焊合，影响切向性能不合格。因此，解决的办法是将毛坯先进行镦粗，然后再放入垫环，使上下端先经过一定程度的变形。放入垫环前的镦粗高度可取叶轮轮毂厚度的 1.6 倍～1.7 倍。

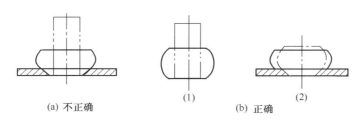

(a) 不正确　　　　　(1)　　　　(b) 正确　　　(2)

图 4-22　叶轮镦粗成形

TC4 压气机盘性能不合格主要是锻比小的缘故，其次是锻造方法不当，残留铸态组织。解决的措施是制坯时采用三次反复镦拔工艺，并使总锻造比 $y>10$，这样便可以使铸造组织充分破碎，使性能合乎要求。

4.7.3　自觉地利用变形不均匀提高锻件质量

自觉地利用某些因素造成的变形不均匀提高锻件质量,在生产中是常常用到的。这里通过中心压实法和非对称拔长两种新工艺介绍这方面的应用情况。这两个新工艺的特点是利用变形不均匀焊合大锻件(如主轴、转子)轴心部位的孔隙和疏松。

当设备吨位足够时,采用宽砧大进给比的方法,可以有效地解决大锻件的中心压实问题。但设备吨位不够时,日本采用过中心压实法,这种方法的缺点是劳动条件较差。我们曾提出过非对称拔长工艺,在沈阳重机厂的应用中,曾解决了一些轴类件的质量问题。

中心压实法是将加热到始锻温度的大坯料表面迅速冷却到 700℃~800℃,使表面层和心部温度相差 250℃~300℃,然后用专用工具压缩(图 4-23),其变形工艺是使砧子的长度方向与坯料轴线重合,砧宽为坯料宽度的 55%~70%,这样可使压力主要作用在毛坯中心部分。另外,由于坯料表面和中心的温度不同,使 σ_s 不同,于是变形主要集中在中心部分,而它又受到周围金属的限制,于是中心部分金属受到强烈的三向压应力,故能使孔隙得到有效的焊合。

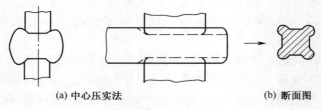

(a) 中心压实法　　　　　　　　　　　(b) 断面图

图 4-23　中心压实法示意图

非对称拔长是拔长时采用上窄砧、下宽砧(见第 2 章图 2-62)。由于受力面积由上至下逐渐增大(图 2-62),沿加载方向的应力(绝对值)逐渐减小,故变形主要集中在轴心部分(图 2-63),而下部金属不变形或变形很小。于是轴心区金属受下面不变形(或小变形)金属的限制,受到强烈的三向压应力,故此处的孔隙和疏松便能得到有效的焊合。

4.8　剪切变形对金属组织和性能的影响[21,22]

这里研究宏观剪切变形(角应变)对金属组织和性能的影响。在弹、塑性力学中研究宏观的应变问题时,根据物体尺寸和形状的变化把应变分为两种:①线应变或法向应变:即法向作用力方向的应变,一般用 ε_x、ε_y、ε_z 表示;②切应变又称角应变,一般用 γ_{xy}、γ_{yz}、γ_{zx} 表示。从微观的角度看,无论线应变或角应变都主要是由滑移和孪生引起的,而滑移和孪生都属于切变(滑移是不均匀切变,孪晶是均匀切变)。既然如此,为什么这里又专门介绍剪切变形对金属组织和性能的影响呢?这是因为长期以来在压力加工领域,研究变形程度对金属组织和性能影响的问题时,习惯上主要考虑了线应变,而没有考虑切应变。例如镦粗工序,计算变形程度时只考虑了高度方向尺寸的变化。又例如挤压工序,计算变形程度(挤压比)时,只考虑了径向尺寸(断面尺寸)的变化。总之,只考虑了线应变,而没有考虑宏观的切应变。但是,在实际变形体内,由于变形和流速不均匀,剪切变形是存在的,而且在变形体的某些部分,剪切变形非常剧烈。相对于线应变,这些部分的剪切变形占主导地位。因此,对生产中的一些实际问题,仅按照法向应变计算的变形程度常常是无法解释的。例如,铜合金和低碳钢冷挤时,周边区和中心区的径向和轴向变形程度相差并不大,但周边区的强化效果比中心区要大得多。又例如铝合金热挤压时,周边区和中心区的径向和轴向变形程度相近,但挤压后,在中心区,晶界上原有的杂质仍包围着晶粒,而在周边区,晶界物质被破碎,并常常在固溶处理后产生粗晶环(图4-24)。对粗晶环产生的原因,由于按传统观点无法解释,国内外文献和资料中至今仍沿用着一个比较抽象又无法计算的名词,即所谓"物理变形度"大的缘故。另外,铝合金模锻件中也常常在穿流区出现粗晶(图4-25),用传统观点也不能解释。这些现象用新观点都可以得到解释。根据对大量事例的分析研究,可以肯定,剪切变形对金属组织和性能有重要的影响,而且在某些情况下,比法向变形的影响更为显著。可喜的是近年来剪切变形对金属组织和性能的影响正逐渐被人们所认识,国内外的材料学界正在应用剪切变形研制细晶和超细晶的材料。

图4-24 铝合金挤压棒材上的粗晶环

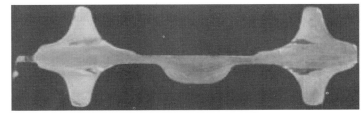

图4-25 铝合金模锻件上的粗晶

4.8.1 压力加工变形工序中的剪切变形

剪切变形的产生是由变形金属内的应力场决定的,但直接的原因是变形时金属的不均匀流动(或者是由于流速大小的不同;或者是由于流动方向相异),基本形式如下:

(1) 相邻金属的流速大小不同(图4-26(a))。挤压时的变形流动属此情况(图4-27);

(2) 相邻金属的流动方向相反(图4-26(b))。矩形断面金属拔长时,对角线两侧金属(a区和b区)的流动属此种情况(图4-28)。这时A区和B区类似"板块流动",a和b为A和B之间的过渡区;

(3) 相邻金属的流动方向成直角(图4-26(c))。工字形截面锻件模锻最后阶

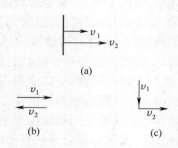

(a)

(b)   (c)

图4-26 压力加工变形中相邻
金属流动方向示意图

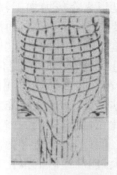

图4-27 铝合金热挤压后的
网格变化情况

段金属的流动属此种情况(图4-29)。

　　总之,在压力加工工序中,剪切变形是大量地、客观地存在的,只是在不同条件下,切应变有大有小而已。

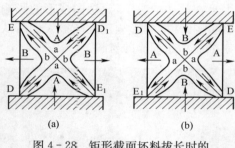

(a)   (b)

图4-28 矩形截面坯料拔长时的
金属流动示意图

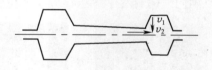

图4-29 工字形截面锻件模锻最后
阶段金属流动方向图

4.8.2 剪切变形对金属组织和性能的影响

　　由于篇幅所限,这里仅结合挤压工序部分实例说明剪切变形对金属组织和性能的影响。图4-30为铝合金热挤压后的变形情况,从网格图上可以看出由于工具的摩擦、模具形状及温度等因素的影响,变形和流动是很不均匀的。轴心部分金属的流速最快,外周的金属流速慢,由于内外层金属流速不均匀引起较大的剪切变形。由于铝合金热挤时的摩擦系数大和凹模温度低以及凹模底角为直角,图中可看到在孔口部分和筒壁附近流速差很大,形成了强烈的切变区(图4-30Ⅱ区)。筒内上部的强烈切变区是筒壁影响的结果。在孔口附近是死区金属的影响造成

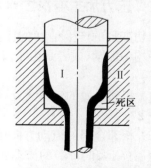

图4-30 铝合金热挤压时
强烈切变区分布图

120

的,此处也是变形过渡区。筒内和孔口的这种变形情况自然要遗传到挤压件中,并对挤压件的组织和性能产生影响。图4-31为铝合金铸锭挤压后棒材前端的组织情况。图4-31(a)为中心部位的纵向组织。挤压时由于此处速差不大,切应变小,故晶界物质破碎不大;图4-31(c)为同一截面边部的组织,由于此处切应变大,晶界物质破碎很严重,由变形后的晶界情况可以看到明显的角变形特征;图4-31(b)为是同一截面中间位置的组织,由于切应变大小处于前两者之间,晶界变形和破碎的程度也处于中间情况。

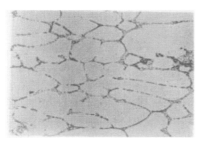

(a) 中心部位的组织

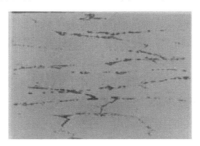

(b) 1/2半径处的组织

(c) 周边区的组织

图4-31 铝合金热挤压棒材前端的纵向组织 210×

当挤压比较大时,在挤压筒内过渡区与死区的交界部位,剪切变形非常剧烈。图4-32(a)为该处变形后的组织情况,图4-32(b)为变形前的原始组织。

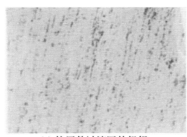

(a) 挤压件过渡区的组织

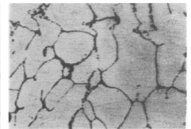

(b) 变形前的组织 210×

图4-32 挤压件过渡区的组织及其变形前的组织 210×

图4-33和图4-34分别为经热处理后孔口过渡区和筒内金属的粗晶组织情

况(图 4-34 为用双孔凹模挤压的情况,所以仅一侧有粗晶)。由图 4-27~图 4-34 可以清楚地看到晶界的破碎情况和粗晶区的位置与切应变的分布情况是一致的。

图 4-33　挤压件孔口过渡区的粗晶组织　　　　图 4-34　挤压件筒内金属的粗晶组织

在冷挤压的零件中也可以见到类似的情况,图 4-35 为 10 钢冷挤压后的变形情况,图 4-36 为冷挤压时的轴向应变、径向应变和剪切应变,图 4-37 为 10 钢 1100℃退火组织,图 4-38 为杆部各处的组织情况,图 4-39 为冷挤压后纵剖面的硬度分布情况和等硬度曲线[22]。由图 4-39 可以看到在孔口过渡区和杆部表层硬度有明显提高,而其他部分硬度相差不很大。这种硬度分布情况和组织变化的情况与该件切应变分布的情况也是一致的(图 4-36(c))。冷挤压时由于坯料经过磷化和皂化处理,润滑条件较好,又不存在温度的影响,于是筒内金属的变形和流动比较均匀。但是在孔口附近,由于速差较大,存在强烈切变区,流经孔口的表层金属均受到此区的影响,晶粒和晶界严重破坏,位错密度大,故硬化现象严重。

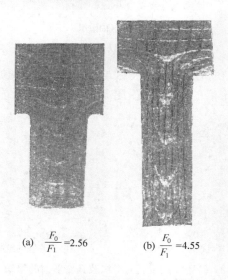

(a) $\dfrac{F_0}{F_1}=2.56$　　　　(b) $\dfrac{F_0}{F_1}=4.55$

图 4-35　10 钢冷挤压后的变形情况

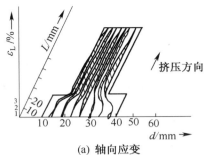

(a) 轴向应变

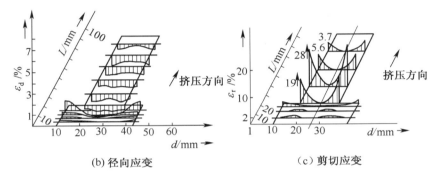

(b) 径向应变

(c) 剪切应变

图 4-36 正挤压($F_0/F_1 = 4.55$)时的轴向应变、径向应变和剪切应变

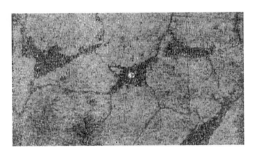

图 4-37 10 钢 1100℃退火组织 500×

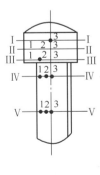

(a) 观察部位图

(b) IV₁ 纵向

(c) IV₂ 纵向

123

(d) IV_3 纵向   (e) IV_4 横向

(f) IV_2 横向   (g) IV_3 横向

图 4 - 38   10 钢冷挤压件的组织变化情况   500×

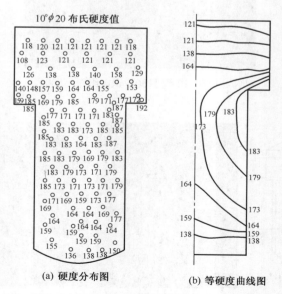

(a) 硬度分布图   (b) 等硬度曲线图

图 4 - 39   10 钢冷挤压件的硬度变化情况

图 4 - 40 为过渡区各部位组织情况。图 4 - 40(a)为观察部位图,当坯料进入最大切变区后受到强烈的剪切变形,晶粒有较大转动,晶间有较大的相互切移,晶内有较严重的破碎,在铁素体内发生了强烈的多系滑移,在珠光体内也发生了强烈的变形和扭曲,并沿剪切方向迅速被拉长(图 4 - 40(b)~(d)),越靠近孔口部位时(图 4 - 40(f)),受到的积累变形效果也越大。杆部周边区的金属组织就是由这样的变形历史遗传的结果(图 4 - 40(g))。

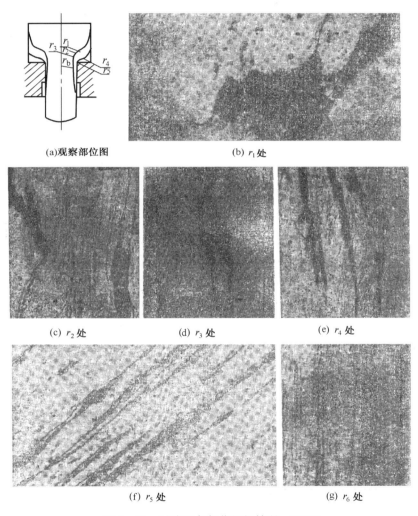

(a)观察部位图　　　　　　　　(b) r_1 处

(c) r_2 处　　　　(d) r_3 处　　　　(e) r_4 处

(f) r_5 处　　　　　　　　(g) r_6 处

图 4 - 40　过渡区各部位组织情况　800×

以上实例说明剪切变形对金属组织和性能确有严重影响。

在压力加工工序中,剪切变形大多是伴随压缩(或伸长)变形同时产生的。其对组织和性能影响的主要原因如下:

(1) 对于单纯的压缩变形,剪切变形有较大的晶间相互移动和晶粒转动,即有较大的晶间剪切变形(图 4 - 41 和图 4 - 42),晶界上原有的杂质和脆性相有更大程度的破碎(图 4 - 31(c)和图 4 - 32(a))。

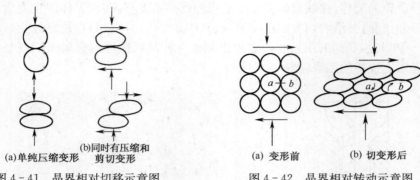

(a)单纯压缩变形　　(b)同时有压缩和　　　　　　(a) 变形前　　(b) 切变形后
　　　　　　　　　　　剪切变形

图 4 - 41　晶界相对切移示意图　　　　　图 4 - 42　晶界相对转动示意图

(2) 对于单纯的压缩变形,剪切变形时在晶内有更大程度的细化,分成更多更小的亚晶粒,图 4 - 43 中的细晶区就是由剪切变形引起的。

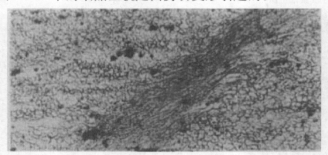

图 4 - 43　剪切变形引起的细晶区　　200×

(3) 加速了晶内第二相原子的析出。这是由于原始晶界严重破碎以及晶粒的细化和转动形成大量的亚晶界,使总的晶界面积增大,缺陷增多,同时又由于切变形引起的热效应为晶内和原晶界第二相物质向新的亚晶界扩散创造了极有利的条件。例如,Al - Mn 合金(Al＋1.38％Mn)铸锭挤压棒材中心区电阻比周边区大,而晶格常数比周边区小(图 4 - 44),就是由于周边区切变形大,加速了 Mn 原子的析出而引起的(Mn 的原子半径比 Al 的小)。

根据上述认识,对生产中过去解释不清的一些现象,如铝合金挤压件的粗晶环和工字形模锻件的粗晶区等均可以完善地进行解释。

铝合金粗晶环的问题:挤压时轴心区晶粒横向受压缩变形,横截面尺寸减小,沿纵向伸长,挤压后原来晶界上的物质仍包围着伸长后的晶粒,再结晶时晶界很难突破;再结晶后,在显微镜下观察横截面,其晶界还貌似铸造形态。而周边区则有很大不同,周边区金属由于受很大的剪切变形,一方面使晶粒细化和加速了固溶体内溶质原子(主要是 Mn)的脱溶;另一方面使晶界物质严重破碎,对晶粒长大的机械阻碍作用减弱,总之,使此区能量较高,更易于再结晶。但是,由于凹模壁的影响,此区温度下降较大,扩散速度慢,再结晶较难充分进行。因此,挤压后该区常常是未再结晶或不完全再结晶的组织。在挤压后冷却和淬火加热初期,由于静态回复的进行,使位错密度和畸变能降低;在淬火前的高温加热阶段,在受机械阻碍较小的条件下,少量的再结晶核心迅速长大,并合并已再结晶的小晶粒,于是便形成了棒料表面的粗晶环。图 4-24 所示为 LD2 铝合金挤压并经热处理后的粗晶环,图 4-45 为其热处理前的显微组织,在未完全再结晶的晶粒内尚可看到亚晶粒。

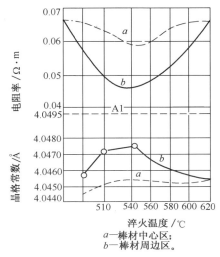

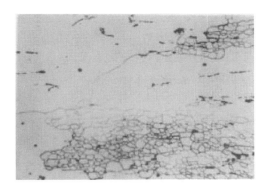

图 4-44　剪切变形对 Al-Mn 合金晶格　　　　图 4-45　铝合金挤压后热处理前
　　　常数及电阻的影响　　　　　　　　　　　　的显微组织　210×

a—棒材中心区;
b—棒材周边区。

　　铝合金工字形模锻件常常在穿流区出现粗晶,也是由于此处有较大剪切变形造成的。

　　用上述观点可解释的例子是很多的,不一一列举。

　　剪切变形对金属组织和性能的影响有有利的一面,也有不利的一面。有利的一面是破碎铸态组织和细化碳化物等,不利的一面是可能形成粗晶。另外,剪切变形在某些情况下对金属的塑性是不利的,因为切变形引起较大的晶间相互移动和转动,从而引起较多的晶粒边界的损坏。例如矩形断面坯料拔长时常易沿对角线开裂等。为避免其不利影响应当掌握其影响的规律,以利于有效地指导生产和科研实践。例如,粗晶环产生的原因是切变形大和挤压时此处不完全再结晶引起的。因此,为消除粗晶环,首先应减小剪切变形。减小剪切变形的措施:首先改善材料和凹模筒壁间的润滑,以减小摩擦系数,如挤压前在坯料外面包一层纯铝板等;其次是提高凹模预热温度,使接近于坯料的挤压温度,这既有利于减小挤压不均,同时还可使周边区获得再结晶的组织。在合适的温度条件下,由于此区变形程度大,再结晶核心多,可以获得细小的晶粒。实践证明是有效的。

　　由于剪切变形对破碎和晶间物质有显著的作用,近年来国内外材料科研界广泛采用了多种剪切变形的新工艺来制备超细晶材料[23-30]。例如,等径角推压(Equal Channel Angular Pressing,ECAP)和压扭变形等。等径角推压的加工原理如图4-46所示。ECAP方法起源于俄罗斯,国内称为等径角挤压法,它是将坯料从等直径等角度的通道推压过去。从变形机理看,它主要是剪切变形,这与挤压工序的变形机理是不一样的。因此本书将这种工艺方法定名为等径角推压法。试样在冲头的压力作用下,通过两个相同通道的转角,产生剪切大塑性变形。而试样横截面的形状和面积保持不变。图4-47是经一次等径角挤压后试样的网格变化情况。单元网

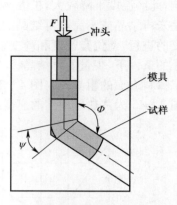

图4-46 等径角推压示意图

格的线变形不大,但角变形较大,表明发生了剧烈的纯剪切变形。每次推压都会获得很大的应变量,故经过多次反复推压,将各道次累积就可以获得组织均匀、晶粒细小的材料。

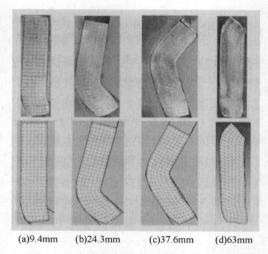

(a)9.4mm   (b)24.3mm   (c)37.6mm   (d)63mm

图4-47 不同压下量时的挤压件网格几何形状

例如,H62黄铜经均匀化退火后原始晶粒尺寸为 $60\mu m\sim80\mu m$,经25次循环侧向挤压后其平均晶粒尺寸为 $0.4\mu m\sim0.5\mu m$,其维氏硬度由未变形时的70提高到220,提高了3倍多,同时其抗压强度也有大幅度提高。又如经完全退火后的LY12材料,经57次循环侧向挤压后其平均晶粒尺寸为 $0.7\mu m$ 左右。Ti51Al49颗粒增强的Al基复合材料用路径A、路径C等径角挤压后获得的晶粒尺寸分别为500nm和750nm,屈服强度显著增加。

目前,ECAP法已经用于Mg、Al、Ti等纯金属,2Al2、Al-Mg、Ti-6Al-4V、H62黄铜等合金以及某些金属基复合材料等超细晶材料的制备。可以制备较大块

体的超细晶材料,从而可进一步加工成各类结构件。

4.9　精密成形工艺对改善锻件组织和性能的影响

精密成形是用压力加工方法由毛坯直接得到零件所要求的尺寸或接近于零件尺寸的一种少无切削加工的新工艺。精密成形工艺包括精密模锻、等温精锻、挤压、径向锻造、摆动碾压及精密辊轧等。精密成形工艺不仅可以获得较高尺寸精度,而且对锻件的组织性能有重要的影响[31,32]。

4.9.1　精密成形工艺对改善锻件组织的作用

1. 精密成形可以使金属流线沿锻件的外形分布

精密成形时可以通过采用适当的变形方法控制金属流线的分布,使其与锻件的几何外形一致。精密成形几乎可以不切断锻件的流线并使流线不露头。因此,精密成形可以充分利用金属沿流线方向的最佳性能[33,34]。精密成形的齿轮就是一个明显的例子。图 4 - 48 为精密锻造成形的 H62 黄铜同步齿圈锻件,其流线基本上沿零件的外形分布(图 4 - 49),而机加件在齿形和键槽部位流线则被切断[33,34]。

图 4 - 48　H62 黄铜同步齿圈

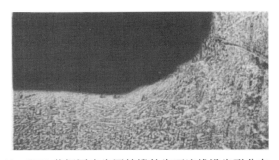

图 4 - 49　H62 黄铜同步齿圈精锻件齿面流线沿齿形分布　250×

2. 精密成形可以使锻件的表层组织得到改善

精密成形由于采用了少氧化或无氧化加热、精度高的模具、刚性大的设备及良好的润滑措施,因而改善了锻件表层金属的变形条件,与普通压力加工方法相比,表层金属的变形程度较大且较均匀,因而锻件表层的晶粒及组织细小。例如,精锻的伞形齿轮,由于齿形部分表面受较大变形,越靠近表层,晶粒越细小。因此,这对锻件的表面层性能有很大的改善。

3. 组织较为致密

通常精密成形采用闭式模锻及挤压法,这使锻件在三向压应力状态下成形,有利于提高合金的致密度,减少微观缺陷。

4.9.2　精密成形对改善锻件性能的作用

这里以齿轮的精密成形为例加以说明。

1. 精锻齿轮

精锻的锉形齿轮泰山-12拖拉机差速齿轮,其齿轮强度、齿面的耐磨能力、热处理变形量及啮合噪声等都较切削加工的齿轮优越。精锻齿轮一般来说可使轮齿强度提高20%～48%,抗冲击强度提高15%,抗弯曲疲劳寿命提高20%[1]。精锻的 H62 同步齿圈零件与其他机加工件对比,硬度几乎高1倍。机加工件的硬度为57HB～71HB,精密成形件的硬度为90HB～120HB。从而提高了零件的耐磨性能和使用寿命。

2. 热轧齿轮

热轧后的齿轮由于有合理的纤维方向分布和良好的表层组织,因而齿根的弯曲强度、齿面的抗疲劳剥落和抗磨损性能比切削加工的齿轮有较大提高。

热轧齿轮的静弯曲强度比切削加工齿轮的提高10%～30%;整体淬火的热轧齿轮的冲击弯曲强度比切削加工的齿轮提高1.3倍;而表面高频淬火的齿轮可提高4.2倍。

某厂对54拖拉机上的二挡齿圈的表面疲劳强度进行了台架对比试验和田间使用调查。表4-4为台架对比试验结果。

表4-4　热轧齿轮与切削加工齿轮台架对比试验情况

试验齿轮编号	试验时间/h	试验结束时齿轮的循环数	齿轮齿面开始剥落		分圆齿磨损量/(μm/h)
			时间/h	循环数	
热轧 175#	570	1.34×10^7	250	8.05×10^8	0.0472
滚齿 01#	255	0.82×10^7	112	3.6×10^8	0.365
热轧 195#	230	1.07×10^7	125	4.05×10^8	0.182
滚齿 02#	210	0.68×10^7	60	1.95×10^8	0.614

从台架对比试验可知,热轧齿轮表面开始出现疲劳剥落的时间比滚齿齿轮的延长1倍以上;热轧齿轮表面磨损量是滚切齿轮的1/3～1/7;热轧齿轮表面的疲劳寿命比滚切齿轮的提高50%～70%。

130

4.10 表面形变强化对零件组织和性能的影响

表面形变强化的工艺有喷丸、滚压和冷挤等。目前生产中用得较多的是喷丸强化。

喷丸强化过程就是高速运动的弹丸流连续向零件表面喷射的过程(图4-50(a))。弹丸流喷射如同无数小锤向金属零件表面锤击,从而使金属表面层产生极为强烈的塑性变形(图4-50(b)),即产生冷作硬化层,此层称为表面强化层。经过喷丸后零件表面上保留下来的强化层能够抵御零件表面在工作中产生疲劳裂纹或应力腐蚀裂纹;而当这类裂纹形成后,强化层又能减低这类裂纹的扩展速率。例如,经喷丸强化的50CrMnA调质钢疲劳强度极限达830MPa,而未经喷丸的同样材料仅397MPa;又如,经喷丸强化的黄铜炮弹药筒,在应力腐蚀试验时未发生开裂,而未喷丸的则全部产生裂纹。

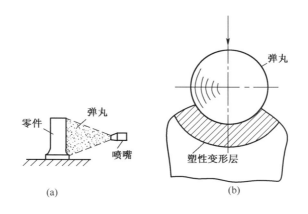

图4-50 零件的喷丸强化过程

喷丸强化工艺适用于一切金属零件,其中包括结构钢、不锈钢、高强度钢、铝合金、镁合金、钛合金、镍基合金以及各种高温热强合金。它不仅可以应用于常温下工作的金属零件,而且可应用于高温下工作的金属零件。随着应用范围的逐步扩大,喷丸强化工艺必将发挥其更大的作用。

关于表面形变强化的具体工艺、工艺参数的合理选用和实例见《锻件质量分析》一书第六章第三节和《喷丸强化技术》(文集)。这里仅介绍表面强化层在改善材料的抗疲劳和抗应力腐蚀破坏中的作用。

喷丸、滚压和冷挤过程中金属材料表面形成的强化层内发生以下两种变化:
①从应力状态上看,形成了宏观残余压应力和较高的微观应力;②从组织结构上看,形成极微小的亚晶粒,位错密度增高。上述变化将会明显地影响材料的疲劳性能和应力腐蚀性能。

4.10.1 表面宏观残余应力的影响

喷丸强化和滚压强化后各种金属材料均产生一层表面残余压应力,视材料的不同,其值处于 300MPa~1300MPa 的范围。下面以轴类或杆类零件为例,讨论表面残余压应力 σ_r 在疲劳载荷中所起的作用。

图 4-51(a)为一承受弯曲交变载荷的轴在某一瞬间各种应力沿其断面的分布情况:a—交变载荷处于最大值的一瞬间沿断面的应力分布;b—残余应力沿断面的分布(表面强化层内为压应力,而中心层为拉应力);c—上述两种外力与内力之和,即零件实际承受的应力分布。由于残余压应力的存在,使零件表面实际承受的拉应力(轴上 A 点处)下降或者使它下降至压应力(图 4-51(b))。表面拉应力水平的降低,势必延长表面出现疲劳裂纹的时间,从而提高了零件的疲劳强度、延长了疲劳破坏寿命。对于恒应力作用下的应力腐蚀条件,残余压应力的存在降低了零件表面实际承受的拉应力水平,同理也会导致抗应力腐蚀破坏性能的提高。

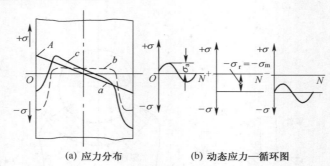

(a) 应力分布   (b) 动态应力—循环图

图 4-51 外力(交变载荷)和内力(残余应力)在零件上
引起的应力分布及其迭加后的应力分布(a),
以及表面上 A 点承受的动态应力—循环图(b)

对于表面已经存在着某种微小裂纹的零件,如引入残余压应力(且使残余压应力的分布深度超过裂纹的深度),在未施加外载荷之前,裂纹尖端的塑性区内就已经形成了应力场(图 4-52)。裂纹尖端的残余应力场与外加交变应力中的瞬时拉应力场相互作用后,使裂纹尖端附近的实际拉应力场会得到一定程度的下降或抵消,因此作用在裂纹尖端的有效应力强度因子 ΔK 必然减小。而断裂力学在疲劳中的研究指出,应力强度因子是控制裂纹扩展速率的重要参量。在一般的情况下,裂纹的扩展速率 $\dfrac{\mathrm{d}a}{\mathrm{d}N}$ 与应力强度因子幅度 ΔK 有以下关系:

$$\frac{\mathrm{d}a}{\mathrm{d}N}=c\,(\Delta K)^{\,n}$$

式中:c、N 为与材料有关的常数;$\mathrm{d}a$ 为裂纹长度增量;$\mathrm{d}N$ 为载荷的循环增量。

从上式可以看出,作用于裂纹尖端的 ΔK 越小,则裂纹的扩展速率越低。在裂纹尖端的残余压应力作用下,有可能使有效的应力强度因子幅度接近或低于材料本身的界限应力强度因子幅度 ΔK_{th}(裂纹不发生扩展的应力强度因子幅度)。另外,由于尖端附近实际拉应力场得到一定程度的下降或抵消,材料本身的界限应力强度因子幅度 ΔK_{th} 得到了提高,使公式 $\Delta K \leqslant \Delta K_{th}$ 更加容易得满足,因此,裂纹扩展非常缓慢或完全被抑制(图 4-53)。

图 4-54 给出表层分别为残余拉应力($\sigma_r > 0$)、残余压力($\sigma_r \leqslant 0$)和无残余应力($\sigma_r = 0$)时,疲劳裂纹扩展量,Z_a 与反复弯曲循环次数 N 的关系。图 4-55 说明,当压应力层深度约为裂纹深度的五倍时,疲劳极限值提高到最大值。这就再次证明残余拉应力降低疲劳寿命,而残余压应力提高疲劳寿命。

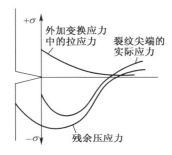

图 4-52 裂纹尖端的残余压应力场
与外加交变应力中瞬时拉应力
场相作用后,裂纹尖端附近实际承受
的拉应力场下降示意图

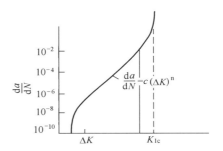

图 4-53 裂纹扩展速率 $\dfrac{\mathrm{d}a}{\mathrm{d}N}$ 与
应力强度因子 ΔK 关系曲线

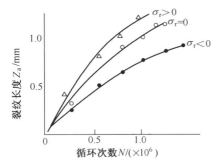

图 4-54 疲劳裂纹扩展量 Z_a 与
反复弯曲循环次数 N 关系曲线

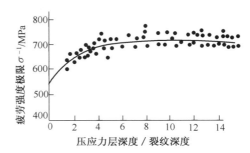

图 4-55 残余压应力层深度对疲劳
寿命影响的曲线

4.10.2 强化层内组织结构的影响

首先,讨论喷丸强化和滚压强化后表面强化层内的组织结构发生了些什么变化。如果材料的原始组织为退火或淬火时效状态的组织,这种组织结构具有如图

4-56(a)、(b)所示的晶粒尺寸、亚晶粒尺寸 D、位错密度以及一定的原子面间距离（同一晶粒内各亚晶粒内的同一族晶面间距基本上相同，即 $d_1 \approx d_2 \approx d_3$）。喷丸和滚压过程中表层金属发生强烈的塑性变形，即晶体发生滑移，滑移的结果导致亚晶粒内位错密度的增加（图 4-56(c)）、晶格畸变（原子面间距改变 $d_1 > d_2 < d_3$（图 4-56(d)）。但是，此时晶粒内并未形成轮廓清晰的尺寸更小的亚晶粒。强化层在工作中（或疲劳试验中），在交变载荷（或温度）的作用下，晶体产生滑移，一部分符号相反的位错相遇后互相抵消，从而亚晶粒内的位错密度下降；而相同符号的位错重新排列并形成小角度位错墙（图 4-56(e)）。在多边形化过程中形成轮廓清晰的尺寸更加微小的亚晶粒（图 4-56(f)），但是同一晶粒内各亚晶粒内同一族晶面间距仍有差异。如果零件在高温下工作，且使用温度接近于形变金属的再结晶温度，则强化层内便生长出新的微小的再结晶晶粒（图 4-56(g)）。如使用温度超过了再结晶温度，则再结晶晶粒会进一步聚集长大，以至达到或超过原始组织的晶粒尺寸。

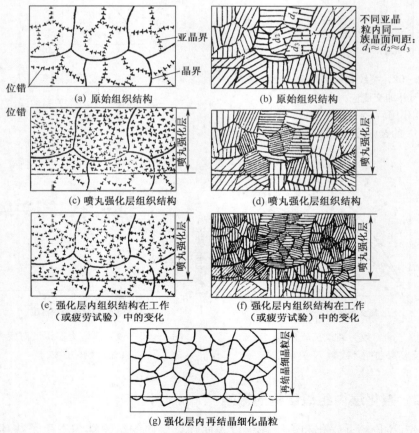

图 4-56　晶粒、亚晶粒、位错组态，晶体晶面分布等示意图

134

现在讨论上述强化层内的组织结构变化对材料疲劳性能的影响。在一个光滑的表面上的疲劳成核过程是金属晶体反复滑移的过程。疲劳成核的难易取决于晶体滑移的难易。如果设法提高晶体的抵抗滑移的能力,即提高材料的屈服强度,便可提高晶体的滑移阻力,从而延长疲劳裂纹成核的寿命。大量的试验表明,材料的屈服强度取决于材料的晶粒尺寸以及亚晶粒尺寸,就是说,细化金属材料的晶粒或亚晶粒,均可提高材料的屈服强度。材料屈服强度的提高便导致其疲劳强度的提高。因此,强化层内的微小的亚晶粒和高密度的位错结构,是改善材料疲劳性能的另一个重要因素。

4.11 塑性变形对金属固态相变的影响及应用

4.11.1 应力状态对固态相变的影响

拉应力状态加速转变的进行,而压应力状态使转变的速度减慢。对 AISI1085(0.89%C)碳钢施加 91MPa 的拉伸应力可使 690℃下珠光体转变的起始及终止时间提前(图 4-57),表 4-5 为拉应力数值对 40CrNi5Si 钢奥氏体在 300℃下等温转变时间的影响。由表中数据可见,拉应力数值越大,转变的速度也越快,图 4-57 和表 4-5 中的数据表明,拉应力状态促进奥氏体的分解,拉应力数值越大,转变的速度也越快。

表 4-5   拉应力大小对 40CrNi5Si 钢奥氏体在 300℃下等温转变时间的影响

转变量/% 转变时间/min 应力/MPa	0	40	160	260	290	600
15	31	25	25	9	6	5
50	58	42	43	15	12	9

图 4-58 是含 0.44%C 的亚共析钢在 0.1MPa 和 240MPa 下过冷奥氏体等温转变的测试结果。由此图中曲线可见,高压使先共析铁素体消失,C 曲线向右下方移动,以及 Ms 显著降低,对 Fe-C 合金及低合金钢 Ms 点的测试表明,随着压力的增加,各种钢的 Ms 点几乎呈直线地下降(图 4-59)。

高温淬火的硬铝,在 10×10^2 MPa 的静水压下时效,与在 0.1MPa(1atm)下时效相比,硬度增加较慢。

总之,大量事实说明,压应力状态使固态转变的速度减慢,使碳钢的 A_{c_1} 和 Ms 点降低。

拉应力状态加速固态转变可能是由于在拉应力作用下原子偏离其平衡位置,位能增高和拉应力使晶格间距增大等,使原子的扩散激活能降低,有助于转变的进行。压应力状态使固态转变速度减慢可能是由于在高的静水压下晶格间距减小,原子扩散困难。

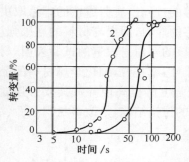

图4-57 91MPa的拉伸应力对AISI1085钢
690℃等温转变动力学的影响
1—没有应力;2—应力为91MPa。

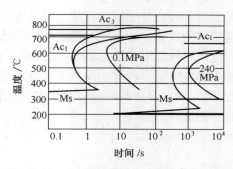

图4-58 0.44%C钢在0.1MPa及240MPa
下的等温转变图

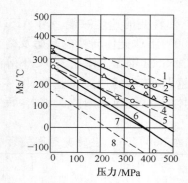

图4-59 压力对Fe-C合金及低合金钢Ms点的影响

1—1.9%(原子分数)C-Fe;

2—4322钢(1%(原子分数)C,0.7-0.9%Cr,
1.65-2%Ni,0.2-0.3%Mo);

3—4329钢(1.3%(原子分数)C,余同2);

4—3.4%(原子分数)C-Fe;

5—4338钢(1.7%(原子分数)C,余同2);

6—4356钢(2.5%(原子分数)C,余同2);

7—4344钢(2%(原子分数)C,余同2);

8—5.5%(原子分数)C-Fe。

应力状态对固态转变的影响还表现在一些应力场中(例如,弯曲时材料一边受拉应力,另一边受压应力),大直径的原子向拉应力的方向扩散,小直径的原子向受压力的部位迁移,于是造成原子的偏聚现象。固溶体中原子这样的扩散流动,能引起有序化的降低和浓度分层,并导致新相的析出。在多相系中,因应力状态而产生的这种扩散,不仅能引起各个相中原子的重新分布,而且也能引起各相间原子发生交换。因此,在塑性变形过程中,可能改变各相间的数量关系及它们的化学成分,其结果是在变形的同时,可能改变合金的性能。

4.11.2 塑性变形对固态转变的影响

1. 加速第二相质点的析出

图4-60为变形程度对硬铝强化相析出的影响,硬铝在退火状态下冷变形,由于强化相已析出,晶格常数没有变化,而同一硬铝在淬火后再进行冷变形时,晶格常数随变形程度增加而连续地减小,这说明淬火后的过饱和固溶体在冷变形时发生了第二相析出。

塑性变形加速第二相质点析出的例子是很多的,但其原因目前尚不太清楚,有待进一步探讨。我们的初步看法:①由于形变能的转化,增加了第二相原子的扩散速度,其原因一是由于温度升高,原子活动能力增大,二是由于晶格畸变能增加,第二相原子偏离其平衡位置,使激活能下降,扩散系数增大。②塑性变形时,晶内由于滑移和孪生产生了很多滑移面和孪晶界,亚晶粒进一步细化,产生了大量的亚晶界。由于塑性变形引起金属的这种内部缺陷增多,为第二相原子的扩散和析出创造了有利的条件。

2. 加速了基体组织的转变

图 4-61 说明了变形程度对奥氏体转变的影响。试验是采用的扭转变形,试样是直径为 3mm 的铬钢(1.0%C、1.60/Cr、0.3%Mn)。扭转变形时,由轴心至表面层变形程度是逐渐增大的。由该图可见,随着变形程度增加,奥氏体转变的数量也增多。

塑性变形加速基体组织转变的原因:一方面是由于畸变能增加,使原子扩散的激活能下降,扩散系数增大;另一方面是由于缺陷增多,畸变能增加,有助于形核和新相的长大。

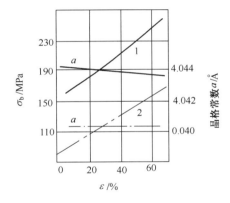

图 4-60　变形程度对硬铝相变的影响
1—淬火后的变形;2—退火后的变形。

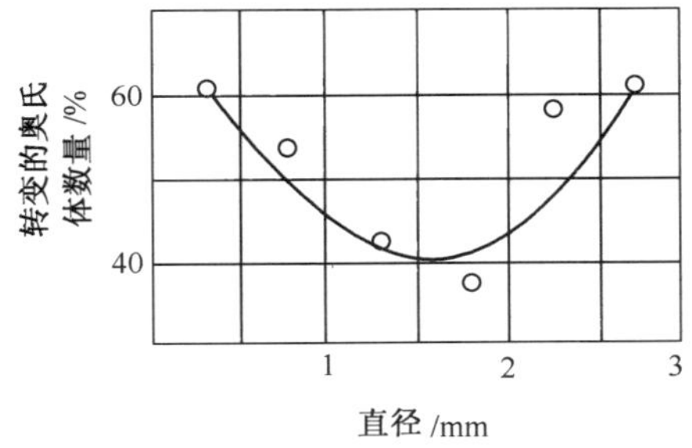

图 4-61　在 600℃扭转圆柱试样的变形程度对奥氏体转变的影响

3. 有助于固态相变按无序转变方式进行

马氏体钢、贝氏体钢和部分珠光体钢过热之后,由于按有序机理进行转变,过热的粗大晶粒组织不易细化,即引起组织遗传。(α+β)钛合金和(α+β)铜合金过热之后,在高温下为粗大的 β 单相组织,冷却时,α 相按有序机理和一定的位向关系由 β 相中析出,形成魏氏组织。这样的组织性能是较差的,而且用一般热处理方法也很难改善。采用塑性变形的方法可以破坏有序转变,使转变按无序方式进行。因为采用塑性变形方法不仅可以破碎粗大晶粒,打乱组织的方向性,而且可以提供足够的畸变能,使组织转变按无序的方式进行,破坏原来的空间取向,于是相变后可使晶粒得到真正的充分细化。

4.12 形变—相变复合强化

基于塑性变形对基体组织转变和第二相质点析出的影响,在实际生产中常将塑性成形与热处理工艺有效地结合起来,同时发挥形变强化和热处理强化的作用,获得用单一强化方法所不能达到的综合力学性能,这种复合强化工艺称为形变热处理。

形变热处理的可应用范围很广泛,从加工对象的角度看,它适用于各种碳钢、合金钢、工具钢、不锈耐热钢、镍或钼基合金、铝合金、钛合金等几乎所有的金属材料;从加工方法的角度看,这种工艺适用于几乎所有的塑性加工及热处理方法,并且能使二者结合起来,以达到对工件强度及塑性、韧性匹配方面的特殊要求,从而使工件的质量、寿命得到大幅提高。

钢的形变热处理根据形变热处理工艺中的形变加工与热处理时的相变过程安排的顺序,可分为形变在相变之前、形变在相变之中及形变在相变之后进行的三类形变热处理工艺。

形变热处理工艺中的形变根据加工零件的工作需要可能是整体形变,也可能是仅表层形变。例如,某些高速旋转的轴类件和轴承套圈等,为提高疲劳强度和耐磨性,有时需进行表面高温形变淬火,其工艺是将零件表面层加热到临界温度以上(可用高频或盐浴表面加热),随后进行表面滚压强化并淬火。

钢的形变热处理的具体工艺及其对钢组织和性能的影响,可参见《锻件组织性能控制》一书的第九章。

铝合金、奥氏体钢或双相耐热钢、镍基合金等常采用的是过饱和固溶体形变时效处理。上述材料在固溶处理后在室温或较高温度下进行形变,并随后进行时效处理。根据形变温度的不同,这种工艺又可分为室温形变时效(其形变温度是室温或低于室温)、中温形变时效(形变温度高于室温而低于再结晶温度)和高温形变时效三种。

钛合金的形变热处理根据变形温度的不同分为两类:①变形加工在再结晶温度以上进行的称为高温形变热处理;②在再结晶温度以下进行的称低温形变热处理。根据不同情况这两种形变热处理可以分别进行,也可以组合进行。图 4-62 为一种 β 合金管材的形变热处理的组合工艺示意图。

形变热处理的强化效果在时效后才能显示出来。单纯变形淬火并不能使强度提高很多,有的合金变形淬火后的强度甚至低于无变形的普通淬火。形变热处理比普通热处理后强度的增值 $\Delta\sigma_b$ 见图 4-63。$\Delta\sigma_b = \sigma_{b形} - \sigma_{b普}$,其中 $\sigma_{b形}$ 为形变热处理后的抗拉强度,$\sigma_{b普}$ 为普通热处理后的抗拉强度。

(α+β)合金和 β 合金,经形变热处理后,抗拉强度提高约为 5%~20%,屈服强度提高 10%~30%,例如 Ti-6.5Al-3Mo-0.5Zr-0.3Si(BT8)合金经 920℃ 变形 40%~60% 形变热处理后,σ_b=1400MPa,δ=12%,ψ=50%,而经普通热处理后

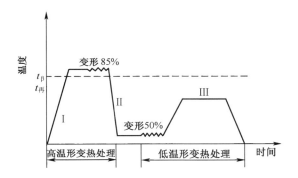

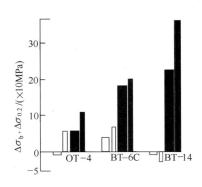

图 4-62　高温形变热处理＋
低温形变热处理示意图
Ⅰ—加热；Ⅱ—水冷；Ⅲ—时效。

图 4-63　三种工业合金形变热处理后的
强度值 $\Delta\sigma_b$ 和 $\Delta\sigma_{0.2}$
白柱—变形淬火状态；
黑柱—变形淬火＋时效状态；
粗柱—$\Delta\sigma_b$；细柱—$\Delta\sigma_{0.2}$。

$\sigma_b = 1160\text{MPa}, \delta = 15\%, \psi = 42\%$。

对许多钛合金,形变热处理可大大提高其强度和塑性。在提高强度的同时,也提高塑性,这是十分可贵的,是形变热处理的主要优点之一。研究表明,形变热处理还能提高合金的疲劳强度和热强性,以及提高在一定温度范围内的持久强度和抗蚀性。

形变热处理能提高合金的强度和塑性,是因为变形时晶粒内部位错密度增加,内应力增大;快冷将这些变形组织全部或部分地固定到室温,并使所得亚稳相的精细组织细化;所有这些都能促进时效过程中亚稳相(α',α'',$\beta_{\text{亚稳}}$)的分解,并减少显微组织内化学成分的不均匀性。时效时,第二相在晶界和晶内的晶体缺陷处迅速均匀析出,弥散度大,因而强度和塑性都得到提高。

影响形变热处理强化效果的因素主要是合金成分、变形温度、变形程度、冷速以及随后的时效规范等。

合金中 β 稳定元素含量增加时,淬火后亚稳 β 相的数量增加,使形变热处理效果增大。变形度的影响规律比较复杂,一般加大变形度时,时效效果增加。

($\alpha+\beta$)合金形变热处理时,在变形后采用水冷,β 合金可采用空冷。在缓慢冷却过程中,再结晶程度有一定的发展,使强度降低。变形加工完毕至水冷之间的时间间隔应尽量缩短。

($\alpha+\beta$)合金采用高温形变热处理。试验表明,在稍低于 β 相变点的温度,变形 $40\% \sim 70\%$,然后水冷,一般可获得最好的强化效果。一些合金的最佳形变热处理工艺,以及所得性能与普通热处理的比较见表 4-6。

表 4-6 钛合金的最佳形变热处理与普通热处理后的性能对比

合金成分	热处理工艺	室温性能					450℃高温瞬时			450℃持久强度	
		σ_b/(×10MPa)	δ/%	ψ/%	a_k/(×10^{-1} MPa·m)	σ_{-1}/(×10MPa)	σ_b/(×10MPa)	δ/%	ψ/%	应力/(×10MPa)	破坏时间/h
Ti-6Al -2.5Mo-2Cr -0.3Si-0.5Fe (BT3-1)	850℃淬火，550℃ 5h时效	115.0	10	48	3.8	56.0	77.0	15	46	69	73
	850℃形变热处理①，550℃ 5h时效	146.0	10	45	3.2	61.0	92.0	13	67	69	163
Ti-6Al -4V	880℃淬火，590℃ 2h时效	116.0	15	43	—	50.0	74.3	18.5	63.5	75	110
	920℃形变热处理，590℃ 2h时效	140.0	12	50	3.6	59.0	98.5	15	63	75	120
Ti-4.5Al -3Mo-1V	880℃淬火，480℃ 12h时效	116.5	10	37	4.5	59.0	84.5	15	67	60	24
	850℃形变热处理，480℃ 12h时效	127.0	10	39	4.5	62.0	90.0	17	65	60	86

注：各合金的形变热处理为加热保温 40min，变形 50%～70%后水冷。

第5章　影响塑性成形件质量的几个主要问题

本章介绍了晶粒度、过热过烧、金属纤维组织、脱碳、白点、折叠、裂纹、空腔和压缩失稳等影响塑性成形件质量的几个主要问题。其中与加热和冷却密切有关的有过热过烧、脱碳和白点；与塑性变形密切有关的有折叠、流线和压缩失稳；与加热和塑性变形密切有关的有晶粒度、裂纹和空腔以及坯料情况对成形和成形极限的影响等。

5.1　晶　粒　度

5.1.1　概述

晶粒度是表示金属材料晶粒大小的程度，它由单位面积内所包含晶粒个数来度量，也可用晶粒平均直径大小（用 mm 或 μm）来表示。晶粒度级别越高，说明单位面积中包含晶粒个数越多；也就是说晶粒越细。

金属材料或零件的晶粒大小和形状，随材料或零件的加工工艺过程不同可在很大的范围内变化，而大小不同的晶粒对力学性能及理化性能又有很大的影响，所以在生产实践中要控制晶粒大小。

为了比较晶粒的大小，对各种材料都制定了晶粒度标准。例如，对结构钢而言，冶金部规定了 8 级晶粒度标准（YB27—64）。一般认为 1 级～4 级为粗晶粒，5级～8 级为细晶粒。有时遇到晶粒过大或过细而超出 8 级规定范围时，则可适当往两端延伸，如粗晶 0 级、—1 级……细晶 9 级、10 级、11 级等。

钢的晶粒度有两种概念：钢的奥氏体本质晶粒度和钢的奥氏体实际晶粒度。

奥氏体本质晶粒度，是将钢加热到 930℃，保温适当时间（一般 3h～8h），冷却后在室温下放大 100 倍观察到的晶粒大小。1 级～4 级为本质粗晶粒钢，5 级～8级为本质细晶粒钢。

钢的奥氏体实际晶粒度，是指钢加热到某一温度（不一定是 930℃，锻造时往往加热到 1200℃左右，热处理时往往低于 930℃）下获得的奥氏体晶粒大小。具体地说，就是任意一种生产工艺过程后所得到的奥氏体晶粒大小。必须注意的是，这种奥氏体实际晶粒的大小，常被相变后的组织所掩盖，只有通过特殊腐蚀才可以显示出来。

奥氏体本质晶粒度表征钢的工艺特性。而奥氏体实际晶粒度则影响使用性能,所以在某种意义上讲,测定或控制钢的奥氏体实际晶粒度,比测定或控制钢的奥氏体本质晶粒度更有意义。

5.1.2 晶粒大小对性能的影响

1. 晶粒大小对力学性能的影响

一般情况下,晶粒细化可以提高金属材料的屈服强度(σ_s),疲劳强度(σ_{-1}),塑性(δ,ψ)和冲击韧度(a_k),降低钢的脆性转变温度,因为晶粒越细,不同取向的晶粒越多,晶界总长度越长,位错移动时阻力越大,所以能提高强度和韧性。这是由于晶界的存在使变形晶粒中的位错在晶界受阻,每个晶粒中的滑移带也都终止在晶界附近,同时由于各晶粒间存在着位相差,为了协调变形,要求每个晶粒必须进行多滑移,而多滑移时必然要发生位错的相互交割。这两者均将大大提高金属材料的强度。因此,一般要求强度和硬度高、韧性和塑性好的结构钢、工模具钢及有色金属,总希望获得细晶粒。

钢的室温强度与晶粒平均直径平方根的倒数成直线关系(图5-1)。其数学表达式为

$$\sigma = \sigma_0 + Kd^{-\frac{1}{2}} \tag{5-1}$$

式中:σ 为 钢的强度(MPa);σ_0 为常数,相当于钢单晶时的强度(MPa);K 为系数,与材料性质有关;d 为晶粒的平均直径(mm)。

合金结构钢的奥氏体晶粒度从 9 级细化到 15 级后,钢的屈服强度(调质状态)从 1150MPa 提高到 1420MPa,并使脆性转变温度从 $-50℃$ 降到 $-150℃$。图 5-2 为晶粒大小对低碳钢和低碳镍钢冷脆性转变温度的影响。

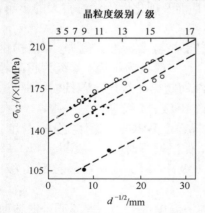

图 5-1　晶粒大小对钢的强度影响

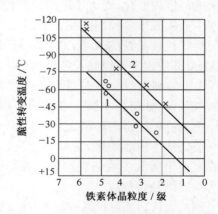

图5-2　晶粒大小对钢的脆性转变温度的影响
1—$\omega(C)=0.02\%$,$\omega(Ni)=0.03\%$;
2—$\omega(C)=0.02\%$,$\omega(Ni)=3.64\%$。

由于超细晶材料具有优异的力学和加工成形性能,在国防和工业等领域中有着重要的应用价值。目前,超细晶(0.1m<平均晶粒尺寸 d<$1\mu m$)材料的研制正

受到越来越广泛的关注。

对于高温合金不希望晶粒太细,而希望获得均匀的中等晶粒。从要求高的持久强度出发,希望晶粒略为粗大一些。因为晶粒变粗说明晶界总长度减少,对以沿晶界黏性滑动而产生变形或破坏形式的持久或蠕变性能来说,晶粒粗化意味着这一类性能提高。但考虑到疲劳性能又常希望晶粒细一点,所以对这类耐热材料一般取适中晶粒为宜。例如,GH2135 晶粒度对疲劳性能及持久性能的影响:晶粒度从 4 级~6 级细化到 7 级~9 级时,室温疲劳强度从 290MPa 提高到 400MPa。在700℃下,疲劳强度从 400MPa 提高到 590MPa。因为在多数情况下大晶粒试样疲劳断口的疲劳条痕间距较宽,说明疲劳裂纹发展速度较快;而疲劳裂纹在细晶粒内向前推进时,不但受到相邻晶粒的限制,且从一个晶粒到另一个晶粒还要改变方向,这些都可能是细晶能提高疲劳强度的缘故。但是,晶粒细化后持久强度下降,蠕变速度增加。例如,晶粒从 5 级细化到 7 级时,在 700℃下 100h 的持久强度从450MPa 下降到 370MPa。而当晶粒度由 4 级~5 级细化到 10 级~11 级时,在700℃和 44MPa 下的最小蠕变速度比原来增加了 25 倍~100 倍,持久寿命缩短到原来的 1/10。

2. 晶粒大小对理化性能的影响

(1) 晶粒大小对晶界腐蚀敏感性的影响。以 1Cr18Ni9Ti 不锈钢为例(图 5-3),从图中可以看出粗晶粒钢比细晶粒钢晶界腐蚀敏感性大。

一般说来,粗晶粒使晶界腐蚀的程度加深,抗应力腐蚀能力下降;但重量损失减少,因为粗晶粒比细晶粒的晶界少。

(2) 晶粒大小对导磁性能的影响。工业纯铁常常作为导磁体广泛用于仪表生产中。室温下纯铁的晶粒尺寸对最大磁导率

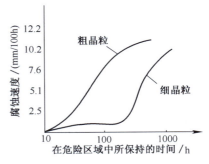

图 5-3　晶粒大小对 1Cr18Ni9Ti 钢抗腐蚀性能的影响

的影响列于表 5-1。由表中可以看出,晶粒越大,μ_{max} 也越大。

表 5-1　工业纯铁晶粒大小对最大磁导率 μ_{max} 的影响

晶粒尺寸(×100 倍)/mm	μ_{max}/(H/m)	晶粒尺寸(×100 倍)/mm	μ_{max}/(H/m)
6.3	$4\pi\times0.00082$	0.6	$4\pi\times0.000697$
2.7	$4\pi\times0.00080$	0.3	$4\pi\times0.000409$
1.2	$4\pi\times0.00073$		

5.1.3　影响晶粒大小的一些主要因素

1. 加热温度

从热力学条件来看,在一定体积的金属中,晶粒越粗,则其总的晶界表面积就

越小,总表面能也就越低。由于晶粒粗化可以减少表面能,使金属处于自由能较低的稳定状态,因此,晶粒长大是一种自发的变化趋势。晶粒长大主要是通过晶界迁移的方式进行的。要实现这种变化过程,需要原子有强大的扩散能力,以完成晶粒长大时晶界的迁移运动。由于温度对原子的扩散能力有重要影响,因此,加热温度越高,晶粒长大的倾向越大。

图 5-4 是硅钢片试样的同一部位,在加热升温过程中,高温显微镜下拍的,由图可知,随着加热温度的不断升高,晶粒不断长大。由于晶界的显示是采用真空热蒸发方式来完成的,所以各阶段的晶界仍被保留下来。

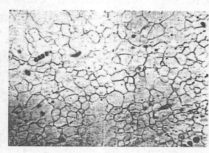

(a) 冷轧后再870℃～880℃保温　　　　(b) 升温到1000℃～1020℃保温

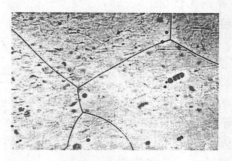

(c) 升温高于1020℃保温

图 5-4　连续加热时硅钢片晶粒不断长大情况　200×

图 5-5 说明了晶界迁移的一般性规律,也就是一个弯曲的晶界有向其曲率中心移动而使其平直的趋势;另外,为满足界面张力平衡的条件,三晶界的交角趋于120°。由于受这两个因素的影响,晶界迁移的结果是小晶粒被相邻的大晶粒所吞并,随着加热温度升高,晶粒之间的吞并速度加剧。图 5-6 为界面迁移使晶界平直化过程,图 5-7 为小晶粒被相邻几个大晶粒吞并过程。这种由于界面曲率和界面张力平衡而引起的晶粒长大,一般称为晶粒的正常长大。

为什么晶界向曲率中心迁移呢?这是由界面张力引起的界面两侧的压力差引起的。如图 5-8 所示,由界面张力引起的水平方向的分量为 $2\sigma \cdot \sin\dfrac{\mathrm{d}\theta}{2}$,其方向指

向中心。显然要保持机械平衡,需要界面两侧存在一定的压力差 Δp。平衡条件为

$$2\sigma\sin\frac{\mathrm{d}\theta}{2} = \Delta p \cdot R \cdot \mathrm{d}\theta \qquad (5-2)$$

当 $\mathrm{d}\theta$ 很小时,$\sin\dfrac{\mathrm{d}\theta}{2} \rightarrow \dfrac{\mathrm{d}\theta}{2}$,因此可得

$$\Delta p = \frac{\sigma}{R}\text{(界面为柱面时)} \qquad (5-3)$$

$$\Delta p = \frac{2\sigma}{R}\text{(界面为球面时)} \qquad (5-4)$$

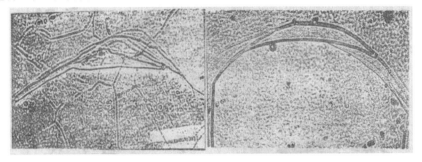

图 5-5 晶界平直化示意图

由此可见,当 σ 一定时,界面曲率越大(R 越小),则 Δp 越大,即相对于界面来说,凹侧(曲率中心所在的一侧)原子将受到比凸侧原子更大的压应力,这样,如果动力

图 5-6 晶界迁移过程(晶界平直化)(细实线为新晶界)

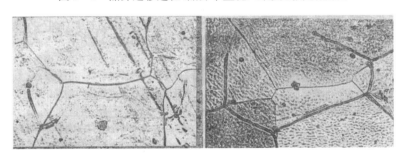

图 5-7 大晶粒吞并小晶粒 100×(细实线为新晶界)

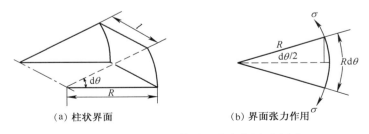

(a) 柱状界面　　　　(b) 界面张力作用

图 5-8 柱状界面及其界面张力作用示意图

学条件允许,就会促使原子的界面凹侧晶粒向晶界凸侧晶粒扩散,而界面则向相反的方向移动,除非界面变为平面,否则这个过程一直持续下去,凸侧那个晶粒也就可以不断长大。

2. 杂质或溶质原子

杂质或微量合金元素往往对晶界的迁移有很大影响。微量杂质原子的这种巨大效应是由于杂质原子大多偏聚到晶界区域,对晶界的迁移起了拖累作用。

3. 机械阻碍物

一般说来,金属的晶粒随着温度的升高不断长大,几乎成正比关系。但是,也不完全如此。有时加热到较高温度时,晶粒仍很细小,可以说没有长大,而当温度再升高一些时,晶粒突然长大。例如本质细晶粒钢,在加热到 950℃ 之前,晶粒是细小的,之后晶粒则将迅速长大;有些材料,随加热温度升高,晶粒分阶段突然长大。一般称前一种长大方式为正常长大,后一种为异常长大。晶粒异常长大的原因,是由于金属材料中存在机械阻碍物,对晶界有钉扎作用,阻止晶界的迁移。

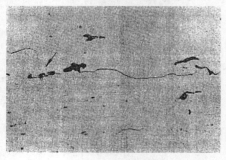

图 5-9 为 6A02 铝合金中的机械阻碍质点对晶界迁移的阻碍。此种质点在晶粒长大时使晶界发生弯曲,不易通过。

同一钢种的电渣重溶钢比电炉钢的过热温度低,晶粒容易粗化,原因是由于前者夹杂物少。

图 5-9　6A02 铝合金中的机械阻碍物对晶界迁移的阻碍(箭头所指)　530×

机械阻碍物在钢中可以是氧化物(如 Al_2O_3 等)、氮化物(如 AlN、TiN 等)和碳化物(如 VC、TiC、NbC、WC 等)等;在铝合金中可以是 Mn、Cr、Ti、Fe 等元素及其化合物。

第二相质点对晶界迁移的阻力可通过界面张力的分析中得出(图 5-10),第二相质点对晶界的阻力(图 5-11)为

$$F = 2\pi r \cos\phi \cdot \sigma \cos(a - \phi) \tag{5-5}$$

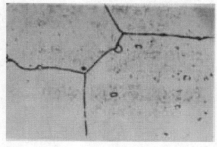

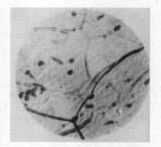

（a）室温金相图　　　　　（b）高温金相图（其中实线为新晶界）

图 5-10　第二相质点对晶界迁移的阻碍　200×

146

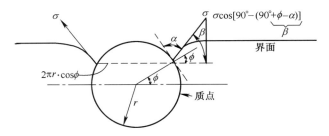

图 5-11　第二相质点与晶界的相互作用

对 ϕ 求此阻力的极大值,得

$$F_{\text{阻(极大)}} = \pi r \sigma (1 + \cos\alpha) \tag{5-6}$$

式(5-6)表示一个第二相质点对晶界的阻力。若晶界的面积上有 n_s 个第二相质点,则总阻力为

$$F_{\text{总}} = n_s \pi r \sigma (1 + \cos\alpha) \tag{5-7}$$

将 n_s 折合成体积分数 f(过程从略)并代入式(5-7),得

$$F_{\text{总}} = \frac{3}{2} \cdot \frac{f}{\pi r^2} \cdot \pi r \cdot \sigma (1 + \cos\alpha) = \frac{3f}{2r}\sigma(1+\cos\alpha) \tag{5-8}$$

由界面曲率产生的界面迁移的驱动力为 $\Delta p = \dfrac{2\sigma}{R}$(见式(5-4)),当阻力和驱动力相等时,界面便停止运动,此时也就达到了稳定的晶粒尺寸,并且有如下关系:

$$\frac{3}{2} \cdot \frac{5}{\gamma}\sigma(1+\cos\alpha) = \frac{2\sigma}{R} \tag{5-9}$$

或

$$R = \frac{4r}{3f} \cdot \left(\frac{1}{1+\cos\alpha}\right) \tag{5-10}$$

第二相质点对晶界迁移阻力越大,则晶界迁移越困难,晶粒越不易长大。第二相质点的总钉扎力与第二相的体积分数和第二相粒子半径有关。第二相质点的体积分数越大,则晶粒尺寸越小;第二相体积分数一定时,粒子半径越小,则总的钉扎力越大,晶粒尺寸便越小,反之,便越大。因此,随着加热温度升高,第二相粒子集聚长大时,由于总的钉扎力减小,晶粒便随之长大。当加热温度很高,机械阻碍物溶入晶内时,晶粒便迅速长大到与其所处温度对应的尺寸大小。由于这些物质溶入基体时的温度有高有低(稳定性大小不同),存在于钢内的数量有多有少,种类可能是一种或几种同时存在,因此,使晶粒突然长大的温度与程度就有所不同。例如本质细晶粒钢的机械阻碍物主要是 AlN 和 Al_2O_3,它们在 950℃ 之后溶入晶内,阻碍作用便消失,于是,晶粒便迅速长大。图 5-12 为 GH220 高温合金晶粒尺寸随加热温度变化的情况。GH220 中的机械阻碍物主要是 γ' 相,二次碳化物 M_6C,硼化物和一次碳化物 TiC、TiCN 等。γ' 相的固溶温度是 1160℃,M_6C 的固溶温度是 1190℃,按图中的曲线可以将晶粒长大的过程分为三个阶段:①第一阶段,在 1140℃ 以下,晶粒尺寸几乎没有变化,在 1140℃～1160℃ 范围内晶粒尺寸突然长

大,这是由于 γ' 相溶解引起的;②第二阶段,在 1180℃~1200℃ 范围内,由于 M_6C 的溶解,促使晶粒更迅速长大;③第三阶段,当高于 1220℃ 时,晶粒继续长大,以至出现粗大晶粒,这是由于晶界微量相(主要是硼化物)的溶解引起的。

应该指出,通常所说的机械阻碍物是指一些极小的微粒化合物;但是第二相固溶体也可以起机械阻碍作用,阻止晶粒长大。例如,一些铁素体型不锈钢,特别是高铬($\omega(Cr)>21\%$)类型的不锈钢,加入少量镍($\omega(N_i)\approx2\%$)或锰($\omega(Mn)\approx4\%$),由于能形成少量奥氏体,使作为基体的铁素体晶粒不易长大,从而提高了材料的韧性;又例,$\alpha+\beta$ 钛合金中的初生 α 相和 $\alpha+\beta$ 铜合金中的 α 相,可以阻止 β 晶粒长大,当温度超过 β 转变温度时,由于 α 相消失,β 晶粒将迅速长大。

4. 变形程度和变形速度

变形程度对再结晶粒大小影响的规律如图 5-13 所示。总的看,随着变形程度从小到大,晶粒尺寸由大变小,但是晶粒大小有两个峰值,即出现两个大晶粒区,第一个大晶粒区叫做临界变形区。不同材料和不同变形温度时,临界变形程度的大小不一样,临界变形区是一个小变形量范围。在某些情况下,当变形量足够大时,可能出现第二个大晶粒区。

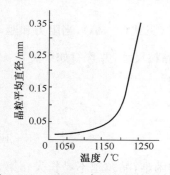

图 5-12　GH220 合金晶粒平均直径
随温度变化的曲线图

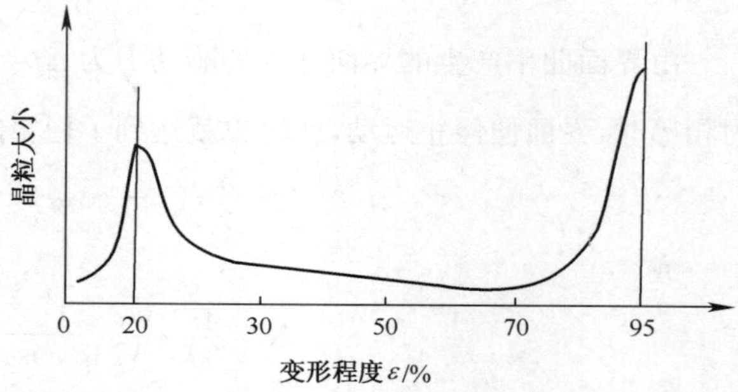

图 5-13　变形程度对再结晶后
的晶粒大小影响

关于临界变形区晶粒长大的机理,有两种理论:①按经典理论认为临界变形区粗晶是由于该区变形量小,形核数目少,新晶核靠消耗其周围已变形晶胞而长大;②我们根据对一些高温合金的研究认为,该区是无形核长大形成的,是由于变形程度小,位错密度低,不足以形成再结晶核心。而某些晶粒由于位向不合适,没有塑性变形或变形很小,于是在加热过程中,这些晶粒的晶界以畸变能差为驱动力向邻近的畸变能高的晶粒内迁移。随着晶界迁移和晶粒长大,这些晶粒与相邻晶粒相比,不仅畸变能小,而且界面曲率小,于是界面曲率又成为新增加的驱动力。因此,晶界迁移的驱动力随着晶粒的长大而增大(见实例 11)。在高温下第二相质点的集聚和固溶也加速了这一过程。临界变形区粗晶可能同时按上述两种机理或其中一种机理而形成。

当变形量大于临界变形后,金属内部均产生了塑性变形,因而再结晶时,同时形成很多核心,这些核心稍一长大即互相接触了,所以再结晶后获得了细晶粒。

当变形量足够大时,出现第二个大晶粒区。该区的粗大晶粒与临界变形时得到的大晶粒不同,一般称为织构大晶粒。所谓织构,是指在足够大的变形量下,金属内的各个晶粒的某一个晶面都沿着变形方向排列起来,也称为“择优取向”。由变形产生的织构称“加工织构”或“变形织构”。把已经有了“变形织构”的材料进行再结晶退火,发现再结晶后的晶粒位向与原来变形织构位向几乎一致,这种具有一定位向的再结晶组织,称为再结晶织构或退火织构。图 5-13 中出现的第二个大晶粒峰值,是先形成变形织构,经再结晶后形成了织构大晶粒所致。图 5-14 和图 5-15 所示为 6A02 铝合金经大变形后出现的变形织构和经再结晶后出现的再结晶织构。

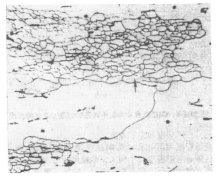

图 5-14　6A02 铝合金的变形织构
（箭头所指）　210×

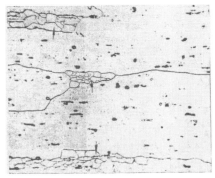

图 5-15　6A02 铝合金的再结晶结构
（箭头所指）　210×

关于第二峰值出现大晶粒的原因还可能是:①由于变形程度大(大于 90％以上),内部产生很大热效应,引起锻件实际温度大幅度升高;②由于变形程度大,使那些沿晶界分布的杂质破碎并分散,造成变形的晶粒与晶粒之间局部地区直接接触(与织构的区别在于这时互相接触的晶粒位向差可以是比较大的),从而促使形成大晶粒。

5. 固溶处理前的组织情况

固溶处理后的晶粒大小除了受固溶温度和机械阻碍物质的影响外,受固溶加热前的组织情况影响很大。如果锻后是未再结晶组织,而且处于临界变形程度时,固溶处理后将形成粗大晶粒;如果锻后是完全再结晶组织,固溶处理后一般可以获得细小而较均匀的晶粒;如果锻后是不完全再结晶组织,即半热变形混合组织,固溶加热时,由于各处形核的时间先后、数量多少和长大条件等不一样,固溶处理后晶粒大小将是不均匀的。以 GH2135 高温合金为例,图 5-16 为其固溶再结晶立体图。图上虚线是表示各种变形温度和变形程度下热变形后的晶粒尺寸。由于这种合金的再结晶温度高,再结晶速度慢,锻后常常出现未完全再结晶或未再结晶的组织。当锻后是未再结晶组织,且变形量处于临界变形区时,由图中可以看出,固溶处理后将形成粗晶。在非临界变形区范围内,如果锻后是半热变形的混合组织,虽然固溶处理后平均晶粒度不大,但是晶粒的不均匀程度较大。这对零件获得好的力学性能是很不利的。

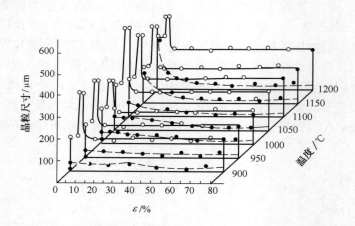

图 5-16　GH2135 合金固溶再结晶立体图(图中虚线是 GH2135 合金的第二类再结晶图)

GH4033 合金也是再结晶温度高、再结晶速度慢的一种材料。某厂在锻GH4033 合金的小型锻件时,锻前加热温度选用 1100℃,经平锻机一次锻造成形,固溶处理后因晶粒粗大导致了产品的报废。而将锻前加热温度提高后就得到了合格的晶粒组织。锻前加热温度选用 1100℃,虽然高于再结晶温度,但由于锻件尺寸较小,在操作过程中温度降低很快,所以变形时坯料的实际温度已接近或低于再结晶温度,于是经锻造和固溶处理后得到的是晶粒粗细不均的组织。后来,适当提高加热温度,虽然在操作过程中坯料温度会有所降低,但变形终了时仍能保证在再结晶温度以上,最后得到的是均匀的细晶组织。

除以上五个因素外,化学成分和原始晶粒度对晶粒尺寸也有不同程度的影响,在此不再一一讨论了。

5.1.4　细化晶粒的途径

(1) 在原材料冶炼时加入一些合金元素(钽、铌、锆、钼、钨、钒、钛等)及最终采用铝和钛作脱氧剂等工艺措施来细化晶粒。它们的细化作用主要在于:当液态金属凝固时,那些高熔点化合物起结晶核心作用,从而保证获得极细的晶粒。此外,这些化合物同时又都起到机械阻碍作用,使已形成的细晶粒不易长大。

(2) 综合采用适当的变形程度和变形温度来细化晶粒。例如在设计模具和选择坯料形状、尺寸时,既要使变形量大于临界变形程度,又要避免出现因变形程度过大而引起的激烈变形区,并且模锻时应采用良好的润滑剂,以改善金属的流动条件,使其变形均匀。锻件的晶粒度主要取决于终锻温度下的变形程度。

碳素结构钢和合金结构钢的临界变形程度范围列于表 5-2 中。

锻造时应恰当控制最高热加工温度(既要考虑到加热温度,也要考虑到热效应

表 5-2 碳素结构钢和合金结构钢的临界变形程度范围

锻造温度/℃	碳素结构钢/%	合金结构钢/%
850	6～10	5～15(<20)
900～1000	2.5～20	5～15(<20)
1100	0～20	5～20
1200	0～30	5～20(<25)

引起的升温),以免发生聚合再结晶。如果变形量较小时,应适当降低热加工温度。

终锻温度一般不宜太高,以免晶粒长大。但是对于高温合金等无同素异构转变的材料,终锻温度又不宜太低,不应低于出现混合变形组织的温度。

生产实践表明 38Cr 和 40CrNiMoA 等钢种终锻温度也不宜过低,否则,本质晶粒度级别将增大。这是由于在较低温度锻造时,有部分 AlN 析出,热处理加热时,AlN 便在已存在的 AlN 颗粒上继续析出,使 AlN 的颗粒粗大,机械阻碍作用减小的缘故。因此,这些钢的终锻温度一般高于 930℃。

(3)采用锻后正火(或退火)等相变重结晶的方法来细化晶粒。必要时利用奥氏体再结晶规律进行高温正火来细化晶粒。

在某些情况下,为获得超细晶粒,制备超塑性材料,可将材料加热到相变点以上,并迅速冷却,这样反复数次的急热急冷可以获得超细晶粒。急热时,在获得一定过热度的情况下,可产生大量晶核。急冷使晶核不能迅速长大。例如,GCr15 材料快速加热到 800℃～850℃用冰盐水冷却,反复四次可获得超细晶粒。

(4)对某些没有同素异构转变的材料,例如,铝合金、镁合金等,为制备超塑性材料,先固溶时效,使第二相化合物弥散析出,形成大量的机械阻碍物,再进行大塑性变形,积累大量的畸变能,然后在较低温度下再结晶,便可获得很细的晶粒。

(5)采用大塑性变形制备超细晶金属材料。大塑性变形技术是近年来为适应制造超细晶材料而发展起来的塑性加工技术。包括等径角挤压、往复挤压、高压扭转和累积叠轧等[26-30]。其特点是在不改变金属(复合)材料尺寸的前提下,通过施加很大的剪切应力而引入高密度位错,能够将平均晶粒尺寸细化到 1μm 以下,获得由均匀等轴晶粒组成、大角度晶界占多数的超细晶材料,同时还能充分破碎材料中的粗大增强相。尤其在促进细小颗粒相均匀分布时比轧制、挤压效果更好,显著提高材料的延展性和可成形性。近年来该方法受到材料科学界的普遍重视而得到迅速发展,已经成功制备出具有不同晶体结构的亚微米晶、纳米晶材料。

5.2 过热、过烧

5.2.1 概述

锻造工艺过程中,如果加热温度控制不当,常常容易引起锻件过热的现象。过热将引起材料的塑性、冲击韧度、疲劳性能、断裂韧度及抗应力腐蚀能力下降[35,36]。例如,18Cr2Ni4WA 钢严重过热后,冲击韧度由 0.8MJ/m² ～ 1.0MJ/m² 下降为 0.5MJ/m²。

一般认为,金属由于加热温度过高或高温保温时间过长而引起晶粒粗大的现象就是过热。至于晶粒粗大到什么程度算过热,应视具体材料而有所不同。碳钢(包括亚共析钢和过共析钢)、轴承钢和一些铜合金,过热之后往往出现魏氏组织(图 5-17);马氏体和贝氏体钢过热之后往往出现晶内织构组织(图 5-18);1Cr18Ni9Ti、1Cr13 和 Cr17Ni2 等不锈钢过热之后 α 相(或 δ 铁素体)显著增多;工模具钢(或高合金钢)往往以一次碳化物角状化为特征判定过热组织(图 5-19)。钛合金过热后出现明显的 β 晶界和平直细长的魏氏组织(图 5-20),这些通过金相检查便可以判定。对铝合金的过热现在没有明确的判定标准。

图 5-17　过热的魏氏组织　100×

图 5-18　20Cr2Ni4A 钢模锻件晶内结构
（全部织构）　320×

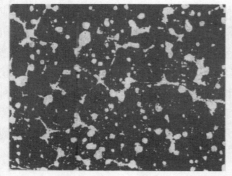

图 5-19　W18Cr4V 钢的过热组织　500×

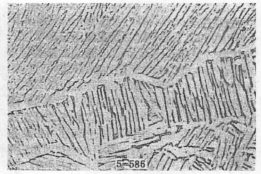

图 5-20　钛合金过热的魏氏组织　500×

一般过热的结构钢经正常热处理(正火、淬火)之后,组织可以得到改善,性能也随之恢复。但是 Cr-Ni、Cr-Ni-Mo、Cr-Ni-W、Cr-Ni-Mo-V 系多数合金结构钢严重过热之后,冲击韧度大幅度下降,而且用正常热处理工艺,组织也极难改善,因此对过热组织,按照用正常热处理工艺消除的难易程度,可以分为不稳定过热和稳定过热两种情况。不稳定过热是用热处理方法能消除所产生的过热组织,也称一般过热;稳定过热是指经一般的正火(包括高温正火)、退火或淬火处理后,过热组织不能完全消除。合金结构钢的严重过热常常表现为稳定过热。碳钢、9Cr18 不锈钢、轴承钢、弹簧钢中也发生类似情况(见第 10 章例 2)。

过烧,加热温度比过热的更高,但与过热没有严格的温度界限。一般以晶粒边界出现氧化及熔化为特征来判定过烧。如对碳素钢来说,过烧时晶界熔化、严重氧化(图 5-21),工模具钢(高速钢、Cr12Mo 等钢)过烧时,晶界因熔化而出现鱼骨状莱氏体(图 5-22)。铝合金过烧时,出现晶界熔化三角区和复熔球等现象(图 5-23)。锻件过烧后往往无法挽救,只好报废。

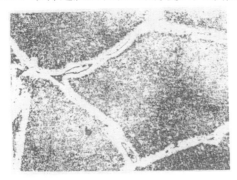

图 5-21 50A 钢过烧组织(4%硝酸酒精溶液腐蚀) 150×

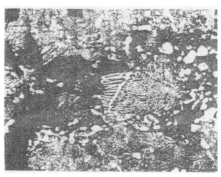

图 5-22 锻裂处过烧的组织 250×

下面侧重介绍稳定过热的机理及影响的因素。应当指出,这里讨论的稳定过热是对有同素异构转变的钢而言的。对没有同素异构转变的金属材料根本不存在这种问题,因为只要过热就是稳定的,用热处理的办法不能消除。对于有同素异构转变的钢,明确提出稳定和不稳定的概念,对指导锻压和热处理工艺具有重要的实际意义,因为在实际生产中,有时将稳定过热的锻件按不稳定过热的情况进行处理,结果,稳定过热引起

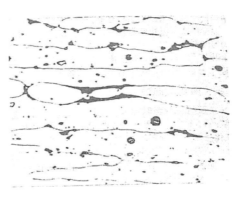

图 5-23 2A02 合金的过烧组织 500×

的缺陷组织遗传在零件中,降低材料的性能,甚至在使用中造成严重事故。

$(\alpha+\beta)$ 钛合金和 $(\alpha+\beta)$ 铜合金虽有同素异构转变,但过热之后也不能用热处理方法消除,性能显著下降。一些双相不锈钢,如 1Cr18Ni9Ti、1Cr13、Cr17Ni2 等,过热之后 α 相(或 δ 铁素体)显著增加,使性能降低,用热处理方法也不易改善和恢复。

在钢中引起稳定过热的机理有两种:①由析出相引起的稳定过热;②由于晶粒遗传(组织遗传)引起的稳定过热。

5.1.2 析出相引起的稳定过热[36]

1. 析出相引起的稳定过热的机理

钢在奥氏体区加热,随着温度升高,奥氏体晶粒粗大,特别是在机械阻碍物大量固溶于奥氏体以后,晶粒迅速长大,高温固溶于奥氏体的第二相(如硫化锰),在冷却过程中沿原高温奥氏体晶界(或孪晶界)析出。由于它们的固溶温度高(一般都在1000℃以上),因此,一般热处理(淬火、退火、正火)时,在较低的奥氏体化温度(除莱氏体工具钢外都低于930℃)下,不再溶入基体。因此,这些第二相的分布、大小、形态和数量不会有多大程度的改变或基本不变,形成了稳定的原高温奥氏体晶界(或孪晶界)。概括起来就是:稳定过热是指钢过热后,除原高温奥氏体晶粒粗大外,沿奥氏体晶界(或孪晶界)大量析出第二相质点或薄膜,以及其他促使原高温奥氏体晶界(或孪晶界)或其他过热组织稳定化的因素,这种过热用一般热处理的方法(扩散退火除外)不易改善或不能消除。

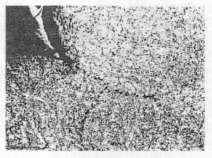

图5-24 裂纹沿有析出相的原奥氏体晶界扩展 160×

存在有稳定过热组织的零件受力时,沿晶界(或孪晶界)析出的第二相质点,常常是促成微观裂纹的起因,引起晶界弱化,促使沿原高温奥氏体晶界(或孪晶界)断裂(尤其当基体韧性较好时)。图5-24为裂纹沿有析出相的原奥氏体晶界扩展的情况。过热温度越高,高温稳定相固溶的越多,晶粒越粗大,冷却时析出的密度也越大。这样的过热组织也越稳定,晶界弱化也越严重。

近年来研究结果表明,引起稳定过热的析出相不仅有硫化物(MnS),还有碳化物,氮化物、硼化物($M_{23}CB$)以及碳氮化钛(TiCN)、硫碳化钛(Ti_2SC)等。

例如Cr-Ni、Cr-Ni-W和Cr-Ni-Mo系合金结构钢稳定过热后,大量析出的主要是较细的MnS。图5-25为35CrNiMo钢过热石状断口,图5-26为石状断口过热小平面微观形态,是MnS为显微裂纹核心的沿晶孔坑型断裂。

图5-25 35CrNiMo钢过热石状断口 500×

除合金结构钢出现稳定过热外,在碳钢、9Cr18不锈钢、GCr15轴承钢、60SiMo弹簧钢、高速钢等钢种也常出现这种缺陷,而且不仅沿奥氏体晶界析出,沿孪晶界也有析出,见实例13。

形成稳定过热的充分和必要条件:①高温加热使奥氏体晶粒粗化;②冷却后沿原高温奥氏体晶界(或孪晶界等)大量析出高温稳定的第二相或者存在其他促使原高温奥氏体晶界稳定和弱化的因素。必须指出,单纯奥氏体晶粒粗化引起的过热只是一种不稳定过热;而奥氏体晶粒不粗大,单纯由大量第二相沿晶界析出引起的原奥氏体晶界弱化不属于过热问题。

图5-26 石状断口的微观形态 5000×

2. 影响稳定过热与不稳定过热的主要因素

由析出相引起的稳定过热程度,主要取决于析出相的成分和析出的密度。因此,影响稳定过热与不稳定过热的主要因素除与加热温度高低和保温时间长短有关外,还主要和钢的化学成分、钢中微量元素(包括杂质元素)及含量、过热后的冷却速度、锻造变形程度等有关。

奥氏体晶粒越粗大,越易沿晶界析出。析出相的密度越大,则沿晶界封闭的愈完整。如果沿奥氏体晶界析出的密度小或不完全封闭,则稳定性小。因此,在奥氏体晶粒大小一定的条件下,沿原高温奥氏体晶界析出相的密度大小,就决定着稳定程度的大小。如果析出相的质点很大,但密度极低,也不易形成稳定过热。

1) 钢的化学成分及微量元素的影响

由前面的例子中可以看出,钢的化学成分决定着析出相的种类,例如,Cr-Ni、Cr-Ni-Mo-V、Cr-Ni-W系合金结构钢中的析出相是MnS;25MnTiB钢中由于Ti与S比Mn与S有更大的亲合力,主要析出Ti_2SC、$Ti(CN)$等;而在高碳的9Cr18不锈钢中主要析出一次碳化物。

不同成分的析出相固溶于奥氏体中的温度不同,因而对稳定程度有重要影响。例如MnS、A1N大量固溶的温度约在1200℃左右,TiCN的固溶温度在1350℃左右,Ti_2SC在1350℃时还没有固溶。9Cr18不锈钢的一次碳化物固溶温度也在1000℃以上。析出相的固溶温度越高,高温越稳定,形成稳定过热的敏感性则越低,但一经固溶和析出后,则很难消除。

稀土元素对减少形成稳定过热与不稳定过热有重要影响。例如,25MnTiB钢中,当$Re/S=1.5\sim2$时,由于形成高温下稳定颗粒状稀土硫化物,可以细化1350℃~1400℃以下的奥氏体晶粒,减少原奥氏体晶界上脆性第二相($TiSC$、$M_{23}(CB)_6$)的析出,降低过热敏感性。

155

2）过热后冷却速度的影响

过热后冷却速度对是否形成稳定过热及其稳定程度有重要影响,它影响着析出相的数量和密度。冷却速度过快,第二相可能来不及沿晶界析出;冷却速度过于缓慢则析出相聚集成较大的质点,这两种情况均不易形成稳定过热。只有在第二相充分析出而又来不及聚集的冷却速度下才易形成稳定过热。因此相对的中等冷却速度最易形成稳定过热。

3）塑性变形及热处理对稳定过热的影响

塑性变形可以破碎过热形成的粗大奥氏体晶粒并破坏其沿晶界析出相的连续网状分布,因此可以改善或消除稳定过热。

40MnB 钢自 1150℃直接空冷和经热轧后空冷呈现两种不同的断口情况。直接空冷的坯料原奥氏体晶粒粗大,析出相呈粗大的网状分布,经调质处理后为石状断口。而经热轧后空冷的原高温奥氏体晶粒细小,析出相分散,经调质处理后为纤维状断口。试验表明已经形成稳定过热,呈现石状断口的 18Cr2Ni4WA 和 45 钢,经重新加热改锻,当锻造比大于 4 时,可基本消除稳定过热的组织,获得正常的纤维状断口。

用热处理方法改善或消除稳定过热是困难的,有时是不可能的:某些合金结构钢的试验表明:只有轻度稳定过热(析出相密度较小,在断口上呈现细小,分散的石状情况)经二次正火或多次正火可以改善或消除。对于一般的稳定过热(在断口上分布的石状较多,石状尺寸较大)需经多次高温扩散退火和正火才可能得到改善,而对于较严重的稳定过热(石状较大、遍及整个断面),多次长时间高温扩散退火加正火也极难改善。

根据以上分析,为避免锻件稳定过热,从锻造工艺方面有下列有效对策:

(1) 严格控制加热温度,尽可能缩短高温保温时间。加热时坯料应避开炉子的局部高温区。

(2) 保证锻件有足够的变形量,一般当锻比为 1.5～2 时,便有明显效果,锻造比越大,效果越显著。对模锻件来说,如预制坯后需再一次加热时,应保证锻件各部分均有适当的变形量。

(3) 适当控制冷却速度。

根据我们协同某厂解决炮尾锻件石状断口的体会,恰当地采用上述对策,便可以有效地避免形成稳定过热石状断口。

5.2.3 晶粒遗传引起的稳定过热[35,37]

按传统的概念,钢在加热至正火温度时即发生相变和重结晶,使粗大晶粒得到细化。但是,有些钢种(主要是马氏体钢和贝氏体钢)过热后形成的粗晶,经正火后仍为粗大晶粒(指奥氏体晶粒)。这种部分或全部由原粗大奥氏体晶粒复原的现象称为晶粒遗传。

马氏体和贝氏体钢锻件,如果锻造加热温度与停锻温度较高和变形程度较小,

156

容易形成粗大的奥氏体晶粒,冷却到室温后,在原来的一颗颗粗大奥氏体晶粒内,由于相变形成许多颗小晶粒,这些小晶粒的空间取向与原来奥氏体晶粒的空间取向保持一定的关系。例如马氏体的{110}面平行于奥氏体的{111}面,马氏体的<111>方向平行于奥氏体的<110>方向。从一个奥氏体晶粒形成的许多马氏体片与原奥氏体晶粒之间都有着这种位向关系(图5-27和图5-28)。也就是说,形式上是一颗大晶粒分割成许多颗小晶粒,而实质上还是原来的一颗大晶粒。正火加热时,这些小晶粒还原成原来的奥氏体晶粒,且空间取向基本上没有多大的变化。正火冷却时,一颗奥氏体晶粒又再次重新分割成若干个小晶粒。这样,正火前(即锻后)原来粗大的奥氏体晶粒经正火后形式上虽细化了(分割成许多小晶粒),但实质上由于很多小晶粒的位向与原来的奥氏体晶粒一致,由于在位向和大小上都继承了原始粗大奥氏体晶粒,所以在性能与断口上仍保留了原来粗大奥氏体晶粒的特征。这种粗大晶粒的遗传,使材料的力学性能,特别是韧性明显降低。由于这种晶粒遗传现象,马氏体钢、贝氏体钢锻件过热后的粗大奥氏体晶粒,用一般热处理工艺不易细化。

图5-27 马氏体、贝氏体钢过热组织加热时的重结晶示意图

产生晶粒遗传的条件如下:

(1)加热前的组织为奥氏体的有序转变产物(马氏体或贝氏体),它具有保留原始奥氏体晶粒取向的能力。

(2)加热至奥氏体化温度时,铁素体和奥氏体均不发生再结晶,保持晶粒位向。

(3)针状奥氏体得到充分发展。马氏体、贝氏体组织在加热相变时可能产生两种奥氏体形态,即针状(条状)奥氏体和球状奥氏体。针状奥氏体与母相保持一定的位向关系,才导致晶粒遗传,而球状奥氏体则不然。

某些珠光体类型的钢,例如,38CrMoAlA 钢等,也易出现这种晶粒遗传现象。38CrMoAlA 钢在退火状态是珠光体加铁素体,由于 Cr 和 Mo 的存在,使 C 曲线(S 曲线)右移,尤其当存在成分偏析时,在空冷状态下也常常得到贝氏体组织(局部)。经正火和调质后,该局部处组织仍明显保留位向

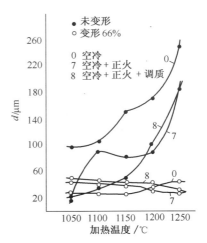

图5-28 加热温度、热处理及塑性变形对晶粒平均直径的影响

157

关系,奥氏体晶粒尺寸变化也不大。

1. 影响晶粒遗传的几个因素

晶粒遗传的程度与锻件的过热程度、变形程度、加热速度、原始组织、化学成分等有关,分别介绍如下。

1）过热程度

材料过热程度越严重,晶粒遗传的程度也越严重。由图 5-28 中可以看到,加热温度越高时,奥氏体晶粒越粗大,合金元素固溶的越充分,越均匀,冷却和以后加热时,越易按有序转变的方式进行,保持位向关系。

2）变形程度

塑性变形对消除晶粒遗传有重要作用。由图 5-28 还可以看到,经 1250℃加热后的坯料,经 66% 的变形后晶粒明显细化。这不仅是由于塑性变形时破碎了晶粒,打乱了组织的方向性,而且提供了足够的畸变能以满足晶粒细化时晶界能增加的需要。于是,在正火加热温度稍高于相变点时将促使 α→γ 按无序转变的方式形成奥氏体,破坏了原来的空间取向,所以相变后晶粒将得到充分的细化。

在实际生产中,锻件过热和局部区域处于小变形或临界变形的情况是经常存在的。因此,锻件中晶粒遗传的情况是经常出现的。

3）加热速度

B. A. 萨多夫斯基在他的《钢的组织遗传性》[37]一书中认为钢的晶粒遗传与临界区的加热速度有关。在合金结构钢中,原始组织为马氏体时,缓慢加热（1℃/s～50℃/min）和极快速加热（100℃/s～500℃/s）时都易出现晶粒遗传。但在某些中间加热速度（100℃/min～100℃/s）时,晶粒遗传性不存在。加热速度不仅影响相变驱动力,而且还影响相变硬化效应的大小和再结晶温度的高低,从而影响晶粒遗传性。

4）原始组织

原始组织对晶粒遗传性有较大影响,晶粒遗传主要发生在马氏体、贝氏体组织中,而铁素体—珠光体组织一般不发生晶粒遗传。

在具有位向的组织（马氏体、贝氏体）中,贝氏体组织在加热时最不利于球状奥氏体的形成,因此,贝氏体组织的晶粒遗传性最严重。这是由于:①贝氏体的形成温度高于马氏体,它的位错密度和储藏能比马氏体低。贝氏体是一种比马氏体较为稳定的组织,在加热时,贝氏体保持其形态结构的稳定性远比马氏体高;②贝氏体加热相变时,其相变硬化效应比马氏体低,故再结晶温度高,晶粒遗传性严重。

5）化学成分

化学成分对晶粒遗传有较大影响,它是通过形成一定的组织结构和组织状态来实现的。使 C 曲线右移,促使形成马氏体、贝氏体的合金元素（如 Cr、Ni、Mo 等）易引起晶粒遗传,强烈形成碳化物的元素（如 Ti、V、Nb 等）对晶粒遗传的影响更为显著。这是由于 Ti、V、Nb 等形成的碳化物、氮化物沉淀在条束间以及原始奥氏体晶界,由于它们的稳定性高,在重新加热时不易溶解,于是,就容易把马氏体、贝氏

158

体的轮廓和原始奥氏体晶界固定下来。在 α→γ 相变时,这些高温稳定的化合物抑制再结晶,于是奥氏体便继承了原始的位向,形成原始粗大晶粒的恢复。只有加热到 1000℃~1100℃,随着这些阻碍物的逐渐溶解和奥氏体再结晶的产生,粗大的旧晶粒才能被细小的晶粒所代替。

奥氏体区的冷却速度和预回火对晶粒遗传也有一定影响。

2. 防止和消除晶粒遗传的措施

为防止和消除晶粒遗传可采用如下措施:

(1)避免锻前加热温度过高,尤其对含有 V、Ti、Nb 等元素的高淬透性钢,更应严格控制加热温度。

(2)避免锻件上存在小变形或临界变形的区域,尤其当坯料加热温度较高时,应使各部位均有足够的变形量。

(3)大锻件锻造后,在奥氏体区应缓慢冷却或在奥氏体温度下采用较长的保温时间;采用中间重结晶退火或长时间高温回火加退火[35]。

(4)锻后热处理应尽可能获得铁素体—珠光体组织,将原始晶粒内的位向打乱,这是消除晶粒遗传的最有效的办法。但是,晶粒遗传主要出现在高合金钢中,而高合金钢的奥氏体极为稳定,例如,26Cr2Ni4MoV 钢等温转变成珠光体的孕育期长达 7h,生产中难以实现。近来的研究表明,采用降低奥氏体化温度,以减少奥氏体的合金化程度,从而使奥氏体稳定性降低的办法,可有效地得到珠光体转变。

(5)采用两次或多次正火。因为每经过一次正火加热和冷却,位向关系就可能遭到一些破坏,经过多次加热和冷却,晶体学位向关系就可能基本被破坏,从而消除晶粒遗传。

(6)对奥氏体稳定性高(尤其含有了 Ti、V、Nb 等元素)的合金钢和截面尺寸大的重要锻件,可采用高温正火(退火)或反复高温正火(退火)的方法。因为在 α→γ 的转变过程中比容发生变化,晶粒间产生相变内应力,使晶粒变形,产生了畸变能,在高温奥氏体区发生奥氏体再结晶,由于重新形核和长大,破坏了原来的空间取向,从而可使奥氏体晶粒细化。

(7)应尽量提高 650℃~800℃区间的加热速度,切勿在 Ac₁ 温度附近保温或缓慢加热。大锻件在 600℃左右保温后,应以最大速度加热到奥氏体再结晶温度,以减小晶粒遗传。

5.2.4 合金钢过热、过烧的鉴别方法

对过热、过烧的判定,目前最广泛应用的是低倍(50 倍以下)检查、金相分析和断口分析三种方法。这三种方法相互配合,相辅相成地使用。

1. 低倍检查

合金结构钢过热之后,在锻件低倍上表现为低倍粗晶。低倍粗晶的显示方法如下:一般采用 1:1 的盐酸水溶液热浸蚀。对材料纯洁度较差的电弧钢,采用 10%~20%的过硫酸铵水溶液等冷浸蚀剂,效果较好。在过热锻件的酸浸低倍试

片上,按过热程度不同,用肉眼可观察到:轻微过热时有分散零星的闪点状晶粒;一般过热时晶粒呈片状或多边形;严重过热时则呈雪片状。目前尚无统一的低倍检验标准。

2. 金相分析

利用腐蚀剂对磨制好的金相试样进行电解腐蚀或化学腐蚀,然后在金相显微镜下观察晶界及附近有无过热、过烧的特征,进而判定钢材是否过热与过烧。

在大多数情况下,应用饱和的硝酸氨水溶液对试件进行电解腐蚀,然后在显微镜上观察基体和晶界的颜色。过热钢奥氏体晶界呈白色,基体呈黑色。过烧钢晶界呈黑色。基体呈白色。

也可应用 10%(质量分数)的硝酸加 10%(质量分数)的硫酸水溶液或奥勃试剂,对试样进行化学腐蚀,效果也很好。已过热的钢在显微镜下可见到黑色断续或完整的晶界(有人认为黑色晶界是由于沿晶界析出的 MnS 被腐蚀造成的),而过烧钢的晶界则呈白色。

还有其他一些金相检查的方法,详见《锻件质量分析》一书。

3. 断口分析

用断口来检查材料的过热、过烧,也是一种既简便又可靠的方法。通常有两类断口,一类称为"萘状断口";另一类称为"石状断口"。石状断口是经调质处理后进行的检查。

所谓"萘状断口"是典型的穿晶解理断裂;而所谓"石状断口"是典型的沿晶断裂。萘状断口可以显示晶粒的大小,但不能反映第二相颗粒沿晶界析出的情况,即不能表征材料是否稳定过热。

采用"石状断口"评定过热有以下优点:

(1)"石状断口"表面上出现的过热小平面的大小,反映了晶粒的大小;韧窝的大小和数量多少,反映了 MnS 等夹杂沿原奥氏体晶界的析出情况。

(2)在纤维状断口上出不出现"过热小平面",标志着稳定过热是否开始。

(3)"过热小平面"的尺寸、形状、数量及分布情况,反映过热的严重程度。

当断口内纤维状完全变为"过热小平面"(石状断口)时,就表示严重过热了,可见在韧性状态下检查钢材是否过热,是比较合理的。

例如,某厂对 18Cr2Ni4WA 钢过热断口进行了研究,在 950℃加热时获得正常纤维状断口,在 1150℃加热时,在纤维状断口基体上出现了少数分散而细小的"过热小平面",此时开始轻度过热。随着加热温度的进一步升高,"过热小平面"增多增大,在 1400℃时断口的表面全是由大颗粒灰白色"过热小平面"组成,此时为严重过热断口。

5.2.4　过热对力学性能的影响

对只是晶粒粗大的过热情况(不稳定过热),当试样主要呈穿晶韧窝断裂时,对力学性能影响不大;当试样呈穿晶解理断裂或沿晶脆性断裂时,晶粒越大,塑性和冲击韧度下降也越大。对稳定过热,例如,晶粒粗大并同时有夹杂物沿原奥氏体晶界析出的情况,其试样断口呈穿晶韧性和沿晶韧窝的混合断裂或沿晶韧窝断裂。过热越严重,"过热小平面"尺寸在断口上所占的比例越大时,塑性指标和冲击韧度降低也越显著。过热还影响材料的疲劳强度和断裂韧度,特别是严重过热时,使疲劳强度和断裂韧度下降较大。表 5-3 和表 5-4 列出了过热对 45 钢和 18Cr2Ni4WA 钢力学性能影响的数据,过热对 40CrMnSiMoVA 钢疲劳强度和断裂韧度的影响见表 5-5,过热对 40CrNiMoA 钢锻件弯曲疲劳性能的影响见表5-6。

表 5-3 过热对 45 钢力学性能的影响

状 态	力 学 性 能				
	σ_b/MPa	σ_s/MPa	$\delta/\%$	$\psi/\%$	$a_k/(MJ/m^2)$
过热后具有粗大晶粒者	462	337	15.5	24.5	0.16
过热后出现严重魏氏组织	535	344	9.5	17.5	0.13
过热后经细化晶粒处理	683	451	26.1	51.5	0.54

表 5-4 过热对 18Cr2Ni4WA 钢的力学性能的影响

序号	断 口 形 态	力 学 性 能				
		σ_b/MPa	σ_s/MPa	$\delta/\%$	$\psi/\%$	$a_k/(MJ/m^2)$
1	正常纤维状断口	1200	1100	14.0	54.0	0.80
2	纤维状断口+极小"过热小平面"	1190	1035	11.0	42.5	0.79
3	纤维状断口+分散"过热小平面"	1170	1010	11.0	42.5	0.79
4	纤维状断口+密集"过热小平面"	1150	980	12.5	42.5	0.55
5	纤维状断口+中等"过热小平面"	1130	980	11.0	41.0	0.50

表 5-5 过热对 40CrMnSiMoVA 钢疲劳强度和断裂韧度的影响

加热温度/℃	低倍情况	取样方向	周期强度			断裂韧度 /MPa·$m^{1/2}$
			K	σ_{max}/MPa	$N_P/$次	
1350	严重低倍粗晶	纵向	0.6	1460	1260	62
1250	轻微低倍粗晶	纵向	0.6	1460	1422	66.7
1150	无低倍粗晶	纵向	0.6	1460	1654	77.2

表 5-6 过热对 40CrNiMoA 钢锻件弯曲疲劳性能的影响

状 态	σ_{-1}/MPa
正常	500
过热	475
严重过热	450

按传统概念,钢料过热后,出现魏氏组织,使性能下降。但近来一些研究结果认为,经同样温度奥氏体化后,生成魏氏组织的试样较生成等轴铁素体加珠光体的试样有较高的冲击韧度,较低的脆性转变温度和较大的韧性储备,过热形成粗晶,降低钢的冲击韧度,而魏氏组织

则提高钢的韧性。因此,过热时冲击韧度的降低主要是由晶粒粗大引起的。

5.3 金属纤维组织(流线)

5.3.1 概述

金属中的杂质、化合物、偏析等在低倍试片上沿主变形流动方向呈纤维状分布的组织称为金属纤维组织或流线。

这种纤维组织是铸锭中的杂质、化合物和偏析在热塑性变形(锻压、挤压或轧制)过程中发生形态改变而形成的。铸锭中的脆性杂质和化合物(如钢中的硅酸盐、氧化物、碳化物和氮化物,铝合金中的 α、β 杂质相、Cu_2Al 、Mg_2Si、S 相、T 相等)在变形时被破碎,顺着金属主变形流动方向伸长,并呈碎粒状或链状分布;铸锭中的塑性杂质和化合物(如钢中的硫化物等)变形时随着金属一起变形,沿主变形流动方向伸长,并呈带状分布。大多数类型的杂质和化合物在再结晶后,沿主变形流动方向的分布不能改变,所以热变形后的金属组织具有一定的方向性。同时,单向变形越大,金属纤维的方向性也越明显(图 5-29)。

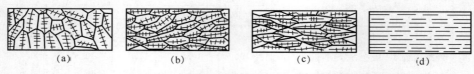

(a)　　　　(b)　　　　(c)　　　　(d)

图 5-29 铸造树枝状组织随变形程度增大逐渐变为纤维组织的示意图

树枝状晶粒主杆上的高熔点金属与枝晶间的低熔点金属和杂质的抗化学腐蚀性能不一样,如果未经均匀化处理,塑性变形后在宏观上也呈流线形式。

因此,金属纤维组织形成的条件:①金属内存在有杂质、化合物和铸造结晶时的偏析等,这是形成金属纤维组织的内因;②金属沿某一方向应有足够大的变形程度(锻比),这是形成金属纤维组织的外因。

5.3.2 纤维组织对性能的影响

纤维组织的出现,使金属的性能在不同方向上有明显的差异,即呈现异向性,下面讨论纤维组织对各种性能的影响。

1. 对力学性能的影响

表 5-7 中列出了纤维方向对不同材料常规力学性能的影响。由表中可以看出,流线方向对强度指标影响不大,而对塑性指标影响很大。但不同材料,影响的程度各不一样。

纤维方向对塑性指标之所以影响很大,是因为沿材料流线分布有大量脆性杂质和化合物等。所以,横向试样受拉伸应力应变时,将以这些异向质点为核心形成显微孔洞,并不断扩大和连接成大裂纹。孔洞的排列方向与纤维的方向是一致的,

表 5-7　纤维方向对不同材料常规力学性能的影响

材料	取样方向	力学性能（平均值）					
		σ_b/MPa	$\sigma_{0.2}$/MPa	δ/%	ψ/%	硬度/HB	a_k/(MJ/m²)
45	纵向(0°)	715	470	17.5	62.8	—	0.62
	横向(90°)	672	440	10	31	—	0.30
40CrNiMoA	纵向(0°)	1054	952	18.2	63.5	3.41	1.48
	横向(90°)	1054	952	16.0	55.0	3.43	1.14
	弦向(45°)	1056	955	17.3	62.1	3.43	1.37
30CrMnSiA	纵向(0°)	1195	1086	53.7	14.2	—	0.9
	横向(90°)	1160	1075	45.0	10.1	—	0.67
	弦向(45°)	1187	1032	53.4	14.1	—	0.85
30CrMnSiNi2A	纵向(0°)	1655	—	12.5	47.3	—	0.763
	横向(90°)	1633	—	8.5	27.6	—	0.529
	弦向(45°)	1662	—	11.4	44.4	—	0.753
LD2（模锻件）	纵向(0°)	300	220	12	—	—	—
	横向(沿宽度)	270	—	4	—	—	—
LD5（模锻件）	纵向(0°)	390	280	10	—	—	—
	横向(沿宽度)	370	250	7	—	—	—
	横向(沿高度)	350	—	5	—	—	—
LD10	纵向(0°)	410	280	10	—	—	—
	横向(沿宽度)	380	250	7	—	—	—
	横向(沿高度)	350	—	5	—	—	—

因此横向试样在不太大的拉伸变形之后，裂纹便贯穿试样的整个横断面，使试样发生断裂，而纵向试样则不然(图 5-30)。

纤维组织对不同材料横向塑性指标的影响程度不一样，是因为不同材料的杂质和化合物的种类、性质和含量不一样。例如，硫化锰与铁的结合力弱，在较小的塑性变形后便与基体分离，在硫化锰与基体的交界处发生开裂。而 Fe_3C 与铁的结合力较强，需在较大的塑性变形后才能与基体分离，或本身被折断。

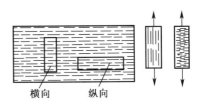

图 5-30　不同纤维方向的试样及其拉伸示意图

2. 对使用性能的影响

纤维方向对接触疲劳性能有很大影响。以轴承而言，影响轴承寿命的主要破坏形式是疲劳剥落，而轴承的疲劳剥落与纤维组织有很大关系。试验表明，材料的疲劳剥落都发生在纤维露头的地方。例如，试验一批轴承时，钢球有 78%，套圈有 91% 是在流线露头的地方破坏。因此，无论是钢球或套圈，金属纤维与工作表面平

163

行为最好，与工作表面所成的角度越大越不好，垂直于工作表面为最差。例如，310轴承套圈的试验数据表明，用钢管车削的套圈，因为沟道部位纤维被切断，平均寿命最低（4892h）；而钢管辗出沟道的套圈，纤维与工作表面平行，纤维分布最理想，平均寿命也最高（8509h）；平锻的套圈，纤维分布混乱，平均寿命为5847h。

纤维分布对疲劳极限的影响也很大，因为疲劳破断时的最初裂纹最易在表面出现。而纤维露头的地方在微观上是一个缺陷，容易成为应力集中处，在重复和交变载荷的作用下常易成为疲劳源。因此，应当使纤维与零件几何外形相一致。例如，6160曲轴全纤维锻造后，疲劳极限提高了30%以上。

纤维分布情况对抗腐蚀性能也有一定的影响。第3章图3-32所示的连杆锻件，因酸洗过度，在两端和沿分模面流线露头的地方已腐蚀成蜂窝状。轴承套圈或钢球在流线露头的地方也常易被腐蚀。高强度钢和铝合金锻件的横向和高向抗腐蚀能力远较纵向为低。某厂所进行的试验表明，在铝合金锻件中有穿流和涡流的地方抗腐蚀能力比纤维分布正常的地方低1级～2级；在潮湿的环境里，当主拉应力与流线方向垂直时，某些高强度合金很容易产生应力腐蚀裂纹，这种横向和高向抗应力腐蚀能力的降低也与纤维露头有关。

纤维露头的地方抗腐蚀性能下降的原因：①此处裸露在外的大量杂质，由于与基体的电极电位不一样，容易产生电化学腐蚀；②此处原子排列很不规则，能量比较高，容易被腐蚀；③有些杂质本身的抗腐蚀性能低，容易被腐蚀。

3. 对工艺性能的影响

纤维方向对工艺性能有很大的影响。例如，Cr12型模具钢淬火时顺着模具流线方向伸长，横着流线方向缩短，这种材料由于热处理后的硬度很高，一般都是机加工后再热处理，因此，常常由于热处理时的变形不均造成模具报废。

板料弯曲时，当弯曲线与纤维方向一致时很容易沿杂质或化合物开裂（图5-31(a)），尤其当弯曲角和圆角较小时；当弯曲线与纤维方向垂直时则不易开裂（图5-31(b)）。因此单向弯曲时，应当使弯曲线与纤维方向垂直；双向（互成90°）弯曲时，一般均使弯曲线与纤维方向成45°。

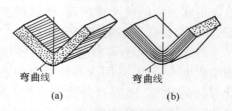

图5-31　纤维方向对弯曲性能的影响

切削加工时，在流线露头的地方一般不容易获得较低的粗糙度。生产中，某些要求表面粗糙度很低的零件（尤其是内孔表面）常常因此而报废。

以上主要介绍了纤维方向对各种性能的影响。另外，锻件在锻压过程中所产生的流线不顺，涡流和穿流（特别是当存在晶粒结构不均匀时），对塑性、疲劳和抗腐蚀性能影响很大，但对强度影响较小。

应当指出，材料呈现异向性的程度还与合金本身再结晶的难易程度有关，例如铜合金容易再结晶（相对于铝合金），其异向性就没有铝合金明显。

5.3.3 流线分布的原则和实例

流线分布的原则,应根据零件受力情况和具体破坏形式来确定。对受力比较简单的零件,如水压机立柱、叶片、曲轴、拉力轴等应尽量使流线与零件的几何外形相符合,使流线方向与最大拉应力方向一致。对形状复杂的零件当流线与零件几何外形难于保证完全一致时,应当保证在受力较大的关键部位使流线方向与最大拉应力方向一致。例如航空零件中承受高应力部位上的金属流线,必须与主应力方向平行,不能有穿流和明显的涡流。某厂对由 30CrMnSiNiA 钢制造的承受拉力的重要结合螺栓规定:纤维方向应符合螺栓外形,切削加工时螺栓头部与杆部连接端面的机械加工余量不能超过 2mm,以免切断螺栓头部纤维。文献[1]中实例 116 的铝合金大梁就是由于局部地方有流线不顺而引起力学性能(主要是塑性指标)达不到要求而报废的。受力比较复杂的零件,例如汽轮机和电机主轴,不仅对轴向,而且对径向和切向性能都有要求,故不希望流线的方向性太明显。

以疲劳剥落为主要破坏形式的零件,例如,轴承套圈和滚珠,应尽可能使流线与工作表面相平行(见第 10 章例 3)。

纤维方向对 Cr12 型钢冷变形模具的强度和使用寿命影响很大。例如,某冷精压的压花冲头(图 5-32),原先纤维方向与冲头轴线一致,工作时齿根部分受拉应力作用,常常沿纵向开裂。后来使纤维与冲头轴线垂直,使用寿命就显著提高了。

搓丝板工作时,由于被滚压的螺钉轴向伸长,在垂直于刃槽的方向受较大的变形力,常发生掉牙现象。因此用冷滚压方法加工的搓丝板,其纤维方向应与刃槽垂直以保证流线完全与齿形一致。当刃槽用磨削方法加工时,纤维方向应与刃槽平行。

冷镦模工作时切向拉应力较大,常易沿纵向开裂,故纤维沿圆周分布较好。

等轴类锻件的热锻模纤维方向应按图 5-33 所示的方向分布。长轴类锻件的热锻模,从防止模具的破裂出发,纤维方向应当与锻件轴线垂直(图 5-34);当磨损是影响锻模寿命的主要原因时,纤维方向应与锻件轴线方向一致。

高速钢刀具和 Cr12 型钢冲模,工作部分是刃口,常常由于碳化物分布不均而产生崩刃现象,因此,应尽可能地将碳化物打碎并均匀分布,不希望有呈带状或网状的碳化物(见第 10 章例 4~例 7)。

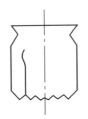

图 5-32 沿纵向开裂的
压花冲头示意图

图 5-33 等轴类锻件锻模
的纤维方向

图 5-34 长轴类锻件锻模
的纤维方向

对于要求抗腐蚀性能高的重要零件,最好采用无飞边模锻,以避免流线露头。

合理地布置流线可以充分地发挥材料的潜力,提高零件的性能和寿命。但这样做给锻压工艺要带来一些困难,生产率和成本也要受一定影响,因此对一般机械上的普通零件,在保证力学性能合格的条件下,对纤维分布无严格要求。

5.3.4　关于流线的控制

金属流线的分布取决于锻压工具和变形工艺。对于不同的零件,应根据其形状和流线要求来选定合理的锻压工具和变形工艺。

1. 对要求流线和外形一致的零件

(1)自由锻时尽可能采用不切断纤维的工艺,即尽量采用弯曲、扭转等工序。切肩尽量用圆角大一些的工具。如曲轴的全纤维锻造就是一个先进的工艺。

(2)模锻时应正确进行模具设计、制坯、润滑和操作。模具设计时,分模面位置、模锻工步和圆角半径等要合理选择。例如,图 5-35 所示的两种分模情况:图5-35(a)易形成折叠、穿流;而图 5-35(b)就较合理;对工字形断面的锻件,尤其当复板宽度与厚度之比较大时,在内圆角处易形成折叠和穿流。这时可采用较大的圆角半径,或增加预锻工步。模锻时坯料的形状、大小要适当。形状不当,坯料过大或过小均易引起流线不顺。操作时抹油过多或加压(锤击)过重也会造成流线不顺,应予以注意。

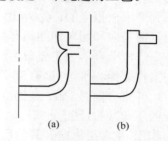

图 5-35　分模面位置对流线
分布的影响

(3)采用使流线能沿零件外形分布的变形方法。根据零件的不同形状和使用要求,采用合理的变形方法。例如,叶片采用挤压、辊锻或挤压加冷辊;齿轮采用精锻或轧制都能获得理想的流线分布。辊锻叶片的纤维方向与几何外形一致,与用方坯铣削的叶片相比,力学性能得到了全面提高(表 5-8 和表 5-9)。精锻和热轧的齿轮,纤维沿齿形分布,与切削加工的齿轮相比,齿根的抗弯强度提高了 30%。压力机上锻造的和胎模锻造的轴承套圈,比平锻机上锻造的流线分布好,而用无缝钢管辗压出的沟道更好(见第 10 章例 3)。

(4)对受力情况复杂,不希望流线方向太明显的零件。这类零件如主轴,除要求提高材料纯洁度,以减小零件异向性外,在锻造时还应当增加一次镦粗工序。

(5)对希望流线沿圆周分布的冷镦模和冷挤模。应在不变向反复镦拔后再沿纤维的横向拔长,最后再镦粗和锻造成锻件。

高速钢刀具和 Cr12 型钢冲模、滚丝模,要求将碳化物打碎和均匀分布;对工作部位在圆周的插齿刀、剃齿刀、滚丝模等可采用单向镦拔;对工作部位在中心的指状铣刀,应在单向镦拔后,再沿横向拔长,最后锻成成品锻件;对冷冲模应采用三向镦拔。

表 5-8 叶片力学性能

材料 \ 工艺 \ 性能		$\sigma_{0.2}$/MPa	σ_b/MPa	δ/%	ψ/%	a_k/(MJ/m²)	硬度/HBS
Cr17Ni13W	对用方坯加工的叶片要求	≥450	≥600	≥30	—	≥0.8	180~210
	辊锻工艺	522	692	32.5	—	1.708	185
1Cr17Ni2W2MoV	对用方坯加工的叶片要求	≥810	≥990	≥6	≥30	—	3.2~3.45
	辊锻工艺	1073	1198	15.72	71	—	3.27
2Cr13	对用方坯加工的叶片要求	≥500	≥700	≥16	≥50	≥0.6	217~269
	辊锻工艺	669	841	21.34	75.2	0.786	258
	辊锻工艺(10万 kW,23 级)	795	914	16.5	57.9	0.95	250
		700	831	19.5	62.4	1.5	240

表 5-9 GH4033 叶片性能

工艺 \ 性能	持久强度			室温力学性能					
	温度/℃	应力/MPa	时间/h	$\sigma_{0.2}$/MPa	σ_b/MPa	δ/%	ψ/%	a_k/(MJ/m²)	硬度/HBS ($d_{10/300}$)
对用方坯加工的叶片要求	700	420	≥60	≥570	≥810	≥10	≥13	≥0.3	3.45~3.8
辊锻工艺	700	420	73 (未断)	697	1082	28	21.65	0.393	3.6

5.4 脱　　碳

5.4.1 概述

脱碳是钢加热时表面碳含量降低的现象。脱碳的过程就是钢中碳在高温下与氢或氧发生作用生成甲烷或一氧化碳。其化学方程式如下:

$$2Fe_3C + O_2 \Longleftrightarrow 6Fe + 2CO$$

$$Fe_3C + 2H_2 \Longleftrightarrow 3Fe + CH_4$$

$$Fe_3C + H_2O \Longleftrightarrow 3Fe + CO + H_2$$

$$Fe_3C + CO_2 \Longleftrightarrow 3Fe + 2CO$$

这些反应是可逆的,即氢、氧和二氧化碳使钢脱碳,而甲烷和一氧化碳则使钢增碳。

脱碳是扩散作用的结果,脱碳时一方面是氧向钢内扩散;另一方面钢中的碳向外扩散。从最后的结果看,脱碳层只在脱碳速度超过氧化速度时才能形成。当氧化速度很大时,可以不发生明显的脱碳现象,即脱碳层产生后铁即被氧化而成氧化皮。因此,在氧化作用相对较弱的气氛中,可以形成较深的脱碳层。

变压器硅钢片要求含碳量尽量低,除在冶炼上应加以控制外,在锻轧加热时还应利用脱碳现象,使碳含量进一步下降,从而获得容易磁化的性能。但对大多数钢来说,脱碳会使其性能变坏,故均视为缺陷。特别是高碳工具钢、轴承钢、高速钢及弹簧钢,脱碳更是一种严重的缺陷。

脱碳层的组织特征:脱碳层由于碳被氧化,反映在化学成分上其含碳量较正常组织低;反映在金相组织上其渗碳体(Fe_3C)的数量较正常组织少;反映在力学性能上其强度或硬度较正常组织低。

钢的脱碳层包括全脱碳层和部分脱碳层(过渡层)两部分。部分脱碳层是指在全脱碳层之后到钢含碳量正常的组织处。在脱碳不严重的情况下,有时仅看到部分脱碳层而没有全脱碳层。图5 - 36为60Si2热轧钢的脱碳层。

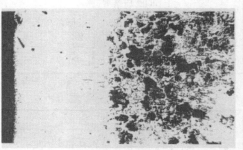

图5 - 36 60Si2热轧钢的脱碳层 200×

关于脱碳层深度可根据脱碳成分、组织及性能的变化,采用多种方法测定。例如逐层取样化学分析钢的含碳量,观察钢的表面到心部的金相组织变化,测定钢的表层到心部的显微硬度变化等。实际生产中以金相法测定钢的脱碳层最为普遍。

5.4.2 脱碳对钢性能的影响

1. 对锻造和热处理等工艺性能的影响

(1) 2Crl3不锈钢加热温度过高,保温时间过长时,能促使高温δ铁素体在表面过早地形成,使锻件表面的塑性大大降低,模锻时容易开裂。

(2) 奥氏体锰钢脱碳后,表层将得不到均匀的奥氏体组织。这不仅使冷变形时的强化达不到要求,而且影响耐磨性,还可能由于变形不均匀产生裂纹。

(3) 钢的表面脱碳以后,由于表层与心部的组织不同和线膨胀系数不同,因此淬火时所发生的不同组织转变及体积变化将引起很大的内应力,同时表层经脱碳后强度下降;淬火过程中有时使零件表面产生裂纹。

2. 对零件性能的影响

对于需要淬火的钢,脱碳使其表层的含碳量降低,淬火后不能发生马氏体转变,或转变不完全,结果得不到所要求的硬度。图5 - 37为30CrMnSiA钢表面脱碳后的淬火组织。

轴承钢表面脱碳后会造成淬火软点,使用时易发生接触疲劳损坏;高速工具钢表面脱碳会使红硬性下降。

由于脱碳使钢的疲劳强度降低,导致零件在使用中过早地发生疲劳损坏,图 5-38 所示连杆的疲劳破坏就是由于脱碳引起的。

图 5-37 30CrMnSiA 钢表面脱碳后的淬火组织 250×

图 5-38 使用中断裂的连杆

零件上不加工的部分(黑皮部分)脱碳层全部保留在零件上,这将使性能下降。而零件的加工面上脱碳层的深度如在机械加工余量范围内,可以在加工时切削掉;但如超过加工余量范围,脱碳层将部分保留下来,使性能下降。有时因为锻造工艺不当,脱碳层局部堆积,机械加工时将不能完全去掉而保留在零件上,引起性能不均,严重时造成零件报废。

5.4.3 影响钢脱碳的因素

影响钢脱碳的因素有钢料的化学成分、加热温度、保温时间和加热次数、炉内气氛等。

1. 钢料的化学成分对脱碳的影响

钢料的化学成分对脱碳有很大影响。钢中含碳量越高,脱碳倾向越大,W、Al、Si、Co 等元素都使钢脱碳倾向增加;而 Cr、Mn 等元素能阻止钢脱碳。

2. 加热温度对脱碳的影响

由图 5-39 可以看出,随着加热温度的提高,脱碳层的深度不断增加。一般低于 1000℃时,钢表面的氧化皮阻碍碳的扩散,脱碳比氧化慢,但随着温度升高,一方面氧化皮形成速度增加;另一方面氧化皮下碳的扩散速度也加快。此时氧化皮失去保护能力,达到某一温度后脱碳反而比氧化快。例如,GCrl5钢在 1100℃~1200℃ 温度下发生强烈的脱碳现象。

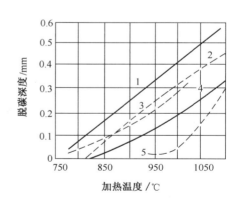

图 5-39 钢的脱碳层深度与化学成分和加热温度的关系

1—ω(W)=0.9%;2—ω(Si)=1.6%;3—ω(Mn)=1.0%;4—碳钢;5—ω(Cr)=1.5%。

3. 保温时间和加热次数对脱碳的影响

加热时间越长,加热火次越多,脱碳层越深,但脱碳层并不与时间成正比增加。例如,高速钢的脱碳层在 1000℃加热 0.5h,深度达 0.41mm,加热 4h 达 1.0mm,加热 12h 后达 1.2mm。

4. 炉内气氛对脱碳的影响

在加热过程中,由于燃料成分,燃烧条件及温度不同,使燃烧产物中含有不同的气体,因而构成不同的炉内气氛,有氧化性的也有还原性的,它们对钢的作用是不同的。氧化性气氛引起钢的氧化与脱碳,其中脱碳能力最强的介质是 H_2O(汽),其次是 CO_2 与 O_2,再次是 H_2;而有些气氛则使钢增碳,如 CO 和 CH_4。炉内空气过剩系数 α 大小对脱碳也有重要的影响:当 α 过小时,燃烧产物中出现 H_2,在潮湿的氢气内的脱碳速度随着含水量的增加而增大。因此,在煤气无氧化加热炉中加热,当炉气中含 H_2O 较多时,也要引起脱碳;当 α 过大时,由于形成的氧化皮多,阻碍着碳的扩散,故可减小脱碳层的深度。在中性介质中加热时,可使脱碳最少。

5.4.4　防止脱碳的措施

防止脱碳的措施主要有以下几方面:

(1) 工件加热时,尽可能地降低加热温度及在高温下的停留时间;合理地选择加热速度以缩短加热的总时间。

(2) 造成及控制适当的加热气氛,使呈现中性或采用保护性气体加热,为此可采用特殊设计的加热炉(在脱氧良好的盐浴炉中加热,要比普通箱式炉中加热的脱碳倾向小)。

(3) 热压力加工过程中,如果因为一些偶然因素使生产中断,应降低炉温以待生产恢复,如停顿时间很长,则应将坯料从炉内取出或随炉降温。

(4) 进行冷变形时尽可能地减少中间退火的次数及降低中间退火的温度,或者用软化回火代替高温退火。进行中间退火或软化回火时,加热应在保护介质中进行。

(5) 高温加热时,钢的表面利用覆盖物及涂料保护以防止氧化和脱碳。

(6) 正确的操作及增大工件的加工余量,以使脱碳层在加工时能完全去掉。

5.5　白　　点

白点是锻件在冷却过程中产生的一种内部缺陷。在钢坯的纵向断口上呈圆形和椭圆形的银白色斑点。合金钢白点的色泽光亮,碳素钢的较暗些。白色斑点的平均直径由几毫米到几十毫米。图 5 - 40 为 30CrNi3Mo 钢叶轮锻件纵向断面上的白点。在钢坯的横向断口上白点呈细小的裂纹(图 5 - 41)。从显微组织上观察,在白点的邻近区域没有发现塑性变形的痕迹。因此,白点是纯脆性的。

5.5.1　白点对钢的力学性能的影响

白点的存在对钢的性能有极为不利的影响。它使钢的力学性能降低,热处理淬火时使零件开裂,使用时造成零件的断裂。

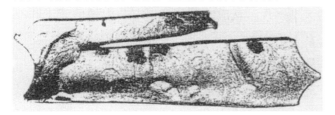

图 5-40　30CrNi3Mo 钢叶轮锻件纵断面上的白点　　图 5-41　横向低倍上的白点　50×

　　白点对钢力学性能的影响与取样的位置及方向有很大关系。当试样轴线与白点分布平行时,力学性能的降低有时并不明显;当试样轴线与白点分布垂直时,力学性能将显著下降,尤其是塑性指标和冲击韧度降低更为明显。表 5-10 是白点对铬、镍、钼结构钢钢坯力学性能的影响;表 5-11 是白点对 22CrMnMo 钢齿轮轴力学性能的影响。

表 5-10　白点对铬、镍、钼结构钢钢坯力学性能的影响

钢的化学成分 (质量分数)/%	试样的白 点情况	试样方向	力　学　性　能			
			σ_b/MPa	σ_s/MPa	ψ/%	a_k/(MJ/m²)
C=0.33　Mn=0.30 Si=0.20　Cr=1.79 Ni=1.87　Mo=0.30 S=0.008　P=0.012	无白点	纵向	745	216	55.4	0.96
	有白点	纵向	694	206	55.6	0.82
	无白点	横向	712	161	31.1	0.70
	有白点	横向	446	76	19.3	0.40
C=0.32　Mn=0.31 Si=0.13　Cr=2.06 Ni=1.68　Mo=0.21 S=0.013　P=0.018	无白点	纵向	716	226	56.0	1.02
	有白点	纵向	548	140	39.2	0.76
	无白点	横向	700	183	51.3	0.86
	有白点	横向	347	80	7.4	0.43

表 5-11　白点对 22CrMnMo 钢齿轮轴力学性能的影响

试样编号	取样方向	力　学　性　能		
		σ_b/MPa	δ/%	ψ/%
02	纵　向	741	16.0	45.2
03	纵　向	705	13.0	32.8
06	横　向	506	1.6	—
07	横　向	453	0.8	5.7

　　由于白点处是应力集中点,在交变和重复载荷作用下,常常成为疲劳源,导致零件疲劳断裂。国外电站设备曾发生因转子和叶轮中有白点而造成的严重事故。因此,白点是一种不允许的缺陷。

　　近来有关资料介绍,白点不太严重的钢材,在适当的温度和应力状态条件下,当锻比足够大时,可以使白点焊合。

　　白点多发生在珠光体和马氏体类合金钢中,碳素钢程度较轻,奥氏体和铁素体

171

类钢很少发现白点,莱氏体合金钢也未发现过白点。锻件尺寸越大,白点越易形成。因此,锻造白点敏感性钢的大型锻件时就应特别注意,例如,电站的转子和叶轮锻件等。

5.5.2 关于白点形成的原因

关于白点形成的理论较多。但比较有说服力而又能被实践证明的是,白点是由于钢中氢和组织应力共同作用的结果。这里的组织应力主要指奥氏体转变为马氏体和珠光体时形成的内应力。没有一定数量的氢和较显著的组织应力,白点是不能形成的。但是,若只是含氢量较高,而组织应力不大,一般也不会出现白点。例如,单相的奥氏体和铁素体类钢,因没有相变的组织应力,就极少出现白点。

氢气和组织应力是如何促使形成白点的呢?目前对这个问题的认识大致如下:①钢中含有氢时,使钢的塑性降低。当含氢量达到某数值时,塑性急剧地下降,造成氢脆现象。尤其当钢内长时间存在应力的情况下,氢可以扩散到应力集中区(间隙溶解的氢原子有集中到承受张应力的晶格中去的倾向),并使其塑性下降到几乎等于零。在应力足够大时就产生脆性破断。例如,25Cr2Ni2Mo 钢含 14.5cm³/100g 的氢时,于 900℃正火,600℃回火后的伸长率降至 0.6%,断面收缩率降至 0;含 7.84cm³/100g 的氢时,淬火状态的伸长率和断面收缩率均降至 0。20 钢含 170cm³/100g 的氢时,退火状态的伸长率降为 0.2%,断面收缩率 ψ 为 0;含 12.76cm³/100g 的氢时,淬火状态的伸长率和断面收缩率均降至 0。②炼钢时钢液中吸收的氢,在钢锭凝固时因溶解度减少而析出。图 5-42 为氢在铁中的溶解度—温度曲线。它来不及逸出钢锭表面而存在于钢锭内部空隙处。压力加工之前加热时,氢又溶于钢中,压力加工后的冷却过程中由于奥氏体分解和温度降低,氢在钢中溶解度减少,氢原子从固溶体中析出到钢坯内部的一些显微空隙处。氢原子在这里将结合成分子状态,并产生相当大的压力(当钢中含氢量为 0.001%,温度为 400℃时,这种压力可高达 1200MPa 以上)。另外,氢与钢中的碳反应形成甲烷(CH₄),也造成很大的分子压力。这一点被有的白点表面有脱碳现象所证实;③钢坯在冷却过程中因相变而造成的组织应力在一定条件下可达到相当大的数值

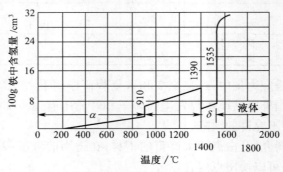

图 5-42 氢在铁中溶解度—温度曲线

172

（树枝状偏析越严重、冷却速度越快、淬透性越好的钢，组织应力越大）。因此，钢由于氢脆失去了塑性，在组织应力及氢析出所造成的内应力的共同作用下，使钢发生了脆性破裂，这就形成了白点。压力加工过程中不均匀变形引起的附加应力和冷却时的热应力对白点形成也有一定影响。

铸钢因为内部有许多较大的空隙，氢析出时不会造成很大的内应力，因此对白点不敏感。铁素体和奥氏体类钢因冷却时无相变发生，不会有组织应力，所以一般也不出现白点。莱氏体钢冷却时虽有较大的组织应力，但可能是由于氢在这些钢中形成稳定的氢化物和由于复杂的碳化物阻碍了氢的析出等原因，也不产生白点。

白点常常是锻件冷却至室温后几小时或几十小时，甚至更长的一段时间后才产生的。例如，160mm 的马氏体类合金结构钢方坯，冷却后 12h、24h、48h 均未发现白点，直到 72h 才发现白点。另外，白点开始产生后，在以后的继续冷却和放置期间还不断地扩大和产生新的白点。因此，检查白点应在冷却后再隔一段时间进行。

5.5.3　防止白点产生的措施

由于白点主要是由于钢中氢和组织应力共同作用下引起的，因此设法除氢和消除组织应力就可以避免白点的产生。其中首先应是除氢。最彻底的办法是从熔炼工艺着手，使氢在钢中的含量减少到不至引起白点的产生。严格控制炼钢操作过程，采用真空浇注等是很有效的措施。如果炼钢过程中氢含量不能控制在 $2cm^3/100g$ 以下，则必须在锻后采用合理的除氢冷却规范，决不允许锻后直接空冷到室温。压力加工的钢材如果不存在白点，以后用这些钢坯锻成的锻件就不会再出现白点。因此对锻造来讲，关键问题是制定合理的锻后冷却规范。

为了消除白点，制定冷却规范的主要原则：在尽量减小各种应力（相变组织应力、变形残余应力及冷却温度应力等）的条件下在氢扩散速度最快的温度区间，长时间保温，使氢能从钢锭中充分扩散出来。具体的措施是采用等温退火。

对马氏体类钢，在等温转变时，有两个温度范围奥氏体稳定性很小，分解速度最快。一个是 $600℃\sim$$620℃$（保温 15h 奥氏体可分解 20%）；另一个是 $280℃\sim320℃$（16min 内奥氏体可分解 95%）。试验证明，在这两个奥氏体分解比较快的温度范围内，氢扩散的速度也是最快的。图 5-43 为氢的扩散速度与温度的关系曲线。体心立方晶格的铁素体比面心立方晶格的奥氏体可溶解的氢少。在 $600℃\sim620℃$

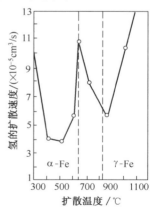

图 5-43　氢的扩散速度与温度的关系曲线

长时间保温，进行等温退火时，钢的塑性较好，同时温度应力、相变应力较小，较安全，但时间要很长。在 $280℃\sim320℃$ 作等温退火，奥氏体分解快、需要的时间短，

但相变应力和温度应力较大,材料塑性较低,对较大的锻件,如控制不好易出现裂纹。另外,较大截面的锻件,中心部分的氢也很难扩散出去。因此,对铬、镍、钼钢的大锻件,一般采用起伏的冷却规范,既能充分除氢,尽量减小应力、又能提高效率。图5-44为34CrNiMo φ1030mm转子锻件的冷却曲线。该曲线的主要特点:①锻后先保温一段时间,使锻件内外温度均匀,以消除变形不均匀引起的残余应力和冷却时的温度应力。然后缓冷至略高于马氏体开始转变温度M_s,这时奥氏体不是分解为脆性的马氏体,而是韧性较好的贝氏体,相变应力较小,在稍高于M_s点保持一段时间,使奥氏体充分分解,使氢充分向外扩散。但因温度低,氢气析出只在表面,锻件中心部分仍保留较多的氢;②将锻件再加热到重结晶温度以上,并保温,使氢由含量多的心部向含量少的表面扩散,亦即使氢含量沿截面较均匀地分布;这时由于重结晶的作用使锻件的晶粒细化,为最终热处理创造较好的条件;③再次缓冷到M_s点以上,氢从表面扩散出去,而中心部分仍被保留着;④为使组织全部转变为索氏体,将锻件加热到600℃～650℃并进行充分保温,一方面使奥氏体充分分解,另一方面使中心的氢尽量向表面扩散。

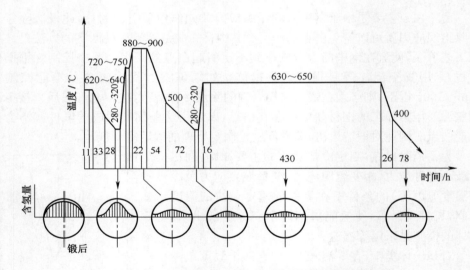

图5-44　34CrNiMo φ1030mm转子锻件冷却曲线

34CrNiMo钢对白点很敏感,而且转子锻件截面较大,所以工艺较复杂。对其他锻件,冷却曲线应根据钢种和尺寸具体确定。

对珠光体类钢锻件,锻完后冷却到A_{c_1}以下50℃～150℃,使奥氏体分解为珠光体,再加热到A_{c_1}以下20℃～50℃,长时间保温(根据锻件尺寸大约几小时到十几小时,保温过程中使组织应力充分消除,并使氢逸出),然后缓慢冷却;或者锻后冷却至A_{c_1}以下50℃～150℃,再加热至A_{c_3}以上20℃～30℃(过共析钢为A_{c_1}以上20℃～30℃)保温,再冷却至A_{c_3}以下50℃～60℃长时间保温,以后缓慢冷却。在奥氏体已转变为珠光体的情况下,在靠近A_{c_1}点保温可使氢较快地逸出。

5.6 折 叠

折叠是在金属变形流动过程中已氧化了的表层金属汇合在一起而形成的。

在零件上,折叠是一种内患。它不仅减小了零件的承载面积,而且工作时此处产生应力集中,常常成为疲劳源。因此,技术条件中规定锻件上一般不允许有折叠。

锻件经酸洗后,一般折叠用肉眼就可以观察到。用肉眼不易检查出的折叠,可以用磁粉检验或渗透检验。

锻件折叠一般具有下列特征:①折叠与其周围金属流线方向一致(图5-45);②折叠尾端一般呈小圆角(图5-46)。有时,在折叠之前先有折皱,这时尾端一般呈枝叉形(或鸡爪形)(图5-47及图5-48)。③折叠两侧有较重的氧化、脱碳现象(图5-49)。但也有个别例外,例如,热轧齿轮时用石墨作润滑剂,由于石墨被带入折叠内并经高温扩散,在折叠两侧出现增碳现象。

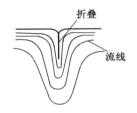

图5-45 折叠与金属流线方向一致

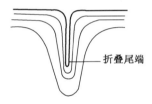

图5-46 折叠尾端呈小圆角

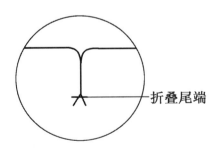

图5-47 折叠尾端成枝叉形

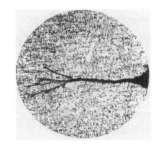

图5-48 折叠尾端呈枝叉形 50×

按照上述特征可以大致地区分裂纹和折叠。但是,锻件上的折叠经进一步变形和热处理等工序之后,形态将发生某些变化,需要具体分析。例如,有折叠的零件在进行调质处理时,折叠尾端常常要扩展,后扩展的部分就是裂纹,其末端呈尖形,其表面一般无氧化、脱碳现象(图5-50)。

各种锻件,尤其是各种形状模锻件的折叠形式和位置一般是有规律的。折叠的类型和形成原因,大致有下列几种:①可能是两股(或多股)流动金属对流汇合而

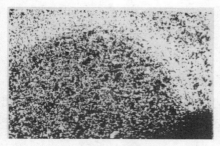
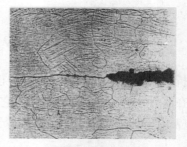

图 5-49　折叠两侧脱碳情况　100×　　　图 5-50　折叠尾端扩展的裂纹　400×

形成的;②可能是一股金属急速大量的流动,将邻近的表层金属带着流动而形成的;③可能是变形金属弯曲、回流并进一步发展而形成的;④也可能是一部分金属的局部变形被压入到另一部分金属内形成的。下面进行具体分析。

5.6.1　由两股(或多股)金属对流汇合而形成

这种折叠大致有以下几种:

(1) 模锻过程中由于某处金属充填较慢,在相邻部分均已基本充满时,此处仍缺少大量金属,形成空腔,于是相邻部分的金属便往此处汇流。

模锻时坯料尺寸不合适,操作时安放不当,打击(加压)速度过快,模具圆角、斜度不合适,或某处金属充填阻力过大等都常常会出现这种情况。

(2) 弯轴和带枝叉的锻件,模锻时常易由两股流动金属汇合形成折叠,如图5-51和图5-52所示。

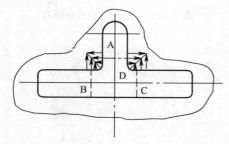
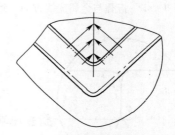

图 5-51　苛枝叉的锻件折叠形成示意图　　　图 5-52　弯轴件折叠形成示意图

以图 5-51 的情况为例,模锻时 A 和 B(或 A 和 C)两部分的金属往外流动,已氧化过的表层金属对流汇合形成折叠。这种折叠有时深入到锻件内部,有时只分布在飞边区。

折叠的起始位置与模锻前坯料在此处的圆角半径、金属量有关。如圆角半径较大时,折叠就可能全部在飞边内,圆角半径较小时折叠就可能进入锻件内部。

折叠起始于坯料拐角的边部,但起始点的位置在模锻变形过程中是变动的,可能向模腔内部移动,也可能向飞边方向移动,这取决于坯料 D 处(图 5-51 中虚线范围)金属量的多少。如果 D 部分金属量较多,模锻时有多余金属往外排出,折叠

176

起始点向飞边方向移动。因此,为防止产生这种折叠,必须采取如下对策:

① 模锻前坯料拐角处应有较大的圆角。如采用预锻模膛,预锻模膛此处应做成较大的圆角。

② 保证此部分有足够的金属量,使模锻时折叠的起始点被挤进飞边部分。因此,应保证坯料尺寸合适,操作时将坯料放正,初击时轻一些等。

（3）由于变形不均匀,两股(或多股)金属对流汇合而成折叠。

最简单的例子是拔长坯料端部时,如果送进量很小,表层金属变形大,形成端部内凹(图5-53),严重时则可能发展成折叠。

挤压时,当挤压的坯料较高时,与凸模端面接触的部分金属,由于摩擦阻力很大不易变形。但当压余高度 h 较小,尤其当挤压比较大时,与凸模端面中间处接触的部分金属便被拉着离开凸模端面,并往孔口部分流动,于是在制件中产生图5-54 所示的缩孔。

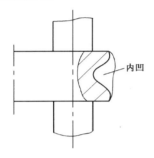 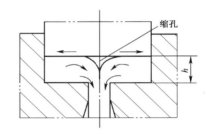

图 5-53 拔长时内凹形成示意图　　　图 5-54 挤压时缩孔形成示意图

模锻带筋的腹板类锻件时,情况与挤压相似。当腹板较薄时常产生折叠(图5-55(a)),腹板较厚时则不产生(图5-55(b)),因此,这类锻件设计时应使腹板设计适当得厚一些。对腹板较薄的锻件为防止产生折叠,可预先压出一个"突起"(图5-55(c)),然后进行终锻(图5-55(d))。

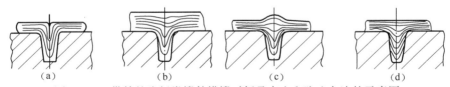

(a)　　　　　　(b)　　　　　　(c)　　　　　　(d)

图 5-55 带筋的腹板类锻件模锻时折叠产生和防止办法的示意图

5.6.2 由一股金属的急速大量流动将邻近部分的表层金属带着流动,两者汇合而形成

工字形断面的锻件、某些环形锻件和齿轮锻件,常易产生这类缺陷(图5-56)。工字形锻件这种折叠(图5-57)的产生原因,是由于靠近接触面 ab 附近的金属沿着水平方向较大量地外流,同时带着 ac 和 bd 附近的金属一起外流,使已氧化了的

表层金属汇合一起而形成的。因此产生这种折叠有三个条件：靠近接触面 ab 附近的金属要有流动；必须沿水平方向外流；由中间部分排出的金属量较大。当 l/t 较大，筋与腹板之间的圆角半径过小，润滑剂过多和变形太快时，较易产生这种缺陷。

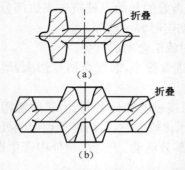

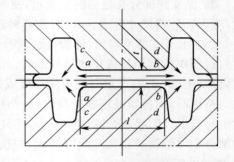

图 5-56 工字形断面锻件和齿轮锻件　　图 5-57 工字形断面锻件折叠形成过程示意图
常产生的折叠部位示意图

靠近接触面 ab 附近的金属能否流动，与锻件尺寸直接有关，故一般是不易改变的，但是可以控制其流量和方向。因此，为防止产生折叠，应当采取如下对策：

（1）使中间部分金属在终锻时的变形量小一些，即使由中间部分排出的金属量尽量少一些；

（2）创造条件，使终锻时由中间部分排出的金属量尽可能向上、下型腔中流动，继续充填模腔。

环形锻件和齿轮锻件折叠形成的原因和防止对策与工字形锻件类似。带孔锻件在锤上模锻时，预锻时用斜底连皮，终锻时用带仓部的连皮，使终锻过程中内孔部分的多余金属不是流向飞边，在锻件内部形成折叠，而是流向冲孔连皮。

带孔锻件胎模锻时，一般先在坯料上冲出通孔，然后终锻。在锤上模锻时，尤其模锻铝合金锻件时，也常用这种方法。

单面带筋的锻件也常产生这类折叠（图 5-58（a）），但是如果将分模的位置改变一下（图 5-58（b）），由压入成形改为反挤成形，一般就可以避免了。

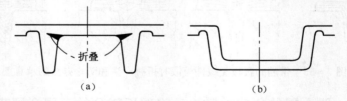

图 5-58 单面带筋的锻件折叠产生和防止办法的示意图

但是某些反挤成形类的锻件，如果分模面设置不当，也还会产生这种类型的折叠（图 5-59 右侧），严重时会产生穿筋，使 A 处与锻件本体分离。对已经产生了这种缺陷的锻件，可以将 A 处去掉，然后再模锻一次。最好的办法是将分模面的位置移到最上端（图 5-59 左侧）。

178

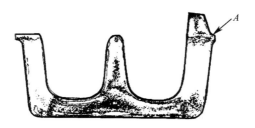

图 5-59　右侧分模面位置选择不当出现折纹,左侧选择合理

5.6.3　由于变形金属发生弯曲、回流而形成

（1）细长（或扁薄）锻件,先被压弯然后发展成折叠,例如,细长（或扁薄）坯料的镦粗（压缩）和 $\frac{l_B}{d} > 3$ 的顶镦（图 5-60～图 5-62）。

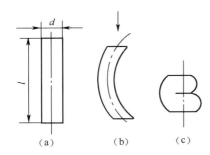

图 5-60　镦粗时折叠形成过程示意图　　　图 5-61　压扁时折叠形成过程示意图

对于这类锻件,正确的锻造原则是:

$$\frac{l}{d} \leqslant 2.5\sim 3 , \qquad \frac{h}{a} < 2\sim 2.5 , \qquad \frac{l_B}{d} \leqslant 2.5\sim 2$$

当 $\frac{l_B}{d} > 3$ 时,需要在模具内顶镦。顶镦时开始会产生一些弯曲,但与模壁接触之后便不再发展,所以不致形成折叠。在模具内顶镦,关键是控制 $\frac{D}{d}$ 值（D 为顶镦后直径）,如一次顶镦能产生折叠则可采用多次顶镦。例如,气阀 $\frac{l_B}{d} \geqslant 13$,顶镦时一般需五六个工步。

锤上滚压时,有时金属流到分模面上,翻转 90°再锻打时便形成折叠（图 5-63）。辊锻和轧制时也常产生这种类型的折叠。采取的对策是,减小每次的压下量和适当增加滚压模腔的横截面积和宽度。

（2）由于金属回流形成弯曲,继续模锻时发展成折叠。以齿轮锻件为例,折叠形成的过程如图 5-64 所示。这种折叠的位置与 5-56(b)所示的不同,一般都在腹板以上（或以下）的轮缘上。

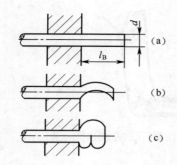

图 5-62　顶镦时折叠形成过程示意图

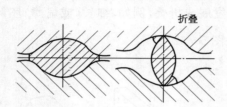

图 5-63　滚压时折叠形成过程示意图　　　图 5-64　齿轮锻件折叠形成过程示意图

模锻时是否产生回流,与坯料直径,圆角大小和第一、二锤的打击力等有关。为防止产生这种折叠,应当使镦粗后的坯料直径 $D_坯$ 超过轮缘宽度的 $1/2$,最好接近于轮缘宽度的 $2/3$,即 $D_坯 \approx D_1 + \frac{4}{3}b$(图 5-65)。圆角 R 应适当大些,模锻时第一、二锤应轻些。

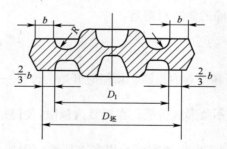

图 5-65　齿轮锻坯尺寸关系图

带筋的腹板类锻件有时也产生这类折叠。

5.6.4　部分金属局部变形,被压入另一部分金属内

这类形式的折叠在生产中是很常见的,例如拔长时,当送进量很小,压下量很大时,上、下两端金属局部变形并形成折叠(图 5-66)。避免产生这种折叠的对策是增大送进量,使每次送进量与单边压缩量之比大于 $1\sim1.5$,即 $\frac{2l}{\Delta h} > 1\sim1.5$。

180

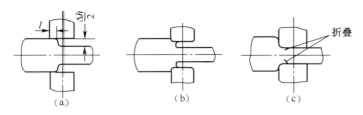

图 5-66　拔长时折叠形成过程示意图

模锻时,上、下模错移时在锻件上啃掉一块金属,再压入本体内便成为折叠。

另外,预锻模圆角过大,而终锻模相应处圆角过小,终锻时也会在圆角处啃下一块金属并压入锻件为形成折叠(图 5-67)。故一般取 $R_{预}=1.2R_{终}+3$。模锻铝合金锻件时,如果因为圆角的缘故,一次预锻不行时,则可采用两次预锻。

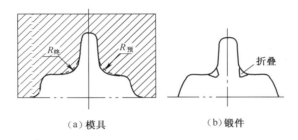

（a）模具　　　　　　　（b）锻件

图 5-67　预锻模圆角过大终锻时形成折叠的示意图

斜轧和横轧时,如果乱牙也将产生这类折叠。

实际生产中折叠的形式是多种多样的,但其类型和形成原因大致不外乎以上几种。掌握和正确运用这些规律,便可以在实践中避免产生折叠。同时,按照这些道理,也可以解决锻件中流线的合理分布。

5.7　裂　　纹

裂纹是塑性加工中常见的主要缺陷之一。不仅在塑性成形过程中能产生裂纹,而且在成形前(下料、加热)及成形后(冷却、切边、校正)都有可能产生裂纹。在不同工序中产生裂纹的具体原因及相应的裂纹形态也是不同的,但总是先形成微观裂纹,然后发展扩大成宏观裂纹。本节介绍塑性加工中裂纹的一般情况,对各种裂纹的具体分析将在各有关章节中介绍。

塑性加工过程(包括加热和冷却)中裂纹的产生与受力情况、变形金属的组织结构、变形温度及变形速度等有关。塑性加工过程中除了工具给予工件的作用力之外,还有由于变形不均匀和变形速度不均匀引起的附加应力,由温度不均匀引起的热应力和由组织转变不同时进行而产生的组织应力。

应力状态、变形速度、变形温度是裂纹产生和扩展的外部条件,金属的组织结构是裂纹产生和扩展的内部依据。前者是通过对金属组织及对微观机制的影响而对裂纹的发生和扩展发生作用的。全面分析裂纹的成因应当综合地进行力学和组织分析[5]。分别介绍如下。

5.7.1 形成裂纹的力学分析

在外力作用下物体内各点处于一定的应力状态,在不同的方位将作用不同的正应力及切应力。材料力学已经证明,即使在简单的压缩条件下也有剪应力,即使在纯剪的情况下也有拉应力及压应力,而且最大拉应力与剪应力相等,只要在三应力不等的情况下,总是有一最大剪应力存在。也就是说,通常正应力及切应力是同时存在的,而且从塑性变形的机理来看,无论是滑移还是孪晶都是需要有足够的剪应力。现实材料的断裂形式一般只有两种:①切断,断裂面平行于最大切应力或最大切应变方向;②正断,断裂面垂直于最大正应力或最大正应变方向。

至于材料将采取何种破坏形式,主要取决于应力系统,即正应力 σ 与剪应力 τ 之比,也与材料所能承受的极限变形程度 $\varepsilon_{最大}$ 及 $\gamma_{最大}$ 有关(表 5-12)。例如,对于高塑性材料的扭转,由于最大切应力与正应力之比 $\dfrac{\sigma}{\tau}=1$,是剪断破坏;对于低塑性材料由于不能承受大的拉应变,扭转时则沿 45° 方向开裂。由于断面形状突然变化或试件上有尖锐缺口,将引起应力集中,应力的比值 $\dfrac{\sigma}{\tau}$ 有很大变化。例如,带缺口的试件拉伸时 $\dfrac{\sigma}{\tau}=4$,这时多发生正断。

表 5-12 不同负荷类型下正断和切断的宏观形貌

负荷类型		变形方式		断裂方式	
		$\varepsilon_{最大}$	$\gamma_{最大}$	正断	切断
拉伸					
压缩					
剪切					
扭转					
弯曲					

下面分析不同外力引起开裂的情况。

1. 由外力直接引起的裂纹

塑性加工中常见的由外力直接引起工件开裂的情况有:①弯曲时工件外侧的拉裂;②冲头扩孔和楔扩孔时工件侧表面的拉裂;③拉拔和拉深时工件传力区的拉

裂;④胀形时工件的拉裂;⑤曲面零件拉深时的拉裂;⑥低塑性材料镦粗和拔长时的剪裂;⑦扭转时的剪裂和拉裂;⑧剪切时的剪裂和拉裂等。

如前所述,高塑性材料扭转时产生剪裂,低塑性材料产生拉裂。

剪切时,如间隙合适,仅产生剪裂,间隙较大时则先剪裂后拉裂,精密剪切时仅产生剪裂。

2. 由附加应力引起的裂纹

附加应力主要是由两种原因引起的:①变形不均匀;②变形时流速不均匀。

1) 由变形不均引起的裂纹

塑性加工中由于变形不均引起附加应力而导致工件开裂的情况是非常多的。例如,一般材料镦粗时侧表面产生的纵向裂纹,是由于表面受切向拉应力作用的结果,而这切向拉应力就是由于镦粗时变形不均匀引起的附加拉应力(图 5-68)。再如拔长时的中心横向裂纹,表面裂纹和角裂,冲孔时工件侧表面上的裂纹,轧制和辊锻过程中的裂纹等均属此种情况。

圆截面坯料在平砧上拔长时的中心纵向裂纹,横轧和楔横轧时的中心裂纹和空腔是由作用力和附加应力共同作用产生的。

2) 由变形时流速不均匀引起的裂纹

挤压棒材时,由于受模口摩擦阻力影响,表层金属流动得慢,中心金属流动得快,外表层受拉,中部金属受压,在表层易引起横裂(图 5-69)。

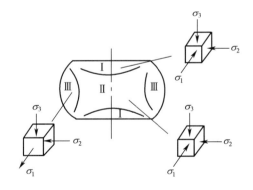
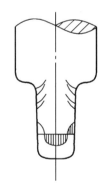

图 5-68　镦粗时按变形程度分区　　　　　图 5-69　棒料挤压时的附加应力
　　　　　和各区应力情况　　　　　　　　　　　分布情况和横向裂纹

空心件挤压(包括正挤和反挤)时前端的纵向裂纹也是由于流速不均匀引起的(图 5-70)。

3. 由温度应力及组织应力引起的裂纹

当加热或冷却时由于温度不均匀造成热膨胀或冷缩不均匀引起的内应力,总的规律是在降温较快(或加热较慢)处受拉应力,在降温较慢或升温较快处受压应力。

当组织转变不同时发生时,则易产生组织应力。总的规律是每一瞬间进行增

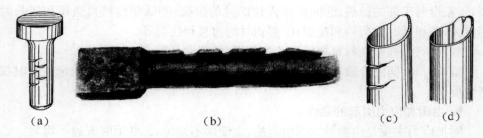

|（a）|（b）|（c）|（d）|

图 5-70　挤压时的裂纹

加比容的转变区受压应力,进行减少比容的转变区受拉应力。奥氏体冷却时有马氏体转变的材料,冷却过程形成的温度应力及组织应力的分布情况如图 5-71 所示(图中应力都是指轴向应力)。

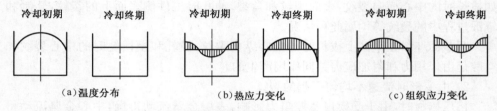

| 冷却初期 | 冷却终期 | 冷却初期 | 冷却终期 | 冷却初期 | 冷却终期 |
|（a）温度分布| | （b）热应力变化| | （c）组织应力变化| |

图 5-71　冷却过程中的温度应力和组织应力分布情况

冷却初期工件表层温度较心部明显降低,表层的收缩趋势受到心部的阻碍,在表层产生拉应力,在心部产生与其平衡的压应力,随着冷却过程的进行,这种趋势进一步发展。但由于心部温度高,塑性较好,还可产生微量塑性变形,以缓和这种热应力。到了冷却后期,表层温度已接近常温,基本上不再收缩,而心部温度尚高,仍继续收缩,导致了热应力的反向,即心部由压应力转为拉应力,而表层则由拉应力转为压应力。这种应力状态保持下来构成材料的残余应力。

组织的变化是在一定的温度区间内完成的。当工件表层冷却至马氏体转变温度时产生体积膨胀,但由于心部仍然处于奥氏体状态,对表层的体积膨胀起牵制作用,因此表层这时受压应力。随着冷却过程的进行,这种趋势进一步发展。但随着心部发生马氏体转变,由于该处的体积膨胀而引起应力的松弛。当工件继续冷却,由于心部形成的马氏体含量越来越多,体积膨胀也越来越大,而表层体积已不再变化,这时心部的伸长趋势受到表层的阻止作用,结果导致组织应力的反向,心部转为压应力,表层则为拉应力。这种应力状态一直保持下来构成残余应力。

由以上所述可以看出,工件在冷却过程中所形成的热应力及组织应力在不断变化,其分布方向恰好相反,但从数量上并不能正好抵消;热应力早在高温冷却初期即产生,而淬火组织应力则在较低的温度(M_s 以下)时才开始出现;冷至室温后的最终残余为应力,其大小与分布情况取决于热应力与组织应力在每一瞬时相互叠加作用的结果。

对于无同素异构转变的锻件,在锻后空冷或其他缓慢的冷却过程中,热应力通常并不引起严重后果。虽然冷却初期温差较大,表层为拉应力(中心部分受压应力),但因温度较高,塑性较好,不致引起开裂;冷却后期温差不太大,且表层受压应力,所以也不引起开裂。奥氏体(如1Crl8Ni9Ti、50Mn18Cr4WN)的任何大断面断件都可以直接空冷而不需缓冷,甚至水淬时也不产生裂纹。

组织应力在较低温度下才开始发生,这时材料塑性较低,这是造成冷却时开裂的主要原因。高速钢冷却裂纹及马氏体不锈钢冷却裂纹附近没有氧化脱碳现象也证明了这一点。对于马氏体不锈钢,即使采取一些缓冷措施,仍必须退火后才能进行酸洗,否则在腐蚀时易出现应力腐蚀开裂。

加热时温度分布及其变化情况与冷却时正相反,升温过程中表层温度超过心部温度,并且导热性越差,断面越大,温差也越大。

对于热应力,这时表层受压内层受拉,在受拉应力区由于温度低,塑性差有可能形成开裂。在加热初期金属尚处于弹性状态的时候,在加热速度不变的条件下,根据计算,在圆柱体坯料轴心区沿轴向的拉应力是沿径向和切向拉应力值的两倍。因此,加热时坯料一般是横向开裂。

加热过程中由于相变不同时进行也有组织应力发生,但这时由于温度较高,材料塑性较好,其危险程度远较冷锭快速加热时小。

5.7.2 形成裂纹的组织分析

对裂纹的成因进行组织分析,有助于了解形成裂纹的内在原因,也是进行裂纹鉴别的客观依据。

从大量的锻压件裂纹实例分析和重复试验中可以观察到,塑性成形过程中的裂纹主要有下列两种情况。

1. 组织和性能比较均匀的材料

塑性成形过程中,首先在应力最大,先满足塑性条件的地方发生塑性变形。在形变过程中位错沿滑移面运动,遇到障碍物,便会堆塞,并产生足够大的应力而产生裂纹;或由于位错的交互作用形成空穴、微裂,并进一步发展成宏观的裂纹。这主要产生在变形温度较低(低于再结晶温度)或变形程度过大、变形速度过快的情况。这种裂纹常常是穿晶或穿晶和沿晶混合的。而在高温时,由于原子具有较高的扩散速度,有利于位错的攀移,加速了回复和再结晶,使变形过程中已经产生的微裂纹比较容易修复,因此,在变形温度适宜,变形速度较慢的情况下,可以不发展为宏观的裂纹。

2. 组织和性能不均匀的材料

组织和性能不均匀的材料,热变形时裂纹通常在晶界和某些相界面发生。这是因为热变形通常在金属的等强温度以上进行的。晶界的变形较大,而金属的晶界往往是冶金缺陷、第二相和非金属夹杂比较集中的地方。在高温下某些材料晶界上的低熔点物质发生熔化,严重降低材料的塑性,同时在高温下周围介质中的某些元素(硫、铜等)沿晶界向金属内扩散,引起晶界上第二相的非正常出现和晶界的弱化,另外,基体金属与某些相的界面由于两相在力学性能和理化性能上的差异结合力较弱。

锻造所月的原材料通常是不均匀的。因此,热变形时裂纹主要沿晶界或相界面发生和扩展。

关于金属组织对裂纹发生和扩展的具体影响见《锻件组织性能控制》一书的第5章5.7节。

5.7.3 锻造裂纹的鉴别与防止产生裂纹的原则措施

1. 锻造裂纹的鉴别

鉴别裂纹形成的原因,应首先了解工艺过程,以便找出裂纹形成的客观条件,其次应当观察裂纹本身的状态;然后再进行必要的有针对性的显微组织分析、微区成分分析。举例如下。

对于产生龟裂的锻件,粗略分析的可能原因:①由于过烧;②由于易熔金属渗入基体金属(如铜渗入钢中);③应力腐蚀裂纹;④锻件表面严重脱碳。这可以从工艺过程调查和组织分析中进一步判别。例如,在加热铜以后加热钢料或两者混合加热时,则有可能是铜脆。从显微组织上看,铜脆开裂在晶界上,除了能找到裂纹外,还能找到亮的铜网,而在单纯过烧的晶界上只能找到氧化物。应力腐蚀开裂是在酸洗后出现,在高倍观察时,裂纹扩展呈树枝状态。锻件严重脱碳时,在试片上可以观察到一层较厚的脱碳层。

裂纹与折叠的鉴别,不仅可以从受力及变形的条件考察,也可以从低倍和显微组织来区分。一般裂纹与流线成一定夹角,而折叠附近的流线与折叠方向平行,而对于中、高碳钢来说折叠表面有氧化脱碳现象。折叠的尾部一般呈圆角,而裂纹通常是尖的。

具有裂纹的锻件经加热后,裂纹附近有严重的氧化,脱碳,冷却裂纹却无此现象。

由缩管残余引起的裂纹通常是粗大而不规则的。

由于冷校正及冷切边引起的裂纹,在裂纹的周围有滑移带等冷变形痕迹。

2. 防止裂纹产生的原则措施

由前面的分析可以看出:裂纹的产生与受力情况和材料的塑性有关。塑性是材料的一种状态,它不仅取决于变形物体的组织结构,而且取决于变形的外部条件(包括应力状态、变形温度和变形速度等)。应力状态的影响在有些文献中用静水压力来衡量.当温度和应变速度一定时,由拉应力引起的开裂的条件为

$$C_\sigma \approx a - bp + c\varepsilon$$

由切应力引起的条件为

$$C_\tau \approx A - Bp + C\varepsilon$$

式中：p 为静水压力，即三个主应力的平均值，拉为正，压为负；ε 为等效应变，代表加工硬化；a、b、c 及 A、B、C 为系数。

三向等压应力不仅不会使裂纹扩展，却会使变形体中存在微小的未被氧化的裂纹，在高的三向压应力作用下也是可以锻合的。对于低塑性材料采用反推力挤压及带套镦粗都是用增加静水压力的数值来防止开裂，挤压和拔长时减少附加拉应力，是防止开裂的非常有效的措施（如静液挤压）。

变形温度对材料的塑性有很大影响。温度低，冷变形硬化严重，塑性下降，温度过高也易过热与过烧。镁合金等密排六方晶格在常温下仅有一组滑移面（基面），当温度超过 200℃ 以后才增加新的滑移面。因此，应当保证在变形过程中能够充分地进行再结晶，并尽可能在单相状态下变形。

应变速度对于低塑性材料有很大影响，应根据具体材料选用合适的锻造设备。例如，MB5 镁合金在锤上热锻易裂，而在水压机上用同样温度锻压则不产生裂纹。根本原因是镁合金再结晶过程进行缓慢，高速下变形易开裂。MA3（相当 MB5）合金在压力机上变形时再结晶温度为 350℃，而在冲击载荷下需要在 600℃ 变形才能获得完全的再结晶组织。

冷变形程度过大时往往易引起开裂，需要中间退火，消除硬化和变形所引起的部分缺陷。热变形时通常由于再结晶过程能顺利进行等原因，使变形所引起的缺陷部分地得到消除，因而使塑性有所提高。

为提高材料的塑性，从组织上应避免晶界上出现低熔点物质和脆性化合物。

高温均匀化可以改善组织的不均匀性，提高材料的塑性。

5.8 空 腔

横轧、斜轧和楔横轧时，如果工艺参数控制不当，常易在坯料轴心区产生裂纹和空腔。空腔的形成将使所轧的零件报废。本节主要介绍空腔形成的机理和避免形成空腔的主要途径。

空腔形成的机理与圆截面坯料在平砧上拔长时中心裂纹产生的原因类似。圆截面坯料在平砧上拔长时，中心裂纹是由于作用力和附加应力共同作用引起的。外力作用的情况，如图 5-72 所示。外力通过困难变形区传给坯料的其他部分。在坯料的中心部分受到径向拉应力 σ_R 的作用。由于沿加载方向受力面积逐渐扩大，该方向应力的绝对值 $|\sigma_3|$ 逐渐减小，变形主要集中在上、下部分，轴心部分变形很小。因而变形金属主要沿横向流动，并对轴心部

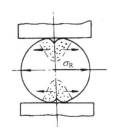

图 5-72 变形不均在坯料中心引起的附加拉应力

分金属作用以附加拉应力。

　　附加拉应力和σ_R的方向是一致的，越靠近轴心部分受到的拉应力越大，当拉应力的数值大于金属当时的强度极限时，金属就开始产生纵向裂纹和破坏。另外，圆截面坯料在平砧上拔长时，一边锻打，一边旋转坯料，这样的操作情况使轴心区晶粒的晶界还受到剪切应力的反复作用，更促使该处产生破坏。

　　图5-73是晶粒界面的应力变化示意图。图中A、B为两个处于轴心位置的晶粒。mn为其界面。当两个晶粒处在图中1的位置时，在垂直方向晶界mn承受压应力，横向受拉应力，当处在位置2时，界面mn与外力成45°方向，沿界面受最大切应力作用，两晶粒产生相对滑动，并且横向还受拉应力作用；当处于位置3时，界面mn受横向拉应力作用；当处于位置4时，沿界面mn受最大切应力作用，两晶粒产生相对滑动，但相对滑动的方向与位置2时相反，此时横向仍受拉应力作用。随着拔长过程中的锻打和旋转，坯料径向受拉应力作用，并在切应力作用下，轴心区的晶粒界面产生反复的相对滑动，因此，轴心区的晶界很容易破坏，形成微裂纹，当微裂纹得不到及时修复时，便发展成大的裂缝。

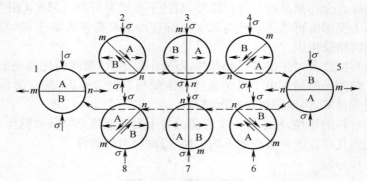

图5-73　晶粒界面应力变化示意图

　　横轧、斜轧和楔横轧时的受力情况比圆截面坯料拔长时更复杂，更容易形成裂纹和空腔。

　　以横轧为例（图5-74）[14]，坯料除垂直方向受压力作用外，切向还受摩擦力作用。该摩擦力形成一个力矩，在坯料内部引起剪切变形。因此坯料轴心部位，除垂直方向受压应力作用、横向受拉应力作用外，还受切应力的作用。该切应力引起晶粒间的相对滑动和转动，产生较大的晶间剪切变形（第4章图4-41和图4-42）。可以看出，后一种情况晶界相对位移较大。

　　图4-42是晶界相对转动的示意图。图中（a）为变形前的情况，（b）为变形后的情况，由图中可见，两晶粒原来相触的a、b两点，变形后彼此分开了。相邻晶粒产生了相对转动，沿晶界产生了较大的剪切变形。

　　由以上分析可见，横轧、斜轧和楔横轧时除了具有与圆截面坯料在平砧上拔长时相同的受力情况外，还受一个摩擦力矩的作用，它产生较大的晶间剪切变形，从而加速了晶界的破坏，因此更容易形成裂纹和空腔[38]。

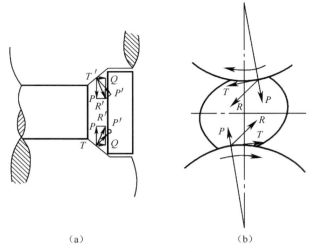

（a）　　　　　　　　　　（b）

图 5 - 74　孔型横轧作用力图

　　圆截面坯料在平砧上拔长时,送进量越大,由于金属沿轴向流动困难,沿横向的流动更加剧烈,更易于产生中心裂纹。横轧、斜轧和楔横轧也一样,沿坯料轴向的变形区越长、越易产生空腔。变形温度对空腔的产生亦有较大影响。变形温度较高时,轴心部位最初产生的微裂纹,通过压实焊合和再结晶等可以得到修复。变形温度过低时,由于微裂纹得不到及时修复,将发展成宏观的裂纹。

　　塑性加工中,在坯料内部形成这种中心裂纹和空腔的现象一般是不希望出现的。但是在生产无缝钢管时,可以利用它在钢棒内形成空腔,再轧制成钢管。这也就是轧制钢管时的空腔形成原理。

　　避免横轧和楔横轧时形成空腔的主要途径是减小变形区金属在横截面内的流动量,增加轴向流动的分量[39]。主要措施是增大轴向拉应力的数值和减小变形区的轴向相对长度(具体措施见第 7 章 7.8 节)。另外,控制好适宜的变形温度。

5.9　压　缩　失　稳

　　塑性加工中压缩失稳的主要表现是坯料的弯曲和起皱。本节介绍压缩失稳的机理和避免失稳的主要途径。

　　压缩失稳在弹性和塑性变形范围内都可能发生。在弹性状态时,当压力 p 达到某值 p_K 时,压杆(板条)就产生失稳而弯曲(图 5 - 75),使压杆以曲线形状保持平衡,该状态的压力 p_K 称为临界压力。这时杆内产生一内力矩与外力矩平衡,即内力矩＝外力矩。平衡状态下的微分方程为

$$EI \frac{\mathrm{d}^2 y}{\mathrm{d} x^2} = -py \tag{5-11}$$

式中：E 为材料的弹性模量；I 为压杆的惯性矩，对于宽为 b 厚为 t 的平板，$I = \dfrac{bt^3}{12}$。

将式(5-11)积分并整理后得到如下的欧拉公式：

$$p_K = \frac{\pi^2 EI}{L^2} \tag{5-12}$$

当坯料内部的压应力超过屈服极限时，材料进入塑性状态，式(5-12)就不再适用了。这时需要进一步讨论在塑性范围内的压缩失稳问题。假设所研究材料的应力—应变关系如图 5-76(a)所示，而且在临界压力下在材料内引起的压应力 $\boldsymbol{\sigma}_K$ 位于曲线的 a 点。因为弯曲后受压的内侧压应力继续增加即沿 ad 线加载至 b 点，而受拉的外侧，由于弯曲引起的拉应力使外侧材料沿 ae 线卸载至 c 点(图 5-76(a))。此时材料截面内的应力分布如图 5-76(b)所示。材料受拉的外侧的边沿应力增量为 $\Delta\sigma_1$，受压的内侧的边沿上的应力增量为 $\Delta\sigma_2$，可分别表示为

$$\Delta\sigma_1 = E\frac{t_1}{\rho} \tag{5-13}$$

$$\Delta\sigma_2 = F\frac{t_2}{\rho} \tag{5-14}$$

式中符号参见图 5-76(a)。

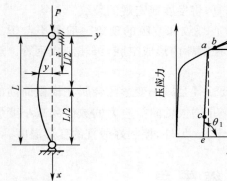

图 5-75　压杆的受力和变形　　　图 5-76　临界压力下坯料截面内的应力分布情况

根据失稳压缩条件，轴向压力的增量 $\mathrm{d}\boldsymbol{p} = 0$(即在临界压力 $\boldsymbol{p}_K$ 作用下压杆以曲线形状保持平衡)，可以得到内力矩：

$$M = \frac{I}{\rho}\frac{4EF}{(\sqrt{E}+\sqrt{F})^2} \tag{5-15}$$

将 $E_0 = \dfrac{4EF}{(\sqrt{E}+\sqrt{F})^2}$，$\dfrac{1}{\rho} = \dfrac{\mathrm{d}^2 y}{\mathrm{d}x^2}$ 代入式(5-15)得：

$$M = E_0 I\frac{\mathrm{d}^2 y}{\mathrm{d}x^2} \tag{5-16}$$

根据内力矩与外力矩相等的平衡条件得临界状态下的微分方程式：

$$E_0 I \frac{\mathrm{d}^2 y}{\mathrm{d}x^2} = -p_\mathrm{K} y \tag{5-17}$$

积分式(5-17)并整理后得

$$p_\mathrm{K} = \frac{\pi^2 E_0 I}{L^2} \tag{5-18}$$

可以看出式(5-18)与式(5-12)形式完全相同,只是塑性失稳的临界压力公式中用 E_0 代替了弹性失稳临界压力公式中的 E 值。E_0 为折减弹性模量,也称相当弹性模量。它反映了弹性模量 E 和硬化模数 G 的综合效果。研究表明,塑性失稳时实际的临界压力比式(5-18)得到的还要低,失稳在压力达到 p_K 前就发生了,为了安全和简便,多采用下式求临界力:

$$p_\mathrm{K} = \frac{\pi^2 F I}{L^2} \tag{5-19}$$

式中:F 为硬化模数(在研究压缩失稳时又称为切线模数)。

由图 5-76(a)可知 $F < E_0 < E$,而且坯料塑性变形越大时,E_0 和 F 越小,抵抗压缩失稳的能力越差。

对于直径为 d 的圆截面杆 $I = \frac{\pi d^4}{32}$,代入式(5-19)得如下公式:

临界压力为

$$p_\mathrm{K} = \frac{\pi d^2}{4} \times \frac{\pi^2 F}{8} \left(\frac{d}{L}\right)^2 \tag{5-20}$$

临界压应力为

$$\sigma_\mathrm{K} = \frac{\pi^2 F}{8} \left(\frac{d}{L}\right)^2 \tag{5-21}$$

对于宽为 b,厚为 t 的矩形板条 $I = \frac{bt^3}{12}$,代入式(5-17)得如下公式:

临界压力为

$$p_\mathrm{K} = bt \times \frac{\pi^2 F}{12} \left(\frac{t}{L}\right)^2 \tag{5-22}$$

临界压应力为

$$\sigma_\mathrm{K} = \frac{\pi^2 F}{12} \left(\frac{t}{L}\right)^2 \tag{5-23}$$

由得到的塑性压缩失稳的临界压力和临界压应力的式(5-18)~式(5-23)可以看出,材料的抗压缩失稳除与材料的刚度性能参数 E_0、F 有关外,还与受载的压杆(或板条)的几何参数($\frac{t}{L}$,$\frac{d}{L}$)有着更密切的关系。当相对厚度 $\frac{t}{L}$ 越小,相对高度 $\frac{L}{d}$ 越大,即板料越薄、杆件越细时越易发生失稳。板料的压缩失稳往往表现为失稳起皱,而杆件的压缩失稳往往表现为失稳弯曲。

实际生产中,细长杆件在受压缩时,其失稳弯曲影响坯料的极限尺寸比例和成形极限。因此为避免失稳弯曲,圆柱体坯料压缩时其相对高度 $\dfrac{L}{d}$ 一般应小于 2.5~3,扁方坯料压缩时其高度与宽度比 $\left(\dfrac{h}{b}\right)$ 一般应小于 3.5~4。失稳弯曲还影响一些工序的极限变形程度(成形极限)。

对于板料成形,失稳起皱除影响成形件的质量和成形极限外,也还直接影响一些成形工序能否顺利进行。因此,压缩失稳对板料的成形影响尤为突出。

冲压成形时,为使坯料产生塑性变形,模具对板料施加外力,在板内产生复杂的应力状态。由于板厚尺寸与其他两个方向尺寸相比很小,因此厚度方向是不稳定的,当材料不能维持稳定的变形时就会产生失稳起皱。如前所述,当外力在板料平面内引起的压应力使板厚方向达到失稳极限时便产生失稳起皱,皱纹的走向与压应力垂直。

如图 5-77 所示,引起压应力的外力大致可分为压缩力、剪切力、不均匀拉伸力和板平面内弯曲力四种,因此失稳起皱也相应的有四种。

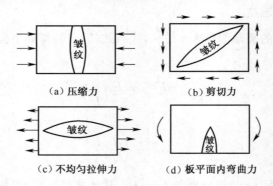

（a）压缩力　　　　　　　　（b）剪切力

（c）不均匀拉伸力　　　　　（d）板平面内弯曲力

图 5-77　平板失稳皱纹的分类

1）压应力引起的失稳起皱

圆筒形零件拉深时法兰变形区的起皱,曲面零件成形时悬空部分的起皱,都属于这种类型。成形过程中变形区坯料在径向拉应力 $\sigma_1 > 0$,切向压应力 $\sigma_3 < 0$ 的平面应力状态下变形,当切向压应力达到失稳临界值时,坯料将产生失稳起皱。塑性失稳的临界应力可以用力平衡法和能量法求得。为了简化计算,多用能量法。

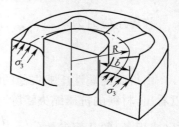

图 5-78　法兰变形区失稳起皱

不用压边圈的拉深,如图 5-78 所示,拉深过程中法兰变形区失稳起皱时能量的变化主要有三部分。

（1）皱纹形成时,假定皱纹形状为正弦曲线,半波(一个皱纹)弯曲所需的弯曲功为

192

$$u_w = \frac{\pi E_r I \delta^2 N^3}{4R^3} \qquad (5-24)$$

（2）法兰内边缘在凸模和凹模圆角间夹持得很紧，相当于内周边固持的环形板，起着阻止失稳起皱的作用，与有压边力的作用相似，可称为虚拟压边力。失稳起皱时形成一个皱纹，虚拟压边力所消耗的功为

$$u_x = \frac{\pi R b K \delta^2}{4N} \qquad (5-25)$$

（3）变形区失稳起皱后，周长缩短，切向压应力 σ_3 由于周长缩短而放出能量。形成一个皱纹，切向压应力放出的能量为

$$u_f = \frac{\pi \delta^2 N}{4R} \sigma_3 b t \qquad (5-26)$$

式（5-24）～式（5-26）中：N 为皱纹数；R 为法兰变形区平均半径；b 为法兰变形区宽度；δ 为起皱后的皱纹高度；K 为常数。

法兰变形区失稳起皱的临界状态是切向压应力所释放的能量等于起皱所需的能量，即

$$u_f = u_w + u_x \qquad (5-27)$$

将前边各能量值代入式（5-27）后，得

$$\sigma_3 b t = \frac{E_0 I N^2}{R^2} + bk \frac{R^2}{N^2} \qquad (5-28)$$

对皱纹数 N 进行微分，并令 $\frac{\partial \sigma_3}{\partial N} = 0$，便能得到临界状态下的皱纹数为

$$N = 1.65 \frac{R}{b} \cdot \sqrt{\frac{E}{E_0}} \qquad (5-29)$$

将 N 值代入式（5-28）得起皱时临界切向压应力 σ_{3K}：

$$\sigma_{3K} = 0.46 E_0 \left(\frac{t}{b} \right)^2 \qquad (5-30)$$

因此可能得到不需压边的极限条件：

$$\sigma_3 \leqslant 0.46 E_0 \left(\frac{t}{b} \right)^2 \qquad (5-31)$$

由式（5-31）可以看出，压应力临界值与材料的折减弹性模量、相对厚度 $\frac{t}{b}$ 有关。材料的弹性模量 E、硬化模量 G 越大，相对厚度越大，切向压应力越小，不用压边的可能性就越大。

生产中多数情况都是超过上述的极限条件，主要的解决措施就是施加压边力，但压边力大小适当，不宜过大，否则会引起传力曲轴开裂。

2）剪切力引起的失稳起皱

剪切力引起失稳起皱，其实质仍然是压应力的作用。例如，板坯在纯剪切状态下在与剪应力成 45°的两个剖面上分别作用着与剪切力等值的拉应力和压应力，只要有压应力存在就有导致失稳的可能。失稳时剪应力的临界值可写成

$$\tau_{\mathrm{K}} = K_{\mathrm{s}} E \left(\frac{t}{b} \right)^2 \tag{5-32}$$

对于不同边界条件的矩形板，四边约束不同时，K_{s} 值也不同(图 5-79)。

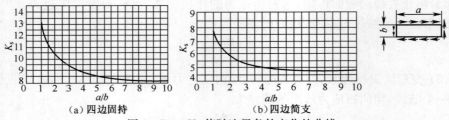

(a)四边固持   (b)四边简支

图 5-79 K_{s} 值随边界条件变化的曲线

由式(5-32)可以看出，板料在纯剪切状态下失稳时剪应力的临界值与厚度的平方成正比，与其特征尺寸(宽度 b)的平方成反比。

在压缩翻边和伸长翻边过程中，材料向凹模口流入时，由于侧壁的干涉受到很强的剪切力的作用，因而容易产生失稳起皱。图 5-80(a)是伸长类曲面翻边件侧壁在剪应力作用下形成的皱纹。图 5-80(b)是汽车车体中立柱在剪应力作用下产生的皱纹。

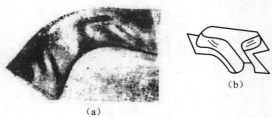

(a)   (b)

图 5-80   剪切力引起的皱纹

图 5-81 是平板在压应力和剪切力作用下失稳时极限应力值的比较，由该图可见，剪切时的失稳极限应力 τ_{K} 比压缩失稳时极限应力 σ_{K} 高。所以，受压缩情况比受剪切的情况更容易失稳。

3) 不均匀拉应力引起的失稳起皱

当平板受不均匀拉应力作用时，在板坯内产生不均匀变形，并可能在于拉应力垂直的方向上产生附加压应力。该压应力是产生皱纹的力学原因。拉应力的不均匀程度越大，越易产生失稳起皱。皱纹产生在拉力最大的部位，其走向与拉伸方向相同。平板沿宽度方向上的不均匀拉应力 σ_1 分布如图 5-82(a)所示。由此引起的应力 σ_x 和 σ_y 在平板平面内的分布，分别如图 5-82(b)、(c)所示。由图 5-82(c)可知，在平板中间部位 σ_y 为压应力，由它引起平板的失稳起皱。

在冲压成形时，凸模纵断面或横断面的形状比较复杂时，坯料的局部会承受不均匀拉力的作用。如图 5-83(a)所示的棱锥台的拐角处的侧壁，由于材料流入的同时产生收缩，再加上由不均匀拉力引起的压应力的作用，就更容易产生失稳起皱。

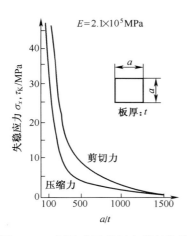

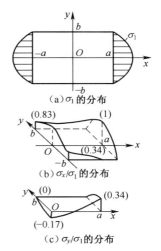

(a) σ_1 的分布

(b) σ_x/σ_1 的分布

(c) σ_y/σ_1 的分布

图 5-81 压缩力及剪切力引起失稳时　图 5-82 平板在不均匀拉力作用下的应力分布
　　　　临界应力值比较图

图 5-83 所示的鞍形拉深件,底部产生的皱纹也是由于不均匀拉应力引起的。

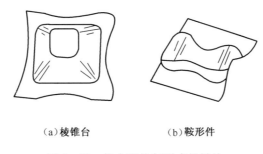

（a）棱锥台　　　　　（b）鞍形件

图 5-83 拉力不均匀形成的皱纹

关于板料内弯曲应力引起的失稳起皱,在冲压成形中较少产生,故在此不做介绍。

5.10　板材性能对成形的影响

在塑性加工中,材料性能对成形有很大影响。例如,锻粗时允许的最大变形程度受材料塑性指标的限制;冷挤压时允许的最大变形程度受坯料的变形抗力及模具强度等限制。关于金属的塑性和变形抗力在第 2 章中已有详细介绍,管材内压成形时,材料的塑性和硬化指数对成形有较大影响,在第 7 章 7.13 节将具体介绍。本节主要介绍板材性能对冲压成形的影响。

通常表示板材性能的有关参数或指标是在材料试验机上用标准试件作拉伸试验测得的,图 5-84 是利用自动记录装置测得的拉伸曲线,由拉伸试验得到的表示板材性能的一些指标对冲压性能有重要影响[40]，现介绍如下。

1. 屈强比（σ_s/σ_b）

屈强比对板材的冲压性能有重要影响，屈强比小，拉深时法兰变形区的切向压应力小，材料起皱的趋势小，因而所需的压边力及摩擦损失都可相应地减小，从而可使极限变形程度提高。例如，低碳钢的 $\sigma_s/\sigma_b \approx 0.57$，其极限拉深系数 $m = 0.48 \sim 0.50$；65Mn 的 $\sigma_s/\sigma_b \approx 0.63$，其极限拉深系数为 $m = 0.68 \sim 0.7$。对于胀形，拉型及复杂形状零件的成形等，当 σ_s 低时，为消除零件的松弛及提高零件

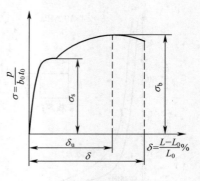

图 5-84　拉伸曲线

形状和尺寸精度所必须的拉力可减小，这样使成形所需的拉力与坯料破坏时的拉断力之差增大，使成形工艺稳定性提高。

由此可见屈强比对板材的冲压性能的影响是多方面的，所以在很多用于冲压的板材标准中对屈强比都有一定要求。如我国冶金标准规定深拉深用 ZF 级钢板的屈强比不得大于 0.66。

2. δ_u 与 δ

δ_u 称均匀延伸率，是在拉伸试验中开始产生局部集中变形时的延伸率。因此，δ_u 是表示板材产生均匀的或称稳定的塑性变形的能力，可以用 δ_u 间接地表示伸长类变形的极限变形程度，如翻边系数、扩口系数、最小弯曲半径、胀形系数等。试验表明，大多数材料的翻边变形程度都与 δ_u 成正比关系，对于拉深用钢板一般要求具有很高的 δ_u 值。δ 称总延伸率或简称延伸率，它是在拉伸试验中，试样破坏时的延伸率。δ 与试样的相对长度有关，所以对所用试样的尺寸应有明确的规定。

3. 板厚方向性系数 r 值

板厚方向性系数 r，也称塑性应变比或 r 值，它是板料拉伸试验中宽度应变 ε_B 与厚度应变 ε_t 之比，即 $r = \dfrac{\varepsilon_B}{\varepsilon_t} = \dfrac{\ln B/B_0}{\ln t/t_0}$。式中 B_0、B 与 t_0、t 分别是变形前、后试样的宽度与厚度，r 值的大小表明板材在受单向拉应力作用时，板平面方向与厚度方向上变形难易程度的比较。也即表明在相同的受力条件下板材厚度方向上的变形性能和板平面方向上的差别，所以称为板厚方向性系数。用上式求 r 值的方法，由于材料厚度的测量精度不易准确控制，因此一般用下式求 r 值，即

$$r = \frac{\varepsilon_b}{-(\varepsilon_L + \varepsilon_b)} = \frac{1}{-(1 + \varepsilon_L/\varepsilon_b)} \tag{5-33}$$

式中：$\varepsilon_L = \ln\dfrac{l}{l_0}$；$l_0$、$l$ 分别为变形前、后标距间长度。

由于两个式子都用应变比值求 r 值，因此对变形量无特殊要求，但为了使两式能得到同样的结果，材料必须为无颈缩的均匀变形，所以变形不能过大，但如果变

196

形量过小会使变形的测量误差大,因此一般要求变形量为 15%～20%。

另外,由于板材是经过轧制的,各个方向上的性能不同,在不同方向上的 r 值也不一样,所以常用各方向上 r 值的平均值作为表示板材冲压性能的一项重要指标,即

$$r = \frac{r_0 + r_{90} + 2r_{45}}{4} \tag{5-34}$$

式中:r_0、r_{90}、r_{45} 分别为板材纵向、横向及 45°方向的 r 值。

板材的 r 值对拉深成形的影响是很显著的。这可用 Backofen 根据 Hill 的各向异性理论导出的各向异性材料的屈服椭圆来说明(图 5-85)。由图可知对于 $\sigma_y = \sigma_x$ 的双向等拉方向,r 值增大,屈服应力也明显增大。这个方位正好与杯形件拉深的凸模圆角部分的应力状态基本相同,因此 r 值大时使凸模圆角部位的强度增加;对于 $\sigma_y = -\sigma_x$ 方向,屈服应力随 r 值的增大而减小,这与杯形件拉深时法兰变形区的应力状态相同,所以 r 值大可减小变形区的抗力,易于产生变形。因此,r 值大时不论对法兰变形区降低变形抗力,还是对提高传力区凸模圆角处的承载能力都是有利的。另外,r 值随板材的方向不同而异。而且对于不同的金属结构,板材的 r 值在板平面内的分布形式也是不同的。如软钢和 18Cr 不锈钢等体心立方晶格的金属,r 值的分布如图 5-86(a)所示,而铝和 18-8 不锈钢等面心立方晶格的金属,r 值的分布则如图 5-86(b)所示。r 值在板平面内的分布形式不同,对拉深性能的影响也不相同。一般来说 r 的平均值相同,45°方向 r 值最大者材料的拉深性能较差。

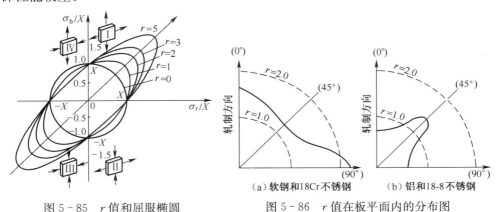

图 5-85 r 值和屈服椭圆   图 5-86 r 值在板平面内的分布图

r 值对胀形的影响,主要反映在 r 值对变形均匀性的影响上。r 值对变形均匀性的影响与变形速度有关。如图 5-87 所示,当低速胀形时(油压机),r 值大时使胀形深度变小,因此 r 值大不利。而高速胀形时(曲柄压力机),r 值大时,使胀形深度加大。因此 r 值大对胀形有利。其原因可用图 5-88 加以说明。该图所示为轴对称胀形的变形分布。图 5-88(a)为高速胀形的情况,其变形最大处靠近中心,由最大变形部分向外的部分范围宽。当 r 值大时,由最大变形部分向外的一侧变形

加大,而向内的一侧变形则受到抑制,从而使变形趋于均匀,故 r 值大时对高速胀形有利。相反,图 5-88(b)为低速胀形的情况,最大变形处远离中心,由最大变形部分向内的部分范围宽,当 r 值大时由最大变形部分向外一侧变形加大,向内一侧变形受抑制,使变形不均匀程度加剧,因此 r 值大是不利的。

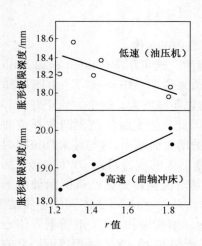

图 5-87　r 值对胀形极限深度的影响
（$\phi 50$ 球头胀形）

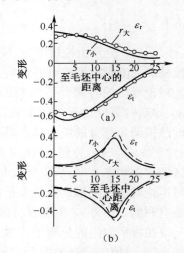

图 5-88　成形速度不同时 r 值对球头胀形的影响

4. 板平面方向性 Δr

当在板平面内不同方向上截取拉伸试件时,拉伸试验所得的各种力学性能、物理性能等也不一样,这说明板平面内的力学性能与方向有关,所以称为板平面方向性。板平面方向性主要表现为力学性能在板平面内不同方向上的差别,而在表示板材力学性能的指标中由于板厚方向性系数对冲压性能影响又比较明显,所以在冲压生产中板平面方向性能都用板平面内不同方向上板厚方向性系数 r 值的差值 Δr 来表示,即

$$\Delta r = \frac{r_0 + r_{90} - 2r_{45}}{2} \qquad (5-35)$$

板平面方向性 Δr 对冲压工艺最明显的影响是杯形件拉深时口部的凸耳现象(图 5-89)。当 Δr 为正值时,凸耳产生在 $0°$、$90°$ 方向上,当 Δr 为负值时在 $45°$ 方向上。如钢板拉深就是在 $0°$、$90°$ 上产生凸耳;铝及和黄铜板在 $45°$ 方向产生凸耳,只是黄铜板的凸耳很小。另外,Δr 值大时,容易引起坯料变形的不均匀分布,这不仅可能因局部变形程度的加大

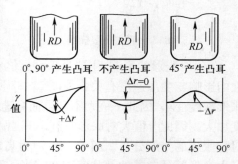

图 5-89　r 值的分布和凸耳的方向关系

198

使极限变形程度降低,同时还可能由于使冲压件壁厚不均而降低冲压件的质量。因此板平面方向性对冲压变形和冲压件质量都是不利的,所以在生产中都设法降低 Δr 值。

5. x 值(x_{σ_b} 值)

x 值的表达式为

$$x = \frac{\text{等双向抗拉强度}}{\text{单向抗拉强度}}$$

由于求 x 值实际上有因难,所以常用 x_{σ_b} 代替 x,即

$$x_{\sigma_b} = \frac{\text{平面变形抗拉强度}}{\text{单向抗拉强度}}$$

平面变形是指在试件宽度方向上没有伸长或缩短的变形,如从应力状态关系来说,长度方向上的应力为 σ_1,宽度方向上应力为 σ_2,平面变形时 $\sigma_2/\sigma_1 = 1/2$。具体求法如图 5-90 所示。用图 5-90(a)试件进行拉伸试验求出单向抗拉强度,用带圆弧形缺口的试件求出平面变形的抗拉强度,然后取二者的比值。对于 x_{σ_b} 值高的材料,当应力从单向拉伸转向双向拉伸时,能表现出更强的性质,如圆筒形件拉深时,经过像筒壁危险断面处所经历的那种变形,材料可以得到强化。虽然 x_{σ_b} 与 r 值有相同的一面,但 x_{σ_b} 值能更直接地表现出拉深性能改善的效果,所以用它评价拉深性能具有更大的优越性,但测定方法比较麻烦。

6. 硬化指数 n

材料在冷塑性变形过程中,变形抗力与变形程度之间的关系可近似地用指数曲线表示:

$$\sigma = A\varepsilon^n \tag{5-36}$$

式中:n 称为硬化指数,也称 n 值,它表示材料冷塑性变形时强化的程度。

n 值可通过试验求得,通常求 n 值的方法有如下几种:

1)两点法

n 值通过对式(5-36)两边取对数,得

$$\lg\sigma = \lg A + n\lg\varepsilon \tag{5-37}$$

显然式(5-36)在对数坐标系中为一直线,其斜率即是 n 值(图 5-91)。曲线

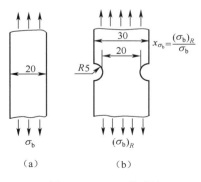

图 5-90 x_{σ_b} 的求法

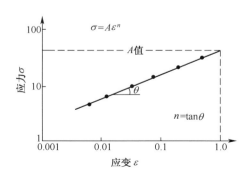

图 5-91 n 值和 A 值的求法

199

斜率可由两点法求出即 $n=\tan Q=\dfrac{\lg\sigma_2-\lg\sigma_1}{\lg\varepsilon_2-\lg\varepsilon_1}$；要想求得很高的精度，可用 10 个以上的试验点的最小平方值求得。但是这种方法比较麻烦，因此一般多通过拉伸曲线上的两点（$F_1\cdot L_1/L_0$，$F_2\cdot L_2/L_0$）利用下式求得，即

$$n=\frac{\lg F_2\cdot L_2/(F_1\cdot L_1)}{\lg\dfrac{\ln L_2/L_0}{\ln L_1/L_0}} \tag{5-38}$$

两点的选取以材料屈服之后有百分之几的伸长点及最高载荷点为宜。

两点法只有在对数坐标中应力与应变呈直线关系时比较可靠，如果呈折线关系，两点法得到的 n 值误差较大，如软钢呈直线关系，而铝、黄铜等有折线发生。

2）阶梯试件法

n 值用 Heyev 的阶梯试件法求得。用如图 5-92 所示的三段宽度不同（$W_0<W_1<W_2$）的阶梯试件，进行拉伸直至宽度最小的一段被拉断，测出未断裂的其余二段长度方向的应变 ε_2、ε_1，利用式（5-39）计算出 n 值，即

$$n=\frac{\ln(W_1/W_2)+(\varepsilon_2-\varepsilon_1)}{\ln\varepsilon_2-\ln\varepsilon_1} \tag{5-39}$$

式中：W_1、W_2 为初始宽度；ε_1、ε_2 分别为断裂时宽度为 W_1、W_2 二段的应变。

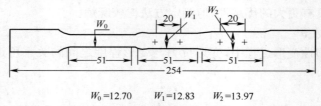

$W_0=12.70 \qquad W_1=12.83 \qquad W_2=13.97$

图 5-92　阶梯形拉伸试件

3）一点法

拉伸试验曲线中，材料真实应力为

$$\sigma=\frac{F}{S} \tag{5-40}$$

式中：S 为面积。

真实应变为

$$\varepsilon=\ln\frac{L}{L_0}\ \text{或}\ e^\varepsilon=\frac{L}{L_0} \tag{5-41}$$

由体积不变条件有　　　$S_0L_0=SL$

即

$$S=\frac{S_0L_0}{L}=S_0\cdot e^{-\varepsilon} \tag{5-42}$$

将式（5-42）代入式（5-40），得

$$F=\sigma S=\sigma S_0\cdot e^{-\varepsilon} \tag{5-43}$$

200

将 $\sigma = A\varepsilon^n$ 代入式(5-43),得

$$F = A\varepsilon^n S_0 e^{-\varepsilon} \qquad (5-44)$$

因为在最大负荷点有

$$\frac{\mathrm{d}F}{\mathrm{d}\varepsilon} = 0 \qquad (5-45)$$

即

$$\frac{\mathrm{d}}{\mathrm{d}\varepsilon}(A\varepsilon^n S_0 e^{-\varepsilon}) = AS_0 e^{n-1} e^{-\varepsilon}(n-\varepsilon) = 0 \qquad (5-46)$$

$\varepsilon = n$ 可满足式(5-46),也就是说,n 值等于缩颈时的应变 ε_j。

由于材料具有面内各向异性,因此一般取板平面三个方向上的 n 值的平均值 $\bar{n}$ 作为衡量板材硬化性能的指标,即

$$\bar{n} = \frac{n_0 + 2n_{45} + n_{90}}{4} \qquad (5-47)$$

n 值大的材料,在同样变形程度下,其真实应力增加得要多。在胀形成形过程中,变形区某一部位变形增大后变形抗力比相邻部位增加很大,则变形向变形程度小(变形抗力低)的部位转移。因此具有扩展变形区,减小毛坯局部变薄和提高极限变形程度的作用。另外,板材的 n 值对胀形成形性能的影响还表现对变形均匀性的影响上,其影响可用图 5-93 说明。假如用不同 n 值的 A 与 B 两种材料胀形时,危险断面(x 部)的变形量相同,而其他部位的变形比较小,变形分布情况见图 5-93(a)。由于各部位的应力状态取决于成形条件(凸模的形状、毛坯形状等),假定在 y 处产生的应力为 x 处的 $a\%$,则由图 5-93(b)可知 A 材料在 y 处的应变 ε_{yA} 大,而 B 材料在 y 处的应变 ε_{yB} 小,显然 n 值大的 A 材料变形均匀性就好。

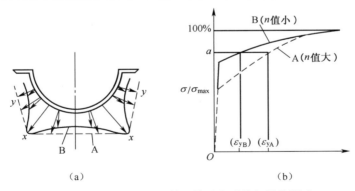

图 5-93　加工硬化指数 n 值对变形均匀性的影响

上面介绍了六种板材性能参数及其对冲压性能的影响。这些参数虽然从不同角度反映了板材的冲压性能,但由于试验中坯料所受的应力状态和产生的应变状态与实际冲压工艺存在着一定的差别。所以,它们还不能确切地反映每种冲压成形方法中的冲压性能,因此在实际生产中还广泛地采用一些直接试验方法,也称模拟试验方法。该试验中坯料的受力情况及变形特点与相应的冲压工艺基本相同。

常用的模拟试验方法：①用于测试拉深性能的 Swift 杯形件拉深试验和 T、Z、P 拉深力对比试验；②用于测试胀形性能的艾利克辛试验（杯突试验）和液压胀形法试验；③用于测试复合成形性能的福井锥形杯成形试验等。

5.11　塑性成形后的残余应力

引起应力的外因去除后在物体内仍残存的应力称为残余应力。

残余应力是直接由材料各部分弹性变形不同而引起的弹性应力。它不超过材料的屈服应力（或者相邻两部分材料中较软的那部分的屈服应力）。

残余应力在许多塑性加工产品中都是重要的问题。本节主要介绍残余应力的产生原因、危害、消除措施和检测等。

5.11.1　残余应力产生的原因

1. 变形不均

凡是塑性变形不均匀的地方都有可能出现残余应力。第 2 章 2.4 节中已经介绍，变形不均匀时要产生附加应力，变形过程完成后，只要变形不均匀的状态不消失，附加应力将残留在物体内而形成残余应力。

例如，由于变形不均匀，一般镦粗和冲孔后的锻件侧表面常残留切向拉应力。挤压件的表层常残留轴向拉应力（图 5-94），应当指出，挤压工序引起的附加应力和残余应力虽说与变形不均有关，但更主要的原因是由于挤压件轴心区和外层金属的流速不均匀（轴心区金属流速快，外层金属受摩擦影响流速慢）引起的。

残余应力的数值可通过下列运算求得：

设原长度都是 L 的 A、B 两根毗连棒料，伸长应变分别为 ε_1 及 ε_2，它们之间的长度差为

$$(\varepsilon_1 - \varepsilon_2)L$$

如果这一差值较小，那么就有可能分别对两根施加弹性压缩和拉伸，使它们具有一个共同的中间长度（图 5-95）。于是就有

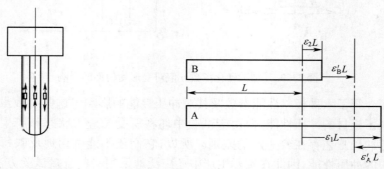

图 5-94　挤压件的残余应力　　图 5-95　由两个不同的弹性应变产生残余应力的示意图

202

$$(\varepsilon_1 - \varepsilon_2)L = -\varepsilon'_A L + \varepsilon'_B L = (-\frac{\sigma'_A}{E} + \frac{\sigma'_B}{E})L \qquad (5-48)$$

由于不存在外力,所以相应的弹性应力 $\boldsymbol{\sigma}'_A$ 和 $\boldsymbol{\sigma}'_B$ 之间必须有如下关系:

$$\sigma'_A S_A + \sigma'_B S_B = 0 \qquad (5-49)$$

式中:S_A 和 S_B 分别为 A、B 棒料的横截面积。

所以

$$\frac{\sigma'_A}{E}(1 + \frac{S_A}{S_B}) = \varepsilon_1 - \varepsilon_2 \qquad (5-50)$$

如果两根棒料的长度差较大,那就需要由塑性变形来调节。因为残余应力的极限值是屈服应力,所以,除了因硬化而使屈服应力略有升高外,塑性变形并不会使残余应力的水平提高。

一般说来,残余应力的符号和引起该残余应力的塑性应变的符号相反。

2. 不同预应变材料的变形

将不同冷预应变的材料再次进行等量的变形时,由于回复量不同,将引起残余应力。设 A、B 为同一坯料的两部分(图 5-96(a)),A 处的预应变为 ε_1、B 处的预应变为 ε_2,且 $\varepsilon_2 > \varepsilon_1$,那么进一步压缩 ε_3 之后总应变分别为 $(\varepsilon_1 + \varepsilon_3)$ 和 $(\varepsilon_2 + \varepsilon_3)$,相应的屈服应力是 Y_A 和 Y_B,如图 5-96(b)所示。如果不受约束的话,卸载后 A 的回复量将是 Y_A/E,而 B 的回复量将是 Y_B/E,其中 B 的回复量较大。

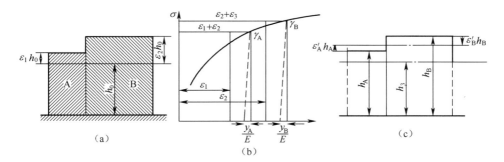

图 5-96　由不相等的预应变产生的残余应力[7]

于是 A、B 间便产生残余应力,其数值可通过计算公式求得。

回复后 A 和 B 具有一个共同的中间长度(图 5-96(c)),于是

$$-\varepsilon'_A h_A + \varepsilon_B h_B = h_3(1 + \frac{Y_A}{E}) - h_3(1 + \frac{Y_B}{E}) \qquad (5-51)$$

略去二阶微量,即有 $h_A = h_B = h_3$,于是

$$-\varepsilon_A + \varepsilon'_B = (Y_A - Y_B)/E \qquad (5-52)$$

由于不存在外力,所以相应的弹性应力 $\boldsymbol{\sigma}'_A$ 和 $\boldsymbol{\sigma}'_B$ 之间存在如下关系:

$$-\sigma_A + \sigma'_B = Y_A - Y_B \qquad (5-53)$$

$$\sigma'_A(1 + \frac{F_A}{F_B}) = -(Y_A - Y_B) \qquad (5-54)$$

3. 热应力

图 5-97 是热锭冷却过程中残余应力的形成情况。冷却初期,锭料表层温度较心部明显降低,由于冷缩不均,表层受拉伸应力,中部受压缩应力(图 5-97(b))。由于中心部分温度高,屈服应力较小,它在承受附加的压缩应力后要产生塑性变形。中心部分的塑性变形使温度应力有某些降低(图 5-97(c))。当锭料中心完全冷却后,它的总收缩量反而比表层大,其收缩量由冷缩与塑性变形两部分组成。最后的残余应力是中心受拉应力,表层受压应力(图 5-97(d))。

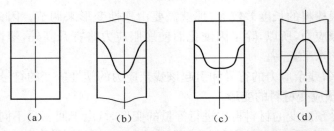

(a)　　　　　(b)　　　　　(c)　　　　　(d)

图 5-97　热锭冷却过程中残余应力形成过程示意图

由此可见,热锭料冷却过程中形成的残余应力是由于中心部分与表层的收缩量不等所致。

锭料中心部分与表层的冷缩量是相等的,而两者的收缩量不等是由于热应力足够大时,中心部分在压缩应力作用下产生了塑性变形。通过下面的运算可知,在冷却过程中这种塑性变形是很容易发生的。

设有一长度 L 的坯料冷却了 x_1℃,而相邻坯料冷却了 x_2℃,如果它们都是自由的,那么其长度将分别为 $L(1-\alpha x_1)$ 以及 $L(1-\alpha x_2)$。 如 $x_1>x_2$,而且将它们约束成相等的长度,那么 A 区必需伸长而 B 区必须缩短,其应变分别为 ε_A 和 ε_B。为了使他们相容,应有

$$\varepsilon_A \cdot L - \varepsilon_B \cdot L = \alpha x_1 - \alpha x_2 \cdot L \tag{5-55}$$

由于没有外力,所以

$$\sigma'_A \cdot S_A + \sigma'_B \cdot S_B = 0 \tag{5-56}$$

对于弹性变形,有

$$\sigma'_A = E\varepsilon_A ; \sigma'_B = E\varepsilon_B \tag{5-57}$$

$$\sigma'_A(1 + \frac{S_A}{S_B}) = \alpha \cdot E(x_1 - x_2) = -\sigma'_B(\frac{S_B}{S_A} + 1) \tag{5-58}$$

例如,在 900℃时,$\alpha \approx 3.3 \times 10^{-6}$℃,$E \approx 200$MPa,代入式(5-58)后得;$x_1 - x_2 = 30$℃,这说明在 900℃时,只要有 30℃ 的温度差就足以产生塑性变形了。

4. 组织应力

对于有同素异构转变的金属,冷却过程中由于相变不同时进行,将引起组织应力,并在冷却后形成残余应力。

第二相粒子的不均匀析出和位错塞积等也都将引起残余应力。

残余应力也分为三类：①第一类残余应力存在于各大区之间；②第二类残余应力存在于各晶粒之间，②第三类残余应力存在于晶粒内部。

5.11.2　残余应力所引起的后果

残余应力可能引起下述一些不良后果。

（1）制品再承受塑性变形时，变形及内部应力分布将更不均匀。

（2）缩短制品的使用寿命。具有残余应力的制品在使用时若承受载荷，其内的实际应力是由外力所引起的基本应力和残余应力之和，或为二者之差。因此，应力分布极不均匀。当合成应力的数值超过了该零件强度的许用值时，则零件将产生塑性变形而歪扭或破坏，这不但缩短了零件的使用寿命，而且易使设备出现故障。

（3）直接引起零件的扭曲及在随后的热处理后引起扭曲。

（4）降低制品表面的耐蚀性。将挤压的黄铜制品置于潮湿的气氛中（特别是含氨的气氛中）时，则易产生裂纹，这种现象称为黄铜的季裂。具有表面残余拉应力的金属，在酸液中或其他溶液中的溶解速度也加快。

（5）增加塑性变形抗力、降低塑性、冲击韧性及抗疲劳强度。当然，残余应变力并不总是有害的，例如用塑性弯曲来校正管材，或者用辊轧校平板料就是利用了残余应力。另外，若能使零件表面具有残余压应力，反可增加使用性能。例如轧辊的表面淬火、零件的喷丸加工、表面的滚压、表面的渗碳、渗氮等。使零件内的残余应力分布如图5-98所示，表面附近有很大的残余压应力，经过这样的表面处理后，将明显提高材料的硬度与抗疲劳强度，提高零件的使用寿命。

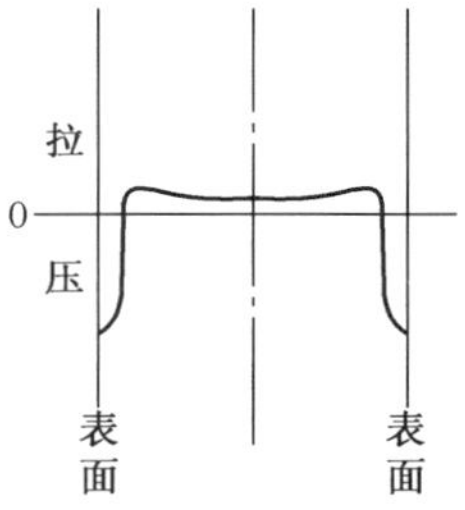

图5-98　表面处理所得残余应力分布典型曲线

5.11.3　消除残余应力的措施

在金属塑性加工领域，消除制品内的残余应力，一般用热处理法及机械处理法。

1. 热处理法

热处理法是较彻底的消除办法，即采用去应力退火工艺。这时，第一类残余应力在回复期即可大部分消除，而制品的硬化状态不受影响；第二类残余应力在退火温度接近再结晶温度时也可完全消除；至于第三类残余应力，因为存在于晶粒内部，只有充分再结晶后才可能消除。例如，普通黄铜在40℃～140℃时只能消除很少一部分残余应力，在200℃附近能消除大部分，其余的残余应力需经过再结晶才能消除。

2. 机械处理法

机械处理法是使制品表面再产生一些表面变形，使残余应力得到一定程度的释放和松弛,或者使之产生新的附加应力以抵消产品内的残余应力或尽量减小其数值。例如,用木锤敲打表面或喷丸加工,对管棒材采用多辊校直,板材采用辊光及小变形量的拉伸等。

机械处理法只能消除第一类残余应力。实践证明,当表面变形量为 1.5%~3%左右时效果最好,继续加大变形量反而可能导致不良后果。

5.11.4 测定残余应力的方法

塑性加工的产品中出现残余应力的量与质和变形过程中的受力状态、变形状态、热力学规范(变形时的温度、速度及变形程度三者)以及加工工具与物体的轮廓等有关;特别是和金属内部质量关系更大,而且与上述各因素的不均匀程度几乎是成比例的。斫以若能精确测定某制品(或者某中间产品)内存在的残余应力的量与质,有利于探索改善工艺过程及生产方法的途径,也便于正确地了解与控制产品的质量。

测定制品内残余应力的方法很多,大致有如下几类。

1. 机械法

用车削、铣、钻孔、镗孔等机械加工方法,逐层地除去具有对称形状残余应力的物体上的某些部分,由于平衡状态的破坏,物体剩下部分将产生一定的变形来适应。这样,可以根据变形数值计算出各个层的应力,然后作出某轴上残余应力的大小及其分布图。

用机械法可以确定制品内第一类残余应力,例如,对于厚壁管材或大直径的棒材,可采用钻孔法,即取一节长度为其直径 3 倍的棒材(或管材),在其正中心钻一孔,然后用镗杆从内部去除一薄层金属,如图 5-99 所示。这时应特别注意防止过热,以免影响测量数据的准确性。每次去除约 5%的截面面积,去除后测量试件纵向变形 ε_l 及切向变形 ε_t 的大小:

$$\varepsilon_l = \frac{L - L_1}{L} \times 100\% \qquad (5-59)$$

$$\varepsilon_t = \frac{D_1 - D}{D} \times 100\% \qquad (5-60)$$

式中:L、D 分别为镗孔前试样的长度和直径;D_1、L_1 分别为从材料中心镗去一薄层后试件变化了的直径和长度,$L_1 = L + \Delta L$。

每次变化的直径和长度,可用变形仪或用精度高的千分尺测量。依据逐次测定值算出 ε_t 及 ε_l 值便得到与钻孔面积相关的曲线图,如图 5-100 所示,图中曲线的表达式为

$$\lambda = \varepsilon_l + \gamma \varepsilon_t \qquad (5-61)$$

$$\theta = \varepsilon_t + \gamma \varepsilon_l \qquad (5-62)$$

故可在图 5-100 上绘出 λ 及 θ 曲线。

λ 与 θ 曲线上每点的导数 $\dfrac{\mathrm{d}\lambda}{\mathrm{d}f}$ 及 $\dfrac{\mathrm{d}\theta}{\mathrm{d}f}$ 可用作图法求出,因为它们是该曲线上对

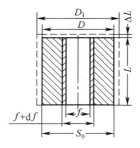
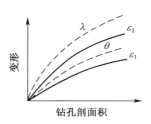

图 5-99 从棒材中心镗孔以测定残余应力   图 5-100 变形与断面面积的关系曲线

应于某个断面面积处切线的斜率。可按下述公式逐步地求出每去掉一微小面积 df 后,试件纵向及切向上消失的残余应力的大小(因为残余应力是弹性变形所引起的,故可依变形来确定)如下:

$$\sigma_1 = E' \left[(S_0 - f) \frac{\mathrm{d}\lambda}{\mathrm{d}f} - \lambda \right] \tag{5-63}$$

$$\sigma_t = E' \left[(S_0 - f) \frac{\mathrm{d}\theta}{\mathrm{d}f} - \frac{S_0 + f}{2f} \theta \right] \tag{5-64}$$

$$\sigma_r = E' (\frac{S_0 - f}{2f} \theta) \tag{5-65}$$

$$E' = \frac{E}{1 - \gamma^2} \tag{5-66}$$

式中:S_0 为柱体原来的截面面积;f 为柱体逐次镗去部分的面积;σ_1 为纵向残余应力;σ_r 为切向残余应力;σ_r 为径向残余应力。

2. 化学腐蚀法

化学腐蚀法用来检验细金属丝、薄金属带以及从质的方面比较各种塑性加工方法和热处理过程中,在金属内所产生的残余应力的大小。其方法是将试样浸入适当的溶液中(水银及含水银的盐类、弱碱、硝酸盐类),测出从开始浸蚀到发现裂纹所经过的时间。若在试样上产生纵向裂纹,则表示有横向应力的存在;若呈现横向裂纹,则表示有纵向应力的作用。由产生裂纹时间的长短,可定性地知道应力的大小。事实上准确确定产生裂纹的时间是比较困难的,也没有方法精确估计应力的大小,所以此法只能定性地说明应力情况。

3. X 射线法

X 射线法即能定性也能定量地确定残余应力的大小。它是利用晶面距离的改变与应力成比例,而根据 X 射线衍射位置的变化来判定应力的大小。

第6章　各类金属材料塑性成形件的常见 质量问题与控制措施

本章将分别介绍莱氏体高合金工具钢、不锈钢、高温合金、铝合金、镁合金、铜合金和钛合金七类金属材料塑形成形件质量的一些共性问题。对每一类金属材料,在概要介绍其锻造工艺特点的基础上,着重分析了锻造过程中的主要质量问题、缺陷产生的原因和控制措施。

结构钢(包括碳素结构钢和合金结构钢)在生产中应用最广泛。与高合金工具钢、耐热不锈钢和高温合金相比,结构钢的工艺塑性好,变形抗力小,导热性好,变形温度范围宽。但是,由于结构钢的冶炼方法较多、钢锭的尺寸较大、浇铸后冷却速度慢,偏析严重。因此,该类钢的钢锭和钢材中存在有较多的冶金缺陷,如残余缩孔、枝晶偏析、气泡、疏松、夹杂等。这些缺陷可能在锻件内产生遗传性的影响。

结构钢在加热和冷却过程中有同素异构转变,锻件的使用性能主要靠最终热处理工艺来保证。另外,锻造过程中的某些缺陷也可以用锻后热处理(如正火、退火等)予以消除或改善。

结构钢锻件锻造过程中的质量问题大致如下[18]:

(1)加热过程中的主要缺陷是氧化、脱碳、过热、过烧。锻件过热后在低倍上表现为粗晶。多数合金结构钢锻件过热后沿原高温奥氏体晶界有析出相,并常常呈现稳定过热。马氏体钢和贝氏体钢锻件过热后,由于组织遗传的原因,常产生低倍粗晶。结构钢过热后的断口,按过热的程度和检验状态不同有粗晶断口、萘状断口和石状断口等。

(2)结构钢一般都具有较好的塑性,锻造过程中开裂的主要因素:①钢锭和钢材中的冶金缺陷;②加热过程中由于渗硫、渗铜、渗锡等原因,在晶界上存在有低熔点相;③锻造操作不当。

(3)锻造变形工艺不当时,可能引起折叠、流线分布不符合要求等缺陷。终锻温度偏低时,可能在锻件内引起带状组织。

(4)结构钢在冷却过程中由于有相变,能引起组织应力。结构钢大锻件,当含氢量较高,且锻后冷却工艺不当时,常易产生白点。

结构钢锻件在锻造过程中常产生的上述缺陷,由于第1章中已有论述,故本章不再介绍.对于工具钢,本章也只介绍其中质量问题较多的莱氏体高合金工具钢。

6.1 莱氏体高合金工具钢塑性成形件的常见质量问题与控制措施

6.1.1 概述

莱氏体高合金工具钢包括高速钢和 Cr12 型模具钢等。

高速钢是用于制造高速切削的刀具。这类刀具除要求高硬度、高耐磨性以外，还要求高热硬性，即在高速切削条件下刀刃不会因发热而软化的性能。这类钢在适当淬火、回火热处理后的硬度一般高于 63HRC，高的可达 68HRC～70HRC，并且在 600℃ 左右仍然保持 63HRC～65HRC 的高硬度。Cr12 型模具钢用于制造重负荷、高精度、高寿命的冷变形模具。例如，冷冲模、冷镦模、滚丝模、冷轧辊等。这类模具要求具有高强度、高硬度、高耐磨性、足够的韧性。这类钢淬火、回火后的硬度为 62HRC～64HRC。

我国常用的莱氏体高合金工具钢的牌号和成分见表 6-1 和表 6-2。

由表 6-1 和表 6-2 中可见在莱氏体高合金钢中加入了大量的 W、Cr、Mo、V 等合金元素，有的还含有多量的 Co。下面以高速钢为例，介绍合金元素在钢中的作用。

钢中的 W、V 和 C 形成复合碳化物，在淬火加热时，一部分碳化物溶于奥氏体中，淬火后，又过饱和地溶入 $\alpha-Fe$ 中形成合金马氏体。由于 W、V 和 C 原子的结合力很大，提高了合金马氏体受热分解的稳定性。要使马氏体分解、并使其分解生成的复合碳化物聚集，需要较高的温度（600℃～650℃）。同时，另一部分过剩的 W、V 碳化物在高温加热时也能有效地阻止晶粒长大，因此，高速钢能在相当高的温度下保持较高的硬度。

钢中碳化物的分布状况对莱氏体高合金工具钢的使用性能影响极大。只有当碳化物呈小颗粒并均匀分布时，该类钢的良好使用性能才能充分地表现出来。如果碳化物呈大块或网状分布，则刀具和模具工作时常在碳化物堆积处发生崩刃或折断。当刃口部分碳化物很少时，极易磨损和变形。另外，当碳化物呈带状分布时，使横向塑性和韧性降低，这对在重载下工作的模具影响很大，使许多模具在工作时常常沿碳化物带开裂。表 6-3 是不同碳化物偏析级别对高速钢插齿刀使用寿命的影响。不同碳化物偏析级别的 Cr12 型钢的冷冲模，使用寿命可相差 10 倍～20 倍或更大。

该类钢的大块或网状碳化物是在铸锭结晶过程中形成的。以高速钢为例，在 Fe-18%W-4%Cr 伪二元相图（图 6-1）中，当含碳量为 0.8% 时近似于 W18Cr4V 的成分。由于 W 和 Cr 等合金元素对临界点的影响，在 1330℃～1300℃ 之间形成鱼骨状的莱氏体共晶组织（图 6-2），并呈网络状包围着先前生成的 γ 固溶体。另外，在 1300℃～900℃ 之间还会析出二次网状碳化物。高速钢的这种铸造组织，尤其是一次网状共晶碳化物，用热处理办法不能改善，只有用锻造的办法将其击碎并使其均匀分布。然后经过淬火、回火可以得到均匀的相成分和晶粒度，从而提高刀具和模具的强度和硬度，延长使用寿命。

表 6-1 高速钢的化学成分

化学成分(质量分数)/%

钢号	C	W	Mo	Cr	V	Co	Si	Mn	Nb	Al	S	P	XL加入量
W18Cr4V	0.70~0.80	17.50~19.00	≤0.30	3.80~4.40	1.00~1.40		≤0.40	≤0.40			≤0.030	≤0.030	
9W18Cr4V	0.90~1.00	17.50~19.00	≤0.30	3.80~4.40	1.00~1.40		≤0.40	≤0.40			≤0.030	≤0.030	
W12Cr4V4Mo	1.20~1.40	11.50~13.00	0.90~1.20	3.80~4.40	3.80~4.40		≤0.40	≤0.40			≤0.030	≤0.030	
W14Cr4VMnXL	0.80~0.90	13.50~15.00	≤0.30	3.50~4.00	1.40~1.70		≤0.50	0.35~0.55			≤0.030	≤0.030	0.07
W6Mo5Cr4V2	0.80~0.90	5.50~6.75	4.50~5.50	3.80~4.40	1.75~2.20		≤0.40	≤0.40			≤0.030	≤0.030	
W6Mo5Cr4V2Al	1.05~1.20	5.50~6.75	4.50~5.50	3.80~4.40	1.75~2.20		≤0.60	≤0.40		0.80~1.20	≤0.030	≤0.030	
W6Mo5Cr4V5SiNbAl	1.55~1.65	5.50~6.50	5.00~6.00	3.80~4.40	4.20~5.20		1.00~1.40	≤0.40	0.20~0.50	0.30~0.70	≤0.030	≤0.030	
W10Mo4Cr4V3Al	1.30~1.45	9.00~10.50	3.50~4.50	3.80~4.50	2.70~3.20		≤0.50	≤0.50		0.70~1.20	≤0.030	≤0.030	
W12Mo3Cr4V3Co5Si	1.20~1.30	11.50~13.50	2.80~3.40	3.80~4.40	2.80~3.40	4.70~5.10	0.80~1.20	≤0.40			≤0.030	≤0.030	

注：1. 为改善钢的组织性能，允许在钢中加入适量的稀土元素，但须在证明书中注明。

2. 在钨系高速工具钢中，钼含量允许剂1.0%。钨、钼一者的关系：当钼含量超过0.3%时，钨含量相应减少，在钼含量超过0.3%的部分每1%的钼代替2%的钨。在这种情况下，在钢号后面加上"Mo"。

表 6-2　莱氏体高合金模具钢的化学成分

钢号	化学成分(质量分数)/%						
	C	Mn	Si	Cr	Mo	V	W
Cr12	2.0～2.3	≤0.35	≤0.4	11.5～13.0	—	—	—
Cr12W	2.0～3.3	≤0.35	≤0.4	11.0～12.5	—	—	0.6～0.9
Cr12MoV	1.45～1.7	≤0.35	≤0.4	11.0～12.5	0.4～0.6	0.15～0.3	—
3Cr2W8V	0.30～0.40	0.2～0.4	≤0.35	2.2～2.7	—	0.2～0.5	7.5～9

表 6-3　不同碳化物偏析级别对高速钢插齿刀使用寿命的影响

碳化物偏析级别	100min 磨损量/mm	碳化物偏析级别	100min 磨损量/mm	碳化物偏析级别	100min 磨损量/mm
3～4	0.05	5～6	0.06	7～8	0.08

锻造时,变形程度大小直接影响莱氏体钢锻件内碳化物的细化程度和均匀分布。图 6-3 为碳化物偏析级别随锻造比变化的曲线。该曲线表明,锻造比小于 16 时,随着锻造比的增大,碳化物偏析级别迅速降低;当锻造比增大到 16～20 时,随着锻造比的增加,降低碳化物偏析级别的效果较差。当锻造比超过 20 时,再增大锻造比,效果就很小了。

高速钢原材料的碳化物偏析级别符合 GB 9943—88 规定。而对于高速钢锻件,国内尚无统一标准,一般分为 8 级。对 Cr12 型钢按 GB 1299—85 并参照高速钢评级。

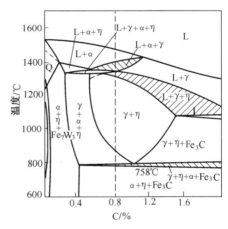

图 6-1　Fe-18%W-4%Cr 伪二元相图
$\eta - M_6C(Fe_4W_2C - Fe_3W_3C)$

图 6-2　高速钢锭中的鱼骨状莱氏体共晶组织　500×

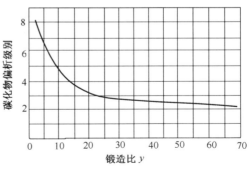

图 6-3　碳化物偏析级别随锻造比变化的曲线

与结构钢相比,该类钢的锻造工艺特点主要如下:

(1) 塑性低。该类钢中由于存在有大量的一次碳化物(共晶碳化物),因而塑性很低,尤其当碳化物呈大块或网状分布时,锻造时很易开裂。

(2) 变形抗力大。该类钢由于存在大量的合金元素和再结晶温度高,所以变形抗力比碳钢大 2 倍～3 倍。

(3) 导热性差。该类钢的低温热导率比碳钢低数倍。

(4) 冷却过程中的组织应力大。

6.1.2 锻造过程中常见的质量问题和控制措施

1. 碳化物颗粒粗大,分布不均匀

碳化物分布不均匀,呈大块状集中分布或呈网状分布。产生的原因是原材料碳化物偏析级别差,加之改锻时锻造比不够或锻造方法不当。具有这种缺陷的锻件,热处理淬火时容易局部过热和淬裂,制成的刀具和模具使用时易崩刃等。

如前所述,碳化物越细,分布越均匀,刀具的使用性能越好。这就要求锻造时变形量很大。但是,高速钢塑性很差,若变形量大,则容易锻裂。因此,不能盲目追求过低的偏析级别,而只要保证工作部位的碳化物分布合乎要求就可以了。对于不同的工件应根据具体情况(包括原材料情况)确定合适的锻造方法和锻造比。

锻造莱氏体高合金工具钢时常采用以下几种锻造方法:

(1) 单向镦粗。这种方法适用于简单薄饼形零件,当原材料的碳化物分布不均匀程度较好,且与锻件的要求较接近时采用。采用这种锻造方法时,为使碳化物得到进一步击碎,镦粗比应不小于 3,即

$$\frac{H}{h} \geqslant 3$$

式中:H 为原坯料的高度;h 为锻件的高度。

(2) 单向拔长。对于长度与直径比较大的工件,当原材料的碳化物不均匀分布程度较好且和锻件的要求接近时,多采用单向拔长法。一般来说锻造比越大,碳化物被破碎越细,分布越均匀;但过大的锻造比容易形成碳化物带状组织,影响横向力学性能。单向拔长时一般取锻造比为 2～4 较为合理。

(3) 轴向反复镦拔。轴向反复镦拔(图 6-4)即在镦拔过程中金属始终沿着坯料的轴线方向流动。这种锻造方法的优点:①坯料中心部分(一般是碳化物的高偏析区)的金属,不会流到外层来,保证表层金属的碳化物分布比较细小均匀;②锻造时不需改变方向,操作较易掌握。该锻造方法的缺点:①中心部分的碳化物偏析情况改善不大;②由于坯料轴心部分质量差和两端面长时间与锤头、下砧接触,冷却快,拔长时端面易产生裂纹。

对于工作部位在毛坯圆周表面的刀具和模具,例如,插齿刀、剃齿刀和滚丝模等,采用这种方法较为简单、可靠,它能保证工件在切削部位具有良好的金属组织

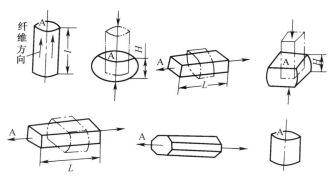

图6-4 轴向反复镦拔二次变形过程示意图

H—镦粗后高度；A—材料纤维方向；l—毛坯长度；L—拔长后长度。

和力学性能。

（4）轴向—径向（十字、双十字）反复锻造。十字镦拔（图6-5）是将原毛坯镦粗后，沿横截面中两个互相垂直的方向反复镦拔，最后再沿轴向锻成锻件。如重复这一过程就称为双十字锻造，这种方法的优点：坯料与锤头的接触面经常改变，温度不会降低太多，径向锻造时坯料的端部质量较好，故可减少端面裂纹的产生，有利于击碎坯料中心部分的碳化物。对于工作部位在中心的一些工具或模具（如冷冲模等），可以采用这种方法。但是这种方法由于变形时中心金属外流，如外流金属不能受到均匀的大变形，则在靠近1/4直径处碳化物级别可能降低不大。而且周围表面上还可能出现碳化物级别不均匀的现象。另外，在操作上要求技术较熟练，故对于刃口分布在圆周表面的刀具不宜采用这种方法。

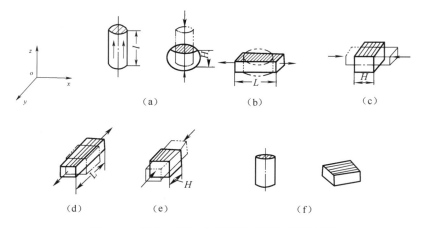

图6-5 轴向—径向十字锻造变形过程示意图

l—毛坯长度；H—镦粗后高度；L—拔长后长度。

（5）综合锻造法（图 6-6）。它是在径向十字镦拔后，转角 45°进行倒角，然后再进行轴向拔长和镦粗。

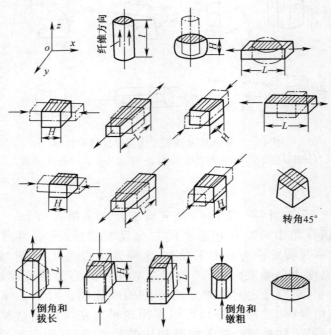

图 6-6　综合锻造法变形过程示意图

l—毛坯长度；H—镦粗后高度；L—拔长后长度。

这种锻造方法保留了径向十字镦拔坯料中心不容易开裂和轴向镦拔容易改善碳化物级别等优点，又借助于倒角锻造使锻件周围表面的碳化物级别比较均匀。这种方法的缺点：工艺复杂，需要较熟练的操作技术，严格掌握材料的纤维方向，倒角时不安全，且易产生裂纹。

这种方法适用于工作部位在毛坯圆周表面的工具和原材料中心质量较差的情况，大批生产时不宜采用这种方法。

另外，在锻造 Cr12 型钢模具时也常用三向镦拔的方法。

综上所述，为保证刃具和模具工作部位的碳化物细化，防止莱氏体高合金工具钢在锻造过程中产生碳化物颗粒粗大，分布不均匀等缺陷，其措施是采用合适的锻造方法，并保证有足够大的锻造比。

如前所述，锻造时的变形程度，直接影响高速钢锻件内部碳化物的细化程度和均匀分布。反复镦拔时，由于工序尺寸的比例大体一致，因此，改锻时的变形程度（总锻造比）常常习惯地用镦拔次数来表示。在制定锻造工艺时，应根据锻件的工作部位、技术要求和原材料碳化物不均匀度级别来确定镦拔次数。这可参考表6-4进行选用。

表 6-4　镦粗—拔长次数

对锻件碳化物不均匀度的等级要求 原材料碳化物不均匀度等级	3	4	5	6
4	4~3			
5	6~5	4~3		
6		6~5	3~2	
7		7~6	5~4	2~2

① 该表适用于每次镦拔时锻造比 $y=2$ 的情况,如果 $y<2$ 时,镦拔次数应适当地增加,如果 $y>2$ 时,镦拔次数可适当减少。一些工厂的实践说明,增大每次镦拔的锻造比对改善碳化物的不均匀性较显著,但操作困难些(主要是容易镦弯)。

② 工具工作部位深度越大(越靠近锻件中心),则镦拔次数应多些。

③ 在其他条件相同的情况下,碳化物不均匀性改善的程度与锻件最后一次变形工序有关。如最后为变形程度较大的拔长或镦粗,不均匀性改善较显著;如最后为变形程度不大的镦粗,则不均匀性的改善不太显著。

以插齿刀为例,按一般标准,插齿刀的碳化物偏析级别要求不大于 3 级。当原材料碳化物偏析级别为 5 级时,镦拔次数取 5 次~6 次;原材料为 4 级时,镦拔次数取 3 次~4 次。例如,$\phi80\text{mm}\times170\text{mm}$ 坯料碳化物级别 5 级,经 5 次~6 次镦拔后,碳化物为 3 级(图 6-7),符合要求。某厂曾用 $\phi100\text{mm}\times109\text{mm}$ 的坯料,碳化物偏析为 7 级~8 级,锻造时只镦拔一次,在锻件中保留大块碳化物(图 6-8)。这样的插齿刀在淬火时常出现过热、过烧和回火不足等现象(图 6-9),并且残留的奥氏体很多,直接影响刀具使用寿命和尺寸精度。当碳化物带较宽时,淬火时常易沿带的方向开裂(图 6-10)。这样的刀具切削时常常发生崩裂(图 6-11)。

图 6-7　W18Cr4V 钢经 5 次~6 次镦拔后的碳化物　100×

图 6-8　W18Cr4V 钢经 1 次镦拔后的碳化物　100×

215

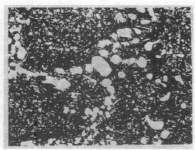
(a)过热

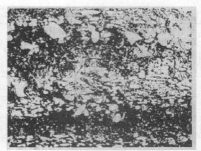
(b)回火不足

图 6-9　W18Cr4V 钢插齿刀热处理时的过热和回火不足组织　500×

图 6-10　沿碳化物偏析带淬裂(箭头所指)　40×　　图 6-11　W18Cr4V 插齿刀切削时崩裂

为了得到细小颗粒和均匀分布的碳化物。除需选定合适的镦拔次数外,还应注意下列几点:

① 适当降低最高热加工温度,尽量减少锻造火次。因为加热温度高、高温停留时间长和加热次数多,均会促使一次碳化物颗粒长大。

② 在 900℃～1050℃ 范围内重击成形。因为此时奥氏体基体较硬,对破碎一次碳化物较有效。

③ 选用足够能量的设备。因为莱氏体工具钢的变形抗力比碳钢大 2 倍～3 倍,如果设备能量过小,则变形仅限于锻件表面,内部碳化物将得不到破碎。

2. 过热、过烧

莱氏体高合金工具钢加热时很容易过热、过烧。高速钢在 1300℃,Cr12 型钢在 1155℃时,共晶组织就开始熔化了。过烧时晶粒很粗大,晶界发生局部熔化,氧化性气体侵入晶界并使其氧化,结果使钢的强度和塑性大大降低,锻造时一打就碎(图 6-12)。过烧的钢断口粗糙,类似豆腐渣状,显微组织中出现莱氏体(第 5 章图

图 6-12　W18Cr4V 过烧引起的锻裂

5-22)。该类钢过烧后,晶粒粗大,晶界上一次碳化物角状化(图5-19),材料的工艺塑性下降。

由于钢在结晶时严重区域偏析,铸锭和轧材的表面和中心的化学成分有相当大的差异,中心部位的含碳量、合金元素含量及夹杂都比较多,而表面较少。因此,钢材表面和中心的结晶终了温度(也就是熔化温度)是不同的。对于W18Cr4V高速钢来说,表面部分的始熔温度约高于1350℃,中心部分约低于1300℃,中心部分碳化物的偏析等级越高,熔化温度越低。因此,当锻造加热温度高于1200℃,比如1230℃或者1250℃时,中心部位已接近熔化温度,特别是在一次碳化物边缘的高碳高合金元素含量部位或者低熔点杂质的部位,奥氏体强度很低,在锻打时易开裂。因此,为避免过热过烧,莱氏体高合金工具钢的加热温度应低于始熔温度,例如,W18Cr4V高速钢的加热温度应不超过1200℃,最好是不超过1180℃。钨—钼系高速钢的加热温度还应低些。Cr12型钢应不超过1100℃。另外,加热和保温时间也不宜过长。一般预热时间1min/mm。高温加热时间0.5min/mm。

3. 裂纹

裂纹是莱氏体高合金工具钢锻件最常见的一种缺陷。加热、变形、操作和锻后冷却不当等均可能产生裂纹。

锻造变形过程中常发生的锻裂形式有:对角线裂纹、侧表面裂纹、角裂和内裂等(图6-13和图6-14)。

图6-13 W18Cr4V钢在750kg空气锤上轴向反复镦拔后形成的十字裂纹

图6-14 W18Cr4V钢在750kg空气锤上滚圆时形成的中心轴向裂纹

对角线裂纹和中心裂纹在莱氏体高合金工具钢拔长时常易产生,尤其是采用轴向反复镦拔工艺时更是如此。由于轴心部分质量较差和两端面长时间与锤头和下砧面接触,温降快、塑性差,拔长时易先从端面处开裂。

关于引起对角线裂纹和中心裂纹的变形力学方面的原因见第7章7.2节,这两种裂纹的产生,还与坯料和加热情况等有关。

棒材中心的质量较周边差,中心部分碳化物偏析较严重,并且坯料越粗,其质量越差。如果坯料低倍疏松级别(这里指由于碳化物剥落而形成的中心疏松)大于1级,则很易锻裂,因此中心疏松一般规定不超过1级。用一般拔长方法常常产生裂纹时,可以用型砧或在摔子里进行拔长。但用这种方法改善碳化物不均匀性的效果不太理想,故总的镦拔次数应增加。

加热质量好坏是影响锻造质量的一个重要因素。若加热温度过高，保温时间过长，将使材料过热，塑性降低；若加热速度过快，保温时间过短，则材料尚未热透，锻造时变形不均匀性加剧，也容易产生上述两种锻裂。但是，在这两种情况下的断口是不一样的，前一种（过热时）断口较粗糙，后一种断口较光洁。

高速钢在 800℃～900℃ 之间有相变，塑性较低，而且由于它含有大量的合金元素，再结晶温度较高，故终锻温度不宜过低，否则容易锻裂。但是，终锻温度也不宜过高。

为避免莱氏体高合金工具钢锻造变形时产生开裂，除了要保证坯料质量、加热质量和合适的锻造温度外，锻造时还应当注意下列几点：

（1）打击不宜过重，必要时先铆镦，然后再镦粗，以便减小镦粗时的鼓肚。

（2）拔长时相对送进量取 0.5～0.8，避免在同一处重复锤击。

（3）采用"两轻一重"的锻造方法，即开始和终了时轻击，950℃～1050℃ 时重击。

（4）每次镦粗后拔长时，应先拔上端面，因为下端面与下砧接触时间长，冷却快，易锻裂（图6-15），先锻上端面，可以利用锻件本身的热量，使下端面温度得到一些回升。另外，开始锻造时，砧面应预热。

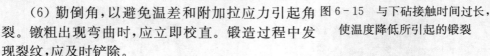

（5）对中心疏松较严重的材料，可用型砧或摔子进行拔长。圆柱形锻件的最后修光，最好在摔子内完成。

（6）勤倒角，以避免温差和附加拉应力引起角裂。镦粗出现弯曲时，应立即校直。锻造过程中发现裂纹，应及时铲除。

图 6-15　与下砧接触时间过长，使温度降低所引起的锻裂

（7）砧子转角处应倒成适当的圆角。

莱氏体高合金工具钢锻后冷却过快时由于温度应力和组织应力较大，容易产生开裂，因此锻后应缓慢和均匀地冷却：堆冷、灰冷或砂冷，必要时进行炉冷。

莱氏体工具钢锻件在冷却到室温后心部金属由奥氏体变成马氏体时体积膨胀，表层金属受拉应力，这时表层已是淬硬的马氏体，塑性很低容易开裂，尤其当锻件尺寸较大时更是这样。由于心部残余奥氏体转变为马氏体要持续一段时间，所以莱氏体工具钢锻件应在 24h 之内进行退火。退火的目的是消除内应力，增加工件韧性，降低硬度以便于加工。高速钢退火时必需装箱、密封，使其不产生氧化和脱碳。退火曲线见图6-16。

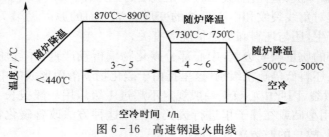

图 6-16　高速钢退火曲线

Cr12 型钢由于沿晶界和晶内有大量坚硬的碳化物存在，锻造时热效应比较严重，加之，其共晶温度低，因此，比高速钢更容易产生锻造过程中的过热和过烧现象。为此，在锻造操作中发现有升温现象时，应及时减轻锤击力量或稍停一会儿，待坯料冷却至正常锻造温度后，再增大锤击力。

由于 Cr12 型钢的锻造温度范围较窄，故每火次的变形量不能太大。

4. 萘状断口

萘状断口是一种脆性穿晶断口（图 6 - 17），断口上有许多取向不同、比较光滑的小平面，像萘状晶体一样闪闪发光。高速钢终锻温度过高、最后一次变形落入临界变形区和锻后的退火时间不充分时，就常形成萘状断口；连续两次淬火（中间不进行退火）时，也常易产生萘状断口。

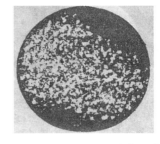

图 6 - 17 W18Cr4V 终锻温度过高引起的萘状断口

萘状断口使高速钢的韧性降低。使用时，刀具易崩刃。为防止萘状断口，最后一次的终锻温度应低于 950℃，一般应控制在 900℃～950℃范围内，而且最后一火应有足够的变形量。当发生意外情况，在最后一火没有完工的锻件，允许加热再锻，但加热温度不要超过 1000℃。如需第二次淬火时，应进行中间退火。

6.1.3 工艺过程中应注意的一些问题

1. 加热

（1）由于莱氏体高合金工具钢的共晶组织的熔点较低，加热时应严格控制其上限温度。

（2）由于这类钢内含有大量合金元素，导热性较差，加热时温度应力较大，加之材料塑性低，容易产生裂纹，故低温区钢锭必须缓慢加热，一般采用二段或三段缓慢加热法。对于钢坯，因为经过开坯和轧制，铸造组织已被打碎，塑性有所提高，铸造残余应力已被消除，并且，钢坯断面尺寸较小，所以第一阶段加热速度可以快一些，装炉温度可以高一些。

加热到始锻温度后应有一段保温时间，使坯料均匀热透，并使碳化物较多地溶入固溶体，以提高钢的塑性。

在加热过程中，要将钢锭或钢坯勤翻动，使各处温度均匀，以免锻造时因变形不均匀产生裂纹。

2. 锻造温度范围

由于莱氏体钢有熔点较低的网状共晶组织，碳化物偏析严重，以及导热性差、塑性低等特点，必须严格控制始锻温度。最后一火次的始锻温度应适当低些，最理想的情况是：当锻造结束时，正好达到终锻温度。

对于终锻温度,在不破坏金属完整性的前提下应尽可能低些,因为在较低温度下锻造,可以有效地打碎碳化物,并防止二次碳化物聚集。不过,终锻温度过低时,变形抗力大,材料塑性低,容易开裂。

莱氏体高合金工具钢的锻造温度范围见表6-5。

表6-5 莱氏体高合金工具钢的锻造温度范围

钢号	锻造温度范围/℃			
	钢锭		毛坯	
	加热	终锻	加热	终锻
W18Cr4V	1150~1180	975~1000	1150~1180	900~920
W12Cr4V4Mo	1170~1190	900	1130~1150	850
W9Cr4V2	1170~1190	900	1130~1150	900
W6Mo5Cr4V2	1100~1150	900~950	1090~1130	900
W2Mo9Cr4V2	1150~1170		1130~1150	
W6Mo5Cr4V2Ti	1150~1170		1130~1150	
Cr12MoV			1050~1100	840~880
Cr12	1050~1100	850~950	1040~1080	840~880
Cr12V			1040~1080	840~880

3. 锻造

莱氏体钢锻造的内容包括钢锭开坯和改锻。

开坯的目的是改善钢锭的铸态组织,使网状碳化物和晶粒得到初步破碎,为了保证钢坯的质量,必须保证一定的锻比,一般选 $y=7\sim8$。开坯一般在锤上进行。因为钢锭的塑性低,开坯时第一次必须轻打,打碎钢锭表层的铸造组织,改善其塑性,然后再加大锤击力量,才不致产生裂纹。

开坯时,常采用一般拔长的方法锻造。一些工厂也采用"走扁方"的方法进行锻造。后者破碎碳化物的效果比较好。因为"走扁方"锻造时,加大了每次行程的锻造变形量,使变形深入到钢锭中心碳化物聚集最多的区域,可使其充分破碎和均匀分布。走扁方次数最好在二次以上,打扁时应重锤锻打,且一锤一走钢,送进量应小一点,一般为砧宽的1/3左右,每走一次扁方要转90°。在放大扁时,要防止偏心,以免影响钢坯质量。

开坯时,常容易产生裂纹,尤其是角裂,出现裂纹后要及时清除,以免扩大。当裂纹过于严重时应停止锻造,在温度允许的条件下,清除缺陷后再回炉重新加热。

改锻时的变形方法和变形程度的确定,以及有关的注意事项,前面已有介绍,不再重复。

4. 冷却

由于莱氏体高合金工具钢导热性差,冷却过快时,将使内外温差很大,产生较大的温度应力,容易形成裂纹,所以,锻后应缓慢而均匀地进行冷却。常采用堆冷、砂冷或灰冷,必要时进行炉冷。砂冷的规范是:锻后立即入砂,出砂温度不大于150℃。

5. 退火

莱氏体高合金工具钢锻件冷却到室温后,心部金属由奥氏体变成马氏体,体积膨胀,表层金属受拉应力,这时表层已是淬硬的马氏体,塑性很低,容易开裂,当锻件尺寸较大时,更是如此。由于心部残余奥氏体转变为马氏体要持续一段时间,所以这类钢的锻件应在24h内进行退火。

退火的目的是消除内应力、提高工件韧性、降低硬度以便于加工。退火曲线见图6-18和图6-19。高速钢退火时必须装箱,以防氧化和脱碳。

退火后的硬度:高速钢为207HB~255HB;Cr12为217HB~269HB;Cr12MoV为207HB~255HB。

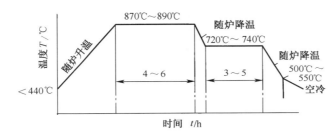

图6-18　W18Cr4V钢退火曲线

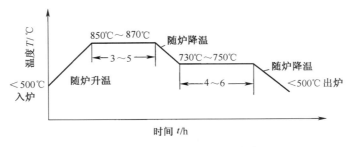

图6-19　Cr12MoV钢退火曲线

6.2　不锈耐酸钢塑性成形件的常见质量问题与控制措施[41]

不锈耐酸钢是不锈钢和耐酸钢的总称。在大气中能抗腐蚀的钢称为不锈钢。在某些化学浸蚀性介质(如河水、海水、盐、碱和某些酸溶液)中能抵抗腐蚀的钢称为耐酸钢。

不锈耐酸钢除要求耐蚀性外,还要求具有一定的力学性能、焊接性能、冷变形

221

性能和切削性能等以满足构件的使用要求。为此在钢中加入大量的 Cr、Ni、Mn、Ti 等合金元素,其中 Cr 是提高防腐蚀性能的主要元素。

不锈耐酸钢按组织可分为铁素体、奥氏体和马氏体三大类。也有介于两类之间的。在某些文献资料中将不锈耐酸钢分为五类(增加了奥氏体铁素体复相不锈钢和沉淀硬化型不锈钢),但从塑性加工工艺角度考虑,以分三类为宜。

6.2.1 铁素体不锈钢

该类钢具有良好的耐酸性,常用作制造硝酸、磷酸、次氯酸钠等的设备、换热器、蛇形管、蒸气过热器管道以及食品工厂设备等。

常用的一部分铁素体不锈耐酸钢的牌号及成分见表 6-6。

表 6-6 铁素体型耐酸不锈钢的牌号和成分

钢 号	化学成分(质量分数)/%								
	C	Si	Mn	S	P	Cr	Ni	Ti	Mo
1Cr17	≤0.12	≤0.80	≤0.80	≤0.030	≤0.035	16~18			
1Cr28	≤0.15	≤1.00	≤0.80	≤0.030	≤0.035	27~30		≤0.20	
1Cr17Ti	≤0.12	≤0.80	≤0.80	≤0.030	≤0.035	16~18		5×C%~0.8	
1Cr25Ti	≤0.12	≤1.00	≤0.80	≤0.030	≤0.035	24~27		5×C%~0.8	
1Cr17Mo2Ti	≤0.10	≤0.80	≤0.80	≤0.030	≤0.035	16~18		≤7×C%	1.6~1.9

由表 6-6 中可见,铁素体不锈耐酸钢中加入了大量的 Cr、Si 等合金元素。钢中加入 Cr 是为了提高钢的电极电位,增强钢的抗腐蚀能力,Si 也有和 Cr 同样的作用。

不锈钢中加入约 2%Si(质量分数)可提高在硫酸和盐酸中的抗腐蚀性。但 Si 量过高将使钢的塑性急剧降低,Si 量为 4%~5%(质量分数)后就不易锻轧加工,更不易冷变形。

由 Fe-Cr 二元相图(图 6-20)可知,当钢中 Cr 量大于 12.5%(质量分数)时,钢液结晶后始终保持 α 铁素体组织,加热和冷却时不发生同素异构转变,故不能通过热处理方法来细化组织。该类钢加热至 475℃附近或自高温缓冷至 475℃附近时,有 α″析出,产生脆化现象,即所谓 475℃脆性。该类钢在 820℃~520℃长期加热或缓冷将析出 σ 相,引起钢的脆化。

1. 铁素体不锈耐酸钢的锻造特点

(1) 该类钢的再结晶温度低、再结晶速度快,加热温度超过 900℃后,晶粒迅速长大(图 6-21)。

(2) 该类钢的塑性较差,尤其是该类钢的钢锭为粗大晶粒的柱状晶,塑性很低。

(3) 该类钢的导热性差,热膨胀系数大。加热和冷却过程中的温度应力较大。

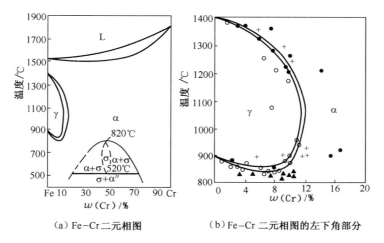

（a）Fe-Cr二元相图　　（b）Fe-Cr 二元相图的左下角部分

图 6-20　Fe-Cr 二元相图

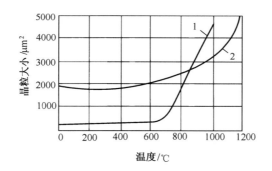

图 6-21　晶粒大小随温度的变化

1—铁素体钢；2—奥氏体钢。

（4）该类钢在 820℃～520℃附近长期加热或缓慢冷却时有 σ 相和 α″相析出，引起脆性。

2. 锻造过程中常见的质量问题与控制措施

1）晶粒粗大

铁素体钢的晶粒度对性能有很大影响。粗晶使铁素体钢的室温力学性能和抗腐蚀性能下降。晶粒很粗大时，钢的脆性很大，甚至锻件切边时，就会出现裂纹。

该类钢于 600℃时晶粒就开始长大，950℃以上发生晶粒急剧长大的现象，随着加热温度和加热时间增加，能产生较粗大的晶粒。而且该类钢是无同素异构转变的单相钢，不能用热处理的方法细化晶粒。防止晶粒粗大的措施如下：

（1）锻造该类钢时，加热温度应小于 1150℃；900℃以上要快速加热，尽量缩短高温停留时间。

（2）变形程度应足够大，最后一火次的锻造变形量不应小于 30%。

(3) 终锻温度应不高于 800℃。但是为了避免温度过低产生加工硬化,终锻温度不应低于 700℃,通常选用 750℃。

2) 裂纹

该类钢导热性差、塑性低,尤其是钢锭为粗大晶粒的柱状晶,塑性很低,锻造过程中很易开裂。防止裂纹的措施是:

(1) 钢锭应预先进行退火处理,钢锭表面必须经过修磨或扒皮,不允许有任何缺陷存在,否则将会在锻造过程中产生严重开裂。

(2) 钢锭入炉温度应不超过 700℃,热锭装炉温度不限;在 760℃ 以前应缓慢升温,加热速度一般为 0.5mm/min~1mm/min,但 900℃ 以上要快速加热,钢锭加热温度为 1100℃~1150℃,钢坯加热温度为 1100℃~1130℃;钢锭加热到规定的均热阶段时,必须勤翻料,以保证锭料出炉时阴阳面温差较小。

(3) 锻造过程中要注意轻击快打,尤其是第一火要勤打、勤翻、勤倒角,其目的是提高钢的塑性,避免锻裂;锻造方坯时不要出棱角,防止因棱角温度低而开裂;锻造中发生鱼鳞状裂纹时,继续锻打即可消除。

3) σ脆性和 475℃脆性

高铬铁素体不锈钢常易产生 σ 脆性和 475℃脆性。前面已经介绍,这两种脆性分别是在 820℃~520℃ 和 475℃ 附近长期加热或缓慢冷却时由于 σ 相和 α″相的沉淀引起的。当加热温度超过上述两个温度范围时,σ 相和 α″相将迅速溶入基体。而锻造加热温度均超过 1100℃,故在锻造加热过程中不会引起 σ 脆性和 475℃脆性。因此,为了防止 σ 脆性和 475℃脆性的产生,关键是控制锻后的冷却速度。该类钢锻后应分散空冷,快速通过上述两个脆化区。

6.2.2 奥氏体(包括奥氏体—铁素体)不锈钢

1. 概述

镍铬奥氏体耐酸不锈钢,除了有较好的耐蚀性、室温及低温韧性外,还具有良好的工艺性能。这类钢突出的冷变形性能是铁素体不锈钢所不及的,因此,该类钢得到了广泛应用。该类钢常冷轧后用以制造不锈钢结构及零件,无磁性零件等。1Cr18Ni9Ti 是目前应用最广的一种,它被用来制作在 610℃ 以下长期工作的锅炉和汽轮机的零件以及化工中各种阀门零件。

我国常用的奥氏体型不锈耐酸钢的牌号和成分见表 6-7。现以 1Cr18Ni9Ti 为例对该类钢的特点介绍如下:1Cr18Ni9Ti 钢属于奥氏体型不锈耐酸钢,其相图见图 6-22。由该图可知,经过 1050℃~1100℃ 的淬火处理(水中或空气中)后呈单相奥氏体组织,它在不同温度和浓度下的各种强腐蚀介质中(如硝酸、大部分有机酸和无机酸的水溶液、磷酸、碱及煤气等)均有良好的耐酸蚀性,在空气中热稳定性也很高,达 850℃。但当钢中铁素体形成元素(Cr、Ti、Si)含量增加时,就可能出现 α 相,使塑性降低,化学稳定性下降。另外,加热温度过高时,则由 γ 区进入 α+γ

表 6-7 奥氏体型耐酸不锈钢的牌号和成分

钢号	化学成分(质量分数)/%										
	C	Si	Mn	S	P	Cr	Ni	Ti	Mo	Nb	其他
0Cr18Ni9	≤0.06	≤1.00	≤2.00	≤0.030	≤0.035	17~19	8~11				
1Cr18Ni9	≤0.12	≤1.00	≤2.00	≤0.030	≤0.035	17~19	8~11				
2Cr18Ni9	0.13~0.22	≤1.00	≤2.00	≤0.030	≤0.035	17~19	8~11				
0Cr18Ni9Ti	≤0.08	≤1.00	≤2.00	≤0.030	≤0.035	17~19	8~11	5×C%~0.7			
1Cr18Ni9Ti	≤0.12	≤1.00	≤2.00	≤0.030	≤0.035	17~19	8~11	5(C%-0.02)~0.8			
1Cr18Ni11Nb	≤0.10	≤1.00	≤2.00	≤0.030	≤0.035	17~20	9~13			8×C%	
2Cr13Ni4Mn9	0.15~0.25	≤1.00	8~10	≤0.030	≤0.060	12~14	3.7~5.0				
1Cr18Ni12Mo2Ti	≤0.12	≤1.00	≤2.00	≤0.030	≤0.035	16~19	11~14	5(C%-0.02)~0.8	1.8~2.5		
0Cr18Ni18Mo2Cu2Ti	≤0.07	≤1.00	≤2.00	≤0.030	≤0.035	17~19	17~19	≥7×C%	1.8~2.2		Cu:1.8~2.2
4Cr14Ni14W2Mo	0.4~0.5	≤0.80	≤0.70			13~15	13~15		0.25~0.40		W:2.0~2.75

区,也会使 α 铁素体量增多,高温塑性显著下降。在 700℃～900℃区间如加热和冷却缓慢则都将有 σ 相析出。σ 相是非常脆的金属间化合物,σ 相的出现会使不锈钢塑性降低。因此在该温度区间要快热和急冷。奥氏体不锈耐酸钢的锻造特点如下:

（1）由于钢内含有大量 Cr、Ni 等合金元素,使再结晶温度升高、速度减慢。

（2）由于钢内含有大量 Cr、Ni 等合金元素,使其变形抗力增大。18-8 型钢的变形抗力大约是碳钢的 1.5 倍。

（3）导热性差。1Cr18Ni9Ti 钢在低温区热导率仅为普通钢的 1/3(室温下碳钢热导率为 41.868W/(m·℃);而这种钢 100℃时为 16.132W/(m·℃),500℃时为 22.123W/(m·℃)),随着温度升高热导率也提高。

（4）锻造温度范围窄,因为始锻温度过高时,铁素体量增多,使塑性下降;另外,1Cr18Ni9Ti 钢具有高温晶粒粗化倾向(图 6-23),这种粗大晶粒不能用热处理相变方法来细化,其加热温度应低于 1200℃。在 700℃～900℃区间有 σ 相析出,使塑性降低,因此终锻温度也不能过低。一般始锻温度为 1150℃～1180℃,终锻温度为 850℃～900℃。

225

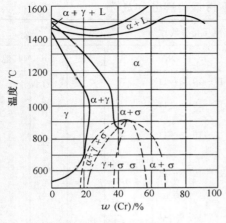

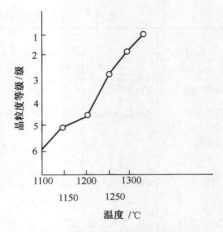

图 6-22　铁—铬状态图　　　　图 6-23　1Cr18Ni9Ti 高温晶粒粗化曲线

2. 锻造过程中常见的质量问题与控制措施

1）晶界贫铬，抗晶间腐蚀性能下降

该类钢的零件在工作中破坏的主要原因常常是晶间腐蚀，晶间腐蚀的原因是由于晶界贫铬。晶界附近基体中的铬含量低于一定数值时，电极电位显著降低，使材料抗晶间腐蚀性能明显下降。引起奥氏体钢晶界附近贫铬的原因是：①加热产生渗碳现象时，碳与铬在晶界区形成大量碳化铬。②在低于 900℃时，缓冷或缓慢加热，沿晶界析出含铬量高的金属间化合物 σ 相。③在 500℃～900℃缓冷或缓慢加热，沿晶界有铬的碳化物析出。

因此，这类钢应当在微氧化气氛中加热，在加热和冷却时应迅速通过碳化物和 σ 相析出的温度范围，并且锻后应进行固溶处理，使已析出的碳化物和 σ 相重新溶入奥氏体，以得到均匀单一的常温奥氏体组织。固溶温度一般为 1020℃～1050℃，采用水冷。为防止晶粒长大，固溶温度不宜过高，保温时间不宜过长。

2）晶粒粗大

晶粒度对奥氏体钢性能的影响没有高温合金明显，但是晶粒粗大也引起力学性能、抗晶间腐蚀性能和焊接工艺性能降低。对需要进行氮化处理的4Cr14Ni14W2Mo、2Cr18Ni2W2 等奥氏体钢零件，要求锻件晶粒度≥6 级，否则，氮化层要起皮剥落。奥氏体钢无同素异构转变，因此锻造加热温度和变形程度对晶粒度有很大影响。为了获得细小而均匀的晶粒组织，最后一火应具有足够大的变形量。对于不同的锻件和工序，应依其变形量不同，采用不同的加热温度。例如，2Cr18Ni8W2 衬套锻件要求晶粒度≥6 级，某厂原工艺加热温度为(1160＋20)℃，晶粒 3 级～5 级；后来加热温度改为(1120＋20)℃时，晶粒度就达到了 6 级～7 级。

3）铁素体带状组织和裂纹

奥氏体—铁素体钢中含有 α 铁素体。在某些奥氏体钢中(如 1Cr18Ni9Ti 钢)，也会出现 α 铁素体。这类钢在变形时，α 铁素体沿主伸长方向被拉长形成带状组织，并

226

且很易沿铁素体带开裂。α铁素体带的出现,将会降低锻件的横向力学性能,增加锻件的缺口敏感性,并使之具有磁性,同时锻后酸洗时,还会引起过腐蚀缺陷。

铸锭中的α铁素体的数量往往高于轧材,因为轧前的加热已使α铁素体部分地溶解于奥氏体中。因此,为了保证奥氏体钢具有适当的可锻性,必须控制原材料中α铁素体的含量。一般要求奥氏体钢中α铁素体不大于2.5级(约12%)。对于α铁素体含量较高的原材料,为避免锻造时开裂,不应采用拉应力较大的镦粗、冲孔等工序。在这种变形工序中,当α铁素体大于1级(5%)时,即可能出现裂纹。

对α铁素体较多的原材料,加热时可适当延长保温时间或采用锻前固溶处理(图6-24~图6-27),使钢中的铁素体溶解于奥氏体中,或聚集变圆,或由带状变成链状,以改善钢的塑性。图6-24和图6-25是1Cr18Ni9Ti钢的过热组织,图6-26和图6-27是将其加热到1050℃保温2h,正火后的组织。

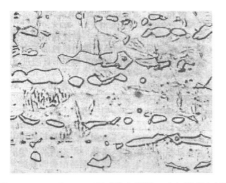 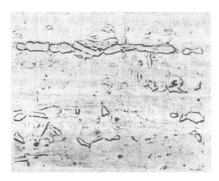

图6-24 1Cr18Ni9Ti钢A锻坯正火前的过热 组织(α相呈针状及网状分布) 400×

图6-25 B锻坯正火前过热组织 (α相呈针状及网状分布) 400×

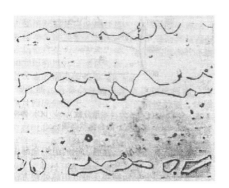 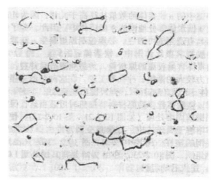

图6-26 A锻坯正火后的显微组织 (针状及网状α相消失) 400×

图6-27 B锻坯正火后的显微组织 (针状及网状α相消失) 400×

奥氏体钢钢锭的柱状晶很粗大,钢锭和钢坯的表面缺陷较多,为避免锻造时开裂,加热前需用机械加工方法除去表面缺陷。锻造钢锭时,开始应轻压,当变形量超过30%后才能重压;锻造过程中,应注意操作方法,提高变形的均匀性,尽量减小附加拉应力。

6.2.3　马氏体(包括马氏体—铁素体)不锈钢

1. 概述

马氏体不锈钢包括含碳量在 $0.05\%\sim0.45\%$(质量分数)的各种 Cr13 型不锈钢和 9Cr18 不锈钢。该类钢在弱腐蚀介质中,温度不超过 30℃的条件下有良好的耐蚀性。在淡水、海水、蒸气、空气条件下也有足够的耐蚀性。0Cr13、1Cr13 及2Cr13 一般用作较高韧性与受冲击负荷的零件,例如汽轮机叶片、水压机阀。3Cr13一般用作有较高硬度要求的热油泵轴及阀门等零部件。4Cr13、9Cr18 等用作切削、测量、外科医疗工具、弹簧和滚珠轴承等[19]。

我国常用的马氏体不锈耐酸钢的牌号和成分见表 6-8。图 6-28 为含 12%Cr(质量分数)、0~1%C(质量分数)的合金状态图。由状态图可知,这类钢在室温下的平衡组织是由铁素体加碳化物组成。该类钢加热到 A_{c3} 和 A_{cm} 点以上的一定温度呈单一的奥氏体相。如果加热温度过高,则由单相状态过渡到双相状态,使钢的塑性下降。

表 6-8　马氏体型不锈耐酸钢的牌号和成分

钢　号	化学成分(质量分数)/%									
	C	Si	Mn	S	P	Cr	Ni	Mo	V	其他
0Cr13①	≤0.08	≤0.60	≤0.80	≤0.030	≤0.035	12~14				
1Cr13①	0.08~1.15	≤0.60	≤0.80	≤0.030	≤0.035	12~14				
Cr17Ni2①	0.11~0.17	≤0.80	≤0.80	≤0.30	0.035	16~18	1.5~2.5			
2Cr13	0.16~0.24	≤0.60	≤0.80	≤0.030	≤0.035	12~14				
3Cr13	0.25~0.34	≤0.60	≤0.80	≤0.030	≤0.035	12~14				
4Cr13	0.35~0.45	≤0.60	≤0.80	≤0.030	≤0.035	12~14				
9Cr18	0.90~1.00	≤0.80	≤0.80	≤0.030	≤0.035	17~19				
9Cr18MoV	0.85~0.95	≤0.80	≤0.80	≤0.030	≤0.035	17~19		1.0~1.3	0.07~0.12	
1Cr11Ni2W2MoV	0.10~0.16	≤0.60	≤0.60	≤0.025	≤0.030	10.5~12	1.4~1.8	0.35~0.50	0.18~0.40	W:1.5~2.0
①为马氏体—铁素体型不锈钢。										

该类钢从淬火温度空冷至室温,钢的组织全部由马氏体组成。

由于该类钢有同素异构转变,可以用热处理方法细化晶粒,因此,对锻造时的变形工艺要求不像奥氏体和铁素体钢那样严格。但是该类钢由于空冷就形成马氏体,产生的组织应力很大,因此锻后空冷是很重要的一环。

马氏体不锈耐酸钢的锻造特点:

(1) 该类钢加热高于一定温度后出现 δ 铁素体,进入双相状态,变形时极易引

228

起裂纹。该类钢开始出现δ铁素体的温度大约在1150℃，因此，始锻温度一般取为1150℃。终锻温度应高于Ar_1，对含碳量低的钢可取为850℃，对于含碳量高的钢取为950℃。

（2）马氏体不锈耐酸钢锻造加热温度过高，变形程度太小或变形不均时，冷却后原粗大奥氏体晶粒形成粗大马氏体组织，且低倍粗晶的倾向性大。

（3）该类钢空冷即形成马氏体组织，锻后应缓冷，以防由于组织应力和热应力的作用使锻件产生冷却裂纹。

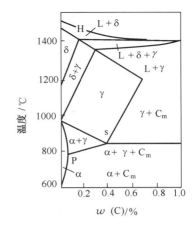

图6-28 含12%Cr（质量分数）、0~1%C（质量分数）的合金状态图

2. 锻造过程中常见的质量问题与控制措施

1）锻造裂纹

该类钢含铁素体形成元素较多，使相图中的铁素体区大大右移。加热过程中在高于一定温度后出现δ铁素体。加热温度越高，保温时间越长，δ铁素体数量越多。结果使该类钢处于两相区状态下，因此变形时极易引起锻造裂纹。

锻件内出现δ铁素体后，要降低钢的横向力学性能，增大缺口敏感性并且容易过腐蚀。这种缺陷用一般热处理工艺不能消除。此类钢出现δ铁素体的温度约1150℃，加热时要予以控制。另外，锻造时避免金属快速流动，防止由于热效应引起局部过热，出现δ铁素体而使钢的可锻性降低。

该类钢锻件中的δ铁素体，有时是由原材料带来的。因此，应控制原材料中δ铁素体的含量。

2）冷却裂纹

该类钢对冷却速度特别敏感，锻后空冷也会形成较大的组织应力和热应力，使锻件产生冷却裂纹，对较薄的锻件尤其如此。因此该类钢锻件锻后应经热处理，待消除应力后再行酸洗，否则容易出现应力腐蚀裂纹。锻后未缓冷而后又未及时消除残余应力的锻件，在空气中放置时间过长，也会出现应力裂纹和应力腐蚀裂纹。因此，这类钢锻后应缓冷（一般在200℃砂坑或炉渣中缓冷），并及时进行热处理，以消除内应力。在锻造过程中，要防止水等冷却模具的介质喷到锻件上，以免引起局部开裂。

3）组织粗大和低倍粗晶

对于马氏体不锈钢，若锻造时加热温度过高，锻造变形太小或变形不均匀，则冷却后原粗大奥氏体晶粒形成粗大马氏体组织，且低倍粗晶的倾向性极大。往往在锻件热处理后，出现低倍粗晶和组织粗大的缺陷。这种粗大组织的遗传性很强，比较顽固，锻后热处理也难以消除。

马氏体不锈钢的这种组织粗大和低倍粗晶缺陷使钢的韧性、塑性和疲劳性能下降,因此应加以预防,见第5章5.2节。

Cr17Ni2、1Cr13 属于马氏体—铁素体钢,其锻造特点和易出现的质量问题与马氏体不锈钢相似。该类钢含有较多的初生 α 铁素体,其铁素体的含量随加热温度和保温时间的增加而增多。该钢由于是双相组织,塑性较低,特别容易出现铁素体带,这将使锻件的横向性能,特别是塑性指标和冲击韧度剧烈降低,见表 6-9。因此,锻前加热温度通常不超过 1180℃,始锻温度一般为 1100℃~1150℃。该类钢终锻温度一般不应低于 800℃,否则会出现加工硬化现象,变形抗力增大,而且易出裂纹。当钢中含微量铅、锡、砷时,其塑性将下降更大。该类钢有形成龟裂和撕裂的倾向。

该类钢锻后冷却有马氏体转变,快冷时易形成裂纹。钢的含碳量越高,产生裂纹的倾向性越大。

表 6-9　带状组织对 Cr17Ni2 钢力学性能的影响

取样方向	力学性能(平均值)					
	σ_b/MPa	$\sigma_{0.2}$/MPa	δ/%	ψ/%	硬度/HB	α_k(MJ/m²)
纵向 0°	935	716	18.7	59.1	3.64	1.15
横向 90°	917	703	15.9	46.3	3.64	0.26
弦向 45°	925	711	18.7	57.1	3.65	0.59

6.3　高温合金塑性成形件的常见质量问题与控制措施

6.3.1　概述

高温合金主要用于制造燃气涡轮发动机的重要零件,如涡轮叶片、涡轮盘、承力环、火焰筒安装座等。此类零件不仅要求具有很高的高温性能和良好的疲劳性能,而且要求具有抗氧化、抗腐蚀性能和一定的塑性。

变形高温合金可分为铁基、镍基和钴基合金三类,这里主要介绍前两类。

我国常用的合金牌号有 GH3030、GH32、GH4033、GH34、GH2036、GH4037、GH4043、GH4049、GH2130、GH2135、GH1140 和 GH220 等。其中 GH34、GH2036、GH2130、GH2135、GH1140 是铁基高温合金,其余的是镍基高温合金。在这些高温合金中含有大量的 Cr、Ni、Ti、Al、W、Mo、V、Co、Nb、B、Ce 等合金元素。就铁基高温合金来说,加入较多的 Cr 是为保证合金在高温下的抗氧化能力;加入较多的镍:一方面是为保证得到奥氏体基体,另一方面是与钛、铝生成合金的主要强化相 $Ni_3(Ti、Al)$,还有一个方面是镍和铬配合使用能够提高合金的抗氧化能力;加入高熔点的金属元素如 W、Mo、V、Co 等来提高合金的再结晶温度;加入 W、Mo、V、Nb 等强烈的碳化物形成元素和合金中微量的碳作用,生成高度分散的高熔点的碳化物粒子,它们主要分布在晶界处,是强化相;加入硼是为了生成硼和

230

金属元素间的硼化物,硼化物分布在晶界处,是强化晶界的主要强化相;铈的加入是为了进一步清除液态合金中的杂质元素,因而使合金晶界处得到净化,有较紧密的结合,有较高的强度。

我国高温合金特别是镍基耐热合金的冶炼方法主要是电弧炉、电弧炉＋真空自耗、电弧炉＋电渣重熔。为了提高合金的纯度以提高合金的性能,往往采用电弧炉＋真空自耗。但该种冶炼方法往往由于杂质少,易出现粗晶缺陷。

高温合金铸锭中存在的冶金缺陷较多,例如铸锭中柱状组织较为发达,存在显微疏松和枝状疏松以及各种宏观及微观不均匀组织,致使铸态合金的性能较低,经过热塑性变形后合金的性能有较大提高,随着总变形程度的增大,高温合金纵向纤维试样的力学性能,也和普通结构钢一样有规律地提高,但其横向试样的力学性能不像结构钢那样剧烈下降,而是变化较小。这是由于:具有均匀固溶体的单相高温合金,在变形及随后的再结晶所获得的晶体位向与主变形方向仅有较小的重合,这就减小了纤维纵向和横向力学性能之间的差别。而结构钢通常具有多相组织,在塑性变形过程中所获得的纵向上的方向性组织在再结晶后仍部分地保留下来,加之结构钢的杂质较多,它们沿纵向被拉长,这就使得其纵向和横向性能间的差别较大。

为了获得较高的力学性能,高温合金铸锭的总压缩比通常控制在 4～10 范围内。

晶粒尺寸对高温合金的性能有较大影响,从室温力学性能的角度看,晶粒越细越好。例如 GH2135 合金,当晶粒度从 4 级～6 级细化到 7 级～9 级时,室温疲劳强度从 290MPa 提高到 400MPa,但从高温性能角度看,晶粒适当粗些可使晶界总面积减少,有利于提高合金的持久强度。对于高温合金来说,晶粒大小不均匀是最有害的,它将使持久强度和抗蠕变强度显著降低。因此,综合晶粒度对室温和高温性能的影响,取均匀适中晶粒为宜。

高温合金锻件晶粒的最终尺寸除与固溶温度等有关外,还与固溶前锻件的组织状态有很大关系。如果锻后是未再结晶的组织,而且处于临界变形程度时,固溶处理后将形成粗大晶粒;如果锻后是完全再结晶组织,固溶处理后一般可以获得较细较均匀的晶粒;如果锻后是不完全再结晶组织,固溶处理后晶粒将是大小不均匀的。锻件的组织状态取决于锻造温度和变形程度,应注意控制。

高温合金的锻造特点如下:

1. 塑性低

高温合金由于合金化程度很高,具有组织的多相性且相成分复杂,因此,工艺塑性较低。特别是在高温下,当含有 S、Pb、Sn 等杂质元素时,往往削弱了晶粒间的结合力而引起塑性降低。

高温合金一般用强化元素铝、钛的总含量来判断塑性高低,当总含量不小于 6%(质量分数)时,塑性将很低。镍基高温合金的工艺塑性比铁基高温合金低。高温合金的工艺塑性对变形速度和应力状态很敏感。有些合金铸锭和中间坯料需采用低速变形和包套镦粗，包套轧制，甚至包套挤压才能成形。

2. 变形抗力大

由于高温合金成分复杂，再结晶温度高，再结晶速度慢，在变形温度下具有较高的变形抗力和硬化倾向。变形抗力一般为普通结构钢的 4 倍～7 倍。

3. 锻造温度范围窄

高温合金与碳钢相比，熔点低，加热温度过高容易引起过热、过烧。若停锻温度过低，则塑性低、变形抗力大，且易产生冷热混合变形导致锻件产生不均匀粗晶。因此，高温合金锻造温度范围很窄，一般才 200℃ 左右。而镍基耐热合金的锻造温度范围更窄，多数在 100℃～150℃，有的甚至小于 100℃。

4. 导热性差

高温合金低温的热导率较碳钢低得多，所以，一般在 700℃～800℃ 范围需缓慢预热，否则会引起很大的温度应力，使加热金属处于脆性状态。

6.3.2 锻造过程中常见的质量问题与控制措施

高温合金锻件，除了因原材料冶金质量不良引起的非金属夹杂、异金属夹杂、带状组织、分层、碳化物堆积、点状偏析、残留缩孔和疏松等缺陷外，由于锻造工艺不当经常出现的缺陷有下面几种。

1. 粗晶

粗晶是指在锻件中存在有晶粒粗大或晶粒大小不均匀的组织。它是高温合金锻件中最常见的一种缺陷。粗晶使材料的疲劳和持久性能明显下降。涡轮叶片、涡轮盘等重要零件，对粗晶均有严格要求。

粗晶产生的主要原因：变形温度低于或接近于合金再结晶温度，加热温度过高，变形程度小（处于临界变形程度范围内）或变形不均匀，以及合金成分控制不当等[42,53]。具体介绍如下。

锻造加热温度过高或原始晶粒过大，锻造时变形分布不均匀或变形小的部分落入临界变形范围；或锻造温度过低，形成冷热混合变形，固溶处理后在锻件体内将产生晶粒大小不均匀。防止的措施是控制好加热和锻造温度；改善坯料形状，使模锻时各断面变形尽量均匀一致；以及采用原始晶粒度小的坯料等。

锻造时如表层金属变形程度小，落入临界变形范围或终锻时锻件表面温度低于合金的再结晶温度，留下加工硬化痕迹，固溶处理后将产生表面粗大晶粒。防止的措施是将模具预热温度提高到 350℃，操作工具预热至 150℃，采用效果良好的润滑剂，加快操作，防止闷模使金属表面温度急剧下降，最好整个模锻操作时间不超过 10s。

在其他条件正常的情况下如固溶温度过高将产生锻件整体粗晶。

当合金中存在钛氮化合物、硼氮化合物等，形成偏析时，这些化合物偏析都阻碍晶粒长大，因此，锻件中有这类偏析的部分，具有细小的晶粒和较高的硬度，没有这类偏析的部分，晶粒则比较粗大，导致在锻件内形成大小不均匀的晶粒。

GH88 合金增压器叶片锻造时,当锻造加热为 1070℃、30min 和 1180℃、45min,以及锻造中不涂润滑剂时,经正常热处理(1180℃、1h 水淬＋800℃、16h 时效)后的叶片锻件皆出现不同程度的粗晶(图 6-29～图 6-32)。该叶片的原坯料为均匀细小的晶粒组织(图 6-33)。当锻造加热为 1070℃、30min 时,叶片的表层温度低,发生了不均匀变形,表层金属处于临界变形程度范围内,热处理后导致叶片产生粗晶。而当锻造加热为 1180℃、45min 时,由于临界变

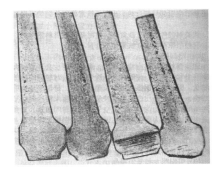

图 6-29　1070℃、30min 加热模锻的叶片低倍组织(叶脊及叶盆处晶粒粗大)

形,处于叶背的表层金属在高温下发生了聚集再结晶,因此形成了粗晶。当叶片模锻时不涂润滑剂,由于表层摩擦力大,使叶片发生了不均匀变形,在叶身内必然有某一部位处于临界变形,导致出现粗晶。当选用适宜的加热规范(1130℃、30min)和改善润滑条件后,叶片基本上不再出现粗晶,其低倍组织及显微组织如图 6-34 和图 6-35 所示。

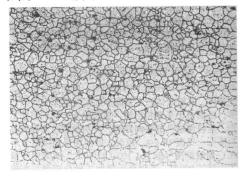

图 6-30　1180℃、45min 加热模锻的叶片叶身中部的晶粒情况　400×

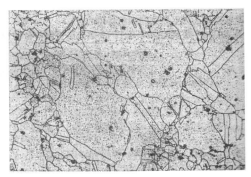

图 6-31　1180℃、45min 加热模锻的叶片叶背的粗大晶粒　400×

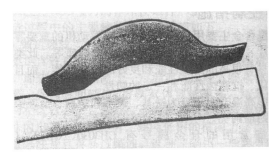

图 6-32　不涂润滑剂模锻的叶片叶身粗晶情况

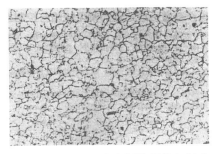

图 6-33　GH88 合金原棒材均匀细小的晶粒组织　400×

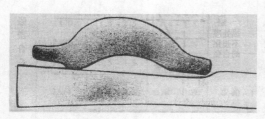

图 6-34　1130℃、30min 加热模锻的叶
片的低倍组织（粗晶基本消除）

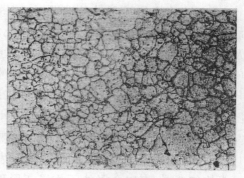

图 6-35　1130℃、30min 加热模锻的叶
片叶身的晶粒情况　100×

第 10 章例 11 介绍了 GH49 高温合金锻造叶片的临界变形粗晶，该例分析认为该合金临界变形粗晶的形成机制是由少数原有晶粒直接长大而形成的，晶粒长大的最初驱动力是晶界两侧的畸变能差。解决该临界变形粗晶的措施是：增大终锻时的变形程度；终锻后将叶片立即放入与锻造温度相同的退火炉内保温 10min，以使畸变能尽可能地释放；另外选用适当的变形温度和改善润滑条件。

为避免高温合金锻件产生粗晶，生产中还应注意如下问题：

（1）高温合金锻件的粗晶与原材料及锻造工艺过程中各个环节（包括加热、变形、模具、润滑、操作等）均有关系。因此，为保证锻件质量稳定，工艺编制要详细、正确，执行工艺要严格、准确。高温合金的重要锻件，即使小批量生产，也应采用模锻。

（2）不同牌号高温合金的再结晶特性有所不同。例如，多数高温合金的临界变形程度为 3%～5%，而 GH2135 合金为 4%～6%，锻造时应使各处变形程度超过上述数值。

（3）不同冶炼方法、不同炉号的同牌号高温合金，由于化学成分的实际含量有差别，因此实际再结晶温度和聚集再结晶温度常常是不一样的。强碳化物和金属间化合物的形成元素碳、铝、钛等的影响更为明显。例如，生产和试验证明：不同冶炼方法、不同炉号的 GH33 合金，其适宜的最高加热温度在 1070℃～1140℃之间变化。因此应根据各批材料的情况采用具体的有效措施。

2. 裂纹

高温合金由于塑性差，锻造时经常出现各种裂纹。尤其是铸锭，由于具有粗大的柱状晶，锻造时更易开裂。产生裂纹的原因主要如下：

（1）有害杂质含量多，铅、铋、锡、锑、砷、硫等都是高温合金中的有害杂质，这些元素的熔点低，在合金中分布于晶界上，降低了合金的塑性。

（2）合金中某些元素（如 GH4037 中的硅、硼及 GH2132、GH2135 中的硼）含量偏高，它们在合金中形成脆性化合物，并沿晶界分布，使合金的塑性降低。

（3）铸锭表面和内部的质量差，或棒材中存在某些冶金缺陷（如夹杂物、分层、缩孔残留、疏松、点状偏析、碳化物堆积等），锻造时引起开裂。

（4）在火焰炉中加热时，燃料和炉气中含硫量过高，硫与镍作用后形成低熔点共晶体，沿晶界分布，降低了合金的塑性。

（5）装炉温度过高，升温速度过快，尤其在加热铸锭和断面尺寸大的坯料时，由于合金导热性差，温度应力大，易引起炸裂。

（6）加热温度过高或变形温度过低。

（7）变形程度过大或变形速度过快。

（8）变形工艺不当，存在较大的拉应力和附加拉应力。

为防止产生裂纹，应当采取如下对策：

（1）对原材料应按标准进行检查，要严格控制有害元素的含量。某些有害元素（如硼）过多时，可适当降低锻造加热温度。

（2）铸锭需经扒皮或砂轮清理后，才能加热锻造。

（3）加热时应控制装炉温度和升温速度。

（4）在火焰炉中加热时应避免燃料中含硫量过高。同时，也不应在强氧化性介质中加热，以免氧扩散到合金中，使合金塑性下降。

（5）要注意控制加热和变形温度。

（6）铸锭拔长时，开始应轻击，待铸态组织得到了适当破碎，塑性有所提高后，再增大变形量。拔长时的每火次总变形量应控制在 $30\%\sim70\%$ 范围内，不应在一处连击，应采用螺旋式锻造法，并应从大头向尾部送进。

对于塑性很低的合金铸锭和中间坯，可采用塑性垫、包套镦粗等变形工艺。

（7）工模具应进行预热（预热温度一般为 $150\text{℃}\sim350\text{℃}$），锻造和模锻时应进行良好的润滑。

3. 过热、过烧

若合金的加热温度过高，高温保温时间过长，则晶粒急剧长大，晶界变粗变直，析出相沿晶界呈条状和网状分布，使合金塑性降低，锻造时易产生开裂，同时还引起合金元素贫化。若进一步提高加热温度，则晶界上的低熔点相将发生氧化和熔化，形成三角晶界，使晶粒松弛并产生掉晶现象，锻造时产生碎裂。

过热、过烧后的合金组织是不能用随后的固溶处理加以消除的，故应严格控制加热温度。

4. 合金元素贫化

高温合金加热时，常产生碳、硼等合金元素贫化。碳、硼是强碳化物和金属间化合物的形成元素。贫碳、贫硼，将使合金的高温持久强度明显下降，室温塑性和韧性降低，并能引起表层晶粒粗大。采用无氧化加热可以防止贫碳，但贫硼现象仍然存在（表 6-10）。为减少合金元素贫化，应避免高温长时间保温。对于合金元素贫化的锻件，为了保证零件的使用性能，贫化层必须在机加工时全部除去。

表 6-10　高温加热条件对合金元素贫化的影响

合金牌号	加热规范	加热设备及保护措施	贫碳层/mm	贫硼层/mm	备 注
GH135	1160℃保温4.5h+1140℃保温4h	电炉	1	3	W、Mo、Al、Ti、Ni、Cr、Mn、Si等合金元素无明显贫化现象
GH37	1200℃保温30min	电炉和液化石油气保护	0	0.8~1.5	
		电炉和玻璃或陶瓷涂料保护	0	1.6~1.8	
	1190℃保温4h+1050℃保温4h	水煤气无氧化加热炉	0	4.8	
GH49	1220℃保温4h+1050℃保温4h	水煤气无氧化加热炉	0	2	

6.4　铝合金塑性成形件的常见质量问题与控制措施[43-45]

6.4.1　概述

铝合金是以铝为基,加入了锰、镁、铜、硅、铁、镍、锌等各种元素而形成的。它密度较小,强度适宜,因而得到了越来越广泛的应用。

根据成分和工艺性能不同,铝合金分为变形铝合金和铸造铝合金两大类。

变形铝合金按其热处理强化能力可分为热处理不强化铝合金和热处理强化铝合金(图6-36)。

变形铝合金按其使用性能及工艺性能分为防锈铝合金、硬铝合金,超硬铝合金和锻铝合金。它们的主要牌号和成分见表6-11。

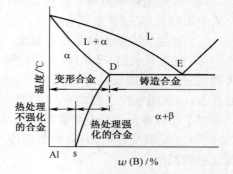

图 6-36　铝合金分类图

表 6-11　变形铝合金主要牌号的化学成分及挤压棒材的力学性能

类别	牌号	化学成分(质量分数)/%						力学性能			
		Cu	Mg	Mn	Fe	Si	其他	直径尺寸/mm	材料状态	σ_b/MPa	δ_s/%
防锈铝合金	5A02		2.0~2.8	或 Cr 0.15~0.40							
	5A05		4.0~5.0	0.3~0.6		V0.02~0.10		厚0.5~4.5	M	270	≥15
	5A11	4.8~5.5		0.3~0.6		Ti 或 V0.02~0.15	Sb0.004~0.05	≤200	M	270	≥15
								>200	M,R	250	≥10
	5A12	8.3~9.6		0.4~0.8		Ti0.05~0.15		≤150	M 或 R	373	≥15
	3A21			1.0~1.6				所有尺寸	M 或 R	≤167	≥20

（续）

类别	牌号	Cu	Mg	Mn	Fe	Si	其他	直径尺寸/mm	材料状态	σ_b /MPa	δ_s /%
硬铝合金	2A01	2.2～3.0	0.2～0.5								
	2A04	3.2～3.7	2.1～2.6	0.5～0.8		Ti0.05～0.4	Be0.001～0.01	—	—	—	—
	2A11	3.8～4.8	0.4～0.8	0.4～0.8				<160 >160	CZ	373 353	≥12 ≥10
	2A12	3.8～4.9	1.2～1.8	0.3～0.9				≤22 23～160 >160	CZ	392 422 412	≥12 ≥10 ≥8
	2A13	4.0～5.0	0.3～0.5					≤22 23～160	CZ	314 343	≥4 ≥4
	2A16	6.0～7.0		0.4～0.8			Ti0.1～0.2	所有尺寸	CS	490 530 510	≥7 ≥6 ≥5
超硬铝合金	7A04	1.4～2.0	1.8～2.8	0.2～0.6		Zn5.0～5.7		≤22 23～160 >160	CS	490 530 510	≥7 ≥6 ≥5
	7A05	0.3～1.0	1.2～2.0	0.3～0.8	0.6	0.4			—	—	—
	7A06	2.2～2.8	2.5～3.2	0.2～0.5	0.5	0.3			—	—	—
	7A09	1.2～2.0	2.0～3.0		Zn5.1～6.1			同 7A04			
锻铝合金	6A02	0.2～0.6	0.45～0.9	或 Cr 0.15～0.35		0.50～1.2		所有尺寸	CS	294	≥12
	2A50	1.8～2.6	0.4～0.8	0.4～0.8		0.70～1.2		所有尺寸	CS	353	≥12
	2A70							所有尺寸	CS	353	≥8
	2A80							所有尺寸	CS	353	≥8
	2A90							所有尺寸	CS	353	≥10
	2A14	3.9～4.8	0.4～0.8	0.4～1.0		0.6～1.2		≤22 23～160 >160	CS	441 451 432	≥10 ≥10 ≥8

注:状态符号表示意义:M—退火,CZ—淬火(自然时效),CS—淬火(人工时效),R—热挤。

Cu、Mg、Zn 等是铝合金中的主要强化元素。它们一方面溶解在铝中使固溶体强化；另一方面它们在铝合金中形成大量的化合物，成为铝合金中的强化相和过剩相（表 6-12）。

表 6-12　铝合金中的过剩相和强化相类型

合金类别		过剩相和强化相
防锈铝	Al-Mn 系合金 Al-Mg 系合金	(MnFe) Al$_8$，Al$_{10}$ Mn$_3$ Si（T 相），α 相（AlFeSi），FeSiAl$_3$，MnAl$_6$，Mg$_5$ Al$_8$（β 相），(AlFeSiMn) 相及 Mg$_2$ Si
硬铝	Al-Cu-Mg 系合金	CuAl（θ 相），Al$_2$ CuMg（S 相），(AlFeCuMn)
超硬铝	Al-Cu-Mg-Zn 系合金	MgZn$_2$，Al$_2$ CuMg（S 相），Al$_2$ Zn$_3$ Mg$_3$（T 相）
锻铝	Al-Mg-Si 系合金 Al Mg Si Cu 系合金 Al-Mg-Cu-Si Fe-Ni 系合金	Mg$_2$ Si，少量 CuAl$_2$，少量 MnAl$_6$，Mg$_2$ Si，CuAl，少量 Al$_2$ CuMg（S相），CuAl$_2$，Mg$_2$ Si，Al$_2$ CuMg（S 相），FeNiAl$_6$，AlNiCu，Al$_2$ Cu$_2$ Fe

铝合金中锰、铬、钛的作用主要是提高合金的再结晶温度，减弱其晶粒长大的倾向性。镍在铝合金中可以改善合金的抗腐蚀性能和提高热强性。

Fe、Si、Na、K 等都属于铝合金中的杂质元素，其中主要是 Fe 和 Si。Fe 在铝中的溶解解度很小，在 655℃时为 0.5％，在室温时仅为 0.002％。Fe 主要形成金属化合物 FeAl$_3$，是硬脆的针状化合物。Si 在铝中的溶解度略大一些，在 577℃时可溶入 1.65％，在室温时为 0.05％。Si 除溶入铝中外，多余的则单独存在于铝中，通常称为"游离硅"。

铝合金中由于存在大量的强化相和过剩相，因此，其铸态组织中呈现多相混杂的状态。另外，在某些铝合金（如 2A12）铸态组织中还常常存在共晶混合物。这些物质通常又硬又脆，且呈网状分布于晶界。而且，由于铸造时的冷却条件，使这些化合物相在铸锭中形成了区域偏析，枝晶偏析和晶间偏析，此外，还有气孔、缩孔等缺陷，严重降低了铝合金铸锭的塑性。通过热塑性变形可以使铝合金铸态组织得到较大改善，性能得到较大提高。以 2A11 为例，经挤压变形后，形成纤维状组织，在挤压变形程度小于 70％之前，随着变形程度的增加，材料纵向及横向的强度指标都不断提高。当变形程度继续增加时，纵向性能继续提高，而横向性能急剧下降，即引起了性能的异向性。应当指出，铝合金中，性能异向性的大小还与合金再结晶的难易程度有关。再结晶能力强的合金，异向性不太明显；再结晶能力弱的合金，异向性较大，纵向与横向的伸长率可相差一倍或更大。

流线的分布情况对铝合金的性能有很大影响，流线不顺、涡流和穿流都使铝合金的塑性指标、疲劳强度和抗腐蚀性能有明显降低。因此，编制成形工艺时，应当使流线方向与零件最大受力方向一致。

某些热处理可以强化的变形铝合金，按照一定的规范热变形之后，可以使变形强化的效果保存下来，使合金的强度提高，即所谓热形变强化效应。这是因为，按照一定的规范热变形之后，某些合金的再结晶温度高于淬火加热温度，所以热处理后的制品具有未再结晶组织。这种组织的晶粒细小,并且晶粒中形成许多亚晶块,故强度性能远远高于再结晶组织的制品。

影响铝合金再结晶温度的主要因素有:合金成分、压力加工前的均匀化规范、压力加工方式(应力状态)、变形温度、变形速度、变形程度和最终热处理制度等。合金成分中的 Mn、Cr、Fe、Ni、Zr 等元素能显著提高合金的再结晶温度,其中 Mn、Cr、Zr 三种元素的作用最显著。这些合金元素的特点:①溶入固溶体中能显著提高再结晶温度,当弥散析出时又阻碍再结晶核心的生成及晶粒的长大;②它们在铝中的溶解度小,溶解度随温度而剧烈变化,极限溶解度的温度较高。在铸造状态下,这些元素在固溶体中往往是过饱和的,挤压时(温度一般在 420℃左右),对于由这些元素构成的相的脱溶过程来说温度不够高,它们很少析出。淬火加热时,由于原来固溶体内存在着这些元素的偏析,因此,含有它们的第二相会沿晶界析出,形成弥散质点组成的薄壳,阻碍再结晶过程的进行。

均匀化规范由于能影响过渡族金属在铝中的过饱和固溶体的分解程度,因而也影响变形制品的再结晶温度。从提高再结晶温度的观点出发,均匀化温度越低,时间越短,锰、铬、锆等元素则越不易从固溶体中析出,因而越有利于提高再结晶温度。

压力加工时,三向压应力状态越明显(如挤压),晶内及晶间的破坏就越少,变形后的残余应力较小,也促使再结晶温度升高,不易产生再结晶。变形温度对铝合金再结晶温度也有较大影响,变形温度较高时,由于晶粒的破碎及畸变小,使再结晶温度升高。图 6-37 为淬火后的 2A14 合金的组织状态与变形温度和变形速度的关系。从提高合金的强度出发,一般都希望经过压力加工和热处理后的铝合金制品具有未再结晶组织。因此,在生产铝合金锻件时,应当考虑影响合金再结晶温度的上述诸因素,以便根据产品的不同性能要求,制定出合理的锻压工艺。

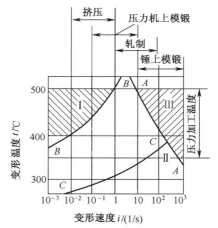

图 6-37 淬火后的 2A14 合金的组织状态与变形温度和变形速度的关系

Ⅰ—不存在再结晶;Ⅱ—完全再结晶;

Ⅲ—变形后就开始了再结晶,其余为混合组织。

热形变强化效应在挤压工序中表现最为明显。含 Mn、Cr 的铝合金棒材挤压后,在中心区,力学性能沿纵向和横向差别很大,纵向强度提高的特别显著。这些现象一般称为挤压效应。

挤压效应是由以下原因引起的:在铸锭中锰的分布不均匀(铸锭表层含锰少,中心含锰多);锰固溶于铝基体中以及形成的化合物在晶界上起机械阻碍作用,提高了再结晶温度;挤压时,棒料中心区受剪切变形小(该区晶粒主要沿纵向伸长,晶内和晶界破碎都较轻),故固溶体中锰析出较少,再结晶温度较高,而且晶界上的化合物变形后仍包围着被拉长的晶粒,阻止再结晶后晶粒的长大。总之,挤压后的棒材经淬火和时效后,中心区的晶粒仍保持塑性变形后的细化状态,不发生再结晶(因再结晶温度高于淬火加热温度),而只进行恢复,并在晶粒内形成了许多亚晶块,从而使中心区的强度有较大提高,即出现了"挤压效应"。

挤压效应与合金化学成分有密切关系,2A11、2A12、7A04、6A02、2A50、2A14 等含有 Mn 和 Cr 的铝合金具有最明显的挤压效应。而含 Fe 和 Ni 的铝合金,例如,2A70、2A80、2A90 等,则无挤压效应。应当指出,具有挤压效应的铝合金棒材在后续的变形工序中,由于内部组织和结构发生了变化,挤压效应也随之减弱,甚至消失。

铝合金的晶粒尺寸对力学性能有较大影响,铝合金锻件中的粗晶显著降低强度极限和屈服极限,降低零件的使用性能和寿命。因此,锻造铝合金时需注意控制晶粒度。铝合金锻件的晶粒大小与变形温度、变形程度、受剪切变形的情况以及固溶处理前的组织状态等有关,见第 5 章 5.1 节。

供锻造和模锻的铝合金原坯料,一般采用铸锭和挤压坯料,个别情况下亦采用轧制坯料。

铸锭坯料往往具有疏松、气孔、缩孔、裂纹、成层、夹渣、氧化膜和树枝状偏析等缺陷。挤压坯料一般具有粗晶环、成层、缩尾、夹渣、氧化膜和表皮气泡等缺陷。

铝合金坯料的上述缺陷,不仅锻造时容易开裂,而且直接影响到锻件质量,所以锻前需要按标准对坯料进行检查,合格后方能投产。

铝合金的锻造特点如下:

1. 塑性较低

铝合金的塑性受合金成分和锻造温度的影响较大。大多数铝合金对变形速度不十分敏感,但是随着合金中合金元素含量的增加,合金的塑性不断下降,对变形速度的敏感性逐渐增加(图 6 - 38),由图还可以看出,当变形温度较低时,铝合金的塑性急剧下降,特别是高强度铝合金(7A04 等)表现最为突出。

2. 变形抗力较大

铝合金的室温强度虽低于碳钢,但是在锻造温度下铝合金的变形抗力与碳钢大致相当,而且高强度铝合金(如 Al - Cu - Mg - Zn 系合金)的变形抗力比碳钢还要高些。

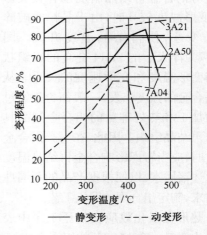

图 6 - 38 不同变形温度和速度
对铝合金塑性的影响

3. 流动性差

铝合金质地很软,外摩擦系数较大(表 6 - 13),所以流动性较差,模锻时难于成形。

表 6-13　铁碳合金与铝合金变形时的外摩擦系数

合金		铁碳合金(质量分数)/%		铝合金(质量分数)/%	
变形速度/(m/s)		<1	>1①	<1	>1
变形温度/℃	$(0.8\sim0.95)T_{熔}$②	0.40	0.35	0.50	0.48
	$(0.5\sim0.8)T_{熔}$	0.45	0.40	0.48	0.45

注:若采用润滑剂摩擦系数可降低15%～25%。①锤击作用也适用;②$T_{熔}$是指绝对熔化温度。

4. 锻造温度范围窄

铝合金的锻造温度范围一般都在150℃以内,少数高强度铝合金的锻造温度范围甚至不到100℃;由于铝合金的锻造温度范围很窄,所以一般都采用能精确控制加热温度的带强制循环空气的箱式电阻炉或普通箱式电阻炉进行加热,温差控制在±10℃以内。同时,为了保证适当的终锻温度,提高合金的塑性和流动性,改善合金的成形条件,用于锻造和模锻的工具或模具需要预热。

5. 导热性良好

铝合金由于导热性好,加热时内应力小,且易于均匀热透,所以坯料可以直接装入接近始锻温度的高温炉膛内进行快速加热。挤压坯料在不产生锻造裂纹的条件下,不必进行保温,但铸造坯料加热时需要保温。

6. 始锻温度和终锻温度要严加控制

始锻温度一般取上限,这样有利于提高合金的塑性和流动性,使金属易于成形。但有些合金始锻温度太高,将引起强度下降。例如,2A14合金始锻温度高于470℃时,强度约下降24MPa;5A06合金始锻温度从360℃提高到420℃,强度约下降15MPa。终锻温度高有利于保持挤压坯料的挤压效应,能得到具有未再结晶组织和力学性能高的锻件。终锻温度过低,固溶处理时容易产生大晶粒,使锻件的力学性能大大降低。同时,终锻温度过低,使合金的塑性和流动性急剧下降,容易产生表面和内部裂纹。

6.4.2　锻造过程中常见的质量问题与控制措施

1. 过烧

由于铝合金的温度范围窄,其锻造加热温度,尤其是淬火加热温度很接近合金的共晶熔化温度,容易发生过烧。所以在锻件和模具加热以及锻件淬火加热时,必须十分注意温度上限,严格遵守工艺操作规程,否则会引起锻件过烧。锻件过烧后,表面发暗、起泡,一锻就裂。在热处理时产生的过烧,也可能形成裂纹。过烧锻件的显微组织特点:晶界发毛、加粗,出现低熔点化合物的共晶复熔球,形成三角晶界。轻微过烧的锻件,强度稍有提高,但疲劳性能较差。严重过烧后各项性能急剧下降,使锻件成为废品。

2. 裂纹

由于铝合金的塑性和流动性较差,很容易产生表面和内部裂纹。产生表面裂纹的原因与坯料种类有关。用铸锭做坯料,往往由于铸锭含氢量高、有严重的疏松、氧化夹渣、粗大的柱状晶、存在有严重的内部偏析、高温均匀化处理不充分以及铸锭表面缺陷(凹坑、划痕、棱角等)都会在锻造时产生表面裂纹。另外,坯料加热不充分,保温时间不够、锻造温度过高或过低,变形程度太大,变形速度太高,锻造过程中产生的弯曲、折叠没有及时消除,再次进行锻造,都可能产生表面裂纹。

挤压坯料表面的粗晶环、表皮气泡等,也容易在锻造时产生开裂。

铝合金锻件的内部裂纹,主要是由于坯料内部存在有粗大的氧化物夹渣和低熔点脆性化合物,变形时在拉应力或切应力的作用下产生开裂,并不断扩大。此外,锻造时多次滚圆,当每次变形量较小(小于15%～20%)时,也会产生内部中心裂纹。

由于铝合金的锻造温度范围很窄,如果锻造工具和模具没有预热,或预热温度不够也会引起锻件产生裂纹。

因此,要防止产生表面和内部裂纹,必须采取如下措施:

(1) 选择高质量的原坯料,坯料表面的各种缺陷要彻底清除干净。例如,挤压坯料常常需要车皮。在锤上锻造不便于车皮的小棒料时,开始要轻击,打碎粗晶环,然后逐渐加重打击。

(2) 铸锭坯料要进行充分的高温均匀化处理,消除残余内应力和晶内偏析,以提高金属塑性。锻造加热时,要保证在规定的加热温度进行加热并充分保温。

(3) 根据不同合金,选择最佳锻造温度范围。例如,7A04合金铸锭的最佳锻造温度范围为:在440℃左右加热保温,然后缓冷至410℃～390℃左右锻造,塑性最好。

(4) 铝合金由于流动性差,不宜采用变形激烈的锻造工序(如滚压),并且变形程度要适当,变形速度要越低越好。

(5) 锻造操作时要注意防止弯曲、压折,并要及时矫正或消除所产生的缺陷。滚圆时,压下量不能小于20%,并且滚圆的次数不能太多。

(6) 用于锻造和模锻的工具,要充分预热,加热温度最好接近锻造温度,一般为200℃～420℃,以便提高金属的塑性和流动性。

3. 大晶粒

锻铝(6A02、2A50、2A70、2A14、2024、2068)和硬铝(2A11、2A12等)很容易产生大晶粒,它们主要分布在锻件变形程度小而尺寸较厚的部位,变形程度大和变形激烈的区域以及飞边区附近。另外,在锻件的表面也常常有一层粗晶。产生大晶粒的原因除了由于变形程度过小(落入临界变形区)或变形程度过大和变形激烈不均匀所引起之外,加热和模锻次数过多,加热温度过高(例如6A02合金淬火温度过高,保温时间过长,常常出现大晶粒)终锻温度太低也会产生大晶粒。锻件表面层的粗晶,其产生原因有两种情况:①挤压坯料表层粗晶环被带入锻件;②模锻时模腔表面太粗糙,模具温度较低,润滑不良,使表面接触层激烈剪切变形,因而产生粗晶。

所以,为避免铝合金锻件产生大晶粒,应注意以下问题:

(1) 必须改进模具设计,合理选择坯料,保证锻件均匀变形;

(2) 避免在高温下长时间加热,对 6A02 等容易晶粒长大的合金,淬火加热温度取下限;

(3) 减少模锻次数,力求一火锻成;

(4) 保证合适的终锻温度;

(5) 改善模腔表面粗糙度达 $Ra0.4\mu m$ 以下,采用良好的工艺润滑剂。

解决铝合金大晶粒的有效措施是采用等温模锻工艺,即将模具加热(并保持)至接近合金的实际变形温度,在液压机慢速的条件下成形。在合适的变形温度和变形程度条件下,可保证模锻后获得完全再结晶的组织,经固溶处理后可得到细小晶粒。例如某厂的飞机起落架等锻件,原先是在无砧座锤上模锻成形,经常出现大晶粒,造成锻件报废,后改用等温模锻工艺,较好地解决了这一问题。

4. 折叠和流线不顺(包括涡流、穿流)

(1) 折叠是造成铝合金模锻件废品的一个主要缺陷。锻件的折叠废品约占整个废品率的 70%~80% 以上。它是由于模锻时金属对流,形成某些金属的重叠,最后压合而成为折叠。这类废品,以工字形断面的锻件最为严重,并且不易消除。产生折叠的主要原因如下:

① 锻件设计时,腹板与筋交角处的连接半径太小,筋太窄太高,腹板太薄,筋间距太大。另外,锻件各断面形状和大小变化太剧烈,难于选择坯料,使金属流动复杂。

② 坯料太大或太小,且形状不合理,使金属分配不当。

③ 形状复杂的锻件,没有制坯和预锻模,或者制坯和预锻模腔设计不合理,与终锻模腔配合不当,局部金属过多或过少。

④ 工艺操作不注意,放料不正,润滑剂太多或润滑不均,加压速度太快,一次压下量太大。

⑤ 供模锻用的自由锻坯棱角太尖,或每次修伤不彻底,模锻后就会发展成折叠。

(2) 流线不顺、涡流和穿流。其形成原因与折叠基本相同,也是由于金属对流或流向紊乱而造成,只不过有的部位尽管存在有流线不顺和涡流现象,但未能发展成折叠那样严重的程度。穿流和涡流能明显降低塑性指标、疲劳性能和抗腐蚀性能。

为了防止铝合金锻件产生折叠、流线不顺、涡流、穿流和晶粒大小不均匀等缺陷,必须采用如下措施:

① 设计锻件图时,筋不能太高太窄,筋间距不能太大,腹板不能太薄,筋与腹板连接的圆角半径不能太小,锻件各断面的变化要尽量平缓。

② 对于形状复杂和具有工字形断面的锻件,应采用多套模具,多次模锻,使坯料由简单的形状逐步过渡到复杂的锻件,以保证金属流动均匀,充填容易,纤维

连续。

但是,在设计预锻模膛和制坯模膛时,必须减小筋的高度,增加腹板厚度,增加筋与腹板的连接半径,并使制坯模膛的各断面积等于或稍小于锻件各相应的断面积。根据终锻时模锻的情况,来调整在制坯模中模锻时的欠压量,或重新修整制坯模。

图 6-39 是工字形断面三角架锻件的终锻件,预锻件和制坯件的横断面的低倍图。该锻件是采用三套模具(制坯模、预锻模、终锻模)逐步模锻成的。制坯模、预锻模、终锻模的各断面积分别相差 15% 左右,初锻、预锻时的欠压量均严格控制在 1mm 左右。从图 6-38 可以看到,锻件流线分布合理,晶粒大小均匀,没有折叠缺陷。

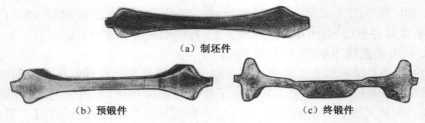

(a)制坯件

(b)预锻件

(c)终锻件

图 6-39 2A50 锻件各工步的流线分布情况

③ 编制工艺时,要注意坯料计算,不能过大或过小。对断面变化较大的锻件,如果没有制坯模,则需用自由锻制坯,使坯料各断面的金属量分配合理,以防止金属变形不均,流动紊乱。

④ 工艺操作时,放料要正,加压要慢,涂抹润滑剂要均匀,并且要按工艺严格控制欠压量。对于制坯和预锻,要尽量压靠,使欠压为零。

⑤ 对于具有通孔和废料仓的锻件,每次模锻后应进行冲孔,以利于容纳多余的金属。

⑥ 改变锻件的分模面,采用反挤成形,金属流动条件好,锻件组织结构均匀,成品率高。例如,对于图 6-40(a)、(b)形状的断面,最好改变成图 6-40(c)、(d)的形式。

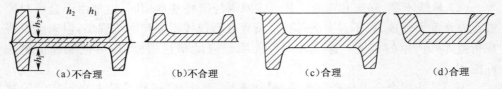

(a)不合理

(b)不合理

(c)合理

(d)合理

图 6-40 铝合金锻件分模面选取原则

⑦ 要注意锻件修伤,每次模锻后,必须仔细检查,把各种缺陷清除干净,以防止进一步模锻时缺陷扩展,使锻件报废。

5. 气泡

在铝合金锻件表面,有时出现气泡(图 6-41),其产生原因如下:

（1）由挤压坯料表面气泡带来的。

（2）在高温下加热（热处理或锻造加热跑温）时，铝合金特别是含镁量高的铝合金与炉内水蒸气发生作用，容易在锻件表面产生气泡。

火焰炉的炉气中存在的硫、或在电炉中加热时锻件表面带有含硫的残留润滑剂，都能促使气泡形成，但是电炉要比火焰炉好得多。

在热处理前，将锻件先阳极氧化或在锻件表面上涂上牛油，均有助于减缓锻件表面上水蒸气的作用，从而使气泡的形成减少到最低限度。

6. 粘模、起皮和表面粗糙

铝合金因质地很软，外摩擦系数大，最容易粘模，这不仅会引起锻件起皮，使锻件表面粗糙，有时甚至因不能脱模而中断生产。

起皮，即在锻件表面呈薄片状起层或脱落。其主要原因是由于模膛表面粗糙、变形过于激烈、变形速度太快、变形温度太高、变形量太大以及模锻时没有润滑或润滑不良等造成的。此外，铸锭表面不干净（有水、油污、毛刺），挤压坯料表面有气泡，也能促成在模锻或锻造时产生起皮。

锻件表面粗糙，即锻件表面凹凸不平，呈麻面状。其产生主要原因是由于模膛表面不光滑，润滑剂不干净或燃点太高，涂抹过多，模锻时未完全挥发，残存在锻件表面上，蚀洗后在锻件表面上显现出不同的蚀洗深度。

为了消除粘模、起皮和表面粗糙，必须采取如下措施：①提高模具硬度，并保证模膛表面粗糙度要低于 $Ra0.2\mu m$；②采用优质的润滑剂；③对于容易起皮的锻件，坯料表面要干净，变形温度要低，变形程度要小，变形速度要慢，避免激烈变形，并且要适当地均匀润滑。

7. 氧化膜

氧化膜是一种冶金缺陷，它是铝合金中主要的非金属夹杂物。氧化膜是合金熔铸时形成的。在铸锭中它呈颗粒状，在变形过程中被拉长成条状或片状，多位于模锻件的腹板上和分模面附近（图 6-42）。其显微组织呈涡纹状（图 6-43）。其断口组织特征可分两类：①在断口表面呈平整的片状（图6-44），颜色从银灰色、浅

图 6-41　2A50 模锻件
表面上的气泡

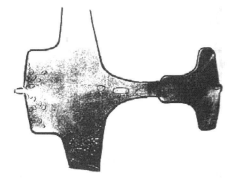

图 6-42　2A50 合金锻件
低倍组织上的氧化膜

黄色直至褐色、暗褐色称为片状氧化膜；②在断口表面呈细小密集而带闪光的点状物称为小亮点氧化膜。

锻件和模锻件中的氧化膜，对纵向性能无明显影响，但对高度方向的性能影响较大，它降低了高度方向的强度性能，特别是高度方向的伸长率、冲击性能和抗腐蚀性能（表6-14）。

图6-43　氧化膜处的显微组织（呈涡纹状）　70×　　　图6-44　断口上呈片状的氧化膜　9×

表6-14　有氧化膜的2A50铝合金锻件性能试验结果

高度方向力学性能试验项目	性能要求	试样编号			
		1	2	3	4
抗拉强度 σ_b/MPa	≥360	361	360	322	331
屈服强度 $\sigma_{0.2}$/MPa	≥280	241	244	253	258
伸长率 δ/%	≥15	4	4	8	6
硬度/HBS	≥120	118	118	121	120

防止氧化膜的对策是从熔炼和浇铸方面采取措施：①熔铸时采用最有效的过滤系统；②提高精炼温度，彻底精炼熔体；③保证熔体的静置时间；④提高浇铸温度；⑤建立良好的转注条件，避免液流的翻滚波动，使液流在表层氧化膜的覆盖下平稳地流动；⑥充分地烘烤铸造工具，并要防止操作不慎，通过铸造工具把氧化膜带入金属液内；⑦尽可能缩短转注距离（流槽长度），减少液体裸露在大气中的时间。

8. 残留铸造组织

锻造大型锻件时，如果所用的铸锭在自由锻制坯时变形不充分，或者使用挤压变形程度不够的棒材作毛坯，则模锻后，锻件内很可能有铸造组织残留。残留铸造组织的锻件，延伸率往往不合格，断口呈粗大晶粒，高倍观察时，呈骨骼状或枝晶网状组织。

为避免铸造组织残留，模锻前的毛坯需经过充分变形；在模锻件上取样时，应当在难变形区或不充分变形区取样，也可考虑在零件的重要受力区取样。

6.4.3　工艺过程中应注意的一些问题

1. 备料

（1）铝合金坯料上的缺陷，不仅锻造时容易引起开裂，而且直接影响到锻件的质量,所以锻前需要按标准对坯料进行检查,合格后方能投产。

（2）以铸锭为坯料时,尽量选用规格较小的连续铸锭。

（3）以挤压棒材为坯料时,应预先车去粗晶环,并考虑挤压效应的影响,对各向性能要求均匀的铝件,不宜选用挤压棒材。如果选用时,也应先行自由锻,消除各向异性方能投入使用。

2. 加热

铝合金有良好的导热性（比钢的热导率大 3 倍～4 倍）,因此,坯料不需要预热,可直接高温装炉加热。铝合金坯料的加热时间,应根据强化相的溶解和获得均匀的组织来确定,因为这种组织状态塑性最好。因此,尽管铝合金的导热性好,其加热时间仍比一般钢的加热时间长。例如,直径小于 50mm 的坯料,按每毫米直径（或厚度）1.5min 计算;直径大于 100mm 的坯料,按每毫米直径（或厚度）2min 计算;对于直径 50mm～100mm 范围的坯料,建议按下式计算:

$$T=1.5+0.01(d-50)$$

式中:T 为每毫米直径（或厚度）的加热时间（min）;d 为坯料直径（或厚度）（mm）。

对于接近锻造温度因故需要回炉加热的坯料,其加热时间可以比冷坯料少 40%～50%。

模锻过程中因发生故障而不得不拖延操作时,坯料的加热时间可以延长,这对坯料质量并无影响。但含镁量高（超过 4.5%）的铝合金则属例外,它不允许保温时间超过 4h,否则,铝合金表面的镁被氧化烧损,会使表面质量和力学性能降低。

3. 变形程度

选用合适的变形程度,可保证合金在锻造过程中不发生开裂,并获得良好的组织和性能。为保证合金在锻造过程中不开裂,每次打击或压缩时允许的最大变形程度应根据合金的塑性图确定。表 6-15 为铝合金自由镦粗时的允许变形程度。

表 6-15　铝合金自由镦粗时的允许变形程度

合金牌号	允许变形程度/%	塑性情况	合金牌号	允许变形程度/%	塑性情况
5A02	＞70	高塑性	2A12	＜50	低塑性
3A21			7A04		
2A40			7A05		
2A50	50～60	中塑性	2A14		
2A70					
2A80					
2A11			铝锂合金	10～30	脆性

247

为保证锻件具有细小均匀的晶粒组织,应使每一工作行程内的变形程度大于(或小于)加工再结晶图上相应变形温度下的临界变形程度(铝合金大致为12%～15%)。尤其要控制终锻温度下的变形程度不落入临界变形程度范围。

为保证力学性能要求和避免铸态组织残留,对挤压变形程度小于80%的挤压坯料不能直接锻造成形,应通过反复镦、拔增加锻比。

4. 自由锻

锻件的质量,在很大程度上取决于变形过程中所得到的金属组织,尤其是锻件变形的均匀性。因为变形不均匀,不仅降低了金属的塑性,而且由于不均匀的再结晶,将得到不均匀的组织,这就使锻件的性能变坏。

金属在一个方向上变形时,铸造组织的晶粒被拉长,铸造树枝晶和分布在铸造树枝晶边界上的组织不能充分破碎。因此,为了得到均匀的变形组织和最佳的力学性能,应采取相应的锻造方案。

自由锻的方案可以有四种,如图 6-45 所示。

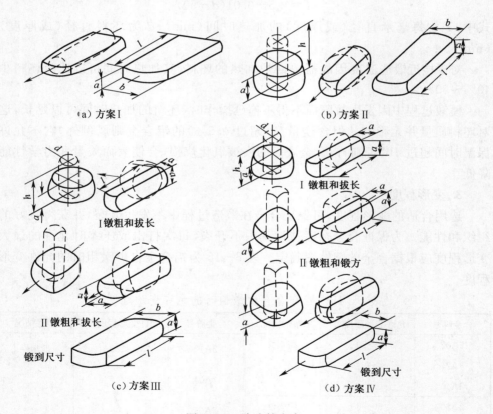

(a) 方案Ⅰ

(b) 方案Ⅱ

Ⅰ镦粗和拔长

Ⅱ镦粗和拔长

Ⅰ镦粗和拔长

Ⅱ镦粗和锻方

锻到尺寸

(c) 方案Ⅲ

锻到尺寸

(d) 方案Ⅳ

图 6-45 自由锻方案

自由锻方案的选择,应考虑到对锻件形状、尺寸及力学性能的要求,以及坯料的形式是铸锭或是挤压棒材。

方案Ⅰ和Ⅱ只用于已具有大变形程度(不小于 80%)的挤压毛坯。

方案Ⅲ和Ⅳ用于铸锭或者盘、环等轴对称形状的锻件。中间部分具有很大孔(为锻件面积的 15%～20%)的扁平锻件,由铸造毛坯锻成厚度与宽度之比为 1.0～1.2 的锻件时,也宜采用方案Ⅲ和Ⅳ。挤压变形程度小于 80% 的毛坯,必须采用方案Ⅲ和Ⅳ。当用直径大于 150mm 的挤压棒材来制造力学性能要求严格的锻件时,为了保证锻件具有合格而又均匀的力学性能,也必须采用方案Ⅲ和Ⅳ。

5. 模锻

铝合金的模锻,最好是在水压机、机械压力机和摩擦压力机上进行。这是因为在较锻锤为小的变形速度下,金属流动均匀,因而可使模锻件表面较少形成缺陷。

塑性较高的铝合金的中、小型模锻件,可以在模锻锤上模锻。模锻所需坯料,多用自由锻制得。

由于铝合金在高温下很软,粘附性大,流动性差,容易产生各种缺陷。所以,每一工步之后,都要对毛坯表面进行清理。因此,采用多模腔模锻是不合适的。

当在锤上用开式模腔模锻时,开始应轻击,然后逐渐加重。从形成毛边的时刻起,由于具有较有利的应力状态,变形程度可不受限制。

铝合金在压力机上模锻时,一般都规定两个工步——预锻和终锻。因为,当压力机一次行程变形程度大于 40% 时,大量金属挤至毛边处,型槽不能完全充满。形状复杂的模锻件,要进行多次模锻。

6. 模具预热

模具的预热温度,视所用设备的类型而定。使用锻锤或速度较快的压床时,模具可预热到 250℃ 或更高的温度;使用速度较慢的水压机时,可预热到400℃～450℃。

7. 模具的润滑

模锻铝合金时,模腔必须润滑。良好的工艺润滑剂能有效地改善金属的流动性,提高模具的寿命。

8. 铝合金的热处理

铝合金锻件的热处理主要是退火和淬火、时效。退火工序一般用于数道塑性加工工序之间,或用于退火状态下供应的锻件。对于热处理不强化的铝合金,如防锈铝只进行退火工序。对于热处理强化的铝合金如硬铝、锻铝和超硬铝等,主要热处理方式是淬火、时效。在生产工序中,有时为了消除加工硬化,恢复塑性以便进行下一道成形工序,也应用退火处理。

淬火的目的是为了得到化学成分均匀、晶粒较细小的过饱和固溶体,以便为随后的时效硬化作组织准备。

铝合金的淬火加热温度范围是很窄的,一般都不超过 20℃～30℃。加热温度稍低,合金的 α 固溶体成分不均匀,淬火时效后得不到满意的强化效果;加热温度稍高,合金就会过烧,而使力学性能和抗蚀性能降低。因此,淬火温度的选择,应保证过剩相能充分地溶入固溶体而又不致产生过烧或其他不利影响。过烧温度要由试验来确定。一般淬火温度比过烧温度低几摄氏度到十几摄氏度。成分不同的合金,其淬火温度和过烧温度也不一样。

由于变形铝合金的淬火加热温度范围很窄,而且加热温度很高,接近于过烧温度,有着过热和过烧的危险,因而必须准确地控制加热温度和加热时间。铝合金的淬火加热温度误差控制很严,一般为±(2~3)℃,须采用带有强制空气循环装置(风扇)的电炉或带有搅拌器的硝盐槽来加热铝合金,以保证准确控制加热温度和加热时间。

淬火加热温度下的保温时间的选择,应保证过剩相和强化相充分固溶,而又不致引起过热。另外,保温时间还和锻件的变形程度及事先的热处理状态有关。变形程度大的锻件,其中强化相和过剩相破碎充分,固溶所需时间就短;退火状态的合金,强化相和过剩相较粗大,因此淬火加热时所需的固溶时间较长[43,44]。

铝合金淬火加热保温时间,一般可按锻件截面厚度每毫米约 1.5min~2min 计算,并可参照表 6-16 确定。

淬火转移时间(工件在淬火加热后,由炉中取出转移到冷却剂中的时间)和工件的冷却速度,应保证合金在冷却时,不致从固溶体中析出过剩相。过剩相的析出,不仅降低合金的强化效果,而且会降低合金的抗蚀性能。因此,在实际操

表 6-16　铝合金淬火保温时间

材料有效厚度 /mm	保温时间	
	空气循环电炉	硝盐炉
≤2.5	30~40	10~15
2.6~15	40~70	20~30
16~30	70~90	30~40
31~50	90~120	40~50
51~75	120~150	60~80
>75	2min/mm	1min/mm

作中,应使转移时间尽可能地短,并应选择具有足够冷却速度的冷却剂。通常,淬火转移时间应限制在 15s 以内,小而薄的工件,转移时间应该更短。至于冷却剂的选用,除一些大而厚的工件需采用热水冷却外,一般都采用冷水冷却。淬火前的水温应不超过 30℃。为避免在淬火时水温升高和保证工件冷却均匀,淬火槽中应不断添入新水,并通入压缩空气搅拌。工件一经入水,便应一直浸没于水下,并应不断运动。

大多数硬铝在自然时效状态下使用,这是由于自然时效状态的抗腐蚀性能(晶间腐蚀)优于人工时效。2A12 在淬火后 0.5h 以内、2A11 合金在 2h 以内仍保持柔软状态,适于校直和铆接等操作,随后开始迅速硬化,2A11 和 2A12 自然时效 4d 即可提供使用。

而锻铝和超硬铝通常都在人工时效状态后使用,性能较好,而且这两类材料都存在停放效应,即淬火后应尽快入炉进行人工时效,停放时间长了,性能要下降。为保证获得最佳的性能,通常在 3h~4h 之内或 48h 之后进行人工时效处理。

对多数时效强化的铝合金在固溶处理后,立即进行适当的形变,再进行时效,可以获得更好的效果。

6.5　镁合金塑性成形件的常见质量问题与控制措施

6.5.1　概述

镁合金的密度小、比强度高、弹性模量低、具有良好的抗振性及切削加工性能，所以，通常用来制造重量轻、强度高和抗疲劳的零件，在航空工业中得到了一定的应用[45]。

镁合金根据其成分和工艺性能分为变形镁合金和铸造镁合金两大类。

变形镁合金主要分为 Mg - Mn 系、Mg - Al - Zn 系、Mg - Zn - Zr 系和 Mg - Mn - Ce 系四类。常用变形镁合金的化学成分见表 6 - 17。

镁合金中加入 Al、Zn、Ce 等合金元素后，它们和镁形成了硬脆的化合物。铸锭结晶时，它们呈断续或连续的网状物在 α 晶粒的晶界上析出。具有这种组织的合金，其塑性是很低的。为此，镁合金铸锭在挤压或锻造之前需进行均匀化退火。经高温均匀化后，原来分布在晶内和晶界上粗大的化合物发生溶解而使显微组织趋于均匀。表 6 - 18 为 AZ61M(MB5)合金铸锭经均匀化处理后的力学性能。由表 6 - 18 可以看出，经均匀化退火处理后由于合金的组织有了较大改善，合金的性能也随之有了较大提高。

热塑性变形可使镁合金的铸态组织得到较大改善，性能得到较大提高。表 6 - 19 列出了 AZ61M 合金铸态与挤压棒材的力学性能。由表中数据可见，经挤压后合金的强度和塑性指标均有提高。挤压变形程度越大，效果越明显，尤其是塑性指标，提高较显著。

镁合金经挤压后力学性能也出现了异向性。它一方面是由于在挤压棒材中形成了纤维组织；另一方面是由于镁合金是具有密排六方晶格的金属，在挤压过程中，随着变形程度增大，密排六方晶格的基面逐步转向与挤压方向重合造成的。图 6 - 46 为 AZ61M 合金挤压毛坯强度极限能随变形程度变化的曲线。挤压变形程度为 50%～70%时，异向性最明显。变形程度增大时，异向性逐渐减小。为减小挤压毛坯的异向性，除增大挤压时的变形程度外，挤压前将铸锭均匀化退火，减轻铸锭中的偏析程度，也有一定效果。

应当指出，挤压后的镁合金棒材沿横截面上的性能也是不均匀的。无论是纵向或横向，外层的力学性能都高于轴心区。这是由于挤压时外层金属受到的剪切变形大，晶间物质和晶内破碎都较大，因此，挤压变形和再结晶后能获得比轴心区较好的性能。

镁合金铸锭经锻造后的力学性能变化与挤压略有不同，图 6 - 47 为 AZ40M 合金在压力机上锻造时力学性能的异向性随变形程度而变化的曲线。当变形程度小于 90%时，顺纤维方向和横纤维方向的强度指标都随变形程度增加而增大。而且当变形程度大于 70%时，横向强度指标比纵向的提高得快。但是，变形程度超过 60%以后，横向塑性指标 δ 则逐渐降低。

表6-17　变形镁合金的化学成分

组别	牌号	系别	基本成分(质量分数)/%						杂质不大于(质量分数)/%								应用	塑性
			铝	锰	锌	锆	铈	镁	铝	铜	镍	锌	硅	铍	铁	其他		
I	M2M (MB1)	Mg-Mn		1.3~2.5				余量	0.3		0.01	0.3	0.15	0.02	0.05	0.2	焊接结构板材、棒材、模锻件、低强度构件	高
	ME20M (MB8)			1.5~2.5			0.15~0.35	余量	0.3	0.05	0.01	0.3	0.15	0.02	0.05	0.3	板材、模锻件、型材、管材	高
II	AZ40M (MB2)	Mg-Al-Zn	3.0~4.0	0.15~0.5	0.2~0.8			余量		0.05	0.005		0.15	0.02	0.05	0.3	形状复杂的锻件、模锻件	中
	AZ41M (MB3)		3.5~4.5	0.3~0.6	0.8~1.4			余量		0.05	0.005		0.15	0.02	0.05	0.03	板材、模锻件	中
	AZ61M (MB5)		5.5~7.0	0.15~0.5	0.5~1.5			余量		0.05	0.005		0.15	0.02	0.05	0.3	条材、棒材、锻件、模锻件	中下
	AZ62M (MB6)		5.0~7.0	0.20~3.0	2.0~3.0			余量		0.05	0.005		0.15	0.02	0.05	0.3	棒材	中
	AZ80M (MB7)		7.0~9.2	0.15~0.5	0.22~0.8			余量		0.05	0.005		0.15	0.02	0.05	0.3	棒材、锻件、模锻件、高强度构件	低
III	ZK61M (MB15)	Mg-Zn-Zr			5.0~6.0	0.32~0.9		余量		0.05	0.005	锰0.1	0.05	0.02	0.05	0.3	棒材、型材、条材、锻件、模锻件、高强度构件	中
IV	MB14	Mg-Mn-Ce		1.4~2.2			2.5~3.5	余量			0.01	0.2	0.2	0.01			棒材、模锻件、200℃以下工作的耐热镁合金构件	中

表 6-18　AZ61M(MB5)合金铸锭经
均匀化处理后的力学性能

处理规范	σ_b/MPa	$\delta/\%$
未处理试件	188.5	5.4
350℃保温 12h	205	6.7
350℃保温 24h	221	7.8

表 6-19　AZ61M(MB5)铸态与
挤压棒材的力学性能

合金状态		σ_b/MPa	$\delta/\%$
铸造		226	8.7
挤压 (变形程度)/%	65	232	6.8
	80	269	5.9
	90	285	10.1
	98	292	29.2

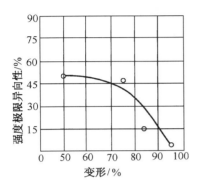

图 6-46　AZ61M 合金挤压毛坯
强度极限的异向性随变形程度而变化的曲线

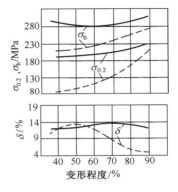

图 6-47　AZ40M 合金在压力机上锻造
时力学性能随变形程度而变化的曲线
(实线——顺纤维方向;虚线——横纤维方向)

　　具有力学性能异向性的挤压棒材在压力机上横向压缩后,其异向性将减小。而且变形程度越大,纵、横向的异向性越小。但是,沿高度(厚度)方向的性能将降低,这是由于此时金属沿宽度方向流动,又形成了新的流线所致。

　　将挤压毛坯再进行镦粗后,由于晶粒又受到较大变形,晶界物质被破碎和分散,合金的性能将会有进一步提高。例如,将 AZ40M 合金铸锭先进行挤压变形(变形程度为 82%),然后将其中一部分再加热到 360℃～380℃在水压机上镦粗(压缩程度为 82%),并从挤压坯料和挤压后又镦粗的坯料中分别取出试件作冲击试验,其性能变化曲线见图 6-48。由图可见,坯料两次变形(挤压后又镦粗)后冲击韧度较一次变形的要高得多。

　　镁合金的晶粒尺寸对力学性能有较大影响。因此,锻造镁合金时需要控制晶粒度。镁合金锻件的晶粒大小与变形程度、变形温度及变形速度有关。该关系可由镁合金的再结晶图反映出来。各种镁合金的再结晶倾向是不一样的。图 6-49 为 AZ61M 合金的再结晶图。当温度达 300℃时再结晶过程才开始,当温度超过 350℃时,不管变形程度多大,晶粒均显著长大。这一方面是由于变形程度大时再结晶容易进行,在高温下再结晶的晶粒容易长大;另一方面是变形程度大时热效应大,使锻件温度升高,加速了晶粒的长大。当变形程度在临界变形范围时,将形成粗大晶粒。AZ61M 在压力机上的临界变形程度不超过 10%。

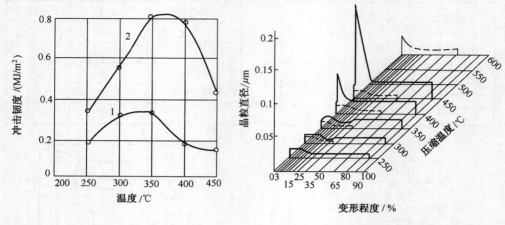

图 6-48　AZ40M 合金毛坯的冲击韧度随
变形温度而变化的曲线
1—从挤压毛坯中取得的试样;
2—从挤压后又经过自由锻的毛坯中取得的试样。

图 6-49　AZ61M 合金再结晶图
(实线——静变形;虚线——动变形)

表 6-20 列出了几种镁合金在水压机和锤上变形时的恢复和再结晶温度。在锤上锻造时,由于变形速度较大,抑制了软化过程,和静变形相比,需要在较高的温度下,再结晶才能进行。

表 6-20　镁合金在压力机和锤上变形时的恢复和再结晶温度

设备 合金 温度/℃	在水压机上锻造				在锤上锻造	
	AZ40M (MB2)	AZ61M (MB5)	ME20M (MB8)	ZK61M (MB15)	AZ40M (MB2)	AZ61M (MB5)
恢复开始	200	200	—	250	400	400
再结晶开始	300~350	300~350	325~350	425	600	600

Mg-Al-Zn 系合金在锻造温度下晶粒长大的倾向较大,为了使其细化,应在较低的温度下结束锻造。

供锻造和模锻的坯料,一般为挤压坯料,这种坯料往往存在有氧化膜、缩尾、成层、夹渣、化合物和粗晶环等缺陷。投产前,必须按标准检查,合格后方能生产。

镁合金的锻造特点如下。

1. 塑性很低

由于镁合金具有密排六方晶格,是一种塑性很低的合金。所以,用于锻造和模锻的坯料,一般是经过预先挤压的坯料,很少采用铸造坯料。

254

镁合金的塑性,随着其合金化程度的增加而不断下降。大多数镁合金对变形速度很敏感,随着变形速度的增加,其塑性急剧下降。在锤上变形时,大多数镁合金的允许变形程度不超过 30%~50%;而在水压机上变形时,镁合金的塑性显著增加,变形程度可达 70%~90%。只有低合金化的镁合金 M2M、ME20M 对变形速度不太敏感,它们既可以在压力机上变形,也可在锤上进行良好地加工。图 6-50 示出了三种不同镁合金的最大压缩率随温度变化的关系。

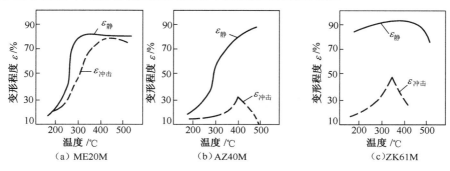

图 6-50　三种不同镁合金的最大压缩率随温度变化的曲线

2. 流动性差

镁合金的黏性很大,流动性比铝合金还差,模锻时难于成形,采用激烈的变形工序容易锻裂。

3. 锻造温度范围窄,加热时容易燃烧

由于镁合金的塑性对变形温度、变形速度及应力状态等变形条件十分敏感,它的锻造温度范围比铝合金还要窄,一般为 70℃~150℃。表 6-21 是一些镁合金锻件的锻造温度范围和允许的变形程度。

表 6-21　镁合金的锻造温度和允许的变形程度

合金牌号	锻造温度/℃		允许变形程度%		合金的塑性
	锤　上	压力机上	锤　上	压力机上	
M2M(MB1)	320~500	320~500	80~85	85~90	高
ME20M(MB8)	350~480	350~480	70	70~80	高
AZ40M(MB2)	350~425	350~450	30	80	中
AZ61M(MB5)	325~375	350~380	20~30	60	中下
AZ80M(MB7)	不宜锤上锻	320~380	—	25~30	低
MB11	300~350	300~375	25~30	50~60	低
MB14	390~450	380~480	50~70	80	中
ZK61M(MB15)	320~410	280~400	30~40	90	中

在不产生裂纹的情况下,始锻温度和终锻温度应尽可能低一些。因为这样,在适当的变形程度下可以得到细小均匀的组织和较高的力学性能。

由于镁合金锻造温度范围窄，一般都在箱式电阻炉中加热，温差控制在±10℃之内。

由于镁合金极易燃烧，因此，加热时要把坯料表面的镁屑、毛刺、油污清除干净。坯料装炉时要注意不与电阻丝接触，否则容易着火。

4. 加热过程中容易产生合金软化

镁合金加热温度过高，保温时间过长，就会产生大晶粒，造成合金软化，使锻件的力学性能降低。因此，必需严格控制加热温度和保温时间。

5. 导热性好

镁合金热导率高，加热时内应力小，易于均匀热透。同时，由于加热时没有相变发生，所以，可以进行快速加热，可以直接在始锻温度下装炉。

6.5.2 锻造过程中常见的质量问题与控制措施

1. 裂纹

镁合金由于塑性低、流动性差、抗剪强度低，对缺口十分敏感，所以很容易产生锻裂，特别是在锤上锻造和模锻时，由于变形速度快，变形过程中合金再结晶温度高，使金属产生加工硬化，塑性进一步降低，更易锻裂。而在水压机上锻造和模锻时，由于变形速度慢，变形过程中合金再结晶温度低，来得及恢复和再结晶，使塑性得到恢复，裂纹缺陷大大减少。

为了防止镁合金在锻造时产生裂纹，必须采取如下对策：

（1）由于镁合金对变形速度很敏感，应该尽可能在低速压力机上进行变形。但是，当不具备压力机而必须在锤上锻造时，开始要轻击，每次锤击的变形程度应不超过 5%，以保证再结晶较好地进行。随着金属不断充满模膛，再逐步加重打击。

（2）在不影响性能要求的条件下，要选择尽可能高的开锻温度。例如，MB2 镁合金棒材坯料在水压机上镦粗时，当变形温度低于 420℃，特别是低于 400℃时，几乎 90%以上都产生了裂纹。但是，当开锻温度高于 420℃时就能有效地避免裂纹。

（3）锻造和模锻前工具必须进行预热，预热温度为 250℃～400℃左右。

（4）锻造和模锻的工具表面要光滑，模膛的表面粗糙度应低于 $Ra0.4\mu m$～$0.1\mu m$，并需采用良好的工艺润滑剂。

（5）应尽可能地采用三向压应力状态，例如采用型砧锻造或在闭式模具中进行模锻。

2. 折叠、起皮

镁合金在热态下具有很大的外摩擦系数，其塑性和流动性比铝合金还差，加之变形温度范围很窄，有的合金甚至只有几十度。这些特点，不仅使镁合金锻件容易卡模，难于起料，而且很容易产生起皮、折叠，对于薄板带筋、冷却很快的模锻件尤为突出。在锤上模锻比在压力机上模锻更容易产生这类缺陷。

为了消除这类缺陷，应该采取如下对策：

（1）设计锻件时，筋顶与筋根的圆角半径要尽可能大一些，筋和膜板要适当加厚，筋间距不能太大。同时，在选择分模面时，尽可能选取有利于金属流动的反挤成形的分模面，例如 ZK61M 框架模锻件，模锻时常产生折叠（图 6-51 和图 6-52），当由压入成形改为反挤成形后，折叠就避免了（图 6-53）。

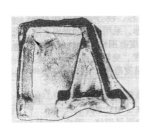

图 6-52　横向低倍

图 6-51　有折叠的 ZK61M 合金
框架模锻件的外形（箭头所指）

图 6-53　改变分模面后的横向低倍组织
（由压入成形改为反挤成形）

（2）制造模具时，模膛的研磨抛光方向最好与模锻过程中金属流动的方向一致，并且抛光的表面粗糙度应尽可能低于 $Ra0.1\mu m$。

（3）在工艺上为了防止产生折叠、穿流等缺陷，应该选择大小适当、形状合理的坯料，对于形状复杂的锻件，应采用多套模具逐步成形的工艺。

（4）在工艺操作上应注意正确放料，均匀润滑，缓慢加压。

（5）每次模锻后要彻底修伤，清除表面缺陷，应采用大的圆弧过渡。

（6）对于容易起皮的锻件，其防止措施与铝合金锻件相同。

3. 飞边裂纹

镁合金锻件最容易产生飞边裂纹。这是由于镁合金在低于 220℃ 以下塑性很差，而高温时质地又很软，黏性很大，因此低温切边时容易拉裂，高温切边时容易拉伤。一般推荐在 220℃～300℃ 之间热切。即便如此，也常常会产生飞边裂纹。因为镁合金抗剪强度低，对缺口十分敏感，切边时产生的微裂或缺陷，矫正时就会发展成大的裂纹。所以镁合金锻件不宜于采用模具切边，而应采用带锯切边或铣边，有些工厂采用咬合式模具切边（图 6-54）效果也很好。

4. 力学性能偏低

镁合金锻件经常出现力学性能偏低或达不到技术条件要求。这除了可能由于变形程度不够，坯料选择不合理之外，经常是由于加热时间太长，加热次数太多和变形温度太高所引起。

镁合金加热和变形温度过高，加热时间过长，加热次数过多，均引起力学性能降低。图 6-55 和图 6-56 为变形温度对 AZ61M 和 AZ40M 合金力学性能的影响。由该图可见，变形温度过高时将使锻件力学性能降低，这是因为变形温度过高时，晶粒将显著长大。由于镁合金无同素异构转变，长大后的晶粒用热处理方法不能使其细化，因而锻件力学性能下降。图 6-57 为变形温度和加热（或模锻）次数对 AZ40M 合金硬度的影响。该图表明，加热次数越多，在高温下停留时间越长，再结晶越充分,则镁合金越易软化。表 6-22 列出了镁合金在不同温度下允许的最长保温时间,如果加热时间超过该表所列数据,就会使锻件的力学性能大大降低。若在 420℃～450℃保温时间超过 4h,AZ40M、AZ61M 和 AZ80M 等合金的强度极限和屈服极限将显著降低。因此,为了获得较高的力学性能,应该严格控制始锻温度、加热时间和加热次数。

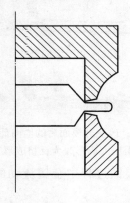

图 6-54 咬合式切边模示意图

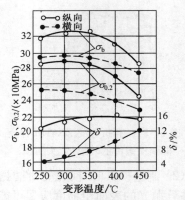

图 6-55 锤上模锻时变形温度对 AZ61M 合金力学性能的影响

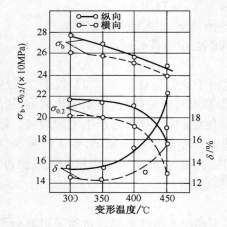

图 6-56 锤上模锻时变形温度对 AZ40M 合金力学性能的影响

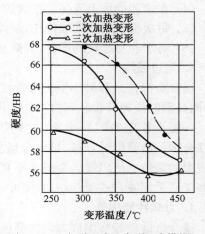

图 6-57 变形温度和加热(或模锻) 次数对 AZ40M 合金硬度的影响

表 6-22 镁合金在不同温度下允许的最长保温时间

合金	温度/℃	保温时间/h	温度/℃	保温时间/h
AZ61M(MB5)	400	5	450	8
ME20M(MB8)	400	4	420	2
MB14	400	3	420	2
ZK61M(MB15)	400	6	450	3

在不产生裂纹的情况下,始锻温度和终锻温度越低越好。如果是两次或多次模锻,还要注意依次降低其终锻温度,后一次模锻比前一次模锻要降低 15℃ 左右。

镁合金的加热,必须严格遵守加热规范,加热时间越短越好,加热次数越少越好。

另外,采取如下两种措施也能得到细小而均匀的组织和较高的力学性能:①模锻后紧接着在 230℃～250℃ 范围内进行半热态冷作硬化,半热态冷作硬化的平均变形程度为 10%～15%;②模锻后立即将锻件投入冷水中,以防止进一步再结晶和晶粒长大,从而提高锻件的力学性能。

5. 表面腐蚀

镁的电极电位比其他金属低,镁合金表面形成的氧化膜,没有铝合金那样致密。因此,在潮湿的大气中,特别是与氯化物等溶液接触时,更易引起镁的锈蚀,在锻件表面出现点状腐蚀。被腐蚀的镁合金呈暗灰色粉末状,经喷砂或酸洗处理,腐蚀点成为凹坑与小孔洞。

为解决镁合金的锈蚀问题,锻后,镁合金锻件应及时除油、酸洗、吹干。如需长期存放应氧化处理或涂油包装。

6.5.3　工艺过程中应注意的一些问题

1. 备料

ZK61M 挤压棒材常常带有粗晶环,严重影响力学性能和塑性,应车掉一层外皮(扒皮),扒皮厚度取决于粗晶环深度,一般在 5mm 以下。$\phi80mm$ 以下的棒材,车去 2mm。

2. 加热

镁合金加热时应严格控制加热温度和加热时间,炉内温差应严格控制在 ±10℃ 以内。

由于镁合金导热性好,加热时应将炉子预热到规定的温度再装炉,以缩短加热时间,避免晶粒长大和合金软化。

由于镁合金中的原子扩散速度慢,强化相的溶解需要较长时间,为了获得均匀组织,保证良好的塑性,实际所采用的加热时间还是较长的。镁合金锻前加热时间与铝合金加热时间的计算方法相同,即直径小于 50mm 的毛坯,按每毫米直径(或厚度)加热 1.5min 计算;直径大于 100mm 的毛坯,按每毫米直径 2.5min 计算。总之,在保证获得均匀组织的前提下应尽可能缩短加热时间。

如锻造过程因故障中断,但中断时间不超过 2h,毛坯可以留在炉内,但应降低炉温(约 120℃)。继续锻造时,毛坯应重新加热到锻造温度上限。这时加热时间的计算,是从炉温达到规定的温度时算起,每毫米直径(或厚度)所需的加热时间为上述计算时间的 1/2。若锻造中断过程超过 2h,则需将毛坯从炉内取出,置于静止空气中冷却,然后再重新加热锻造。

3. 变形程度

选用合适的变形程度可以保证合金在锻造过程中不开裂,并获得良好的组织和性能。锻件的最后性能取决于每火次加热时所产生的软化和变形强化的综合效果。

每次工作行程的最大变形程度,应根据合金的塑性图确定,以免产生裂纹。但锻件的总变形程度应适当大些,以避免残余铸态组织并保证所要求的力学性能。

为避免在锻件上出现临界变形粗晶,每次行程的变形程度,尤其是终锻温度下的变形程度应大于(或小于)临界变形程度。

4. 模具预热

镁合金的模锻温度范围很窄,与冷模接触时,坯料温度降低快,锻造时极易产生裂纹,所以,模具必须预热。预热温度约 250℃~300℃。

5. 润滑剂

模锻镁合金时,为了减轻锻件与型腔间的摩擦,防止粘模和有利于金属充填模膛,要在模具上涂润滑剂。用于铝合金模锻的各种润滑剂均适用于镁合金。不论使用何种润滑剂,关键在于润滑剂要涂得均匀,不能有空白或润滑剂堆积。用喷雾法喷涂,可使润滑剂均匀地分布在型腔的表面上。要注意将多余的润滑剂吹掉,如锻件上堆积了石墨,不仅不利于模锻,在酸洗时还可能产生局部腐蚀。

6. 冷却

AZ40M、AZ61M、AZ80M 和 ZK61M 合金,锻造后通常是在空气中冷却。镁合金锻后直接水冷,这样可防止进一步再结晶和晶粒长大,对于某些时效强化的合金,水冷获得的过饱和固溶体组织,在最后的时效处理过程中,有利于沉淀析出。

6.6 铜合金塑性成形件的常见质量问题与控制措施

6.6.1 概述

铜的最大特点是具有很高的导电、导热性能,以及良好的耐蚀性。但是,工业纯铜的强度不高(约 200MPa),因而限制了它作为结构材料的使用。

为了提高铜的强度,并赋予特殊的性能,在铜中加入适量的合金元素,从而获得铜合金。铜合金具有较高的强度、韧性、耐磨性以及良好的导电、导热性能,特别是在空气中的耐腐蚀。因此,在电力、仪表、船舶等工业中得到了广泛的应用。一些要求强度高、耐热、耐压又耐蚀的轴类、凸缘类和阀体类零件都用铜合金锻件来制造。

铜合金主要分为黄铜和青铜两大类。以锌为主要合金元素的铜合金称为黄铜;以锡为主要合金元素的铜合金称为青铜。此外,还有白铜等其他铜合金。

黄铜的牌号、代号和化学成分见表 6-23。

表 6-23　黄铜的化学成分

组别	牌号	代号	化学成分（余量为锌）（质量分数）/%						
			铜	铅	锡	锰	铝	其他	杂质
普通黄铜	90 黄铜	H90	88～91						≤0.2
	70 黄铜	H70	69～72						≤0.3
	68 黄铜	H68	67～70						≤0.3
	62 黄铜	H62	60.5～63.5						≤0.5
铅黄铜	60-1 铅黄铜	HPb60-1	59～61	0.6～1.0					≤0.5
	59-1 铅黄铜	HPb59-1	57～60	0.8～0.9					≤0.75
锡黄铜	62-1 锡黄铜	HSn62-1	61～63		0.7～1.1				≤0.3
	60-1 锡黄铜	HSn60-1	59～61		1.0～1.5				≤1.0
锰黄铜	58-2 锰黄铜	HMn58-2	57～60			1.0～2.0			≤1.2
铁黄铜	59-1-1 铁黄铜	HFe59-1-1	57～60	0.3～0.7	0.5～0.8	0.1～0.4		（铁）0.6～1.2	≤0.25
镍黄铜	65-5 镍黄铜	HNi65-5	64～67					（镍）5.0～6.5	≤0.3
硅黄铜	80-3 硅黄铜	Hsi80-3	79～81					（硅）2.5～4.0	≤1.5

　　变形青铜的牌号、代号和化学成分见表 6-24 和表 6-25。

　　纯铜中的杂质主要有铅、铋、氧、硫、氢等。铜中杂质的存在不仅对使用性能有较大影响，而且对铜的工艺性能也有极坏的作用。

　　加热温度和变形程度对铜合金的组织和性能影响很大，当变形程度处于临界变形程度范围时，将引起粗晶。铜合金的临界变形程度范围约 10%～15%，温度越高，变形和再结晶后的晶粒尺寸也越大。

表 6-24　锡青铜的化学成分

牌号	代号	化学成（余量为铜）（质量分数）/%				
		锡	磷	锌	铅	杂质
4-3 锡青铜	QSn4-3	3.5～4.0		2.7～3.3		≤0.2
4-4-2.5 锡青铜	QSN4-4-2.5	3～5		3～5	1.5～3.5	≤0.2
4-4-4 锡青铜	QSn4-4-4	3～5		3～5	3.5～4.5	≤0.2
6.5-0.1 锡青铜	QSn6.5-0.1	6～7	0.1～0.25			≤0.1
6.5-0.4 锡青铜	QSn6.5-0.4	6～7	0.3～0.4			≤0.1
7-0.2 锡青铜	QSn7-0.2	6～8	0.1～0.25			≤0.3
4-0.3 锡青铜	QSn4-0.3	3.6～4.0	0.2～0.3			≤0.1

表 6-25　特殊青铜的化学成分

组别	牌号	代号	化学成分(余量为铜)(质量分数)/%					
			铝	铁	锰	镍	其他	杂质
铝青铜	5铝青铜	QAl5	4～6					≤1.6
	7铝青铜	QAl7	6～8					≤1.6
	9-2铝青铜	QAl9-2	8～10		1.5～2.6			≤1.7
	9-4铝青铜	QAl9-4	8～10	2～4	1～2			≤1.7
	10-3-1.5铝青铜	QAl10-3-1.5	9～11	2～4				≤0.75
	10-4-4铝青铜	QAl10-4-4	9.5～11	3.3～5.5		3.5～5.5		≤0.8
铍青铜	2铍青铜	QBe2				0.2～0.6	铍 1.0～2.2	≤0.5
	2.15铍青铜	QBe2.15					铍 2.0～2.3	≤1.2
	2.5铍青铜	QBe2.5				0.2～0.5	铍 2.3～2.6	≤0.5
	1.7铍青铜	QBe1.7				0.2～0.4	铍 1.6～1.85 钛 0.10～0.25	≤0.5
	1.9铍青铜	QBe1.9				0.2～0.4	铍 1.85～2.10 钛 0.10～0.25	≤0.5
硅青铜	1-3硅青铜	QSi1-3			0.1～0.4		硅 0.6～1.1	≤0.4
	3-1硅青铜	QSi3-1					硅 2.75～3.5	≤1.1
锰青铜	5锰青铜	QMn5			4.5～5.5			≤0.9
镉青铜	1镉青铜	QCd1					镉 0.9～1.2	
铬青铜	0.5铬青铜	QCr0.5					铬 0.4～1.0	≤0.5

对于(α-β)铜合金(包括 H62、H68、HPb59-1、QAL19-4 等),如果加热温度超过(α+β)→β 的转变点,此时由于失去了 α 相对 β 相晶界迁移的机械阻碍作用,因而晶界迁移速度很快,β 晶粒迅速长大,使合金塑性降低,锻造中容易开裂,并常在锻件表面出现"蛤蟆皮"。粗化后的铜合金晶粒,即使采用大变形程度进行塑性变形,再结晶后的晶粒也是很粗的。这是因为铜合金的层错能低,动态再结晶的速度快,而且,大变形时的热效应也较显著,故在高温下很快再结晶并迅速长大。

铜合金锻件组织中产生粗晶后,不能像碳钢那样,通过热处理的办法加以细化。因此,将使产品的力学性能降低(表 6-26)。

表 6-26　过热与未过热试样的力学性能

试样情况	σ_b/MPa	δ/%	试样情况	σ_b/MPa	δ/%
过热粗晶	290	34.5	正常细晶	415	44

冷变形和冷变形加时效处理对铜和铜合金性能有较大影响。

纯铜的强度较低,但塑性很高。因此,可以通过冷态形变使其强化。图 6-58 为变形程度对纯铜力学性能的影响。冷变形使铜的强度和硬度有较大提高,但塑性指标显著降低。冷变形使铜的电导率稍有降低(约2.7%)。纯铜一般是在加工硬化状态下用作导线。还有些铜合金,也需用冷变形来提高其强度和硬度。例如,制造电极用的镉青铜(含镉的质量分数为0.8%~1.2%),经过冷变形后,可使抗拉强度从原来的600MPa~850MPa提高到1100MPa。锆青铜也常用于制造滚焊轮,硬度要求为

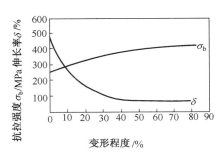

图6-58 变形程度对纯铜力学性能的影响

100HBS~140HBS,而一般热锻和固溶时效达不到技术要求。因此,锆青铜滚焊轮一般是热锻后,950℃固溶处理,再冷变形和时效处理(见第10章例26)。

铜合金的锻造特点如下:

1. 多数铜合金在室温和高温下具有良好的塑性

大多数铜合金在室温和高温下塑性很好,可以顺利地进行锻造,而且对应力状态和变形速度均不敏感,即使在高速变形或具有拉应力存在的条件下变形仍具有足够的塑性。图6-59~图6-61是几种黄铜和青铜的塑性图。

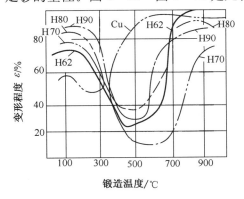

图6-59 黄铜的塑性图

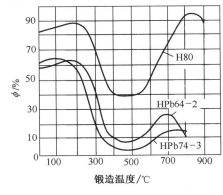

图6-60 铅黄铜的塑性图

但是,有少数铜合金,例如,含锡较高的锡磷青铜(如QSn7-0.2)和含铅较高的铅黄铜(如HPb59-1、HPb64-2),塑性较低,对拉应力状态较敏感。在静拉伸应力状态下变形时,QSn7-0.2在室温呈单相α固溶体,具有很高的塑性,可以进行冷变形,但在高温下塑性很低(图6-60),其原因是在高温下有低熔点的(α+β+Cu₃P)共晶体存在。含铅较高的铅黄铜对变形速率很敏感,在静拉伸和动拉伸二种变形条件下的塑性有明显的不同(图6-62),这类铜合金适于在压力机上锻造。

2. 存在中温脆性区

从图6-59~图6-61可以看到,铜合金存在中温脆性区。以黄铜为例,在20℃~200℃和650℃~900℃两个温度范围内有很高的塑性,而在250℃~650℃

263

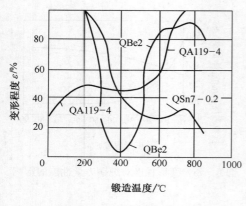

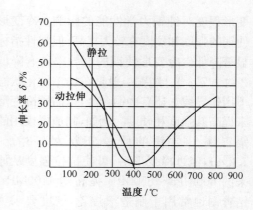

图 6-61 青铜的塑性区

图 6-62 HPb74-3 铅黄铜在不同温度下的力学性能

范围内是一个脆性区,合金的塑性显著降低,很容易锻裂。其原因是合金中有铅、铋等杂质存在,它们在 α 固溶体中的溶解度极小,与铜形成 Cu-Pb 和 Cu-Bi 低熔点的共晶体,呈网状分布于 α 固溶体的晶界上,从而削弱了 α 晶粒之间的联系。当加热到 500℃ 以上时,发生 α+β→β 转变,铅和铋溶于 β 固溶体中,于是塑性提高。表 6-27 为几种铜合金的脆性温度区。

表 6-27　几种铜合金的脆性温度区($\varepsilon < 40\%$)

合金牌号	脆性(或低塑性)区/℃	合金牌号	脆性(或低塑性)区/℃
H62	250~650	HPb74-3	>250
H68	250~650	QAl5	370~530
H80	400~500	QSn4-4-2.5	>300
H90	400~650	QSn6.5-0.1	420~620
HPb64-2	>300		

由于中温脆性区的存在,很多铜合金的 α+β 双相区的塑性比 α 单相区的塑性高。因此,锻造变形主要在 α+β 双相区的温度范围进行。

3. 锻造温度范围窄

铜合金的锻造温度范围比碳钢窄。所有铜合金的锻造温度范围都不超过 100℃~200℃,其中铅黄铜 HPb59-1、铝黄铜 HAl77-2、HAl60-1-1、HAl59-3-2 及锡青铜 QSn7-0.2,QSn6.5-0.4 等合金的锻造温度范围尚不足 100℃。以 HPb59-1 为例,当加热温度超过 α+β→β 转变温度(约 700℃)时,β 晶粒急剧长大,使塑性降低;当变形温度低于 650℃ 时,变形抗力迅速增大,并可能进入中温脆性区。

4. 导热性好

铜具有很高的导热性,热导率 $\lambda = 385.48$W/m·℃。铜中加入合金元素后,导热性有所降低。例如,H62 黄铜的热导率 $\lambda = 108.94$W/m·℃;QAl4 铝青铜的热导率则更低些,为 58.66W/m·℃。但总的来说,铜合金的导热性比钢好,而且铜合金的导热性随温度升高而增加。所以,铜合金可以直接高温装炉,快速加热。

由于铜合金的导热性好,锻造时应采取必要的工艺措施,以尽量减少金属的热量散失。

5. 某些铜合金的热效应现象较显著

一些铜合金,例如锡磷青铜和锰青铜,锻造时热效应现象较显著。若变形速度过快,则由于热效应的作用,容易产生过热,甚至过烧。含铅量较高(超过 2.5%)的铅黄铜模锻件,在变形程度较大的部位极易开裂。其原因也就是由于变形程度较大的部位热效应显著,使合金的温度升高,引起合金中低熔点杂质的熔化,破坏了晶间的联系。

另外,铜合金锻造时的外摩擦系数较大,所以流动性较差,模锻时难以成形。

6.6.2 铜合金锻造过程中的质量问题与控制措施

1. 过热、过烧

铜合金加热温度超过始锻温度时要产生过热,α 黄铜和(α+β)黄铜的过热倾向较大。这类黄铜,如加热温度超过 β 转变温度,晶粒会剧烈长大,锻造时坯料形成桔皮表面,甚至开裂。过热的(α+β)黄铜和(α+δ)铝青铜等快冷时,要出现魏氏组织。为避免过热,这类铜合金的加热温度不宜超过 β 转变温度,即在(α+β)两相区锻造为宜。

图 6-63 和图 6-64 是不同加热温度下铅黄铜的显微组织。铅黄铜的含铜量变动范围较大(57%~60%),其实际含铜量对其 β 转变温度影响很大。因此,确定这种铅黄铜的转变温度时要考虑到实际铜含量的影响。根据试验,HPb59-1 加热温度控制在 710℃~730℃为宜。

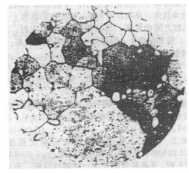

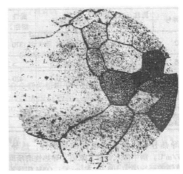

图 6-63　HPb59-1,740℃、7.5min 盐水淬火　　图 6-64　HPb59-1,785℃、8min 盐水淬火
　　　　后的显微组织　250×　　　　　　　　　　　　后的显微组织　250×

铜合金过烧时,模锻件表面粗糙,无金属光泽,边缘处开裂;自由锻时开裂更为严重。铜合金过烧后,断口氧化很严重,无金属光泽,裂纹沿晶界扩展。图 6-65 为HPb59-1 铅黄铜产生轻微过烧的显微组织。从图中可看到 β 晶粒粗大,部分 α 相沿

β晶界析出,部分呈块状在晶内析出,裂纹沿晶界扩展。图 6 - 66 是HMn58-2铜合金严重过烧的实物图。

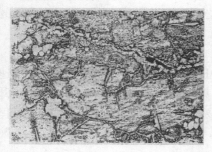

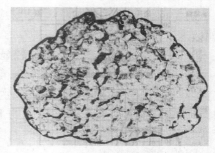

图 6 - 65　HPb59 - 1铜合金锻造裂纹沿　　　图 6 - 66　HMn58 - 2铜合金严重过烧
　　　　　晶界扩展　100×

为防止过热、过烧,应严格控制加热温度和时间。在油炉和煤炉中加热时,更应准确控制炉温以保证加热质量。为避免火焰直接喷射到坯料上引起局部过烧,可以在坯料上面覆盖一层薄铁皮。

2. 锻造裂纹

铜合金锻裂的原因主要有下列几方面:①坯料内部或表面有缺陷;②锻造温度不合适,材料塑性低;③变形程度过大或拉应力过大。

铜锭的表面质量较差,内部也常常有较严重的偏析,锻造时常易开裂。因此,铜锭需经均匀化退火,锻前要进行车皮。

锻造温度对铜合金的塑性影响很大。铜合金中由于加入了大量合金元素,始锻温度低,锻造温度范围窄,并存在中温脆性区。加热温度过高,容易产生过热、过烧,引起锻裂或粗晶。锻造温度过低时,有些铜合金(如铁青铜),由于再结晶不充分,塑性降低,也常常产生裂纹。因此,要控制锻造温度不要过高或过低,并要避开中温脆性区。

有些铜合金锻件由于变形程度过大(热效应显著)或局部地方应力集中等原因也常产生锻裂。自由锻操作时,要勤翻轻击,避免在同一方向连续重击,以防止因热效应而引起过热、过烧。

3. 切边撕裂

铜合金锻件在胎模锻和模锻后,如立即进行切边,往往会在切边处有撕裂锻件本体的现象。当锻件冷却后再切边时,就可避免这种缺陷。

4. 折叠

铜合金变形时,表面容易起皱。因此,较易产生折叠。例如,拔料时,如变形后的台阶较尖锐,在第二次锤击时就容易产生折叠;又如,当阀体锻件的大本体上有小管接时,如采用压肩倒角的成形工艺,小管接处会由于变形不均匀产生缩孔;若再用镦粗法将其端面拍平,便会在管接与本体交接处形成折叠。因此,锻造铜合金时,工具和模具转角处的圆角半径要大一些,并要注意润滑;对于一些高度与直径比例不大的管接,适于采用在漏盘中挤压成形;对较易产生折叠的铜合金锻件,要考虑到以后的清理,在确定加工余量和计算用料时,应比碳钢取得大些。

5. 晶粒粗大

铜合金晶粒长大后不能像碳钢那样通过热处理加以细化,因此,晶粒粗大将使产品性能下降。铜合金晶粒粗大的原因:①坯料过热;②终锻温度过高;③锻造时的变形程度处于临界变形程度范围(10%～15%)内。

为了避免形成上述粗大晶粒,应当注意以下几点:①锻造时每次变形程度应大于10%～15%。②为保证适宜的终锻温度,应根据成形方式和变形量大小选择合适的始锻温度。例如 QAl9‐11 合金胎模锻时 900℃始锻,而自由锻时 850℃始锻,原因是胎模锻较自由锻散热快。③(α+β)黄铜和青铜的加热温度应稍低于(α+β)→β 的转变温度。

6. 应力腐蚀开裂

如果铜合金锻件内存在残余应力,则在潮湿大气中,特别是在含氨盐的大气中会引起应力腐蚀开裂,也称季裂。防止这种缺陷的对策:①锻造时,应使锻件上各处的变形量和变形温度比较均匀。例如,锻造长轴类锻件时,应将工件经常调头变形,使各部分的变形温度相近,以减小内应力;②铜合金锻造后,要及时在 260℃～300℃ 范围内进行消除应力退火。

7. 氢气病

所有高铜的铜合金(如 H90),铝青铜及铜镍合金,在高温下极易氧化。含有氧的铜合金,如在含有 H_2、CO、CH_4 等的还原气氛中加热,则这些气体会向金属内扩散,与 Cu_2O 化合而生成不溶于铜的水蒸气或 CO_2。这种水蒸气具有一定的压力,力图从金属内部逸出,结果在金属内部形成微小裂纹,使合金变脆,即所谓氢气病。因此,加热铜合金时,炉子气氛最好是中性的。

6.6.3 工艺过程中应注意的一些问题

1. 自由锻

铜合金与碳钢相比,它的始锻温度较低,锻造的温度范围很狭窄,只有 100℃～200℃,在 650℃～250℃ 还有脆性区。为了很好地利用锻造温度范围,尽量防止热量散失,要在工艺上采取措施。

首先,锻造铜合金时,工具和模具都要预热。一般要预热到 200℃～300℃。锻造前的模具温度可用验温笔或表面接触高温计来检查。

自由锻时,锤击应该轻快,坯料在砧面上要经常翻转,以免某一面因接触下砧过久而带走热量致使温度迅速降低。

要严格控制终锻温度,不得低于终锻温度停锻。否则,要进入脆性区,锻造时容易开裂。

铜合金对内应力也特别敏感,若不消除,铜合金零件会在使用时自行破裂。所以,锻造时应使锻件各处的变形程度和变形温度尽可能均匀些。例如,在锻造长轴类锻件时,应使工件经常掉头变形,使整个体积在较为一致的温度下结束锻造。这样组织也较一致,内应力便会减少至最低,在以后退火时也容易消除。

铜合金冲孔前,冲头必须预热到足够的温度。如果用冷冲头冲孔,容易在孔的内缘产生裂纹。用冲头扩孔时,每次扩孔量不宜过大。

铜合金变形时,表面容易起皱,并导致产生折叠。例如,拔料时变形前后的台阶较尖锐,在第二下锤击时,就容易产生折叠。所以对于一些高度与直径比例不大的管接,宜于采用在漏盘中挤压成形。

有些铜合金(如制造电极用的镉青铜)需通过冷锻来提高其强度和硬度。冷锻时,锤击要轻快,每次变形量不宜太大。拔长工序应尽量在型砧或掸子内进行。铜合金在冷锻过程中温度会升高,若温度升高超过合金的再结晶温度,则会使合金的硬度下降。故有时需要将因冷变形而发热的铜合金坯料浸入冷水中冷却后再继续锻造,以保证得到所需要的硬度。

2. 模锻

铜及铜合金可以在锤上或压力机上进行模锻,但以在压力机上模锻为宜。铜合金由于锻造温度范围窄,导热性好,故一般不采用多模腔模锻。对于形状复杂的模锻件,可经自由锻制坯后,再模锻成形。由于铜合金的流动性好,所以较少采用预锻模腔。

模锻前,锻模应事先预热到150℃~300℃,并尽量减少铜合金在模具内的停留时间。

模锻时,模具要润滑,并且润滑剂要涂均匀。通常采用胶状石墨与水或油的混合液作润滑剂。水剂石墨的润滑效果也很好。

3. 铜合金锻件的热处理

黄铜锻件的热处理方式,有低温去应力退火和再结晶退火两种。低温去应力退火主要用于冷变形的制品;再结晶退火则是黄铜锻件热处理的主要方式。

黄铜低温退火的目的是为了消除工件的内应力,防止工件发生应力腐蚀开裂和切削加工中的变形,并保证一定的力学性能。低温退火的方法是在260℃~300℃,保温1h~2h,然后空冷。

黄铜再结晶退火的目的是消除加工硬化,并得到较均匀的组织。黄铜的再结晶温度约在300℃~400℃之间,常用的退火温度为600℃~700℃。退火温度不能过高,否则容易引起晶粒长大,使工件力学性能降低。

对于α黄铜,因退火过程中不发生相变,所以退火的冷却方式对合金的性能影响不大,可以在空气或水中冷却。

对于(α+β)黄铜,因退火加热时发生α→β相变,冷却时又发生β→α相变。冷却越快,析出的α相越细,合金的硬度有所提高。若要求改善合金的切削加工性能,可用较快的冷却速度;若要求合金有较好的塑性,则应缓慢冷却。

青铜锻后的热处理方式也是退火。但对于能热处理强化(淬火、时效)的铍青铜及硅镍青铜等合金,一般不进行退火处理。

6.7 钛合金塑性成形件的常见质量问题与控制措施

6.7.1 概述

钛有许多十分优良的性能:密度小($4.58g/cm^3$)、熔点高($1668℃$)、耐腐蚀性强、比强度高、热膨胀系数小和塑性好等优点。表6-28列出了钛和某些金属的物理性能数据。

表6-28 钛和其他金属的物理性能数据

性能 \ 金属种类	Ti	Mg	Al	Fe	Ni	Cu
密度/(g/cm³)	4.5	1.7	2.7	7.87	8.9	8.9
熔点/℃	1668	650	660	1535	1455	1083
膨胀系数/(×10⁸/℃)	8.5	26	23.9	11.7	13.6	16.5
导热系数/(W/m·℃)	16.76	146.25	209.5	83.8	58.66	385.48
弹性模量/MPa	112500	48600	72400	200000	210000	130000

但是,纯钛的强度较低(与普通碳钢相近),因而限制了它在工业上的应用,为了使钛强化,扩大其使用范围,在钛中添加各种合金元素,制成了各种具有不同性质的钛合金。钛合金作为一种新型金属结构材料,首先在航空工业中得到应用。由于钛合金重量轻,抗腐蚀能力强,其应用范围已经迅速扩大到航天、石油、化工和造船工业。钛合金是一种很有前途的结构材料。

纯钛具有两种同素异晶结构。在882℃以上,是体心立方晶格,称为β钛;在882℃以下,是密排六方晶格,称为α钛。由于添加元素对钛的同素异晶转变温度有不同影响,随着添加元素的种类和数量不同,室温下的钛合金便有各种不同的组织。按其退火组织的不同,钛合金可分为三类:α钛合金、β钛合金和(α+β)钛合金。

α钛合金、β钛合金和(α+β)钛合金的划分,可以利用钛钒合金状态图的β相转变成α相部分(图6-67)来加以说明。如果钛中钒的加入到D点的含量时,这样的钛钒合金,从β相变温度以上的温度空冷下来,如垂线1所示,将转变成条状的α相组织。这样的合金,称为α钛合金。如果钛中加入的钒很多,并大于15%时,如图6-67中垂线2所示的那样,在淬火冷却或空气冷却的条件下,将得到单一的不够稳定的β相。这样的合金,便是β钛合金。在垂线1和2之间,约从D点到15%钒点的成分范围内的合金,都是(α+β)两相钛合金。

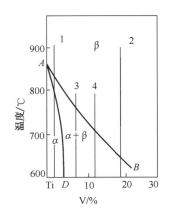

图6-67 钛合金分类说明图

钛合金牌号的表示方法:TA表示α钛合金;TB表示β钛合金;TC表示α+β钛合金。并以数字编号表示各组不同化学成分的钛合金。表6-29列出了钛合金的化学成分及性能。

表 6-29 工业钛合金的化学成分及性能

牌号	主要成分(质量分数)/%												杂质不大于(质量分数)/%						状态	室温性能					高温性能			备注
	Ti	Al	Cr	Mo	Sn	Mn	V	Fe	Cu	Si	Zr	B	Fe	Si	C	N	H	O		σ_b/MPa	$\sigma_{0.2}$/MPa	δ/%	ψ/%	a_K/(MJ/m²)	温度/℃	σ_b/MPa	σ_{100}/MPa	
TA0	基												0.03	0.03	0.03	0.01	0.015	0.05	退火									碘化钛
TA1	基												0.15	0.10	0.05	0.03	0.015	0.10	退火	350		25	50	0.8				棒材
TA2	基												0.30	0.15	0.10	0.05	0.015	0.15	退火	450		20	45	0.7				棒材
TA3	基												0.30	0.15	0.10	0.05	0.015	0.15	退火	550		15	40	0.5				棒材
TA4	基	2.0~3.3											0.30	0.15	0.10	0.05	0.015	0.15	退火									棒材
TA5	基	3.3~4.3										0.005	0.30	0.05	0.10	0.04	0.015	0.15	退火	700		15	40	0.6				棒材
TA6	基	4.0~5.5											0.30	0.15	0.10	0.05	0.015	0.15	退火	700		10	27	0.3	350	430	400	棒材
TA7	基	4.0~5.5			2.0~3.0								0.30	0.15	0.10	0.05	0.015	0.20	退火	800		10	27	0.3	350	500	450	棒材
TA8	基	4.5~5.5			2.0~3.0				2.5~3.2		1.0~1.5		0.30	0.15	0.10	0.05	0.015	0.15	淬火 时效	1000		10	25	0.2~0.3	500	700	500	棒材
TB1	基	3.0~4.0	10.0~11.5	7.0~8.0									0.30	0.15	0.10	0.04	0.015	0.15	淬火≤1000 时效 1300			18 5	30 10	0.3 0.15				棒材
TB2	基	2.5~3.5	7.5~8.5	4.7~5.7			4.7~5.7						0.30	0.05	0.05	0.04	0.015	0.15	淬火≤1000 时效 1400			18 7	40 10	0.3 0.15				棒材

（续）

牌号	主要成分（质量分数）/% Al	Cr	Mo	Sn	Mn	V	Fe	Cu	Si	Zr	B	杂质不大于（质量分数）/% Fe	Si	C	N	H	O	态	室温性能 σ_b/MPa	$\sigma_{0.2}$/MPa	δ/%	ψ/%	α_k/(MJ/m²)	高温性能 温度/℃	σ_b/MPa	σ_{100}/MPa	备注
TC1基	1.0~2.5				0.8~2.0							0.40	0.15	0.10	0.05	0.015	0.15	退火	600		15	30	0.45	350	350	330	棒材
TC2基	2.0~3.5				0.8~2.0							0.40	0.15	0.10	0.05	0.015	0.15	退火	700		12	30	0.4	350	430	400	棒材
TC3基	4.5~6.0					3.5~4.5						0.30	0.15	0.10	0.05	0.015	0.15	退火	900		10			400	600	500	板材(1.0~2.0)
TC4基	5.5~6.8					3.5~4.5						0.30	0.15	0.10	0.05	0.015	0.15	退火	950		10	30	0.4	400	630	580	棒材
TC5基	4.0~6.2	2.0~3.0										0.50	0.40	0.10	0.05	0.015	0.20	退火	950		10	23	0.3	400	600	560	棒材
TC6基	4.5~6.2	1.0~2.5	1.0~2.8				0.5~1.5					0.40	0.40	0.10	0.05	0.015	0.20	退火	950		10	23	0.3	450	600	550	棒材
TC7基	5.0~6.5	0.4~0.9	2.8~3.8				0.25~0.60		0.25~0.60		0.01			0.10	0.05	0.025	0.30	退火	1000		10	23	0.35	550	600		棒材
TC8基	5.8~6.8		2.8~3.8						0.20~0.35					0.10	0.05	0.015	0.15	退火	1050		10	30	0.3	450	720	700	棒材
TC9基	5.8~6.8		2.8~3.8						0.20~2.40					0.10	0.05	0.015	0.15	退火	1140		9	25	0.3	500	650	620	棒材
TC10基	5.5~6.5						0.35~1.0	0.35~1.0				0.15	0.10	0.04	0.015		0.20	退火	1050		12	25	0.35	400	850	800	锻棒
						5.5~6.5	1.0	1.0											1050		12	30	0.4				轧棒

注：其化学成分及性能详见 GB 3620—1994，GB 3621—1994

271

α钛合金主要含有α稳定化元素 Al,其次为 Zr 和 Sn。由于 Al 对α相的稳定作用,因此α钛合金室温下的显微组织是由 100%α相组成的。但是,随着α钛合金加热至β相区后冷却速度的不同,α相的形态是不一样的。

当α钛合金加热到β相区,并以较慢的冷却速度通过转变温度范围时,β相转变为条状α相。由于它和钢中的魏氏组织相似,称为魏氏α组织。若在转变温度范围内以较快的速度冷却,β相则转变为针状α相。由于它和钢中的马氏体很相像,称为马氏α组织,并用α′表示。不论是马氏α还是魏氏α,它们都是β相转变的产物,形态相似,统称为针状α体。具有条状或针状组织的α钛合金,性质是很脆的。只有在α+β相区经过变形和再结晶,才可以获得等轴细晶粒的α组织。这种组织的α钛合金,室温的塑性很好。由于α合金自β相变以上温度快速淬火也不改变其平衡成分,所以它不可能用热处理强化。因而,只具有中等的强度。

α钛合金的组织稳定,抗蠕变性能好,可以在较高温度下工作,是创制新型耐热合金的基础。α钛合金的热处理方式是退火。

β钛合金含有大量β相稳定元素 Mo、V、Cr、Fe、Mn 等。因此,淬火或空冷都可以很容易地使β相保留下来,其塑性很高,容易加工成形。该种合金在低温时效时,β发生分解而析出弥散的α相,使合金得到强化。因此,β钛合金是可以进行淬火、时效强化的。热处理方式是淬火,时效。

(α+β)钛合金是既含有一定量的β稳定化元素,又含有一定量α稳定化元素的合金。前者含量较多的合金称为强β稳定的(α+β)钛合金;而前者含量较少的合金称为弱β稳定的(α+β)钛合金。

(α+β)钛合金是可以热处理强化的合金。但是,弱β稳定的(α+β)钛合金热处理强化效果不如强β稳定的(α+β)钛合金,因此,它的使用状态是退火状态。而强β稳定的(α+β)钛合金,使用状态则是淬火、时效状态。

1. 锻造工艺对钛合金组织和性能有重要的影响

1) 锻造温度、变形程度对钛合金组织和性能的影响

锻造温度对(α+β)钛合金的室温性能和β晶粒尺寸的影响见图 6-68。在β转变温度以上锻造时,合金在室温下塑性低,脆性大,即引起所谓"β脆性"。当在β转变温度以下(即α+β两相区)锻造(称为(α+β)锻造),材料具有高强度和适当的塑性。

锻造温度对α钛合金和(α+β)钛合金的室温塑性和晶粒只寸的影响类似(图6-69)。

但是,锻造温度对钛合金高温和室温性能的影响不一样。在高于β转变温度锻造时,钛合金的持久性能、抗蠕变性能和断裂韧性好;而低于β转变温度锻造时,上述性能则较差。

钛合金在不同温度下锻造后的性能相差较大。原因是,在不同温度下锻造后的组织不一样。以国内外应用最广泛的 TC4(国外为 Ti6Al4V)钛合金为例介绍如

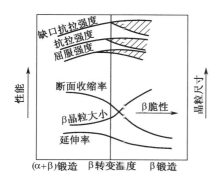

图 6-68　锻造温度对(α一β)钛合金的室温性能
和β晶粒尺寸的影响

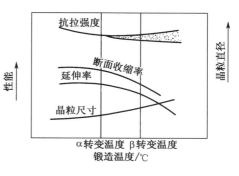

图 6-69　锻造温度对α钛合金的室温性能
和晶粒尺寸的影响

下:TC4 钛合金通常在退火状态下使用。由于退火温度(一般为 800℃)低于锻造加热温度。因此,其组织和性能主要取决于锻造工艺。TC4 钛合金的 β 转变温度在 1000℃ 左右。将这种钛合金加热到 950℃ 时,合金的显微组织为(α+β),在随后的空冷过程中原始的 β 相组织发生转变,即α相在β相基体上呈片状析出,形成(α+β)相的混合组织。这种混合组织称为β转变组织或转变了的β相。为了与β转变组织中的α相区别,加热后合金中存在的α相,一般称为初生 α 相。这样,TC4 合金加热到 950℃ 空冷,所得组织为(α+β)转变组织(图 6-70)。如果将这种组织加热到 1100℃,即β转变温度以上时,由于钛合金的自扩散系数大($D=10^{-10}$ cm²/s),且此时失去了初生α相对晶界迁移的阻碍作用。晶界迁移速度很快;并且β/α在晶体结构、位向方面的密切关系,使得钛合金在接近

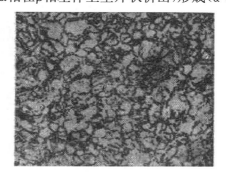

图 6-70　TC4 合金加热 950℃
空冷后的组织　500×

相变点附近时,晶粒尺寸开始迅速长大。这样的组织空冷后,则得到粗大的完全转变了的β相组织,这种组织称为魏氏组织,见第 5 章图 5-20。

　　将 TC4 钛金加热到 β 转变温度以上后,如果变形量小,则变形对过热组织的影响不大,锻后所得组织的特征:原始 β 晶界完整、晶界比较粗大,晶内的片状(或针状)α相按一定位向排列,即形成魏氏组织(图 6-71(a))。相应于这类组织的性能特点是塑性和冲击韧性低;但持久性能和抗蠕变性能较高(表 6-30)。如果开始时的变形温度在 β 转变温度以上,但变形程度足够大,则所得组织的特征:条状 α相不同程度地发生扭曲,β 晶界不同程度地破碎,这种组织称为网篮状组织(图 6-71(b)~(d))。相应于这类组织的性能特点:塑性、冲击韧性较魏氏组织好,接近或相当于等轴细晶组织;高温持久和抗蠕变性能也较好(表 6-31)。如果加热

温度低于β转变温度,而且变形程度足够时,所得组织的特征是在等轴α相的基体上分布有一定数量的β转变组织,即得到所谓等轴组织(图 6-71(e))。相应于这种组织的性能特点:综合性能较好,特别是塑性和冲击韧性较高(表 6-31)。如果在(α+β)相区的高温部分变形后又经高温退火(退火温度接近β转变温度),就得到混合型组织,即在β转变组织基体上分布有一定数量的等轴α相(或初生α相)(图6-71(f)),相应这类组织的性能特点是综合性能好(表 6-30)。

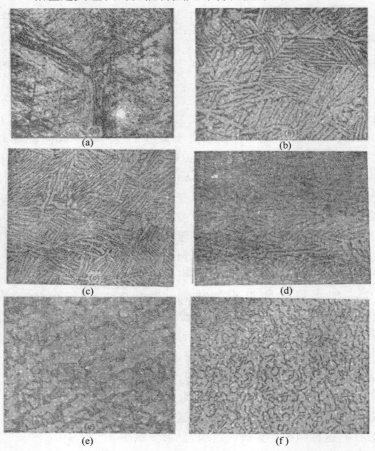

(a)

(b)

(c)

(d)

(e)

(f)

图 6-71 TC4 合金退火状态的各种典型组织 500×

表 6-30 TC4 合金各类典型组织的性能(轧棒)

变形规范	组织类型	σ_b /MPa	δ /%	ψ /%	a_k /(MJ/m²)	σ_b^{400} /MPa	400℃,σ=240(MPa), 100h 残余变形量/%
1020℃加热未变形	魏氏组织	1025	9	14	0.275	660	0.1
1020℃加热变形 程度 78%	网篮状组织	1000	17	52	0.54	670	—
920℃加热变形 程度 78%	等轴组织	1010	16.5	45.8	0.50	680	0.16

274

变形规范	组织类型	σ_b/MPa	δ/%	ψ/%	a_k/(MJ/m²)	σ_b^{400}/MPa	400℃,σ=240(MPa),100h残余变形量/%
920℃加热变形程度78%经950℃退火	混合组织	940	20	51	0.565	640	0.11

表 6-31 为了 Ti-6Al-4V、Ti-8Al-1Mo-1V、T-8Al-2Sn-4Zr-2Mo 三种钛合金经β锻造后和α+β锻造后的性能比较。由该表可以看出,经β锻造的钛合金具有较高的高温蠕变强度,缺口抗拉强度,缺口持久强度和优良的断裂韧性。

表 6-31　经 β 锻造的钛合金与 α+β 锻造的钛合金的性能比较

力学性能	Ti-6Al-4V	Ti-8Al-1Mo-1V	Ti-6Al-2Sn-4Zr-2Mo
屈服强度(室温)	略低	略低	略低
极限抗张强度(室温)	同样	同样	同样
伸长率	略低	略低	略低
断面收缩率	减小	减小	减小
缺口抗拉强度(K_i=10)	提高	提高	提高
缺口持久强度(K_i=3.8)	提高	提高	提高
疲劳强度(10^7周)	同样	不变	同样
蠕变稳定性	同样	同样	同样
断裂韧性	提高	提高	提高
蠕变稳定强度	提高	提高	同样

经β锻造后,断裂韧性之所以得到提高乃是由于板状α相和等轴α相在强度基本相同的情况下,前者具有较高的断裂韧性。因为裂纹遇到α板条时发生转折,所以只有在产生很大的塑性变形的条件下,α相才能发生开裂。表 6-32 为两种形貌的α相的力学性能比较。

表 6-32　等轴和板条 α 相的力学性能比较

α 相形貌	$\sigma_{0.2}$/MPa	σ_δ/MPa	裂纹夏氏冲击值/(MJ/m²)	K_{1c}/MPa·m$^{1/2}$	蒸馏水中应力腐蚀	
					K_{1c}/MPa·m$^{1/2}$	断裂时间/min
等轴	1122	1306	605	475.2	37.8	4
板条	1102	1215	880	>586.7	37.8	>4000

α+β锻造时,锻前加热温度的高低将导致锻件中初生α相比例的差异。温度低于β锻造转变点越多,则初生α相所占比例就越大。应当指出,在锻造过程中,如果由于变形热效应导致坯料温度超过锻前加热温度,则锻件显微组织中初生 α 相

的比例取决于锻件的实际温度。对于锻压变形量较大的锻件来说,变形的热效应问题应该特别注意。

锻件中初生α相所占的比例大小,对合金的室温和高温性能有较大的影响。图 6-72 为 TC4 初生 α 相含量对室温力学性能的影响。图 6-73 为 TC4 初生 α 相含量对缺口拉伸强度比值和拉伸塑性的影响。图 6-74 为 TC4 合金初生 α 相含量对高温力学性能的影响。由图 6-72 中可见,初生 α 相含量低于 20% 以后,室温拉伸的延伸率和断面收缩率开始明显下降。由图 6-73 可见,初生 α 相含量为 15%~30% 时,可以获得最佳的塑性和缺口强度的综合性能。由图 6-74 可见,随着初生 α 相含量的增高,TC4 合金的高温持久性能下降。当初生 α 相含量大于 50% 时,400℃ 持久的持续时间已降到 100h 以下。因此,为确保足够的持久和蠕变强度,锻件中初生 α 相含量不应该大于 50%。

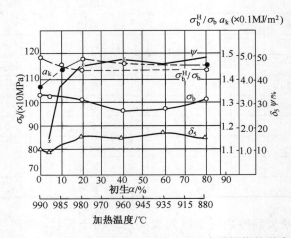

图 6-72　TC4 合金初生 α 含量对室温力学性能的影响

上面结合(α+β)钛合金简要讨论了锻造工艺、显微组织和力学性能三者之间的关系。总的来说,必须辩证地加以分析和处理:对于偏重要求疲劳性能的零件来说,当工艺条件允许时,采用较低温度(如低于β转变 50℃~80℃)的α+β锻造方法,以期获得初生α相比例较高的等轴显微组织,保证较长的疲劳寿命;对于偏重要求高温蠕变或断裂韧性的零件来说,可以采用β锻造方法,以期获得变形的魏氏组织(有时也称网篮状组织);对于要求综合性能(即兼顾室温塑性、疲劳强度、蠕变强度和断裂韧性等性能)的零件来说,应该采用较高温度(如低于β转变点 30℃左右)的α+β锻造方法,以期获得初生α相比例适中(如 15%~45%)的显微组织。但不管使用条件如何,一般均不允许采用未经变形的典型的魏氏组织。

对于α钛合金,由图 6-69 中的性能变化曲线可以看出,该种合金一般也应在(α+β)相区锻造。因为这时可锻性良好。经过塑性变形和再结晶后,冷却后的显微组织由等轴α晶粒组成。如果在β相变线以上的温度锻造,会招致β脆性,因为脆性程度比($\alpha+\beta$)合金轻;如果在α相变线以下的温度锻造,会出现表面裂纹和要求较高的锻造压力。

β钛合金,如 Ti-13V-11Cr-3Al。由于其合金含量较多,高温硬度大,因此这种合金比工业纯钛和$\alpha+\beta$合金更难锻造。该合金的β相变温度是720℃,再结晶温度是760℃,因此它的始锻和终锻温度都必须高于β相变温度。虽然它的再结晶温度为760℃,但在高达870℃时锻造后,仍会留下冷作硬化。当保留有硬化时,在以后时效中α相会更快和均匀地沉淀。这样,可以缩短为达到给定强度所需要的时间(图6-75)。如高于870℃结束锻造,则需要较长的时效时间,且集中在晶界间产生α沉淀,引起塑性的降低。因此,该合金的锻造温度一般规定在760℃～950℃,终锻温度不得高于870℃。β钛合金十分引人注目,能有1400MPa以上的屈服强度,但在较高的强度下,合金却很脆,延伸率总是低于5%。因此,一般希望屈服强度在1270MPa左右,而同时得到较高的延伸率。

表6-33列出了若干种钛合金的锻造温度范围。

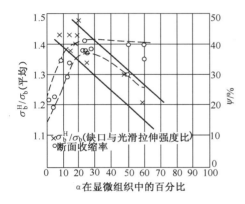

图6-73　初生α含量Ti6Al4V合金缺口拉伸强度比值和拉伸塑性的影响

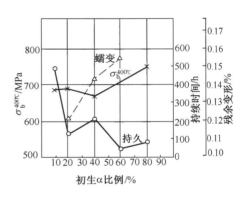

图6-74　TC4合金初生α含量对高温力学性能的影响

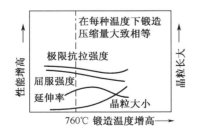

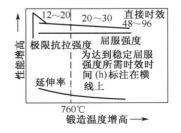

图6-75　锻造温度对刚锻造的和时效的
Ti-13V-11Cr-3Al合金室温力学性能的一般
影响(所示锻造温度对晶粒大小的典型影响是仅对锻造状态而言的)

表 6-33　钛合金锻造温度范围

合金牌号	β 转变温度 /℃	铸锭		预先经过变形的坯料	
		始锻温度/℃	终锻温度/℃	始锻温度/℃	终锻温度/℃
TA2、TA3	910~930	980	750	900	700
TC1	920~960	980	750	900	700
TC3	960~1000	1050	850	920	800
TC4	930~980	1050	850	930	800
TC5	930~980	1150	750	930	800
TC6	910~930	1150	750	950	800
TC8	970~1000	1150	900	970	850
TC9	970~1000	1150	900	970	850
TC10	930~980	1150	900	930	850
TA4		1050	850	980	850
TA5		1080	850	980	800
TA6		1150	900	980	800
TA7	1025~1050	1150	900	1000	850
TA8	950~990	1150	900	960	850
TB1	750~800			1150	850

2) 锻造工艺对等轴显微组织形成的影响

等轴显微组织一般是指等轴的初生 α 相加 β 转变组织。其相应的宏观组织为轮廓模糊的、毛玻璃状的、目视不可见晶粒的组织。

等轴显微组织具有较好的室温塑性(断面收缩率 ψ 和伸长率 δ)和疲劳性能,尤其是初生 α 比例大的更是如此。因此,通常希望钛合金(特别是转子零件)具有等轴显微组织,而且要求初生 α 比例不得低于某一数值(如 15%~20%)。

为了得到等轴显微组织,钛合金铸锭必须在 β 转变点以上 50℃~150℃ 进行开坯。通过反复镦、拔来破碎铸态组织,其变形程度应大于 60%。开坯后得到的是细片状组织,这种组织的疲劳性能较差。在适当的变形温度和变形程度下将其继续变形,便可得到等轴显微组织。以 Ti6Al4V 为例,文献[9]中介绍了使该合金的片状组织转变为等轴组织的研究资料:将经 β 区初次锻造,变形程度在 60% 以上的锻坯,分别在 350℃ 和 950℃ 的两相区进行轧制,采用了 50%、70% 和 90% 三种变形程度。轧制后,分别采用水冷、空冷和炉冷三种方式冷却。最后得到了不同形态的各种组织。研究结果如下:①轧制变形程度为 50% 时,不能使片状组织转变为等轴组织。但在 950℃ 轧制后缓慢炉冷,进行补充热处理可形成等轴组织。②在 950℃ 轧制变形 70% 后进行炉冷或空冷,均可获得等轴组织。而 850℃ 轧制变形 70%,则得不到等轴组织,但炉冷后的组织已开始向形成等轴组织过渡。③轧制变形程度为 90% 时,在两种变形温度和三种冷却方式下,均可获得均匀的等轴组织。

以上结果说明:①铸锭经β锻造后形成的均匀细片状组织,对转变为等轴组织是有利的。②在较高温度(950℃)下轧制时,采用相对较低的变形程度(70%),即可得到等轴组织。因此,对于不同组织状态的原材料可以通过适当地协调变形程度、变形温度和冷却速度等参数以获得所需要的组织。

3) 坯料原始组织、变形温度和变形程度对钛合金锻件晶粒度的影响

坯料原始组织、变形温度和变形程度对钛合金锻件的晶粒度有很大影响,对TA2、TA6 及 TC6 等钛合金试验研究的主要结果如下:

(1) 钛合金锻件的晶粒度与坯料的原始组织有很大关系。例如:TC6 钛合金,当其原始组织为等轴($\alpha+\beta$)时,在 1200℃和变形程度为 4%~5%的条件下,晶粒的平均直径为 335μm。但是,如果原始组织中 α 相呈针状,在同样的变形条件下,晶粒的平均直径为 1000μm 左右。因此,为了使钛合金锻件具有合适的晶粒度,需要控制坯料的原始组织。

(2) 变形温度对钛合金的晶粒度有很大影响。

在 β 转变温度以下热变形(即($\alpha+\beta$)两相区锻造),可以获得细晶组织。若在 β 转变温度以上热变形时,晶粒明显粗化。这时,增大变形程度虽可使晶粒尺寸减小,但是,即使变形程度达到 80%~90%,也不能得到细晶组织。而且,TC6、TC8 和 TC9 等几种钛合金,变形程度超过 85%后可能形成织构,即不同晶粒的晶轴方向趋于一致。在高温下位向一致的晶粒容易合并长大,即出现二次再结晶,从而使晶粒非常粗大。因此,为了保证锻件具有要求的晶粒度;在 β 转变温度以上锻造时,变形程度必须适当。

钛合金锻造时,控制变形程度以免出现粗晶的方法,往往不能得到预期的效果。因为热模锻时,金属的变形和流动情况受很多因素的影响。如模膛的形状、坯料的形状和尺寸、模具预热温度、变形速度、滑润剂的成分等。因而,锻件各部分的实际变形程度可能相差很大。由于上述情况,防止出现粗晶的有效措施是,降低变形温度和采用具有均匀细晶组织的原材料。

2. 钛合金的锻造工艺特点

1) 变形抗力大

由图 6-76 可知,在锻造温度下钛合金的变形抗力比钢高。同时,钛合金的变形抗力随温度降低而升高的速度比钢要快得多。由此可知,在模锻钛合金时,即使锻件温度有少许降低,也将导致变形抗力大大增加。

对于某些 α+β 钛合金来说,变形抗力对于温度的这种敏感性,主要是在 α+β/β 相变以下温度才更加明显,如图 6-77 所示。

变形速度对钛合金的变形抗力影响较大,从图 6-78 可以看出:在锤上变形时的单位压力,比在压力机上变形时的单位压力要高出数倍。因此,从减小模锻时能量消耗的观点来看,在压力机上模锻比在锤上好。

钛合金变形抗力大、锻造范围窄的问题可通过等温模锻和钛合金氢处理技术来解决。

(1) 等温模锻。模锻形状复杂的钛合金锻件是相当困难的,这主要是因为,要得

到满意的微观组织和力学性能,必须将其锻造温度限制在很窄的范围之内,以及它的变形抗力受变形温度和变形速度的影响较大。在通常所用设备的变形速度下,其变形抗力已经很大。而在实际生产中,由于模具对锻坯的冷却,锻坯的实际温度往往低于规范规定的锻造温度,使变形抗力更大,从而大大限制了模锻时的变形量、锻件的复杂程度以及腹板和肋的厚度。由此看来,提高模具加热温度显然有许多优点。

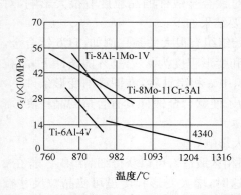

图 6-76 锻造温度对钛合金及铬镍钼合金结构钢变形抗力的影响

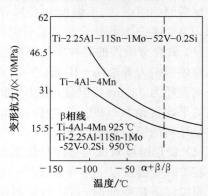

图 6-77 两种钛合金的变形抗力与 α+β/β 温度的关系曲线

近年来,发展了一种等温模锻新工艺。它是把模具加热到和锻坯具有同样温度的条件下进行的恒温模锻过程。它要求很慢的变形速度,所以,一般是在液压机上进行模锻,换句话说,等温模锻不仅在模锻开始时,锻模与坯料有相同的温度,而且在小变形速度下的长时间加工过程中,它们的温度差别极小[46]。

等温模锻所需变形力比普通模锻需要的变形力小得多,大约只有普通模锻变形力的 1/10～1/5。

等温模锻所需的变形抗力,与锻件的形状和尺寸关系甚小,主要取决于变形的温度和速度。由图 6-79 可以看出,在接近 β 转变的温度范围内,当滑块速度由 1.27m/min 降到 0.015m/min 时,Ti-6Al-6V-2Sn 的变形抗力大约下降 70%。

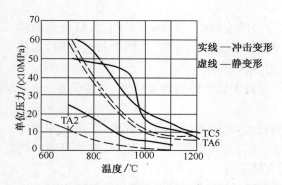

图 6-78 变形程度为 40% 时,钛合金单位压力与温度关系

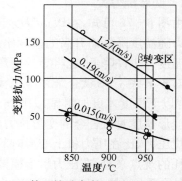

图 6-79 等温锻造条件下 Ti-6Al-6V-2Sn 合金变形抗力与变形温度和变形速度的关系

钛合金的等温模锻,要求把模具加热到760℃~980℃,因而要求模具材料具有良好的高温强度、高温耐磨性、耐热疲劳以及良好的抗氧化能力。研究表明,某些镍基合金(我国的K3合金,美国的In-100和MAR-M200)可以满足这些要求。模具用精密铸造成形,不再需要大量机械加工,锻模加热一般采用工频感应加热炉。为了保护液压机滑块和工作台面,用水冷底板将其与上、下模隔开。

钛合金最适于采用等温模锻。但是,并不是在所有情况下,钛合金采用等温模锻都是合理的,必须对其进行具体的技术经济分析。目前,钛合金等温模锻发展的趋势,是将其应用于模锻大型复杂的航空锻件。

(2)钛合金氢处理技术。氢处理是钛合金的一种特有的热处理方式,它是20世纪70年代末80年代初发展起来的一种新技术。主要指当钛合金中氢含量达到规定浓度时,氢使钛合金组织结构发生变化,促使其工艺性能和力学性能得到改善。对钛合金进行氢处理后,再利用真空退火降低氢含量以达到标准值,使钛合金在使用过程中不发生氢脆,即钛合金氢处理工艺过程包括渗氢、热氢加工和真空除氢三个部分,如图6-80所示。置氢过程是在氢环境气氛下将钛加热到一定的温度、保温一定的时间,利用氢在钛中较高的吸附能力和扩散能力而实现的。钛合金氢处理技术是利用氢作为临时性合金化元素,通过氢致相变、氢致塑性以及钛合金中氢的可逆合金化作用以实现钛氢系统最佳组织结构、改善加工性能的一种新方法。利用该技术可以达到改善钛合金的加工性能、提高钛制件的使用性能、降低产品的制造成本、提高钛合金的加工效率的目的[47-52]。

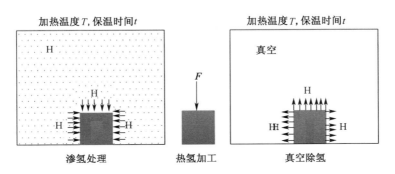

图6-80 钛合金氢处理技术过程示意图

应用钛合金氢处理可以显著降低钛合金的变形抗力,增加其塑性。图6-81所示为不同变形条件下氢含量对钛合金稳态应力的影响。由图可以在相同变形条件下,随着氢含量的增加,合金的流动应力先降低至最小值而后逐渐增加,随着变形温度的增加和应变速率的降低,最低流动应力对应的氢含量向低氢含量转移。置氢可以降低钛合金的流动应力最大达70%。置氢Ti6Al4V合金的最佳氢含量范围为0.2%~0.3%(质量分数),其最佳变形温度范围为800℃~850℃,相当于置氢可以降低钛合金热加工温度100℃~150℃,或提高钛合金的应变速率一个数量级。

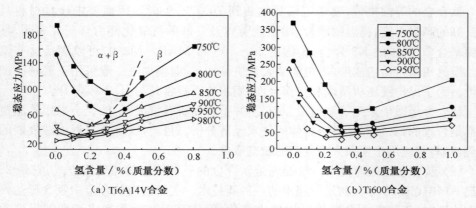

图 6-81 不同变形条件下氢含量对钛合金稳态应力的影响($0.01s^{-1}$)

钛合金加氢可以降低钛合金的变形抗力,从而降低其加工温度,原因在于:①氢使 β 转变温度下降,β 相体积分数增加,而 β 相具有较多的滑移系,在高温下易于变形,具有增塑和降低流变应力的作用;②氢增强 α 相的动态再结晶效应,有利于提高塑性和降低变形抗力;③氢促进初生 α 相中位错运动加剧,有利于塑性变形过程的进行;④氢致弱健效应导致的原子结合力的下降以及氢加快合金元素扩散对高温塑性也有一定的促进作用;⑤氢致钛合金室温位错密度降低,有利于高温下的塑性变形。在 β 单相区变形时,随着氢含量的增加,氢对 β 相固溶强化作用增强,流变应力逐渐升高。

置氢处理技术起源于俄罗斯,国内也曾立项进行了研究。该项置氢处理技术可以显著降低钛合金的变形抗力,但需增加置氢和除氢两道工序,使生产周期增长,国内尚未见到实际应用的报道。

2) 导热性差

钛合金的导热性比钢、铝等金属差。因此,锻坯出炉后表面冷却快。如果操作慢,就会造成较大的内外温度差。这往往导致锻造过程中产生开裂现象和加剧坯料内外变形程度分布的不均匀性。变形的不均匀性又必然导致锻件组织和力学性能的不均匀性。金属温度的下降也会急剧增加变形抗力而使成形困难,甚至损坏锻造设备。为了减小坯料表面的冷却速度,充分预热锻模、夹钳等与坯料直接接触的工具是十分重要的。

3) 黏性大、流动性差

与钢相比,钛合金的黏性大、流动性差,模锻(包括挤压)时必须加强润滑,否则容易产生粘模和金属倒流现象,模锻和挤压力也会由于摩擦力的剧增而显著升高。试验表明,不采用润滑剂时,镦粗钛合金的摩擦系数高达 0.5,如采用玻璃润滑剂,摩擦系数降至 0.04～0.06。

润滑条件能显著地影响钛合金的流动性和变形抗力。例如在高速锤上挤压大扭角的 Ti-6Al-4V 叶片时,如果模具涂 PbO＋炮油润滑,即使把挤压温度提高到 1080℃,叶片部分仍不能充满。如果在模具上改涂 L2 低温玻璃润滑剂,于 980℃挤压就能顺利地充满叶尖部分,甚至在 980℃挤压问题也不大。从相应的打击能量来看,当模具涂以 PbO＋炮油时,所需的打击能量:1080℃时为 100kJ,1000℃时为 115kJ;当模具涂 L2 低温玻璃润滑剂时,1000℃时降至 90kJ,960℃时也只需 97kJ。

对钛合金锻件用润滑剂的要求如下:

(1) 能在坯料表面形成连续的薄膜;

(2) 在加热和变形过程中,能防止坯料氧化和吸收气体;

(3) 为了减少坯料从炉子转移到模具以及在变形过程中的热量损失,要具有良好的绝热性能;

(4) 不与坯料或工具的表面发生化学作用;

(5) 容易涂到坯料表面上,而且要便于实现机械化;

(6) 容易从锻件表面上去除;

(7) 能在较长时间内保持润滑性能。

钢、铝合金模锻时所用的润滑剂,不能满足以上的要求。

对于钛合金模锻说来,玻璃润滑剂是比较理想的润滑剂。它通常由一定成分的玻璃粉、稳定剂、固结剂以及水构成的悬浮液。

玻璃粉的成分列于表 6-34,在 950℃～850℃范围内模锻时,可采用 No.6 或 No.2 玻璃粉;在 1080℃～800℃范围内模锻时,可以采用 No.4(80％) 和 No.5 (20％)或 No.2(60％)和 No.3(40％)玻璃粉构成的混合物。制备玻璃润滑剂时,一般用黏土或澎润土作稳定剂,用水玻璃或酪酸作固结剂。

表 6-34　玻璃粉的化学成分

编号	化学成分/％					
	SiO_2	Al_2O_3	B_2O_3	Na_2O	CaO	MgO
1	57～61	—	17～18	18～20	4～5	—
2	61	3	12	15	6	—
3	40	5	35	5	5	—
4	55	14	13	2	16	—
5	34	1.7	35	17	7.5	4.8
6	54	5	8.5	27.5	5	—

为了使润滑剂能粘附在坯料表面上,涂润滑剂前,坯料要进行喷砂处理。涂润滑剂的方法有下列几种:将坯料浸入悬浮液内浸涂,用刷子刷到坯料表面上,用喷雾器喷射到坯料表面上。浸涂时,悬浮液要经过仔细搅拌。悬浮液可以不加热,也可以加热到 80℃以下。一般,坯料在悬浮液内浸一下就行了。浸涂后,坯料在空气中干燥 20min～30min,也可以在 60℃～80℃的烘箱烘干。干燥后,坯料表面上涂层的厚度大约 0.2mm～0.3mm。如涂层厚度不均匀,应去掉重涂。

实践证明,采用"安瓶"玻璃润滑剂,效果良好。使用这种润滑剂的方法如下:毛坯在加热前喷涂好"安瓶"玻璃,而在模锻时,用刷子将 LN301 低温玻璃(成分是 P_2O_5 66%,Na_2O 66%,Pb_3O_4 5%)匀涂在型槽上。

钛合金模锻时,采用玻璃润滑剂效果如下:

(1) 由于玻璃润滑剂在钛合金剧烈氧化前溶化,在坯料表面形成一层连续的保护薄膜,因此,坯料加热时氧化及吸收气体减少。研究表明,如果采用适当的玻璃润滑剂,坯料加热后,α 脆化层的厚度可达 0.3mm~0.5mm。

(2) 由于玻璃润滑剂在钛合金坯料表面上形成的薄膜的绝热性很好,因此,坯料加热后从炉子转移到模具过程中的温降减少,根据测试结果表明,钛合金模锻时采用用玻璃润滑剂,与不采用破璃润滑相比,可使坯料的始锻温度提高60℃~80℃。

(3) 由于玻璃润滑剂在坯料表面上所形成的连续薄膜的绝热性好,因此型槽表面的预热温度可以降低 100℃~150℃,从而使模具寿命延长 20%~30%。

(4) 由于玻璃润滑剂在坯料表面上所形成的薄膜绝热性好,因此,在变形过程中,坯料内部温度及变形分布均匀,从而有利于提高锻件的塑性指标。

(5) 由于玻璃润滑剂在坯料表面上所形成的薄膜,在变形过程中起润滑作用,因而使摩擦系数 μ 减小。计算和实测结果表明,采用玻璃润滑剂时,$\mu=0.04\sim0.08$。

6.7.2 锻造过程中常见的质量问题和控制措施

1. 合金元素偏析和夹杂

合金元素偏析和夹杂都是存在于锻件中的冶金缺陷。

钛合金常见的合金元素偏析可分为三类:①α 型偏析,即富集稳定 α 元素(如铝、氧、氮)的偏析;②β 型偏析,即富集稳定 β 元素(如钼、钒)的偏析;③纯钛型偏析(包括贫合金元素的偏析)。由于 α 型偏析是脆性偏析(其硬度通常显著高于基体),故危险性最大。美国一飞机曾在飞行过程中发生钛合金压气机盘破裂飞出的重大事故,故障分析的结果系 α 型偏析所致。因此,必须严格控制检查产品的偏析情况。其检查方法包括表面腐蚀,发蓝阳极化、动态荧光检查等。

钛合金锻件中的夹杂物容易引起裂纹的发生和发展。因此必须用超声波、X 射线等无损探伤方法严格检查产品的质量,不允许带有夹杂物的零件投入使用。图 6-82 所示为 TC4 锻件中发现的钨夹杂物。图 6-83 和图 6-84 所示为 TC4 叶片锻件开裂处发现的钛化物夹杂物。

2. 铸造组织残留

钛合金的铸造组织与钢相比,是较难破碎的。因此,如果采用的锻造工艺不当,就容易残留铸造组织,使伸长率、断面收缩率、疲劳强度等性能指标不符合要求。某些工作表明,当锻比大于 10 时,铸造组织才能充分破碎。当采用简单的锻造方法,不能达到足够的锻比和不能充分破碎铸造组织时,就采用反复镦拔的锻造方法。

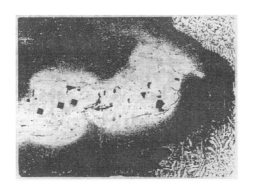

图 6-82 TC4 钛合金锻件中钨夹杂物 450×

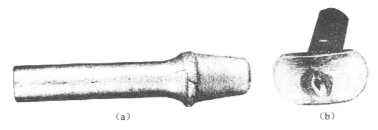

(a) (b)

图 6-83 预锻件表面裂纹(a)和顶端裂口(b)

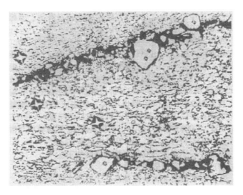

图 6-84 沿裂纹有大量钛化物夹杂 300×

3. 原材料粗晶组织残留

冶金厂供应的钛合金轧材,有时由于轧制温度高等原因而存在有粗大晶粒。用这样的原材料做坯料时,如果变形程度不足,则将保留粗晶组织,使性能不合格,甚至比原材料的性能还要低。以挤压叶片为例,图 6-85 为采用不同组织的原材料挤压后的榫头低倍组织。图 6-86 是其显微组织。图 6-85(a)是用的粗晶原材料(1030℃加热的轧材,见图 6-87(b)),图 6-85

(b)是用的细晶材料(920℃加热的轧材见图6-87(a))。表6-35是粗晶原材料挤压前后的性能比较。从图6-85～图6-87和表6-35可以看出：①用粗晶原材料挤压后的榫头组织仍很粗大(锻造比为1.1)，性能较低；②用粗晶原材料挤压的叶身低倍组织和性能都有了很大的改善(锻造比为5)，这说明对粗晶的原材料可以用增大变形程度来细化。表6-36是不同镦粗比对榫头性能的影响。图6-88所示为镦粗比增大后的的叶片榫头组织。

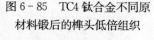

(a)粗晶原材料 (b)细晶原材料

图6-85 TC4钛合金不同原材料锻后的榫头低倍组织

(a)细晶原材料　　　　　(b)粗晶原材料

图6-86 TC4钛合金不同原材料锻后榫头的显微组织　500×

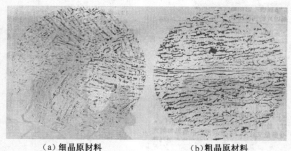

(a)细晶原材料　　　　(b)粗晶原材料

图6-87 TC4钛合金原材料的显微组织　500×

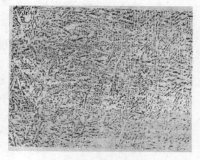

图6-88 镦粗比增大后的叶片榫头组织　500×

4.α脆化层

在α+β钛合金的加热过程中，可能出现α脆化层，就是指钛合金锻件在高温下吸收氧和氮达到一定数量(如氧为4%～5%)时，其表层组织β相多数或完全被α相所代替，形成钛与氧和氮的间隙固溶体的脆化层，也就是去除氧化皮后金属表面的污染层。

α脆化层的深度与锻造或热处理时加热所用的炉子类型、炉气性质、坯料(或零件)的加热温度及保温时间有关。它随加热温度的升高、保温时间的延长而加深，随炉气中含氧量和含氮量的增多而加厚。例如，TC4合金在950℃加热0.5h，α层约为0.17mm，加热1h为0.19mm；在1000℃加热0.5h为0.18mm，加热1h为0.20mm。所以，为了避免这种脆化层太厚，对锻造或热处理的加热温度、保温时间以及炉气的性质都必须加以适当控制。

表 6-35 粗晶原材料挤压前后的性能比较

取样部位		σ_b/MPa	$\sigma_{0.2}$/MPa	δ_5/%	ψ/%
榫头	$y=1.1$	1050	970	10.5	25.0
		1060	985	12.0	25.5
	$y=1.22$	1030	965	12.5	50.5
		1030	955	11.5	40.5
叶 身		1080	975	18.0	56.5
		1065	995	20.5	51.5
1030℃轧材		1000	—	12.0	30.5

表 6-36 不同锻造比对榫头性能的影响

锻造比 性能参数	σ_b/MPa	$\sigma_{0.2}$/MPa	δ_5/%	ψ/%
$y=1.2$	1025	1010	10.0	34.0
	1040	995	12.5	30.5
$y=1.4$	1035	1000	15.5	41.5
	1015	975	16.0	46.0

在 α 钛合金、α+β 钛合金和 β 钛合金中都可能出现脆化层。不过 α 合金对形成 α 脆化层特别敏感,而 β 合金在 980℃ 以上温度锻造时,也会出现这种现象。

α 脆化层能明显降低零件的塑性、韧性和增加零件对缺口的敏感性,所以重要零件不能带 α 脆化层使用,需经吹砂、酸洗或加工去除。

5. 氢脆

钛和钛合金的化学性质很活泼,在 20℃ 时就吸收氢气,20℃ 时吸收氢气的速度就非常快。在低于 α/α+β 转变温度,进入钛和钛合金中的氢气溶于 α 相中,不过溶解度较小。在 α+β 两相区内,氢在 β 相中的溶解度比在 α 相中的溶解度大很多。如果锻造或热处理加热炉内是还原性气体,加热时吸氢现象就更严重。在锻造或热处理后的酸洗中,以及与油等碳氢化合物接触中都可能增强吸氢现象。如果进入钛合金的氢过多,除一部分溶入 α 或 α+β 相中外,另一部分便要和钛化合成钛氢化合物而析出,使钛合金缓慢地变脆,即产生氢脆。这样的钛合金零件在工作过程中,在应力长时间作用下,对应力集中很敏感,冲击韧性和缺口抗张强度显著下降,致使零件产生脆性断裂。

所以,首先钛合金中的氢含量必须严格控制。标准中规定的含氢量一般都不超过 0.0125%～0.02%。如果添加 Al、Sn 等合金元素以增加在 α 钛中的溶解度或增加 β 稳定元素(如 Mo、V 等),使合金在室温下残留少量 β 相,以便使较多的氢溶于β相中,那么,钛合金的氢脆现象便可相应减少。

其次,为了防止或减少氢脆,锻造或热处理加热时应使炉子略带氧化性气氛。对于重要的钛合金零件,还要进行真空退火,以消除氢脆。

6."β脆性"

"β脆性"是α+β型钛合金和α型钛合金锻件常见的质量问题。"β脆性"是由于锻件过热引起的。其显微组织是由完整明显的原始β晶界和平直细长的魏氏α所组成,即前面谈到的未经变形的魏氏组织。有"β脆性"的锻件,塑性指标大幅度下降。图6-89是高速锤挤压的、有"β脆性"的TC4(Ti-6Al-4V)粗晶叶片。图6-90是正常工艺挤压的TC4细晶叶片。两种叶片的力学性能数据见表6-37。有"β脆性"的锻件,由于塑性低于所要求的指标($\delta \geqslant 10\%$,$\psi \geqslant 25\%$),因此是不允许的缺陷。

图6-89 有"β脆性"的TC4钛合金粗晶叶片

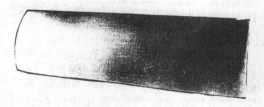

图6-90 正常工艺挤压的TC4钛合金的细晶叶片

表6-37 有"β脆性"的粗晶叶片和正常细晶叶片的性能比较

晶粒度		σ_b/MPa	$\sigma_{0.2}$/MPa	δ_5/%	ψ/%
粗晶	1	1030	955	7	26.5
	2	1020	948	12.3	24.9
细晶	1	993	958	19.3	50.4
	2	965	936	16.6	42.1

"β脆性"常由下列情况引起:①α+β锻造时,整个坯料(或局部)加热温度超过α+β/β相变点,锻造变形量又较小,不能使原始β晶界和粗大的魏氏组织发生改变而被保留了下来,粗晶叶片榫头的过热组织(图6-91)就是这样形成的;②坯料加热温度虽在α+β/β相变点以下,但一次变形量过大,由于热效应使温度超过相变点,也会引起局部过热。

钛合金过热与钢不一样,它无法通过热处理的办法来消除"β脆性",只能通过在两相区的大变形来破碎,细化组织,改善性能。因此,

图6-91 有"β脆性"TC4钛合金粗晶叶片榫头的显微组织 500×

为确保钛合金锻件的组织性能要求,必须严格控制锻造加热温度及变形的各项参数,并在产品检验中应对晶粒大小有明确的要求。

消除"β脆性"的措施是:

(1)选择合适的锻造加热温度。目前国产的TC4钛合金原材料,其α+β/β温度变化较大,对于某些炉号的原材料,其值较低,仅为950℃左右(据一般资料报导,TC4的相变温度为985℃左右)。如采用通常的(960~970)℃±10℃的加热温度就易于产生"β脆性"。因而,目前按($T_{α+β/β}$-30℃)±10℃控制是比较合适的。同时考虑到设备的能量条件及工艺实施情况,一般以不低于920℃为宜。

(2)由于钛合金的加热温度区间狭窄,而像叶片这一类锻件同一炉加热的数量又较多,因此,如操作不良,将会引起局部坯料过热,造成同一锻批锻件的质量不稳定。图6-92所示就是同一炉批生产的TC4合金叶片的不同晶粒组织,粗晶的则可能有"β脆性"。所以对钛合金锻件必须详细检查加热设备的恒温区分布及温度控制情况。

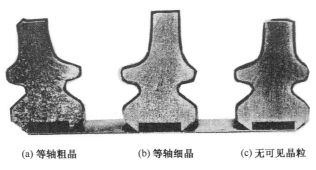

(a) 等轴粗晶　　　(b) 等轴细晶　　　(c) 无可见晶粒

图6-92 同一炉批生产的TC4钛合金叶片的不同晶粒组织

（3）根据具体的温度情况，采用适当的变形程度。

7. 亮条

钛合金锻件中的亮条是存在于低倍组织中的一条条具有异常光亮度的肉眼可见的带。它沿加工方向延伸，长度不一，有的仅十几毫米，有的则很长。在横断面上，它呈点状或片状分布，形状无规则。亮条的显微组织，一般与基体有比较明显的差别。在($\alpha+\beta$)钛合金中亮条的显微组织有下列一些情况：

（1）基体为($\alpha+\beta$)两相组织，亮条处为等轴 α 相组织。

对显微组织为等轴 α 单相组织的亮条进行电子和离子探针测定的结果表明，这类亮条中 Al 和 V 含量都比基体低，C、N、O 偏高，Si、Fe 偏低，基本符合出现等轴 α 单相组织的条件。根据以上所述，可以认为，这类亮条的产生是由于合金成分严重偏析所引起的。

（2）基体为细小的($\alpha+\beta$)两相组织，并有一定数量的初生 α 相，但亮条处的显微组织中 α 呈长条状的魏氏组织。

由于魏氏组织一般在 β 转变温度以上加工才能出现，因此，出现这类亮条的原因可能有两个：①亮条处化学成分偏析，使其 β 转变温度下降，因而当基体处于($\alpha+\beta$)两相区时，该处已进入 β 相区，加工后析出条状 α 相，形成这类亮条；②虽然整个合金是在($\alpha+\beta$)两相区加工，但由于加工过程中变形不均匀，局部区域变形程度很大，因而变形热效应使这些区域温度显著上升，超过合金的 β 转变温度，于是加工后形成魏氏组织，也出现这类亮条。

总之，TC4 钛合金中亮条产生的原因有两个：①成分偏析；②加工过程中的变形热效应。

亮条对 TC4 钛合金的性能是有一定影响的，特别是对塑性和高温性能影响较大。持久对比试验结果表明，同样在 64MPa 应力下，无亮条试样 31h 后拉断，有亮条试样仅 3h 多就拉断，寿命相差 10 倍。此外，随着含亮条数量的增加，亮条对性能的影响也增大。

防止 TC4 钛合金中出现亮条的措施如下：

（1）熔炼过程中采取各种措施，控制化学成分的偏析在允许范围之内。

（2）正确选择锻造热力规范（加热温度、变形程度、变形速度等），以免锻件各处温度因变形热效应而相差太大。

8. 粘模、起皮和切裂

钛合金因黏性大、流动性差和导热性不好，锻造变形过程中表面摩擦力很大，内部变形不均匀明显。因此，对润滑剂、模具预热温度很敏感，稍不注意就会出现粘模（图 6-93）、起皮（图 6-94 和图 6-95）和表面撕裂。锻件内部则易出现剪切带（应变线）和切裂（死角切裂）。随着变形程度的增大、变形温度的升高和变形速度的加快，出现这些缺陷的概率越大，程度也越严重。

  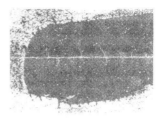

图 6-93　TC4 合金坯
料镀铜后挤压产生粘模
　和横向裂纹

图 6-94　叶片模锻件起皮缺陷

图 6-95　飞边处的起皮放大

6.7.3　工艺过程中应注意的一些问题

1. 加热

钛合金的加热,与其他合金的加热不同,主要是它在高温下与气体介质有极高的亲和力,以及在室温下它的导热率很低。对于钛合金来说,氧、氮、氢等是主要的有害气体,如不注意可能产生 α 脆化层和氢脆。因此,应当在有保护的条件下加热,尤其对于精密成形件加热时应涂一层玻璃粉。玻璃粉在熔融状态下可成为良好的保护层,既减轻气体的有害作用,又可当润滑剂。研究表明:如采用适当的玻璃润滑剂,坯料加热后,α 脆化层的厚度只有 0.1mm;而在不采用玻璃润滑剂的情况下,α 脆化层的厚度可达 0.3mm～0.5mm。

钛合金在低温下的导热率很低,只有铜的 3%,比钢的也小得多。因此,在加热开始时,坯料断面上的温度差很大。坯料直径越大,表面和中心的温度差就越大。因此,一般对于直径大于 200mm 的坯料,要分成两段加热。在 800℃～850℃以下预热,然后再加热到锻造温度。

钛合金的加热时间,对于直径为 200mm 以下的锻坯,从高温(炉温为始锻温度)装炉起,按坯料厚度或直径每 2mm/min 计算,直径大于 200mm 的锻坯,在850℃以下的预热时间按每 2mm/min 计算;从 850℃加热到始锻温度的时间,按每3mm/min 计算。

所有的钛合金,都要避免长时间加热,一般只要毛坯均匀热透,便可出炉锻造。保温时间过长,将导致晶粒长大和脆化层加深,对于 α 钛合金及 α+β 钛合金,尤其不能在 β 相区长时间保温,不注意这一点,便会造成脆性。

2. 模锻

锻造钢锻件的设备,如锻锤、摩擦压力机、机械压力机、水压机和扩孔机等,都可以用来锻造钛合金。但是,模锻钛合金最好用水压机、机械压力机和摩擦压力机。因为这些设备的工作速度低,可以保证金属流动较均匀,使模锻件的表面缺陷较少。

机械压力机、摩擦压力机广泛用于生产钛合金小型锻件（如涡轮叶片）。水压机一般用于生产大、中型锻件。水压机的优点是工作速度低，获得的锻件内部组织较为均匀；它的缺点是，坯料与模具接触时间长，温降较大，因而有引起表面裂纹的危险。同时，坯料传给模具的热量较多，模具寿命较低。

与水压机相比，锻锤有一个明显的优点：热坯料与模具的接触时间短，因而有利于延长模具寿命。此外，由于坯料表面温降较小，产生表面裂纹的危险性也不大。不过，如果锤击过重，则可能导致锻件局部过热，从而引起局部粗晶。在用高速锤模锻时，这种局部过热的危险性更大。

模锻锤一般用于锻造中等塑性、且形状简单的钛合金锻件，而形状复杂的低塑性钛合金锻件，适于用压力机分两次成形。

钛合金的模锻，一般采用单槽模，因为每次变形工步之后，必须清除坯料表面上的缺陷。

3. 模具预热

模锻钛合金的模具必须预热，模具预热温度主要与所用设备的类型有关，当在锤上或机械压力机上模锻时，由于它们的作用速度较快，模具预热到 260℃ 左右就可以了；当在水压机上模锻时，由于它的作用速度慢，模具应预热到 425℃ 或更高。形状复杂的钛合金锻件最好采用等温模锻。

4. 钛合金的热处理

钛合金的热处理有退火（包括不完全退火、完全退火、等温退火、双重退火），强化热处理（淬火、时效）和形变热处理等。钛合金零件通常是在机械加工或焊接后进行热处理。不过，有时也在变形工序结束之后甚至在变形过程的中间进行热处理。采用何种热处理主要根据合金的类型，以及零件所需的强度和塑性指标来确定。α钛合金不能进行淬火、时效。（α＋β）钛合金的淬透深度通常在 25.4mm 以内，全 β(Ti－13V－11Cr－3Al) 钛合金淬透深度可达到 200mm。

为了使（α＋β）钛合金在淬火、时效后具有满意的综合性能（在强度与塑性两方面），合金在强化热处理前，最好具有等轴的或"网蓝状"的组织。如果在原始晶界上有针状组织，则在强化热处理后，将得到较低的塑性。所以，淬火前的加热温度，不应超过该合金的同素异晶转变温度。淬火前的加热时间，从 10min～60min 不等，依锻件截面厚度而定。

可以采用普通钢锻件用的热处理炉进行热处理。对于精锻锻件或已加工至最终尺寸的零件，则应采用真空炉。当要求获得更高的性能时可采用形变热处理工艺，详见第 4 章 4.12 节。

第7章　各主要塑性成形工序的常见质量问题与控制措施

本章主要从成形角度介绍各主要成形工序中由于工艺不当可能引起的质量问题和控制措施,而不考虑材质因素的影响。塑性加工中常采用的成形工序有镦粗、拔长、冲孔、扩孔、模锻、挤压、摆辗、楔横轧和冲压成形的工序等。本章主要结合这些工序进行分析[7,13,54,55]。

7.1　镦粗过程中的常见质量问题与控制措施

使坯料高度减小,横截面积增大的成形工序称为镦粗。镦粗是塑性加工中最基本的成形工序。

低塑性坯料镦粗时常易在侧表面产生纵向或呈 45°方向的裂纹,锭料镦粗后上、下端常残留铸态组织等。另外,高坯料镦粗时常由于失稳而弯曲,并可能发展成折叠等。

裂纹和残留铸态组织是由于镦粗时的变形不均匀造成的。平砧镦粗时,子午面的网格变化情况和变形程度沿轴向和径向的分布情况如图 7－1和第 2 章图 2－37 所示。按变形程度大小大致可分为三个区(第 5 章图 5－68)。第Ⅰ区变形程度最小,第Ⅱ区变形程度最大,第Ⅲ区变形程度居中。在常温下镦粗时产生这种变形不均匀的原因主要是工具与坯料端面之间摩擦力的影响,这种

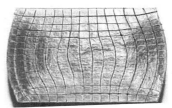

图 7－1　平砧镦粗时坯料子午面的网格变化

摩擦力使金属变形困难,使变形所需的单位压力增高。从高度方向看,中间部分(Ⅱ区)受到的摩擦影响小,上、下两端(Ⅰ区)受到的影响大。在接触面上,由于中心处的金属流动还受到外层的阻碍,故越靠近中心部分受到的摩擦阻力越大(即 σ_2、σ_3 大),变形越困难。由于这样的受力情况,所形成的近似锥形的第Ⅰ区比第Ⅱ区变形困难,一般称为困难变形区。

在平板间热镦粗坯料时,产生变形不均匀的原因除工具与毛坯接触面的摩擦影响外,温度不均也是一个很重要的因素。与工具接触的上、下端金属(Ⅰ区)由于温度降低快,变形抗力大,故较中间处(Ⅱ区)的金属变形困难。

由于以上原因,使第Ⅰ区金属的变形程度小和温度低,故镦粗锭料时此区铸态

组织不易破碎和再结晶,结果仍保留粗大的铸态组织。而第Ⅱ区由于变形程度大和温度高,铸态组织被破碎和再结晶充分,从而形成细小晶粒的锻态组织,而且锭料中部的原有孔隙也被焊合了。

由于第Ⅱ区金属变形程度大,第Ⅲ区变形程度较小,于是第Ⅱ区金属向外流动时便对第Ⅲ区金属作用有压应力,并使其在切向受拉应力。越靠近坯料表面切向拉应力越大。当切向拉应力超过材料当时的强度极限或切向变形超过材料允许的变形程度时,便引起纵向裂纹。低塑性材料由于抗剪切的能力弱,常在侧表面产生45°方向的裂纹。

由上述可见,镦粗时的侧表面裂纹和内部组织不均匀都是由于变形不均匀引起的。镦粗时产生这种变形不均匀的原因:①工具与坯料接触面的摩擦影响;②与工具接触的部分金属由于温度降低快,σ_s 较高。因此,为保证内部组织均匀和防止侧表面裂纹产生,应当改善或消除引起变形不均的因素或采取合适的变形方法。通常采取的措施是:

1. 使用润滑剂和预热工具

镦粗低塑性材料时常用的润滑剂有玻璃粉、玻璃棉和石墨粉等,为防止变形金属很快地冷却,镦粗用的工具均应预热至 200℃~300℃。

2. 采用凹形毛坯

锻造低塑性材料的大型锻件时,镦粗前将坯料压成凹形(图 7-2(a)),可以明显提高镦粗时允许的变形程度。这是因为凹形坯料镦粗时沿径向有压应力分量产生(图 7-2(ɔ)、(c)),对侧表面的纵向开裂起阻止作用。

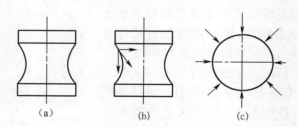

(a)   (b)   (c)

图 7-2 凹形坯料镦粗时的受力情况

3. 采用软金属垫

热镦粗大型和较大型的低塑性材料锻件时,在工具和坯料之间放置一块温度不低于坯料温度的软金属垫板(图 7-3(a))。由于放置了这种易变形的软垫(一般采用碳素钢),变形金属不直接受到工具的作用。由于软垫的变形抗力较低故先变形并拉着坯料作径向流动,结果坯料的侧面内凹(图 7-3(b)),当继续镦粗时软垫直径增大,厚度变薄,温度降低,变形抗力增大,而此时坯料明显地镦粗,侧面内凹消失,呈现圆柱形,再继续镦粗时,可获得程度不太大的鼓形(图 7-3(d))。

由于镦粗过程中坯料侧面内凹,沿侧表面有压应力分量产生,因此产生裂纹的倾向显著降低。又由于坯料上、下端面部分也有了较大的变形,故不再保留铸态组织了。

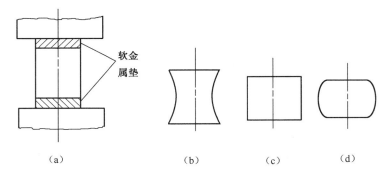

图 7-3　采用软金属垫板镦粗时坯料变形过程图

4. 采用铆镦、叠镦和套环内镦粗

（1）铆镦。高速钢坯料镦粗时常因出现鼓形而产生纵向裂纹,为了避免产生纵向裂纹常采用铆镦。铆镦就是预先将坯料端部局部成形,再重击镦粗把内凹部分镦出,然后镦成圆柱形。对于小坯料可先将坯料斜放、轻击,旋转打棱成图 7-4 的形状。对于较大的坯料可先用擀铁擀成图 7-5 的形状。

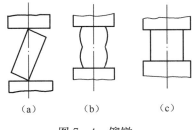

图 7-4　铆镦

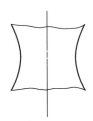

图 7-5　用擀铁成形后的毛坯

（2）叠镦。叠镦主要用于扁平的圆盘锻件,将两件叠起来镦粗,形成鼓形(图 7-6(a)),然后各自换成图 7-6(b)的形状继续镦粗消除鼓形。叠镦不仅能使变形均匀,而且能显著地降低变形抗力。

（3）在套环内镦粗。这种镦粗方法是在坯料的外圈加一个碳钢外套(图 7-7),靠套环的径向压力来减小由于变形不均而引起的附加拉应力,镦粗后将外套去掉。这种锻造方法主要用于镦粗低塑性的高合金钢。

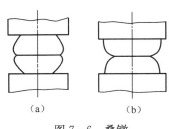

图 7-6　叠镦

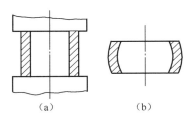

图 7-7　套环内镦粗

295

5. 采用反复镦粗拔长的锻造工艺

反复镦粗拔长工艺有单向(轴向)反复镦拔、十字反复镦拔、双十字反复镦拔等多种变形方法。其共同点是使镦粗时困难变形区在拔长时受到变形,使整个坯料各处变形都比较均匀。这种锻造工艺在锻造高速工具钢、Cr12 型模具钢、铝合金和钛合金时应用较广(见第 6 章)。

当坯料高度超过其直径的 3 倍时,镦粗时容易失稳而弯曲,尤其当毛坯端面与轴线不垂直·或毛坯有弯曲,或毛坯各处温度和性能不均,或砧面不平时更容易产生弯曲。弯曲了的毛坯如不及时校正而继续镦粗则要产生折叠。

为防止镦粗时产生纵向弯曲,圆柱体毛坯高度与直径之比不应超过 2.5~3。在 2~2.2 的范围内更好。对于平行六面体毛坯,其高度与较小基边之比应小于 3.5~4。

镦粗前毛坯端面应平整,并与轴心线垂直。

镦粗前毛坯加热温度应均匀,镦粗时要把毛坯围绕着它的轴心线不断地转动,毛坯发生弯曲时必需立即校正。

7.2 拔长过程中的常见质量问题与控制措施

使坯料横截面积减小而长度增加的成形工序称为拔长。

拔长可分为矩形截面坯料的拔长、圆截面坯料的拔长和空心坯料的拔长三类。拔长过程中常见的质量问题和控制措施按三类分别介绍如下。

7.2.1 矩形截面坯料的拔长

在平砧上拔长锭料和低塑性材料(如高速钢等)的钢坯时,在坯料外部常常产生表面的横向裂纹和角裂(图 7-8(a)、(b)),在内部常产生组织和性能不均匀,内部的对角线裂纹(图 7-8(c))和横向裂纹(图 7-8(d))等,另外,还可能产生表面折叠和端凹等。

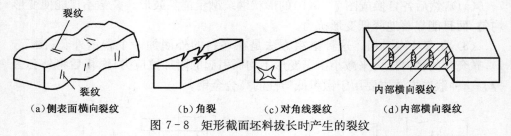

(a)侧表面横向裂纹　　(b)角裂　　(c)对角线裂纹　　(d)内部横向裂纹

图 7-8 矩形截面坯料拔长时产生的裂纹

各种裂纹产生的原因与拉应力(或剪应力)的作用有关,而矩形截面坯料在平砧上拔长时坯料所受的作用力和和摩擦力都是压力,上述拉应力(或剪应力)的产生都是由于变形不均引起的。矩形坯料拔长时的送进量$\left(\dfrac{l}{h}\right)$和压下量对金属的变形和成形件质量影响是很大的(图 7-9)。

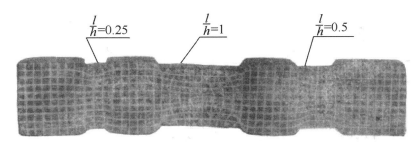

图 7-9　拔长时坯料纵向剖面的网格变化

　　侧表面裂纹是由于拔长时送进量和压下量过大造成的。矩形截面坯料拔长时,其内部变形情况与镦粗很近似,当送进量和压下量很大时,轴心部分变形大,于是侧表面沿轴向受拉应力作用;当拉应力足够大时,便可能引起开裂,主要控制措施是适当控制压下量。

　　上、下表面横向裂纹通常发生在变形区的前后端,这是由于轴心区金属变形大,拉着上、下表层的金属轴向伸长,使上、下表层金属沿轴向受附加拉应力作用,而变形区的前、后端由于受砧面摩擦阻力的影响小,故此处的拉应力和拉应变均较大(图 7-10),故常易在此处引起表面横向裂纹。拔长低塑性钢料或铜合金等与砧面摩擦系数大的材料时,较易产生此类裂纹。主要控制措施是:改善润滑条件,加大锤砧转角处的圆角,必要时沿砧面的前后方向作成一定的凸弧或斜度(图 7-11),以利于表层金属沿轴向流动。

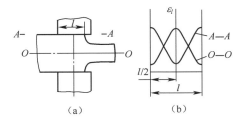

图 7-10　拔长时的变形分布

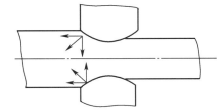

图 7-11　凸弧形砧子拔长

　　矩形截面坯料拔长,送进量较大时易产生角裂。由于轴心区金属变形大,拉着表层金属沿轴向伸长,而前后两外端不变形部分的存在更加剧了该轴向的附加拉应力,尤其在边角部分,由于冷却较快,塑性降低,更易开裂。高合金工具钢和某些耐热合金拔长时,常易产生角裂。主要控制措施是:操作时需勤倒角,通过倒角变形,消除角处的附加拉应力。

　　拔长高合金工具钢时,当送进量较大,并且在坯料同一部位反复重击时,常易沿对角线产生裂纹(图 7-8(c)和第 6 章图 6-13)。一般认为其产生的原因是:坯料被压缩时,沿横截面上金属流动的情况如图 7-12 所示,A 区(困难变形区)的金属带着靠着它的 a 区金属向轴心方向移动,B 区的金属带着靠近它的 b 区金属向增宽方向流动,因此,a、b 两区的金属向着两个相反的方向流动,当坯料翻转 90°再锻打时，a、b 两区相互调换了一下（图 7 - 12(b)），但是其金属的流动仍沿着两个相反的方向，因而 DD_1 和 EE_1 便成为两部分金属最大的相对移动线，在 DD_1 和 EE_1 线附近金属的变形最大。当多次反复地锻打时，a、b 两区金属流动的方向不断改变，其剧烈的变形产生了很大的热量，使得两区内温度剧升，此处的金属很快地过热，甚至发生局部熔化现象，因此在切应力作用下，很快地沿对角线产生破坏。材料越硬，变形抗力越大（如高速钢、Cr12 型钢等），或坯料质量不好，锻件加热时间较短，内部温度较低，或打击过重时，由于沿对角线上金属流动过于剧烈，产生严重的加工硬化现象，这也促使金属很快地沿对角线开裂。拔长时，若送进量过大，沿长度方向流动的金属减少，沿横截面上金属的变形就更为剧烈，尤其在同一处反复锤击次数越多时，沿对角线产生纵向裂纹的可能性也就更大。

由以上可见，送进量较大时，坯料可以很好地锻透，而且可以焊合坯料中心部分原有的孔隙和微裂纹，但送进量过大也不好，因为 l/h 过大时，产生外部横向裂纹和内部对角线裂纹的可能性也增大。

拔长大锭料时，如进料比很小，易产生内部横向裂纹。这时，坯料内部的变形也是不均匀的，变形情况如图 7 - 13 所示，上部和下部变形大，中部变形小，变形主要集中在上、下两部分，中间部分锻不透，而且轴心部分沿轴向受附加拉应力，在拔长锭料和低塑性材料时，轴心部分原有的缺陷（如疏松等）进一步扩大，易产生横向裂纹（图 7 - 8(d)）。

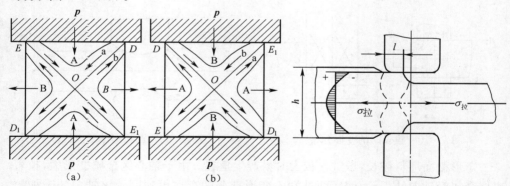

图 7 - 12　拔长时坯料横截面上金属流动的情况　　　图 7 - 13　小送进量拔长时的变形和应力情况

对拔长过程中常产生的上述缺陷，一般采取如下控制措施：

（1）正确地选择送进量。根据试验和生产经验，一般认为 $l/h = 0.5 \sim 0.8$ 时，相对讲较为合适。为获得较为均匀的变形，使锻件锻后的组织和性能均匀些，拔长操作时，应使前后各遍压缩时的进料位置相互错开，图 7 - 14 是前后两遍的进料位置完全重叠的情况，图 7 - 15 是前后两遍的进料位置相互错开的情况。随进料位置的交错，两次压缩的最大变形区和最小变形区交错开了。

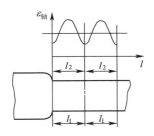

图 7-14 拔长时前后两遍进料
位置完全重叠时的变形分布

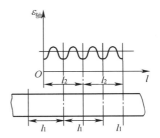

图 7-15 拔长时前后两遍进料
位置相互错开时的变形分布

（2）针对锻件的具体特点,采用适当的操作方法和合适的工具。为防止前面所述的裂纹产生,拔长时应针对锻件的具体特点,采用适当的操作方法。例如拔长高速钢时,应采用"两轻一重"的操作方法（即始锻和接近终锻温度时应轻击,在900℃～1050℃钢材塑性较好时,应予重击,以打碎钢中大块的碳化物）,并避免在同一处反复锤击。拔长低塑性钢材和铜合金时,锤砧应有较大的圆角,或沿送进方向做成一定的凸弧和斜度（图7-11）。

（3）在大型锻件锻造中采用宽砧、大送进量锻造法或有效的成形新工艺。在大型锻件的锻造中,为保证锻件中心部分能够锻透,拔长时一般采用宽砧、大送进量,用走扁方的方法进行锻造,也可采用表面降温锻造法（或称中心压实法）来生产一些重要的轴类锻件。这时,变形主要集中在中心部分,并且中心部分金属处于高温和高静水压的三向压应力状态,使疏松、气孔、微裂纹等得以焊合,使锻件内部质量有较大提高。

拔长过程中常易产生的另一些质量问题是表面折叠、端面内凹和倒角时对角线裂纹等。

图 7-16 是一种表面折叠的形成过程,表面折叠是由于送进量很小、压下量很大,上、下两端金属局部变形引起的。避免产生这种折叠的对策是增大送进量,使两次送进量与单边压缩量之比大于 1～1.5,$\left(\text{即} \dfrac{2l}{\Delta h} > 1 \sim 1.5\right)$。

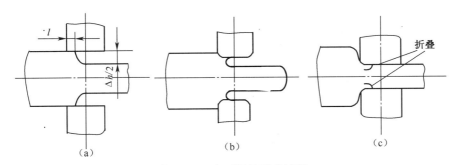

图 7-16 表面折叠形成过程

图 7-17 是另一种折叠,是由于拔长时压缩得太扁,翻转 90° 立起来再压时,由于坯料弯曲并发展而形成的。避免产生这种折叠的控制措施是减小压缩量,使每次压缩后的锻件宽度与高度之比小于 2~2.5,即 $(a_n/h_n)<2$~2.5。

端面内凹(图 7-18)也是由于送进量太小、表面金属变形大、轴心部分金属未变形或变形较小而引起的。防止的措施是保证有足够的压缩长度和较大的压缩量,端部所留的长度应满足下列规定:①对矩形坯料(图 7-19(a)),当 $\frac{B}{H}>1.5$ 时,$A>0.4B$;当 $\frac{B}{H}<1.5$ 时,$A>0.5B$。②对圆截面坯料(图 7-19(b)),$A>0.3D$。

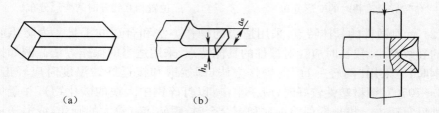

图 7-17　侧表面折叠　　　　　　　　图 7-18　端面内凹

倒角时的对角线裂纹是由于倒角时不均匀变形和附加拉应力引起的,常常在打击较重时产生。因此,倒角时应当锻得轻些。对低塑性材料最好在圆形砧内倒角(图 7-20(a)、(b))。

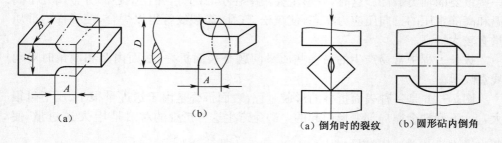

图 7-19　端部拔长时的坯料长度　　　　　图 7-20　倒角

7.2.2　圆截面坯料的拔长

用平砧拔长圆截面坯料时,若压下量较小,且一边旋转一边锻打,常易在锻件内部产生纵向裂纹(图 7-21 和第 6 章图 6-14)。其原因是:①工具与金属接触时,首先是一条线,然后逐渐扩大(图 7-22),接触面附近的金属受到的压应力大,故这个区(ABC 区)首先变形,但是 ABC 区很快成为困难变形区,其原因是随着接触面的增加,工具的摩擦影响增大,而且温度降低较快,故变形抗力增加。因此,ABC 区就好像一个刚性楔子。继续压缩时(但 Δh 还不太大时),通过 AB、BC 面,沿着与其垂直的方向,将应力 σ_H 传给坯料的其他部分,于是坯料中心部分便受到

合力 σ_R 的作用。②由于作用力在坯料中沿高度方向分散地分布,上、下端的压应力 $|\sigma_3|$ 大,于是变形主要集中在上、下部分,轴心部分金属变形很小(第 5 章图 5-72),因而变形金属便主要沿横向流动,并对轴心部分金属作用以附加拉应力。

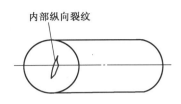

图 7-21　平砧拔长圆截面
坯料时的纵向裂纹

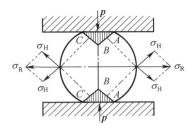

图 7-22　平砧小压下量拔长时
圆截面坯料的受力情况

附加拉应力和合力 σ_R 的方向是一致的。越靠近轴心部分受到的拉应力越大。在此拉应力的作用下,使坯料中心部分原有的孔隙、微裂纹继续发展和扩大。当拉应力的数值大于金属当时的强度极限时,金属就开始破坏,产生纵向裂纹。

拉应力的数值与相对压下量 $\Delta h/h$ 有关,当变形量较大时($\Delta h/h>30\%$),困难变形区的形状也改变了(图 7-23),这时与矩形断面坯料在乎砧下拔长相同。轴心部分处于三向压应力状态。

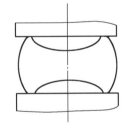

图 7-23　平砧大压下量拔长时
坯料的变形情况

因此,圆截面坯料用平砧直接由大圆到小圆的拔长是不合适的。为保证锻件的质量和提高拔长的效率,应当采取措施限制金属的横向流动和防止径向拉应力的出现。生产中常采用下面两种方法:

(1)在平砧下拔长时,先将圆截面坯料压成矩形,再将矩形截面坯料拔长到一定尺寸,然后再压成八边形,最后压成圆形(图 7-24),其主要变形阶段是矩形截面坯料的拔长。

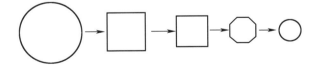

图 7-24　平砧拔长圆截面时截面变形过程

(2)在型砧(或捧子)内进行拔长。它是利用工具的侧面压力限制金属的横向流动,迫使金属沿轴向伸长。在水压机型砧内拔长与平砧相比可提高生产率 $20\%\sim40\%$,在型砧(或捧子)内拔长时的应力状态可以防止内部纵向裂纹的产生。

拔长用的型砧有圆形型砧和 V 形型砧两类。型砧的形状对拔长效率、锻透深

301

度、金属的塑性和表面质量有很大影响，应合理选用。

常用的型砧形状见表 7-1。

表 7-1 型砧形状对拔长效率、锻透深度和金属塑性等的影响

序号	型砧形状	展宽	应用情况	变形特征	相同压缩次数的表面质量	相同压下量和送进量的拔长效率	能锻造的直径范围
1	60°	实际上没有	用于塑性很低的金属	变形深透(中心部分有较大变形)	很高	很高	很小
2	90° / 90°	不大	用于塑性低的金属	变形深透	较低	高	很小
3	120° / 120°	中等	用于塑性低的金属	沿断面变形较均匀	较低	高	小
4	135° / 90°	中等	用于塑性中等的金属	外层变形大、中心部分变形较小	低	中等	较小
5	150° / 120°	较大	用于塑性中等的金属	外层变形大、中心变形小	低	中等	较大
6	160°	大	用于塑性较好的金属	外层变形大、中心变形小	高	较低	大

7.2.3 空心件拔长

空心件拔长一般叫芯轴拔长。

芯轴拔长是一种减小空心坯料外径(壁厚)而增加其长度的锻造工序,用于锻制长筒类锻件(图 7 - 25)。

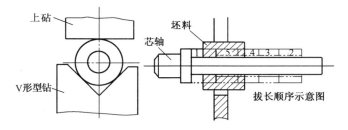

图 7 - 25　芯轴拔长

芯轴上拔长与矩形截面坯料拔长一样,被上、下砧压缩的那一段金属是变形区,其左右两侧金属为外端。变形区又可分为 A、B 区(图 7 - 26)。A 区是直接受力区,B 区是间接受力区。B 区的受力和变形主要是由于 A 区的变形引起的。

在平砧上进行芯轴拔长时,变形的 A 区金属沿轴向和切向流动(图 7 - 26)。

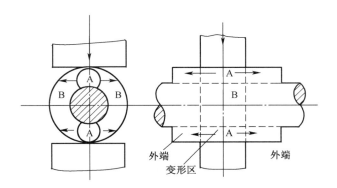

图 7 - 26　芯轴拔长时金属的变形情况

A 区金属轴向流动时,借助于外端的作用拉着 B 区金属一道伸长;而 A 区金属沿切向流动时,则受到外端的限制,因此,芯轴拔长时,外端金属起着重要的作用。外端对 A 区金属切向流动的限制越强烈,越有利于变形区金属的轴向伸长;反之,则不利于变形区金属的轴向流动。如果没有外端存在时,则环形件(在平砧上)被压成椭圆形,并变成扩孔变形了。

外端对变形区金属切向流动限制的能力与空心件的相对壁厚 $\left(\dfrac{t}{d}\right)$ 有关。$\dfrac{t}{d}$ 越大时,限制的能力越强;$\dfrac{t}{d}$ 越小时,限制的能力越弱。

当 $\dfrac{t}{d}$ 较小时,即外端对变形区切向流动限制的能力较小时,为了提高拔长效率,可以将下平砧改为 V 形型砧,借助于工具的横向压力限制 A 区金属的切向流

303

动。当$\frac{t}{d}$很小时,还可以把上、下砧都采用 V 形型砧。

芯轴拔长过程中的主要缺陷是孔内壁裂纹(尤其是端部孔壁)和壁厚不均。

裂纹产生的原因是:经一次压缩后内孔扩大,转一定角度再一次压缩时,由于孔壁与芯轴间有一定间隙,在孔壁与芯轴上、下端压靠之前,内壁金属由于弯曲作用受切向拉应力,如图 7 - 27 所示。另外,内孔壁长时间与芯轴接触,温度较低,塑性较差,当应力值或伸长率超过材料当时允许的指标时便产生裂纹。

变形区金属切向流动的越多,即内孔增加越大时,越易产生孔壁裂纹。因此在平砧上拔长时,空心件壁厚 t 与芯轴直径 d 之比$\left(\frac{t}{d}\right)$越小(即孔壁越薄)时越易产生裂纹。采用 V 形型砧,可以减小孔壁裂纹产生的倾向。

在芯轴上拔长时空心件端部更容易产生孔壁裂纹的原因是:①由于芯轴对变形区金属摩擦阻力的作用,空心件端部呈如图 7 - 28 所示的形状,下一次压缩时端部孔壁与芯轴间的间隙比其他部分大;②由于端部的外侧没有外端,故此处被压缩时,切向拉应力很大;③端部金属与冷空气长时间接触,降温较大,塑性较低。

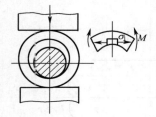 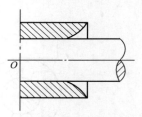

图 7 - 27 芯轴拔长时内壁金属的受力情况   图 7 - 28 芯轴拔长时端部金属的变形情况

为防止空心件拔长的缺陷,一般采取如下控制措施:

(1) 为提高拔长效率和防止孔壁产生裂纹,对于厚壁锻件$\left(\frac{t}{d}>0.5\right)$,一般采用上平砧和下 V 形型砧;对于薄壁空心锻件$\left(\frac{t}{d}\leqslant 0.5\right)$,上、下均采用 V 形型砧。在锤上拔长厚壁锻件时,有时为了节省 V 形型砧的制造费用等,上、下都用平砧,但必须先锻成六方形再进行拔长,达到一定尺寸后再锻成圆形。

(2) 为了防止孔壁裂纹的产生,锻件两端部锻造终了的温度应比一般的终锻温度高 $100℃\sim 150℃$;锻造前芯轴应预热到 $150℃\sim 250℃$。

(3) 为使锻件壁厚均匀和端部平整,坯料加热温度应当均匀,操作时每次转动的角度应一致。

7.3 冲孔过程中的常见质量问题与控制措施

在坯料上锻制出透孔或不透孔的工序称为冲孔。

冲孔分为开式冲孔和闭式冲孔。开式冲孔又分为实心冲子冲孔和空心冲子冲孔。本节介绍实心冲子开式冲孔过程中常见的质量问题和控制措施。

冲孔过程中的主要质量问题是"走样"（图 7-29）、侧表面裂纹、内孔圆角处裂纹（图 7-30）和孔冲偏等。

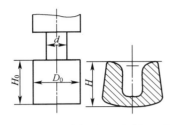

图 7-29 冲孔时的"走样"现象

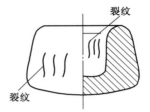

图 7-30 冲孔时的裂纹

所谓"走样"是指开式冲孔时坯料高度减小，外径上小下大，而且下端面突出，上端面凹进等现象。"走样"和裂纹等缺陷是与冲孔时的受力和变形情况有关的。

冲孔时冲头下部的 A 区金属是直接受力区（图 7-31），其周围的 B 区金属是间接受力区。A 区金属的变形可看做是环形金属包围下的镦粗，A 区金属被压缩后高度减小，横截面积增大，向四周径向外流，但受到环壁的限制，故处于三向受压的应力状态，其应力应变简图如图 7-31 所示。B 区之受力和变形主要是由于 A 区的变形引起的。A 区金属径向外流时，使 B 区金属径向受压，切向受拉，在高度方向，A 区金属向下流动时，借助剪切应力对 B 区金属有一个拉缩作用。越靠近内侧受拉缩越严重。冲孔时 $\frac{D}{d}$ 越小，即 B 区越薄时，拉缩和走样越显著。但是，如果 B 区很厚，即 $\frac{D}{d}$ 很大时，B 区外侧的 σ_1、σ_2、σ_3 均很小，可能处于弹性状态，仅内侧发生塑性变形，这时 B 区的内侧金属径向被压缩，高度可能增大，犹如打硬度一样，"走样"很小。

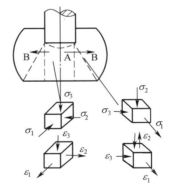

图 7-31 开式冲孔时的应力应变简图

低塑性材料开式冲孔时，外侧表面裂纹的产生就是由于 A 区金属向外流动时 B 区的外径被迫地扩大，使外侧金属受到切向拉应力，当超过金属当时的强度极限时，便产生裂纹破坏。冲孔时 $\frac{D}{d}$ 越小，即 B 区越薄时，最外层金属受到的切向拉应力和拉应变越大，故越易产生裂纹。

由以上分析可见，开式冲孔时 $\frac{D}{d}$ 太小是不好的，会产生"走样"过大和裂纹，故生产中常取$\frac{D}{d}=3$,也有些工厂取$\frac{D}{d}\geqslant(2.5\sim3)$。

冲孔时内孔圆角处的裂纹是由于此处温度降低较多,塑性较低,加之冲子一般都有锥度,当冲子往下运动时,此处便被胀裂(图7-30)。因此,冲子的锥度不宜过大,当冲低塑性材料时,如Cr12型钢,不仅要求冲子锥度较小,而且要经过多次加热逐步冲成。

大型锻件在水压机上冲孔时,当孔径大于$\phi450mm$时,一般采用空心冲头冲孔(图7-32),这样可以减小B区外层金属的切向拉应力,避免产生侧表面裂纹,并能除掉锭料中心部分质量不好的金属。

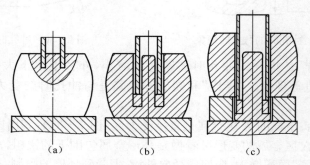

(a)　　　　　(b)　　　　　(c)

图7-32　空心冲头冲孔过程示意图

冲孔过程中的另一个问题是孔冲偏。引起孔冲偏的原因很多,如冲子放偏,环形部分金属性质不均,冲头各处的圆角、斜度不一致等,均可使孔冲偏。原坯料越高,越容易冲偏。因此冲孔时,坯料高度H_0一般小于直径D_0,在个别情况下,采用$H_0/D_0\leqslant1.5$。

冲头的形状对冲孔时金属的流动有很大影响,例如锥形冲头和椭圆形冲头均有助于减小冲孔时的"走样",但这样的冲头很容易将孔冲歪。因此,自由锻冲孔时,冲头一般用平头的,在转角处取不太大的圆角。

7.4　扩孔过程中的常见质量问题与控制措施

减小空心坯料壁厚而增加其内、外径的锻造工序叫扩孔。

常用的扩孔方法有冲子扩孔(图7-33)、芯轴扩孔(又叫马杠扩孔,见图7-34)、辗压扩孔(图7-35)、楔扩孔、液压扩孔和爆炸扩孔等。

从变形区的应变情况看,扩孔可分为两组。第一组类似拔长的变形方式,如马杠扩孔(芯轴扩孔)和辗压扩孔;第二组类似胀形的变形方式,如冲子扩孔、楔扩孔、液压扩孔和爆炸扩孔等。

本节介绍冲子扩孔、液压扩孔和辗压扩孔过程中的常见质量问题和控制措施。

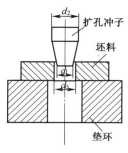

图 7-33　冲子扩孔

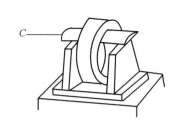

图 7-34　芯轴扩孔

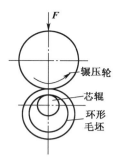

图 7-35　辗压扩孔

1. 冲子扩孔

冲子扩孔一般用于 $\dfrac{D}{d_2}>1.7$ 和 $H\geqslant 1.125D$ 的壁不太薄的锻件（D 为锻件外径，H 为锻件高度，d_2 为扩孔冲子的直径）。

冲子扩孔时的主要缺陷是裂纹和壁厚不均匀。

冲子扩孔时由于坯料切向受拉应力，容易胀裂，故每次扩孔量 A 不宜太大，可参考表 7-2 选用。

表 7-2　每次允许的扩孔量 A

d_2/mm	A/mm	d_2/mm	A/mm
30～115	25	120～270	30

冲子扩孔时锻件的壁厚受多方面因素影响，例如，坯料壁厚不等时，将首先在壁薄处变形；如果原始壁厚相等，但坯料各处温度不同，则首先在温度较高处变形；如果坯料上某处有微裂纹等缺陷，则将在此处引起开裂。总之，冲子扩孔时，变形首先在薄弱处发生，因此冲子扩孔时，如果控制不当可能引起壁厚差较大。但是如果正确利用上述因素的影响规律也可能获得良好的效果。例如，扩孔前将坯料薄壁处沾水冷却一下，以提高此处的变形抗力，将有助于减小扩孔后的壁厚差。

2. 液压扩孔

液压扩孔目前在护环的胀形强化中应用较多。

液压扩孔时的主要缺陷是锻件外形呈喇叭口畸形、胀裂和尺寸超差等。其产生的原因和防止对策见第 8 章 8.3 节。

3. 辗压扩孔

辗压扩孔主要用于辗扩轴承套圈、火车轮箍、齿圈和法兰等环形锻件。

辗压扩孔过程中的主要缺陷是尺寸超差和锻件端面内凹等。

坯料体积、辗压变形量、辗扩前预成形坯的尺寸等对辗扩件的尺寸精度有较大影响。锻件的外径尺寸由辗压终了时辗压轮、导向辊和信号辊三者的位置决定，应予准确控制。为了保证辗压件的质量，根据生产实践经验，导向辊与机床中心线夹角应大于 65°，信号辊与机床中心线夹角应大于 55°。

307

在径向辗扩机上扩孔时,由于金属变形具有表面变形特点常易产生锻件端面内凹(图7-36),用小压下量辗压厚壁环形件时内凹更明显。因此,最后一道次辗压时应有足够的变形量。若采用径向—轴向辗环机则可以较好地解决内凹缺陷,其特点是用一对径向辗压轧辊和一对轴向辗压轧辊分别辗压环的壁厚和高度(图7-37),可以得到端面平直的锻件并可减少模具更换的次数。

(a)坯料 (b)辗压时孔型不封闭 (c)辗压时孔型封闭

图7-36 辗压扩孔时的端面凹坑

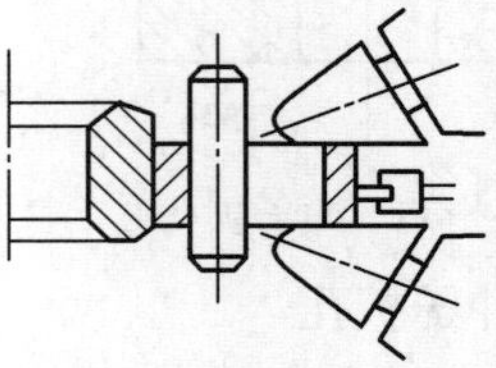

图7-37 径向—轴向辗压示意图

7.5 模锻过程中的常见质量问题与控制措施

7.5.1 概述

模锻工艺包括开式模锻和闭式模锻。本节主要分析开式模锻。

开式模锻时,金属变形流动的过程见图7-38,由图中可看出模锻变形过程可以分为三个阶段:第Ⅰ阶段是由开始模压到金属与模具侧壁接触为止,这时犹如孔板间镦粗(在没有孔腔时犹如自由镦粗);第Ⅰ阶段结束到金属充满模腔为止是第Ⅱ阶段;金属充满模腔后,多余金属由桥口流出,此为第Ⅲ阶段。下面先分析各阶段的应力应变和金属变形流动的特点,然后再讨论各因素对金属充填模腔的影响。

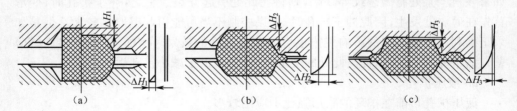

图7-38 开式模锻时金属变形流动的三个阶段

以成形图7-39(a)所示的锻件为例。为使问题简化,假设模孔无斜度(图7-40)。第Ⅰ阶段属于局部加载,整体受力,整体变形。变形金属可分为A、B两区。A区为直接受力区,B区的受力主要是由A区的变形引起的。A区的受力情况犹如环形件镦粗,故又可分为内外两区,即$A_内$和$A_外$两区,其间有一个流动分界面。应当指出,这时由于B区金属的存在使$A_内$区金属向内流动的阻力增大,故与单纯的环形件镦粗相比流动分界面的位置要向内移。

B区内金属的变形犹如在圆形砧内拔长。

孔板间镦挤时各区的应力应变情况如图7-40所示。

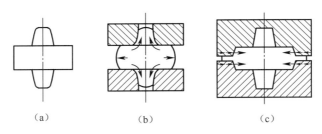

（a） （b） （c）

图 7-39　孔板间镦挤和开式模锻

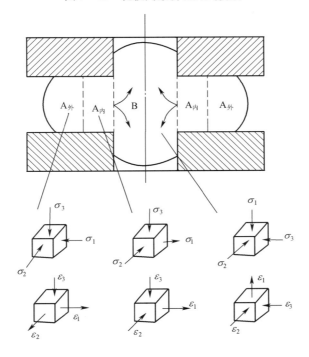

图 7-40　孔板间镦挤时各变形区的应力应变简图

第Ⅱ阶段金属也有两个流动的方向，金属一方面充填模腔，一方面由桥口处流出形成飞边，并逐渐减薄。这时由于模壁阻力，特别是飞边桥口部分的阻力（当阻力足够大时）作用，迫使金属充满模腔。由于这阶段金属向两个方向流动的阻力都很大，处于很明显的三向压应力状态，变形抗力迅速增大。

根据对第Ⅱ阶段变形试验结果的应力应变分析，这阶段凹圆角充满后变形金属可分为五个区（图 7-41）。A 区内金属的变形件犹如一般环形件镦粗，$A_{外}$为外区，$A_{内}$为内区。B 区内金属的变形犹如在圆形型砧内捶圆。C 区为弹性变形区，D 区内金属的变形犹如外径受限制的环形件镦粗。各区的应力应变简图和金属流动方向如图 7-41 所示。图 7-42 是变形过程中某一微量压缩后的网格变化情况。

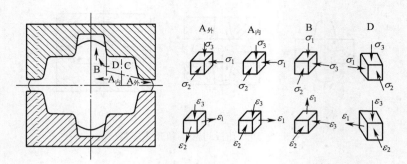

图 7 - 41　开式模锻时各变形区的应力应变简图

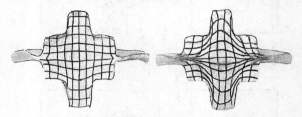

图 7 - 42　模锻第 II 阶段子午面的网格变化

应当指出,在凹圆角未充满前,金属的变形和分区情况还要更复杂一些。

第 III 阶段主要是将多余金属排入飞边。此时流动分界面已不存在,变形仅发生在分模面附近的一个区域内(图 7 - 43(a)),其他部位则处于弹性状态。变形区的应力应变状态与薄件镦粗一样,如图 7 - 43(b)所示。

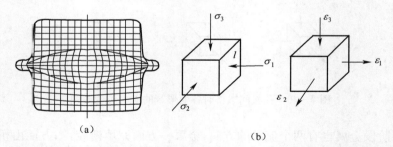

(a)　　　　　　　　　　(b)

图 7 - 43　模锻第 III 阶段子午面的网格变化(a)和变形区的应力应变简图(b)

在此阶段由于飞边厚度进一步减薄和冷却等关系,多余金属由桥口流出时的阻力很大,使变形抗力急剧增大。

第 II 阶段是锻件成形的关键阶段,第 III 阶段是模锻变形力最大的阶段,从减小模锻所需的能量来看,希望第 III 阶段尽可能短些。因此,研究锻件的成形问题,主要研究第 II 阶段,而计算变形力时,则应按第 III 阶段。

开式模锻时影响金属变形流动的主要因素有:①模膛(模锻件)的具体尺寸和形状;②飞边槽桥口部分的尺寸和飞边槽的位置;③终锻前坯料的具体形状和尺寸;④坯料本身性质的不均匀情况,主要指由于温度不均引起的各部分金属流动极限 σ_s 的不均匀情况;⑤设备工作速度。本节主要结合①、②两个方面的因素进行具体分析。

1. 模腔(模锻件)尺寸和形状的影响

一般地说,金属以镦粗方式比以压入方式充填模腔容易,锻件上具有窄的高筋处,由于以压入方式充填的阻力大,常常是最后充满的地方。这里以压入成形为例,首先分析锻件本身的各种因素对充填模腔的影响。模腔部分的阻力与下列因素有关:①变形金属与模壁的摩擦系数;②模壁斜度;③孔口圆角半径;④模腔的宽度与深度;⑤模具温度。

孔壁的加工粗糙度低和润滑较好时,摩擦阻力小,有利于金属充满模腔。

模腔制成一定的斜度是为了模锻后锻件易于从模腔内取出,但是模壁斜度对金属充填模腔是不利的。因为金属充填模腔的过程实质上是一个变截面的挤压过程,金属处于三向压应力状态(图7-44)。为了使充填过程得以进行,必须使 $\sigma_3 \geqslant \sigma_s$(在上端面 $\sigma_1 = 0$,$\sigma_3 = \sigma_s$)。为保证获得一定大小的 σ_3,模壁斜度越大时所需的压挤力 p 也越大。在不考虑摩擦的条件下,所需的压挤力 p 与 $\tan\alpha$ 成正比,即 $p \propto \sigma_3 \cdot \tan\alpha$。但是,如考虑摩擦的影响,尤其当摩擦阻力较大时($=\tau_s$)时,所需压挤力的大小或充填的难易程度就不与斜角 α 的大小成正比关系了,因为摩擦力在垂直方向的分力($\tau_s\cos\alpha$)随 α 增大而减小(图7-45)。

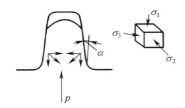 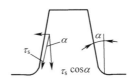

图7-44 模壁斜度对金属充填模腔的影响　　图7-45 摩擦力对金属充填模腔的影响

模具孔口的圆角半径对金属流动的影响很大,当 R 很小时,在孔口处金属质点要拐一个很大的角度再流入孔内,需消耗较多的能量,故不易充满模腔,而且 R 很小时,对某些件还可能产生折叠和切断金属纤维(图7-46)。同时模具此处温度升高较快,模锻时容易被压塌,结果使锻件卡在模腔内取不出来,当然孔口处 R 大了要增加金属消耗和机械加工量。总的看来,从保证锻件质量出发,孔口的圆角半径应适当地大一些。

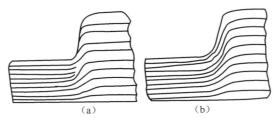

图7-46 圆角半径对纤维的影响

模腔越窄时,在其他条件相同的情况下,金属向孔内流动时的阻力将越大,孔内金属温度的降低也越严重,故充满模膛越困难。模膛越深时,在其他条件相同的情况下,充满也越困难。

模子温度较低时,金属流入孔部后,温度很快降低,变形抗力增大,使充填模膛困难,尤其当孔口窄(小)时更为严重。在锤上和水压机上模锻铝合金、高温合金锻件时,模具一般均预热到200℃~300℃。但是,模具温度过高也是不适宜的,它会降低模具的寿命。

2. 飞边槽的影响

常见的飞边槽型式如图7-47所示。常用的是型式Ⅰ。

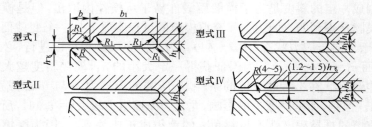

图7-47 飞边槽的型式

Ⅰ型飞边槽包括桥口和仓部。桥口的主要作用是阻止金属外流,迫使金属充满模膛,另外,是使飞边厚度减薄,以便于切除。仓部的作用是用以容纳多余的金属,以免金属流到分模面上,影响上下模打靠。

设计飞边时最主要的是确定桥口的高度和宽度。

桥口阻止金属外流的作用主要是由于沿上下接触面摩擦力作用的结果,这摩擦阻力的大小为 $2b\tau_s$(设摩擦力达最大值,等于 τ_s)(图7-48)。由该摩擦力在桥口处引起的径向压应力(或称桥口阻力)为

$$\sigma_1 = \frac{2b\tau_s}{h_{飞}} = \frac{b}{h_{飞}}\sigma_s$$

即桥口阻力的大小与 b 和 $h_{飞}$ 有关。桥口越宽,高度越小,亦即 $b/h_{飞}$ 越大时,阻力也越大。

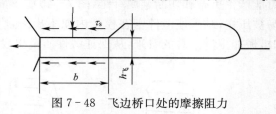

图7-48 飞边桥口处的摩擦阻力

从保证金属充满模膛出发,希望桥口阻力大一些,但是过大了也不好,因为这时变形抗力很大。可能造成上下模不能打靠,锻件在高度上锻不足等问题。因此,阻力的大小应取得适当,应当根据模膛充满的难易程度来确定,当模膛较易充满时,$b/h_{飞}$ 取小一些,反之取大一些。例如对镦粗成形的锻件(图7-49(a)),因为金属容易充满模膛,取小一些;对压入成形的锻件(图7-49(b)),金属较难充满模膛,$b/h_{飞}$ 取大一些。

312

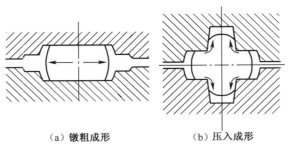

（a）镦粗成形　　　　　（b）压入成形

图 7 - 49　金属充满模膛的型式

桥口部分的阻力除了与 $b/h_飞$ 有关外,还与飞边部分的变形金属的温度有关,变形过程中,如果此处金属的温度降低很快,则此处金属的变形抗力比锻件本体部分的高,从而使桥口处的阻力增大。例如胎模锻造时(指合模),由于飞边同时与上下模长时间接触,冷却特别快,飞边部分金属变形抗力急剧增加使桥口部分的阻力很大,锻件很难继续变形,上、下模不能打靠,必须将飞边切除,重新加热后再锻。因此,胎模锻造时,桥口部分的 $b/h_飞$ 值应比锤上模锻时小,约为相同吨位模锻锤的 $b/h_飞$ 值的 1/2 左右。

摩擦压力机上模锻时,由于每分钟的行程次数少,锻件与锻模接触的时间亦较长,飞边部分金属冷却的亦较快,因此摩擦压力机上模锻时桥口部分的 $b/h_飞$ 值,亦较锤上模锻时小一些,但是比胎模锻时大。

高速锤的情况与胎模锻和摩擦压力机上模锻时相反。由于它的变形速度很快,变形时间极短,一次打击成形,以及由于径向惯性力的作用和飞边温度降低较少,飞边桥口处的阻力较小,有较多的金属流出,造成模膛充不满,尤其在与飞边的垂直方向有较窄部分的锻件。因此,高速锤时,桥口的高度应比锤上模锻时小。对较难充满的锻件还必需采取其他措施,例如无飞边或小飞边模锻。

在具体设计时,仅考虑 b 与 $h_飞$ 的相对比值是不够的,还应考虑 b 与 $h_飞$ 的绝对值,在实际生产中 b 取得太小是不合适的,太小了容易被打塌,或很快被磨损掉,具体数据可参考有关资料,如文献[55]。

同一锻件的不同部分充满的难易程度也不一样,有时可以在锻件上较难充满的部分加大桥口阻力,增大 b 或减小 $h_飞$。从模具制造方便出发,生产中常常是加大此处的桥口宽度。此外,对锻件上难充满的地方,还常常在桥口部分加一个制动槽,即图 7 - 47 第Ⅳ种型式,例如模锻带有叉形部分的锻件时,在叉形部分常使用制动槽。

飞边槽的型式除以上四种外,后来又发展了小飞边槽和楔形飞边槽等,可参阅文献[7]、[55]等,每种型式的飞边槽均各有其优缺点及合适的应用范围,设计时应根据具体情况正确选用。

7.5.2　模锻过程中的常见质量问题与控制措施

模锻成形过程中的质量问题主要有折叠、充不满、错移、欠压和轴线弯曲等。

折叠是金属变形过程中已氧化过的表层金属汇合在一起而形成的,在制坯工步和模锻工步都可能产生折叠,它与原材料和坯料的形状、模具的设计、成形工序的安排、润滑情况及锻造的实际操作等有关,模锻时各种折叠形成的原因和控制措施见第5章5.6节。

模锻时引起充不满的原因可能是:在模膛深而窄的部分由于阻力大不易充满;在模膛的某些部分(例如叉形件的内端角),由于金属很难流到而不易充满;制坯时某些部分坯料体积不足,或操作时由于放偏,某部分金属量不足引起充不满等。下面只分析研究前两种情况:

(1)带高肋的锻件模锻时产生的充不满情况(图7-50)。

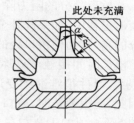

图7-50 高肋锻件

模锻时,在肋部由于摩擦阻力、模壁引起的垂直分力和此处金属冷却较快、变形抗力大等原因,常常产生充不满的情况。因此,为使肋部充满,一方面应设法减小金属流入肋部的阻力,另一方面应加大桥口部分的阻力,迫使金属向肋部流动,在设计预锻模膛时,一般采取下列措施:①增大过渡处的圆角半径 R;②将带肋的部分放在上模;③增大桥口部分的阻力,即加大 $b/h_飞$ 值。

但是,圆角半径 R 过大,要增大加工余量;桥口部分阻力过大,上下模不能打靠,甚至可能造成桥口被打塌等。因此,这些措施的效能是有一定限度的。

为解决这一矛盾,在锤上模锻时先进行预锻。设计预锻模膛时的主要出发点是减少终锻时金属充填肋部模膛的阻力。一般措施是在难充满的部分增大模膛的斜度(图7-51)。这样,预锻后的坯料终锻时,坯料和模壁间有了间隙,消除了模壁对金属的摩擦阻力和由模壁引起的向下垂直分力,使金属容易向上流动充满模膛。但是,由于增大了斜度,预锻模膛本身便不易被充满。为了使预锻模膛也能被充满,必需增大圆角半径。但圆角半径也不宜增加过大,因为过大了不利于终锻时充满模膛,甚至终锻时可能在此处将金属啃下并压入锻件内而形成折叠,一般取 $R_1 = 1.2R + 3mm$。

如果难充填的部分较大,B 较小,预锻模膛的拔模斜度不宜过大,否则预锻后 B_1 很小,冷却快,终锻时反而不易充满模膛。这时可设计成如图7-52所示的形状。

关于锤上和热模锻压力机上预锻模膛的设计,文献[13]中介绍了另一种设计方法,如图7-53所示。其特点是适当减小预锻模膛的高度($\delta = (3 \sim 8)mm$),但保证顶端的水平尺寸和模膛斜度与终锻模膛的相应部分一致,例如 $a = a'$ 等。当然这时 $c' < c$。具体形状如图7-53(a)所示。对于很薄的肋,如果端部圆角又很小,为使圆角处能较好地充满,应把端部设计成圆弧,如图7-53(b)所示。这一方案的实质是分两步成形:预锻时先成形上部分,终锻时该分仅作刚性平移(当然方案 b 在

314

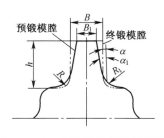

图 7-51 高肋锻件的预锻模腔

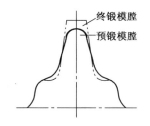

图 7-52 高肋锻件的预锻模腔

终锻时端部尚需局部镦粗),金属与模壁间始终存在着一间隙(在完全充满之前),从而能在较大程度上减小终锻时金属的流动阻力。

(2) 叉形锻件模锻时,常常在内端角处产生充不满的情况(图 7-54)。

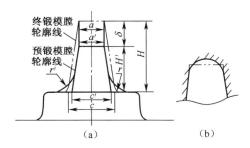

图 7-53 高肋锻件的预锻模腔

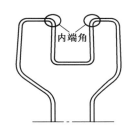

图 7-54 叉类锻件内端角充不满

将坯料直接进行终锻时,金属的变形流动情况如图 7-55 所示。沿横向流动的金属先水平外流,与模壁接触后,部分金属转向内角处流动。由变形流动的情况决定了内角部分是难充满的地方,之所以在内端角部分不易充满,还由于此处被排出的金属除沿横向流入模腔外,有很大一部分沿轴向流入飞边槽(图 7-56),造成内端角处金属量不足所致。

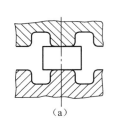

(a)

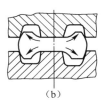

(b)

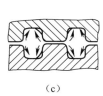

(c)

图 7-55 叉类锻件金属的变形流动

图 7-56 轴向流动和制动槽

因此,为避免这种缺陷,终锻前制坯时应当先将叉形部分劈开。这样,终锻时就会改善金属的流动情况,以保证内端角处充满。

在锤上模锻时,需先进行预锻。为便于金属沿横向流入模膛,预锻模膛应设计成如图 7-57 所示的形状。当需劈开部分窄而深时,可设计成如图 7-58 所示的形状。为限制金属轴向大量流入飞边槽,在模具上应设计有制动槽(图 7-56)。

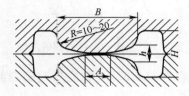

图 7-57　叉形部分劈料台

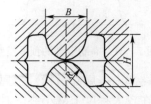

图 7-58　叉形部分劈料台

(3) 带枝芽的锻件模锻时,常常在枝芽处充不满。

该类锻件模锻时在枝芽处充不满的原因通常是由于此处金属量不足。因此,预锻时应在该处聚集足够的金属量。为便于金属流入枝芽处,预锻模膛的枝芽形状应适当简化,与枝芽连接处的圆角半径适当增大,必要时可在分模面上设阻力沟,加大预锻时流向飞边的阻力,如图 7-59 所示。

预锻后的坯料进行终锻,能减少终锻模膛的磨损,提高整个锻模的寿命。如果仅为此而增加预锻,这时的预锻模膛设计基本上和终锻模膛一样,只是在模膛的凸圆角处及分模面剖口的圆角处,将预锻模膛的圆角半径做得比终锻模膛的圆角半径略大一些(增大 1mm～2mm),以免在终锻时在该处形成折叠。

锻件上形状复杂且较高的部分如因特殊情况需放在下模时,由于下模较深处易积聚氧化皮,致使锻件在该处"缺肉",如图 7-60 所示的曲轴,模具该处应加深 2mm。对某些具有高肋的锻件,其终锻模膛在相应部位应该有排气孔,以保证肋部充满。

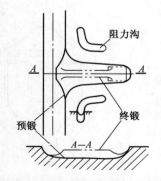

图 7-59　带枝芽锻件的预锻模膛

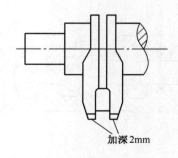

图 7-60　曲轴锻件的局部加深

模锻时还可能产生错移、欠压和轴线弯曲等缺陷,不再一一介绍。

316

7.6 挤压过程中的常见质量问题与控制措施

7.6.1 概述

挤压是金属在三个方向的不均匀压力作用下,从模孔中挤出或流入模腔内以获得所需尺寸、形状的制品或零件的锻造工序。目前不仅冶金厂利用挤压方法生产复杂截面型材,机械制造厂也常常利用挤压方法生产各种锻件和零件[56]。

根据挤压时坯料的温度可分为热挤压、温热挤压和冷挤压。根据金属的流动方向与冲头的运动方向可分为正挤压、反挤压、复合挤压和径向挤压。国内、外近年来又出现和使用了静液挤压、水电效应挤压等。

挤压时金属的变形流动对挤压件的质量有着直接的影响,本节从分析正挤压时的应力应变和变形流动入手,研究提高挤压件质量的措施。

挤压也是局部加载、整体受力,变形金属也可分为 A、B 两区(图 7 - 61)。A 区是直接受力区,B 区的受力主要是由 A 区的变形引起的。当坯料不太高时,A 区的变形相当于一个外径受限制的环形件锻粗,B 区的变形犹如在圆形砧内拔长。两区的应力应变简图如图 7 - 61 所示。A、B 两区均是伸长类应变。

根据对 A、B 两区应力和应变情况的分析,很容易算得在 A、B 两区的交界处,两区的轴向应力相差 $2\sigma_s$ 即此处存在轴向应力的突变。

在 A 区:$\sigma_{径} - \sigma_{轴A} = \sigma_s$

在 B 区:$\sigma_{轴B} - \sigma_{径} = \sigma_s$

将两式相加后便得:

$$\sigma_{轴B} - \sigma_{轴A} = 2\sigma_s$$

挤压时筒内金属的变形流动是不均匀的,在平底凹模内正挤时,金属在挤压筒内的流动大致有以下三种情况:

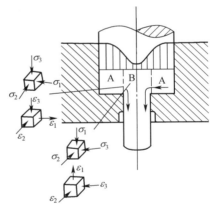

图 7 - 61 挤压时各变形区的应力应变简图

(1) 第一种情况(第 2 章图 2 - 38(a))仅区域 I 内金属有显著的塑性变形,称为剧烈变形区,在区域Ⅱ内变形很小,可近似地认为金属只是被冲头推移。由图 7 - 62(a)可看到区域Ⅱ内网格几乎不弯曲,当摩擦系数较小和整个毛坯性质较均匀时可观察到这种情况。在凹模出口附近的 a 区内,金属变形极小,称为死角。死角区的大小受摩擦力、凹模形状等因素的影响。在第一种情况下死角区较小。

(2) 第二种情况(第 2 章图 2 - 38(b))是挤压筒内所有金属(包括 A 区和 B 区)都有显著的塑性变形,并且轴心部分的金属比筒壁附近的金属流动得快(图 7 - 62(b)),死角区较第一种情况大。

（3）第三种情况（第 2 章图 2 - 38(c)）是挤压筒内金属变形不均匀,轴心部分金属流动很快,靠近筒壁部分的外层金属流动很慢,死角区也较大。在坯料较高和摩擦系数较大时,随着冲头向下运动,A 区金属的变形往往先从上部开始,并向轴心部分流动（图 7 - 62(c)）,而中间高度处的金属变形很小。由于这样变形和流动的结果,从宏观组织中可以看到,原坯料后端的外层金属经挤压后进入了零件的前端。而在一些文献中则认为坯料外层金属这种前后位置倒换的现象是由于挤压筒内金属倒流的结果,这种看法是不符合实际情况的。

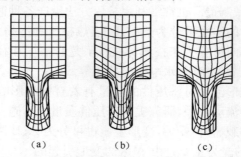

图 7 - 62　挤压时纵向剖面的网格变化

上述三种情况的出现主要取决于 A 区的受力和变形情况。在 A 区内沿着高度方向最小主应力（轴向应力）σ_3 的数值变化受三方面因素的影响:

（1）环形受力面积与挤压筒横截面积的比值（这与“挤压比”有关,“挤压比”越小这比值越小）;

（2）摩擦系数大小（这取决于润滑情况好坏）;

（3）在筒内的坯料高度。

如不考虑摩擦的影响,且坯料较高时,在凹模口处由于环形受力面积小,$|\sigma_3|$ 较大;在远离凹模口处由于受力面积大,$|\sigma_3|$ 较小。挤压比越小时,两处 σ_3 的差值越大。当坯料较低时由于沿高度上的差值较小,可以认为 σ_3 是均匀的。

在考虑摩擦的影响时,凹模筒壁对坯料的摩擦阻力抵消了一部分主作用力,这就与前一种因素的影响相反,它使凹模口处 A 区的 $|\sigma_3|$ 减小。摩擦系数越大和坯料越高时,这种影响越显著。

由于上述因素对 A 区内沿高度方向 σ_3 数值的不同影响,在各种不同的具体条件下,会出现不同的变形和流动情况。现讨论如下:

（1）当坯料很高（h 很大）但摩擦系数 μ 较小时,变形主要在孔口附近,即产生第一种变形流动情况。这时在孔口附近环形面积上的 $|\sigma_3|$ 较大,而上部的 $|\sigma_3|$ 较小。摩擦的存在虽然起相反的作用,但由于 μ 较小,不如前者的影响大。因此,孔口附近的 A 区金属较易满足塑性条件。

当“挤压比”较小（即环形面积相对较小）时,产生这种变形情况的倾向更大。

（2）当 h 很高和 μ 较大时,产生第三种变形流动情况。这时,由于摩擦阻力大,抵消了很大一部分作用力,使 A 区的轴向应力 $|\sigma_3|$ 在冲头附近比其他部位都

大,故此处较易满足塑性条件,变形较大。当然在冲头附近 A 区金属被压缩变形的同时,B 区金属要有伸长变形,并向孔口部分流动,于是便产生图 2-38(c)和图 7-62(c)的情况。当 B 区金属流动时,孔口附近的 A 区金属,由于受 B 区金属附加拉应力的作用,也将随着塑性变形。但 A 区中间高度处的金属由于 $|\sigma_3|$ 小,不易满足塑性条件,变形很小。

当"挤压比"较大时,由于受力面积变化造成的影响(即第一种因素的影响)较小,摩擦系数的影响就更为突出,产生这种变形流动情况的倾向更大。

(3)当 h 较高和 μ 较大时,上述因素造成的两方面的影响相近,A 区各处均有塑性变形,即产生第二种变形流动情况。这时,由于筒壁摩擦阻力的影响,轴心区金属比外周的金属流动快。

(4)当 h 很小时,由上述因素造成的两方面的影响均不明显,A 区各处的应力应变情况相近,各处均同时有塑性变形。

(5)反挤时(图 2-38(d))由于只有第一种因素的影响,不存在筒壁的摩擦影响,A 区在孔口处的轴向应力 $|\sigma_3|$ 大,最易满足塑性条件,故变形主要集中在孔口附近,与第一种变形流动情况相近。

对挤压时金属变形流动影响的因素除以上三者外,模具的形状、预热温度、坯料的性质等均有一定的影响。

模具的形状对筒内金属的变形和流动有重要影响,由图 7-63 可以看出,中心锥角的大小直接影响金属变形流动的均匀性。中心锥角 $2\alpha=30°$ 时,变形区集中在凹模口附近,金属流动最均匀,这时挤出部分横向坐标网线的弯曲不大。外层和轴心部分的差别最小,死角区也最小。随着中心锥角增大,变形区的范围逐渐扩大,挤出金属的外层部分和轴心部分的差别也增大,死角区也相应增大。对平底凹模,即当中心锥角 $2\alpha=180°$ 时,变形区和变形的不均匀程度都将达到最大。

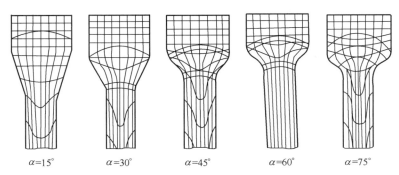

$\alpha=15°$	$\alpha=30°$	$\alpha=45°$	$\alpha=60°$	$\alpha=75°$

图 7-63 凹模锥角大小对挤压时金属流动的影响

应当指出,采用锥角模具后,筒内金属,特别是孔口附近金属的应力应变状态将发生很大的变化,例如 $2\alpha=150°$ 时,还可能分为 A、B 两区,而 $2\alpha=30°$ 时就可能不存在两区了,因为这时在锥角处的径向水平分力很大,变形由挤压而变为缩颈了。

减小锥角可以改善金属的变形流动情况,但不是在所有情况下都能用的,一方面是受挤压件本身形状的限制;另一方面是某些金属,例如铝合金挤压时,为防止脏东西挤进制件表面,均采用180°的锥角(即平底凹模)。

模具的预热温度越低,变形金属的性能越不均匀(主要指流动极限 σ_s),挤压时的变形流动不均匀性越严重。

7.6.2 挤压过程中常见的质量问题与控制措施

挤压过程常见的质量问题有:挤压缩孔、"死区"剪裂和折叠、纵向裂纹、横向裂纹、挤压件弯曲、由拉缩引起的截面尺寸不符、残余应力大、粗晶环等。

挤压缩孔(图7-64)是挤压矮坯料时常易产生的缺陷,这时由于B区金属的轴向压应力小,故当A区金属往凹模孔流动时便拉着B区金属一道流动,使其上端面离开冲头并呈凹形,再加上径向压应力的作用便形成这样的缩孔。防止的措施是正确控制压余的高度,必要时可增加反向推力。

挤压时,如果摩擦系数大和模具温度较低时,常在凹模底部形成一个难变形区,通常称为"死区"。由于该区金属不变形,而与其相邻的上部金属有变形和流动,于是便在交界处发生强烈的剪切变形,严重时将引起金属剪裂,即"死区"裂纹(图7-65),有时可能由于上部金属的大量流动带着"死区"金属流动而形成折叠,如图7-66所示。

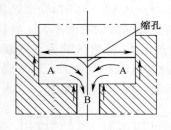

图7-64 挤压缩孔

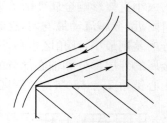

图7-65 "死区"附近的金属流动和受力情况

应当指出:在与"死区"交界处产生的强烈剪切变形对挤压件的组织和性能有重要影响,有关这方面的内容见第4章4.8节。

防止"死区"剪裂和折叠的措施是改善润滑条件和正确控制模具和坯料的温度,还可以采用带锥角的凹模,锥角的作用在于使作用力在平行于锥面的方向有一个分力,该分力与摩擦力的方向相反(图7-67)。从而有利于金属的变形和流动。根据不同的条件可以通过计算确定一个合适的锥角,以抵消摩擦的影响。

在挤压筒内尽管可能产生挤压缩孔和"死区"剪裂等缺陷,但变形金属处于三向受压的应力状态,能使金属内部的微小裂纹得以焊合,使杂质的危害程度大大减小,尤其当挤压比较大时,这样的应力状态对提高金属的塑性是极为有利的。但是在挤压制品中常常产生各种裂纹(第5章图5-70)以及挤压件的弯曲、拉缩和残余应力等。这些缺陷的产生与筒内的不均匀变形(主要是"死区"引起的)有很大关

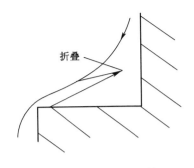

图 7-66　折叠的形成情况

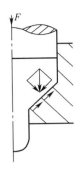

图 7-67　凹模锥角改善金属流动的影响图

系,但更重要的是凹模孔口部分的影响。

挤压时,变形金属在经过孔口部分时,由于摩擦的影响,表层金属流动慢,轴心部分流动快,使筒内已经形成的不均匀变形进一步加剧,内外层金属流动速度有差异,但两者又是一个整体,因此必然要有相互平衡的内力(即附加应力),外层受拉应力,内层受压应力,第 5 章图 5-70(a)所示的裂纹就是附加拉应力作用的结果。当坯料被挤出一段长度而成为外端金属后,则更增大了附加拉应力的数值。

如果凹模孔口形状复杂,例如挤压叶片时,由于厚度不均,各处的阻力也不一样,较薄处摩擦阻力大,冷却也较快,故流动较慢,受附加拉应力作用,常易在此处产生裂纹(图 5-70(b)),尤其挤压低塑性材料更是如此。

挤压空心件时,如果孔口部分冲头和凹模间的间隙不均匀,间隙小处,由于摩擦阻力相对较大,金属温度降低也较大,金属流动较慢,受附加拉应力作用,可能产生如图 5-70(c)所示的横向裂纹。流动快的部分由于受流动慢的部分的限制,受附加压应力。但是其端部却是受切向拉应力的作用,因此常常产生纵向裂纹,如图 5-70(d)所示。

挤压过程中,当附加拉应力足够大时将引起挤压件截面尺寸减小,当挤出部分受力不对称时,将引起挤压件弯曲。

挤压过程结束后,附加应力遗留在挤压件内,便成为残余应力。

凹模孔口部分的表面状态(如粗糙度)是否一致,润滑是否均匀,圆角是否相等,凹模工作带长度是否一致等,对金属的变形流动也都有很大影响。

总之,孔口部分的变形流动情况对挤压件的质量有着直接影响。

因此,要解决挤压件的质量问题,一方面使筒内变形尽可能均匀,另一方面还应重视孔口部分的变形均匀问题,可以从下列几方面采取相应措施:

(1)减小摩擦阻力。如改善模具表面粗糙度,采用良好的润滑剂和采用包套挤压等。例如,冷挤压钢材时,需将坯料进行磷化和皂化。磷化的目的是在坯料表面形成多孔性组织,以便较好地储存润滑剂。皂化的作用是润滑。又如热挤压合金钢和钛合金时,除了在坯料表面涂润滑剂外,在坯料和凹模孔口间加玻璃润滑垫(图 7-68)。热挤铝合金型材时,为防止产生粗晶环等,常在坯料外面包一层纯铝。

（2）在锻件图允许的范围内，在孔口处作出适当的锥角或圆角。

（3）加反向力的方法进行挤压，见图 7-69。这有助于减小内、外层变形金属的流速差和附加应力，挤压低塑性材料时宜采用。

（4）采用高速挤压，因为高速变形时摩擦系数小一些。

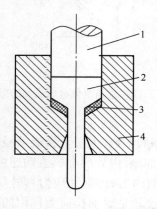 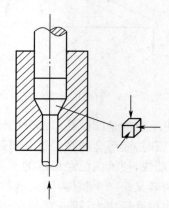

图 7-68 带润滑垫的挤压   图 7-69 带反向推力的挤压

1—冲头；2—坯料；3—润滑垫；4—凹模。

对形状复杂的挤压件可以综合采取一些措施，在难流动的部分设法减小阻力，而在易流动的部分设法增加阻力，以使变形尽可能均匀，常用的措施是：

（1）在凹模孔口处采用不同的锥角。

（2）凹模孔口部分的定径带采用不同的长度（图 7-70）。

（3）设置一个过渡区，使金属通过凹模孔口时变形尽可能均匀些（图 7-71）。

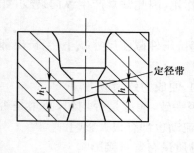 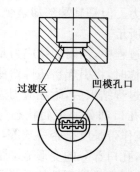

图 7-70 具有不同定径带长度的挤压凹模   图 7-71 具有过渡区的挤压凹模

近年来我国开始采用冷静液挤压和热静液挤压技术。静液挤压杆压于液体介质中，使介质产生超高压（可达 2000MPa～3500MPa 或更高些），由于液体的传力特点使毛坯顶端的单位压力与周围的侧压力相等。

由于毛坯与挤压筒之间无摩擦力，变形较均匀，另外由于挤压过程中液体不断地从凹模和毛坯之间被挤出，即液体以薄层状态存在于凹模和毛坯之间，形成了强

322

制润滑,因而凹模与毛坯间摩擦很小,变形便较均匀,产品质量较好。由于变形均匀,附加拉应力小,因而可以挤压一些低塑性材料。

铝合金和一些镁合金的挤压件常常有粗晶环缺陷,其产生的原因和防止措施见第4章4.8节。

7.7 摆动辗压过程中的常见质量问题与控制措施

7.7.1 概述

摆动辗压(简称摆辗)技术是20世纪60年代才出现的一种新的压力加工方法,它具有很多优点,因此受到世界各国重视,特别是近十几年来,得到了迅速发展和广泛的应用[57,58]。

1. 摆动辗压工作原理

所谓摆动辗压,是利用一个带圆锥形的上模对毛坯局部加压,并绕中心连续滚动的加工方法。如图7-72所示,带锥形的上模,其中心线Oz与机器主轴中心线OM相交成γ角,此角称摆角。当主轴旋转时,Oz绕OM旋转,于是上模便产生了摆动。与此同时,滑块3在油缸作用下上升,并对毛坯施压,这样上模母线就在毛坯上连续不断地滚动,最后达到整体成形的目的。

若圆锥上模母线是一直线,则辗压出的工件上表面为一平面,若圆锥上模母线是一种曲线,则工件上表面为一形状复杂的旋转曲面锻件。

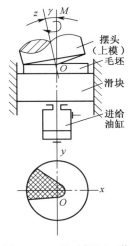

图7-72 摆动辗压工作原理示意图

由此可知:摆动辗压属于连续局部加载成形方法。摆辗中的下模与普通锻造方法的下模形状基本相同,为使上模形状尽量简单,一般将锻件形状复杂的一面放在下模内成形,如辗压带齿形的锥齿轮时,都把带齿形部分放在下模内成形。

2. 摆动辗压的特点、应用领域和分类

(1)省力。因摆辗是以连续局部变形代替常规锻造工艺的一次整体变形,因此可以大大降低变形力。实践证明,加工相同锻件,其辗压力仅是常规锻造方法变形力的$1/5 \sim 1/20$。

(2)产品质量高,节省原材料,可实现少无切削加工。如果模具制造尺寸精度很高,且进行过抛光,则辗压件垂直尺寸精度可达0.025mm,表面粗糙度可达$Ra0.4\mu m \sim 0.8\mu m$。

(3)摆动辗压适合加工薄而形状复杂的饼盘类锻件。加工薄饼类锻件,摆辗所需的变形力比常规锻造力小很多,而且工件越薄,用摆辗法成形越省力。

（4）劳动环境好，劳动强度低。摆辗时机器无噪声、振动小，易于实现机械化、自动化。

（5）设备投资少，制造周期短，见效快，占地面积小。

摆动辗压在锻压行业中的应用越来越广泛，主要用来成形各种饼盘类、环类及带法兰的长轴类锻件，如法兰盘、齿轮坯、铣刀坯、碟形弹簧坯、汽车后半轴、扬声器导磁体、带齿形的伞齿轮、端面齿轮、链轮、销轴等。摆辗还可用于圆管缩口和管件翻边等。摆辗依据辗压温度不同分热辗、温辗、冷辗三种。

3. 影响摆辗件质量的主要工艺参数

（1）工件与模具之间的面积接触率 λ（简称接触率 λ）。接触率是摆辗工艺中的一个极其重要的工艺参数，摆辗过程中的许多问题都与它有着密切的关系。它是指摆头与工件的接触面积与总的变形面积的比值。接触率 λ 可按式（7-1）确定：

$$\lambda = 0.45\sqrt{\frac{S}{2R\tan\gamma}} \qquad (7-1)$$

式中：S 为每转进给量（mm/r）；R 为工件变形半径（mm）；γ 为摆头倾角（°）。

接触率在摆辗过程中是不断变化的，其大小与工件瞬间的变形半径和每转进给量以及摆头的倾角有关，它随着工件瞬间变形半径 R 和摆头倾角 γ 的增大而减小，随着每转进给量 S 的增大而增大，如图 7-73 所示。

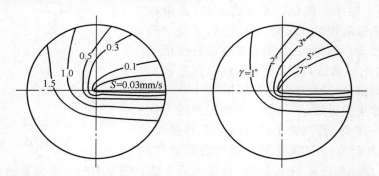

（a）不同进给量下的接触面积（$\gamma=2°$）　（b）不同摆角时的接触面积（$S=0.5$mm/r）

图 7-73　不同进给量下和不同摆角时的接触面积（$R=15$mm）

（2）摆辗力。它是选取摆辗设备的主要参数之一，摆辗力的常用计算公式如下：

$$F = k\lambda\pi R^2\sigma_s \qquad (7-2)$$

式中：λ 为接触面积率；R 为工件最大半径（mm）；k 为模具限制系数，一般在 $1.5\sim2.0$ 之间；σ_s 为材料的屈服极限（MPa）。

该式表明摆辗力与接触面积率 λ 成正比。

（3）摆头倾角 γ。它是指锥形摆头轴心线与机器主轴中心线的夹角。摆头倾角的大小不仅直接影响着生产效率，也影响着设备的吨位和产品的质量等。

（4）每转进给量 S。它是指摆头旋转一周坯料在机器主轴方向上的送进量。若每转进给量过大，则接触面积增加，要求设备的吨位也随之增大，同时电机的功率也相应增加。

7.7.2 摆辗中常见的质量问题和控制措施

1. 薄件中心开裂

薄件摆辗时,常易发生中心部分被拉裂现象,见表7-3;摆辗件中心开裂情况如图7-74所示。

表7-3 摆辗件中心开裂情况

序号	原始高度 H_0/mm	原始直径 D_0/mm	变形后高度 H/mm	相对变形程度 ε/%	开裂情况
1	20	20.2	2	90	中间出现凹坑
2	19.9	19.6	1.8	90.96	中间出现凹坑
3	20	20	1.6	92	微裂
4	19	19.6	1.4	92.63	拉裂
5	19.2	20	1.4	92.33	拉裂

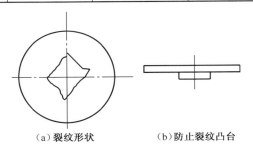

（a）裂纹形状　　　　（b）防止裂纹凸台

图7-74 摆辗件中心开裂情况

由于摆动辗压是局部加载的回转加工工艺,因此无论是圆柱件或者是环形件,在摆辗过程中的接触面积只有一部分,因此可以把摆辗工件的加工表面分为接触区[A]与非接触区[B],如图7-75所示。[A]区直接承受模具的压力而发生塑性变形成为主动变形区,[B]区虽然不直接承受模具的压力,但由于[A]区形变的影响也发生不同程度的形变成为被动变形区。在主动变形区内,金属在发生径向流动的同时还发生切向流动。如果将工件上表面刻上正交网格,经辗压后,网格线变成了S形,如图7-76所示。

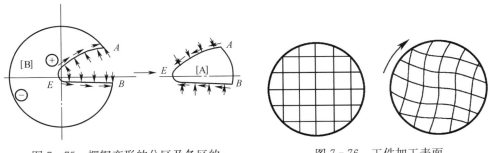

图7-75 摆辗变形的分区及各区的
受力与变形分析

图7-76 工件加工表面
的网格畸变

接触区[A]的变形类似于镦粗，在高度方向被压缩，而径向和切向尺寸增加。但实际上又不同于镦粗，因为其边界中只有圆弧 AB 段为自由表面，因此主要伸长方向为径向，又由于在弧 AEB 周边的不完全刚性约束，所以[A]区的金属沿切向也有所伸长，表现为压缩变形。对于[B]区，可以将其看成是一个有 AEB 缺口的圆盘，在缺口处受压应力(表面上有附加的切应力存在)，[A]区对面部分接近中心处受拉应力，接近外表处受压应力。所以在接触区侧压力的作用下，非接触区的变形有三种：①小弹性变形；②大弹性变形，发生弹性失稳，以致于翘曲和起皱；③在接触区的对面产生塑性变形，形成所谓塑性铰。塑性铰的外侧变厚，内侧变薄。当工件较薄，摆角较大，每转进给量越小时，由式(7-1)及图7-73可知，此时接触率 λ 越小，即接触区越小。为分析方便，将接触区[A]简化成一扇形，当摆头上模压到工件时，如不发生摆辗滚动，变形的[A]区对对面的[B]区作用力如图7-77所示。由于 F_y、F_{Ty} 的作用，[B]区要发生拉弯变形，工件心部产生拉应力，但由于摆辗径向变形量小，接触面上的切应力 τ 值不大，如不考虑 F_{Ty} 的影响，那么当 $\alpha=$ 180°时，接触面积率 $\lambda=0.5$，$F_y=0$，中心不产生拉应力，对摆辗工艺而言，为了充分利用其省力特点，往往接触面积率 $\lambda \leqslant$ 0.25，于是心部出现拉应力就不可避免。试验及计算表明，中心拉应力区域大小在 $0.4r_0$ 范围以内。

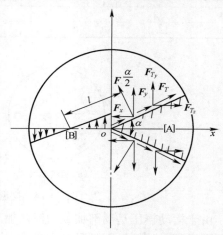

图 7-77 摆辗件中心受拉应力分析

为了防止薄件中心开裂，可采用工件中间局部加厚的办法，以增大断面系数，然后加工去掉加厚的部分。对于辗压铣刀片，盘形弹簧片，可增大进给量，使接触面积率 λ 增大，进而减少拉应力的产生，防止中心裂纹的出现。某单位在应用 1000kN 摆辗机热辗工件直径为 $\phi200mm$ 的薄片时，每转压下量为 1mm～2mm，由于压下量过小，产生了"中心拉裂"，后经改进，压下量 S 提高到每转为 4mm～7mm，用棒料直接辗压的时间缩短到 2s，工件成形良好。

当热摆辗薄盘件时，更应注意摆辗力 F 和每转压下量 S。这主要是因为满足两个条件方能保证产品质量：①初辗时每转要有较大的压下量，足够大的接触面积率，这样有利于锻件的压透，避免或减少变形的不均匀；②使辗压时间缩短，变形抗力降低，接触面积率较大，以避免"中心拉裂"，这就要求热辗时每转始终保持尽可能大的压下量 S。

初辗压下量一般为终辗压下量的 5 倍～10 倍为宜。辗压碟形弹簧坯(材料为 60Si2MnA、50CrVA、65Mn)，坯料的高径比 H/D 取为 1.3～1.7 时，不均匀变形不严重。辗压成 4mm～6mm 厚，产品质量良好，不发生中心拉薄或中心拉裂等缺陷。

326

2. 工件成蘑菇状、滑轮状或失稳折叠

当工件较厚,每转进给量较小时,因上下模和工件接触面积不同,上边小下边大。由压力分布测试结果得知:靠近上模工件上的轴向单位压力较大,下模处较小,故邻近上模处的金属易满足塑性条件先变形流动,故易形成"正蘑菇头形",如图 7 - 78(a)所示。

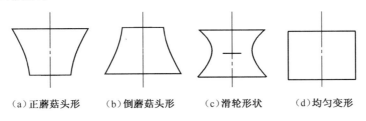

(a)正蘑菇头形   (b)倒蘑菇头形   (c)滑轮形状   (d)均匀变形

图 7 - 78 圆柱件摆辗变形情况

如果进给量较大,则接触面积也较大,模具与工件之间摩擦力严重影响着金属的流动,在上模接触区开始发生塑性变形时,工件便立即贴合在上模上,成为模具的沿伸部分,使得下模接触区发生塑性变形,结果工件便成为倒蘑菇形,如图 7 - 78(b)所示。当工件的相对厚度稍小一些,上模压在工件上以后,工件产生了轴向断面弯曲,使得下模接触面积变小,工件与上下模的接触区域同时满足屈服条件,产生径向和切向流动,此时塑性变形区在工件的上、下端,中部不变形或变形很小,结果工件变形后成滑轮状,如图 7 - 78(c)所示,继续变形就要产生折叠。

若摆辗法兰长杆件(如摆辗汽车半轴,勾舌销件),由于露出端过长,摆辗时往往要产生失稳,使工件弯曲、折叠,进而报废。产生这种缺陷的原因是:摆辗变形时,由于工件受偏心载荷作用,比通常镦粗时允许的高径比小,易发生纵向弯曲。

根据不同的变形条件,圆柱件摆辗变形情况如图 7 - 78 和表 7 - 4 所示

表 7 - 4 摆辗件变形情况

序号	工件变形后名称	变 形 条 件
1	正蘑菇头形	$H_0/D_0>0.5$,γ 一定,S 较小,ε 一定,工件上端摩擦系数较小,易形成上大下小的正蘑菇头形状
2	倒蘑菇头形	$H_0/D_0>0.5$,γ 一定,S 较小,ε 一定,工件上端摩擦系数较大,且与工件粘结,工件下端面先发生变形,易形成倒蘑菇头形状
3	滑轮形状	$H_0/D_0>0.5$,γ 一定,S 较小,ε 较大,两端面同时发生变形,工件呈滑轮形状,继续变形产生折叠
4	均匀变形	$H_0/D_0\leqslant0.5$,γ、S 及 ε 一定,工件侧壁呈直线,工件形状平直

注:H_0、D_0 为工件原始高度及直径;S 为每转进给量;γ 为摆头倾角;ε 为相对变形程度。

在实际生产中,可利用"蘑菇效应"的两重性,来加速头部成形,杆部可采用夹紧或选用合适模具间隙办法,限制纵向弯曲来生产合格锻件。我国生产汽车半轴时,杆部均用夹紧机械,以缩短自由端的长度;而生产勾舌销法兰长杆件,则是用限

制插入下模中的杆与模壁间隙的办法,防止辗压头部时杆部的弯曲;取单面间隙为0.2mm时,摆辗头部成形良好,而杆部不发生弯曲。

为了提高生产率和防止折叠的产生,应尽量加大每转进给量 S,以增大面积接触率 λ。

3. 侧面开裂

摆辗变形时,如果试件(或工件)侧表面存在裂纹,在相同的条件下,摆辗变形易使裂纹向增大的方向发展(图 7-79)。有人在不同设备上用铝试件作了大量试验,试验结果见表 7-5。

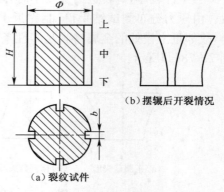

(b)摆辗后开裂情况

(a)裂纹试件

图 7-79 纵向裂纹试件

表 7-5 不同设备上镦粗和摆辗时纵向裂纹的发展情况

试件号	直径/mm				高度/mm			裂纹宽/mm								
	变形前	变形后			变形前	变形后	变形程度/%	变形前			变形后			差值		
	Φ	$\Phi_{上}$	$\Phi_{中}$	$\Phi_{下}$	H	h	ε	$b_{上}$	$b_{中}$	$b_{下}$	$b'_{上}$	$b'_{中}$	$b'_{下}$	$\Delta b_{上}$	$\Delta b_{中}$	$\Delta b_{下}$
1	37.8	44.8	46.2	42.3	41.6	29.9	28.16	3.5	3.5	6.5	3.3	8.4	2.8	−0.2	4.9	−0.7
2	38	43	46.2	43.3	41.8	29.9	28.47	3.4	3.4	3.4	2.5	7.6	2.6	−0.9	4.2	−0.8
3	38	51.1	42.3	42.3	41.6	30.7	26.2	3.5	3.5	3.5	8.4	6.6	4	4.9	0.1	0.5

注:1 号件用 150kg 空气锤镦粗的;2 号件用 600kN 材力实验机上镦粗的;3 号件用 300kN 摆辗机摆辗。

由表 7-5 可见,摆辗变形时纵向裂纹有较大的扩展趋势,这是由于摆动辗压中,局部加载非轴对称不均匀变形所造成的,由图 7-75 所描述的摆辗变形各区的受力与变形分析可知,接触区的变形状态主要是径向伸长,由于局部加载导致非变形区对变形区的径向伸长起着一个限制作用,从而使得接触区的侧表面受到切向拉应力的作用。该切向拉应力有可能导致工件(或试件)侧表面产生裂纹或原有的裂纹扩大。某单位在生产铁路车辆的勾舌销件过程中发现,如果冷拔坯料表面上有微裂纹或因放件不慎被磕碰,则摆辗成形头部时很易造成开裂。为了防止摆辗时工件纵向开裂,必须选好原材料,注意拉拔质量,同时注意轻拿轻放,保护好外表面。

4. 锻不透

由理论分析可知,摆辗变形具有表面性质,摆辗变形首先在头部发生。当摆头与工件接触弧长 $\alpha < H$ 时,会发生锻不透的现象。表 7-6 是用聚碳酸酯模拟件进行摆辗光塑性试验时的结果。

由表 7-6 可见,摆辗成形适合于薄件,只有当高径比小于 0.5,变形程度在

20%左右时,可使变形渗透到整个工件。

表 7-6 聚碳酸酯试件摆辗变形结果

序号	D_0/mm	H_0/mm	H_0/D_0	压至高度 H_1/mm	卸载后高度 H_2/mm	塑性变形 ε_p/%	弹性变形 ε_0/%	变形深度	
								最大	最小
1	26.9	32.15	1.23	26.94	29.0	9.8	6.4		
2	26.75	23.92	0.89	20.84	22.3	6.8	6.1	16.39	10.80
3	26.999	14.96	0.55	11.18	11.18	21.2	4.1	全部变形	
4	29.90	24.28	0.90	19.82	21.7	10.6	4.7	15.59	11.19
5	26.99	25.00	0.56	12.38	13.1	12.7	4.8	10.81	

为了使变形深透,摆辗时在设备允许的条件下,应尽量加大进给量。如果采用恒功率泵,在热辗初期,进给量大,当温度降低,抗力增大时,进给量可自动减少,从而发挥摆辗省力的优点,又可减少镦弯,防止折叠的产生。

5. 环形件断面畸形

环形工件摆辗时易造成工件断面畸形,如图 7-80 所示。环形件摆辗时外圆直径随变形程度的增加而增大,但工件的上、下端的外圆直径变化不一样。当变形程度较小时,上端外圆直径增加较快,如图 7-80(a)所示。当变形程度为 25%左右时,底部外圆直径增大加快,上、下变形均匀,如图 7-80(b)所示。再增加变形程度时,工件底部外圆直径增加较快,下部外圆直径大,如图 7-80(c)所示。

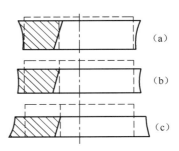

图 7-80 环形工件的摆辗镦粗

内径变形与外径变形不同,当变形程度较小时,上端孔径比原毛坯内径略有缩小,下端孔径则增大,当变形程度较大时,上端孔径逐渐接近毛坯孔径,下端孔径进一步扩大。

6. 圆角充不满

用摆辗法生产汽车半轴、齿轮坯、端面齿轮等锻件时,由于辗压时间过短或摆辗力过小,易造成工件圆角充不满。摆辗同锤上模锻一样,要得到有尖锐棱角的工件是很困难的,因此摆辗时固定模圆角在保证摆辗件加工余量的前提下,尽可能大,这样不但使摆辗成形容易,而且可以延长模具寿命。该缺陷可通过改善润滑条件和在模具上加工圆弧形槽来消除。

7. 厚度不均匀

利用模具摆辗生产汽车半轴、齿轮坯等锻件时,还易产生厚度不均匀,这是由于摆头不正或摆辗进给量过大造成的。该缺陷可通过调整摆头位置或辗压终了时的精辗工艺加以解决。

近年来,国外新研制了一种类似摆辗机的成形设备,带锥形的上模,其中心线与机器主轴中心线也相交成 γ 角,但上模只作上、下垂直运动,而不作旋转运动。其下模作旋转运动,但不作上、下垂直运动。新设备的成形特点与摆辗机一样。

7.8 楔横轧过程中的常见质量问题与控制措施

楔横轧中的主要质量问题是断裂、中心疏松或形成空腔和轧件表面螺旋压痕等[14,38,39]。

断裂是由于轴向拉应力过大引起的,即当满足下式的条件时,轧件将发生断裂。

$$2F_z \geqslant \frac{1}{4}\pi d_n^2 \sigma_b \tag{7-3}$$

式中:F_z 为轧件轴向变形力(N);d_n 为轧件颈部直径(mm);σ_b 为材料的抗拉强度(MPa)。

影响轴向力 F_z 的基本因素是成形角 α,如果略去展宽角 β 的影响,由图 7-81 可知,F_z 随 α 增加而增大。即

$$F_z = F_A \sin\alpha \tag{7-4}$$

式中:F_A 为通过成形面作用给轧件的正压力。

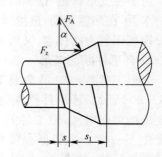

图 7-81 轴向力同 α 角的关系

轧件颈部直径 d_n 取决于轧制深度 Δr,通常以断面压缩率 R 表示。断面压缩率表达式为

$$R = \frac{\frac{1}{4}\pi d_0^2 - \frac{1}{4}\pi d_n^2}{\frac{1}{4}\pi d_0^2} = \left(1 - \frac{d_n^2}{d_0^2}\right) \times 100\% \tag{7-5}$$

由式(7-5)可得

$$d_n = d_0\sqrt{1-R} \tag{7-6}$$

式(7-6)表明,断面压缩率 R 增大,轴颈 d_n 减小,与此同时 $\Delta r = \frac{1}{2}(d_0 - d_n)$ 亦相应增大。Δr 增大意味着轧制接触面积及其轴向投影面积加大,从而 F_A 及 F_z 相应加大。这些因素均对轧件断裂有较大的影响。

轧件中心空腔主要是由变形区存在不均匀变形,在轧件断面中心引起的径向附加拉应力和剪切变形等造成的。空腔形成的机理在第 5 章 5.8 节已有介绍。当附加拉应力达到材料的抗拉强度极限时,心部产生微裂纹,进而形成疏松和空腔。当接触面宽度 b 越窄,接触面长度 L 越大时,越易产生这种缺陷。

由几何关系得

$$L = S + S_1 = \pi r_k \tan\beta + \Delta r \cdot \cot\alpha \tag{7-7}$$

该式表明,增大 β 和 Δr,减小 α 均使 L 增大;减小 α 值将使 S_1 增大,使 F_z 减小。二者均不利于金属的轴向流动,从而增大了横向的变形和加剧了空腔的产生。

因此,为防止空腔产生,断面收缩率不宜过大,β 宜取小值,α 宜较大值。

轧件表面螺旋压痕是由于 R 和 α 过大,导致 F_z 增大,使轧件发生附加的轴向伸长,使成形过程表面残留的螺旋压痕得不到精整所致。因此,为防止这种缺陷产生,R、α 不宜过大。

为防止上述缺陷产生,应合理控制工艺参数。楔横轧时工艺参数确定的原则,首先应确保轧制工艺过程的稳定,具体要求是:①应使轧件获得良好的旋转条件;②轧件不发生断裂现象,③轧件心部不产生疏松和空腔,④轧件外表面无明显的缩颈和螺旋压痕等缺陷。

为满足工艺稳定性的要求,R、β、α 取较小值,有利于满足旋转条件和避免发生缩颈和断裂。但从防止中心疏松考虑,希望 α 取较大值。为提高断面的压缩率、瞬时展宽量、减小轧辊直径和轧机结构尺寸,也希望 β 取较大值。因此,R、β 和 α 存在最佳的选用范围。分别介绍如下:

1)断面压缩率 R

根据实验,$R \leqslant 65\%$ 为宜,最大不得超过 75%。对于多次轧制,第一次压缩率 $R \leqslant 65\%$,第二次以及以后各道次的轧制 $R \leqslant 55\%$。对于带有厚度不大的翼缘,可采取堆轧扩径的办法,扩径率 R_d 可达 8% 左右。

2)成形角 α

成形角 α 及由此决定的成形面对工艺稳定性有较大影响。当 $\alpha > 40°$ 时,轧件容易打滑,处于不稳定状态;$\alpha \leqslant 15°$ 时,由于金属轴向流动量减小,轧件有椭圆化的倾向,并且心部容易发生疏松等缺陷。因而。不宜过大或过小,一般取 $\alpha = 20° \sim 45°$,用得最多的是 $\alpha = 25° \sim 30°$。R 值大时,α 取较小值,反之 α 可取上限。

3)展宽角 β

展宽角 β 决定楔的展开长度及轧件轴向变形速度。它对轧制力 F 和力矩 M 有显著影响,尤其是对轧件旋转条件影响最为显著。一般取 $\beta = 5° \sim 10°$,若 R 及 α 较大时,β 应取较小值,反之取较大值。

根据 R、α、β 的最佳选用范围便可确定出楔横轧的最佳轧制区域,如图 7-82 所示。图中曲线 R_f 为轴向拉力过大而产生缩颈乃至断裂的界限;R_L 为出现打滑的界限,R_m 为轧件心部产生疏松乃至形成空腔的界限;R_b 表示变形量小,由于材料流动产生表面缺陷的界限。以上诸曲线所包围的区域即为可能轧制成形的区域。图中 $\dfrac{\sigma_x}{2K}$ 为随材质而变化的因素,即如果坯料材质好,$\dfrac{\sigma_x}{2K}$ 就大,轧制区域可适当扩大。图中点划线 R_{op} 为最佳断面压缩率。

图 7-83 给出了 α 和 β 之间的制约关系,曲线 V 表示轧制时不致打滑的 $\alpha - \beta$ 的上限,曲线 L 表示轧件不产生空腔的 $\alpha - \beta$ 的下限。两曲线之间为 α、β 选择范围。虚线之间的范围是考虑材料加工性能、摩擦系数等因素的影响,对 V、L 曲线进行修整后所获得的界限。

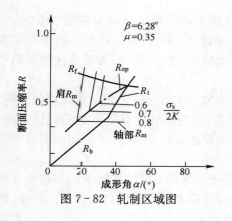

图 7-82　轧制区域图

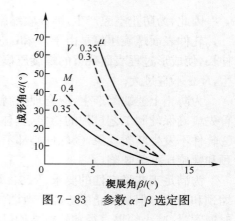

图 7-83　参数 $\alpha-\beta$ 选定图

7.9　弯曲过程中的常见质量问题与控制措施

7.9.1　概述

把板材、型材或管材等弯成一定的曲率、角度并形成一定形状零件的锻压工序称为弯曲。弯曲工序的应用相当广泛,用弯曲方法加工的零件种类非常多。图 7-84 是常见的典型弯曲件。

1. 弯曲时的应力和应变

弯曲变形时,坯料上曲率发生变化的部分是变形区(如图 7-85 中 ABCD 部分)。弯曲变形主要工艺参数与变形区的应力、应变的性质及数值有关。

坯料上作用有外弯曲力矩 M 时,坯料的曲率发生变化,变形区内靠近曲率中心一侧(以后称内层)的金属在切向压应力的作用下产生压缩变形;远离曲率中心一侧

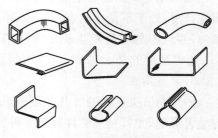

图 7-84　各种典型弯曲件

(以后称外层)的金属在切向拉应力作用下产生伸长变形。坯料变形区内的切向应力分布如图 7-85 所示。

在坯料弯曲过程的初始阶段,外弯曲力矩的数值不大,其变形区内、外表面上引起的应力数值小于材料的屈服极限 σ_s,仅在坯料内部引起弹性变形,这一阶段称弹性弯曲阶段,变形区内的切向应力分布如图 7-85(a)所示。随着外弯曲力矩数值的继续增大,坯料的曲率半径将变小,变形区的内、外表面首先由弹性变形状态过渡到塑性变形状态。以后塑性变形由内、外表面向中心逐步扩展,变形由弹性弯曲过渡到弹—塑性弯曲和纯塑性弯曲,切向应力的变化如图 7-85 所示。

板材在塑性弯曲时,变形区的应力和应变状态决定于弯曲坯料的相对宽度 $\frac{b}{t}$(b 是坯料的宽度,t 是坯料的厚度)和弯曲变形程度。相对宽度 $b/t>3$,称宽板,相

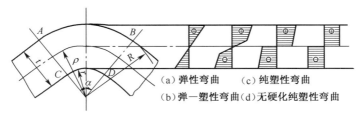

(a) 弹性弯曲　　(c) 纯塑性弯曲
(b) 弹—塑性弯曲(d) 无硬化纯塑性弯曲

图 7-85　弯曲时坯料变形区内切向应力的分布

对宽度 $b/t < 3$，称窄板。窄板弯曲时坯料截面内的切向应力如图 7-86 所示。切向应变在变形区内层为压应变，外层为拉应变。由于窄板的横向变形（宽度方向上的变形）不受约束，因此，横向应力为零。又因变形区内金属各层之间的相互挤压作用，从而引起变形区内的径向压应力。切向应变是绝对值最大的主应变，因而在其他两个方向上的变形分别与切向应变符号相反，即内层在横向与径向为伸长变形，外层在横向与径向为压缩变形，其结果引起弯曲坯料截面的畸变，如图 7-86(a) 所示。根据上述分析，通常认为窄板弯曲时是平面应力状态，三向应变状态。宽板弯曲时，切向与径向的应力与应变的性质和窄板弯曲时相同。但是在宽度方向，由于变形区内外层金属的相互约束，变形受到阻碍，于是外层横向受拉应力，内层横向受压应力。因此，宽板弯曲时是三向应力状态和平面应变状态，见表 7-7。

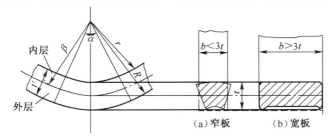

图 7-86　弯曲时坯料截面形状的变化

表 7-7　弯曲变形区应力—应变状态

应力分布 板材	内侧区		外侧区	
	σ	ε	σ	ε
宽板 ($b>3t$)				
窄板 ($b<3t$)				

333

由于弯曲变形程度大小不同(相对弯曲半径 r/t 不同),坯料变形区内的应力状态和应力的分布都有性质上的差别。因此,在分析和解决弯曲变形中的各种实际问题时,必须根据变形程度的大小分别处理。当相对弯曲半径 $r/t <$ 200 时,坯料截面内切向应力的分布如图 7-85(c)所示。当相对弯曲半径较大($r/t > 200$)时,变形区内弹性变形部分的厚度所占比例较大,切向应力的分布如图 7-85(b)所示。这时弹性变形部分的影响已不能忽视,应按弹—塑性弯曲进行计算。

2. 最小弯曲半径[40]

弯曲时坯料变形区外表面的金属在切向拉应力的作用下,产生的切向伸长应变 ε_θ 决定于弯曲半径和材料的厚度,可用下式表示:

$$\varepsilon_\theta = \frac{t}{2\rho} = \frac{1}{2\dfrac{r}{t} + 1} \tag{7-8}$$

式中:r 为弯曲零件内表面的圆角半径;t 为板材的厚度。

由式(7-8)可知,相对弯曲半径 r/t 越小,弯曲时切向变形程度越大。当相对弯曲半径减小到一定程度后,可能使坯料外层纤维的伸长变形超过材料所允许的极限而发生破坏。在保证坯料外层纤维不发生破坏的条件下,所能弯成零件内表面的最小圆角半径,称最小弯曲半径 $r_{\min}$,生产中用它来表示弯曲时的成形极限。

影响最小弯曲半径的因素如下所述。

(1) 材料的力学性能。由式(7-8)可见,最小弯曲半径与弯曲坯料变形区外表面的伸长变形有近似的反比关系,所以材料的塑性越好,可以采用的最小弯曲半径越小。在冲压生产中,当因零件的结构需要弯曲成很小的圆角,由此可能引起坯料的破坏时,常采用热处理的方法以恢复冷变形硬化材料的塑性,或采用加热弯曲方法以提高低塑性材料(如镁合金等)的塑性变形能力。

(2) 板杆的方向性。板材纵向(轧制方向)上的塑性指标大于横向(垂直于轧制方向),所以当弯曲时切向变形的方向与板材的纵向相重合时(弯曲线与板材的纵向垂直时),可以采用较小的弯曲半径。对双向弯曲,如两个弯曲线互相垂直,而且弯曲半径又比较小时,应设法使两个弯曲线都处于与板材轧制方向成 45°角的位置。

(3) 弯曲件的宽度。弯曲件的宽度与厚度的比值 b/t 不同,变形区的应力状态也不一样,而且在相对弯曲半径相同的情况下,相对宽度 b/t 大时,其应变强度大于 b/t 较小的情况。弯曲件宽度对最小弯曲半径的影响示于图 7-87。当弯曲件的相对宽度 b/t 较小时,它的影响较大,但当 $b/t > 10$ 时,其影响变小。

334

（4）板材的表面质量和剪切截面质量。板材的表面质量和坯料侧面（剪切断面）的质量差时，容易造成应力集中，使材料过早地破坏，所以在这种情况下应采用较大的弯曲半径（图7-87）。在冲压生产中，常采用清除冲裁毛刺，把有毛刺的表面朝向弯曲凸模，切掉剪切表面的硬化层等方法，以提高弯曲变形的成形极限。

（5）弯曲角。弯曲角α较小时，由于不变形区也可能产生一定的切向伸长变形而使变形区的变形得到一定程度的减轻（图7-88），所以最小弯曲半径可以小些。弯曲角对最小弯曲半径的影响示于图7-89。当$\alpha < 70°$时，弯曲角的影响比较显著，当$\alpha > 70°$时，其影响减弱。

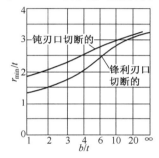

图7-87　坯料侧面质量和相对宽度
对最小弯曲半径的影响

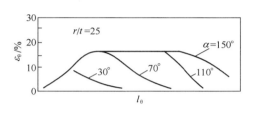

图7-88　弯曲角对切向变形分布的影响

（6）板材的厚度。变形区内切向应变在厚度方向上按线性规律变化，在外表面上最大，在中性层上为零。当板材的厚度较小时，切向应变变化的梯度大，很快地由最大值衰减为零。与切向变形最大的外表面相邻近的金属，可以起到阻止外表面金属产生局部的不稳定塑性变形的作用。所以在这种情况下可能得到较大的变形和较小的最小弯曲半径。板料厚度对最小弯曲半径的影响示于图7-90。

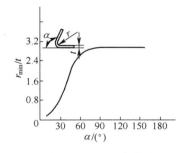

图7-89　弯曲角对最小弯曲半径的影响

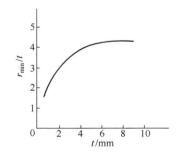

图7-90　坯料厚度对最小弯曲半径的影响

虽然目前有许多研究结果和资料都给出了按板材延伸率计算最小弯曲半径的方法和公式。但是，由于上述各种因素的综合影响十分复杂，所以在生产中主要参考经验数据来确定。表7-8给出了各种金属材料在不同状态下的最小弯曲半径的数值。

表7-8 最小弯曲半径 r_{min}[40]　　　　(mm)

材料	正火或退火的		硬 化 的	
	弯曲线方向			
	与轧纹垂直	与轧纹平行	与轧纹垂直	与轧纹平行
铝	0	0.3	0.3	0.8
退火紫铜			1.0	2.0
黄铜 H68			0.4	0.8
0.5,0.8F			0.2	0.5
08~10,A1,A2	0	0.4	0.4	0.8
15~20,A3	0.1	0.5	0.5	1.0
25~30,A4	0.2	0.6	0.6	1.2
35~40,A5	0.3	0.8	0.8	1.5
45~50,A6	0.5	1.0	1.0	1.7
55~60,A7	0.7	1.3	1.3	2.0
硬铝(软)	1.0	1.5	1.5	2.5
硬铝(硬)	2.0	3.0	3.0	4.0
镁合金	300℃热弯		冷 弯	
MA1-M	2.0	3.0	6.0	8.0
MA8-M	1.5	2.0	5.0	6.0
钛合金	300℃~400℃热弯		冷 弯	
BT1	1.5	2.0	3.0	4.0
BT5	3.0	4.0	5.0	6.0
钼合金 BM1,BM2 (t≤2mm)	400℃~500℃热弯		冷 弯	
	2.0	3.0	4.0	5.0

注:本表用于板厚小于10mm,弯曲角大于90°,剪切断面良好的情况。

7.9.2 弯曲时的主要质量问题与控制措施

1. 窄板弯曲时的质量问题与控制措施

(1) 在弯曲过程中,外层金属受切向拉应力作用产生伸长变形。如果弯曲半径过小,由于塑性不足往往产生开裂现象(图7-91)。当坯料较厚时应变梯度较小,抑制裂纹产生和发展的能力较小,因此,更容易产生上述现象。

(2) 在弯曲过程中,内层金属在切向压应力作用下,可能产生失稳起皱或折叠(图7-92)。当相对弯曲半径 r/t 越小,弯曲角 α 越大时,上述现象更加严重。

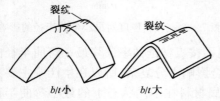

图7-91 弯曲时的开裂

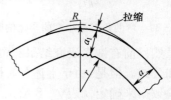

图7-92 弯曲时的拉缩和起皱

（3）坯料弯曲时,内层金属产生切向压缩变形,外层金属产生切向伸长变形。当坯料相对厚度较大时,坯料的截面形状会发生畸变,如图 7-93 和图 7-94 所示。图中虚线为弯曲前的坯料截面形状,实线为弯曲后的截面形状。为了得到合格的制件,在制订弯曲工艺时应注意的事项如下。

① 锻件的热弯。a. 为了抵消弯曲变形区截面积的减小,一般弯曲前在弯曲地方预先聚料,或者取截面尺寸稍大的坯料(约大 10%～15%,视其具体情况定),弯曲后再把两端拔长到要求的尺寸;b. 被弯曲锻件的加热部分不宜过长,最好只限于被弯曲的一段,而且加热必须均匀。

② 厚板的冷弯。制件的弯曲半径小于材料的允许最小弯曲半径时,为了防止开裂应先弯成较大的弯曲半径,经热处理恢复塑性后再弯成所需的较小半径。或者采取热弯的办法一次弯曲到所需半径。厚板热弯时的注意事项可参照锻件热弯的内容。

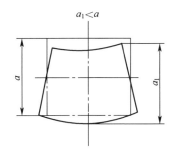 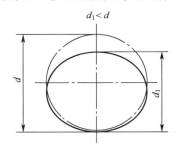

图 7-93　方截面坯料弯曲时截面形状的畸变　　图 7-94　圆截面坯料弯曲时截面形状的畸变

2. 宽板弯曲时的质量问题与控制措施

1）弯曲件的弹复

无论宽板弯曲还是窄板弯曲,弹复是影响产品质量的主要问题。本节重点讨论弯曲件的弹复及提高精度的措施。

塑性弯曲和任何一种塑性变形一样,在外载荷作用下坯料产生的变形由塑性变形和弹性变形两部分组成。当外载荷去除后,坯料的塑性变形保留下来,而弹性变形会完全消失,使其形状和尺寸都发生与加载时变形方向相反的变化,这种现象称弹复(又称回弹)。

一般情况下,弯曲件都是由变形区和非变形区组成。曲率发生变化的圆角部分是变形区,而直边部分是非变形区。弯曲变形区在加载过程中其内、外层的应力与应变的性质相反。卸载时这两部分弹复变形的方向也是相反的,所以它们引起弯曲件的形状和尺寸的变化十分显著,使弯曲件的几何精度受到损害,这常成为弯曲件生产中不易解决的一个质量问题。另外,在实际冲压条件下,为使变形区产生弯曲变形以获得所需的零件形状,通常是用模具进行压弯,因此,不可避免地也使非变形区产生一定的变形。卸载后,非变形区也同样会产生与加载时变形方向相反的弹复变形,引起弯曲件形状的变化。由上述可见,弯曲件的精度取决于两部分弹复的综合结果,所以要提高弯曲件的精度,除应研究变形区的弹复外,还必须分析非变形区的弹复及各种因素的影响。

图 7 - 95(c)和图 7 - 96(c)所示的残余应力,是由于弯曲过程中变形区内各层金属纤维在切向的变形不均匀(截面上存在较大的应变梯度),引起的附加应力卸载后残留在截面内而形成的。

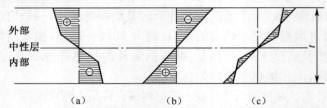

(a)   (b)   (c)

图 7 - 95　弹—塑性弯曲卸载过程中坯料截面内切向应力的变化[40]

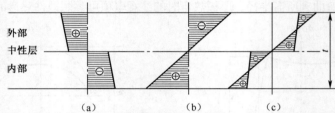

(a)   (b)   (c)

图 7 - 96　纯塑性弯曲卸载过程中坯料截面内切向应力的变化[40]

弯曲后卸载过程中的弹复现象,表现为弯曲件的曲率及角度的变化。如图 7 - 97 所示,用 ρ、α、r 分别表示弹复前中性层的曲率半径、弯曲角和弯曲坯料内表面的圆角半径。用 ρ'、α'、r' 分别表示弹复后中性层的曲率半径、弯曲角和弯曲坯料内表面的圆角半径。

在弯曲加载和卸载过程中,坯料变形区外表面金属所受的应力和产生的变形按图 7 - 98 所示的曲线变化。折线 OAB 表示加载过程,线段 BC 表示卸载过程。在卸载过程结束时,坯料外表面金属因弹复产生的弹性应变 ε_{sp} 值,可由图 7 - 98 中曲线的卸载部分所表示的应变之间的关系得到,其值为

$$\varepsilon_{sp} = \varepsilon_{be} - \varepsilon_{re} \qquad (7-9)$$

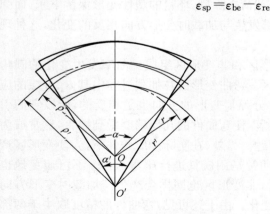

图 7 - 97　弯曲变形的弹复

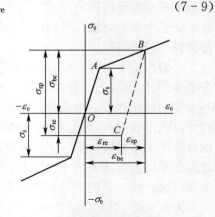

图 7 - 98　弹复时的应力与应变

338

式中：$\varepsilon_{be}=\dfrac{t}{2\rho}$ 为卸载前的总应变值；$\varepsilon_{sp}=\dfrac{Mt}{2EI}$ 为卸载过程中产生的弹性应变值；ε_{re} $=\dfrac{t}{2\rho'}$ 为卸载后的残余应变值。

将 ε_{sp}、ε_{be}、ε_{re} 之值代入式(7-9)，经整理后得

$$\frac{1}{\rho}-\frac{1}{\rho'}=\frac{M}{EI} \tag{7-10}$$

式(7-10)为卸载前后弯曲件中性层曲率半径间的关系。由式(7-10)可得到如下的实用形式：

$$\rho'=\frac{\rho EI}{EI-M\rho} \tag{7-11}$$

及

$$\rho=\frac{\rho'EI}{EI+M\rho'} \tag{7-12}$$

式中：E 为弹性模量；I 为弯曲坯料截面惯性矩；M 为卸载弯矩，其值等于加载时的弯矩。

用 $I=\dfrac{bt^3}{12}$、$M=W\sigma_{sp}=\dfrac{bt^2}{6}\sigma_{sp}$ 及 $\rho=r+\dfrac{t}{2}$、$\rho'=r'+\dfrac{t}{2}$ 代入式(7-11)和式(7-12)，经整理后可得卸载前后弯曲件内表面的圆角半径间的关系为

$$r=\frac{2r't(E-\sigma_{sp})-t^2\sigma_{sp}}{2Et+2\sigma_{sp}(2r't+t)} \tag{7-13}$$

$$r'=\frac{2rt(E+\sigma_{sp})+t^2\sigma_{sp}}{2Et-2\sigma_{sp}(2rt+t)} \tag{7-14}$$

式中：σ_{sp} 为卸载弯矩引起的卸载应力，其值可按下式计算：

$$\sigma_{sp}=m\sigma_s \tag{7-15}$$

式中：m 为相对弯矩，可由表7-9查得。

表 7-9 系数 m 值（矩形断面或板料）

材　料	r/t				
	100	50	25	10	5
10钢～15钢 1钢～2钢	≈1.6	≈1.75	1.7	2	2.45
20钢～25钢 3钢～4钢	≈1.6	≈1.75	1.75	2.1	2.6
30钢～35钢 5钢	≈1.6	≈1.75	1.8	2.2	2.8
40钢～45钢 6钢 15Cr、20Cr	≈1.6	≈1.8	1.85	2.35	3.5

为保证两个直边部分所构成的角度符合精度要求,除曲率弹复值外,还要进行角度弹复值的计算。

用 $\Delta\alpha$ 表示卸载过程中坯料两直边之间夹角的变化(图 7 - 97),即弹复角:

$$\Delta r = \alpha - \alpha' \tag{7-16}$$

根据卸料前后弯曲坯料中性层的长度不变的条件:$\rho\alpha = \rho'\alpha'$ 可以把式(7 - 16)改写成如下形式:

$$\Delta\alpha = \rho\alpha\left(\frac{1}{\rho} - \frac{1}{\rho'}\right)$$

将式(7 - 10)中 $\frac{1}{\rho} - \frac{1}{\rho'} = \frac{M}{EI}$ 代入上式得:

$$\Delta\alpha = \frac{M\rho}{EI}\alpha = \frac{M\rho'}{EI}\alpha' \tag{7-17}$$

将 M、E、ρ、ρ' 等值代入式(7 - 17)整理后得弹复角的计算式:

$$\Delta\alpha = \frac{\alpha\sigma_{sp}}{E}\left(2\frac{r}{t} + 1\right) = \frac{\alpha'\sigma_{sp}}{E}\left(2\frac{r'}{t} + 1\right) \tag{7-18}$$

在纯塑性弯曲时,可近似地认为 $\sigma_{sp} = \sigma_s + F\varepsilon_\theta$,所以式(7 - 18)还可写成下边的形式

$$\Delta\alpha = \left[\frac{\sigma_s}{E}\left(2\frac{r}{t} + 1\right) + \frac{F}{E}\right]\alpha = \left[\frac{\sigma_s}{E}\left(2\frac{r'}{t} + 1\right) + \frac{F}{E}\right]\alpha' \tag{7-19}$$

由于弯曲过程受很多因素的影响,因此,上述公式的计算结果不能直接用来作为设计和修正模具工作部分的依据。在实际生产中解决弯曲零件的弹复问题时,应根据上述公式所反映出的规律,针对不同弯曲方式的具体情况,对弯曲坯料的变形区和非变形区的影响进行综合研究。为了掌握弹复的规律,对弯曲件弹复值的各种实际影响因素及其影响规律做如下简要分析。

(1)材料的力学性能。材料的屈服极限 σ_s 越高,弹性模量 E 越小,加工硬化越严重(F 值和 n 值大),弯曲变形的弹复也越大,如图 7 - 99 所示。

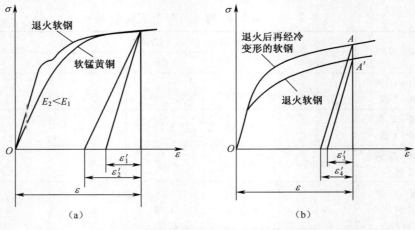

图 7 - 99   材料的力学性能对弹复值的影响

（2）相对弯曲半径 r/t。当相对弯曲半径 r/t 减小时，弯曲坯料外表面上的总切向变形程度增大，其中塑性变形和弹性变形成分也都同时增大，但在总变形中弹性变形所占的比例则相应地变小，因此，弹复也小。与此相反，当相对弯曲半径较大时，由于弹性变形在总变形中所占的比例增大，比值 $\Delta\alpha/\alpha$ 和曲率弹复值与曲率半径的比值 $\Delta\rho/\rho$ 也大，这就是曲率半径很大的零件不易弯曲成形的原因。

（3）弯曲角。弯曲角 α 越大，表示变形区的长度越大（参见图 7-97），弹复角也越大。但对曲率半径的弹复没有影响。

（4）弯曲力。在实际冲压生产中，多采用带一定校正成分的弯曲方法，设备给出的力也在一定程度上超过弯曲变形所需的力。这时弯曲变形区的应力状态和应变的性质都和纯弯曲有一定的差别，而且设备施加的力越大，这个差别也越显著。当校正力很大时，可能完全改变坯料变形区应力状态的性质，并使非变形区也转化为变形区。由于弯曲方法的不同和模具工作部分的结构形状不同，校正力大小对弯曲件精度的影响规律也不一样。

（5）摩擦。弯曲坯料表面和模具表面之间的摩擦可以改变弯曲坯料各部分的应力状态。一般可以认为摩擦可以增大变形区的拉应力，可使零件形状接近于模具形状。但是，拉弯时摩擦的影响是非常不利的。

（6）其他因素。材料性能的波动、板厚偏差都能造成弯曲件精度的波动。为了保证弯曲件精度，应对材料性能、板厚公差等提出严格的要求。

2）非变形区的变形与弹复

从形式上看，V 形弯曲件的外形十分简单，但在用图 7-100（a）所示的 V 形模压弯时，其变形过程却十分复杂。弯曲过程中坯料的受力点的位置在不断地变化。有时受力点的数目也发生变化，使坯料的圆角部分和直边部分都参与变形，使变形过程和卸载过程变得十分复杂。用 V 形模压弯时的变形过程和坯料受力点的变化决定于弯曲件的角度、凸模的圆角半径、凹模的开口宽度等因素。

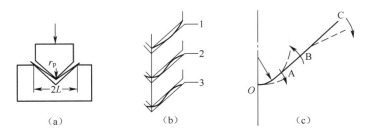

（a） （b） （c）

图 7-100 V 形弯曲过程及其弹复

V 形模弯曲过程如图 7-100（b）所示。支撑在凹模肩部的坯料，随着凸模的下降，支点从凹模的肩部移向凹模的 V 形斜面。以后坯料的端部翘离凹模，在与凸模斜面接触时被反向弯曲,随后再次与凹模斜面接触。如果这时把工件从模具中取出(卸载)时,工件的各部分分别产生与加载变形方向相反的弹复变形,如图 7 - 100(c)所示。靠近凸模端部的弯曲坯料变形区 OA 的弹复方向是使零件的两臂向外张开。非变形区 AB 与 BC 两部分的弹复方向分别使两臂向内闭合和向外张开。工件最终的形状取决于这三部分弹复值的大小。如果 OA 和 BC 两部分弹复值的和大于 AB 部分的弹复值,所得工件的角度大于模具的角度;如果 OA 与 BC 两部分弹复值的和小于 AB 部分的弹复值,所得工件的角度小于模具的角度;如果上述两个方向相反的弹复变形相等,工件角度与模具角度相同。当 r/t 比较大时,变形区 OA 的弹复值变大,因而往往使工件角度大于模具角度;反之,当 r/t 比较小时,变形区 OA 的弹复值变小,往往使工件角度小于模具角度。

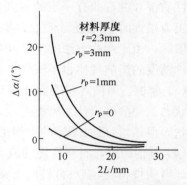

综上所述,V 形弯曲时,除材料的力学性能、相对弯曲半径、弯曲角等对弹复的影响规律与纯塑性弯曲时基本相似外,凹模肩部的开口宽度 2L,弯曲角以及凸模的圆角半径,弯由力等又从另一方面对弯曲件的精度产生影响(图 7 - 101~图 7 - 105)。图中的弹复角 Δα 为正值时,是工件角度大于模具角度值;弹复角 Δα 为负值时,是工件角度小于模具角度值。在生产中通常根据这个规律,利用选取适宜的凹模开口宽度 2L,凸模圆角半径 r_p 及弯曲力的方法,

图 7 - 101　凹模开口宽度对弹复的影响

来控制弯曲件两臂向内闭合和向外张开的弹复变形,使二者互相补偿以保证冲压件的精度。

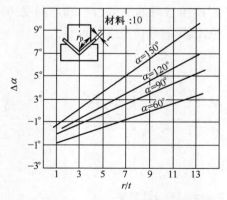

图 7 - 102　相对弯曲半径和弯曲角 α
对弹复的影响

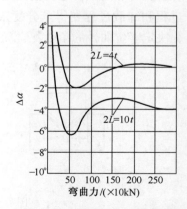

图 7 - 103　弯曲力对弹复的影响
(材料:不锈耐酸钢)

342

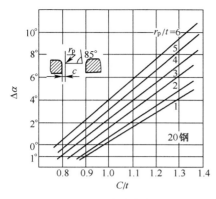

图 7－104　间隙对弹复的影响

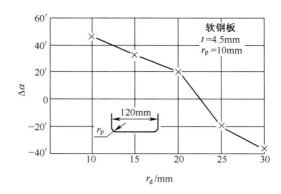

图 7－105　凹模圆角半径对弹复的影响

3）提高弯曲件精度的措施

根据坯料变形区在卸载过程中的弹复规律，不同弯曲方式下坯料各部分所产生的变形和弹复之间的相互关系，可以得出下面几种提高弯曲件精度的措施。

（1）利用弹复规律。

① 在接近纯弯曲（只受弯矩作用）条件下，可以根据弹复值计算公式的计算结果，对弯曲模工作部分的形状作必要的修正。

② 利用弯曲坯料不同部位弹复变形方向相反的特点，适当地调整各种影响因素（如模具的圆角半径、间隙、开口宽度、顶板的背压、校正力等），使相反方向的弹复变形相互补偿，如图 7－106 所示。

③ 利用橡胶或聚胺酯软凹模代替金属的刚性凹模进行弯曲（图 7－107），可以排除弯曲过程中坯料不变形区的变形与弹复，并用调节凸模压入软凹模深度的方法控制弯曲角度，使卸载弹复后所得零件的角度符合精度要求。

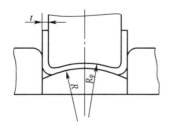

图 7－106　弧形凸模的修正作用

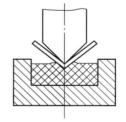

图 7－107　弹性凹模的单角弯曲

（2）改变应力状态来提高弯曲件精度。

①把弯曲凸模做成局部突起的形状（图 7－108），使凸模力集中作用在引起弹复变形的弯曲变形区，使该区由原来外侧受拉和内侧受压的应力状态，变为三向压应力状态。这样，从根本上改变了该区弹复变形的性质，从而可提高弯曲件的精度。

②用图 7－109 和图 7－110 所示的方法，在弯曲过程完成之后，用模具的突肩沿弯曲坯料的纵向加压，使弯曲变形区内横截面上的应力均为压应力。卸载时，坯

343

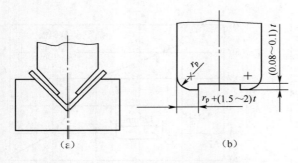
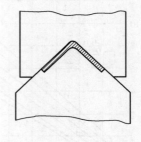

图 7 - 108 改变应力状态的弯曲方法   图 7 - 109 加纵向压力的单角弯曲

料的内层与外层均产生伸长的回复变形,于是弹复量显著减小。

   ③如图 7 - 111 所示的拉弯方法,主要用于长度和曲率半径都比较大的零件。这类零件用普通的方法弯曲时,由于弹复变形大而很难成形。常用的拉弯方法是在弯曲前先加一个轴向的拉力,(其数值)使坯料截面内的应力稍大于材料的屈服极限。然后在拉力作用的同时进行弯曲。有时为了提高精度,最后再加大拉力进行所谓的补拉。拉弯时坯料截面内的切向应力分布如图 7 - 112 所示。因为坯料的内、外侧均受拉应力作用,所以在卸载时它们弹复变形的方向一致,其结果使零件的形状只发生很小的变化(拉弯后零件形状仍有少量变化的原因是由于外侧的伸长应变稍大于内侧,内、外侧的回复量不等所致)。

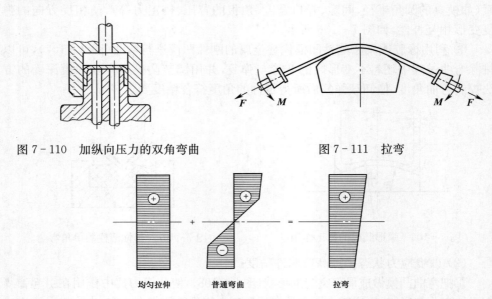

图 7 - 110 加纵向压力的双角弯曲   图 7 - 111 拉弯

均匀拉伸   普通弯曲   拉弯

图 7 - 112 拉弯时截面内切向应力的分布

   3) 弯曲件的翘曲

   由应力分析可知,宽板弯曲时变形区内横向应力 σ_s 在外侧区为拉应力($\sigma_z >$

0),在内侧区为压应力($\sigma_z<0$),这两个拉压相反的应力在横向形成一个力矩 M_z。它是板料在外加弯矩 M 作用下弯曲时,为了保持 z 轴的笔直状态所需的力矩。当外加弯矩 M 去除后,引起弹复的同时,在横向也引起与横向弯矩 M_z 相反方向的弯曲,即翘曲。如图 7-113 所示。

消除翘曲的措施:①从模具结构上采取措施。采用如图 7-114 所示的带侧板的 V 形弯曲模,在弯曲加工中,侧板可以阻止材料沿弯曲线向侧向流动,所以这种封闭弯曲可减小翘曲。另外还可在弯曲模上将翘曲量设计在与翘曲方向相反的方向上,如图 7-115 所示。②改变应力状态。其方法见图 7-107 和图 7-108(a)。

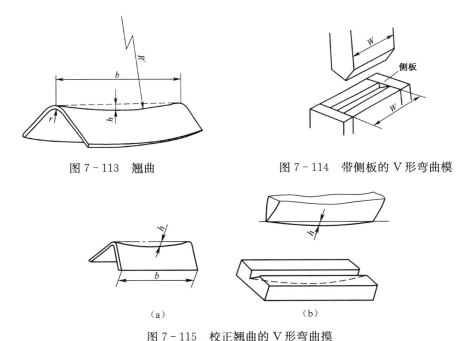

图 7-113　翘曲　　　　　　图 7-114　带侧板的 V 形弯曲模

（a）　　　　　　　　　（b）

图 7-115　校正翘曲的 V 形弯曲摸

7.10　胀形过程中的常见质量问题与控制措施

7.10.1　概述

胀形方法主要用于平板坯料的局部胀形(如压突起、凹坑、加强筋、花纹图案及标记等),圆柱形空心坯料的胀形(如扩径、波纹管等),管件的胀形,平板坯料的拉形等。曲面零件拉深时,在坯料的中间部分要产生胀形变形,在复杂形状零件的冲压过程中,为满足成形及精度的需要,往往要求产生足够程度的胀形变形。因此,胀形是塑性加工的一种基本形式。本节主要介绍平板板料的局部胀形及圆柱形空心毛坯的胀形。关于管件的胀形在本章第 7.13 节介绍。

1. 胀形的特点

胀形时坯料的塑性变形局限于一个固定的变形区范围内（如图 7 - 116 中直径为 d 的涂黑部分），材料既不从变形区向外转移，也不从外部进入变形区。胀形时坯料形状的变化主要是由于其表面积的局部增大而实现的。所以胀形时坯料厚度的变薄是不可避免的。胀形时变形区内金属在厚度方向所受的应力很小，可忽略不计，因此，变形区是处于两向受拉的应力状态，而

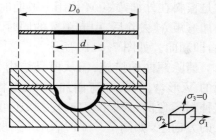

图 7 - 116　胀形变形区

且拉应力在厚度方向上分布比较均匀（靠近坯料内表面和外表面部位上的拉应力之差较小）。但是，两个应力的大小在变形区内各部位是不完全相同的，如用应力比值 $m=\sigma_2/\sigma_1$ 表征变形区内的应力情况，那么胀形区的应力应该处于 $0 \leqslant m \leqslant 1$ 的范围内。而且，不同的应力比值 x 分别对应着确定的应变比值 $\beta=\varepsilon_2/\varepsilon_1$（$m=1$ 时，$\beta=1$；$m=0.5$ 时，$\beta=0$；$m=0$ 时，$\beta=-0.5$）。在这样的受力情况下，卸载时的弹复很小，坯料的几何形状易于固定，容易得到尺寸精度较高的零件。

如前所述，胀形时坯料变形区的受力情况是双向受拉应力，显然胀形的主要质量问题是坯料由拉伸而引起的破裂。胀形的成形极限除与材料本身性能有关外，主要还决定于坯料在成形中所处的应力状态及其变形经历。在成形过程中，如果两个主应力的比值保持为常数，称这种变形过程为简单变形路径（或称简单加载）。如果应力比值在变形过程中发生变化，称这种变形过程为变路径（或称复合加载）。

如前所述，胀形变形过程中，虽然变形区内的应力状态为双向拉应力，但各部位的应力比值并不完全相同，因而反映出的极限变形能力也是不同的。另外，胀形时在变形区内变形分布也是不均匀的，而且不均匀程度又决定于模具工作部分的几何形状、零件的几何形状、材料性能、润滑条件等。因此，如何全面反映胀形过程极限变形情况，就涉及到成形极限如何表示的问题。

在生产中常采用的胀形变形工艺方法，其形式和叫法是很多的，而且，由于胀形加工零件的几何形状不同，胀形变形的极限有许多不同的表示方法，如极限胀形系数、胀形极限深度等。这些胀形极限参数的确定都是根据变形坯料在胀形过程中所产生的总体尺寸变化结果来确定和进行计算的。

显然这些表示成形极限的方法是相当近似的，并不能反映各部位的变形情况，更不能确切地反映危险部位的实际变形情况。尤其在复杂形状零件的胀形时采用这种方法是不合适的。因此，在复杂形状零件的胀形时，应采用如图 7 - 117 所示的成形极限图（简称 F.L.D）或称成形极限线（F.L.C），确定其成形极限。

2. 成形极限线(F.L.C)

成形极限线是表示材料在双向拉应力作用下成形时不同应力比值($m = \sigma_2/\sigma_1$)所能达到的极限变形程度的曲线(图 7-117)。这里 σ_1 是两个主应力中较大的一个。

由图 7-117 可见,成形极限曲线的高低与加载路径有关。在实际生产中的胀形工艺一般可以认为是简单加载。在以真实应变为坐标的成形极限图上,简单加载路径表现为由原点出发的一条直线(图 7-117)。

应用成形极限图可以判断胀形的成形极限,控制和改善胀形过程。例如应用测量应用的网格技术,测出胀形零件危险点的应变值,并将其值标在成形极限图上,如图 7-118 所示,如果该值落在临界区内(位置 A),说明极容易破裂,零件压制时废品率将很高;如果落在靠近临界曲线的地方(如位置 B 或 D),说明比较安全,但也有破裂的可能;如果落在远离临界曲线以下(位置 C),说明安全裕度大,若有需要,还可以提高该处的变形程度。

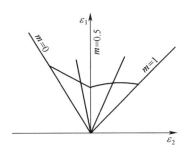

图 7-117　成形极限图

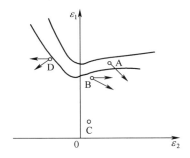

图 7-118　用成形极限图调整可控因素

应用成形极限图可以有目的地调整对胀形有影响的各种控制因素,使胀形过程合理化,生产中可供调整的因素有:模具圆角、坯料尺寸、润滑情况和压边力等。另外,可以通过控制加载路径和利用板材的性能方向性等来提高成形极限和冲压制品的成品率。

7.10.2　平板毛坯的局部胀形

平板毛坯的局部胀形如图 7-119 所示。当坯料外径 $D_0 > 3d$ 时成形,坯料的环形部分不能产生切向收缩变形,变形只发生在凸模端面作用的直径为 d 的圆面积之内,该区材料在双向拉应力作用下靠本身的局部变薄实现成形。在平板毛坯或零件上成形各种凹坑、突起和加强筋等(图 7-120)都是利用这种方法。

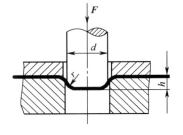

图 7-119　刚体冲头的局部胀形

在平板毛坯上进行局部胀形的极限深度,受材料的塑性,凸模的几何形状和润

347

滑等因素的影响。对简单几何形状的胀形,其成形极限可用胀形极限深度表示。用球形凸模($r=d/2$)对低碳钢和软铝进行胀形时极限深度约为$h=d/3$,而用平端面凸模胀形时极限深度见表7-10。对于压制具有圆滑过渡形状的加强筋时胀形极限深度$h \leqslant 0.3b$(图7-120)。

材料的塑性越好,即单向拉深细颈点的应变值ε_k越大($\varepsilon_k = n$),成形极限线越向右移,成形极限越高。另外,变形区变形越均匀,越能充分发挥各处的材料的变形能力,可使成形极限提高。因此,应尽可能加大凸、凹模圆角半径,并尽量减小摩擦。

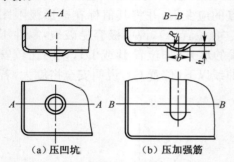

（a）压凹坑　　（b）压加强筋

图7-120　平板毛坯局部胀形的形式

表7-10　平板毛坯胀形深度

软钢	$h \leqslant (0.15 \sim 0.20)d$
铝	$h \leqslant (0.1 \sim 0.15)d$
黄铜	$h \leqslant (0.16 \sim 0.22)d$

假如零件要求的局部胀形深度超过极限值时可采用如图7-121所示的方法,第一道工序先用大直径的球形凸模胀形,使变形均匀达到较大的变形程度,再用第二道工序成形到所要求的尺寸。

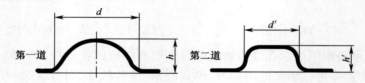

图7-121　深度较大的局部胀形法

用刚体凸模时,平板毛坯胀形力可按下式估算:

$$F = KLt\sigma_b \tag{7-20}$$

式中:L为胀形区周边的长度;t为板料的厚度;σ_b为板料的强度极限;K为考虑胀形程度大小的系数,一般取$K = 0.7 \sim 1$。

软模胀形时,即用液体、橡胶、聚氨酯或气体的压力代替刚性凸模的作用,所需的单位压力p可从胀形区内板料的平衡条件求得。球面形状零件胀形过程中所必需的压力p之值,可按下式作近似的计算(不考虑材料的硬化和厚度的变薄等因素):

$$p = \frac{2t}{R}\sigma_s \tag{7-21}$$

式中:σ_s为板料的屈服极限;R为球面零件的曲率半径;t为板料厚度。

348

对于长度很大的条形筋胀形时,所需的单位压力可按下式计算:

$$p = \frac{t}{R}\sigma_s \tag{7-22}$$

7.10.3 圆柱形空心毛坯的胀形

1. 分瓣刚性凸模胀形

圆柱形空心毛坯的胀形如图 7 - 122 所示。由于芯杆 2 锥面的作用,在冲床滑块向下压分瓣凸模 1 时使后者向外扩张,并使毛坯 3 产生直径增大的胀形变形。胀形结束后,分瓣凸模 1 在冲床气垫顶杆 4 的作用下回复到初始位置,以便取出成品零件。刚性凸模和坯料间的摩擦力较大,使材料的应力应变分布不均,因此,降低了胀形系数的极限值。

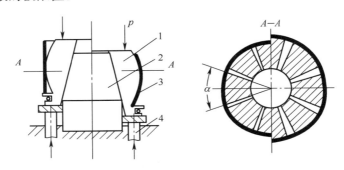

图 7 - 122 刚性凸模的胀形方法

摩擦力对于应力应变分布不均的影响,除了摩擦系数的大小外,主要决定于坯料与模具接触包角 α 的大小,也就是说决定于凸模的分瓣数量。如果凸模的瓣数为 N,则 $\alpha = 2\pi / N$。随着分瓣数量增多,应力的分布逐渐趋于均匀,精度也越好,但模具制造复杂,因此,生产实际中最多采用 8 块～12 块。这种胀形方法的缺点是很难保证较高精度,模具结构复杂,以及不便于加工形状复杂的零件等。

2. 软凸模胀形

用液体、气体或橡胶压力代替刚性的分瓣凸模的作用,称软模胀形,图 7 - 123即为用橡胶压力进行的软模胀形。软模胀形时坯料的变形比较均匀,容易保证零件的正确几何形状,也便于加工形状复杂的空心零件,所以在生产中应用比较广泛。例如波纹管、高压气瓶等都常用液体胀形或气体胀形方法。

软模胀形所需的单位压力,可由变形区内单元微体(图 7 - 123)的平衡条件求得。

当胀形毛坯两端固定,而且不产生轴向收缩时:

$$p = \left(\frac{t}{r} + \frac{t}{R}\right)\sigma_s \tag{7-23}$$

当胀形毛坯两端不固定,允许轴向自由收缩时,可近似地取为

$$p = \frac{t}{r}\sigma_s \tag{7-24}$$

式中:p 为胀形所需的单位压力;σ_s 为材料的屈服点,胀形的变形程度较大时,其数

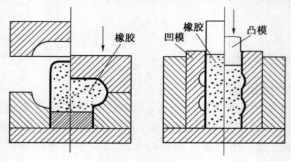

图 7 - 123　软模胀形

值应按材料的硬化曲线确定;t 为坯料的厚度;r 与 R 为胀形毛坯的曲率半径(图 7 -124)。

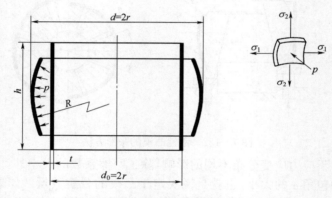

图 7 - 124　胀形时的应力

　　这类简单形状的胀形极限变形程度可以近似地用胀形系数 K 衡量,而且应保证伸长变形最大部位上的胀形系数之值符合下列关系:

$$K = \frac{r - r_0}{r_0} \leqslant 0.8\delta \qquad (7-25)$$

式中:δ 为材料的延伸率。当对胀形零件表面要求较高,不允许产生粗糙表面时,δ 应取为板材的均匀延伸率 δ_u。

7.11　拉深过程中的常见质量问题与控制措施

7.11.1　概述

　　拉深是利用模具使平面毛坯成形为开口的空心零件的塑性成形方法,如图 7 -125所示。

　　用拉深工艺可以制成筒形、阶梯形、锥形、球形、方盒形和其他不规则形状的薄

壁零件,如果与其他冲压成形工艺配合,还可能制造形状极为复杂的零件。因此,在汽车、飞机、拖拉机、电器、仪表、电子等工业部门以及日常生活用品的冲压生产当中,拉深工艺占据相当重要的地位。

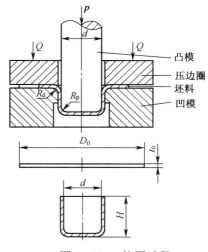

图 7-125 拉深过程

在冲压生产中拉深件的种类很多,由于其几何形状特点不同,虽然它们的冲压过程都叫做拉深,但是变形区的位置、变形的性质、变形的分布、毛坯各部位的应力状态和分布规律等都有相当大的,甚至是本质上的差别,所以确定工艺参数、工序数目与顺序,以及设计模具的原则和方法等都不一样。各种拉深件按变形力学的特点可以分为:圆筒形零件(指直臂旋转体)、曲面形状零件(指曲面旋转体)、盒形件(指直壁非旋转体)和非旋转体曲面形状零件等四种类型。

上述四类零件中,相对于圆筒形零件,盒形件的形状虽然复杂一些,在毛坯形状(包括中间道次的坯料形状)的确定上有其特点,另外,盒形件拉深变形沿变形区周边分布不均匀,但盒形件的拉深在变形性质上与圆筒形零件拉深相同,即毛坯变形区也是在径向受拉应力,切向受压应力作用下产生拉深变形($\varepsilon_1 > 0$,$\varepsilon_3 < 0$),与圆筒零件拉深相比,其最大的差别是直边区变形小,圆角区变形大。盒形件的成形极限高于圆筒形件的成形极限。故本节介绍除盒形件外的其他三类零件,而且主要介绍圆筒形件的拉深,另两类则主要介绍其拉深的成形特点。

拉深工序中的主要质量问题是拉裂和起皱。本节主要介绍各类零件拉深时的变形规律及质量控制问题。

7.11.2 圆筒形件的拉深

1. 变形特点

1) 应力应变分析

如图 7-126 所示,拉深过程中,坯料上存在 3 个部分。第一部分是凸模与坯料始终接触的底部 $OC'D'$ 部分,它承受着凸模的作用力,并将力传给筒壁,起着传力作用。在整个拉深过程中该部分基本上不产生或仅产生很小的塑性变形,故称为不变形区或弹性变形区。该部分在板面方向受双向拉应力作用,而垂直板面的力可忽略不计(图 7-127(a))。第二部分是筒壁部分 $C'D'E'F'$(图 7-127(b)),该部分是已经经历过而且结束了自己的塑性变形阶段的已变形区,它是由平板毛坯 $C_0D_0E_0F_0$ 部分转化而成。在后来的拉深过程中,这个已成形部分也是起力的传递作用,称它为传力区,它把冲头的作用力传到平面法兰部分 $A'B'E'F'$,并使其内

351

部产生足以引起拉深变形的径向拉应力 σ_1（图 7 - 127），该部分受单向拉应力作用。第三部分是法兰部分，塑性变形在这里发生，故称变形区。该区径向受拉应力，切向受压应力作用（图 7 - 127(c)）。

在变形区内取一宽度 $\mathrm{d}R$，所含角度为 Φ 的微元体（图 7 - 128）。其力的平衡方程式经整理后写成下式：

$$R\mathrm{d}\sigma_1+(\sigma_1+\sigma_3)\mathrm{d}R=0 \qquad (7-26)$$

变形区为异号应力状态，其屈服准则可写为

$$\sigma_1+\sigma_3=\beta\sigma_s$$

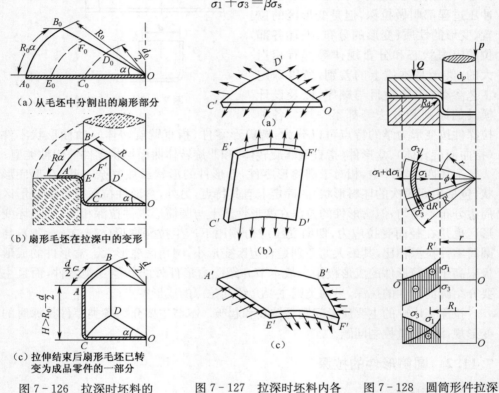

（a）从毛坯中分割出的扇形部分

（b）扇形毛坯在拉深中的变形

（c）拉伸结束后扇形毛坯已转变为成品零件的一部分

图 7 - 126　拉深时坯料的变形特点

图 7 - 127　拉深时坯料内各部分的应力

图 7 - 128　圆筒形件拉深时的应力分析

取 $\beta=1.1$，$\sigma_s=\sigma_{sm}$（研究瞬间变形区的平均变形抗力）。联立上两式求解得：

$$\sigma_1=1.1\sigma_{sm}\ln\frac{R'}{R} \qquad (7-27)$$

$$\sigma_3=1.1\sigma_{sm}\left(1-\ln\frac{R'}{R}\right) \qquad (7-28)$$

径向拉应力 σ_1 与切向压应力 σ_3 在变形区内的分布规律示于图 7 - 128。

拉深开始（即 $R'=R_0$）时，变形区在凹模口处（$R=r_1$）的径向拉应力 σ_1 达到最大值。由式（7 - 27）得：

$$\sigma_1 = 1.1\sigma_{sm}\ln\frac{R'}{R} = 1.1\sigma_{sm}\ln\frac{1}{m_1} \qquad (7-29)$$

将两应力在变形区内的分布规律以绝对值的形式示于图 7-128 中,二应力绝对值相等的交点位置 R_t 可由 $|\sigma_1| = |\sigma_3|$ 求得:

$$R_t = 0.61R'$$

直径为 $2R_t$ 的圆将变形区分成内外两部分。虽然这两部分都是处于径向受拉切向受压的应力状态,但由于两个应力值间的比例关系不同,其应变类型也不一样。$R > R_t$ 处(外部),$|\sigma_3| > |\sigma_1|$,$\sigma_2 = 0$,$\mu_\sigma > 0$。该处为压缩类应变,坯料切向缩短 ($\varepsilon_3 < 0$),径向和厚度方向伸长 ($\varepsilon_1 > 0$, $\varepsilon_2 > 0$),坯料增厚,$R = R_t$ 处(交点处),$|\sigma_3| = |\sigma_1|$,$\sigma_2 = 0$,$\mu_\sigma = 0$,该处为平面变形(纯剪 $\varepsilon_3 = -\varepsilon_1$,$\varepsilon_2 = 0$),板厚无变化;$R < R_t$ (内部),$|\sigma_3| < |\sigma_1|$,$\sigma_2 = 0$,$\mu_\sigma < 0$,该处为伸长类应变,坯料径向伸长 ($\varepsilon_1 > 0$),切向和厚度方向缩短 ($\varepsilon_3 < 0$, $\varepsilon_2 < 0$),板厚减薄。

应当指出,在法兰变形区内,拉深系数 $m > 0.61$ 时,仅存在压缩类应变区;当 $m < 0.61$ 时,同时存在压缩类应变区和伸长类应变区,但后者仅占较小的比例(在凹模圆角处坯料还受弯曲变形)。例如 $m = 0.5$ 时,伸长类应变区仅约占 20%。而且,随着拉深过程的进行,拉伸应变区逐渐减小,至 $r_1/R' = 0.61$ 时,该区完全消失。因此,拉深变形区的变形性质基本上属于压缩类应变。

根据对变形区的应变分析可知,变形一开始,凹模口处的坯料变薄最大,这部分变薄的金属通过凹模圆角时,经弯曲变形又一次减薄。在拉深开始它包向凸模圆角时,沿凸模圆角发生弯曲及胀形变形,使其厚度再度减薄,构成了拉深变形时传力区的最危险部位,通常称危险断面(底部圆角与直壁交界处)。拉深破坏就发生在这里,因此,该处的承载能力就决定了拉深变形成形极限的大小。

2) 传力区的承载能力

如前所述,筒壁传力区是已变形区,凸模通过它将外力传给法兰变形区,传力区受轴向拉应力。拉深过程中坯料各部分的受力关系如图 7-129 所示,根据对凹模圆角部分坯料的受力分析可写出传力区轴向拉应力 p 的表达式:

$$p = (\sigma_1 + \sigma_\mu)e^{\frac{\pi\mu}{2}} + \sigma_w = \left(\sigma_t + \frac{2\mu Q}{\pi d_1 t}\right)(1 + 1.6\mu) + \frac{\sigma_b}{2\frac{r_d}{t} + 1} \qquad (7-30)$$

式中:σ_1 为使拉深变形区产生塑性变形所必需的径向拉应力,其值决定于坯料的力学性能和拉深时的变形程度,见式(7-29);σ_μ 为克服由于压边力 Q 所引起的坯料与压边圈和凹模表面之间的摩擦阻力必须增加的拉应力,其值为 $\sigma_\mu = \frac{2\mu Q}{\pi d_1 t}$;$\sigma_w$ 为克服坯料沿凹模圆角运动所引起的弯曲阻力而必须增加的拉应力部分,其值可近似地取为 $\sigma_w = \frac{\sigma_b}{2r_d/t + 1}$;$e^{\frac{\pi\mu}{2}}$ 为考虑坯料沿凹模圆角滑动时产生的摩擦阻力系数;μ 为摩擦系;Q 为压边力;σ_b 为材料的强度极限。

由式(7-29)和式(7-30)可知,传力区轴向拉应力 p 决定于拉深系数、坯料的力学性能、模具几何参数、压边力、润滑等。当 $p<\sigma_b$ 时,拉深过程可以正常地进行,当 p 值过大时,传力区可能产生塑性变形或在危险断面处拉断。通常把 $p=\sigma_b$ 作为拉深时传力区所能承受的极限应力,并称 $\pi d_1 t\sigma_b$ 为传力区的承载能力。显然,当拉深力超过传力区承载能力时拉深将无法进行下去。

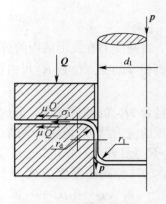

图7-129 拉深时坯料内各部分的受力关系

2. 拉深系数与拉深次数

1) 拉深系数

拉深系数是拉深后零件的直径 d 与拉深前毛坯直径 D_0 之比,即 $m=d/D_0$,它反映了毛坯外边缘在拉深后切向压缩变形的大小。因此,它是拉深工艺表示变形程度的参数。它的倒数称拉深程度,也称拉深比。表示为

$$K=\frac{1}{m}=\frac{D_0}{d} \tag{7-31}$$

对于第二道及以后各道拉深系数可用下边类似的方法表示:

$$m_n=\frac{d_n}{d_{n-1}} \tag{7-32}$$

式中:m_n 为第 n 道拉深工序的拉深系数;d_n 为第 n 道拉深工序后所得到的圆筒形零件的直径;d_{n-1} 为第 n 道工序所用的圆筒形毛坯直径。

在制订拉深工艺过程时,为了减少工序数目,通常采用尽可能小的拉深系数。但当拉深系数过小时,变形区内的径向拉应力 σ_1 就要增大,毛坯侧壁传力区的轴向拉应力 p 也增大,当它大到足以使其本身产生不允许的塑性变形甚至破坏时,使拉深变形成为不可能,因此,要保证拉深过程顺利地进行,必须保证变形区优先于传力区,满足屈服准则。在保证变形区优先塑性变形的条件下,所能采用的最小拉深系数称极限拉深系数。又称拉深时的成形极限,也用 m_1、m_2、……来表示(表7-11)。

表7-11 极限拉深系数值

拉伸系数	毛坯的相对厚度 $\frac{t}{D_0}\times100$					
	0.08~0.15	0.15~0.30	0.30~0.60	0.60~1.0	1.0~1.5	1.5~2.0
m_1	0.63	0.60	0.58	0.55	0.53	0.50
m_2	0.82	0.80	0.79	0.78	0.76	0.75
m_3	0.84	0.82	0.81	0.80	0.79	0.78
m_4	0.86	0.85	0.83	0.82	0.81	0.80
m_5	0.88	0.87	0.86	0.85	0.85	0.82

当零件的拉深系数 d/D_0 小于第一道极限拉深系数时,如果用一道拉深工序

由直径为 D_0 的毛坯直接拉深成直径为 d 的零件,由于最大拉深力超过了毛坯传力区的承载能力 $\pi d_1 t\sigma_b$($p_{max} > \pi d_1 t\sigma_b$),毛坯传力区的危险断面处就被拉断,因此,拉深将无法进行到底(图 7-130)。在这种情况下,必须进行两道或多道拉深。例如采用两道拉深时(图 7-131),每道拉深力都比一道拉深有所下降。而且第一道拉深所得半成品的直径 d_1 大于成品零件的直径 d,使第一道拉深工序毛坯侧壁传力区的承载能力提高到 $\pi d_1 t\sigma_b > \pi d t\sigma_b$。因此,一道工序不能拉深成功的零件可用两道工序拉深成形。如果两道工序拉深还不行,则应采用三道或四道,依此类推。

图 7-130 拉深时毛坯的断裂

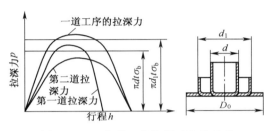

图 7-131 多道工序拉深时力的关系

2)拉深次数

由上述分析可知,当零件的拉深系数小于极限拉探系数,即 $m = \dfrac{d_n}{D_0} < m_1$ 时,需多道拉深成形。所需拉深次数可用下式进行计算:

$$n = \frac{\lg(d_n) - \lg(m_1 D_0)}{\lg m_n} + 1 \qquad (7-33)$$

式中:n 为拉深次数;d_n 为零件直径;m_n 为第一道以后各道极限拉深系数的平均值。

如得出的 n 值为带小数的值时,要进位取整数。例如 $n = 3.4$,取 $n = 4$。计算出拉深次数之后,应根据拉深系数逐渐增大的原则,合理分配拉深系数,即 $m_1 < m_2 < m_3 < \cdots < m_n$。然后根据 $m = m_1 \cdot m_2 \cdot m_3 \cdots \cdots m_n$ 核对并最后确定各次拉深系数 $m_1, m_2, m_3, \cdots, m_n$。最后得到各道工序数的半成品的直径 $d_1, d_2, \cdots, d_n$。

拉深次数还可用推算法确定。知道极限拉深系数后,就可以根据圆筒形零件的尺寸和平板毛坯的尺寸,从第一道拉深工序开始逐步地向后推算,即可求出所需的拉深工序和中间半成品的尺寸。

3. 拉深时的起皱与防止措施

在拉深过程中,假如毛坯的相对厚度 t/D_0 较小,则毛坯变形区很可能在切向压应力 σ_3 的作用下产生失稳起皱现象(图 7-132)。毛坯严重起皱后由于不能通过凸模与凹模之间的间隙而被拉断,造成废品。轻微的起皱可能勉强地通过,但也会在零件侧

图 7-132 拉深时坯料的起皱现象

壁上遗留下起皱的痕迹而影响零件的表面质量。因此,通常拉深过程中的起皱现象是不允许的,必须设法防止。

1) 起皱的原因

引起圆筒形件拉深过程失稳起皱的必要而充分的条件:①力学条件,即压应力存在;②几何条件,即几何刚度小,如相对厚度 t/D_0 较小,抗失稳的能力差。拉深工艺中,拉深系数实质上反映了力学条件,拉深系数小时,切向压应力的绝对值大。另外,拉深系数越小,拉深变形程度越大,变形区金属的硬化程度也越高,切向压应力的绝对值也相应增大。当相对厚度较小时,其几何刚度也小,抗失稳能力低。上述两个因素综合作用的结果,使变形区起皱的趋势增强。当两个因素达到一定程度,就会引起变形区的失稳起皱。反之,如果拉深系数和相对厚度较大时,变形区起皱的可能性就减小。另外,拉深系数虽然较小但相对厚度很大,或者相对厚度虽然较小,但拉深系数较大,都不一定引起变形区的失稳起皱。

准确地判断毛坯是否起皱是相当复杂的问题,在实际冲压生产中常用下边的公式做概略估计。

用普通平端面凹模拉深时,不致起皱的条件:

$$\frac{t}{D_0} \geqslant (0.09 \sim 0.17)(1-m) \qquad (7-34)$$

或 $$\frac{t}{d} \geqslant (0.09 \sim 0.17)(K-1) \qquad (7-35)$$

用锥形凹模拉深时(图7-133),不致起皱的条件:

$$\frac{t}{D_0} \geqslant 0.03(1-m) \qquad (7-36)$$

或 $$\frac{t}{d} \geqslant 0.03(K-1) \qquad (7-37)$$

式中:t 为毛坯厚度;d 为拉深件直径;D_0 为毛坯直径;$m=d/D_0$ 为拉深系数;$K=D_0/d$ 为拉深程度。

由式(7-34)~式(7-37)也可看出,它们也反映了两个必要充分的条件。式中左端是几何条件 t/D_0,右端是力学条件。当拉深系数越小,相对厚度越小时,式(7-34)~式(7-37)均不易满足,即容易失稳起皱。

2) 防止起皱的措施

研究起皱条件的目的在于如何防止起皱。了解了起皱的必要条件之后,要想防止起皱只要消除二条件之一或者尽力减小某一条件使其小到不致起皱的程度,即可防止起皱现象的产生,保证拉深过程的顺利进行。

假如消除力学条件,消除或减小切向压应力的绝对值 $|\sigma_3|$,使它小到不至引起失稳起皱的程度。但是为了保证变形区塑性变形,必须满足塑性条件($\sigma_1 - \sigma_3 = \beta\sigma_s$),显然要减小 $|\sigma_3|$,则势必加大径向拉应力 σ_1,传力区的轴向拉应力 p 也要增加,这样就有可能导致传力区危险断面的破裂,故此法不是上策。为了防止起皱,

设想增加变形区抗失稳的能力,消除或改变起皱的几何条件。基于这种想法,在实际生产中常用的防止起皱的方法有如下几种。

(1) 采用锥形凹模(图7-133)。与普通的平端面凹模相比,采用锥形凹模拉深时,允许用相对厚度较小的坯料而不致起皱。用锥形凹模拉深时,坯料的过渡形状如图7-133所示,这时变形区呈曲面形状,这种形状比平面形状抗失稳能力强,不易起皱。另外,这时切应力在板厚方向有一个应力分量(压应力),使坯料压紧在模面上,也使变形区不易起皱。当然如果拉深系数及相对厚度都较小,致使式(7-36)或式(7-37)不能成立时,采用防皱压边装置。

(2) 双动冲床用的刚性压边装置。工作原理如图7-134所示。拉深凸模固定在外滑块上。刚性压边圈的合理压边,是靠调整压边圈与凹模平面间的间隙 c 来保证的(图7-135(a))。由于变形区的坯料在拉深过程中要增厚,所以一般使间隙 c 略大于坯料厚度。

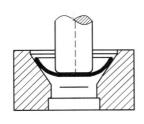

图7-133 锥形拉深凹模

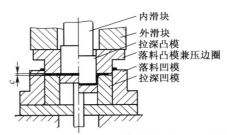

内滑块
外滑块
拉深凸模
落料凸模兼压边圈
落料凹模
拉深凹模

图7-134 双动冲床用拉深刚性压边原理图

刚性压边圈的结构形式主要有如图7-135(a)、(b)所示的两种。图7-135(a)是压料面为平面的普通结构形式,这一种结构简单、加工方便,使用较为广泛。由于坯料厚度有一定的公差,当拉深较薄的坯料时,使用平面压边圈,坯料边缘仍有起皱的可能。为了克服这一弊病,把压料面做成带一定角度的锥面,即是图7-135(b)所示的锥形结构形式的压边圈。锥面角度的大小要符合坯料在拉深过程增厚的规律。这种结构的压边圈能简化模具的调整工作,但是加工比较困难,因此,应用还不广泛。

(3) 单动冲床上用的弹性压边装置(图7-136)。弹性压边装置有以弹簧或橡皮作用的弹顶器(图7-136)和借助压缩空气作用或空气液压联动作用的气垫。压边圈的压边力,应在保证坯料的法兰部分(变形区)不致起皱的前提下选取尽量小的数值。可用下式求出压边力 Q 值。

$$Q = \frac{\pi}{4}(D_0^2 - d^2)q \tag{7-38}$$

式中:Q 为压边力;D_0 为坯料直径;d 为拉深的零件直径;q 为单位压边力,其值取决于板材的力学性能(σ_b、σ_s)、拉深系数、相对厚度以及润滑等。对于圆筒形件的拉深可参照表7-12选取。

357

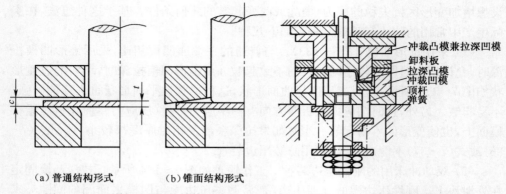

（a）普通结构形式　　　　（b）锥面结构形式

图 7-135　刚性压边圈的结构形式

图 7-136　单动冲床用拉深模
弹性压边原理图

表 7-12　圆筒形零件拉深时的防皱单位压力之值

材料	单位压边力/MPa	材料	单位压边力/MPa
铝	0.8～1.2	深拉伸用钢：厚度大于 0.5mm	2.0～2.5
钢	1.2～1.8	厚度小于 0.5mm	2.5～3.0
黄铜	1.5～2.0	不锈钢	3.0～4.5

4. 提高成形极限的方法

1）影响成形极限的因素

拉深工艺中极限拉深系数是表示其成形极限的重要参数，如能使它尽可能地减小，拉深变形的效率就越高，就有可能减少拉深工序的数目。因此，如何提高拉深工序的成形极限，也就是如何减小极限拉深系数，是改善和强化拉深过程的重要课题。

极限拉深系数决定于板材的内部组织和力学性能、毛坯的相对厚度 t/D、冲模工作部分的圆角半径与间隙、冲模的类型、拉深速度、润滑等。

通常，板材的塑性好、组织均匀、晶粒大小适当、屈强比小、板平面方向性小而板厚方向性系数 r 值大时，板材的拉深性能好，可以采用较小的极限拉深系数。毛坯的相对厚度小时，容易起皱，而且防皱压边力引起的摩擦阻力相对地增加，因此，极限拉深系数也大。凸模圆角半径过小时，毛坯筒部与底部的过渡区的弯曲变形加大，使危险断面的强度进一步削弱，将对拉深系数有不利的影响。凹模圆角半径过小时，毛坯沿凹模圆角滑动的阻力增加，因而毛坯侧壁内的轴向拉应力也相应地增大，其结果同样是提高了极限拉深系数的数值。因此，可以得出结论：凡是能减小侧壁传力区轴向拉应力及提高危险断面强度的因素，均使极限拉深系数减小。

2）提高成形极限的方法

根据上述分析，改善拉深过程提高成形极限的主要途径：①尽力提高传力区危险截面的承载能力；②尽力降低传力区的轴向拉应力。实际生产中常用的提高成

358

形极限的拉深方法为降低传力区轴向拉应力的方法,有如下几种。

(1)软凹模拉深。用液体或橡胶的压力代替刚体凹模的作用,也可以进行拉深(图7-137)。在进行拉深变形时,高压液体将毛坯紧紧地压在凸模的侧表面上,增大了毛坯的传力区——侧壁与凸模表面的摩擦力,减轻了毛坯侧壁内的拉应力。另外,在软凹模拉深时,也使毛坯与凹模的摩擦损失有相当程度的降低,进一步降低了传力区的轴向拉应力,因此,极限拉深系数比普通拉深时小得多,通常可达0.4～0.45。

充液拉深是软凹模拉深的另一特殊形式(图7-138)。拉深前,在凹模内充满水或润滑油。在拉深时,凸模下降并压入凹模时,在凹模腔内形成高压。高压液体将毛坯紧紧地压在凸模表面上,造成对拉深变形有利的摩擦。同时液体通过毛坯外表面与凹模之间的空隙排出,使毛坯与凹模表面脱离接触,创造了一个极好的压力下实现强制润滑的条件,从而降低了毛坯与凹模之间的有害摩擦,因此,大大降低了传力区的轴向拉应力。可以有效地降低极限拉深系数,通常可达0.35～0.4左右。

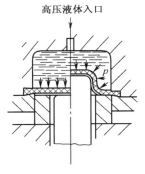

图7-137 软凹模拉深

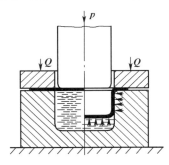

图7-138 充液拉深

(2)局部加热变形区的差温拉深。局部加热拉深法,如图7-139所示。在拉深过程进行当中使压边圈和凹模之间的坯料变形区加热到一定的温度,降低其变形抗力,因而大大降低了传力区的轴向拉应力。同时在凹模圆角部分和凸模内通水冷却,保持坯料传力区的强度不降低。用这种方法可以使极限拉深系数降低到0.3～0.5左右,即用一道工序可以代替普通拉深方法的2～3道工序。在各种高度大的盒形零件的拉深时,局部加热法的效果更为显著。由于加热温度受到模具钢耐热能力的限制,所以,目前这个方法主要用于铝、镁、钛等轻合金零件的冲压加工,对钢板应用的不多。

在局部加热拉深时,毛坯的加热温度决定于材料的种类,对于铝合金可以取310℃～340℃,对黄铜(H62)可取480℃～500℃;对于镁合金可取300℃～350℃。

(3)加径向压力的拉深方法。加径向压力的拉深方法,如图7-140所示。在拉深凸模对坯料作用的同时,由高压液体在坯料变形区的四周施加径向压力的结果,使变形区的应力状态发生变化,并使径向拉应力的数值减小。在变形区的外边缘则是三向受压的应力状态。由于径向压力的作用,坯料变形区产生变形所需的径向拉应力下降,降低了传力区的轴向拉应力,所以极限变形程度可以提高。另外,高压液体由坯料与模具接触面之间的泄漏也形成了良好的强制润滑作用,其结果也有利于拉深过程的进行。用这种方法进行拉深时,极限拉深系数可以降低到0.35 以下。高压液体可以由高压容器供给或在模具内由压力机的作用形成。后一种方法可能得到几千大气压的径向压力。

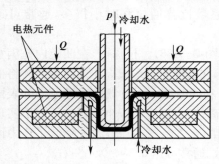

图 7-139　局部加热拉深法

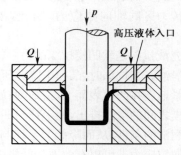

图 7-140　加径向压力的拉深法

(4) 带锥形压边圈的拉深(图 7-141)。压边圈先使平板毛坯的法兰变形区变成锥形,并压紧在凹模的锥面上,随后由拉深凸模完成拉深工作,用压边圈成形锥形的过程相当于完成了一道无压边的锥形件拉深工序。另外,由于采用锥形压边,凹模圆角处的包容角,由平端面凹模的 $\beta = \frac{\pi}{2}$ 减小为 $\beta = \frac{\pi}{2} - \alpha$。因而坯料滑过凹模圆角时的摩擦阻力系数也由 $e^{\mu \frac{\pi}{2}}$ 减小为 $e^{\mu(\frac{\pi}{2} - \alpha)}$。使传力区拉应力随之减小。所以采用这种结构可使极限拉深系数降低到很小数值,甚至能达到 0.35。显然,锥形压边圈的这种作用决定于角度的大小,α 越大其作用越明显。

当坯料相对厚度较小时,用过大的 α 角可能引起起皱,因此,对于厚度很薄的零件成形时,不宜用此法。

(5) 局部冷却拉深法。如图 7-142 所示,在拉深过程进行时,坯料的传力区和处于低温的凸模接触,并且被冷却到 -160℃～-170℃。在这样低的温度下低碳钢的强度可能提高到 2 倍,而 18-8 型不锈钢的强度能提高到 2.3 倍。由于坯料的底部与侧壁的冷却和强度的提高,使传力区的承载能力得到很大的加强,所以极限拉深系数可以显著地降低,并达到 0.35 左右。

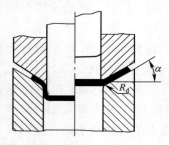

图 7-141　刚性锥形压边圈的拉深工作原理

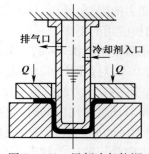

图 7-142　局部冷却拉深

常采用的深冷方法,是在空心凸模内添加液态氮或液态空气,其气化温度是
-183℃～-195℃。目前,局部冷却拉深法的应用受到生产率不高和冷却方法麻
烦等缺点的限制,在生产中的应用还很不普遍,主要用于不锈钢、耐热钢等特种金
属或形状复杂而高度大的盒形零件。

7.11.3 复杂形状零件的拉深

1. 旋转体曲面形状零件拉深的特点

旋转体曲面形状的拉深件包括球形零件、锥形零件、抛物面形状零件和其他复
杂形状的曲面零件等。这种类型零件拉深时,变形区的位置、受力情况、变形特点、
成形的机理等都与圆筒形零件不同,所以在拉深过程中出现的各种问题和解决这
些问题的方法,都与圆筒形零件有本质的差别。例如对于这类零件就不能像圆筒
形零件那样简单地用拉深系数去衡量和判断成形的难易程度,也不能用来作为模
具设计和工艺过程设计的根据。为了便于说明曲面零件拉深的各种问题,下边我
们先对球形零件的拉深变形进行分析。当然,通过这样分析得到的认识,也适用于
其他类型曲面零件的拉深。

在圆筒形零件拉深时,毛坯的变形区仅仅局限于压边圈下环形部分,即宽度为
AB 的环形部分(图 7-143),而在球形零件成形时,为使平面形状的毛坯变成为成
品零件的球面形状,不仅要求毛坯的环形部分产生与圆筒形零件拉深时相同的变
形,而且还要求毛坯的中间部分,即半径为 OB 的圆形部分也应成为变形区,由平
面变成曲面。所以在曲面形状零件拉深时,毛坯的法兰部分与中间部分都是变形
区,而且在很多情况下中间部分反而是主要变形区。

毛坯法兰边部分的应力状态和变形特点与圆筒形拉深件相同,而中间部分的
受力情况和变形情况却比较复杂。在冲头力的作用下,位于冲头顶点附近的金属
处于双向受拉的应力状态(图 7-143),纬向拉应力的数值,随与顶点 O 的距离加
大而减小,而在超过一定界限以后,变成为压应力。

在变形前的平板毛坯上某点 D,在成形后应与冲头的表面贴合并占据 D_1 点位
置。假如毛坯的厚度不发生变化,由于成形前后毛坯的面积相等,D 点应该于 D_1
点贴模。因为 $d_1 < d_0$,所以这时 D 点的金属必须产生一定的纬向压缩变形。这种
变形的性质与圆筒形零件拉深时变形区的一向受拉和另一向受压的变形特点是完
全相同的,我们把它叫做曲面零件第一种成形机理(拉深变形)。但是,由于在成形
的初始阶段,曲面冲头与毛坯的接触面积很小,在毛坯内为实现第一种成形机理所
必需的径向拉应力 σ_1 已经足以使毛坯的中心附近的板料,在两向拉应力的作用下
产生厚度变薄的胀形,并使这部分板料与冲头的顶端靠紧贴模。毛坯厚度的减薄
必定引起其表面积的增大,于是 D 点的贴模位置外移至 D_2,其直径为 $d_2 > d_1$。由
此可知,由于毛坯中心部分的胀形结果,致使 D 点的纬向压缩变形得到一定程度
的减小,其值由 $\dfrac{\pi d_0 - \pi d_1}{\pi d_0}$ 降低为 $\dfrac{\pi d_0 - \pi d_2}{\pi d_0}$。当毛坯中心部分的胀形变形足够大

时,可以使 D 点金属本身在完全不产生纬向压缩变形的情况下于 D_3 点贴模,这时 D 点的贴模完全是由于毛坯中间部分(D 点以内的部分)胀形的结果,我们把它叫做曲面零件第二种成形机理(胀形)。

由此可以得出一个重要结论:曲面零件成形是拉深和胀形两种变形方式的复合。

在成形毛坯内经向应力的分布如图(7-144(a))所示。直径为 $D_{分界}$ 的应力分界圆把毛坯的中间部分划分为两个不同的变形区,在分界圆上纬向应力为零。在分界圆内的毛坯处于两向受拉的应力状态,其成形机理为胀形;在分界圆外的毛坯金属处于一向受拉和另一向受压的应力状态,其成形机理为拉深变形。

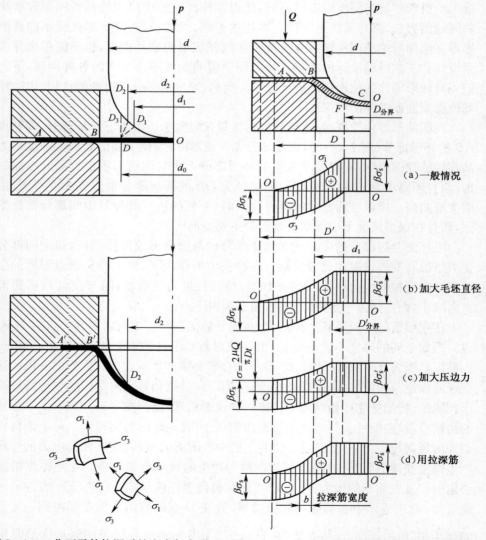

图 7-143　曲面零件拉深时的应力与变形　　图 7-144　各种防皱措施对毛坯内应力的影响

362

分界圆以外这部分毛坯(图7-144中BF部分),处于不与模具表面接触的悬空状态,所以抗失稳的能力较差,在纬向压应力的作用下很容易起皱。这常成为曲面零件拉深时必须解决的主要问题。

防止曲面零件拉深时毛坯的中间部分起皱的方法,从原理上和圆筒形零件拉深时有很大的差别。加大毛坯的直径,加大压边力和采用拉深筋形式的模具都能防止毛坯中间部分的起皱现象。图7-144(a)是用普通方法拉深时毛坯内经向应力和纬向应力的分布。图中没有表示出分界圆内纬向拉应力的变化,在分界圆周上(F点)纬向应力为零,在毛坯中心点O上纬向拉应力与经向拉应力相同,而且都应为$\beta\sigma_s'$(实际上的σ_s是因各点上变形大小而异的变值)。

加大毛坯的直径,由D增加到D',毛坯内部应力的分布发生了变化(图7-144(b))。分界圆直径由$D_{分界}$增大到$D'_{分界}$,也就是增大了胀形区,使毛坯中间部分受纬向压应力作用的宽度减小了,同时也降低了纬向压应力的数值,从而起到了防止起皱的作用。增大压边力Q(图7-144(c))和采用带拉深筋的凹模(图7-144(d))都使毛坯中间部分的内应力发生类似的变化,也能起到防止起皱的作用。

上述3种防止毛坯中间部分起皱方法(图7-144(b)、(c)、(d))的共同特点,都是用增大毛坯法兰边的变形阻力和摩擦阻力的方法,提高了经向拉应力的数值,而且增大了毛坯中间部分的胀形部分。

2. 非旋转体曲面形状零件拉深的特点

形状不规则的曲面零件的种类很多,但其共同的变形特点可以归纳为既有曲面形状零件的内部胀形和外周拉深的复合变形特点,也有变形沿变形区周边分布不均匀的特点。因此,对曲面形状零件和盒形件拉深成形的分析方法,都基本上可以用于非旋转体曲面形状零件的成形,但是必须综合地考虑这几方面因素的相互关系和影响,并根据零件几何形状的特点予以灵活地运用。此外,这种类型零件的成形过程中也存在着另外一些特殊性的问题,需要采取另外一些措施。

图7-145所示的非旋转体曲面形状零件的深度较大,需要同时进行毛坯中间

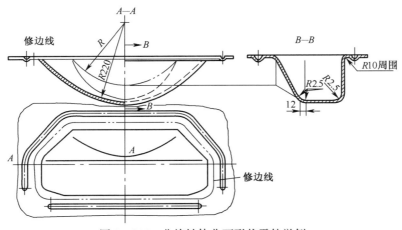

图7-145 非旋转体曲面形状零件举例

部分的胀形和四周法兰边向里收缩的拉深变形才可能冲压成功。因为沿毛坯周边产生的拉深变形大小不同,直边部分的拉深变形小,所需的径向拉应力也小,而圆弧部分(或曲线部分)的拉深变形较大,所需的径向拉应力也大,所以在整个周边上,毛坯侧壁内的拉应力大小不同,其差别可能达到相当大的数值。另外,在曲面零件成形时要求毛坯中间部分必需产生一定量的胀形成分,才可能保证冲压过程的顺利进行。为使毛坯的中间部分产生胀形的必要条件是,作用于毛坯断面内的径向拉应力足够大。由于径向拉应力沿毛坯周边的分布是不均匀的,在拉深变形小,因而径向拉应力也小的直边部分,径向拉应力的数值不足以引起毛坯中间部分产生足够的胀形变形,所以在切向压应力的作用下就可能起皱,破坏了进行正常成形的条件。因此,在这种类型零件拉深时,必须采取有效的措施,使沿毛坯全部周边都产生接近均匀而数量又足以引起毛坯的中间部分在各个方向上都产生比较均匀的、足够大的胀形所需要的径向拉应力。这样一来单靠调整毛坯的尺寸或使压边力沿毛坯周边的分布不均以达到产生均匀的径向拉应力的方法,是难以实现的,或者是不经济的。在这种情况下,一般采用如图 7-146 所示的带拉深筋的冲模。

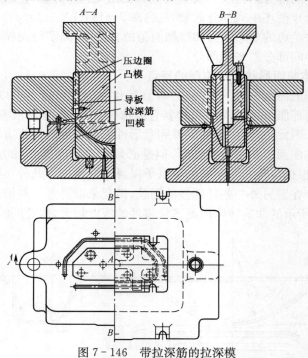

图 7-146　带拉深筋的拉深模

在拉深开始之前,在冲床外滑块的作用下毛坯的周边首先被拉深筋压弯成形。随后,在冲床内滑块的作用下,毛坯的周边产生拉深变形并向凹模里收缩时,板料不断地沿拉深筋表面滑动的过程中产生的摩擦阻力和弯曲变形阻力,都使毛坯断面内的径向拉应力的数值加大,改变拉深筋的数目、高度和圆角半径,都可以达到调整径向拉应力的目的。这种调整径向拉应力的方法是十分方便的,而且调整的

364

范围也比较大,所以在生产中应用十分广泛。

7.12 旋压过程中的常见质量问题与控制措施

7.12.1 概述

金属旋压是将金属板坯或筒坯卡紧在旋压机床上并使其旋转,同时用旋轮或擀棒紧压其表面逐次施加压力,使其产生局部塑性变形,最后成形出各种形状的空心旋转体零件。

1. 旋压工艺的分类

旋压的变形过程比较复杂,成形方式较多,但一般可以根据板厚(壁厚)变化情况分为两大类:①普通旋压,简称普旋。其旋压过程中板厚基本保持不变,旋压成形主要依靠坯料圆周方向与半径方向上的变形来实现。其重要特征是在普旋过程中可以明显看到坯料外径的变化。②变薄旋压,或称强力旋压(简称强旋)。其旋压成形主要依靠板厚(壁厚)减薄来实现。旋压过程中坯料外径基本不变。这是变薄旋压的主要特征之一。

除了按变形特点进行分类外,还可以根据加热与否,也可以根据制品形状、材料种类等加以区分,参见表 7-13。主要的旋压成形件种类见图 7-147。

表 7-13 旋压工艺按变形特点的分类

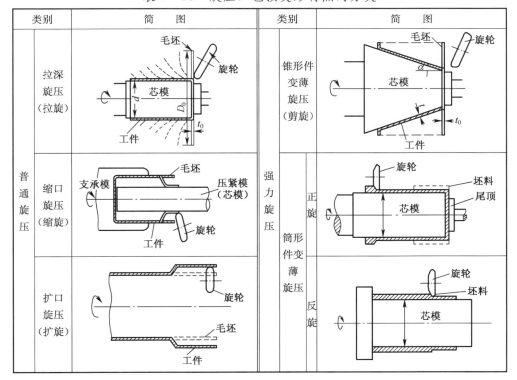

365

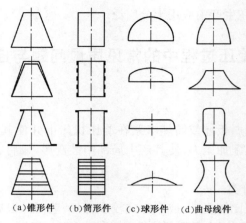

(a)锥形件　(b)筒形件　(c)球形件　(d)曲母线件

图 7-147　主要的旋压成形件种类

目前可旋压成形的材料种类有:可旋压成形的材料种类越来越多,例如铝、紫铜、黄铜、钢、合金钢、不锈钢、高强度钢以及钛、锆、钨、钼、镍、铌等,且应用范围越来越广。其中一些难变形材料需要热旋。常用的热旋温度见表 7-14。

表 7-14　常见难变形材料的热旋温度

材料	热旋温度/℃	材料	热旋温度/℃
钨合金	760～1316	钛合金	600～800
铌合金	343～621(未保护时最高 428)	钽合金	482～648(未保护时最高 482)
钼合金	482～848.8	铝合金	100～350

此外,根据旋轮的数量及分布方式不同,旋压工艺可分为单旋轮旋压、双旋轮旋压、三旋轮旋压等方式。同时,为了提高旋压件的精度,相继出现了一些旋压成形新工艺,如附加拉应力旋压、内旋压、同步旋压、错距旋压(见实例 20)和滚珠旋压等工艺。

2. 旋压工艺的技术特点

近年来旋压技术得到了迅速发展与广泛应用这是由于旋压工艺具有许多独特的优点,主要是:

(1)制品范围广。旋压可成形出球形、圆筒形、锥形、杯形、曲母线形及变截面带台阶的薄壁回转体零件。

(2)与冷冲压、挤压相比较,加工过程的区别在于:强旋时变形是沿圆周方向逐点进行的,而冷冲压、挤压时是沿工件外形的整个截面进行的。因此,冷冲压、挤压时所需的变形力和零件径向截面的面积成正比,所需变形力很大,并常局限于有色金属及软钢零件,而强旋则不受此限制。

(3)与锻、铸毛坯的机械加工工件相比较:旋压工艺作为一种无切削加工技术,可以大幅度提高材料利用率,有时节省材料消耗达 80%以上;旋压后可获得较低的内、外表面粗糙度和较高的尺寸精度,因而可减少镗、磨等工序。

（4）与板材毛坯弯曲焊接成形相比较：旋压工艺使加工工时大为减少，可节省焊前准备、焊后打磨、焊缝检查等许多工序，可获得不带焊缝的整体零件，同时可避免焊缝引起的缺陷。

（5）与板材深拉深相比较：旋压时工艺装备可大为简化，一些原来需六七次拉深的零件可一次旋出，对于用高强度材料制造的直径在 1m 以上、高深比在 3 以上的复杂零件，有时根本不可能用拉深法制造，但却很方便地用旋压方法制造出来，且模具工装较为简单。

当然，与任何其他工艺方法一样，旋压工艺也有其一定的局限性，主要表现如下两个方面：

（1）工件的旋压段必需是薄壁空心回转体，普旋时壁厚精度较难控制，且要求旋压操作工具有熟练的技能，而强旋时则要求毛坯具有一定的可旋性，同时需采用具有一定复杂程度的专用旋压机。

（2）对产品的批量有一定的限制。由于工序调整时间较长，故该方法加工零件的生产成本在单件试制时就不如小批和中批生产有利，但批量过大时，对于可拉深成形的工件采用拉深方法将更经济。

7.12.2 影响旋压过程成形质量的工艺因素及控制措施

1. 拉深旋压

图 7-148 是拉深旋压过程的原理图，用直径为 D_0、板厚为 t_0 的板坯旋制出内径为 d 的圆筒形零件。拉深旋压是以径向拉深为主，使毛坯直径减小的成形工艺，它的成形过程与拉深成形相似，但不用冲头而用芯模，不用凹模而用旋轮。在拉深旋压过程中，坯料的壁厚基本不发生变化或变化很小，毛坯在旋轮的作用下外径逐渐减小并逐步贴模，最终成形出所需要的零件形状。

在拉深旋压过程中，可用拉深系数来表示旋压时各道次直径的变化，类似于板材拉深，表示如下：

$$m = \frac{D_0}{d}$$

式中：D_0 为旋前坯料直径；d 为旋压后坯料直径。

拉深系数 m 也反映了板材拉深旋压时的可旋性，若零件的直径小于板料极限拉深系数所能达到的值，则需进行多道次旋压才能成形。

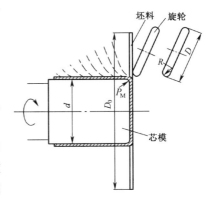

图 7-148 拉深旋压过程的原理图

在拉深旋压过程中，除坯料的性能外，坯料尺寸、旋轮和芯模参数以及旋轮轨迹、工艺参数等对旋压件质量有重要影响，从而影响到极限拉深系数。当以上因素选取不当或匹配不合理时，容易产生起皱、裂纹等成形缺陷，导致零件报废。因此，制定零件的拉深旋压成形工艺时需充分考虑坯料、模具、工艺参数等因素对旋压过程的影响。下面结合圆筒形零件的拉深旋压阐述各工艺因素对成形质量的影响。

1) 毛坯的尺寸和性质

拉深旋压毛坯直径 D_0 通常按估算出的零件表面积大致确定，对于复杂的形状可将其分成若干个基本单元进行计算，然后累加计算得到毛坯的面积。但应考虑侧壁减薄，因此计算值应减小 5%，最终尺寸通过试验来确定。坯料可先将边缘预成形，以防止前期旋压道次起皱，并可提高成形效率。

拉深旋压时要求坯料具有一定的延展性，故通常采用加工硬化小的软料（O态），但这种料容易起皱，故有时采用具有一定硬化性能的半硬料（H/2 态）。硬化材料虽然不易起皱，但其延展性太差，壁部容易被拉裂，因此一般不采用硬料（H态）。一般常用材料的适应性好坏顺序大致为：纯铝最佳，其次为锌、低碳钢，再次为紫铜、青铜、镍，而不锈钢还要差一些。另外，黄铜比紫铜、青铜都难旋。

2) 旋轮形状和芯模圆角半径

拉深旋压时，通常选用直径为 D、工作圆角为 R 的标准旋轮。当采用单道次旋压（D_0/d 较小）时，旋轮直径 D 对极限拉深比的影响较小，而旋轮圆角半径 R 增大，工件起皱趋势减缓，壁厚不容易减薄或缩颈，有利于增大极限拉深比。因此，单道次旋压时一般拉深旋压时采用较大的圆角半径，常用值取 $R/t_0>5$。当采用多道次旋压（D_0/d 较小）时，旋轮的圆角容易在毛坯上形成环节（图 7-149），使凸缘在变形中非常稳定而不易起皱，而环节的形成与旋轮圆角半径 R 的大小直接相关。若圆角半径 R 过小，则在旋轮把环节推向毛坯外缘的过程中旋轮受到较大的局部阻力，容易使坯料减薄而断裂（图 7-149(a)）。若圆角半径 R 过大则环节难以形成，凸缘不稳定而容易起皱（图 7-149(b)）。此外，圆角半径过大使工件贴模性变差，旋轮与坯料的接触面积增大，旋轮对毛坯的作用力增大，容易产生起皱。因此，多道次拉深旋压时圆角半径 R 应在合适的范围内，可参见表 7-15 选取。在实际生产中，单道次拉深旋压多采用如图 7-150(a)所示的旋轮，多道次拉深旋压时还

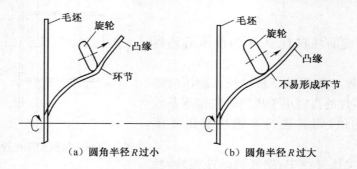

（a）圆角半径 R 过小   （b）圆角半径 R 过大

图 7-149　多道次拉旋时环节形成示意图

经常采用图 7 - 150(b)所示的双圆弧工作面的旋轮,其中大的圆弧工作面(R2)用于旋压时压倒毛坯,使坯料容易变形。

表 7 - 15　旋轮圆角半径 R 的选取值

工序 ＼ 旋轮圆角半径	R/mm	备注
简单拉深旋压	$>5t_0$	
多道次拉深旋压,缩口	6~20	小件取小值

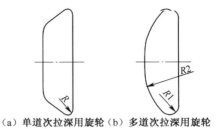

(a) 单道次拉深用旋轮　(b) 多道次拉深用旋轮

图 7 - 150　拉深旋压时所用的双圆弧旋轮

拉旋成形时在芯模端面的圆角处,旋轮难以在行进过程中沿着圆角接触板坯。若芯模圆角半径 ρ_M 大则工件容易起皱;反之圆角半径 ρ_M 太小工件容易断裂。因此,在拉深旋压的过程中芯模圆角半径 ρ_M 应取适宜值。

3) 旋压道次数和旋轮运动轨迹

材料的极限拉深系数决定了拉深比,即毛坯直径 D_0 与成品直径 d 之比 D_0/d,而拉深比直接决定了旋压道次数。当 D_0/d 较小时只需要一道次拉深旋压就能成形,否则需要采用多道次拉深旋压成形。铝及低碳钢杯形件采用简单拉深旋压(单道次,单向进给)的条件是板坯的相对厚度比 $t_0/d > 0.03$,拉深比 $D_0/d \leqslant 1.8 \sim 1.85$ 并采用型面适宜的旋轮。多道次拉深旋压时旋轮运动轨迹的合理确定是影响加工成败的关键因素。拉深旋压时旋轮的运动轨迹通常有直线型、曲线型、直线—曲线型、往复曲线型四种,如图 7 - 151 所示。每道次可根据不同的工况,使用不同的运动轨迹获得较佳的旋压效果,各道次运动轨迹的包络线构成了零件的母线。

在多道次旋压加工过程中,旋轮运动轨迹曲线通常由不同形式线段组合而成,即与工件外轮廓相同的局部线段和后端渐开线段的组合形成。采用各种不同形状曲线进行多道次普旋加工实践证明,中间道次曲线选择不同曲率的圆弧曲线、Bessel 曲线、渐开线等形式均可行,都优于直线变形,其中以渐开线轨迹效果最好。值得注意的是,为了避免加工工件起皱和开裂并尽可能减少旋压道次,应使各旋压道次的最大变形量均匀合理,而且渐开线控制参数的选取也极为重要。

拉深旋压时的渐开线轨迹如图 7 - 152 所示,以旋铝筒为例,可按下列步骤确定渐开线轨迹:

(1) 设定 x_m,并求得基圆半径:

$$a = (1.1 \sim 2.2)(h + x_m - t_0)$$

若 a 过大则道次增多,过小则壁厚减薄。

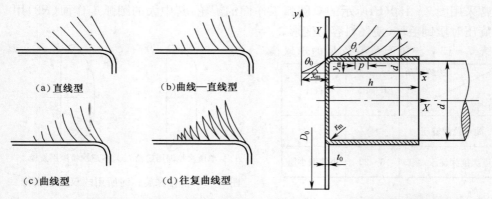

图 7-151　拉深旋压时旋轮典型的运动轨迹　　　图 7-152　拉深旋压时的渐开线轨迹

（2）根据图 7-152 核定 x_m 和 a 取值是能保证起旋点仰角 $\theta_0 = 45° \sim 60°$。θ_0 过小易起皱，过大壁部易破裂。反复修正 x_m 并进行核算，直至合适为止。

（3）求 y_m：

$$y_m = 0.085a - t_0$$

使后期道次起旋点仰角 $\theta_i \approx 30°$。

（4）确定渐开线形状：

$$\varphi = 0.97 \left(\frac{r}{a} \right)^{0.5138}$$

$$x = r\cos\varphi$$

$$y = r\sin\varphi$$

式中：r 为半径，取 $0 \sim a$ 之间的适当间隔。其中，各道次旋轮运动的终点位置可按下式确定：

$$d' = D_0 \left\{ 1 - \left[1 - \left(\frac{d}{D_0} \right)^2 \right] \frac{X^2}{h^2} \right\}^{1/2}$$

4）进给比与转速

加大旋轮的进给比坯料容易起皱，而进给比过小时毛坯受到拉伸而使工件壁厚减薄，在旋压终了阶段毛坯与旋轮旋转接触次数增加，毛坯同一处所受摩擦次数增多而易导致壁部的破裂。因此，拉深旋压时在不起皱的前提下应尽量选用大的旋轮进给比，同时还能提高成形效率。但是，由于多道次拉深旋压的第一道次容易起皱，此时应适当减小旋轮的进给比，常用的选择范围是 $f = (0.3 \sim 3)$ mm/r。

采用拉深旋压加工时，应尽可能采用大的转速。对于平板毛坯，坯料直径越大，毛坯的稳定性越好，但要避免由于转速过高引起的机床振动。转速可在较大范围内选择，但与坯料直径相关，常见材料的转速选取可参见表 7-16 及图 7-153。

5）旋压间隙

旋轮与芯模的间隙 c 大于板厚 t_0 时坯料容易起皱，而旋轮与芯模的间隙小于板厚时板坯既有拉深又有减薄，有利于坯料贴模，但间隙过小容易造成坯料过度减薄甚至拉裂。因此，拉深旋压时旋轮与芯模间隙的选取以略小于坯料壁厚为宜，一般不超过坯料原始厚度的10%。

表7-16　拉深旋压时芯轴转速的选用

芯模转速/(r/min)	
小型旋压机	大型旋压机
铝 200～1300	200～750
铜 150～650	150～450
黄铜 200～1300	200～650
深拉深钢 200～800	300～500

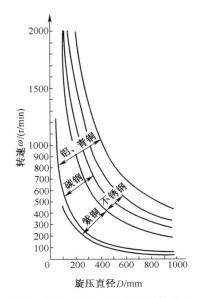

图7-153　转速与毛坯直径的关系

3. 锥形件剪切旋压

剪切旋压过程如图7-154所示。在旋压过程中毛坯外径保持不变,形成直立的法兰,它只随变形的进行产生刚性平移运动,变形主要靠剪切变形方式实现,因此称为剪切旋压。剪切旋压时,板厚的变化遵循如下关系:

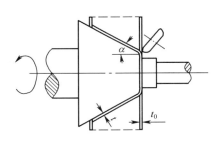

图7-154　锥形件变薄旋压示意图

$$t = t_0 \sin\alpha$$

式中:α 为芯模或零件的半锥角;t_0、t 为变形前、后的板厚。

上述关系,就是锥形件旋压的正弦律。

1) 坯料

剪旋毛坯的主要形式为圆板或方板,也可采用经冲压、机械加工及旋压的预制件。毛坯厚度需根据零件厚度按正弦律反求,对于非标准锥形零件需将坯料与工件沿径向等分,分段计算坯料厚度。

通常来说,$\alpha > 15°$ 的锥体能在一道次中旋制。若要旋制 $\alpha < 10°$ 的小锥度零件(图7-155),可采用拉深旋压或冲压方法预制出半锥角为 β 的锥体,然后通过剪切旋压成形出最终零件,则毛坯壁厚为

$$t_0 = \frac{\sin\alpha}{\sin\beta} t_1$$

若要成形椭圆或抛物线类零件(图7-156),可采用首先成形出椭圆形的中间坯,当然也可加工出变壁厚的板坯,板坯厚度与芯模的切线和轴线的夹角 α 有关,

371

可进行分段计算：

$$t_{01} = t/\sin\alpha_1$$
$$t_{02} = t/\sin\alpha_2$$
$$\cdots$$
$$t_{03} = t/\sin\alpha_3$$

在剪切旋压生产中，除坯料本身的性能外，道次减薄率、进给比、旋轮圆角半径等工艺参数对旋压件的质量有重要影响，从而影响到极限减薄率。当上述参数选取不当或选取不合理时，容易产生起皱、开裂、不贴模、表面波纹及壁厚不理想，母线不直等，因此剪切旋压应充分考虑上述因素的影响。

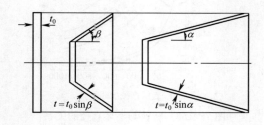

图 7-155 预制坯剪切旋压

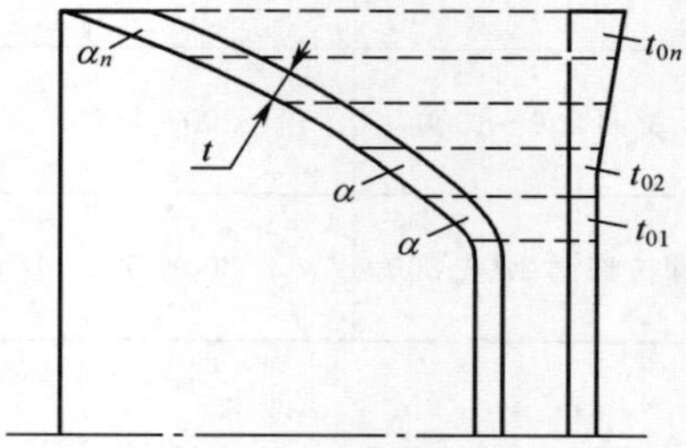

椭圆类零件毛坯与零件壁厚关系（图 7-156）

图 7-156 椭圆类零件毛坯与零件壁厚关系

2）旋轮形状和工作参数

剪切旋压多采用如图 7-157 所示的旋轮，其中如左侧旋轮为与拉深旋压通用旋轮，中间旋轮工作圆角偏于一侧，可用于旋压力大的大型件旋压，而右侧旋轮用于推着凸缘旋压的情况。旋轮工作圆角半径 R_ρ 需适当，R_ρ 过大时剪旋时毛坯凸缘易前倾，有时可以使壁厚减薄或者使工件周向鼓凸；R_ρ 过小则当壁厚较大时旋轮圆角部分容易咬入毛坯而使凸缘后倾，虽然有利于材料的轴向流动从而防止扩径，但也容易造成壁裂，常用的选择范围为 $R_\rho = (1.5 \sim 4)t_0$。

旋轮攻角 β（图 7-158）的选取以不造成坯料擦伤并粘附到旋轮上为限，通常不应小于 $7° \sim 20°$，对于厚料和黏性料取较大值。

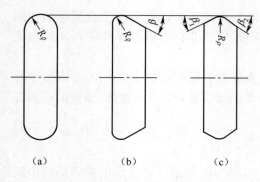

图 7-157 剪切旋压的旋轮形状

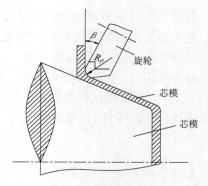

图 7-158 旋轮攻角示意图

3）道次减薄率

在强力旋压过程中,减薄率 R 是一个重要工艺参数,因为它直接影响到旋压力的大小和旋压精度的好坏。道次减薄率必须控制在极限减薄率 R_f 范围内。由平板坯旋压成锥形件时,按正旋律减薄率 R 与半锥角 α 有如下关系式:

$$R = \frac{t_0 - t}{t_0} = 1 - \sin\alpha$$

而当坯料有一个预制角 α_0 时,减薄率 R 可以转化为如下形式:

$$R = 1 - \frac{\sin\alpha}{\sin\alpha_0}$$

道次减薄率过大会造成工件畸变增大,贴模性变差,成形精度下降,表面容易出现波纹,严重时会造成工件拉裂;道次减薄率过小则会增加成形道次,降低了成形效率,也有可能降低零件的成形质量。为了保证旋压件的质量,通常取减薄率 $R \leqslant 30\% \sim 40\%$。小锥角零件变薄旋压后期道次的变形规律接近于筒形件旋压,宜采取较小的减薄率。

4）壁厚偏离率 $\triangle$

在剪切旋压中,壁厚偏离率是影响剪旋过程的重要工艺参数。在理想剪旋过程中,零件厚度 t_T 遵循正弦律变化,但在一般情况下,零件的实际厚度 t_A 多偏离理论厚度 t_T。"偏离率"定义为

$$\triangle = \frac{t_A - t_T}{t_T}$$

当 $t_A < t_T$,即过度减薄时,$\triangle < 0$,称为"负偏离";当 $t_A > t_T$,即欠减薄时,$\triangle > 0$,称为"正偏离"。

当偏离正弦律剪旋时坯料的受力状态如图 7-159 所示。当 $\triangle < 0$ 时,$\varepsilon_r > 0$,凸缘内径胀大,在其内圆周上产生径向压应力 σ_r 和周向拉应力 σ_θ,内应力的平衡促使凸缘产生倾倒趋势,同时凸缘根部存在附加弯曲应力以及旋轮前坯料的堆积更助长了凸缘后侧的压应力,凸缘向前倾倒;当 $\triangle > 0$ 时,$\varepsilon_r < 0$,凸缘内径收缩,在其内圆周上产生径向拉应力 σ_r 和周向压应力 σ_θ,颇似拉深时的受力状态,凸缘易于起皱,不像负偏离时易于倾倒。另外,此时旋轮前无金属堆积,故而凸缘向前倾倒的趋势小于"负偏离",有时甚至后倾,如图 7-160 所示。

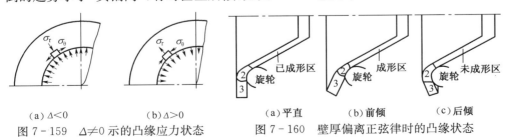

（a）$\triangle < 0$　　　　（b）$\triangle > 0$

图 7-159　$\triangle \neq 0$ 示的凸缘应力状态

（a）平直　　　（b）前倾　　　（c）后倾

图 7-160　壁厚偏离正弦律时的凸缘状态

在剪旋过程中，采用适当的负偏离时，材料产生反挤现象使锥角减小，适当抵消材料回弹，提高贴模性，同时可提高零件表面质量，而"正偏离"则不能补偿回弹作用，降低了贴模性，表面粗糙，甚至产生表面橘皮现象或裂纹。此外，"负偏离"可提高极限减薄率，但是负偏离过大时，可能会造成旋轮咬入坯料太深，旋轮前端形成坯料堆积，从而加大了母线方向拉应力，使工件不贴模而直接拉薄，降低了零件的椭圆度，有时会使壁厚过度减薄甚至小于间隙值，使得锥形件底部由于受较大的压应力而有离模趋势（图7-161），而且壁厚差和椭圆度也增大。当卸去尾顶，工件长度伸长，锥角将小于芯模。通常负偏离应控制在5%以内。

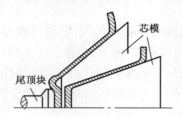

图 7-161　过渡减薄时的工件反挤现象

5）进给比与芯轴转速

旋轮进给比：

$$f = \frac{v}{n}$$

式中：v 为旋轮沿母线方向进给速度（mm/min）；n 为旋轮转速（r/min）。

旋轮进给比 f 增大有助于缩径，但若 f 太大，容易产生表面粗糙甚至堆积、隆起、壁裂等缺陷，而 f 太小则会引起因材料周向流动而不贴模、椭圆度增大等缺陷。因此应控制进给比 f 的大小，使之既能使材料充分变形，又可避免旋轮对材料局部过多的辗压，造成零件离模。对于大多数体心立方的金属材料 f 可取 0.1mm/r～1.5mm/r，而对于面心立方的金属材料 f 可取 0.3mm/r～3mm/r。

增大主轴转速 ω 则生产效率提高，但应防止振动和旋压热过大。旋压时周向线速度：

$$v_\theta = \frac{\pi D n}{1000} \ (\text{m/min})$$

式中：D 为旋轮直径。v_θ 的常用范围为 50m/min～300m/min，随着工件直径的增大主轴转速应相应减小。

4. 筒形件强力旋压

根据变形材料的流动方向和旋轮运动方向的不同，筒形件强旋可分为正旋和反旋两种基本形式，如图7-162所示。正旋时工件的延伸方向与旋轮的进给方向相同，旋轮的工作行程等于旋压件的长度，依靠尾顶压力传递扭矩；反旋时工件的

374

延伸方向与旋轮的进给方向相反,旋轮的工作行程等于毛坯的长度,依靠轴向压力传递扭矩。

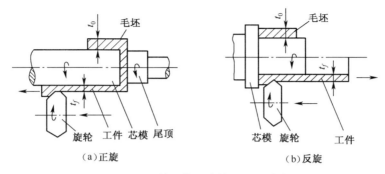

图 7-162　筒形件强力旋压工艺分类

　　根据三维有限元计算和光塑性实验[59],正旋和反旋时,旋轮接触区及其附近区域的应力应变情况如图 7-163 所示。由图可见,筒形件强旋时旋轮接触区的坯料金属径向被压缩,沿轴向和切向流动,并借助前、后两个环形外端的作用拉着其周向两侧金属一起伸长,于是旋轮每压缩一次便引起坯料轴向微量的不均匀伸长。由于旋压过程是一个局部连续加载过程,因而筒形件强旋的成形过程是一个由上述局部变形累积的过程。

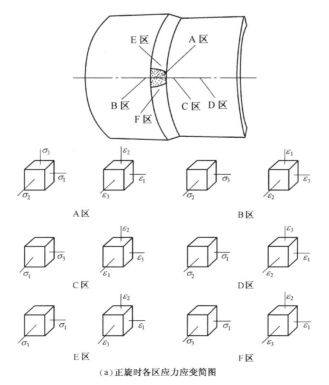

(a)正旋时各区应力应变简图

375

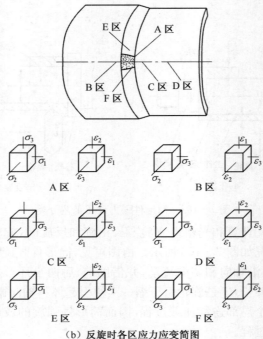

（b）反旋时各区应力应变简图

图 7-163 筒形件正旋和反旋时的应力应变简图

坯料、旋轮形状和进给比、壁厚减薄率等工艺因素以及成形方式等对旋轮接触区金属的变形和流动有重要影响，从而影响着接触区周围金属的变形流动情况和旋压件的最终成形质量。坯料方面包括材料、热处理和硬化程度等，旋轮形状包括旋轮外径、成形角、顶端圆角半径及压光带等。工艺因素包括进给比、减薄率、道次程序和润滑条件等；成形方式包括正旋和反旋等。

筒形件变薄旋压的缺陷多由材料堆积、隆起引起（图 7-164）。隆起过大就会导致旋压力明显增大，以及产生开裂、起皱、表面粗糙、尺寸精度差等现象。旋压过

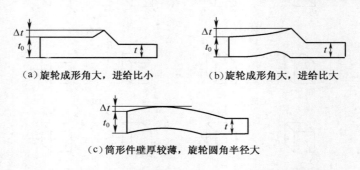

（a）旋轮成形角大，进给比小　　　　　（b）旋轮成形角大，进给比大

（c）筒形件壁厚较薄，旋轮圆角半径大

图 7-164 筒形件变薄旋压时三种典型的隆起形式

376

程中,如果稍有隆起,但并不连续发展而保持一定,直到旋压终了(稳定变形),则是可以的;反之,如果材料隆起并在旋压过程中不断增大(非稳定变形),一般都会引起工件破裂等缺陷。

旋压件质量包括工件缺陷和制品精度两方面。表 7-17 归纳了实际成形中可能产生的工件缺陷及其原因。应该选择适当的工艺条件以防止产生这些缺陷。虽然有许多产品只要得出其形状就可以了,但在制品精度要求高时必需对工艺条件进行精选。长期以来,人们对筒形件旋压工艺参数进行了广泛深入的分析和研究,找出了各工艺参数对强旋筒形件质量的影响规律,具体概括如表 7-18 所列。

表 7-17　筒形变薄旋压的工件缺陷及其原因[60]

缺陷种类		形状	原因	备注
破裂	轴向破裂		(1) 硬化度大 (2) 进给比过大 (3) 壁厚减薄率过大 (4) 旋轮圆角半径过大	多出于硬材料
	周向断裂		(1) 进给比过大 (2) 壁厚减薄率过大 (3) 旋轮成形角大	隆起过大是其原因。所有材料都会出现
	端部裂纹		(1) 硬化度大 (2) 管坯端部有伤痕	这是不锈钢和合金钢延迟断裂的原因
	人字形裂纹		(1) 旋轮圆角半径过小 (2) 壁厚减薄率过小	(1) 发生在圆筒内表面 (2) 多出于铝及其合金
	内部龟裂		前道次的进给比和成形时的进给比的关系不适当	(1) 发生在壁部剖面内部 (2) 错距旋压时应注意
皱折	端部皱折		(1) 壁薄时进给比过大 (2) 由板材旋压的拉深比过大	发生在几乎所有的薄壁圆筒上

缺陷种类		形状	原因	备注
皱折	壁部皱折		(1) 最终道次之前坯料与芯模贴合太紧 (2) 进给比过小 (3) 壁厚减薄率过小	发生的位置和大小各不相同
	螺旋形皱折		(1) 旋轮圆角半径大 (2) 进给比小	发生在几乎所有的薄壁圆筒上
表面缺陷	鳞状剥离		(1) 壁厚减薄率过大 (2) 进给比过大 (3) 冷却不够	(1) 板材的拉深旋压也会发生 (2) 常发生在铝、铜和铁质件上
	波纹状剥离		(1) 材料(铝)纯度不高 (2) 各向异性材料	(1) 有时出现在圆筒内表面 (2) 板材的拉深旋压也会发生
	局部变形		(1) 夹有杂质 (2) 润滑不均匀	
	旋轮压痕		(1) 材料粘附在旋轮上 (2) 旋轮顶端有伤痕	分布有规律

表 7-18　各工艺参数对强旋压件质量的影响

工件质量要素	工艺参数								工艺装备因素												毛坯因素						
									旋轮							芯模											
	正、反旋	减薄率	进给比	转速	加热温度	冷却润滑	分层错距	旋轮与芯模间隙	成形角	圆角半径	台阶高度	引导角	光整带长	旋轮直径	光整角	径向跳动量	内表面粗糙度	径向跳动量	外表面粗糙度	壁厚差	材质均匀性	硬度	热处理状态	内径差	冷作变形	毛坯厚度	表面质量
内径精度	√	√	√	√	√					√	√					√	√				√						
内径胀缩	√	√	√	√	√		√			√	√		√					√				√	√	√		√	
壁厚差					√		√	√	√										√	√	√		√		√		
直线度	√	√			√	√													√	√	√			√			
内表面粗糙度			√		√		√	√		√	√	√	√	√	√	√	√					√	√				√
外表面粗糙度			√	√	√					√	√	√	√	√	√			√	√			√	√		√	√	√

379

下面具体介绍各因素对旋压件质量的影响。

1）毛坯

目前普通塑性加工中所用的材料都能用于筒形件强旋,但也有些材料强旋时容易产生缺陷,应予重视。例如铝及其合金强旋时隆起增高的倾向性很强;黄铜、奥氏体不锈钢和 β 型钛合金等冷强旋时硬化的倾向大、容易开裂,应考虑适当的热处理。其中奥氏体不锈钢在冷强旋过程中基体组织由奥氏体转变成马氏体,引起显著的加工硬化。α 型和 α＋β 型钛合金通常需要在热态下旋压,但由于钛合金的导热性很低,而且变形抗力对温度非常敏感,热强旋时常易产生多种缺陷(见实例)。另外,也有些材料经退火和固溶处理后其延展性虽得到提高,但却易在旋轮前形成隆起以致失稳。总之,材料的成分、组织、性能及热处理制度对可旋性有很大影响,在进行强旋时应根据具体情况具体分析和处理。

在确定毛坯厚度时,要根据所用旋压机的能力。一般来讲,预制坯料厚些,材料利用率就高一些,但成形可能难度也大些,且需要中间退火,故要综合考虑。

预制坯内径的确定原则是按芯模直径和配合间隙,一般取成品零件的下限,再加上配合间隙。而配合间隙是依据零件的内径大小、材料强度和工艺参数等因素确定的。在强旋时,对毛坯提出了下列要求:

（1）不允许有严重的表面划伤、压伤,一些对表面缺陷敏感的材料(如钨、钼合金、超高强度钢等)要严禁有任何表面压痕或加工印记。

（2）材料内部严禁有隔层,大块杂质等不均现象。

（3）对某些缺陷敏感的毛坯应在旋前进行金相组织、硬度、断面收缩率、杂质分布状态和晶粒度的检查。

（4）清除毛坯材料表面的污垢和鳞片。

2）旋轮参数

在对于旋轮的结构,双锥面旋轮虽然结构简单(图 7 - 165),通用性大,但只适于旋压中等厚度毛坯。当毛坯厚度过大则会造成表面不光、起毛、掉皮、堆积。当毛坯厚度过小而采用双锥面旋轮时,旋轮前毛坯易产生过大的隆起,不但降低成形精度,还可能出现裂纹、折叠和拉断现象,在反旋时尤为明显,此时以采用台阶式旋轮为宜(图 7 - 166)。

筒形件变薄旋压过程中,成形角 α_R 是一个极其重要的因素,它的选择合理与否直接影响旋压过程中旋压力、堆积、隆起等,进而影响旋压件表面质量和尺寸精度。成形角越大,材料隆起也越大,故成形角的选择具有重要意义。成形角的选择在实际生产中也是由经验决定的。一般来说,旋轮成形角视材料而定,旋压较硬的材料时成形角应取大些,如 25°～30°左右,旋压较软材料时,为减小轴向力,防止材料堆积和隆起应取小一些,如 15°～20°。

圆角半径 ρ 与工件的尺寸精度和表面质量有密切关系。ρ 过大会引起制品内径扩大和旋压力增大,管壁较薄时还会出现起皱。ρ 过小会使材料表面剥离。不带光整段的双锥面旋轮圆角半径一般取:

$$\rho = (0.6 \sim 1.0) t_0$$

带光整段的双锥面旋轮和台阶旋轮其 ρ 可取得小些。根据经验，一般为

$$\rho = \sqrt{t_0}$$

另外，对于一般硬材料 ρ 可以取小一些，对于软材料可取大一些。

旋轮压光带的作用是利用材料弹性回复效应来减小工件表面不平度，压光带的存在使得旋轮圆角半径得以减小，也起到提高工件成形准确度的作用。压光带的长度一般取为

$$b \geqslant 1.5 f_{max}$$

式中：f_{max} 为可能选取的最大进给比。压光角 β' 一般取 3°，过小时易使工件扩径和降低精度，过大则起不到光整的作用。

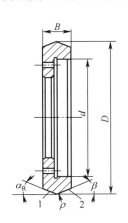

图 7-165　双锥面旋轮

1—前锥面；2—后锥面；

α_R—成形角；β—退出角；

ρ—工作圆弧半径。

（a）不带压光带的台阶旋轮　　　　　　　　　　（b）带压光带的台阶旋轮

图 7-166　台阶旋轮

1—压制面；2—压光带；α_R—成形角；β—退出角；

ρ—工作圆弧半径；α'_R—压制角；β'—压光角；

b—压光带长度；h—压下台阶高度。

引导段的作用是在成形时使变形影响区的金属处于压应力作用之下，防止金属隆起，避免堆积，有时也起到预成形的作用以改善材料的成形性能。一般认为引导角（或压制角）α'_R 取 3°，在某些情况下也可以取得大些（5°～8°）。

台阶高度 h 和圆角半径 ρ 对内径及椭圆度有更显著的影响。它主要根据工序间压下量来选取的。由实际经验可得

$$h = (1.1 \sim 1.3)(t_{n-1} - t_n)$$

当材料强度低、塑性大时，系数取小值；对强度高、塑性差的材料，系数取大些值。

旋轮外径 D 过小时，材料沿圆周方向的流动增强，制件精度恶化。反之，过大时，旋压力将正比于 $\sqrt{D}$ 增大。一般取 $D = (1.2 \sim 2)d$，其中 d 为成形芯模的直径。另外旋轮的外径尺寸应在工作时能适应设备的工作空间尺寸。

旋轮在工作过程中承受很高的单位压力和循环载荷，并且与毛坯接触面进行

着剧烈的滑动摩擦和滚动摩擦,生成大量的热。故要求旋轮必须具有足够的强度、硬度和耐热性能。旋轮的材料通常必须用优质的工具钢和高速钢制造,且淬火到很高的硬度并抛光至镜面。在进行热旋压时,由于各种材料加热温度不同,故所选旋轮材料也各不相同;还可用硬质合金、热锻模钢、高温铸铁及耐热合金。这些材料都必须经过热处理提高其强度和硬度,增强其耐磨性。热处理后材料的性能因材料不同要求有所不同,表 7-19 列出了几种常见旋轮材料的热处理要求。

表 7-19　常见旋轮材料的热处理要求

材料牌号	热处理要求(HRC)	备注	材料牌号	热处理要求(HRC)	备注
W18Cr4V	61～68	表面氮化	9CrSi	56～62	表面氮化
CrWMn	58～62		T8A	55～60	
Cr12MoVA	60～64		T10A	60～64	
3Cr2W8V	60～64		GCr15	60～62	

　　3) 壁厚减薄率

　　筒形件旋压的最大壁厚减薄率的大小是材料可旋性或极限变形程度的反映。大量的试验表明,所有金属材料都能旋到适当的减薄率,但在一道次旋压材料能承受的减薄率有一限度。对正旋来说,超过这一限度,材料将在旋轮后主要因拉应力过大而破裂;对于反旋,减薄率过大,由于局部或整体失稳不仅出现强烈的隆起和堆积,而且也会在达到原始壁厚过渡处开裂。因此,道次最佳减薄率的选择对实际生产来说具有重要的意义。

　　在每一道次下,存在一个最佳减薄率,最佳减薄率是指与进给比、旋轮成形角、该道次材料壁厚等参数合理匹配的减薄率。在该减薄率下,使筒形件最终获得较高的尺寸精度、表面质量和力学性能。道次减薄率过大会造成工件畸变增加,精度下降,表面出现波纹、折叠;减薄率过小时,由于沿厚度方向的径向应力分布不均,造成工件厚度上的变形不均匀,外层变形大,内层变形小,使工件内表面因受附加拉应力而出现裂纹。通常道次减薄率可在 15%～50% 范围内选择,一般认为在 25%～30% 左右为最佳值。退火后第一道次减薄率不宜过大,最大道次减薄率的确定必须考虑设备能力、材质性能和产品精度的要求,以防止金属堆积和失稳。成品道次时加工硬化指数高,若减薄率过小,则工件回弹大,尺寸精度差,必须使减薄率与进给比合理匹配,而减薄率以 35% 左右为最佳。

　　4) 旋轮进给比的选择

　　对筒形件变薄旋压,进给比对工件直径的胀缩和工件质量有显著影响。进给比大小对工件直径胀缩的影响是通过旋轮与坯料直接接触区的轴向和切向的尺寸变化来起作用的。当进给比大时,旋轮直接接触区的切向长度远大于轴向长度,因而接触区的变形金属主要沿轴向流动,并借助前后两个环形外端的作用拉着两侧的金属一道伸长,从而使两侧金属切向压缩,宽度减小。当两侧金属宽度的减小量大于接触区切向的增大时,工件的直径便减小;反之,进给比小时,接触区切向和轴向的长度减小,接触变形区金属沿切向的展宽量增大。当其大于两侧金属展宽的减缩量时,工件的直径便增大。这即是筒形件强旋时的胀、缩径机理。进给比增大,使生产率提高,有利于缩径,但过大又容易造成旋轮前材料的堆积和隆起;太大的进给比由于金属急剧变形,温度迅速上升以至产生烧伤或使轴向力显著增大以至无法工作,同时使旋压力增大,表面粗糙度增高;进给比过小,则材料贴模不好,内径扩大,椭圆度增大,同时过小的进给比也可能导致一些脆性材料的表面产生"鳞皮"。对设备来说,过大或者过小的进给比都可能造成设备的振动或爬行,以致影响最终表面质量。进给比同时与减薄率和旋轮工作部分的形状有密切关系。因此适当选择旋轮进给比,既能使材料充分变形,又可避免旋轮对材料局部过多的碾压,造成扩径过大。筒形件强旋时,进给比可在 0.3mm/r~2.5mm/r 范围内选择。在不考虑表面粗糙度而只要求较大缩径情况下,进给比还可以提高,但常用的进给比是 0.5mm/r~1.5mm/r。

在实际多道次强旋较厚的坯料时,前面的道次往往受到机床能力的限制而不能采用太大的进给比,由此造成的扩径需由随后的道次增大进给比来弥补。当机床能力允许时,应在开始的道次中采用大的进给比,使工件紧紧抱模,而在卸件前的道次中采用小的进给比使工件略为松开。

5) 旋压道次

旋压道次的多少直接影响到生产效率,同时旋压道次的决定又与道次减薄率和旋轮进给比有密切的联系,都影响产品的最终质量。除铝合金,一般材料变薄旋压时,一道次限制在 $R=55\%$ 左右,超过它应采用多道次旋压。筒形件强旋往往需几道次来成形,且每道工序中安排的减薄率不同、壁厚不同、工艺参数不同。从大量试验中发现,经第二道次旋压成形的工件较第一道次工序的精度低,反映在内径尺寸最大差值增加,椭圆度增大;而经第三道次工序成形的工件较第二道次工序的精度有所提高,特别是扩径明显减小。旋压道次可用材料总减薄率来决定。当减薄率在 50% 以下可用一道次完成;总减薄率在 50%~70% 一般用两道次旋压;大于 70% 一般可旋压三或四道次。为保证产品质量,一般不采用减薄率平均分配的方法,而采用道次减薄率逐渐增大的分配原则。

6) 润滑条件

在筒形件变薄旋压过程中,由于坯料局部变形量及变形速度均较大,且工件与旋轮接触面上摩擦现象也十分严重,如果不充分冷却,就会影响到旋压件的尺寸精度、降低模具寿命,甚至因热应力产生裂纹。为了减少毛坯相对旋轮和芯模流动时的表面摩擦,防止工件粘附在旋轮或模具表面上,应对变形区做必要的润滑。

冷却剂应具有较大的比热容和良好的流动性。润滑剂应有较大的附着力和浸润性,二者在工艺过程中,应不产生有害的挥发物,不与工件产生化学作用,不腐蚀机床,且冷却润滑的加入量应充分、均匀和连续。铝合金、低碳钢等材料旋压时产生的热量不大,可用机油冷却和润滑;合金钢等材料强旋时用乳化液同时冷却和润滑效果较好;在少量生产时用 MoS_2 油剂进行润滑;不锈钢强旋时,工件易粘附到旋轮表面,可月机油或乳化液冷却,用 MoS_2 油剂润滑。

7)成形方式的选择

反旋相对正旋有如下优点:毛坯形状简单,制造容易、省料;旋轮行程短,生产率高;芯模可以缩短;由于受压应力状态,有利于提高材料变形能力;成形段可避免出现传递扭矩情况等。但是,采用反旋来成形带凸筋筒形件时,筋的轴向位置的控制较为困难,而正旋时则相反,且对于材料隆起和强旋三分力(径向、切向和轴向)的比较上,反旋都比正旋大,故采用慢的进给速度比较合理。

在工艺条件相同时,正旋相对反旋有如下优点:旋压力较小;工件内径精度略高。故对带底的、带凸筋及变壁厚的筒形件通常采用正旋。但在正旋过程中,由于其芯模的驱动扭矩是通过已经旋压的壁厚传递的,故对加工超薄壁精密管材不利,容易在制品断面上发生扭曲,在某些情况下还会造成裂纹。

因此,在确定旋压方式时,要综合考虑产品精度要求,设备能力、进给比、壁厚减薄率、毛坯加工能力和生产效率等多种因素,获得高质量的旋压件。

筒形件强旋的成形过程可以分为三个阶段:开始阶段、成形阶段和结束阶段,见图 7-167。我们前面讨论的基本是成形阶段的问题。但开始阶段和结束阶段处理不当也会产生很多质量问题,应予以重视。第一阶段从旋轮与毛坯接触开始,到旋轮的圆角半径轴线与毛坯直壁的起点重合为止。这一阶段中,旋轮对毛坯的压下量逐渐增加,以致旋压力,特别是轴向分力,在这一阶段结束时达到极大值,若减薄率过大,正旋毛坯就在这时裂断,而反旋毛坯则发生整体失稳。第三阶段从距毛坯末端的约 5 倍毛坯厚度开始至旋完为止,在这一阶段未变形的前端部对变形区金属的约束逐渐减小,因而变形区的金属内径显著扩大,壁厚显著减小,旋压力急剧下降,并且有强烈的振动。因此在生产中,工件不宜旋到头。

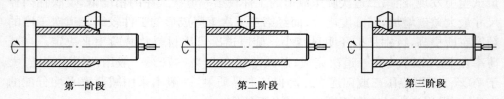

第一阶段　　　　　　　　　第二阶段　　　　　　　　　第三阶段

图 7-167　成形过程的三个阶段

7.13　管件内压成形过程中的常见质量问题与控制措施

7.13.1　概述

管件内压成形是以管材为坯料,在其内通过介质施加内压,并适时轴向补料,使其成形为所需形状的工件(图 7-168)。管材内压成形技术是从 20 世纪 50 年代三通管和多通管的液压胀形开始的,最初用于三通管接头和自行车架的多通管接头等的生产。初期构件管壁较薄,采用了液压胀形和软膜胀形(介质是橡胶、聚氨酯等),后来,随着工业化的迅速发展,一些超高压系统中的三通管壁厚较厚,强度较高,发展了以低熔点合金为传力介质的挤胀成形,采用该方法可以将壁厚与直径比为 1:4 的管坯一次挤胀成形。图 7 - 169 是 1996 年本书作者用低熔点合金和石蜡作为介质挤胀成形的工件,图 7 - 170 是其成形过程的照片。

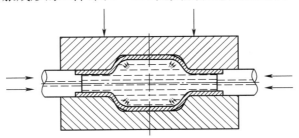

图 7 - 168   管件内压成形工艺原理示意图

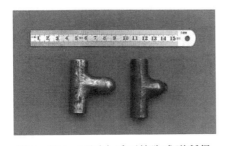

图 7 - 169   不同介质下挤胀成形所得
三通管照片[61]

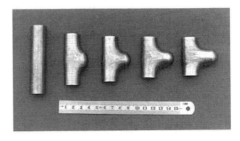

图 7 - 170   三通管成形过程的典型阶段[61]

随着结构轻量化的需求和超高压密封技术的发展。近年来以液体为介质的管材内高压成形的应用越来越广泛[62-69]。它在汽车产业发展较迅速,目前在航空、航天领域也开始应用。从构件材料来看,过去主要用于钢结构件,目前开始用于铝合金、铜合金、钛合金和镁合金的空心变截面构件。内高压成形的零件形状也越来越多,不仅有直轴的,也可成形一些弯轴的空心件。近年来有两个方面技术的突破促进了内高压成形的发展:①超高压密封技术实现生产条件下 400MPa~600MPa 超高压稳定密封;②超高压计算机控制技术,不仅要实现对给定加载曲线高精度的跟踪,而且控制系统快速响应和反馈。

应当指出,尽管以液体为介质的内高压成形技术有了很快发展,但仍是在发展中的一项技术。另外,有些构件例如壁厚与直径比较大,支管较长,批量较小和不具备内高压成形装置的情况,采用传统的挤胀成形技术仍是可取的。

内压成形时管径扩大部位的变形与胀形工序中坯料的变形不同。如前所述,胀形时,包括平板坯料的局部胀形、圆柱形空心坯料的胀形以及球状空心坯料的胀形等,坯料的塑性变形局限于一个固定的变形区范围内,材料既不从变形区向外转移,也不从外部进入变形区,胀形时变形区受两向拉应力作用。坯料形状的变化主要由于其表面积的局部增大而实现的,胀形时坯料的变薄是不可避免的。

内压成形时,管坯外径与型腔内径相等的部位为送料区。管坯外径小于型腔尺寸的部位为成形区。送料区受活塞的轴向推力作用,将力传递给变形区,并同时向变形区补料。成形区轴向受压应力,切向受内压引起的拉应力作用。其主应变是切向为正,轴向为负。当两者绝对值相等时,管壁厚度不变。当轴向应变的绝对值小于切向应变值时,则壁厚减薄。当管壁过度减薄时则可能引起胀裂。因此,在施加内压的同时要施加轴向推力,进行补料。但轴向推力也不能过大或超前,否则可能引起轴向失稳而起皱。轻微的失稳、起皱,可以在后续的胀径过程中消除,但应避免形成死皱。因此施加内压与施加轴向位移要适时配合好,以获得理想的成形效果。在管壁初步贴膜之后,适当升高内压可提高贴膜程度。

内高压成形时,要通过计算和模拟,更重要的是通过试验确定出合理的加载路径。内压成形的主要质量问题是:①胀形部位过度减薄或破裂;②轴向失稳和起皱;③过渡圆角等难成形部位贴膜不好或破裂等。与单纯的胀形相比,内压成形时的应力应变特点可以大幅度提高材料的极限膨胀率。在不加轴向推力的情况下单纯靠内压胀形时,其变形所需的单位液压力为 $p=(2t/R)\sigma_s$,开裂时的单位液压力为 $p=(2t/R)\sigma_b$,这和前面胀形工序中所介绍的一样。在增加了轴向压力后,由于变形区为异号应力状态,所需单位液压力将大幅下降,而且在理想的情况下其应变状态接近于平面变形,材料的极限膨胀率将大幅度提高。例如单纯胀形时低碳钢的极限膨胀率为 $25\%\sim30\%$,不锈钢为 35%,铝合金为 20%,而加轴向推力后,根据一些资料介绍,极限膨胀率一般可提高至原来的 2 倍~3 倍。

内压成形与一般胀形一样,其极限膨胀率与材料的塑性、材料的硬化指数以及成形件的具体形状等有关。材料塑性越好越有利于提高极限膨胀率;材料的硬化指数越大,有助于提高变形区的变形均匀性,越能充分发挥材料各处的变形能力,从而可提高其极限膨胀率。低碳钢和不锈钢的极限膨胀率远高于铝合金就是由于上述原因引起的。

成形件形状对极限膨胀率有较大影响,其关键原因是补料的难易程度。在膨胀过程中容易得到补料时,极限膨胀率便大,反之便小。

成形件的内过渡圆角处常常是难成形的部位,圆角半径 R 越小时,成形的难度越大,由式 $p=(t/R)\sigma_s$ 可知,R 越小时,所需的单位压力越大。另外,受模壁摩擦阻力的影响,此处补料也很困难,当此处减薄过大时常易产生破裂。因此,过渡圆角处的成形问题,应从工艺上采取措施。

内高压成形时常用的润滑剂有 MoS_2、石墨、石蜡、润滑油和乳化剂及高分子润滑剂等,可根据具体情况选用。除润滑油外,在成形之前工件表面的润滑剂应进行干燥和硬化,涂层厚度应均匀。

内高压成形时,由于工件各部位的受力情况不同,同一工件各部位的应变也各异,成形后各处的厚度相差较大。

下面主要结合直轴变径管和多通管介绍内高压成形时常见质量问题的解决措施。

7.13.2 变直径的轴类空心件成形

变直径的轴类空心件成形后,沿周向壁厚相差不大,但沿轴向壁厚是不均匀的。总的情况是成形区壁厚减薄,送料区壁厚增加,其间有一个壁厚不变的界面,称为分界圆。而送料区,由于摩擦力的影响,由分界圆至两端,轴向压应力的绝对值是逐渐增大的,其壁厚相应地由分界圆至两端逐渐增大。

通常壁厚分界圆的位置都进入到成形区内,但这并不是成形区本身的应力应变条件造成的,而主要是成形过程中邻近的送料区金属内移的结果。

内高压成形和软模胀形一样,胀形初期工件外形的变化都力图使表面积最小,在空间力图成球形,在平面内力图成圆形。当成形区为圆截面时,首先在成形区的中部贴模,再沿轴向逐步向两侧发展,最后在两侧过渡圆角处贴模。由于摩擦力的影响,成形区的壁厚由中部向两侧逐步减薄。

如成形区截面为方形或长方形时,在横截面上也是截面横向和高向的中点先贴模,然后向四个过渡圆角处发展。成形件壁厚变化的规律和轴向的情况类似。

成形区胀径量越大和成形区越长均引起减薄率过大,并可能引起壁厚尺寸超差或开裂。材料的 n 值和 r 值越大时,可提高成形区壁厚的均匀性,从而可减少壁厚减薄率。在其他条件一定的情况下,减少壁厚减薄的最有效措施是适量的向成形区内补料。具体办法是优化加载路径和减小送料区的摩擦,必要时可以先形成有益皱,然后再提高内压使管壁贴模。

成形区外圆角 R_1 和侧壁斜度 α 大些,有利于补料,R_1 和 α 太小或 $\alpha=0°$(图7-171(a)),在后期如果轴向推力过大,可能形成侧壁内凹(图7-171(b))。按通常情况,侧壁内凹是一种缺陷,但是防碰撞吸能管却有意做成侧壁内凹成形件[68]。

成形区两侧的内圆角半径 r_1 较小时,如果润滑条件很差,仅靠该部位坯料的局部减薄成形时,不仅所需的液压很大,而且很可能在圆角或直边的过渡区严重减薄或破裂,尤其是成形铝合金件时。因此,为达到成形要求,需要采取适当的工艺措施和进行良好的润滑。文献[67]认为内压采用脉冲加载方式可以减少管壁与模壁的摩擦阻力,改善金属的流动条件。

如果成形区横截面是方形或者矩形,当采用增大液压或者改善润滑条件内圆角处仍成形不好时,可以增加一道预成形工序,先成形出内凹的预成形坯,最后便可以较好的满足成形要求(图7-172)。

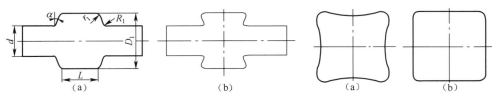

图7-171 变径直轴空心件(a)
和侧壁内凹成形件(b)

图7-172 横截面内凹预成形坯(a)
及最终成形截面(b)

387

当沿轴向有两个成形区时,两成形区间的主管补料很困难。这时必须采用先形成有益皱的方法来成形。在不形成死皱的前提下,使成形部位先获得足够的补料。

7.13.3 三通管件的成形

三通管的支管位于轴线的一侧,是非轴对称件。该类件的成形情况要复杂些。图 7-170 是编著者用低熔点合金作为介质挤胀成形的三通管成形过程的实物照片。图 7-173 和图 7-174 是三通管沿轴向和周向数值模拟计算和实测的壁厚分布。图 7-175 是三通管壁厚度分布的实物照片。

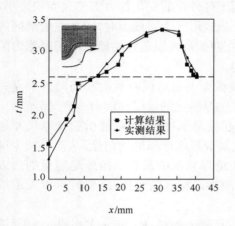 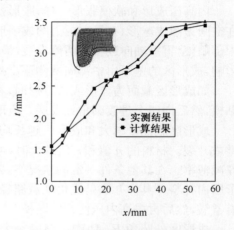

图 7-173　三通管轴向数值模拟计算　　　　图 7-174　三通管周向数值模拟计算
　　和实测的壁厚分布　　　　　　　　　　　　和实测的壁厚分布

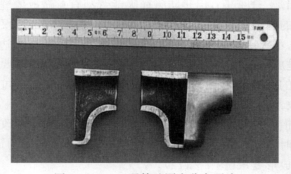

图 7-175　三通管壁厚度分布照片

图 7-176 是挤胀成形时三通管受力情况的简图。根据实际受力情况和模拟计算,三通管挤胀成形时,大致可划分为如图 7-177 所示的五个区域。

1. 第 Ⅰ、Ⅱ 部分为送料区

该区两端受轴向推力作用,内、外壁受两个方向相反的摩擦力 f_1 和 f_2 作用(当采用液体介质时 f_2 不存在)。故该区可看作是单向压应力状态。管坯壁厚略有增加,该区主要是向Ⅲ区传递轴向压力和补料。

388

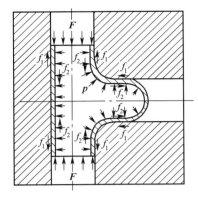

图 7-176　挤胀成形时三通管受力情况简图

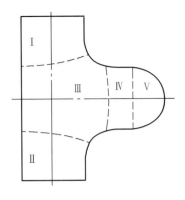

图 7-177　变形区域划分示意图

2. 第Ⅲ部分为变形区

这部分金属基本上位于主管和支管相贯的过渡区,厚度方向受内部介质的压力作用,切向受拉轴向受压,同时还承受一定的弯曲变形。受两侧Ⅰ、Ⅱ区金属的影响,沿支管方向拉应力分布是不均匀的,靠近支管的一端应力较大,另一端则较小,在该区进入屈服状态的条件下,各对应点的轴向压应力也是不一样的。总之,该区的应力和应变情况是较为复杂的。

3. 第Ⅳ部分为已变形区

该区金属主要是原Ⅲ区金属变形后转移来的,该区的应力状态主要是轴向受拉应力作用。该区金属起传力区的作用,将内部介质作用在支管顶端的力传递给第Ⅲ部分变形区。

4. 第Ⅴ部分为胀形区

该部分金属由于腔内介质压力的作用,在切向和径向均受拉应力作用。胀形初期,这部分金属位于支管与主管的交界部位。胀形时该部分由圆柱面,变形为球面,表面积增大,厚度减薄。此处是三通管成形后壁厚最薄和最易产生破裂的部位。如果有可能,最好在支管部位加一个反向的压力以改善该部位的受力和变形情况。

三通管挤胀成形时摩擦力 f_1 和 f_2 对成形效果有重要影响,但两者的影响相反。模壁与管坯之间的摩擦力 f_1 与管坯金属的流动方向相反,阻碍了管坯金属的流动和补料作用,这必将导致支管壁厚的变薄加剧。f_1 越大,壁厚减薄的现象越严重。如图 7-178 和图 7-179 所示。另外,摩擦力 f_1 较大时,支管的胀出高度也减小,如图 7-180 所示。

介质与管坯内壁的作用力 f_2 与金属流动方向相同,它有带动金属流动的作用,有助于补料。f_2 增大时,支管的胀出高度也增大。图 7-181 是不同介质下冲头行程与支管长度之间的关系曲线,图 7-169 是不同介质下挤胀成形所得三通管的照片。用低熔点合金挤胀的三通管的支管长度接近于原管径的两倍。

相对于轴对称件,三通管挤胀成形时受力和应变情况要复杂得多。由图 7-183、图 7-184、图 7-178～图 7-180 可见,三通管挤胀成形后不仅沿轴向分布

389

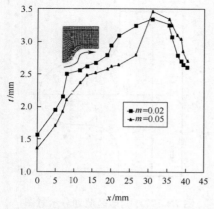

图 7-178　不同摩擦系数 m 下计算所得
轴向厚度分布

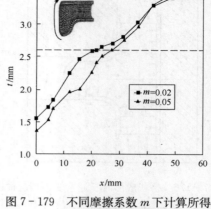

图 7-179　不同摩擦系数 m 下计算所得
周向厚度分布

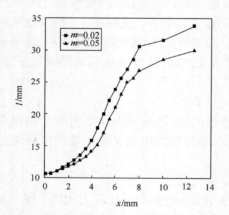

图 7-180　不同摩擦系数 m 下计算所得冲头
行程与支管长度之间的关系

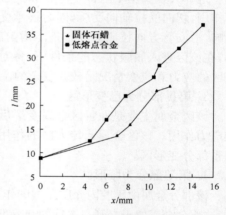

图 7-181　不同介质下冲头行程与支管
长度之间的关系

不均,而且沿周向分布也是不均匀的。这种壁厚分布不均的情况,不仅用低熔点介质挤胀成形的三通件如此,用液体为介质的内高压成形件也是如此。图 7-182 是内高压成形的三通管的壁厚分布情况,管材原始壁厚为 2mm,直径为 89mm。材料为不锈钢,成形压力为 68.6MPa。由上述壁厚分布图可见,主管大都增厚,支管顶部中心最薄。在主管的横截面上,支管一侧的壁厚小于另一侧。而在支管的横截面上,平行于主管轴线的方向的壁厚大于与其垂直方向的壁厚。其原因是后者是由第Ⅲ区补料的。该区应力状态是轴向受压,径向受拉的异号应力状态。越靠近支管的部位,受到的拉应力越大。因而壁厚稍有减薄。而前者则是由Ⅰ、Ⅱ区直接补料的,故与主管靠近的部位壁厚稍有增大。

　　总之,三通管内高压成形时的壁厚分布不均,除与该件的形状特点和材质有关外,润滑条件好坏也是一个重要因素。因此,应尽可能提高模壁的光洁程度和采用

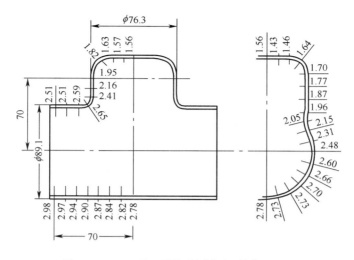

图 7-182　T 型三通管壁厚分布(单位:mm)

合适的润滑剂。

三通管内高压成形时加载路径对成形质量要有一定影响。例如,在成形初期的自由胀形阶段,如果内压过高和轴向进给补料过慢,支管顶部可能产生破裂。另外,在成形初期和中期,如果轴向进给过快和内压过低时,则易在主管的中段起皱。

综上所述,三通管内高压成形时提高成形件质量的措施主要是:①尽可能选用 n 值和 r 值较高的材质;②优化加载路径;③改善润滑条件。

如果支管与主管成斜角相交,由于支管两侧与主管的交角不一样,两侧的补料情况和应力应变情况也有差异。如果支管不长时,就可能不存在图 7-177 所示的第Ⅳ和第Ⅴ区了。

当沿主管轴向有两个如图 7-183 所示的支管时,成形的情况要更复杂些。该件原始管长为 100mm,外径为 12mm,壁厚为 1mm,支管直径为 8mm,两支管轴线间距为 40mm,材料为纯铜,成形时采用的内压为 70MPa～90MPa。内压胀形时以两支管外侧的主管补料。支管间内侧主管补料很少。厚度分界线在外侧主管且靠近支管的区域(图 7-184)。

图 7-183　单侧双排四通管几何模型

图 7-184　单侧双排四通管厚度分界线示意图

图 7 - 185 是不同加载路径时壁厚分布的情况,最小壁厚在支管的顶部。支管间内侧主管的壁厚减薄了 10%～15%,沿轴向分布比较均匀,受加载路径的影响较小。

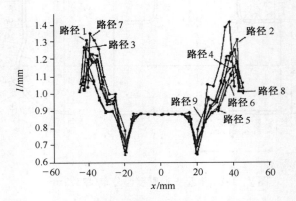

图 7 - 185　不同加载路径对应的壁厚分布[69]

这种有两个或两个以上支管的工件也不便于用有益皱的方法成形。因此,支管越多时,补料越困难,壁厚减薄也越大。由于外侧主管可以补料,因此加载路径对支管的成形高度有一定影响,通过优化加载路径可适当提高支管的高度。因此,多通管内高压成形时,应注意改善润滑条件和优化加载路径等来满足成形件质量要求。

弯曲轴线管件内高压成形时,其工艺过程一般依次是弯曲、预成形和内高压成形。预成形的目的:①使弯曲过的管坯能放入模腔;②合理分配坯料,有利于内高压成形时变形均匀,避免起皱和破裂,以及过度圆角的成形等。

在弯曲部位,和一般管件弯曲一样,内侧壁厚增大,并可能起皱,外侧壁厚减薄,如果外侧减薄严重可能导致内高压成形时开裂。因此控制弯曲工序对壁厚均匀性的影响非常重要。该类件成形中的一些具体质量问题可参阅有关资料。

第8章　大型锻件的常见质量问题与控制措施

　　大型锻件一般安装在机器设备的关键部位,承受复杂而繁重的工作负荷。有的还要在高温、高压、高速转动、腐蚀环境下工作,服役条件严酷,安全可靠性要求极高。因此对组织性能要求非常严格。然而由于制件质量和体积巨大,多用铸锭直接锻造,由于铸锭内部组织不均,缺陷较多,加上工艺流程冗长,影响因素众多,热力过程不连续,所以容易产生废次品,因而质量控制一直是生产中的关键性难题。锻压成形属于非稳态、多因素、高温、高压的变形过程,研究方法有待完善。大型锻件锻后冷却与热处理也很复杂,这些都给质量控制提出了许多难题。为了提高大型锻件的使用性能,防止对工作母机和重大装备造成不良影响,在目前主要还是强化质量检查及时检出废次品。随着科技进步和生产发展已经认识到加强质量控制的积极作用,因为合理的质量控制对生产过程的顺利进行、确保产品的质量、减少经济损失有重要意义[70-75]。

　　大型锻件的质量主要体现在:原材料有优越的冶金品质,锻件具有均匀致密的组织结构;良好的力学性能;合格的形状尺寸等。要保证大型锻件使用性能最好,缺陷最少,首先要提高钢液的纯净度,比如重要锻件用钢广泛采用炉外精炼,真空除气,有效去除钢中非金属夹杂,有害元素和气体杂质。同时要注意清洁浇铸,保持钢质纯洁度。在铸锭方面选择合理的锭型,控制凝固结晶条件获得理想的组织结构。实践证明:优质的钢锭是生产优质大锻件的基础。要合理加热,不仅要均匀热透提高塑性,便于锻压成形,而且要防止加热裂纹、过烧、过热、粗晶和欠热及温度不均匀等缺陷,在锻造时不仅要达到规定的形状和尺寸精度,更重要的是要打碎铸态组织,压实疏松结构,均匀变形分布,不产生锻造裂纹等缺陷,并且还要得到合理的流线分布和良好的锻造组织。在锻后冷却和热处理方面要能够改善组织,细匀化晶粒,消除应力,防止白点,提供良好的组织性能。一般而论,先进、合理的锻压及热处理工艺是提高效益、制造优质大型锻件的重要保证。

　　大型锻件制造是消耗大、高投入、技术和劳动密集型的产业。如何提高大型锻件的合格率,防止缺陷与废品,一直是生产中重要的研究课题。随着科学技术的进步,除了能够及时检出废次品、分析缺陷原因、采取对策加以防范外,在生产过程的各个环节开展质量控制,消除缺陷,促进生产科学化、合理化,在技术上经济上更具有重要的意义。

8.1 大型锻件的常见缺陷及其防治措施

大型锻件中的缺陷分类：

（1）从缺陷性质上分为：化学成分不合格、组织性能不合格、第二相析出、类孔隙性缺陷和裂纹五大类。

（2）从缺陷的产生方面可分为：在冶炼、出钢、注锭、脱模冷却或热送过程中产生的原材料缺陷，在加热、锻压、锻后冷却和热处理过程中产生的锻件缺陷两大类。

大型锻造中，由于锻件截面尺寸大，加热、冷却时温度分布的不均匀性大，锻压变形时，金属塑性流动差别大，加上大钢锭冶金缺陷多，因而容易形成一些不同于中小型锻造的缺陷。如严重偏析和疏松，密集性夹杂物，发达的柱状晶及粗大不均匀晶粒，开裂与白点敏感倾向，粗晶遗传性与回火脆性，组织性能严重不均匀，形状尺寸超差，等等。

大型锻仵中常见的主要缺陷有：

1. 偏析

钢中化学成分与杂质分布的不均匀现象，称为偏析。

一般将高于平均成分者，称为正偏析，低于平均成分者，称为负偏析。尚有宏观偏析（如区域偏析）与微观偏析（如枝晶偏析，晶间偏析）之分。

大型锻件中的偏析与钢锭偏析密切相关，而钢锭偏析程度又与钢种、锭型、冶炼质量及浇注条件等有关。合金元素、杂质含量、钢中气体多都会加剧偏析的发展。钢锭越大，浇注温度越高，浇注速度越快，偏析程度越严重。

1）区域偏析

区域偏析属于宏观偏析，它是由钢液在凝固过程中选择结晶，溶解度变化和密度差异引起的。如钢中气体在上浮过程中带动杂质富集的钢液上升形成的条状轨迹，称为须状偏析，或称 ∧ 形偏析、沟槽偏析。铸锭顶部先结晶的晶体和高熔点的杂质下沉，仿佛结晶雨下落形成的轴心 V 形偏析。沉淀于锭底形成负偏析沉积锥。铸锭上部区域最后凝固，碳、硫、磷等偏析元素富集，形成缺陷较多的正偏析区。偏析带由小孔隙及富集元素构成，对锻件组织性能有不良的影响。

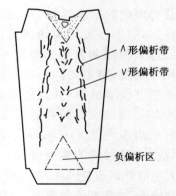

图 8-1 为我国解剖的 55t34CrMolA 钢锭纵剖面硫印低倍照片，即钢锭区域偏析硫印示意图。

图 8-1 钢锭区域偏析硫印示意图

防止区域偏析的措施是：

（1）降低钢中硫、磷等偏析元素和气体的含量，如采用炉外精炼，真空碳脱氧

(VCD)处理及钢包吹氩工艺。

（2）采用多炉合浇、冒口补浇、振动浇注及发热冒口，绝热冒口等技术。

（3）合理控制注温与注速，采用短粗锭型，改善结晶条件防止偏析产生。

在锻件横向低倍试片上，呈现与锭型轮廓相对应的框形特征，称为框形偏析。图8-2是30CrMnSiNiA钢制造的大型模锻件低倍试片上显示的框形偏析，它是锭型偏析在变形后，沿分模面扩展而呈现为框形。

电渣重熔以其纯净度高、结晶结构合理，成为生产大锻件原材料的重要方法，但是如果在重熔过程中电流、电压不稳定，可能形成波纹状偏析。当电流、电压增高时，钢液过热，结晶速度减缓，钢液中的溶质元素在结晶前沿偏聚形成富集带；当电流、电压减小时，熔质元素偏聚程度减小，这种周期性的变化，便形成了波纹状的偏析条带。

在横向低倍酸浸试片上呈分散的深色斑点状区域偏析，称之为点状偏析。图8-3示出分布45钢锻件横向截面上的点状偏析。

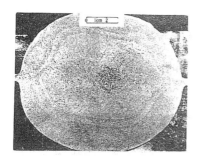
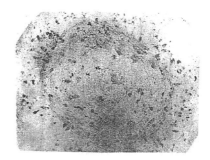

图8-2　30CrMnSiNiA钢模锻件
横向低倍试片上显示的框形偏析
（1∶1盐酸水融液热蚀）

图8-3　45钢锻件横向低倍试片上的
点状偏析（1∶1盐酸水融液热蚀）

2）枝晶偏析

树枝状结晶与晶间微区成分的不均匀性，可能引起组织性能的不均匀分布。采用扫描电镜（SEM）、波谱仪（WDS）、能谱仪（EDS）进行微区观察和成分分析可以检出，因而它属于微观偏析。微观偏析一般通过高温扩散加热，合理锻压变形与均匀化热处理可以消除或减轻其不良影响。

2. 夹杂物与有害微量元素

夹杂物按其来源可分为内生夹杂与外来夹杂两种。

常见的内生夹杂物主要有硫化物、硅酸盐、氧化物等。它们在钢中的数量和组成与钢的成分、冶炼质量、浇注过程以及脱氧方法有关。熔点高的内生夹杂，凝固先于基体金属，结晶不受阻碍，呈现为有规则的棱角外形；熔点较低的内生夹杂，由于受已凝固金属的限制，形态多为球状、条状、枝晶状并沿晶界分布。硫化物与塑性较好的硅酸盐组元，当钢锭经锻压变形时，沿主变形方向延伸，呈条带状。图8-4表示了34CrNi3Mo转子钢中拉长的MnS夹杂形状。而氧化物及塑性较差的硅酸盐夹杂,在锻压变形时被破碎成小颗粒,呈链球状分布。图8-5为沿变形方向分布的链状氧化物夹杂。尺寸细小,弥散分布的内生夹杂,多为微观缺陷,危害程度较小。而大片或密集云团状分布的夹杂构成宏观缺陷,对锻件使用性能有极坏的影响,容易引发严重的失效事故。

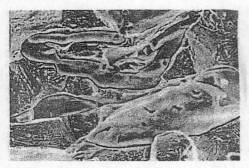

图8-4　变形后的 MnS 夹杂
形态的 SEM　500×

图8-5　被变形破碎的链状
氧化物夹杂 LM(未浸蚀)　500×

外来夹杂是指混入钢中的炉渣、保护渣、氧化膜、耐火材料和异金属块等。通常外来夹杂较粗大,严重者将破坏钢的连续性而使锻件报废。

由于大锻件在机械装备中的作用和地位十分重要,所以对其质量要求更为严格,为此,对钢中铅、锑、锡、铋、砷等微量元素要加以控制,以提高锻件的强韧化水平。

降低钢中夹杂的一般措施是:

(1) 钢液真空处理,炉外精炼,净化钢液质量;

(2) 清洁浇注,防止外来夹杂污染与异金属进入;

(3) 合理锻造变形,改善夹杂分布。

3. 缩孔与疏松

这是一类孔隙性缺陷,破坏金属的连续性,形成应力集中与裂纹源,一旦形成裂纹,容易引发灾难事故。

钢锭开坯时切除量不够,残留缩孔及疏松,表现为锻件端头有管状孔穴或者严重的中心疏松。图8-6所示为9Cr2Mo 钢制冷轧辊,因钢锭

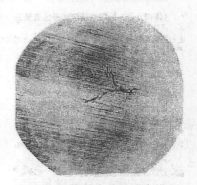

图8-6　锻件中缩孔残余横向
试片上的宏观形貌

浇注温度偏低,冒口补缩不良,缩孔深入到锭身区,锻造时未能完全切除而形成缩孔残余。横向试片上中心部位呈现出枝叉状孔洞特征。进一步解剖,末端存在疏松组织。

防止该类缺陷的措施是:

（1）严格控制浇注温度和速度，防止低温慢速注锭；

（2）采用发热冒口或绝热冒口，改善补缩条件使缩孔上移至冒口区，防止缩孔深入到锭身处，锻造时加大钢锭冒口切头量，充分切净缩孔疏松；

（3）高温扩散加热，合理锻压变形，压实焊合该类空隙性缺陷。

4. 气泡

气泡分内部气泡与皮下气泡两种：①钢中气体由炉料、炉气、空气进入，当冶炼时脱氧不良，沸腾排气不充分，则钢液中气体含量过多，凝固过程中，随温度降低，气体溶解度下降而由钢液中析出，形成内部气泡。②当钢锭模壁潮湿、锈蚀、涂料中含有水分或挥发性物质，在注入高温钢水时产生气体向钢锭表层渗透，形成皮下气泡。

气泡经过锻压变形会压扁，未焊合的气泡还会扩展成裂纹。

防止气泡的措施是：

（1）充分烘烤炉料与浇注系统；

（2）冶炼时充分脱气，并采用保护浇注工艺；

（3）高温加热、合理锻压焊合孔洞缺陷；

（4）及时烧剥表面裂纹。

5. 锻造裂纹

在大型锻造中，当原材料质量不良或锻造工艺不当时往往会产生锻造裂纹。下面介绍几个由于材质不良引起锻裂的情况。

1）钢锭裂纹引起的锻造裂纹

大部分钢锭缺陷，锻造时都可能造成开裂，图 8-7 所示为 2Cr13 主轴锻件中心裂纹。这是因为该 6t 钢锭凝固时结晶温度范围窄，线收缩系数大。冷凝补缩不足，内外温差大，轴心拉应力大，沿枝晶开裂，形成钢锭轴心晶间裂纹。该裂纹在锻造时进一步扩展，在主轴锻件中心形成裂纹。该缺陷可通过下列措施予以消除：

（1）提高冶炼钢水纯净度；

（2）铸锭缓慢冷却，减少热应力；

（3）采用良好的发热剂与保温帽，增大补缩能力；

（4）采用中心压实锻造工艺。

2）钢中有害杂质引起的锻造裂纹

钢中的硫常以 FeS 形式沿晶界析出，其熔点仅有 982℃，在 1200℃ 锻造温度下，晶界上 FeS 将发生熔化，并以液态薄膜形式包围晶粒，破坏晶粒间的结合而产生热脆，轻微锻击就会开裂。

钢中含铜在 1100℃～1200℃ 温度下的氧化性气氛中加热时，由于选择性氧化，表层会形成富铜区，当超过铜在奥氏体中溶解度时，铜则以液态薄膜形式分布于晶界，形成铜脆，不能锻造成形。如果钢中存在有锡、锑还会严重降低铜在奥氏体中的溶解度，加剧这种脆化倾向。图 8-8 为 16Mn 钢锻件网状裂纹，因含铜量过高，锻造加热时，表面选择性氧化，使铜沿晶界富集，锻造裂纹沿晶界富铜相萌生

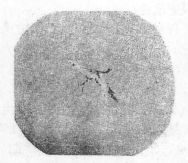

图 8-7　轴心晶间裂纹引起的锻造开裂　　　图 8-8　16Mn 钢锻造网状裂纹 LM

（4‰稀硫酸水溶液浸蚀）

并扩展而形成。

　　3）异相（第二相）引起的锻造裂纹

　　钢中第二相的力学性能往往和金属基体有很大的差别，因而在变形流动时会引起附加应力导致整体工艺塑性下降，一旦局部应力超过异相与基体间结合力时，则发生分离，形成孔洞。例如，钢中的氧化物、氮化物、碳化物、硼化物、硫化物、硅酸盐等。假如这些相呈密集、链状分布，尤其在沿晶界结合力薄弱处存在，高温锻压就会开裂。图 8-9 是 20SiMn 钢 87t 锭因细小的 AlN 沿晶界析出引起锻造开裂的宏观形貌，其表面已经氧化，呈现多面体柱状晶。微观分析表明，锻造开裂与 AlN 沿晶界大量析出有关。

　　防止因氮化铝沿晶析出引起锻造开裂的措施是：

　　（1）限制钢中加铝量，去除钢中氮气或用加钛法抑制 AlN 析出量；

　　（2）采用热送钢锭，过冷相变处理工艺；

　　（3）提高热送温度（＞900℃）直接加热锻造；

　　（4）锻前进行充分的均匀化退火，使晶界析出相扩散。

　　6. 过热、过烧与温度不均

　　加热温度过高或高温停留时间过长容易引起过热、过烧。过热使材料的塑性与冲击韧性显著降低。过烧则材料的晶界剧烈氧化或者熔化，完全失去变形能力。

　　加热温度严重不均匀，表现为锻坯内外、正反面、沿长度温差过大，在锻造时会引起不匀变形，偏心锻造等缺陷。由于加热时没有均匀热透亦称欠热，也会造成不均匀变形，附加应力及锻造开裂等缺陷。

　　图 8-10 是 5t PCrNi3Mo 钢锻件过热组织，试样用 10％（体积分数）硝酸水溶液和 10％（体积分数）硫酸水溶液腐蚀，金相显微镜（LM）观察，可见晶粒粗大，晶界呈黑色，基体灰白色，显示为过热特征。

　　图 8-11 所示为轴承钢 GCr15SiMn 锻件过烧引起的裂纹，晶界上有熔化痕迹及低熔点析出相，裂纹沿晶界扩展。试样用 4％（体积分数）硝酸酒精溶液侵蚀后呈黑色晶界，明显烧坏，锻件过烧报废。

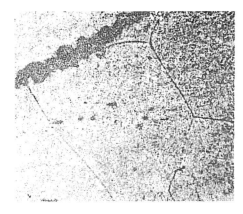

图 8-9　AlN 沿晶界析出引起
　　　锻造开裂的宏观形貌

图 8-10　PCrNi3Mo 钢锻件过热组织 100×

防止加热缺陷的措施是:

　　(1) 严格执行正确的加热规范;

　　(2) 注意装炉方式,防止局部加热;

　　(3) 调准测温仪表,精心加热操作,控制炉温、炉气流动,防止不均匀加热。

　　关于过热、过烧的详细介绍见第 5 章第 5.2 节

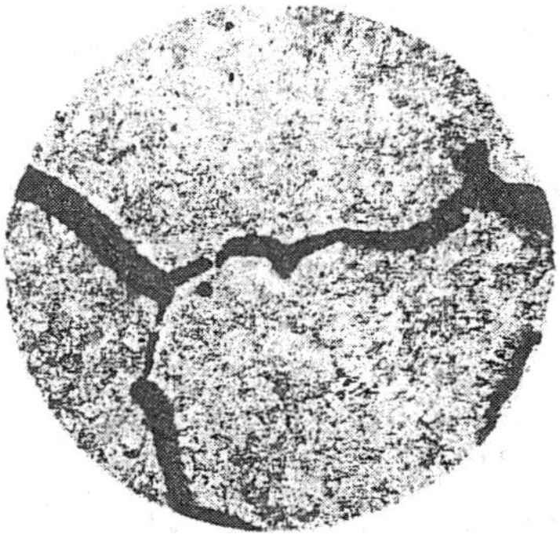

7. 白点

　　白点是锻件在锻后冷却过程中产生的一种内部缺陷。其形貌在横向低倍试片上为细发丝状锐角裂纹,断口为银白色斑点。图 8-12 为 Cr-Ni-Mo 钢锻件纵向断口上的白点。其形状不规则,大小悬殊,最小长轴尺寸仅 2mm,最大的为 24mm。

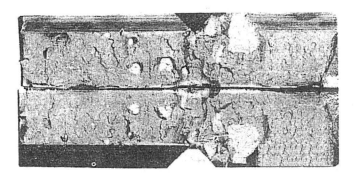

图 8-11　GCr15SiMn 钢锻件过烧组织

图 8-12　宏观断口上的白点形貌

白点实质是一种脆性锐边裂纹,具有极大的危害性,是马氏体和珠光体钢中十分危险的缺陷。

白点成因是钢中氢在应力作用下向拉应力区富集,使钢产生所谓氢脆,同时在拉应力作用下发生脆性断裂,所以氢和附加应力联合作用是白点产生的原因。如果钢中氢含量少,或者氢不发生析出聚集,又没有相变、温差等原因引起的拉应力则不会产生白点。

防止白点的主要措施:

(1) 降低钢中氢含量,如注意烘烤炉料,冶炼时充分沸腾,真空除气或炉外精炼充分去除氢气等;

(2) 采用消除白点的热处理,主要任务是扩散钢中氢,消除应力。

关于白点产生的原因和防止措施详见第5章第5.5节。

8. 组织性能不均匀

大型锻作因其尺寸大,工序多,周期长,工艺因素不稳定,所以常常造成组织性能不均匀,往往在力学性能试验,金相组织检查和无损探伤时发现各处质量差别过大而不能验收。这是由于钢锭中化学成分偏析,夹杂物聚集,各种孔隙性缺陷的影响;加热时温度,分布不均,内应力大,缺陷较多;高温长时间锻造,局部受力局部变形,塑流状况、压实程度、变形分布不均匀;冷却时扩散过程缓慢,组织转变复杂,附加应力大。以上诸因素都可能导致组织性能严重不均匀,造成质量不合格。

提高大型锻件均匀性的措施:

(1) 采用先进的冶铸技术,提高钢锭的冶金质量;

(2) 采用控制锻造,控制冷却技术,优化工艺过程提高大锻件的均匀性。

9. 淬火裂纹与回火脆性

许多对力学性能与表面硬度要求高的大锻件,锻后要经粗加工,再进行调质热处理或表面淬火。在热处理时,由于温度急剧变化,将产生很大的温度应力。由于相变还产生组织应力,这些应力和锻件内的残余应力叠加,如果合成的拉应力值超过材料的抗拉强度,并且没有塑性变形松弛,将会产生各种形式的开裂和裂纹。例如纵向、横向、表面和中心裂纹,表面龟裂和表层剥离等。由于大型锻件截面尺寸大,加热、冷却时温度分布不均匀,相变过程复杂,残余应力大,而且程度不同地存在着各种宏观和微观缺陷,塑性差,韧性低,这都能加剧裂纹萌生与扩展的过程,往往形成即时的或延时的开裂破坏,甚至炸裂与自然置裂等,造成重大经济损失。

图8-13是一支9Cr2Mo钢轧辊表面淬火横向裂纹,在调质淬火加热时出现过热,而且回火不足,心部保留较高的残余内应力,在以后的工频热处理表面淬火时,心部拉应力与残余应力迭加,超过该钢的强度极限,断裂为三段。图示断口表明:裂纹源于过热粗晶的心部,沿径向有放射状的撕裂棱,表层为细瓷状的表淬层。

防止淬火裂纹的措施是:

(1) 采用合理的热处理规范,控制加热速度与冷却过程,减少加热缺陷与温度应力;

（2）避免锻件中存在严重的冶金缺陷与残余应力；

（3）淬火后及时回火。

回火脆性系碳化物析出或磷、锡、锑、砷等有害微量元素沿晶界聚集而引起的脆性增大倾向。

防止回火脆性的措施是：

（1）减少钢中有害元素的含量；

（2）减少钢中偏析，防止有害组元富集；

（3）避免在回火脆性温度区热处理，适当快冷。

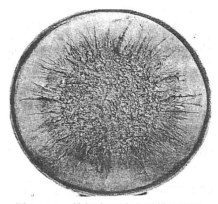

图 8-13　轧辊表面淬火时横向裂纹

8.2　大型锻件生产过程的质量控制

大型锻件的生产因其关系到重大关键装备的制造,关系到经济发展和国防实力,历来倍受关注。60 年来,我国大锻件制造业经历恢复重建、自力更生艰苦创业、改革开放创新发展、深化体制改革科技攻关、努力提高质量效益、技术引进及国产化、结构调整技术改造等阶段,在产量、品种、规模、质量与技术等方面都有长足的进展。生产了一批急需的重要锻件,如 1988 年制造成功 600MW 火电机组全套大型锻件,质量达到美国西屋公司标准。1995 年在 1000kN·m 对击锤上模锻成了直径 1300mm 汽轮机叶轮,批量生产的锻件覆盖当时国内市场需求量的 50%。1977 年以来我国自主开发成功了在普通自由锻水压机上液压胀形强化护环的新技术,在消除有害残余应力、提高使用性能与生产效益方面取得了显著的效果,并且已经成为当今主要的生产手段。还有在生产 320MW 水轮机大轴,600MW 核电锻件,2050MW 热轧辊及高铬钢轧辊,千吨级石油化工压力容器,万吨级船用锻件等方面都取得了相当优异的成绩。尤其在质量水平上有新的跃升。这些标志性成果的取得与我们重视质量是分不开的,从 20 世纪 70 年代起我国就针对电站大型锻件质量攻关持续开展了一系列的工作,加强了各生产环节的控制,严格进行质量检验,缺陷事故分析,强化质量管理,开展科技攻关研究,在质量控制与新技术研发方面取得了显著的成绩,如应用物理模拟和数值模拟方法以及常温和高温的密栅云纹测试方法等,对 FM、WHF、JTS、KD 等锻压方法的变形规律,工序设计进行了深入的研究。对管板、封头类锻件中的密集性裂纹进行了科学分析,对大型锻件内部类孔隙性缺陷的产生及微观缺陷修复机制进了研究。应用热力学模拟,微观模拟与计算机数值模拟相结合方法对锻压成形可控机制进行了探讨,促进了质量预报,质量控制及新技术开发工作的进展。在用密栅云纹法研究变形、应力、应变分布,塑性泥物理模拟,石蜡质材料物理模拟,护环超高压液力成形,护环钢再结晶与细匀化晶粒的研究方面都取得了明显的进步。在 1988 年前后我国引进了国外大型锻件生产技术,而后又开展了较大规模的消化吸收,国产化创新和技术改造工作使大型锻件生产水平有明显的提高,比如钢水纯净度和大型锻件质量有显著的改善。目前根据市场需求对超临界火电大型锻件、大型核电锻件、大型船舶锻件、大型石化容器、高铬钢轧辊、西气东输及航空航天大型锻件、模块和环形件等基础产品正在进行质量攻关。

以计算机信息技术为代表的高科技不断溶入大型锻件的研究与制造领域,对大型锻件生产中的质量预报、质量控制和大型锻造的科学化现代化发展具有重要的意义。

下面扼要讨论大型锻件生产过程的质量控制。

1. 冶炼与铸锭过程的质量控制

通过控制冶炼与浇注过程可以得到纯净度高,结晶结构合理,缺陷少的铸锭或坯料。目前主要举措如下:

(1) 严格按照技术标准对炉料、辅料和耐火材料加强精选、验收、保管与配料;

(2) 发展电炉炼钢,重要锻件用钢广泛采用炉外精炼;

(3) 严格控制浇注温度和浇注速度,推广大钢锭下注法。采用保护浇注,振动浇注,发热冒口及冒口补浇技术;

(4) 改进冶金附具。采用新的锭型结构和参数,减少钢锭缺陷。

例如:采用真空碳脱氧方法(VCD),钢中气体可降低,$[H]=(0.4\sim1.2)kg/g$,$[N]=(10\sim30)kg/g$,$[O]\leqslant32kg/g$,氧化物总量降至 0.0014%。真空循环脱气(RH)脱氢率 65%~70%,脱氧率 50%。钢包精炼(LF)脱气后 $[H]<2kg/g$,$[O]<20kg/g$,脱硫率达 81%达到 $[S]=0.002\%\sim0.005\%$,硫化物和氧化物夹杂小于 1.0 级和 1.5 级。电渣重熔(ESR)脱氢率 30%~50%,脱氧率 40%~60%,脱硫率 40%~50%,去除夹杂率 40%~60%,而且,成分均匀,无明显偏析,组织致密,塑性良好,结晶结构合理,污染少。可见通过电炉炼钢加炉外精炼,钢液质量能得到明显的改善。

再如,合理的锭型也能改善钢锭质量。对特大锻件如转子、轧辊可以采用短粗型钢锭,其高径比为 1~1.5,大锥度(8%~12%)大冒口(25%以上)。该类型钢锭有利于夹杂物上浮和气体逸出,减少偏析。空心钢锭用于锻造环筒类大锻件不仅材料利用率高,节省加热燃料消耗,而且偏析疏松少,表面质量好。随着冶炼,铸造技术的进步,采用异形锭,连铸坯乃至铸锻联合成形方法制坯会逐渐增多,这对提高大锻件的质量具有积极的作用。

采用数值模拟和物理模拟的方法研究钢锭凝固过程的温度场、流场和应力场,对提高钢锭的质量具有重要意义。例如清华大学、第一重机厂开发应用了 MISP 软件。计算了钢锭凝固时的温度场变化并较准确地确定了不同时刻凝固的前沿,还能预测缩孔及疏松的位置及尺寸,优化钢锭结构,以 205t 钢锭代替原用的 220t 钢锭,而且避免了疏松缩孔进入锭身区。图 8-14 表示了工艺改进前后缩孔疏松的模拟结果。由图可知改进后缺陷上移,尺寸减小。

2. 加热与锻造过程的质量控制

合理的加热对控制大型锻件的质量有重要的作用。所谓合理的加热主要指升温速度合理,控制钢锭内外温差防止温度应力过大使锻件产生裂纹破坏。实践证明:对高合金钢、低塑性材料的加热速度应严加控制,可采用降温装炉,分段加热的方法防止加热裂纹。提倡热坯料加热(表面温度不低于600℃的材料称

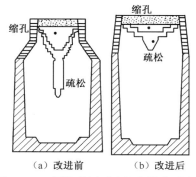

图 8-14 钢锭凝固时疏松与缩孔示意图

为热钢锭或热坯料)。其次要控制加热温度范围。加热温度的上限以不产生过热、过烧为度。因为粗晶及局部烧坏对锻压工艺及产品质量会产生不良的影响。但是随着冶炼技术和热处理技术的进步,加热温度有提高的趋势。另外,均匀加热合理的保温可以强化高温扩散机制,有利于组织结构的均匀化,有利于空隙性微缺陷在锻合压实时的热修复。

锻造中间再加热应考虑后续工序的变形量,当剩余锻造比 $K>1.6$ 时,可按最高允许加热温度加热;当 $1.3 \leqslant K < 1.6$ 时,加热温度应控制在1050℃左右;当 $K < 1.3$ 时,加热温度不高于950℃,以避免因小变形高温停锻,在锻件中形成粗晶组织。对因故障不能出炉锻造的锻件,炉温应控制在800℃以下。

锻造变形是提高大型锻件质量的重要手段。因为合理的变形能打碎铸态结构,压实空隙疏松,细化晶粒、均匀杂质分布,还能形成合理的流线,提高锻件力学性能。实践证明:理想的锻造组织性能和锻压的热力学因素有密切的关系。如果能科学地控制锻压成形过程中温度因素保持高低适宜、均匀热透、充分高温扩散、不发生加热缺陷,在锻造变形时变形速度合理,变形程度及变形分布合适,应力状态良好,热成形过程中动态再结晶与静态再结晶能得到有效的控制,则锻件的组织性能会显著提高。可见控制好锻造过程中的热力学因素是热成形质量控制中的重要环节。因此,应进一步加强热力学模拟和计算机数值模拟研究。通过定量计算,数字图形显示,方便快捷,系统全面地给出制件在成形过程中的各种数据信息与场量信息。通过热力学模拟,微观模拟和数值模拟相结合,优选热成形方法和优化工艺参数,以使大型锻件锻造质量的控制更趋完善。

3. 锻件冷却与热处理的质量控制

在深入研究热传导、温度分布与相变、扩氢、再结晶细匀化晶粒、松弛消除内应力、稳定组织、调控性能的关系之后,合理制订锻件冷却规范和锻件热处理制度。通过控制加热速度、冷却速度、保温时间、过冷温度等参数,达到扩散氢气,消除应力以防止白点,降低硬度,便于机械加工。调整预备组织以利于超声波探伤和最终热处理,通过最终热处理得到需要的使用性能。

8.3 大型锻件质量分析与控制举例

大型锻造的质量、效率和技术经济水平的提高,是一个系统工程,必须在炼钢、锻造、热处理、粗加工和质量检查各环节,采取有效措施,同时注重加强管理。多年来我国大型锻件生产行业经过艰苦努力,使得轧辊、转子、叶轮、护环、封头、空心件、模块、曲轴等大型锻件质量提高到一个新的水平。现以转子、护环和叶轮为例介绍如下。

8.3.1 转子类锻件的质量分析与控制

转子是电站设备的关键件,要求在高速下安全运行,承受着复杂的高应力,技术条件要求十分严格。然而由于影响质量的冶金因素,热力学因素难以控制,因而缺陷较多,主要有:大块或密集性的非金属夹杂物,残余缩管、白点、疏松、裂纹和力学性能不合格等。汽轮发电机转子锻件,在生产中多数是因为超声波探伤不合格而报废。

1. 12MW 转子锻件夹杂物缺陷

该转子钢为 34CrMolA,钢锭经真空碳脱氧(VCD)处理,锻件用正火调质热处理。

该锻件在超声波探伤时,发现两处密集缺陷区,深度在距中心 50mm 半径范围内。缺陷轴向位置与钢锭相应部位如图 8-15 所示。轴身密集区内有两处大于 ϕ12mm 当量的缺陷。

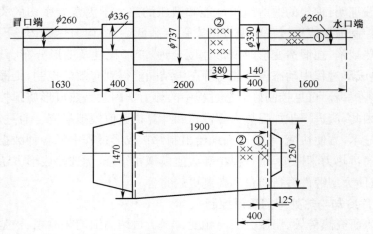

图 8-15 转子锻件与钢锭缺陷的对应部位

根据剥离切块宏观检查,发现有长度超过 2mm,直径约 1mm,方向平行于转子轴线的黑色粉末状夹杂物。群集缺陷尺寸达 55mm×10mm 和 35mm×12mm。经金相法鉴定和扫描电镜分析确定为非金属夹杂,而不是裂纹或缩管残余。X 射线结构分析认为是铝硅酸盐,而且属同一来源的非金属夹杂物。经显微镜高倍观察,可见大型非金属夹杂周围基体金属的纯净度很高,说明该夹杂为外来物,非炼钢时脱氧的内生产物。从夹杂物成分分析来看其属于耐火材料侵蚀物。其来源是,当钢水进行真空碳脱氧(VCD)时,真空度、脱氧制度与浇注参数调节不好,匹配不当,造成钢流不能很好分散而成股状,加上浇注温度偏低,注速较慢,使钢锭凝固条件恶化。这样被侵蚀的混入钢水中的非金属夹杂物将沉积于锭底黏稠区,来不及上浮而埋入钢锭内部,形成大体积的夹杂物沉集锥。在锻造时锭底切除量不足,于是在锻件内残留下此种缺陷。

2. 12MW 转子锻件轴身部位 a_K 值低于规定指标

12MW 转子锻件,材质为 34CrMolA 钢,锭重 19t,三火锻成,经一次中间镦粗。锻后等温退火,并作正火、调质热处理。

经性能检测,该件的力学性能变化如图 8-16 所示,轴心纵向强度 σ_b 和 σ_s 值,由冒口端到底部端呈递减趋势,而 δ 和 a_K 值,则由冒口端向水口端递增。在轴身部位"八"型偏析区 a_K 值低于规定指标。

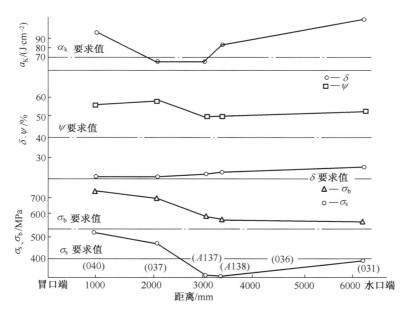

图 8-16　转子纵向力学性能沿轴向的变化

转子经解剖,沿纵轴方向切开,作硫印图,如图 8-17 所示。由图可见,钢锭的区域偏析在锻造时随变形状况发生相应变化。在变形压下量较大处,偏析带较窄,而变形较小的转子轴身部位则偏析带较宽。

夹杂物的分布:冒口端以硫化物为主,形貌呈条带状,而水口端以氧化物为主,呈链状或堆聚状分布,这和夹杂物偏析程度、性质有对应关系。

化学成分偏析沿轴向纵剖面分布变化如图 8-18 所示。其中碳、硫、铬、钼含

图 8-17　转子轴向硫化物偏析分布示意图

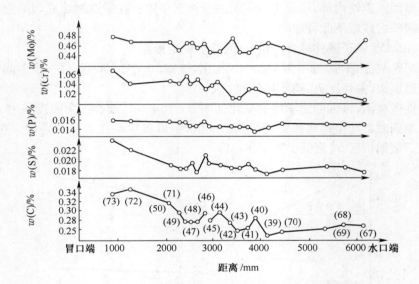

图 8-18　12MW 转子轴线纵剖面化学成分的变化

量,由钢锭冒口端向底部水口端呈递减趋势。

　　另外,由低倍观察和性能试验得知:沿横截面,边缘为细晶致密区,显微组织为索氏体,强度指标较高,中心呈被打碎的粗晶和被压合的疏松结构,显微组织中有块状铁素体,强度较低,而塑性、韧性在偏析区较低。这和钢锭结晶结构特征及锻压、热处理效果基本对应。

　　综观上述成分偏析和组织分布引起性能不均匀的情况,可见该转子锻件的缺陷,基本保留了铸锭缺陷的特征。

　　因此,减少钢中夹杂和钢锭偏析是首先应该重视的问题,否则,钢中夹杂多,钢锭偏析严重,靠锻造与热处理难以生产出优质的转子锻件。所以,转子钢的冶炼和浇注应引起极大的重视。对原材料的精选、炉料的烘烤、冶炼制度的完善,浇注系统的清洁等,都应严格要求。

　　锻造虽然可以消除钢锭的枝晶偏析,但对于区域偏析,如钢锭底部的负偏析区和钢锭冒口端碳、硫、磷、疏松等聚集区,锻造作用不大,只有增加钢锭底部端和冒口端的切除率,才能减少其不良影响。冒口端一般切除 25%～30%,底部端一般为 10%～20%。随着钢锭质量增加,钢锭的负偏析越严重,疏松、晶间裂纹等缺陷也相应的增加,这就使得锻压、焊合内部缺陷,改善钢锭中心质量更为困难。由于转子轴身直径大,因此如何提高锻透性,对于转子的锻造来讲,就显得格外重要。宽砧大压下量拔长和中心压实法是目前解决这一问题常采用的工艺措施。如锻造工艺中需用镦粗工序时,为充分焊合钢锭内部缺陷,打碎铸态组织,改变夹杂物的分布状态,不论一次镦粗,还是两次镦粗,只要水压机能力许可,应使镦粗变形程度大于40%~50%。

转子锻件的轴线与钢锭中心线尽量不能偏移。这就要求钢锭与钢坯必需烧透,在锻造过程中,变形要均匀,压台阶时要仔细,避免偏心。

3. 600MW 转子质量控制要点

600MW 汽轮机低压转子最大直径为 925mm,最小直径为 730mm,总长度为8800mm,用 238t 重的 25Cr2Ni4MoV 钢锭锻成。由于转子在高速旋转的复杂应力作用下工作,为确保大型火电机组正常安全运行,要求制件应具备均匀的高强度,优良的韧性,可靠的力学性能,残余内应力最小,为此规定了极其严格的技术条件。例如,化学成分的波动范围必须控制;[H]、[O]、[N] 等有害气体含量要在许可范围内;各处取样进行力学性能检验;全部进行无损探伤。超声波探伤,起始灵敏度为 $\phi 1.6mm$ 当量,底波衰减不大于 20%;中心孔潜望镜窥视和磁粉探伤表层缺陷;金相评定晶粒度和夹杂物等级、性质;还有形状尺寸精度、表面粗糙度要求等。为了避免缺陷产生,采取如下措施进行质量控制。

(1) 精炼钢水。根据现实生产条件,采用电炉加平炉供应低磷、高温粗炼钢水,而后倒入钢包炉(LF)二次精炼,去除夹杂物与有害杂质,进行真空碳脱氧(VCD),吹氩搅动,充分除气、脱硫,提高钢水纯净度。控制注温、注速,真空浇注成 24 棱短粗型大钢锭。并用发热冒口,保证充分补缩。

(2) 充分锻透压实。锻压采用三次镦粗,每次变形量均大于 40%;四次宽砧高温强压法(WHF)保证充分变形。使用设备为 12000t 水压机,砧子宽度为1700mm,锻压砧宽比在 0.61~0.83 间变化;中心压实法(JTS)锻压,采用四面加压,每次压下率为 8%,内外温度差大于 350℃,保证心部能有效压实。该锻件共用8 火锻成。锻造温度范围为 1260℃~750℃,冒口端切除量 28.5%,水口端切除量11.5%,钢锭利用率 50.4%。该方案经过模拟试验与理论研究,与国内外同类方案对比,经济可靠。

(3) 三次高温奥氏体化和四次过冷的细化晶粒锻后处理和激冷深冷调质热处理。

25Cr2Ni4MoV 钢因有奥氏体粗晶及组织遗传性倾向,为了细化晶粒,均匀组织,应严格控制最后一火的加热温度与变形量。采用三次高温正火,充分过冷,有利于减少残余奥氏体量,充分扩散氢气。为了防止直径差过大,造成冷却不均匀现象,当最小截面冷到 400℃时用包石棉布保温,均匀缓冷,防止裂纹。

调质处理采用大水量强喷水淬火工艺,以得到更多的马氏体和贝氏体组织,改善断裂韧度。同时在转子本体部位适当开槽,增加冷却表面积,提高淬透深度,得到良好的心部组织。为了减少变形和防止裂纹,在转子的不同部位,采用不同喷水量的冷却工艺,使制件各部位获得大致相同的冷却速度,从而得到良好的淬火效果。调质处理后进行机械加工和套取芯棒,检查中心孔质量。

该转子质量检查结果:超声波探伤,未发现 $\phi1.6mm$ 以上的当量缺陷。低倍观察:硫印为 0.5 级;酸洗未见异常现象。沿转子轴身径向套试料和中心试料进行高倍检查,塑性夹杂 0.5 级~1.5 级,脆性夹杂 0.5 级~1.5 级,晶粒度 5 级~6 级,中心孔试料高于径向试料。化学成分,气体含量检查全部符合技术条件,其中 S≤0.003%,P≤0.008%,[H]≤0.79(10⁻⁶),[O]≤27(10⁻⁶)。力学性能、残余应力检验全部优于技术规定。中心孔检查未发现缺陷,尺寸检查满足图样要求。综合全部质量检验结果,均达到了美国西屋公司订货标准。

8.3.2　护环锻件的质量分析与控制

护环也是火电设备中的关键大型锻件,它热装于发电机转子两端,用来紧箍高速旋转的端部绕组,要求高强、高韧、均匀、无磁、最小的残余内应力,良好的抗应力腐蚀能力。目前,多用 Mn-Cr 系奥氏体高强度钢锻坯,粗加工,最后经变形强化提高性能,技术含量高,制造难度大。

护环沿用 50Mn18Cr4 型钢制造。由于该钢抗应力腐蚀能力比较弱,故有用 Mn18Cr18N 抗应力腐蚀钢取代的趋势。

高锰、高氮奥氏体护环钢合金元素多、强度高、晶粒粗、塑性差,因而冶炼时保持高合金量、高氮量、均匀组织性能锻造时防止开裂,一直是生产中的难题。所以,优化工艺参数,控制工艺过程,提高产品质量的可靠性,长期以来是国内外关注的焦点。下面举例简要介绍护环生产中常见的缺陷以及大型护环的质量控制措施。

1. 护环热锻过程中的开裂

护环坯在热成形过程中开裂,常见于镦粗、冲孔及芯棒拔长等工序,其原由是工艺塑性不良,应力状态不佳。

Mn-Cr 系护环钢,由于铸锭晶粒粗大,柱状晶带发展,过热敏感,故可锻性较差,热锻时容易开裂。应采用合适的锻造温度范围和成形方法。

50Mn18Cr4 型护环钢的始锻温度选 1180℃~1200℃为宜。该钢种在 660℃~800℃范围内材料塑性显著降低,因此终锻温度应该严格控制在 850℃以上。

Mn18Cr18N 钢与 50Mn18Cr4 钢对比,化学成分显著不同点是:铬含量高、氮含量高、碳含量低。所以钢的热塑性明显降低,热锻开裂倾向增大,因而防止热锻裂纹尤为重要。可以采取控制锻造的方法,即严格控制热锻温度范围、控制应变速率,改善变形应力状态。这样不仅能防止裂纹缺陷,而且能提高内在质量。

镦粗开裂是由于切向拉应力过大或温度低塑性差形成的。选用合适的变形温度和镦粗变形量,或者在模内镦粗改善应力状态,可以防止此类缺陷。

50Mn18Cr4 钢再结晶温度(约 750℃~800℃)高,软化能力弱。镦粗时坯料上、下端面金属温度降低得很快,当较大的镦粗变形后,如金属硬化得不到恢复,再马上冲孔,则由于端面塑性低,孔口部位常易产生裂纹。如果将镦粗和冲孔分别在两火次进行,则可避免此类缺陷。

芯棒拔长的开裂,常见于坯料端部和内孔,主要原因是应力状态不良和变形温度低。图8-19所示为采用上平下V形砧进行芯棒拔长时,由于每压一次坯料呈椭圆形,在孔内壁受拉应力与切应力作用,并且反复交变,结果产生了裂纹。其次由于冲孔后常常有毛刺加上坯料温度降低,如紧接着拔长,便可能产生裂纹。防止该类缺陷的方法:①采用上下圆弧砧拔长,改善应力状态;②冲孔与芯棒拔长分别在两火次内进行,保证材料的高温塑性良好。

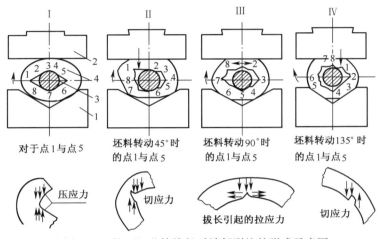

图8-19 护环坯芯棒拔长时端部裂纹的形成示意图

2. 护环的组织性能不均匀

Mn-Cr型奥氏体护环钢系本质粗晶粒钢,假如锻造时热力学因素控制不合理,极易产生粗大不均的晶粒组织。尤其当钢锭中偏析发达,粗晶严重,热锻时,变形分布不均者,这种缺陷更为明显。图8-20(a)示出了50Mn18Cr4钢制的6MW护环,晶粒度差别1级~3级。图8-20(b)示出沿晶界有少量颗粒状碳化物析出,它将影响护环的电磁性能。

有的大型护环晶粒度分布不均匀现象更为严重,甚至在加工后的表皮上,可见大片不均匀粗晶的痕迹。组织不均必然导致性能差异,有的护环沿圆周屈服强度$\sigma_{0.2}$波动范围达100MPa以上。组织性能的均匀性是评价护环质量的重要指标。因为均匀的组织性能,意味着不会发生局部破坏,使用更安全。提高钢的纯净度与均质性,严格工艺纪律,控制合理的温度分布与变形分布,可以获得比较均匀的组织和性能。

3. 护环液压胀形强化中的缺陷

液压胀形是利用超高压水使环坯受内压产生扩孔变形。液压胀形可能产生"喇叭口"和胀裂等缺陷。

护环液压胀形时出现"喇叭口"缺陷的原因是:液压胀形时护环内部传压介质

(a) 晶粒大小不均 100×   (b) 沿晶界有碳化物析出 500×

图 8-20   50Mn18Cr4 钢锻件的不均匀组织

尚未及时建立起高压,或者高压状态没能很好地保持,那么环坯在锥形冲头轴向下压时水平分力过大引起环坯失稳变形,在两端产生局部扩口,形成"喇叭口"缺陷。其受力变形状况如图 8-21 所示。相反假如两端变形阻力过大,中部也会受内压胀成鼓形。凹腰和鼓肚都是局部变形所致,这种畸形缺陷影响护环质量。必须合理调控胀形机制使其产生均匀胀形予以克服。

胀裂如图 8-22 所示。胀形强化时开裂的原因是:环坯组织性能不均匀,在力学性能较差部位发生开裂现象。另外,原材料缺陷、塑性韧性不良、机加工缺陷、残余应力等都会导致胀裂。

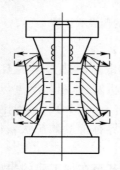

图 8-21   护环产生喇叭口缺陷示意图   图 8-22   液压胀形护环的缺陷

因此护环液压胀形时首先要及时建立并保持胀形所需的高压强。同时要监控液压胀形过程,实现计算机控制液压胀形,防止不均匀胀形与胀裂破坏,确保胀形的高质量。

4. 300MW 护环生产质量控制

生产流程为:冶炼、铸→锻制重熔电极(亦可铸造电极)→电渣重熔(ESR)→热锻制坯与控制冷却(控制锻造与高温形变热处理)→粗加工→变形强化(液压胀形或楔块模具扩孔法)→去应力处理→检验、包装。

鉴于高强度与抗应力腐蚀的要求,选用 Mn18Cr18N 钢。该钢中含碳量低

$(\omega(C)\leqslant0.12\%)$，氮高（$\omega(N)\geqslant0.4\%$），铬高（$\omega(Cr)=17.5\%\sim20.0\%$），硫、磷低（$\omega(P)\leqslant0.05\%$，$\omega(S)\leqslant0.015\%$），且总合金量占钢水总量50%以上，冶炼难度很大。在电炉上采用氧化法为主的操作，得到满意的化学成分。

重熔中采用CaF_2和Al_2O_3为主的渣系，注意电功率不宜过大，熔化速度不宜过快的原则，保证了电渣锭的质量。

加热与锻压 Mn18Cr18N 钢系奥氏体本质粗晶粒钢，高塑性温度区间较窄。热加工变形抗力较大，有很强的过热敏感性。为了得到细小均匀的组织结构，必需合理制定加热规范，严格控制热力学因素，实行控制热成形与控制冷却方案。即控制温度与变形的参数和最佳匹配关系。变形后，控制高温停留时间，控制入水冷却速度，以得到良好的形变热处理效果。经过该方案制成的环坯，组织细小均匀，工序简化，综合力学性能高，为下步变形强化，提高性能奠定了良好的基础。

为防止过热和晶粒过于粗大以及碳化物大量析出，最后一火锻造温度范围取为1180℃～900℃。

电渣锭的锻造工序为：①轻压滚圆，压下量为20mm左右；②镦粗、冲孔时要防止鼓肚裂纹与毛刺；③芯棒拔长，芯棒扩孔，要求转动均匀，每次压下要均匀锻透，锻压过程中发现裂纹及时清理，以防裂纹扩大。

扩孔强化大型护环需在120MN水压机上用楔块模具冷扩孔强化，或减压法液压胀形强化，在形变强化过程中应合理控制工艺参数，保证均匀变形。

最后经330℃～350℃，12h，稳定尺寸，消除应力回火。

质量检验结果：化学成分达到用户要求及美国西屋电气公司标准。其中N含量检查结果为$\omega(N)=0.52\%\sim0.60\%$，用户要求$w(N)\geqslant0.4\%$，西屋公司要求$w(N)\geqslant0.50\%$。力学性能全部达到标准，其中$\sigma_{0.2}$用户和西屋公司要求为1030MPa～1170MPa，检查结果为1074MPa～1083MPa，伸长率δ_5要求为20%，实际为20.5%～25%。

晶粒度规定标准为优于1级，检验结果为4级或5级。

磁导率：要求$\mu\leqslant1.1$，实际$\mu=1.0015$。尺寸检查符合图样要求。

超声波探伤：要求纵波$\leqslant\phi2mm$缺陷，实际未发现$\geqslant\phi1.6mm$缺陷。横波，未发现$\geqslant\frac{1}{2}$基准线的回波，液体渗透探伤检查未发现缺陷痕迹显示。

综上所述，以上工艺方案、工艺参数、质量控制技术是可靠的，产品全面满足用户订货条件，达到了美国西屋电气公司 P.D.S10725 标准的 BR 级指标。

8.3.3 叶轮白点的防治

白点是大锻件中常见缺陷之一。白点实质是一种高应力集中的脆性裂纹，危害相当严重。白点产生的原因是钢中氢含量高、内应力大两者共同作用的结果。在炼钢技术落后的年代，白点只能通过热处理扩氢加以控制，这个过程冗长而困难，所以白点成为大锻件中重要的缺陷。下面以25MW12级汽轮机叶轮为例介绍这一控制质量事例。该叶轮的生产流程为：电炉炼钢→铸锭→锻造→消除白点等温退火→粗加工→探伤→调质→试验。

锻件粗加工后经超声波探伤,发现内部缺陷严重。检查锻件的横向低倍和纵向断口,发现低倍上有大量细裂纹(图8-23),断口上有大量白点,其中最大的达8mm×5mm和13mm×2mm(图8-24)。

 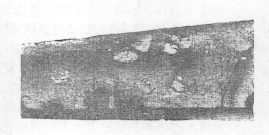

图8-23　34CrNiMo钢叶轮锻件横向低倍上的裂纹　　　　图8-24　纵向断口上的白点

白点产生原因如下:

(1) 炉料水分多,尤其是雨季生产,由于烘烤不充分,使钢中含氢量增高。

(2) 去氢规范不合理(图8-25),它不能保证锻件中心及近表面的氢气充分扩散,因此不能消除白点。

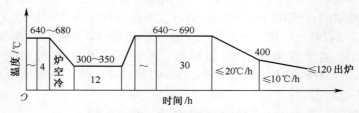

图8-25　不合理的去氢规范

防治措施:

(1) 降低钢中氢含量,如充分烘烤炉料,冶炼时充分沸腾,真空除气,炉外精炼脱气等。

(2) 制定合理的热处理去氢规范(图8-26),其要点是:

① 把过冷温度从300℃~350℃降为280℃~320℃,使过冷奥氏体较快分解,氢气充分扩散。

② 增加一次重结晶,用以提高锻件中氢气分布的均匀性,并细化晶粒,降低奥氏体的稳定性,从而降低锻件对白点的敏感性。

③ 降低扩氢后的缓冷速度和出炉温度,有利于氢气的扩散。

采用炉外精炼、真空处理,使钢中氢含量大幅度降低,达到临界值以下,是从根本上消除白点隐患的有效措施。另外,采用叶轮模锻方法冲出轮毂中心孔,减小了制件厚度,也有利于氢气扩散。

412

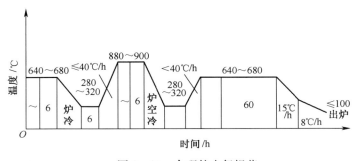

图 8-26 合理的去氢规范

第9章 塑性成形件生产过程的质量控制

塑性成形件生产过程中,如果工艺控制不当常常会产生一系列的质量问题,包括由原材料缺陷引起的质量问题;加热工艺不当引起的质量问题,塑性成形工艺不当引起的质量问题,以及由塑性成形后冷却、热处理和清理不当引起的质量问题等。因此,要控制好塑性成形件的质量必须从生产准备工作就开始,要根据现实的生产条件制定一个正确的、完善的工艺规程和严格的质量控制措施[80]。本章以锻件为例介绍各生产阶段的质量控制问题。图9-1是锻件生产过程流程图。

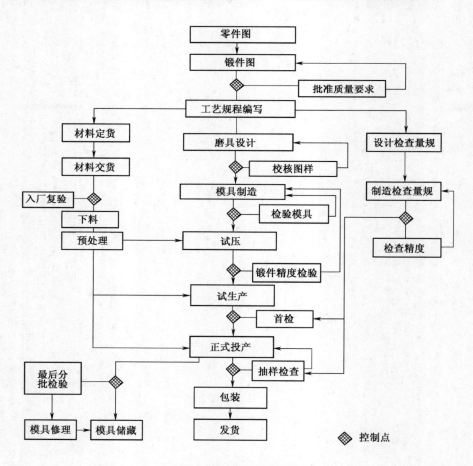

图 9-1 锻件生产过程流程图

414

9.1 锻件生产准备阶段的质量控制

锻件的质量必须从锻件生产准备阶段开始进行控制,在此阶段中,需要进行的工作有:

(1) 设计锻件图;

(2) 制定锻造工艺规程;

(3) 设计锻造用的工艺装备和模具;

(4) 制造锻造用的工艺装备和模具。

上述四项工作中的每一项,都有质量控制问题,以下分别予以介绍。

9.1.1 锻件图的质量控制

1. 设计锻件图的依据

锻件图是生产和检验锻件的主要依据,设计锻件图是整个锻件生产过程的第一步,控制锻件质量,必须从控制锻件图的质量开始。

设计锻件图的依据是:

(1) 产品零件图;

(2) 有关的锻造技术标准和质量控制文件;

(3) 对机械加工有特殊要求的锻件,由负责制定机械加工工艺的部门提出的机械加工余量、加工基准面以及为了便于加工而设置特殊敷料的要求;

(4) 锻造车间现有的设备和生产能力;

(5) 关于机械制图的国家标准和企业内部的通用标准。

零件图是设计锻件图的最重要依据,设计人员在设计锻件图之前,必须清楚地了解零件图形的每一细节。零件所用的材料,零件的技术要求以及单台产品上零件的数量常常是影响将要采取的锻造工艺和热处理过程的因素,所以必须认真阅读和领会。

锻造技术标准和质量控制文件是指有关的国家标准(GB)和各个工业部部颁标准,例如机械工业部部颁标准(JB)、航空工业部部颁标准(HB)和冶金工业部部颁标准(YB)。

有些零件由于某些部位的尺寸精度或粗糙度要求较高,必须经过较多的机械加工工序方能达到;又有些锻件由于形状特殊和批量生产的需要,必须在利用专门的夹具装卡固定情况下方能进行机械加工,此时,负责制定机械加工工艺规程的部门,必须同时提出增加余量和敷料的部位和量的要求。锻造工厂现有的设备类型和生产能力常常是决定锻件质量和生产经济性的重要因素。设备的生产能力不仅牵涉到设备和模具等,还关系到生产任务安排、工人的技术熟练程度等。所以,一张设计良好的锻件图必须是统筹考虑了技术的、生产的和经济的各方面因素以后的产品。锻件图的绘制,应该符合现行的国家制图标准。

2. 锻件图的基本内容

（1）锻件图的标题栏中，应该标明产品型号、零件图号及名称、单台产品的零件数量和左右件、锻件图号及名称、材料牌号、连锻件数（如果采用多件连锻的话）、单台产品的锻件数量、锻件的热处理方法和硬度、图样比例、版次和分发单位等。

（2）锻件图还应标明经过合理选择的分模面位置，如果有要求的话，还应表示出流线的方向。

（3）按照有关标准的规定，结合零件图和提出的特殊加工要求来确定余量、公差、敷料、构造要素和机械加工基准面的位置。然后，在锻件图内用双点画线标出零件的轮廓形状和在括号内注明最终的名义尺寸。

（4）锻件图上应有该锻件所属类别的标记。

（5）锻件图上还应该根据锻件的类别标明需要进行的物理和化学性能试验项目、取样部位和取样方向。

（6）锻件图上应该标明打硬度、炉号和检验印记的位置。

（7）在锻件图的技术条件栏内应注明未注模锻斜度、未注明的圆角半径、垂直方向和水平方向的未注明尺寸公差，沿分模面上的错移量、残余飞刺和允许的翘曲量等。

3. 锻件图的审批和修改手续

一般的工厂企业都规定锻件图上必须有下述人员的签名，方能生效。

（1）设计者；

（2）校对者；

（3）审核者；

（4）批准者；

（5）机械加工部门的代表；

（6）锻造及其质量控制部门的代表。

随着生产实践经验的不断积累和技术的不断进步，难免出现修改锻件图的必要性。但是，更改锻件图和更改其他图纸一样，是件十分严肃的事，必须有依据：①凡是修改图形、不加工尺寸及其公差和流线分布时，都必须根据零件设计更改的文件。②更改锻件图要经过一定的审批程序。③凡是涉及重要锻件的原材料供应条件、主要工艺和足以影响锻件冶金质量的更改，还必须经过试验，必要时还要重新经过试车考验。

9.1.2 锻造工艺规程的质量控制

1. 制定锻造工艺规程的依据

正确的锻造工艺规程，是保证获得符合质量要求的锻件的前提。制订锻造工艺规程的依据有：

（1）锻件图和有关锻件及材料的技术条件和供应状态；

（2）有关加热、锻造、热处理和清理等工序的技术规范和通用工艺规程；

（3）现有设备、工装和模具的类型、能力和精度等的技术资料；

（4）有关的检验制度和检验装置；

（5）经过鉴定并证明行之有效的工人操作经验和合理化建议。

2. 锻造工艺规程的内容

正确的锻造工艺规程，至少应包括以下内容：

（1）产品型号、零件图号及其名称、零件的单台产品件数和左右件、锻件图号及其名称、锻件的单台产品件数、锻件重量、材料的牌号和规格、下料长度以及材料的消耗定额等。如果采用多件连锻工艺的话，还要注明连锻件数。

（2）下料工序中应说明所使用的下料设备及其型号和规格，下料工艺（例如是否需要加热和加热到多高的温度）和下料的技术要求。下料的技术要求中有切断面的粗糙度、椭圆度和垂直度（相对于纵轴）以及下料的尺寸公差或重量公差等，如果需要进行超声波探伤应予注明。

（3）加热工序中应规定加热炉的类型和规格、装炉数量和坯料在炉底上放置的方式以及加热温度、速度和时间等的数据。

（4）锻造工序中除了规定所使用的设备类型和能力以外，还应说明坯料放入模槽的位置和坯料纤维相对于模槽的正确方向，锤击的轻重和次序以及润滑和冷却模槽的要求等。有些难以用文字叙述清楚的内容，还应考虑用简图加以说明。

（5）切边工序中除了规定切边设备的吨位要求以外，还应规定锻件是在热状态下切边还是在室温（冷）状态下切边。如果是前者，还要指出切边温度的上下限。有一些小量生产的大、中型模锻件，常常采用气割方法去除飞边，此时应提出气割时和气割以后关于清理的要求。

（6）清理工序中应注明清理方法。如果采用喷丸清理，要规定喷丸的材料和粒度；如果采用酸洗清理，要根据不同的锻件材料规定酸洗液的成分、浓度和温度等的参数。一般清理工序的最后，还要打磨毛刺和表面缺陷，所以也要规定打磨的要求。

（7）注明应进行检查的尺寸和使用的量具和检具、硬度值、按锻件类别规定的物理和化学试验项目及其他检验项目。同时，还要规定检查的制度，是全数检查还是抽样检查，如果是后者，还要给出抽检方案。

有许多工厂对Ⅰ、Ⅱ类锻件制定了专门的检验规程，因此锻造工艺规程中的大部分有关检验制度的内容，应该纳入检验规程中。

（8）必须注明各工序使用的设备型号和规格，以及使用的工艺装备的编号。

（9）有些工厂对锻造各工序制定了各种不同情况下采用的通用工艺规程，以节省制定每种锻件锻造工艺规程的工作量，对此，在工艺规程中也应该注明适用的通用工艺规程编号。

3. 锻造工艺规程的编写审批和更改

锻造工艺规程必须按规定的格式填写，内容除正确以外，还要求完整、清晰和协调。检验工序的安排应该适当。所谓适当，是指检验工作量既不过多，也不过少,检验点的布置以满足质量控制的要求为限,一定要克服检验工作和检验点越多越好的思想。总之,要以最低的代价达到保证锻件质量的目标。

锻造工艺规程上应该签名的人员基本上和锻件图相同,不过不需要锻件机械加工部门代表的签名。

锻造工艺规程的更改手续基本上和审批手续相同。

9.1.3 锻造工装模具图的质量控制

1. 设计锻造工装模具图的依据

锻造工装模具和锻造工艺规程一样都是为了生产出符合质量要求的锻件服务的。设计锻造模具的主要依据有以下几点:

(1) 锻件图。

(2) 锻造工艺规程或工装模具设计任务书。许多锻造工厂都实行由制定锻造工艺规程的部门提出锻造工装模具设计任务书,由独立的工装模具设计部门负责完成的制度。

(3) 有关锻造设备的工艺参数。

(4) 由各种来源(国家的、部的和企业内部的)提出并颁布的锻造模具设计标准资料。熟练地运用这些资料,常常是高效率和高质量地完成设计任务的捷径。

(5) 企业内部的锻造模具制造和验收的通用技术条件。

(6) 国家的制图标准和工厂关于绘制锻造模具图纸的通用习惯表示方法。

还应指出,为了对锻造模具进行科学管理,从而保证锻件的质量起见,在锻造模具图纸上都应按 HB 35—73《工艺装备编号制度》的规定标明该模具的编号。

2. 锻造工装模具图纸的基本内容

许多锻造工厂都制定了本厂内部通用的如模块、导柱、镶块、楔键、锁扣和模槽、飞边槽等锻模通用构件或通用结构要素的标准,而且由锻模制造与验收通用技术条件来规定它们的制造质量和装配成一套模具后的质量要求。所以在模具的设计图纸中,应标明采用的标准件号和适用的标准号。此外,还应特别注明质量要求按照通用技术条件的规定。

3. 锻造工装模具设计图的审批和更改手续

锻造工装模具设计图必须由下列人员签名后,方能生效

(1) 设计者;

(2) 校对者;

(3) 审核者;

(4) 批准者;

(5) 制定锻造工艺规程部门的代表;

(6) 模具制造部门的代表;

(7) 质量控制部门的代表。

418

9.1.4 锻模制造的质量控制

模具制造完毕后,对于形状简单的锻模,可以用测量模槽的各部分尺寸的方法来检验。为此,要设计一系列的专用检具,对于形状复杂的锻模,一般要用灌铅或压蜡的方法先得到样品,然后检查样品的尺寸精度是否符合锻件图的要求。检查合格后,才能开出初检合格证。模具的最终制造质量只有在实际生产条件下,用它锻出几个锻件,对这些锻件进行检查以后才能判定。终检合格证也只有在这样的情况下才能发给。

9.2 锻造原材料的质量控制

锻造用的原材料为铸锭、轧材、挤材及锻坯。而轧材、挤材及锻坯分别是铸锭经轧制、挤压及锻造加工成的半成品。一般情况下,铸锭的内部缺陷或表面缺陷的出现有时是不可避免的。例如,内部的成分与组织偏析等。原材料存在的各种缺陷,不仅会影响锻件的成形,而且将影响锻件的最终质量。例如,在航空工业系统中,根据不完全的统计,导致航空锻件报废的诸多原因中,由于原材料固有缺陷引起的约占 1/2。因此,应重视原材料的质量控制。原材料的主要缺陷及其引起的成形件质量问题见第 1 章第 1.2 节。

1. 锻造原材料订货时的要求

锻造工厂在向冶金工厂订购锻造原材料时,要提出材料必需满足的技术条件。技术条件的内容,既可完全套用现行的国家标准或部颁标准,也可以在这些标准以外,再补充一些为了保证锻件质量而附加的要求。对于重要航空锻件所使用的原材料,应该提出下列要求:

(1) 化学成分必须符合规定,组织状态必须符合要求,特别不得含有异常组织(如组织不均匀,过热组织和打磨时形成的淬火组织等)。

(2) 对于制造重要锻件的原材料,应要求冶金工厂执行规定的生产工艺。为此,冶金工厂生产原材料的工艺必须先经过锻造工厂的认可和批准,而且未经锻造工厂的同意不得擅自更改经过认可和批准的生产工艺,这是因为像高温合金和钛合金等这样一些材料,冶炼或轧制工艺即使有一点微小的变化,也会给锻件的性能带来意想不到的危害。

(3) 在原材料生产过程中,尽可能不产生诸如划伤、鳞片、折叠和裂纹等的表面缺陷。如果有了这些缺陷,也应保证不超出可以允许的范围。对于表面上绝对不允许有缺陷存在的锻件,有时不得不把材料的表层完全车掉以后再锻造。

(4) 在冶炼工艺和随后轧制工艺许可的范围内,应尽可能没有夹渣、陶瓷杂质和其他诸如空穴、气孔和白点等的缺陷。

2. 原材料入厂复验

原材料入厂复验是锻造工厂控制原材料质量的重要手段。

对于入厂原材料的质量,应该怎样控制的问题,很大程度上取决于材料的种类、将要用来制造的锻件的重要性和对冶金工厂质量管理工作的信任程度。通常,原材料越贵重,入厂复验的项目就越多,例如有色金属合金和高温合金的复验要求比一般钢材要高,锻件的类别反映了锻件的重要性,Ⅰ、Ⅱ类锻件所用的原材料,当然需要做较多的复验工作。从管理的角度来看,冶金工厂的质量管理工作水平越低,原材料入厂复验的工作量也越大。

应该指出,原材料入厂复验的目的并非简单地重复冶金工厂已经做过的试验项目,也不是补充冶金工厂所没有做过的试验项目,而是为了剔除不符合质量要求的原材料以及评价冶金工厂生产合格产品的能力和该厂质量管理工作的水平。复验工作多数是在原材料运抵锻造工厂以后进行的,但是为了节约运输费用和时间,也可由锻造厂长期派驻冶金工厂的人员或巡回人员就地进行复验工作。

原材料入厂时,都有冶金工厂提交的质量保证单(合格证)。质量保证单的内容至少应包括:

(1)材料的牌号、规格和数量;

(2)材料的供应状态;

(3)熔炼方法、熔炼炉号、锭节号;

(4)所根据的技术标准;

(5)化学成分、力学性能和金相组织的检查结果以及无损探伤结果;

(6)出厂日期。

确定原材料入厂复验项目的原则是:

(1)技术标准或订货协议中有特殊要求的;

(2)有可能影响生产过程的顺利进行或锻件最终使用性能的;

(3)由于原材料冶金工厂不同意而未被纳入订货协议,但是却和锻件的生产和使用性能有很大关系的;

(4)规定新材料的复验项目时,范围从宽,要求从严。

检查原材料的手段有破坏的和非破坏的两大类,表9-1综合了我国一些航空锻件专业生产厂的原材料入厂复验项目,该表是按材料的类别区分的。

表9-1中没有包括原材料入厂时一般都做的检查项目:

(1)肉眼观察原材料表面有无外观缺陷;

(2)原材料的尺寸和形状是否符合要求;

(3)如果原材料是钢,还要用火花鉴别法判断是否把不同牌号的材料混到了一起。

表9-1中也没有包括为了检查原材料的工艺性能而要求进行的检验项目,如通过镦粗试验显示材料的镦粗性能和材料的表层中是否存在着微小的缺陷,又如为了检查红脆性,在700℃~900℃情况下进行的断裂试验等。

表 9-1　入厂原材料复检项目表

项目 ＼ 材料		钢					高温合金	铝合金	镁合金	铜合金	钛合金
		优质碳素结构钢	碳素结构钢	合金结构钢	不锈耐酸钢	滚珠轴承钢					
化学成分		◉	◉	◉	◉	◉	◉	◉	◉	◉	◉
力学性能	拉伸	◉		◉	◉		◉	◉	◉	◉	◉
	冲击	○		◉	◉						◉
	硬度	△		◉	◉	◉			◉		◉
	高温拉伸						◉				◉
	持久强度						◉				◉
	热稳定性						◉	○			
	断裂韧性			△							
金相组织	低倍组织	◉		◉	◉	◉	◉	◉	◉		◉
	显微组织			△		◉	△				◉
	断口检查			○		◉	○			◉	
	晶粒度		◉	○			◉				
	晶粒不均匀度						◉				
	纯净度			○		◉	◉				
	粗晶环							○			
	塔形检查	○		○	○		△				
	超声波探伤			△	△		○	△			◉
	表面污染										△

注:◉——应做项目; ○——常做项目; △——不常做项目。

3. 原材料的标记方法

对原材料的标记工作,必须从入厂时起便十分注意,因为它是保证锻件在生产过程中的同一性和可追踪性,以及评价冶金工厂质量管理工作的水平的重要手段。

原材料入厂时,由冶金工厂提供的标记的内容至少应该包括:

(1) 材料牌号;

(2) 熔炼炉号;

(3) 锭节号(如有要求);

(4) 批次号;

(5) 冶金工厂代号。

航空锻件使用的原材料大多数是由冶金工厂供应的棒材,其中直径大于10mm 的又占绝大多数。这些材料在通过入厂复验后,要逐根地在材料的一端距离端部 50mm 处打上该批材料的复验编号,并在材料的全长上每隔 50mm～

100mm 用喷漆的方法标记上材料的牌号,但是仍应注意保留冶金工厂的熔炼炉号和锭节号(如果有的话)。对于直径小于 10mm 的棒料,应该用不同颜色组成的色带来代替用文字表示的材料牌号标记。涂完颜色的材料组成捆后,还应在每一捆上挂上金属标签。表面质量不合格的材料,应用红色喷涂,以资识别。物理、化学性能检查不合格的原材料,应该另外存放保管。

9.3　备料过程中的质量控制

1. 备料不当产生的缺陷及其对成形件质量的影响

备料不当产生的缺陷有以下几种。

(1) 切斜。切斜是在锯床或冲床上下料时,由于未将棒料压紧,致使坯料端面相对于纵轴线的倾斜量超过了规定的许可值。严重的切斜,可能在锻造过程中形成折叠。

(2) 坯料端部弯曲并带毛刺。在剪断机或冲床上下料时,由于剪刀片或切断模刃口之间的间隙过大或由于刃口不锐利,使坯料在被切断之前已有弯曲,结果部分金属被挤入刀片或模具的间隙中,形成端部下垂毛刺。

有毛刺的坯料,加热时易引起局部过热、过烧,锻造时易产生折叠和开裂。

(3) 坯料端面凹陷。在剪床上下料时,由于剪刀片之间的间隙太小,金属断面上、下裂纹不重合,产生二次剪切,结果部分端部金属被拉掉,端面成凹陷状。这样的坯料锻造时易产生折叠和开裂。

(4) 端部裂纹。在冷态剪切大断面高合金钢或高碳钢棒料时,常常在切断后 3h~4h 内,端部出现裂纹。其原因是刀片上单位压力太大,使圆形截面压扁成椭圆形,因而在材料内部产生很大的内应力。在应力作用下,端面常在过了一段时间后发生开裂。原材料的截面大,硬度高或分布不均匀,材料内部偏析严重都容易促使裂纹产生。因此在剪切大截面的高合金钢或高碳钢棒料时,都应预热到300℃~500℃,方能避免产生裂纹。

有端部裂纹的坯料,锻造时裂纹将进一步扩展。

(5) 气割裂纹。未经预热的原材料在气割过程中,坯料内部存在着较大的热影响区,表现为从坯料的表面到心部,显微组织变化非常剧烈,从而出现很大的组织应力和热应力,使坯料端面上出现一般向内部延伸的纵向裂纹。高合金钢比低合金钢、高碳钢比低碳钢容易产生这种裂纹,环境温度低的时候又比环境温度高的时候容易产生。这种裂纹如不预先清除,锻造时裂纹将进一步扩展。

(6) 凸芯开裂。车床上下料时,坯料断面中心常留下一段直径小而高度低的残料,称为"凸芯"。凸芯如不在锻造前预先消除,在锻造过程中,凸芯部分的金属冷却快,塑性也比周围的基体部分降低得厉害,因此在凸芯向基体过渡的位置上,常常由于应力集中而开裂。

2. 下料工序的质量控制

（1）首先，下料开始和结束时，切忌将材料弄错或把不同牌号的材料混到了一起，这就要求工人在下料开始前必须根据工艺规程和流水卡片，核实材料是否符合规定；其次，必须严格禁止在同一时间内，在同一设备上进行两种不同材料的下料工作；最后，对于Ⅰ、Ⅱ类重要锻件，还应该在切下的坯料上标明材料的牌号、熔炼炉号和锭节号。

运输坯料的料箱必须有标记，到达锻造车间后便要分区存放。下料以后剩余的料头必须按材料的牌号、规格和炉号分开管理。

（2）选择正确的下料方法。锯切的方法虽然精度高，但生产效率较低，不能适应大批量生产的要求，剪断的方法虽然生产效率较高，但容易使坯料的端面变形，气割的方法一般不得用于高合金钢和有色金属及其合金。

必须严格遵守下料的技术规程。在锯床上下料时，压紧力要足够；剪床上下料时，必须正确调整刀片的间隙；还要根据不同的情况，原材料该预热的就要按正确的规范预热。

（3）操作人员必须十分注意原材料表面和坯料端面上可能存在的宏观缺陷，如折叠、裂纹、气泡、夹杂和中心疏松等，一旦发现，应立即报告质量控制人员，听候处理。

（4）实行"首件三检"制度，检查下料尺寸（或重量）是否符合规定。在无飞边的闭式模锻情况下，坯料的重量精度要求有时会比下料尺寸的精度要求更高。

对于需要进行超声波探伤的坯料，还应有去毛刺的要求。

9.4 加热过程中的质量控制

加热是锻造过程中非常重要的一道工序。锻坯加热质量不好，将会产生很多的成形件质量问题（见第1章第1.2节）。因此，应重视加热质量控制。

1. 加热炉应保持良好的工作状态

加热炉是保证加热质量的关键设备，应保证良好的工作状态。

根据对加热炉工作区温度均匀性的要求，可将加热炉分为五类，见表9-2。

炉温均匀性是衡量加热炉质量的一个非常重要的指标。所以，炉温均匀性及其控温仪表的精度必须定期进行检查，见表9-3。

检测炉温均匀性的方法有九点法和三点法之分，而以九点法的检测质量最高。三点法只在中、低温电炉中有用。

九点法检测炉温均匀性的原理见图9-2。该图所示为只有一个控温区的箱式加热炉(a)和井式加热炉(b)。一个控温区至少应有九支热电偶。大规格的加热

表 9-2　锻造加热炉的类别

类别	工作区①的炉温均匀性②/℃	控温精度③/℃	仪表允许误差不大于/℃	推 荐 用 途
Ⅰ	±3	±1.0	±1.0	
Ⅱ	±5	±1.5	±1.5	
Ⅲ	±10	±5.0	±3.0	加热铝合金、镁合金、铜合金、钛合金和高温合金
Ⅳ	±15	±8.0	±5.0	加热铜合金、钛合金、高温合金、不锈钢和合金结构钢
Ⅴ	±20	±10	±6.5	加热不锈钢和合金结构钢等

①工作区是加热炉的工作室中符合炉温均匀性要求的空间尺寸,大规格加热炉的工作区可以分成二个以上控温区。
②炉温均匀性是自动记录仪表指示的温度和工作室炉温均匀性检测点之间的最大温度差。
③控温精度是控温点的温度与其指示的最高或最低温度之差。

表 9-3　炉温均匀性及其控温仪表的检测周期

加热炉类别	控温仪表检测周期	炉温均匀性检测周期
Ⅰ	三个月	一个月
Ⅱ	六个月	六个月
Ⅲ	六个月	六个月
Ⅳ	六个月	六个月
Ⅴ	一年	一年

注:在下列情况下,应另外增加炉温均匀性检测次数:
1. 新炉投产前;
2. 加热炉大修后(加热元件更换、喷嘴更换和炉衬全部重砌);
3. 重新安装控温热电偶;
4. 工作温度超过加热炉最初检测的温度范围;
5. 影响加热炉均匀性的因素发生变化。

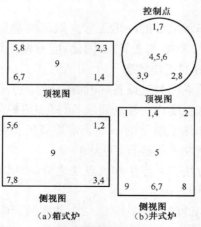

图 9-2　九点法检测炉温均匀性的示意图

炉,常常有二个以上控温区,因此每增加一个控温区,便要增加五支热电偶。或者按工作区的体积计算,每 $0.4m^3$ 放置一支热电偶,但总数不得少于九支。工作区体积大于 $16m^3$ 的炉子,最多用 40 支热电偶。热电偶在炉内要均匀分布。

2. 加热工序的质量控制

加热工序质量控制的要点是:

(1) 必须严格执行正确的坯料管理制度。

(2) 选择正确的炉内气氛:加热钢料时,炉气应略带还原性;加热铝合金时,炉气中不得含硫和水蒸气;加热钛合金时,炉气应略带氧化性。

(3) 必须严格执行确定的加热规范。炉温必须符合工艺规程的规定。应该给每台加热炉装备自动控温系统和记录报警系统。加热时间必须符合规定。坯料的加热记录应作为技术档案保存一定的年限。

(4) 执行正确的加热方法。坯料应该放置在炉子的工作区内,尽可能码放整齐,行与行、列与列之间应留出一定的间隙。重要的锻件还必须将坯料架空。在设计加热炉时,燃烧嘴的温度通常要比炉子的正常温度高。为了避免火焰和坯料直接接触,一般燃烧嘴的位置应比坯料高出 300mm 以上。在电炉内加热时,坯料也要和电阻丝保持一定的距离。炉底应保持清洁,要经常清除氧化皮。加热过铜料的炉子用来加热钢料时,必须先进行除铜处理。

(5) 当加热炉由于失控等原因而出现跑温(温度骤然升高)或掉温(温度突然降低)时,应视具体情况按操作规程进行处理,并在该炉锻件上作出标记,以便对这些锻件的质量采取特别的保证措施。

9.5 塑性成形工序的质量控制

塑性加工工艺不当时常产生一系列的质量问题(见第 1 章第 1.2 节),应重视成形工艺的质量控制:

(1) 根据锻件所使用的材料、锻件的几何形状和尺寸、锻造工艺和对锻件的质量要求,合理的选择锻造设备的种类和能力,一般的模锻可以在锤或曲柄压力机上完成,但是精锻叶片等的理想设备是螺旋压力机,而等温精锻又必须在液压机上进行,设备的能力应足够,否则火次要增多或锻不透影响锻件质量,但过大也没有必要。设备应处于良好的状态,应具有良好的导向精度。

(2) 模具应经过检验合格。生产中应正确执行模具在使用前的预热制度,润滑剂的种类应选用得当,使用合理。

(3) 严格执行工艺规程中确定的变形温度、变形速度、变形程度和操作规程。要十分注意逐次变形量和每火次的总变形量。而且对不同材料应根据其特点分别对待。例如:对各种钢料、铝合金和镁合金等最后一次变形量应适当大些。而对镍基高温合金和钛合金,如果逐次变形量太大,会由于变形热效应而使材料内部温度升得过高,从而导致开裂或形成过热组织。然而钛合金的高温锻造(在 β 相区内锻造)工艺又要尽达到足够大的变形量,否则便难以获得希望得到的网篮状组织,因为这种组织具有比较高的强度,同时还有较佳的断裂韧性。

(4) 制定和恪守保证锻造过程质量的制度也十分重要。属于这种制度的有"首件三检"制度。所谓首件三检,便是每个班生产的第一个锻件必须通过锻造工人自己检查,班组长复查以及专职检验人员的检查以后,确认质量合格,方得正式生产。保证锻造过程质量的制度还要求质量控制人员监督工人执行工艺规程和在生产过程中随时抽查锻件的质量,即所谓"巡检"工作。

在航空产品中Ⅰ、Ⅱ类锻件是飞机及其发动机上的主要受力构件,在飞机飞行中,它们一旦损坏,将会发生不堪设想的后果。所以,这些锻件在正式投入生产前必须做到"三定",所谓"三定"便是定工艺、定设备和定人员。必要时,还应该为这些锻件制定专用的工艺说明书,并且按锻件图号和件号建立质量档案。

9.6 锻件热处理过程的质量控制

目前,大多数钢锻件都需要在锻后进行多道机械加工工序,一些钢锻件在锻造车间内进行热处理的目的是最大限度地改善锻件的机械加工性能。至于通过别的热处理方法来获得该零件的最后工作性能,那是离开锻造车间以后的事了。但有色金属锻件在一些工厂是由锻造车间来完成热处理工作的。

表9-4简要介绍了不同金属材料的锻件可能在锻造车间中进行的主要热处理过程。锻件热处理过程中常易发生的缺陷有两种:

(1) 锻件硬度过高或过低。硬度过高的原因是:①正火后冷却速度太快;②正火或回火加热时间太短;③原材料的化学成分不合格。

硬度过低的原因是:①淬火温度低或淬火时间短;②回火温度偏高;③多次重复加热引起表面脱碳;④原材料的化学成分不合格。

(2) 同一锻件上硬度分布不均。造成这种缺陷的主要原因是热处理工艺制定得不合理,例如一次装炉量过多和加热时间过短,或者由于锻件表面上的局部地区有脱碳现象等。

保证热处理质量的第一个环节是热处理炉温度的均匀性。对于大多数低合金可淬硬钢来说,奥氏体化的温度偏差能够控制在±15℃范围内便可以了,但是某些

表9-4 锻件的主要热处理过程

合金种类	锻造车间进行的热处理工作	合金种类	锻造车间进行的热处理工作
碳钢	正火,淬火,回火	铁基高温合金	固溶处理,时效
合金钢	正火,回火,恒温退火	镍基高温合金	固溶处理,稳定性,时效
奥氏体不锈钢	固溶退火	铝合金和镁合金	固溶处理,时效
马氏体不锈钢	退火,淬火,回火	耐热金属	退火,消除应用
钛合金	退火,固熔处理,时效		

镍基合金特别在时效处理时,温度偏差应该控制在±5℃范围内。钛合金的时效温度偏差是±8.5℃。

温度测量和记录仪表的读数精度也因锻件的材料而异,见表9-5。此处所谓精度,是指读数和炉子真实温度之间的差异。

表9-5 锻件热处理炉测量记录仪表的读数精度

锻件材料(热处理)	精度/℃
低合金可淬硬钢(奥氏体化)	±15
镍基高温合金和高强度铝合金(时效)	±5
钛合金	±3

为了达到这样精度的温度要求,通常采用所谓"试块热电偶"的方法,即用和锻件相同的材料制成40mm×25mm×25mm的试块,其中埋入热电偶,然后将试块置入加热的锻件中间,以记录炉子的温度。放置试块的数量和位置和以下因素有关:

(1) 材料对热处理温度的敏感性;

(2) 锻件的尺寸和重量;

(3) 加热炉的结构型式;

(4) 加热炉的质量情况;

(5) 锻件截面尺寸的变化。

为了达到控制锻件热处理质量的目的必须从下述几个方面入手:

(1) 加热炉。加热炉的结构应设计合理,并具有足够宽的温度范围以满足热处理周期的需要。必须经常检查炉子的工作状态,特别是用耐火材料构筑的炉壁、炉底、炉穹、炉门和喷嘴座不得出现开裂和隙缝。因为裂缝会造成漏气,使外界冷空气进入炉中,从而在炉膛的某个部位出现所谓"冷点",靠近或位于冷点上的锻件便会达不到规定的温度,如果冷点靠近热电偶,就会使仪表反映的温度不正确。

(2) 淬火槽。淬火槽的尺寸应该足够大,并能良好地搅拌以便获得快速而均匀地冷却。为了使淬火液的温度保持和控制在要求的水平上,一般最好配备热交换器。

(3) 温度控制和记录电位计。所有处理重要锻件(如航空锻件)的加热炉都必须配备这种装置。此外,还必须由专人定期检查仪表工作情况,以及记录是否符合热处理规程。

(4) 检查炉子温度均匀性。这种检查工作也应定期进行,以便确定喷嘴工作正常,耐火材料的筑体没有裂缝,燃料和空气的混合是适当的,没有因加热元件损坏而造成的热点或冷点等。这类检查工作一般在空炉情况下进行。检查炉温均匀性工作可在正常生产条件下进行。两次检查的间隔时间应为半年到一年。

(5) 硬度检查。硬度检查是控制大多数锻件热处理质量的常用手段。既可以根据硬度来判断终锻件的热处理质量,也可以在热处理过程中进行抽查,以判断是否需要调整热处理的某些工艺参数。

（6）根据材料的化学成分调整热处理制度。对某些合金钢或高温合金，成分的变化虽然很微小，但也必须对它们的回火或时效最佳温度进行调整。

（7）记录。热处理炉的记录图通常必须保存七年以上。任何情况下，都必须使该记录和锻件热处理炉批号一致。通常的做法是在锻造炉号的旁边打上一个热处理炉批号，使两者对应起来。对用热处理敏感材料制造的锻件，必须这样做。

9.7　锻件清理过程的质量控制

锻件常用的清理方法有化学清理和机械清理。应该根据锻件的材料特征和形状特征选择适当的清理方法。如铝合金和镁合金由于材料本身比较软，因此不宜采用滚筒喷丸清理的方法。就是材料本身没有问题，但如果锻件的形状具有高筋、薄壁或锐边，也不能用滚筒喷丸清理方法，因为那样会造成边缘钝圆，掉肉或使锻件形状不清晰。钛合金锻件一般可以采用喷丸清理，但应使用玻璃丸或不锈钢丸，避免使用铁丸，因为铁丸对钛合金有侵蚀作用。

锻件清理时产生的缺陷通常有以下几种：

1. 酸洗过度

酸洗过度可能在锻件表面上形成麻点或麻坑，麻点或麻坑会向表层内部发展，深度可达 1mm 以上。造成这种缺陷的原因有：

（1）没有严格遵守酸洗的工艺规程，例如酸洗液的配比不当和浓度过大，酸洗的时间过长或酸洗温度过高。

（2）锻件自身的缺点，例如在锻件两端和分模面流线露头的地方，由于杂质较多，该处的电极电位和基体材料的有所不同，因而产生电化学腐蚀的作用。加之有些杂质本身的抗腐蚀性比较差，也容易受到酸洗液的侵蚀。

2. 腐蚀裂纹

马氏体不锈钢锻件锻后如果存在较大的残余应力，酸洗时则很容易在锻件表面产生细小网状的腐蚀裂纹。若组织粗大将更加速裂纹的形成。因此，该类钢锻后应先退火，清除了残余应力后再进行酸洗。

机械清理方法将产生严重的噪声和粉尘，化学清理方法会释放出大量有毒气体，这两种方法都会对环境造成污染。因此，锻件清理间应该和锻件生产车间隔离，噪声还要采取有效方法降低，空气要不断更换，排放的化学溶液应经过处理达到排放标准，工作场地应该保持清洁明亮。

锻件表面的缺陷和毛刺应该由清理工人用打磨的方法去除。缺陷去除以后的部位，必须保证单面的最小极限尺寸。非加工表面还要求清理的宽度不得小于缺陷深度的六倍（一般钢锻件和铝合金锻件）和八倍（超高强度钢锻件）。为了避免应力集中，还要求清理表面和非清理表面过渡处用圆弧连接。

第10章 塑性成形件质量控制实例

例1 机身大梁夹杂裂纹

1. 质量情况

30CrMnSiNi2MoA 机身大梁模锻件机械加工后在磁力探伤中发现凸缘平面中间处有一条长 118mm、深 12mm～14mm 的裂纹（见图 10-1 箭头所示），裂纹局部放大如图 10-2 所示。

图 10-1 30CrMnSiNi2MoA 锻件磁力摊上发现的裂纹（箭头所指）

2. 质量分析

经显微镜观察，裂纹从表面开始沿着带状区向内扩展。经明场、暗场、偏光分析，带状区主要是由不同形态的硅酸盐夹杂物组成（见图 10-3～图 10-5）。又经电子探针分析，带状区内的条状组成物的富集元素为 Cr、Mn、Si，在灰色块状组成物中富集有更多的 Mn，弥散点状夹杂物的含 Si 量偏高，约为 6.7%（质量分数）。经 X 射线分析，带状区的主要组成物为 $MnSiO_3$ 及 $CaSiO_3$。此裂纹主要由钢中存在着大块非金属夹杂物引起的。因夹杂物的塑性较低，在变形中开裂，并沿晶界扩展。

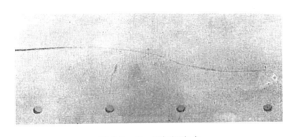

图 10-2 裂纹放大

图 10-3 裂纹内夹杂物（明场） 500×

3. 质量控制措施

(1) 加强原材料检查。

(2) 提高冶炼质量，减少大块夹杂物。

图 10-4　裂纹内夹杂物（暗场）　500×　　　图 10-5　裂纹内夹杂物（偏光）　500×

例2　40CrNiMoA 钢曲轴过热断口

1. 质量情况

图 10-6 是曲轴锻件简图。锻件的工艺过程为：自由锻制坯→模锻→860℃正火→660℃回火。

同一炉扎加热的锻件，因实际加热温度不同，锻后出现不同程度的过热断口，性能下降。取过热程度不同的八个锻件进行了断口、常规力学性能、疲劳强度试验，取样位置如图 10-6 所示。

图 10-6　曲轴锻件及其取样位置简图

试验数据表明：过热对这种钢的强度指标（σ_b、σ_s）影响不大，对塑性指标（ψ 和 α_k）影响较显著。过热严重时，ψ 和 α_k 值都明显降低，且低于技术标准要求。随着过热程度增加，旋转弯曲疲劳强度 σ_{-1} 也有明显下降（表 10-1）。

根据过热情况，断口可分为三组：

第 1 组：正常断口（图 10-7 和图 10-8）；

第 2 组：过热断口（图 10-9 和图 10-10）；

第 3 组：严重过热断口（图 10-11 和图 10-12）。

表 10-1　40CrNiMoA 钢过热锻件与正常锻件弯曲疲劳性能比较

	组别	σ_{-1}/MPa
1	正常	500
2	过热	475
3	严重过热	450

第 1 组正常断口呈纤维状。第 3 组严重过热断口呈石状，断口表面起伏不平，如同小石块镶嵌在断面上，无金属光泽，呈水泥颜色。石状断口的微观形态是沿晶韧性断裂。第 2 组过热断口介于以上二者之间，在纤维状断口的基体上有一定数

图10-7　40CrNiMoA
钢横向正常断口　　　　　　　图10-8　40CrNiMoA
钢纵向正常断口　　　　　　　图10-9　40CrNiMoA
钢横向过热断口

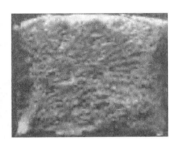

图10-10　40CrNiMoA
钢纵向过热断口　　　　　　　图10-11　40CrNiMoA
钢横向严重过热断口　　　　　图10-12　40CrNiMoA
钢纵向严重过热断口

量的"石块",从"石块"数量的多少可以反映过热的程度,严重过热时"石块"分布于整个断口上。

当锻件加热正常,断口呈纤维状时,性能变化不大。当锻件一般过热,断口有部分石状时,塑性指标有所降低。当锻件严重过热,呈石状断口时,塑性指标有明显降低。

2. 质量分析

产生过热断口的根源主要是加热温度过高,具体原因是:

(1)加热时炉温太高,保温时间过长,或一炉装料过多,后出炉的锻件保温时间过长以致加热温度过高。

(2)炉内温度不均匀,坯料在炉内放置不当,直接受到火焰喷射的部位很容易过热。

(3)经预制坯后断面较小的部位,在再加热时升温快,很容易过热、如果模锻时此处变形量过小,停锻温度又较高时,则将保留过热组织。

3. 质量控制措施

(1)严格控制加热温度和加热时间,一炉不要装料过多。因故中间停锻时,应及时降低炉温。

(2)坯料装炉时不要靠近喷嘴(或油嘴),避免火焰直接喷射到坯料上。

431

（3）制坯时杆部不要拔得太细，以保证在终锻时有较大的变形量。

（4）40CrNiMoA 钢锻件的过热组织，用一般热处理办法难以消除时，可以采用多次重结晶热处理或高温扩散退火处理。严重过热的锻件，应予以报废。

例 3　钢管车削的轴承套圈使用寿命低

1. 质量情况

某厂曾采用 GCr15 无缝钢管直接车削成 310 型轴承套圈，然后进行正常热处理，该轴承套圈在使用较短时间后，在沟道部位出现严重疲劳剥落现象。

2. 质量分析

零件的成形工艺不同，金属纤维的分布也不同，将直接影响套圈的性能和使用寿命。图 10-13～图 10-17 是不同锻造工艺的锻坯沿轴向切取试样，经磨光酸洗后的纤维分布外貌。

图 10-13　GCr15 钢管车削的套圈流线

图 10-14　GCr15 钢平锻的套圈流线

图 10-15　GCr15 钢胎膜锻造的套圈流线

图 10-16　GCr15 钢胎膜锻造后辗沟的套圈流线

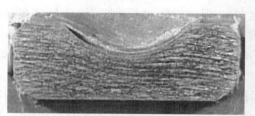

图 10-17　GCr15 钢管辗沟的套圈流线

图 10-13 所示为钢管车削的套圈，纤维呈纵向分布，在沟道部位纤维被切断。图 10-14 所示为平锻的套圈，纤维呈混乱分布。图 10-15 所示为胎模锻造的套圈，纤维也比较混乱，不够理想，但比平锻的好。图 10-16 所示为胎模锻后辗沟的套圈，

纤维分布又比胎模锻的好。图 10-17 所示为钢管辗沟的套圈,纤维与工作表面平行,分布最理想。为了比较金属流线分布对套圈性能的影响,进行了成品套圈压碎负荷试验,被试成品套圈精度为 C 级,试验时径向加负荷进行压碎,其结果见表 10-2。

表 10-2　310 型轴承套圈的压碎负荷

套圈的加工工艺	压碎负荷/N			
	1	2	3	平均值
钢管车削	84500	83500	86500	84830
钢管辗沟	95000	102000	94500	97160
平锻	87500	91000	92500	90330
胎模锻	98000	83600	87500	89500
胎模锻—辗压	85500	108000	95000	95700

从试验数据的比较,可以看出:

(1) 经过辗压的套圈(胎模锻—辗压)比不辗压的套圈(胎模锻)所能承受的压碎负荷高。

(2) 辗出沟道(钢管辗沟)的套圈比不辗出沟道(钢管车削)的套圈所能承受的压碎负荷高。

为了进一步了解用各种不同工艺生产的套圈质量,以便为选择套圈生产工艺提供可靠根据,对用各种不同工艺生产的套圈进行了寿命试验,其结果列于表10-3。

表 10-3　310 型轴承套圈寿命试验

试验项目　　套圈的加工工艺	钢管车削	钢管辗出沟道	平锻	胎模锻	胎模锻后辗出沟道
平均寿命/h	4892	8509	5847	6311	6200
最低寿命/h	76	486	105	198	599
可靠性/%	94	100	84	95	100
达到计算寿命倍数	>15	>26	>18	>19	>19

由寿命试验结果可以看出:钢管车削的套圈寿命最低,因为纤维在沟道部位被切断,杂质裸露在外,常常成为疲劳源,易产生疲劳剥落或腐蚀坑。平锻的套圈寿命也很低,且可靠性差(为 84%),钢管辗沟的套圈寿命最高,可靠性好(100%),比车削的套圈寿命高 74%,金属纤维与工作表面平行,分布最为理想。胎模锻和胎模锻—辗沟的套圈,寿命也很高,也比较稳定。

总之,金属纤维与工作表面平行为最好,与工作表面所成角度越大越不好,用辗压或辗沟方法可以大大提高轴承套圈寿命,因为疲劳剥落都发生在工作表面纤维露头的地方。

3. 质量控制措施

(1) 采用钢管做套圈时必须同时采用辗沟工艺。

(2) 应尽量采用辗出沟道的工艺方法制造轴承套圈。

例4　二号轴树枝状组织

1. 质量情况

某厂 40CrNiMoA 钢二号轴装机工作 100h 后在杆部花键部位出现疲劳裂纹，寿命未达到技术要求。

2. 质量分析

该轴的原坯料为 700kg 重钢锭，先在 3t 锤上锻成 ϕ125mm 的锻坯，然后再顶镦成二号轴模锻件。

经检验，锻件的力学性能、显微组织等均符合技术条件要求，只是纵向低倍上有较严重的树枝状组织，且枝晶主杆与轴线成较大的角度，流线不顺，并呈波浪形（图 10-18）。零件寿命不高，主要是由于树枝状组织的影响。另外，也与流线不顺有关。

造成这种低倍组织不良的原因是铸锭规格太小、锻造比不足（锻造比 7.5）和锻坯变形不均所致。

3. 质量控制措施

提高熔铸质量，改用 3.2t 铸锭轧制的棒材（锻造比为 21.5）。

改用新工艺后，流线分布良好，树枝状组织得到消除（图 10-19），力学性能均匀，零件寿命达到了 700h 以上。

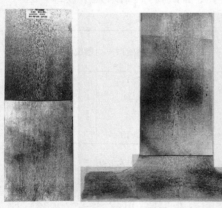

图 10-18　40CrNiMoA 钢轴件树枝状组织

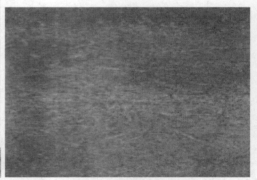

图 10-19　采用新工艺后枝晶得到改善

例5　W18Cr4V 铣刀热处理时内孔裂纹

1. 质量情况

某厂规格为 ϕ135mm，m=11 的齿轮铣刀经锻造与冷加工之后，在热处理淬火过程中内孔产生裂纹（图 10-20）。

2.质量分析

该铣刀原始坯料尺寸为 $\phi70mm\times75mm$,经加热后直接镦粗成形。

经金相检查发现,金属内部存在严重的带状碳化物(图10-21),在带状碳化物处,强度和塑性较低,在淬火应力的作用下,便易沿碳化物带裂开(图10-21箭头所指处)。因此,此件产生内孔裂纹的原因,主要是锻造比不够造成的。

图10-20 W18Cr4V钢照片铣刀
淬火时内孔裂纹(箭头所指)

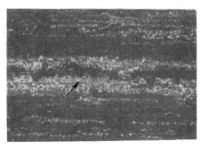

图10-21 裂纹沿碳化物带
发展(箭头所指)100×

3.质量控制措施

应增大锻造比,锻造时应进行反复镦拔。若采用三次镦粗,两次拔长,则锻件中心部分的碳化物分布情况便可得到改善。

经采取上述对策后,该铣刀淬火时就很少出现内孔裂纹了。

例6 W18Cr4V滚齿刀崩刃

1.质量情况

滚齿刀规格为 $\phi100mm,m=6$,该滚齿刀在使用过程中产生了崩齿现象(图10-22)

2.质量分析

该滚齿刀的原坯料尺寸为 $\phi85mm\times190mm$,锻件尺寸为 $\phi105mm\times117mm$,始锻温度为 $1150℃\sim1180℃$,原坯料仅经一次镦拔后锻造成形。

经检查,化学成分合格,热处理质量良好。对崩刃的齿根处进行金相检查,发现有严重的碳化物偏析(图10-23)。这是由于原材料上有碳化物宽带和局部堆积,以及锻造过程中锻造比小,碳化物偏析未被打碎。由于大块碳化物的存在,降低了滚齿刀的力学性能,以致在使用过程中崩齿。

3.质量控制措施

增大锻造比,进行轴向反复镦拔(镦粗七次、拔长六次)。

采用以上对策后,碳化物偏析被打碎,达到5级(图10-24),符合技术标准要求,经正常热处理后,使用情况良好。

图 10-22　W18Cr4V 钢滚齿刀　图 10-23　齿根处的显微组织　图 10-24　正常锻造的碳化物在使用过程中崩齿(箭头所指)

例 7　冷冲凹模工作时压裂

1. 质量情况

某厂 Cr12MoV 钢冷冲模具在试冲过程中凹模开裂(图 10-25)。

2. 质量分析

该冷冲模坯料为 φ120mm 的轧制钢材,在 400kg 空气锤上经二次镦拔后成形,然后进行机械加工和热处理。

经金相检查发现,模具表面与心部的碳化物分布极不均匀,表层碳化物较细密(图 10-26),心部则存在有较严重的网状碳化物(图 10-27),降低了模具的使用性能。经分析,主要原因是:

(1) 所选的原材料直径较粗,碳化物偏析严重。

(2) Cr12MoV 钢属于莱氏体钢,有共晶组织存在,需要进行反复镦拔。但此种钢材变形抗力较大,而所用的设备吨位较小,未能锻透,锻件表层金属变形较大。碳化物被打碎,而中心部分金属变形小,故保留较严重的网状碳化物。

3. 质量控制措施

(1) 选用 φ75mm×145mm 的原材料。

(2) 选用 750kg 空气锤(锻 Cr12 型钢时设备能量应比锻碳钢时大一倍)。

(3) 为改善锻件中心部分的碳化物偏析,应进行二次三个方向的反复镦拔。

图 10-25　Cr12MoV 冷冲模在试冲过程中开裂　图 10-26　模具表面细小的碳化物　100×

436

经采用以上对策后,锻件中心部位碳化物小于三级(图 10 - 28)。经机加工和热处理后,使用情况良好。

图 10 - 27 模具心部比较严重的网状碳化物 100×

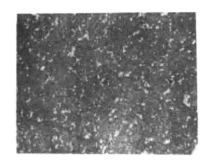

图 10 - 28 良好的冷冲模组织 100×

例 8 Cr12 小型冷轧辊硬度不均、表面粗糙度高

1. 质量情况

冷轧辊的外形见图 10 - 29,材料为 Cr12,该轧辊要求表面各处的硬度均匀(65HRC),表面粗糙度为 $Ra0.05\mu m$,而实际加工后的冷轧辊,表面硬度不均,表面粗糙度也未达到要求。

图 10 - 29 Cr12 型冷轧辊外形

2. 质量分析

该冷轧辊的坯料尺寸为 $\phi50mm\times80mm$,锻件尺寸为 $\phi35mm\times70mm$,一根料锻两件,经过二次三向镦拔后成形。

经金相检查,碳化物不均匀度级别为 3 级(图 10 - 30)。这样的碳化物级别对一般模具是可以的,但对冷轧辊仍满足不了要求。表面硬度不均是由碳化物分布不均引起的。表面粗糙度达不到要求,也与碳化物分布不均有关。在碳化物堆积的地方材料硬,切削时刀具系统发生弹性变形,往后退;在碳化物少的地方材料软,刀具吃刀深。结果,轧辊的表面粗糙度较高,尺寸精度较低。因此,提高冷轧辊质量的关键是改善碳化物分布情况。

3. 质量控制措施

选用直径较小的材料(规格为 $\phi35mm$),单件锻造,增加镦拔次数,采用三次三向镦拔,锻后检查碳化物不均匀度级别,达到了一级(图10-31),加工后的轧辊质量符合技术条件要求。

图 10-30 大直径坯料二次三向镦拔的
轧辊碳化物(3级) 100×

图 10-31 小直径坯料三次三向镦拔的
轧辊碳化物(小于1级) 100×

例 9 GH135 合金涡轮盘点状偏析

1. 质量情况

钢厂供应的 GH135 饼盘坯料,经模锻成涡轮盘锻件后,发现有点状偏析。在严重情况下,一个盘上就发现 100 多处点状偏析(图 10-32 和图 10-33)。

2. 质量分析

经低倍观察,点状偏析往往呈深灰色或浅黑色的斑点或条带。经金相观察、X 射线结构分析和电子探针分析表明:点状偏析区为碳化物(TiC)和硼化物(M_3B_2)聚集区。同时,由于它们的存在阻止了晶粒长大,使该区晶粒细小,通常较基体小2级～4级(图 10-34)。结果,在该区出现了不允许的粗细晶粒相差十分悬殊的混晶区。此外,点状偏析区富 Ti、Al、Ni、Mo、C、B,而贫 Cr、W。因此,点状偏析区的熔点较基体为低,通常为 1190℃～1200℃。

图 10-32 GH135 合金涡轮
盘存在点状偏析的实物

图 10-33 涡轮盘点状偏
析的低倍组织

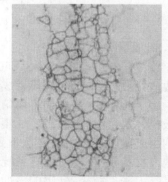

图 10-34 点状偏析的显微组
织(细晶带为碳化物、硼化物的
偏析组织) 100×

438

由于点状偏析的存在,使合金横向塑性指标(伸长率)降低。点状偏析较严重的盘坯,常由于持久性能不合格(表10-4)而报废,并往往在偏析处发生派出断裂(图10-35)。由于点状偏析降低了合金熔点,增加了合金的过热敏感性,致使饼坯在锻造过程中易于沿点状偏析处形成裂纹。

表10-4 试样持久性能的测定

技术要求 试样号	750℃	350MPa	持久性能≥50h
5号试样	750℃	350MPa	15h45min 断在偏析处
8号试样	750℃	350MPa	15h 断在偏析处
10号试样	750℃	350MPa	26h10min 断在偏析处

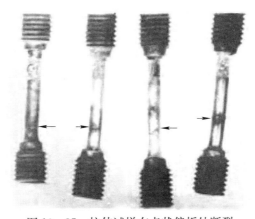

图10-35 拉伸试样在点状偏析处断裂

3. 质量控制措施

(1) 改善冶金质量,严格控制电渣或自耗锭的熔化速度。

(2) 加强原材料检查。

(3) 对有点状偏析的钢锭或坯料,严格控制锻造温度,最好不超过1140℃～1160℃。

例10 GH135合金涡轮盘轮缘中心裂纹

1. 质量情况

GH135合金涡轮盘在超声波探伤和拉槽工序中发现有两个炉号的部分锻件轮缘出现杂波和肉眼可见的裂纹,见图10-36。

2. 质量分析

经了解,该涡轮盘锻件原材料为饼坯,在环形加热炉内加热,加热规范为

1150℃保温 50min,在 80000kN 水压机上模锻。从炉温计录来看,炉温波动在 1160℃～1180℃间达 2h 之久,圆饼模锻前后的尺寸变化如图 10-37 所示。

从涡轮盘轮缘中心裂纹处取样,经高倍观察,轮缘中心的裂纹状态见图 10-38,裂纹沿晶界扩展,并有掉晶现象。裂纹附近的晶界形态如图 10-39 所示,发现有过烧特征。

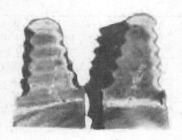

图 10-36　GH135 合金盘坯轮缘内裂纹情况

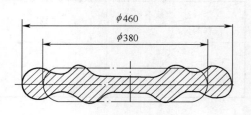

图 10-37　圆饼模锻前后尺寸变化示意图

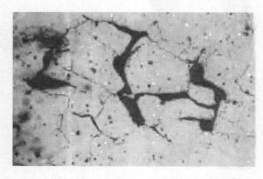

图 10-38　内裂纹处的显微组织　70×

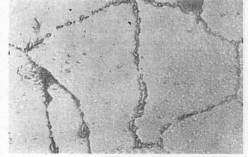

图 10-39　裂纹附近的晶界形态　1000×

为了进一步分析裂纹形成原因,选取合格材料在同样的条件下分别于 1140℃、1160℃、1180℃和 1200℃下进行模锻。发现 1200℃模锻的锻件在一段弧区内轮缘飞边严重开裂,见图 10-40。

模锻后的锻件,不经热处理,每一模锻温度解剖两个锻件,经检查,在 1140℃和 1160℃加热模锻的锻件没有出现裂纹,轮缘中心是完全再结晶组织(图 10-41),其余部分是部分再结晶组织(图 10-42)。1200℃加热模锻的锻件,用砂轮切开后,则在轮缘中心出现裂纹(图 10-43),高倍观察,裂纹沿晶界开裂(图 10-44),同时还可以明显看出,晶粒在高温受力条件下的扭动状态。与原涡轮盘锻件的裂纹形态相对比,可见两种裂纹的性质完全相同,都是在炉温偏高造成过烧的情况下产生的。GH135 合金的合金化程度较高,含 0.015%(质量分数)的硼,炉温偏高往往造成过烧。

3. 质量控制措施

模锻涡轮盘时,要严格控制加热温度和保温时间,加热温度以不超过 1150℃为宜。水压机一次加压变形量不要过大。

图 10 - 40　在 1200℃模锻的涡轮盘的
裂纹情况

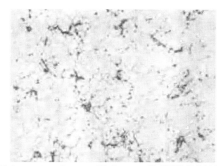

图 10 - 41　在 1140℃和 1160℃模锻的涡轮盘
轮缘中心处的再结晶组织　100×

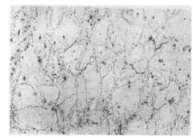

图 10 - 42　轮缘其他区域为部分再结晶　100×

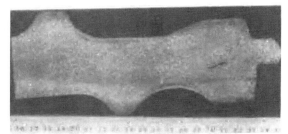

图 10 - 43　裂纹的低倍组织

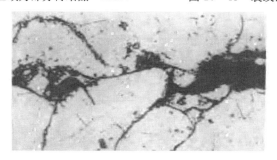

图 10 - 44　裂纹处的显微组织(沿晶界扩展)　100×

例 11　GH49 合金涡轮叶片局部粗晶

1. 质量情况

某厂 GH49 合金叶片曾因粗晶问题造成大量产品报废,其中局部粗晶废品占 80%以上,这类粗晶大多出现在叶盆、叶背、叶根、叶尖及榫头等部位,其共同特点是小区域内存在为数不多的粗大晶粒,见图 10 - 45～图 10 - 47。

2. 质量分析

经对大量废品件进行了较详细检查、典型解剖分析以及锻造叶片的实际变形分布试验认为,GH49 合金叶片的局部粗晶,主要是由于临界变形引起的,而由于

图10-45 叶盆侧进气边处粗晶

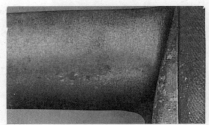

图10-46 榫头、叶背处粗晶

图10-47 叶背排气边处粗晶

成分偏析引起的点状粗晶为数不多。

为探讨 GH49 合金临界变形粗晶形成的原因,用两种炉号材料的楔形试样进行了试验,材料成分见表 10-5。

表 10-5 试验用材料的化学成分 (%,(质量分数))

元素 炉号	C	Cr	Co	W	Mo	Al	Ti	V	B	S	P	Fe	Ni
A	0.054	10.20	15.34	5.31	5.03	4.09	1.56	0.28	0.013	0.005	<0.01	0.56	余量
B	0.035	10.16	15.55	5.37	5.03	4.08	1.66	0.33	0.019	0.003	<0.01	0.28	余量

楔形试样分别加热到 1150℃、1160℃、1170℃、1180℃,在热模锻压力机上从 15.5mm 压缩到 12.5mm,变形程度为 0~19%。然后用线切割机沿轴向等分切开,取其中一半进行标准热处理,刨削、磨光、腐蚀后进行低倍观察;另一半试样按需要切成数段,用于观察锻后的金相组织,在 H-800 透射电镜上观察位错组态,在 HM-4 型高温金相显微镜下观察高温时晶粒长大的过程。

经标准热处理的楔形试样的低倍组织都明显存在晶粒粗大的临界变形区,如图 10-48 所示,临界变形区与加热温度的关系见图 10-49,可以看出,A 炉号合金的临界变形程度在 2% 以下,B 炉号合金的临界变形程度在 7% 以下;而且临界变形区随温度的升高向变形程度减小的方向移动。

图 10-50 是楔形试样的锻态金相组织。当变形程度小于和等于临界变形程度时,其组织状态为未再结晶的组织。临界变形区组织很紊乱,有些晶界隐现不清。当变形程度略大于临界变形程度时,开始出现再结晶,在原始组织的晶界处产生了许多再结晶晶核。随变形程度增大,新晶核长大,再结晶区域扩大,但直到 $\varepsilon=$ 15%,尚未完成再结晶。

图 10 - 48　GH49 合金临界变形低倍粗晶　0.8×

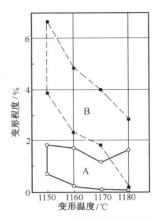

图 10 - 49　临界变形程度与
加热温度之间的关系

（a）$\varepsilon = 1\% \sim 2\%$

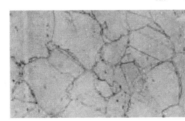

（b）$\varepsilon = 6\% \sim 7\%$

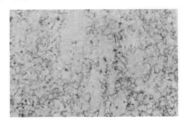

（c）$\varepsilon = 15\% \sim 18\%$

图 10 - 50　GH49 合金 1170℃锻态金相组织　100×

图 10 - 51 是在高温金相显微镜下观察到的 A 号炉合金临界变形区晶粒长大情况。该区晶粒在固溶加热过程中未发生再结晶细化现象,而是原有晶粒经过一次异常长大形成粗晶。大量的高温金相观察重复了这一现象。

临界变形区粗晶是由原始晶粒直接长大的现象,可以从对位错组态分析中得到较好的说明。图 10 - 52(a)、(b)是临界变形区的锻态位错组态照片,晶内和晶界的位错都呈单条分布,位错密度较低($10^8/\mathrm{cm}^2 \sim 10^9/\mathrm{cm}^2$),低于再结晶所要求的密度。在锻造和锻后的冷却过程中该区只能进行动态和静态回复。固溶处理后临界变形区晶粒尽管显著长大,但该区仍保留一定程度的位错密度(图 10 - 53),而非临界变形区再结晶晶核内的位错密度则是很低的(图 10 - 54)。以上说明临界变形区在锻后和固溶处理过程中均未发生再结晶。

(a) 室温　　　　(b) 1100℃　　　　(c) 1200℃　　　　(d) 1200℃保温10min

图10-51　固溶升温和保温时临界变形区晶粒的一次异常长大　60×

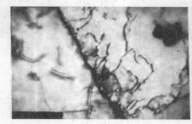

(a) $\varepsilon=\varepsilon_{cr}$(晶内),1500×　　　(b) $\varepsilon=\varepsilon_{cr}$(晶界),3000×　　　(c) $\varepsilon=6\%\sim7\%$,30000×

图10-52　GH49合金1180℃锻态位错组态

图10-53　固溶处理后临界　　　　图10-54　非临界变形区再结晶晶核
变形区的位错　15000×　　　　　　（晶核内位错密度很低）　5000×

　　与其他部位相比,在临界变形区,一些晶粒晶界两侧的位错密度相差较大(图10-52(b)),即晶界两侧的畸变能差较大,它促使晶界在较高温度下迅速迁移。

　　根据图10-48、图10-50～图10-54和其他有关的试验结果可以认为,GH49合金临界变形粗晶形成的机理是原始晶粒的一次异常长大,临界变形区晶粒异常长大的最初驱动力是晶界两侧的畸变能差。该区的一些晶粒长大到一定程度后,界面能(界面曲率)又成为第二驱动力,它促使大晶粒吞并小晶粒继续长大。

　　因此,为消除GH49合金叶片局部粗晶,一是应当避免产生临界变形区,二是对可能存在的临界变形区应通过退火等措施减小晶界两侧的畸变能差。

3. 质量控制措施

　　(1)叶片预锻时欠压2mm,以增大终锻时的变形量,尽量使叶片各部位的变形程度均大于临界变形程度。

（2）增加锻后再结晶退火工序。即终锻变形后立即放入与锻造温度相同的退火炉内保温 10min,出炉空冷,使位错密度下降,图 10-55 是经退火后临界变形区位错情况,由此改善畸变能的不均匀分布状态,降低局部区域晶界两侧的畸变能差,从而降低了临界变形区晶粒异常长大的驱动力。

图 10-55　经退火后临界变形区的位错　15000×

（3）采用较为合适的变形温度(1170℃)。

（4）采用玻璃润滑剂,改善润滑条件。

例 12　1Cr18Ni9Ti 环形件锻造裂纹

1. 质量情况

1Cr18Ni9Ti 环形件在扩孔机上辗扩过程中形成严重的环形裂纹,见图10-56。

2. 质量分析

在锻件的裂纹处取高倍试片在显微镜下观察,可见到数量颇多的沿变形方向分布的条状铁素体相,裂纹的枝叉及尾端沿铁素体和奥氏体的分界面产生和扩展,见图 10-57 和图10-58。

图 10-56　1Cr18Ni9Ti 合金环形件的环形裂纹

图 10-57　沿 $\alpha-\gamma$ 相界面扩展的裂纹　300×　　图 10-58　沿 $\alpha-\gamma$ 相界面发生的小裂纹　500×

检查原材料,发现原材料本身就带有带状铁素体(图10-59)。

用磁铁对所有的环形件及剩余的原材料进行检查,发现均带磁性,这更进一步证明了铁素体相的存在。

与此同时,对不同炉号原材料进行了对比试验。取一块原来锻造未裂的原材料(炉号为6B615-9-11),经镦粗、冲孔后,与炉号为4B311-7-1的坯料一起在扩孔机上进行扩孔试验。结果4B311-7-1炉号的试验件又开裂了,而6B615-9-11炉号的试验件未裂。检查未裂的金相组织,其铁素体相极少,见图10-60。由此可见,裂纹的产生与原材料中存在严重的带状铁素体直接有关。1Cr18Ni9Ti为奥氏体不锈钢,当奥氏体中存在带状铁素体时,钢的热加工性能变坏。这是由于奥氏体和带状铁素体在变形时有不同的变形流动性能,形成了较高的内应力,因此裂纹产生于两相的分界面上。

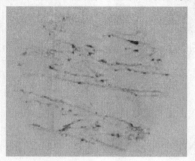 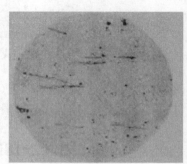

图10-59 原棒料中的粗大带状α相 300×　图10-60 未裂件中的α相(α相较少) 300×

对环形件进行光谱分析,出现了Mo谱线。

化学分析表明,炉号为4B311-7-1原材料含Mo为0.14%(质量分数),含Al为0.32%~0.37%(质量分数);而未裂的锻件(炉号6B615-9-11)含Al、Mo量极少。

由于Al、Mo是强铁素体形成元素,可见1Cr18Ni9Ti材料中含有较多的铁素体相,与Al、Mo元素的含量有关。

3. 质量控制措施

(1)按技术条件规定,严格控制1Cr18Ni9Ti中的铁素体形成元素Mo、Al等的含量及带状铁素体的级别。

(2)一旦出现了铁素体,在满足产品其他要求的前提下,可用锻前固溶处理来改变带状铁素体的形态,以使α相聚集变圆,或使带状铁素体变为链状铁素体,以改善钢的热塑性。

例13　9Cr18不锈钢轴承的链状碳化物

1. 质量情况

某厂9Cr18不锈钢轴承在锻造及退火后出现有孪晶组织,见图10-61和图

10-62。而且在退火组织中碳化物沿孪晶线呈链状析出,使钢的冲击韧性降低(见图 10-63 中未经热处理的性能曲线)。

2. 质量分析

经了解,该 9Cr18 不锈钢轴承的始锻温度高于 1160℃,终锻温度为 880℃ 左右。

链状碳化物是退火时碳化物沿孪晶线析出的结果。分析各种锻造工艺因素对产生孪晶的影响时发现:这种钢锻造温度在 1160℃ 以下时一般不出现孪晶,高于 1160℃ 就容易出现孪晶。在 1160℃ 以下加热锻造时,保温时间稍长或稍短,终锻温度稍高或稍低,锻后冷却速度稍快或稍慢都不出现孪晶,退火后也不出现链状碳化物。而超过 1160℃ 加热时,并且温度越高,保温时间越长,出现孪晶越严重。图 10-64 和图 10-65 所示分别为在 1130℃ 以下锻造后未经退火和经过退火的组织,均未出现孪晶。图 10-61 和图 10-62 所示分别为在 1210℃ 以下锻造未经退火和经退火的组织,均出现了孪晶。图 10-66 所示为 1210℃ 加热保温 80min(比较长),锻后经 860℃ 退火的组织,粗大孪晶碳化物贯穿整个视场。

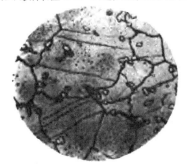

图 10-61　9Cr18 钢 1210℃ 锻后显微组织(有严重孪晶)　500×

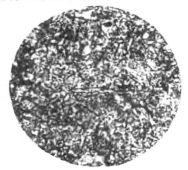

图 10-62　1210℃ 锻后并经 820℃ 退火后的显微组织(有严重孪晶)　500×

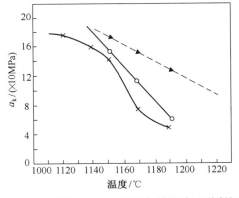

×—未经加热处理

○—经过低温分解消除链状碳化物

▲—经过低温分解消除链状碳化物+正火处理

图 10-63　不同加热温度、不同处理方法与冲击值 a_k 的关系

3. 质量控制措施

(1) 建议加热温度控制在 1050℃~1130℃ 为宜。

(2) 对已出现孪晶和链状碳化物的产品,可按图 10-67 的曲线进行处理。图

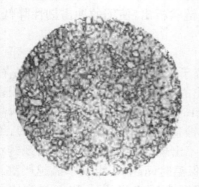

图 10 - 64　1130℃锻后的
显微组织（无孪晶）　500×

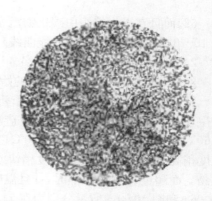

图 10 - 65　1130℃然后并经退火的显微
组织（无孪晶）　500×

图 10 - 66　1210℃加热保温 80min 锻后经
860℃退火的显微组织（有粗大孪晶碳化物）　500×

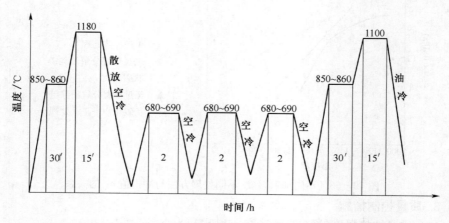

图 10 - 67　消除 9Cr18 不锈钢锻件链状碳化物的热处理规范

10-68 所示为低温分解＋正火处理后的显微组织。图 10-63 示出有链状碳化物的试样未经处理和经处理后的性能情况。

图 10-68 低温分解＋正火处理后的显微组织
（无孪晶碳化物） 500×

例 14 铝合金活塞模锻件裂纹

1. 质量情况

材料为 LD11 合金棒材,加热温度为 480℃～490℃,在压力机上模锻成形。

模锻后,发现活塞顶部凹坑处有很多网状裂纹（图 10-69）,长达 6mm 左右,在活塞圈与内孔交角处有很多辐射状裂纹（图 10-70）,长达 20mm 以上。

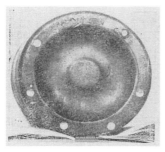

图 10-69 LD11 合金活塞顶部的网状裂纹

图 10-70 活塞圈与内孔交角处的辐射状裂纹

2. 质量分析

沿活塞纵剖面取低倍,发现裂纹沿杂质开裂,而杂质又沿金属流线分布（图 10-71）。在裂纹区取金相试样分析,发现这些杂质即为铁相,且布满基体,呈链状分布（图 10-72）。这些脆性的铁相在变形过程中碎裂,并向基体扩展而成裂纹（图 10-73 和图 10-74）。

为了鉴定含铁量对形成裂纹的影响,取三个活塞模锻件:(分别编号为 1 号、2 号、3 号)作化学分析,其中 2 号活塞模锻件有裂纹,1 号和 3 号活塞模锻件没有裂纹。化学分析的取样如图 10-75 所示,化学分析的结果列于表 10-6。

由图 10-73、图 10-74 和表 10-6 可见,合金中的含铁量高是锻件产生裂纹的主要原因。

图 10-71 活塞的纵向低倍组织

图 10-72 裂纹区的显微组织 100×

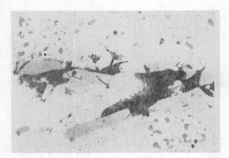

图 10-73 成链状分布的铁相、破碎脱落而形成的裂纹 500×

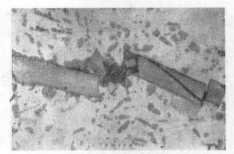

图 10-74 破碎的铁相 500×

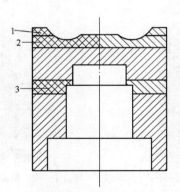

图 10-75 取样位置简图

表 10-6 取样化学分析的结果

活塞模锻件编号	1号(不裂)			2号(开裂)			3号(不裂)		
取样部位	1	2	3	1	2	3	1	2	3
含铁量/%	0.43	0.45	0.44	未测	0.98	1.01	未测	0.45	0.42

3. 质量控制措施

合金的含铁量应控制在小于 0.5% 以内。

例 15　LY2 铝合金大叶片局部过烧

1. 质量情况

材料为 LY2 铝合金铸锭,规格为 $\phi405mm \times 900mm$,均匀退火后挤压成 $\phi130mm$ 的棒材,坯料规格为 $\phi130mm \times 910mm$,加热到 470℃后在水压机上一次模锻成形。模锻后,大叶片表面粗糙,经多次酸洗后,表面仍有黑色的石墨,其严重过烧的飞边部位已呈分层状,如图 10-76 中 c 处所示。

2. 质量分析

如图 10-76 所示,沿锻件横向 a 处及 b 处切取试样,经金相检查:b 处的内部组织基本正常;a 处显微组织为过烧组织,晶界明显加粗发毛,出现共晶复熔球(图 10-77)。检查出这种过烧现象是由于仪表失灵,模具预热温度太高(达到了550℃~660℃左右)造成的,加之靠近锻件大头处金属变形大,特别是飞边处很薄,变形十分激烈,所以再加上压力加工时所产生的热效应,结果导致锻件终锻温度远远超过规定锻造温度范围的上限(515℃),因而使大叶片锻件局部产生严重的过烧现象。

图 10-76　局部过烧的 LY2 合金大叶片的外形

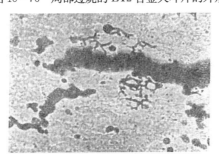

图 10-77　大叶片 a 处过烧显微组织　400×

3. 质量控制措施

严格控制模具预热温度,要保证在 280℃~420℃范围内。操作者应随时观察炉温,仪表工要经常检查仪表运行是否正常。如果模具预热温度太高,应冷至规定温度范围内才能模锻。

例 16   三角架模锻件折叠

1. 质量情况

材料为 LD5 铝合金,坯料为 45mm×260mm×650mm 的带板,在水压机上用两套模具两次预锻,两次终锻成形。终锻后,在锻件两条筋的内型筋根处产生很严重的折叠(图 10-78),使锻件废品率达 90%以上。

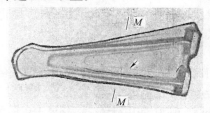

图 10-78   LD5 合金三角支架模锻件筋根的折叠

2. 质量分析

垂直于折纹切取试样,由低倍可见,筋根处的折叠部位存在有流线不顺或旋涡(图 10-79),并在筋与腹板的交角处还存在有一大片粗晶带(图 10-80)。这种锻件的废品率之所以能达 90%以上,主要由于下列原因所造成:

(1)预锻模膛设计不合理,筋太高,筋与腹板的连接半径太小,而且各断面积比终锻件各相应断面要大 15%～30%,结果不能起到合理分配金属的作用。

(2)原坯料太大。原坯料在图 10-78 的 M—M 处横断面积为 11700mm²,而预锻模膛在 M—M 处(图 10-81)的横断面积为 2180mm²,前者比后者大 4 倍。所以,预锻时锻件的筋根处就已产生了折叠。

图 10-79   内型筋根折叠和不顺的流线

图 10-80   穿流引起的粗晶

(3)预锻模膛的相应断面本来就比终锻件大 15%～30%,但由于坯料太大,预锻时

452

不能压靠,欠压量很大,所以终锻时多余的金属就更多。在终锻时,当两筋充满后,腹板上和筋根处大量多余的金属主要是穿过筋底流向飞边槽。特别是筋较高,筋与腹板交角处的连接半径较小,筋间距离大,腹板较薄,模膛表面润滑不均或涂润滑剂太多,模具和坯料温度低,变形速度太快,每次压下量太大时,大量多余的金属更容易穿过筋底,激烈地流向飞边槽,致使在筋与腹板的交接处产生折叠、流线不顺和大晶粒。

（4）没有冲孔模,每次模锻后不能冲去中间连皮。这样,锻件腹板上的工艺用废料仓就没有起到应有的容纳多余金属的作用,使腹板上的多余金属只能向飞边槽中排除。

3. 质量控制措施

该锻件为两面带筋、四周封闭的工字型断面的三角架,是最易产生折叠的典型锻件。为了防止锻件产生折叠,必须采取如下措施:

（1）合理设计制坯模、预压模,使坯料由简单的形状逐步锻制成复杂的锻件。制坯件和预锻件的筋要矮,筋与腹板的连接半径要大大增加（图10-82）,并使其各断面积等于或稍小于锻件各相应断面的面积。根据终锻时的情况,来调整制坯和预锻时的欠压量,或修改制坯模和预锻模。

（2）减小坯料尺寸,并且应通过预制坯使坯料各部分的金属分配合理。

（3）注意工艺操作,润滑要均匀,加压要缓慢。

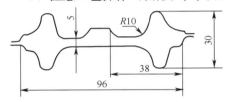 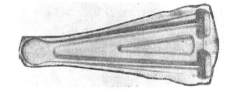

图10-81　折叠部位 M—M 断面的尺寸　　　　　图10-82　合格的锻件

（4）设计冲切模,每次模锻后冲去中间连皮。这样,随后再次模锻时,腹板与筋根处的多余金属就可以流向工艺用废料仓,而不再穿过筋底流向飞边槽了。

例17　LD5 铝合金机匣模锻件低倍粗晶

1. 质量情况

坯料为 LD5 合金挤压棒材,经镦粗后在水压机上三次模锻成形。

在低倍组织上发现有较严重的粗晶六处（图10-83）,在粗晶处取样测得力学性能不合格（表10-7）,因而使本批锻件报废。

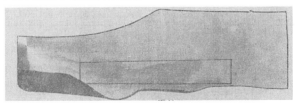

（a）

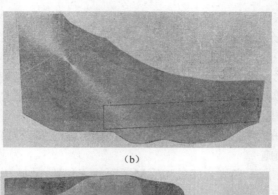

(b)

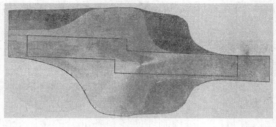

(c)

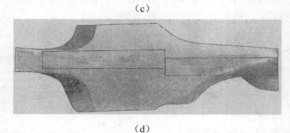

(d)

图 10-83　LD5 合金模锻件横向低倍上的粗晶

表 10-7　试样力学性能试验结果

试验项目	技术条件所规定的数据	试样编号											
		1	2	3	4	5	6	7	8	9	10	11	12
σ_b/MPa	≥390	421	414	359	347.4	361	393	385	386.5	341	353.5	422	368.5
$\sigma_{0.2}$/MPa	280	319	307	247	243	253	299	302	301	2418	252	308.4	244
δ/%	10	14.8	14.8	20.8	20	15.2	16	16.4	16.4	24	20	17.2	16
HB	100	118	118	124	124	121	121	118	118	120	120	121	121
试验拉断情况	—	断裂细晶	断裂细晶	断裂粗晶	断裂粗晶	断裂粗晶	断裂细晶	断裂粗晶	断裂粗晶	断裂粗晶	断裂粗晶	断裂细晶	断裂粗晶

2. 质量分析

根据图 10-83 上粗晶的分布情况及锻件的生产工艺,产生粗晶的主要原因是由于变形激烈不均和润滑不当引起的。从低倍照片上观察,粗晶均产生于锻件的下半部位及底板中间,这主要由下列原因所造成:下模有几个凸台,金属流动阻力很大,容易产生

454

变形不均;模具粗糙度过大,润滑不充分;下模的模温或锻件的终锻温度偏低。

3. 质量控制措施

（1）在模锻生产中严格控制压下量或增加预锻模,以保证逐步成形,变形均匀。

（2）降低模具粗糙度,并保证适当的润滑,提高模具预热温度,保证锻件终锻温度。

（3）减少加热及模锻次数。

根据多年的生产经验证明,按上述方法进行生产,这种粗晶现象是完全可以避免的。

例 18   7075 铝合金筒形机匣锻件凸耳充不满

1. 质量情况

筒形机匣是直升机的关键零件,该件的几何形状很复杂,一端带法兰,另一端为非均匀分布的四个凸耳。凸耳高近 60mm、长 45mm,靠近凸耳一段的外侧表面有近 90mm 高的非加工表面。筒形机匣的凸耳是重要的受力部分,要求锻件流线沿其几何外形分布,不允许有流线紊乱、涡流及穿流现象,且晶粒尺寸要求细小均匀[32,76]。

图 10 - 84 为筒形机匣的锻件图。由于该件形状复杂,采用通常的锻造方法不仅难以充满,而且锻后也无法从模膛中取出。经综合分析,对该件采用了等温成形工艺和组合式凹模结构,图 10 - 85 是筒形机匣等温成形模具图。该模具的凹模分为四块,外面用凹模套固定。四块凹模可以有三种分模方案:①沿圆周等分成四块;②沿凸耳的侧面分模;③沿凸耳宽度的中线分模。从模块制造和锻件成形后脱模的难易程度等方面综合分析,本例采用第三种方案。

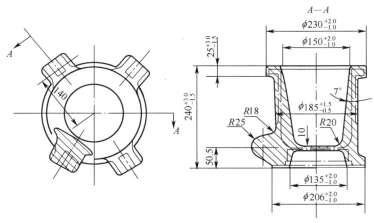

图 10 - 84   筒形机匣锻件图

但是尽管采用了等温成形,凸耳部位还是常常有充不满的情况。

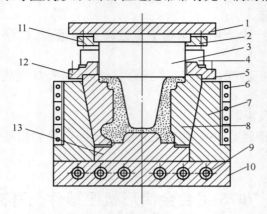

图 10-85 筒形机匣等温成形模具图

1—上模板;2—凸模固定板;3—凸模;4—导向套;5—凹模固定板;6—电加热圈;7—凹模外套;
8—凹模;9—电加热圈;10—下模板;11、12—螺栓;13—凹模垫板。

2. 质量分析

经分析,凸耳部位充不满的原因与成形方案有关,初期成形时是利用冲头1直接反挤压成形(图 10-86(a)),此时金属的变形过程可分为两个阶段:

第一阶段:由开始挤压到坯料与冲头上端面接触为止。这一阶段是复合挤压过程,变形区的金属部分向下流动,充填四个凸耳,部分金属向上流动。

第二阶段:第一阶段结束到充满模腔为止。这一阶段变形主要是反挤和模压上端法兰。第一阶段复合挤压时,由于沿金属充填方向凸耳的截面积是不断减小的,因此,金属充填时要产生很大的塑性变形,使金属充填凸耳的阻力急剧增大,于是较多的金属沿轴向向上流动,使凸耳部位成形困难。另外,随着凸模不断压入,坯料与上端法兰的接触面积不断增大,所需的模压力也越来越大,于是作用于凸模下方金属的力越来越小。因此,凸耳部分很难充满。

根据上述分析,该件成形时应当先使凸耳部位获得足够量的金属,然后再成形法兰部位。

3. 质量控制措施

1)采用先正挤后反挤成形方案

最初先用平冲头进行正挤(主要是径向挤压),成形筒形机匣的四个凸耳和下部(图 10-86(b)),最后再用冲头1进行反挤和模压法兰部分(图 10-86(c))。此时由于先用平冲头进行径向挤压,可以有效地保证凸耳部分的金属成形。正挤阶段的压下量大小、模腔的形状和各工作部位圆角半径大小,通过数值模拟(见第 6章)和物理模拟试验确定。

2)等温成形温度的确定

由于筒形机匣的成形过程比较复杂,变形量较大,工作时须数次更换工具,采

456

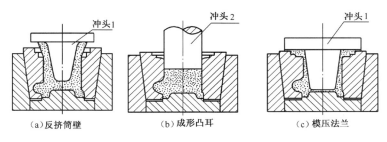

（a）反挤筒壁	（b）成形凸耳	（c）模压法兰

图 10 - 86　筒形机匣成形方案

用通常的模锻方法需要数火次才能完成,否则坯料温度迅速降低,凸耳部位不易充满,而且采用挤压方法成形时,坯料与模壁和冲头间有较大摩擦,常产生较大的剪切变形。如果坯料实际变形温度低于再结晶温度,则成形后金属为未再结晶或未完全再结晶状态,锻件经固溶处理后将呈现粗晶组织。但是,如果成形温度较高(高于再结晶温度),反而可以利用剪切变形的有利影响,细化晶粒组织。经分析和试验编定,锻前坯料加热温度为 460℃±5℃,模具加热温度略低于坯料加热温度其中凸模为 440℃±5℃,凹模为 430℃±5℃,模具采用电阻加热,图 10 - 87 是等温精锻的筒形机匣外观照片,经检测,高低倍组织和力学性能均符合技术要求。凸耳部位的低倍组织见图 10 - 88。

图 10 - 87　等温精锻筒形机匣外观照片

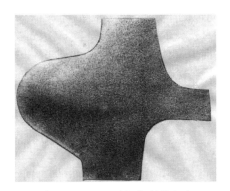

图 10 - 88　凸耳部位低倍组织

例 19　铝合金筋板构件折叠和充不满

1. 质量情况

图 10 - 89 是一种带有纵横内筋的筋板类构件锻件图,该件腹板为弧形腹板上有一系列纵横相交的内筋,其外侧是一个圆弧形的外筋,腹板厚为 8mm,筋的高度和宽度分别为 22mm 和 6mm,两条内筋的间距为 68mm。

按通常的整体加载成形时,在筋的根部常易产生折叠和涡流,而圆弧形外筋常常不易充满。

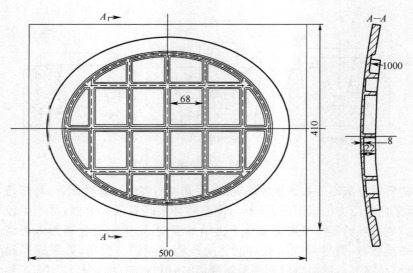

图 10-89　带有纵横内筋的筋板类构件锻件图

2. 质量分析

该件的筋高 22mm,筋宽 6mm,筋高与筋宽之比约为 3.6,故充填比较困难,尤其是外侧的原弧形外筋更不易充满,这是由于整体加载时中心部位的单位压力高而周边的单位压力低,常常不足以克服充填外筋时的阻力。另外,整体加载时,坯料厚度减薄,一部分充填筋部,大部分横向外流,于是便在筋的根部产生涡流和折叠,尤其是靠边部的筋条的根部。

3. 质量控制措施

采用局部加载的方法成形,这样既可以保证成形筋部有足够大的单位压力,同时又可以减少变形金属大量长距离横向外流。在本例中局部加载的具体措施是采用图 10-90 和图 10-91 所示的两块局部加载的垫板来实现。

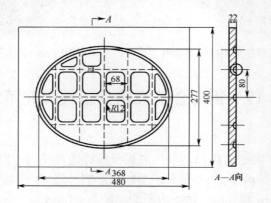

图 10-90　带有内凹型腔的局部加载垫板

图 10-90 是带有内凹型腔的局部加载垫板,模压过程中将垫板放置在上模和坯

料之间,模压一次之后就会在筋条的背面聚集足够量的金属,将垫板去掉再进行模压,筋部聚集的金属就会充填到筋部的模具型腔内,而不会长距离横向外流。这样便可避免产生涡流和折叠。采用图10-91所示的第二块垫板进行局部加压,便可以解决椭圆形外筋的充填问题。图10-92是采用局部加载方法成形的筋板构件。

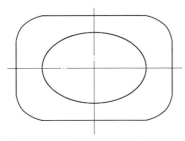

图10-91　椭圆形局部加载垫板

图10-92　采用局部加载方法成形的筋板构件

例20　LY12铝合金筒体的错距旋压

1. 质量情况

图10-93是LY12旋压件的零件图,该件是较大直径的薄壁筒形件,外径$\phi360mm$,壁厚2mm,尺寸精度要求较高,平均直径偏差小于0.2mm,壁厚偏差小于0.05mm,圆度小于0.5mm,直线度不大于0.15mm/m,表面粗糙度小于3.2μm。采用常规的旋压工艺很难达到设计要求。图10-94是其坯料尺寸图。坯料壁厚9mm,要减薄到2mm需经5道～6道次旋压。在旋压时容易在旋轮前产生堆积和隆起现象,变形量过大时,在内表面易产生裂纹。为此,中间需进行退火。在退火过程中,形状又易发生变化,下道次旋压时不易套上芯轴[77]。

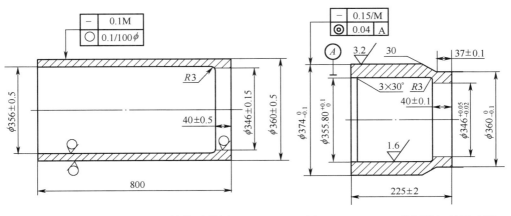

图10-93　LY12正旋件零件图　　　　图10-94　LY12旋压件坯料尺寸图

2. 质量分析

由于 LY12 退火后材料较软、强度较低（相对于钢材），当道次压下量较大时，旋轮前易产生堆积和隆起。正旋时沿轴向受较大的拉应力作用，当道次减薄率较大时，便易产生内表面裂纹。解决这一问题的有效措施是采用错距旋压工艺。

3. 质量控制措施

所谓错距旋压是三个旋轮的位置不在同一平面上，而是沿轴向错开一段距离。三个旋轮与芯轴的间隙逐渐减小，即三个旋轮顺序地对坯料进行旋压。其结果是每道次的减薄率比通常旋压的大，而每个旋轮的减薄量较小，这样便可避免前述的缺陷产生。该件采用错距旋压工艺后总共只需三个道次，而且可以不需中间退火。

错距旋压时，三个旋轮的错距量和压下量分配必需进行优化计算，必需正确地确定目标函数和约束条件。

经过优化计算后，该件第一道次毛坯厚从 9.0mm 减薄到 6.8mm；第二道次厚壁从 6.8mm 减薄到 3.4mm；第三道次壁厚从 3.4mm 减薄到 2.0mm，并取正公差。每个旋轮的径向压下量分配列于表 10-8 中。

表 10-8　三旋轮径向压下量的分配

道次 参量 旋轮	第一道次			第二道次			第三道次		
	Z	Y	X	Z	Y	X	Z	Y	X
旋前壁厚 t_1/mm	9.00	8.26	7.48	6.80	5.66	4.48	4.4	3.94	2.44
旋后壁厚 t_2/mm	8.26	7.48	6.80	5.66	4.48	3.4	3.94	2.44	2.0
压下量/mm	0.74	0.78	0.68	1.14	1.18	1.08	0.46	0.50	0.44
进给比/(mm/r)		1.76			1.0			0.83	

在道次减薄率中，由于退火后材料较软，第一道次减薄率不宜过大以防金属的堆积和失稳；成品道次旋压时加工硬化指数高，若减薄率太小，则工件回弹大，尺寸精度难以控制；中间道次主要以减壁成形为主，可以有较大的壁厚减薄率。

对于进给比的影响，成品道次中采用小进给比，以防止缩径而导致卸件困难。其余道次可采用较大的进给比，利于抱芯模以获得内径精度高的旋压件。优化计算的各道次进给比见表 10-8，从以上分析可知该计算值是合理的。根据优化的工艺参数得到此时的轴向错距量为 $z_1 = 4.5$mm，$z_2 = 4.5$mm。

经过上述优化计算及试验，旋出了合格件（图 10-95），该项错距旋压工艺已稳定用于生产。

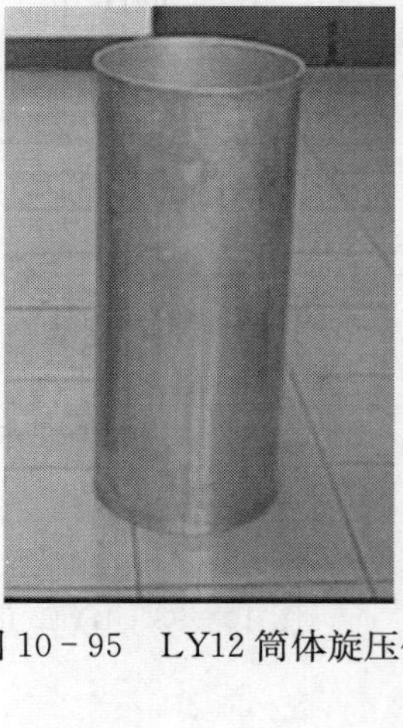

图 10-95　LY12 筒体旋压件

例 21 镁合金镦粗裂纹

1. 质量情况

材料为 MB2 镁合金,铸锭规格为 $\phi405mm \times 944mm$,经均火后,在卧式水压机上用单孔模挤压成 $\phi154mm$ 棒材。坯料尺寸为 $\phi150mm \times 224mm$,加热到 440℃ 后,在模锻水压机上单向镦粗,锻造比为 5.25。镦粗时坯料表面沿切应力方向 (45°) 成网格状开裂,锻件报废(图 10-96)。

图 10-96 镁合金锻件表面裂纹

2. 质量分析

锻前由于每次出料量较多(20 个)。先锻造的坯料处于最佳变形温度范围,无裂纹。而后面进行锻造的坯料因温度降低,变形温度低于合金的最佳塑性变形温度范围(即在 400℃ 以下),致使坯料出现不同程度的网格状裂纹。该合金抗剪强度差,塑性比较低,这是由于镁合金属于密排六方晶体,在室温只有三个滑移系,只有当温度超过 200℃ 才增加一个滑移系,使塑性有所提高。在锻造温度较低时,晶间化合物 Mg_4Al_3 很脆,合金的塑性就更低。所以最后锻造的坯料在切应力大于剪切强度极限时,便出现了裂纹,并沿晶界扩展。由图 10-97 中可以发现,裂纹两侧出现细小晶粒(亚晶粒),这一现象符合镁合金冷裂时的组织特征。

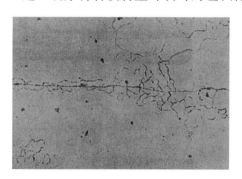

图 10-97 裂纹处的显微组织 250×

3. 质量控制措施

适当控制出料量,使坯料始锻温度高于 420℃,同时还要严格控制变形速度。

大批量生产的单位应改进加热设备，选用连续炉为宜。实践证明，当开锻温度低于420℃时，坯料常常开裂。只有保证开锻温度在420℃~440℃范围内，方能避免坯料开裂，但锻件强度性能要降低10MPa~30MPa。

例22 镁合金杠杆模锻件裂纹

1. 质量情况

材料为MB5，坯料规格为 $\phi45mm \times 330mm$，锻造温度为334℃~430℃（加热两次以上），一个模膛，在锤上两次模锻成形。第一火模锻时，在锻件的凸台处就产生了裂纹，如图10-98箭头所示。经修伤后第二次再锻，裂纹仍继续扩大。

图10-98 MB5合金锻件上的裂纹（箭头所指）

2. 质量分析

沿裂纹处切取试样，从低倍上可以看到裂纹垂直切断流线（图10-99），由高倍可见裂纹沿晶界开裂（图10-100）。产生这种裂纹的主要原因：①铸锭均匀化温度较低，且保温时间不够，在晶界上析出有粗细不均的化合物 Mg_4Al_3 和 β 锰质点。这种沿晶界分布的脆性化合物，显著地降低了锻件的塑性，尤其在高速变形时更为突出（图10-101）。②裂纹处是一个很高的凸台，需要金属量大。由于镁合金的表面摩擦系数很大，流动性很差，在内角A处（图10-102）不易充满而成空腔，A处两侧金属由于与模膛表面产生强烈的摩擦，不易流动，结果金属沿箭头B所示的方向激烈地向A处充填，此时与自由镦粗的侧表面相似，外表面金属受到很大的拉应力作用，致使锻件在凸台处产生拉裂。

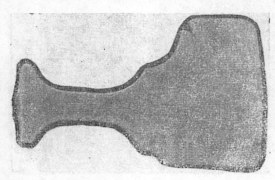

图10-99 裂纹处横向低倍上的流线

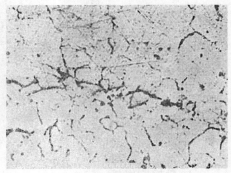

图10-100 裂纹处的显微组织
（裂纹沿晶扩展） 200×

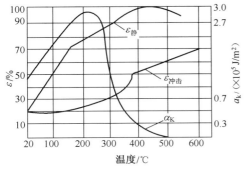

图 10-101　MB₅合金的塑性图

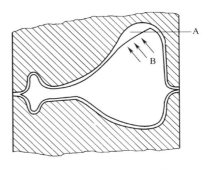

图 10-102　内角 A 处不易充满形成空腔

3. 质量控制措施

（1）保证均匀化时的加热温度和加热时间。

（2）在锤上模锻时应严格注意工艺操作，开始模锻时要轻击，每次轻击的变形程度不应超过 5％，随着金属不断充满型槽可逐步加重锤击。

（3）由于 MB5 合金对变形速度敏感性较大，最好在变形速度较低的压力机上模锻。

图 10-103 所示为经正常均匀化后在水压机上模锻的合格件。图 10-104 所示为水压机上模锻的合格锻件凸台处的横向低倍组织。图 10-105 所示为水压机上模锻的合格锻件的显微组织。

图 10-103　水压机上模锻的合格锻件

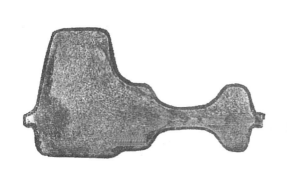

图 10-104　水压机上模锻的合格锻件
凸台处的横向低倍组织

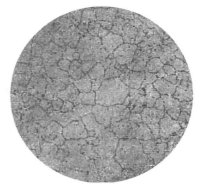

图 10-105　水压机上模锻的合格
锻件的显微组织　300×

例 23　镁合金上机匣锻件凸耳充不满和折叠

1. 质量情况

上机匣是直升机上的关键受力构件,其上的四个凸耳承受着整机的起飞重量。由于受力很大,对该件的组织性能要求很高,并要金属流线沿零件的几何外形分布。

上机匣的尺寸大、形状非常复杂(图 10-106),尺寸精度要求高,径向最大尺寸为 680mm(凸耳处径向尺寸为 710mm),零件周边非均匀分布四个凸耳,且凸耳宽而外伸,凸耳最高处达 155mm,宽 80mm。另外,还有六条径向筋(高宽比最大为 9.2)。锻件表面除上部凸耳之外均为不加工表面,因而上机匣属于薄腹板、高筋条类复杂形状零件。由于该件几何形状复杂,成形非常困难,操作时间长,对该件采用了等温成形工艺。这样不仅可以大幅度的降低变形抗力,而且可获得理想的内部组织和性能,并可提高模具寿命。

最初采用了由圆形饼坯直接模压成形的方案,四个凸耳常常充填不满,而且在其内侧还存在折叠。另外,在高筋端角处也常常不易充满[46,78,79]。

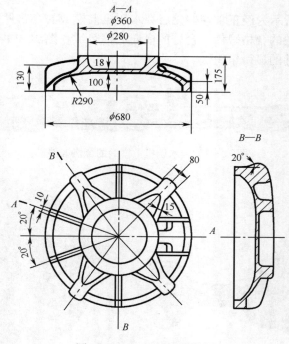

图 10-106　上机匣锻件图

2. 质量分析

图 10-107 为直接模锻成形方案简图。此时金属变形的流动大致分为两个

464

阶段:

第一阶段:由上模冲头下端面与坯料接触开始至坯料下端与下模模膛接触止(图10-107右半图)。这个阶段坯料处于弯曲变形状态,相当于简单的预制坯变形,仅有极少量金属充填模膛。

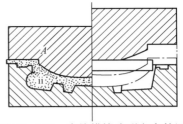

图 10-107　直接模锻成形方案简图

第二阶段:由第一阶段结束(坯料下端面与下模模膛接触)开始至飞边形成、模压力达到设备额定压力为止(图10-107左半图)。这个阶段是模压变形过程,在模压变形初期有少量金属充填四个凸耳、高筋及底面法兰部分。由于金属不断充填模膛使模膛中未充满部分的截面积不断减少,使金属继续充填所遇到的阻力急剧增大,使得较多的金属向流动阻力小的模膛外部流动,形成飞边。这些飞边一方面阻止了金属继续向模膛外部流动,使金属易于充填模膛,另一方面随着上模的不断压下,坯料与上模端面的接触面积不断增大,消耗在飞边部分的模压力越来越大,于是作用于冲头下端的力就越来越小,因此,凸耳、高筋及底面法兰部分的变形将更加困难,未充满的部分将更加难以充满。尽管采取了许多措施,如切除多余飞边、局部加载变形等,仍无法保证凸耳部分充满。同时,由于大量的金属涌入凸耳部分,产生类似挤压缩孔的缺陷,最终在工件凸耳相应处发展成折叠(图10-107中ii处),可见此方案不可取,需改变成形方案。

3. 质量控制措施

通过上述分析可知,应在模锻成形之前增加一道预制坯工序,目的是分配金属,保证模锻时四个凸耳处有足够的金属充填,预制坯坯料形状见图10-108。此方案经过多次试验,结果表明确实可行。

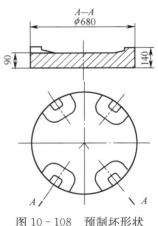

图 10-108　预制坯形状

最后确定上机匣的精密成形采用制坯、预锻和终锻三个工步。制坯工步的目的是合理分配金属,预锻是初步完成锻件形状,终锻是保证获得锻件的最终尺寸精度。在每个工步之间需进行酸洗和修伤。每次成形时,工件和模具均采用水剂石墨润滑。

在通常情况下模压与上机匣投影面积相近的镁、铝合金大型模锻件时需要 13000t 左右的液压机吨位,另外,该上机匣有六条呈径向分布的高筋,且其高宽比较大,而且最高部又在锻件外部。由于型腔在边部时所需的模压力远远大于型腔在锻件中部时所需的模压力,甚至会高出一倍以上。为使此处型腔能充填良好,需在筋底施加足够大的挤压力,这就必须使整个模压力大幅度提高。

因此,对该上机匣,即使设备模压力足够,也需要采取措施降低模压力,否则为充填好高筋型腔无限制地增大模压力,可能导致模具损坏。为降低模压力和保证

高筋的型腔充满,除采用等温成形工艺外,采取了两方面的措施:

(1) 采月局部加载方法成形。该件的上部形状很复杂,但下表面呈锅底状,形状比较简单且为加工表面。为此,可采用局部加载的方法成形,结果仅用了 4500t 压力,成形质量良好。

(2) 采月分流方法成形。该上机匣零件中部是一个圆孔,因此,第一次模压后,我们将孔内的连皮用切削加工方法去掉,最后精整成形时金属可以同时向内和外流动,从而可在较低的模压力下使坯料变形,使型腔有足够的金属量充填。

模具结构如图 10-109 所示,为保证凸耳处金属流线完整,分模面沿锻件上平面设置,因脱模需要,凸耳处设置活动镶快。模压时采取措施将镶块压紧在原位上。

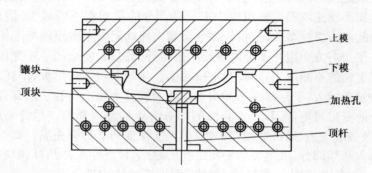

图 10-109 模具结构示意图

在等温模锻工艺中,坯料的加热温度是影响锻件成形质量的重要因素。如果锻前坯料的加热温度过高,则坯料会因过热或局部过热而形成粗晶组织。相反,如果锻造温度过低,则坯料的变形抗力增大,模具型腔不易充满,因此,为了保证锻件质量和降低变形力,满足成形需要,必须正确地选择坯料的加热温度。

MB15 是一种 Mg-Zn-Zr 系高强度镁合金。由其塑性图(图 10-110)可知,对于低速率成形,变形温度不低于 350℃ 为宜,变形温度越高,变形抗力越小。显然,选取较高的变形温度对上机匣这样的大尺寸锻件的成形是有利的。另外,MB15 镁合金高温下晶粒长大的倾向较大,若加热和变形温度过高,加热时间过长,加热次数过多,将引起力学性能降低。MB15 合金虽能通过热处理强化,但强化效果并不显著,加热时产生的软化很难靠随后的热处理来补偿。故加热温度不能过高,特别是最后一道终锻工步,变形温度应取下限,以保证锻后的力学性能。

综合考虑各工序的变形特点及锻件力学性能要求,将制坯及预锻工步的加热温度定为 360℃,终锻工步的加热温度定为 340℃~350℃,模具加热温度与坯料加热温度相同或稍低些。

图 10-111 是等温精密成形的上机匣锻件的实物照片。从图中可见,该件的各部分充满的都是棱角分明、轮廓清晰;低倍、高倍检验的结果表明,其晶粒细小、均匀;流线顺畅并沿几何外形分布,详见图 10-112 所示。力学性能也达到或超过了技术要求。

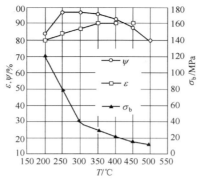

图 10 - 110　MB15 镁合金塑性图

例 24　镁合金模锻件飞边裂纹

1. 质量情况

材料为 MB5,坯料尺寸为 $\phi42mm\times330mm$,锻造温度为 430℃～330℃(加热两次以上),在锤上模锻成形,终锻和热切边后直接矫正,未经退火处理。锻件经矫正后在飞边处有明显裂纹(图 10 - 113)。

图 10 - 111　上机匣锻件实物照片

图 10 - 112　上机匣低倍组织照片

图 10 - 113　MB5 镁合金模锻件上的飞边裂纹(箭头所指)

2. 质量分析

从图 10 - 114 可知,锻件两侧飞边裂纹方向相反。对飞边裂纹进行低倍观察,发现裂纹是被拉裂的,裂纹垂直于流线方向(图 10 - 115)。对飞边处进行高倍检查,由图 10 - 116 可看到明显的冷变形组织。这说明在矫正时温度已很低(矫正前

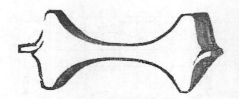

图 10 - 114　横断面上的裂纹

飞边宽度为 0.5mm~1mm,矫正后为 3mm~4mm)。由于锻件(尤其是飞边处)温度太低,塑性很差,所以矫正时在飞边与锻件连接处,因变形不均,在附加拉应力作用下产生了飞边裂纹。

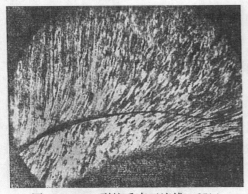

图 10 - 115　裂纹垂直于流线　25×

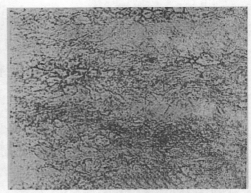

图 10 - 116　飞边处残留有冷变形
状态的显微组织　200×

镁合金是具有密排六方晶格的金属。它比其他有色金属的塑性加工性能差得多,尤其在冷变形时特别明显。图 10 - 117 所示为同一锻件腹板上出现的滑移带。图 10 - 118 为其局部放大图。这种滑移线是变形温度在再结晶温度以下,在最大切应力方向金属滑移变形而产生的。这也进一步说明矫正变形时温度是很低的。后来又曾发现一些锻件切边后就有裂纹。因此,此件也很可能在切边后就已有微小裂纹,但未被发现,后来矫正时进一步发展和扩大,成为大裂纹。

图 10 - 117　腹板部位出现的滑移带　20×

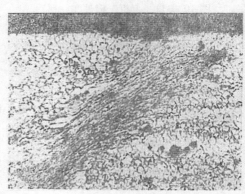

图 10 - 118　滑移带的局部放大　200×

3. 质量控制措施

（1）选用合适的切边温度和切边模具，防止切边时开裂。对切过边的锻件应进行仔细检查。

（2）严格控制矫正时温度。

例 25　铝铁青铜锻造裂纹

1. 质量情况

坯料为铝铁青铜铸锭，加热温度为 890℃，在自由锻锤上锻造。炉号为 9059 的五个铸锭，同炉加热，锻造时全部锻裂，而炉号为 8007 的铜锭，加热锻造时未裂。

2. 质量分析

（1）低倍组织。炉号为 9059 的铜锭经扒皮、加热后，在未锻的那一端取低倍试样，发现有中心疏松，此外在外层有未扒尽的小裂纹（图 10-119）。炉号 8007 铜锭低倍组织正常。

（2）显微组织。9059 铸锭显微组织（未锻前组织）如图 10-120 所示。9059 裂纹处组织如图 10-121 和图 10-122 所示。8007 未锻裂件显微组织如图 10-123 所示。

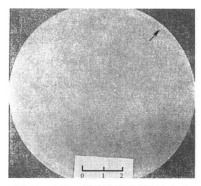

图 10-119　铁青铜原材料的中心
疏松裂纹（箭头所指）

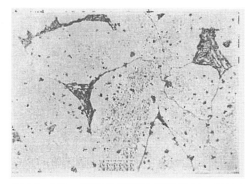

图 10-120　锻裂件铸锭的显微组织　200×

从显微组织比较来看，锻裂铜锭共析组织分布不均匀，且晶粒粗大，经变形后，晶粒沿变形方向被拉长，α 相刚刚开始再结晶（图 10-121 和图 10-122 中小晶粒为再结晶晶粒），再结晶很不充分，从而说明锻造时的终锻温度过低，且由于共析相脆性大，分布不均匀，所以裂纹沿共析相发展。

为了证明其再结晶不充分（说明终锻温度低），将锻裂的试样经 850℃，30min加热，炉冷退火，组织为 α 相＋共析相＋Fe 相，共析相带状较轻，α 相已充分再结晶（图 10-124）

图 10-121 9059 裂纹处再结晶
不充分显微组织 115×

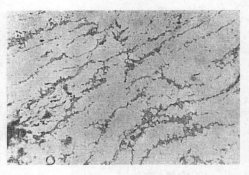

图 10-122 9059 裂纹处晶粒变形
的组织情况 115×

因此得出结论,这批铜锭锻裂,虽然表面没车尽微小裂纹、铸态组织粗大和不均匀都有影响,但主要影响还是由于终锻温度低,使再结晶速度跟不上变形强化速度,所以裂纹沿脆性的共析相组织发展。

3. 质量控制措施

(1) 加强锻前坯料表面状态和内部组织检查;

(2) 控制终锻温度,温度太低时不宜锻造。

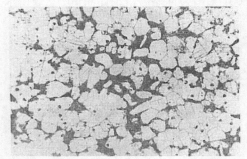

图 10-123 8007 未裂件的
显微组织 200×

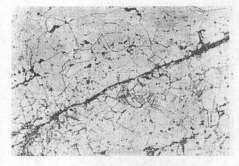

图 10-124 锻裂件退火后再结晶
充分的组织 200×

例 26 锆青铜滚焊轮硬度低

1. 质量情况

坯料为半成品锻件,尺寸为 $\phi360mm \times 34mm$,硬度为 95HB～100HB,低于技术条件(硬度为 110HB～140HB)规定。

2. 质量分析

坯料显微组织见图 10-125,是热锻状态,所以硬度达不到要求。

锆青铜是以铜为基体,含有 0.15％～0.5％锆的锆合金,Cu 与 Zr 能形成 Cu₃Zr 金属间化合物。Cu₃Zr 与 α 固溶体的共晶温度为 965℃(图 10－126),锆在铜中的溶解度随温度下降迅速降低,在 400℃ 时溶解度已很微小,因此,可以经过固溶,提高塑性之后进行冷变形强化,然后再进行时效,进一步强化。

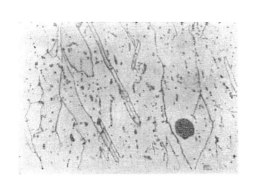

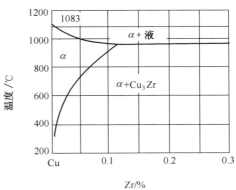

图 10－125　锆青铜坯料热锻状态的显微组织　500×　　　　图 10－126　CuZr 系相图

　　经 950℃ 加热,保温 30mm,水冷到室温,组织状态如图 10－127 所示。从图中可见,大量的第二相已固溶于基体。

　　1) 冷变形试验

　　用三种不同变形量进行试验,结果如下:

　　(1) 950℃固溶处理,冷变形 ε＝26％,硬度为 88HB～93HB,组织状态见图10－128。

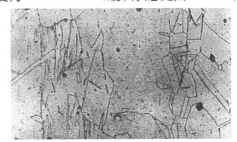

图 10－127　固溶处理后的显
微组织　100×

图 10－128　固溶处理后 26％变形
的显微组织　100×

　　(2) 950℃固溶处理,冷变形 ε＝50％,硬度为 96HB～102HB,组织状态见图 10－129。

　　(3) 950℃固溶处理,冷变形 ε＝80％,硬度为 105HB～108HB,组织状态见图 10－130。

　　从图中可看到明显的滑移和孪晶,而且变形量越大滑移带明显增长,硬度也越大。

　　2) 时效处理试验

　　根据时效温度对导电率和硬度的影响曲线见图 10－131 和图 10－132,选用 400℃

时效,保温 3h,然后空冷到室温。时效处理后的金相组织见图 10-133～图 10-135。

图 10-129 固溶处理后 50%
变形的显微组织 100×

图 10-130 固溶处理后 80%变形
的显微组织 100×

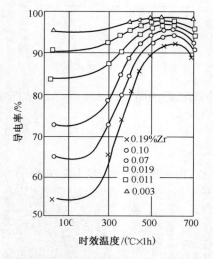

图 10-131 时效温度对导电率的影响

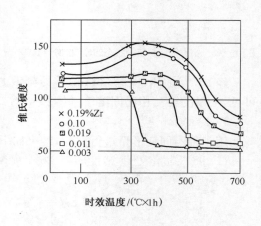

图 10-132 时效温度对硬度的影响

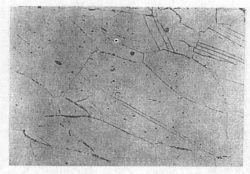

图 10-133 固溶处理后经 26%和
400℃时效 3h 的显微组织 100×

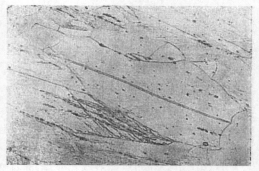

图 10-134 固溶处理后经 50%和 400℃
时效 3h 的显微组织 100×

由以上试验结果可知,采用 950℃ 固溶,400℃ 3 小时时效,冷变形程度大于 26％时,便可达到技术要求。

3. 质量控制措施

（1）加热：将 $\phi330mm \times 42mm$ 的半成品锻件,于 890℃ 加热,保温 30min。

（2）热锻：锻至 $\phi265mm \times 73mm$,以保证冷锻时有 50％ 以上的变形量。

（3）固溶处理：950℃ 加热,保温 30min,水冷。

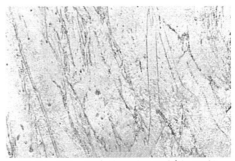

图 10 - 135 固溶处理后经 80％ 和 400℃ 时效 3h 的显微组织 100×

（4）冷锻：将坯料放在平整、无浊腻的砧面上锤击,锤击力要小,锻件不能温升过高(如温升过高可采取轮换锻打或放入清水中冷却)。总变形量为 63％,但每次变形量不宜过大,最后使尺寸达到 $\phi360mm \times 34mm$。

（5）时效处理：400℃ 加热,保温 3h,空冷。

经上述工艺制成的滚焊轮,硬度和导电率均达到要求,使用情况良好。

例 27　TC4 钛合金叶片的低铝低钒偏析

1. 质量情况

TC4 合金叶片锻件,用矩形扁料在高速锤挤压成形。机械加工过程中,进行叶片表面腐蚀检查时,沿叶身纵向出现细长亮带(图 10 - 136)。

2. 质量分析

由亮带处纵向取样高倍观察,亮带为带状组织(图 10 - 137),正常区为细小的。$\alpha + \beta$ 两相组织(图 10 - 138),亮带区为粗大等轴 α 单相组织(图 10 - 139)。

图 10 - 136　TC4 合金叶片表面的亮带

图 10 - 137　TC4 合金组织中的亮带　100×

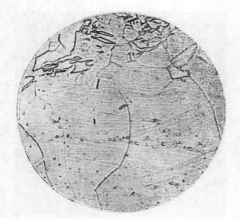 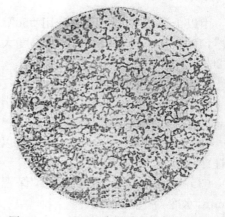

图 10-138　亮带为粗大
单相 α 组织　500×

图 10-139　TC4 合金叶片正常区为细小
的 α+β 两相组织　500×

显微硬度检验,正常区 309HV,亮带区 261HV。电子探针分析结果,亮带处含铝量约 2%～4%,含钒量约 2%～3%,所以,亮带为低铝低钒偏析引起的 α 型带状组织。

检验同炉原材料,偏析缺陷沿棒材纵向分布,长短不一,短至几毫米,最长达 2m 以上,棒杈横断面上为亮点、亮区。

该偏析是熔炼时自耗电极的海绵钛,大块掉落熔池,没有充分扩散,热锻、轧变形时,沿棒材轴向拉长。

偏析使合金室温塑性和高温性能明显降低。

3. 质量控制措施

(1) 加强原材料的检验。

(2) 冶炼时控制海绵钛粒度、自耗电极的制备、熔炼工艺参数和增加重熔次数,可避免此种偏析。

例 28　TC4 钛合金叶片挤压工艺不当
引起室温塑性不合格

1. 质量情况

原材料是 920℃ 轧制的横断面为 20mm×60mm 的扁坯,其显微组织见图 10-140,坯料经粗加工,995℃,加热,高速锤挤压成形,挤压的叶片见图 10-141。经室温力学性能试验,榫头的室温伸长率为 7.3%,低于技术条件(δ≥10%)的要求。

2. 质量分析

叶片低倍组织见图 10-142,显微组织见图 10-143 和图 10-144。从低倍组织可以看出,榫头组织较粗,而叶身经过变形,低倍晶粒较细。从显微组织看,榫头保留了原始的β晶界和从高温冷却时形成的直而粗大的针状α+β组织,而叶身部位由于经过较大变形,原始β晶界已被破碎,但仍保留了针状组织。

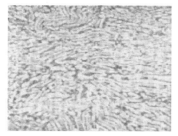

图 10－140　TC4 钛合金叶片原
材料的显微组织　320×

图 10－141　挤压叶片外形

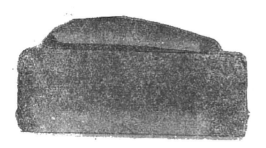

图 10－142　叶片的低倍组织

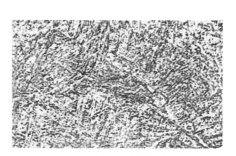

图 10－143　叶身的显微组织　320×

上述情况的产生是由于挤压温度 995℃已超过原材料的相变温度 975℃,即已进入 β 相区,而挤压时榫头的变形程度又不大,因此在得到上述组织的情况下,造成了室温伸长率不合格。

3. 质量控制措施

挤压温度采用 935℃即在 α+β 两相区的温度下挤压。叶片低倍组织见图 10－145。显微组织见图 10－146 和图 10－147。可见榫头低倍组织中晶粒已细化,肉眼已不可辨,显微组织较均匀,原始晶界已不存在,其室温伸长率达到 14%,满足了技术条件要求。

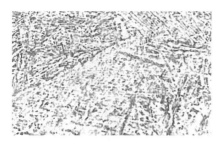

图 10－144　榫头的显微组织　320×

图 10－145　935℃挤压的叶片低倍组织

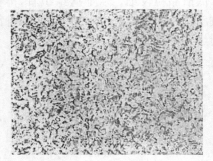
图 10-116 935℃挤压的叶片
叶身显微组织 320×

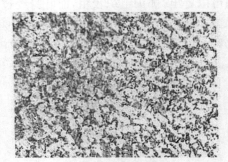
图 10-147 935℃挤压的叶片
榫头显微组织 320×

例 29 钛合金叶片剪切带

1. 质量情况

ϕ40mm 的 TC4 钛合金棒料,顶镦头部后在 30t·m 高速锤上一次模锻成形。锻成叶片后,横向低倍组织有明显的粗、细晶区差异,见图 10-148。粗晶处显微组织呈魏氏组织(图 10-149),细密流线处显微组织细长且有强烈的方向性(图 10-150)。在钛合金叶片上这样的组织是不希望存在的。

图 10-148 TC4 合金叶身横向低倍上的粗晶和剪切带

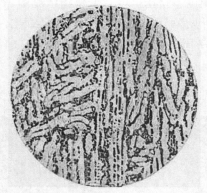
图 10-149 粗晶区的显微组织 500×

图 10-150 细密流线处(剪切唇)的显微组织 500×

2. 质量分析

模锻时坯料与上下模接触部分温度较低且摩擦力较大,形成了难变形区,由于钛合金的导热性差,因此对激冷的敏感性大,在一次模锻过程中,坯料接触表面附近难变形区逐步扩大,以致使两困难变形区之间发生了强烈的剪切变形,形成了细密的剪切带,此剪切带处的剪切变形非常大,因此晶粒细小且具有强烈的方向性。另外,钛合金为密排六方晶格,对变形方向性选择较强。高速变形时更加剧这种变形不均。

3. 质量控制措施

(1) 增加预锻工步,即将 φ40mm 棒料压肩至 22mm 左右,再一次加热,终锻成叶片。这样可以减小叶片上下接触表面附近的难变形区,不致于形成剪切带。经增加预锻工步后粗细晶不均匀区有明显的改善(图 10-151),其叶身组织见图 10-152。

图 10-151 增加预锻工步后叶身的横向低倍组织

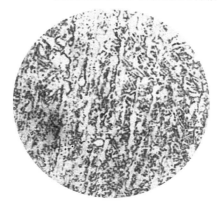

图 10-152 增加预锻工步后叶身的显微组织 500×

(2) 改善上下模润滑条件,提高模具的预热温度,以减少变形的不均匀性。

例 30 TC4 钛合金压气机盘模锻件过热

1. 质量情况

加热温度 960℃,在水压机上一次模压成形,经检测力学性能不符合技术条件要求,出现室温脆性,径向性能 σ_b=894MPa,δ_5=7.6%,ψ=20.6%。

2. 质量分析

由于是一次加压模锻成形,金属变形流动很剧烈,因而产生很大的热效应,使锻件内部金属流动剧烈处的实际温度已升至 β 相变点以上,造成低倍出现粗晶,高倍呈现过热的魏氏组织(图 10-153 和图 10-154),因此塑性指标很低。

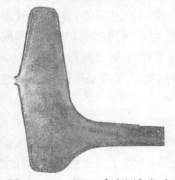

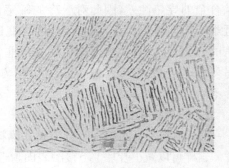

图 10-153　TC4 合金压气机盘
　模锻件的过热低倍组织

图 10-154　过热的魏氏组织　500×

3. 质量控制措施

模锻时,在其他条件相同的情况下,改用一火两次模压成形。由于变形时热效应引起的温升较小,避免了过热组织。图 10-155 所示为改进工艺后已粗加工过的模锻件的正常低倍组织。图 10-156 所示为其显微组织。经测试,力学性能符合技术要求,径向性能 $\sigma_b = 950\text{MPa}$,$\delta_5 = 16.2\%$,$\psi = 45\%$。

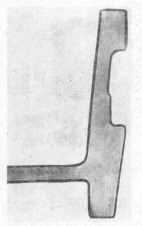

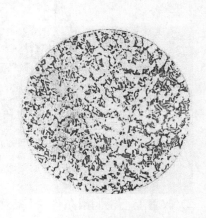

图 10-155　模锻件的正常低倍组织(已粗加工)　图 10-156　模锻件的正常显微组织　500×

例 31　TC11 钛合金转子等温精密成形时叶尖不易充满

1. 质量情况

图 10-157 是 TC11 钛合金转子的精锻件图。该件有 17 个大叶片和 17 个小叶片,叶片形或空间自由曲面。转子主体的垂直高度是 75mm,最小直径 142mm,

最大直径 232mm。叶根与叶身交接处的厚度是 5mm,叶尖部分厚 2mm。图 10-158 是精成形模具图,凹模采用镶块结构,采用径向曲面分模。图 10-159 和图 10-160 是组合凹模和凹模镶块。两个镶块构成一个大叶片型腔,每个镶块带有一个小叶片型腔。坯料尺寸和形状如图 10-161 所示。精成形时坯料加热温度为 800℃～920℃,模具预热温度 600℃。精成形后转子下部(直径为 142mm 端),叶尖部位很难充满。

2. 质量分析

该件精成形时坯料在轴向被压缩后便沿径向外流,充填模具型腔而使叶片成形。成形的开始阶段,变形主要发生在坯料与下冲头接触处。当压下量达到一定值时,坯料锥面与凹模型面整体接触,从而开始成形整个叶片。由于坯料的斜面与凹模型面接触面积大,并且叶片是整体成形,导致载荷迅速上升。由于叶片型腔深而窄,模腔壁的摩擦阻力非常大,尽管使设备吨位迅速加大,也很难使型腔完全充满,尤其是在下端的叶尖部位,常常有充不满的现象。

图 10-157　TC11 钛合金转子精锻件照片

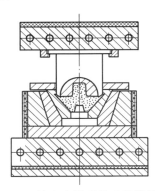

图 10-158　钛合金转子精成形模具结构图

图 10-159　组合凹模

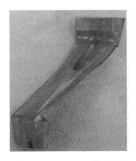

图 10-160　凹模镶块

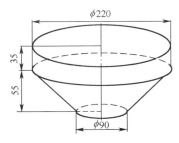

图 10-161　坯料尺寸和形状

3. 质量控制措施

改用 ϕ110mm×230mm 的圆柱体坯料(图 10-162),图 10-163 是采用局部加载径向挤压方案的模具图。由于凹模下凸台的作用,使坯料局部加载、局部变形,即变形首先由下端开始,变形金属径向外流首先充填下端叶片型腔,然后再逐渐向上发展直至全部叶片型腔都完全充满为止。这样不仅大幅度地减小了成形所需的载荷,提高了叶片的成形质量(图 10 - 157),而且还改善了凹模的受力情况。

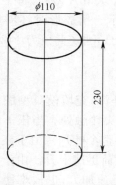

图 10 - 162 ϕ110mm×230mm 的圆柱体坯料

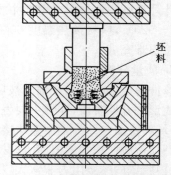

图 10 - 163 局部加载径向挤压方案模具图

例 32 BT20 钛合金大型薄壁筒形件旋压过程中的质量控制

1. 质量情况

图 10 - 164 是 BT20 钛合金大型薄壁筒形件的旋压件图,直径 480mm,长度是 800mm~1000mm,壁厚 2mm,厚径比为 0.42%,是较大直径的薄壁筒形件,原坯料尺寸为 ϕ508mm×ϕ480mm×240mm。该件在旋压过程中极易出现开裂、鼓包、隆起、胀径和尺寸超差等缺陷。热旋过程中,壁厚在 3mm~3.5mm 以前尚好些,壁厚小于 3mm 以后极易出现鼓包等上述缺陷。

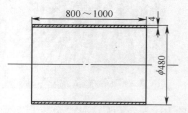

图 10 - 164 BT20 钛合金大型薄壁筒形件的旋压件图

2. 质量分析

BT20 是 α 型钛合金,是密排六方晶格,该合金室温塑性差,变形抗力大,故采用热旋。该件在热旋中产生的上述缺陷,除了和材料的塑性有关外,主要是金属的变形流动和理想状态有很大出入引起的。钛合金的导热性差,其导热系数是钢的 1/5,是铝的 1/12,由于导热性差,其各处的温度不易均匀。另外,钛合金的变形抗力对温度非常敏感,例如 TC6 钛合金,当变形温度从 800℃降至 700℃时,变形抗力由 250MPa 升至 500MPa,因此,当坯料各处温度不均匀时,在相同的加载条件下,有的地方变形大,有的地方变形小。变形大的地方由于受到周围金属的限制,于是便产生鼓包。由于鼓包的部位离开芯轴,在下道次旋前加热时,此处温度升高得更快更高,旋压时减薄更大,鼓包进一步发展,在最后道次旋压时,鼓包处的温度可能低于芯轴温度,在旋轮的压缩下,此处便可能开裂。

在热旋过程中主要集中于变形区加热和未旋区预热,已旋区工件表面温度下降较快,坯料容易发生收缩而抱住芯轴。当工件已旋区抱模过紧时,变形区金属反向伸长受到阻碍,容易在旋轮后方形成已旋区鼓包(图 10-165(b))。当壁厚减薄到一定程度后,材料的抗失稳能力变差,表面鼓包更容易发生。因此在旋压后期应避免已旋区抱模和鼓包。

(a)局部鼓包   (b)已旋区鼓包

图 10-165 表面鼓包

当变形温度低于 600℃时,钛合金材料以加工硬化为主,材料塑性较低,变形量稍大就容易产生裂纹(图 10-166(a))。当变形温度高于 600℃后材料开始发生明显的动态回复和再结晶,材料塑性得到明显改善。然而,当温度高于 800℃时钛合金容易发生表面吸氢而引起氢脆,且容易引起表面氧化,从而降低成形件表面质量(图 10-166(c))。为了抑制裂纹的产生,必须保证旋压接触区以及接触区前端保持在合适的变形温度范围。

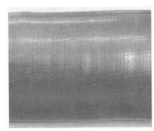

(a)表面裂纹(500℃~550℃)   (b)表面良好(600℃~750℃)   (c)表面氧化(＞800℃)

图 10-166 不同温度下旋压件的表面质量

壁厚和直径超差是筒形件热旋时常见的质量问题。在热旋过程中,工件壁厚主要取决于芯轴与旋轮的间隙及坯料自身热收缩的影响。加热时芯轴和旋轮的膨胀导致旋压时芯轴与旋轮的实际间隙减小,容易致使筒形件实际壁厚小于预设壁厚值,而坯料旋压变形后的热收缩导致工件最终壁厚进一步减小。例如,钛合金热旋试验中最终道次壁厚设定为 1.5mm,而零件冷却后测得壁厚确仅为 1.2mm,与设定值相差较大。为满足零件壁厚的要求,需要事先考虑芯轴、旋轮热膨胀,以补偿芯轴热膨胀带来的厚度变化,可按下式计算最终壁厚:

$$t = t_0 - (A_m D_m + A_r D_r)/2$$

式中:$A_m = \beta_m(T_m - T_s)$;$A_r = \beta_r(T_r - T_s)$;D_m、D_r 分别为室温下工件内径和芯轴直径;β_m、β_r 分别为芯轴和旋轮的线膨胀系数;T_m、T_r 分别为工件和芯轴的温度;

T_s 为室温。

为了满足旋压件的直径要求,必须考虑芯轴和工件的热胀冷缩效应,控制旋压终了时工件直径,使之冷却后达到精度,可据下式进行确定内径:

$$(1+A_w)D_w = (1+A_m)D_m$$

式中:$A_w = \beta_w(T_w - T_s)$;$A_m = \beta_m(T_m - T_s)$;D_w、D_m 分别为室温下工件内径和芯轴直径;β_w、β_m 分别为工件和芯轴的线膨胀系数;T_w、T_m 分别为工件和芯轴的温度;T_s 为室温。

3. 质量控制措施

从上述的质量分析可知,钛合金筒形件的强旋过程中的质量问题与旋压温度的合理选择和变形区温度的均匀性有很大关系。经反复试验,BT20 钛合金的热旋温度在 600℃~750℃ 的范围内是较适宜的,当壁厚较大时,旋压温度稍高些,后期应稍低一些。另外,在后期为防止已旋部分收缩抱模,对已旋区在必要时应用喷枪加热。

为了保证旋压变形区温度的均匀性,其中包括厚度方向上的均匀性。除坯料先在炉内加热外,芯轴也预先加热到 400℃ 以上。旋压时,在旋轮接触区及待旋区同时用三支喷枪进行加热,以使变形区全部金属在合适的温度范围,三支喷枪成 120° 角分布。为避免热旋过程中芯轴温度降低和对坯料内壁温度的影响,芯轴加工成空心的用喷枪进行加热。

该件分 8 道~9 道次旋压,平均道次减薄率约为 20%。由于原坯料壁较厚,避免设备负荷过大和旋轮前堆积过大等,最初道次减薄率稍小一些。为避免厚度方向变形不均,变形温度适当高些。后面道次的减薄率可稍大些,旋压温度可适当降低。

为减小设备负荷和使坯料在厚度方向能均匀热透,前面道次的进给比取小些,其结果可能有些扩径,后面的进给比适当大些,最后一道次的进给比应考虑能便于卸件。

为保证工件壁厚旋后能符合设计要求,应根据芯轴和旋轮的热膨胀量以及旋轮的弹性退让值等来确定旋轮和芯轴之间的间隙值。

经合理制定热旋成形工艺方案,并通过 BT20 钛合金热旋试验进行工艺优化,最终旋出了成形质量良好的 BT20 钛合金大型薄壁筒形件,如图 10-167 所示。

图 10-167 成形良好的
BT20 钛合金大型薄壁试验件

参 考 文 献

[1] 锻件质量分析编写组. 锻件质量分析. 北京:机械工业出版社. 1983.

[2] 吕炎. 锻件缺陷分析与对策. 北京:机械工业出版社. 1999.

[3] 汪复兴. 金属物理. 北京:机械工业出版社. 1983.

[4] 盖依 A G,赫伦 J J. 物理冶金学原理. 徐纪楠,译. 北京:机械工业出版社. 1981.

[5] 波卢欣 П И. 塑性变形的物理基础. 黄克琴,杨节,等译. 冶金工业出版社. 1989.

[6] 宋维锡. 金属学. 北京:冶金工业出版社. 1980.

[7] 吕炎,等. 锻压成形理论与工艺. 北京:机械工业出版社. 1991.

[8] 汪大年. 金属塑性成形原理. 北京:机械工业出版社. 1982.

[9] 吕炎,等. 锻件组织性能控制. 北京:国防工业出版社. 1988.

[10] 国家技术监督局. 钢质模锻件国家标准(GB 12361—2003). 北京:中国标准出版社. 2003.

[11] 吕炎,徐亦公. 局部加载时沿加载方向应力分布规律的探讨. 锻压技术. 1985(1):24-27.

[12] 吕炎,等. Stress distribution regularity along the loading direction in locally loading. 第三届国际塑性加工学术会议. 1990.

[13] 吕炎. 锻造工艺学. 北京:机械工业出版社. 1995.

[14] 胡正寰,等. 楔横轧零件成形技术与模拟仿真. 北京:冶金工业出版社. 2004.

[15] 程蓝征,韩世钢. 物理化学. 上海:上海科学技术出版社. 1980.

[16] 徐祖耀. 金属材料热力学. 北京:科学出版社. 1983.

[17] 刘国勋. 金属学原理. 北京:冶金工业出版社. 1980.

[18] 陈诗苏. 合金钢锻造. 北京:国防工业出版社,1984.

[19] 许茂德. 锻造加热温度对 9Cr18 不锈钢组织和性能的影响. 锻压技术. 1984(5):19-27.

[20] 吕炎,陈宗霖,曲万贵,等. GH49 合金高温奥氏体晶界行为的研究. 第五届全国高温合金年会文集. 1984.

[21] 吕炎,钱存济,王真. 剪切变形对金属组织和性能的影响. 金属科学与工艺. 1986,5(2):91-97.

[22] 吕炎,姜秋华,简圶. 剪切变形对冷挤压金属组织和性能的影响. 锻压技术. 1985(6):21-25.

[23] 谭险峰,周庆,刘霞. 等通道转角挤压过程塑性变形行为的研究. 锻压技术. 2009,34(5):52-54.

[24] Valiev R Z, Langdon T G. Principles of equal channel angular pressing as a processing tool for grain refinement. Progress in Materials Science, 2006,51(7):881-981.

[25] 刘祖岩. 侧向挤压方法及其对 H62 和 LY12 合金组织结构的影响. 哈尔滨:哈尔滨工业大学材料学院. 1997.

[26] 王立忠,王经涛,郭威,等. ECAP 法制备超细晶铝合金材料的超塑性行为. 中国有色金属

学报,2004,14(7):1112-1116.

[27] 郭炜,王渠东.大塑性变形制备超细晶复合材料的研究进展.锻压技术,2010,35(1):4-8.

[28] Li Y, Langdon T G. Equal channel angular pressing of an Al26061 metal matrix composite. Journal of Materials Science, 2000,35(5):1201-1204.

[29] Kubota K, Mabuchi M, Higashi K. Review Processing and mechanical properties of fine-grained magnesium alloys. Journal of Materials Science,1999,34(10):2255-2262.

[30] Munoz Morris M A, Calderon N, Gutierrez UrrutiaI, Morris D G. Matrix grain refinement in Al-T.Al composites by severe plastic deformation: Influence of particle size and processing route. Materials Science Engineering A. 2006,425(1-2):131-137.

[31] T. 阿尔坦,等. 现代锻造 设备、材料和工艺. 陆索,译. 北京:国防工业出版社,1982.

[32] 吕炎,等. 精密塑性体积成形技术. 北京:国防工业出版社. 2003.

[33] 吕炎,等. The Study of the Precision Rolling Forming of Bearing Race. 第四届国际迴转加工会议. 1989, 10.

[34] 王真,吕炎,等. H62同步齿圈的精密成形. 模具技术. 1986(2):62-67.

[35] 江锡堂. 大锻件中粗晶与钢的组织遗传性. 金属热处理,1983,(6):7-14.

[36] 张菊水. 钢的过热与过烧.上海:上海科学技术出版社,1984.

[37] В·Д·萨多夫斯基. 钢的组织遗传性. 玉罗以,胡立生,译. 北京:机械工业出版社,1986.

[38] 胡正寰,等. 楔横轧理论与应用. 北京:冶金工业出版社. 1996.

[39] 胡正寰,等. 斜轧与楔横轧. 北京:冶金工业出版社. 1985.

[40] 李硕本,等. 冲压工艺学. 北京:机械工业出版社. 1982.

[41] 肖纪美. 不锈钢的金属学问题.北京:冶金工业出版社,1983.

[42] 吕炎,陈宗霖,曲万贯,等. 临界变形粗晶形成机理的探讨.金属学报. 1986,22(6):489-493.

[43] 有色金属锻造编写组. 有色金属锻造. 北京:国防工业出版社. 1979.

[44] 有色金属及其热处理编写组. 有色金属及热处理. 北京:国防工业出版社,1981.

[45] 轻金属材料加工手册编写组. 轻金属材料加工手册. 北京:冶金工业出版社. 1980.

[46] 菲格林,等. 金属等温变形工艺. 薛永春,译. 北京:国防工业出版社. 1982.

[47] 宗影影. 置氢钛合金高温变形规律及其增塑机理研究. 哈尔滨:哈尔滨工业大学材料学院,2007.

[48] Shan D B, Zong Y Y, Lv Y, et al. The effect of hydrogen on the strengthening and softening of Ti-6Al-4V alloy. Scripta Materialia,2008, 58(6): 449-452.

[49] Froes F H, Senkov O N, Qazi J I. Hydrogen as a Temporary Alloying Element in Titanium Alloys: Thermohydrogen Processing. International Materials Reviews,2004, 49(3-4): 227-245.

[50] 候红亮,李志强,王亚军,等. 钛合金热氢处理技术及其应用前景. 中国有色金属学报,2003,13(3):533-549.

[51] Il'in A A, Mamonov A M, Skvortsova S V. Applications of the Thermal Hydrogenation Treatment of Titanium Alloys and Future Prospects. Metally,2001, (5): 49-56.

[52] Dohman F, Hartl C. Hydroforming-a method to manufacture lightweight parts. Journal of Materials Processing Technology,1996, (60):669-676.

[53] 陈诗苏. 对高温合金锻件局部粗晶问题的探讨.兵器材料与力学. 1984,(1):31-38.

［54］中国机械工程学会第二届锻压学会. 锻压手册:(第 1 卷)锻造. 北京:机械工业出版社. 1993.

［55］吕炎. 锻模设计手册. 北京:机械工业出版社. 2006.

［56］吴诗淳. 冷温挤技术. 北京:国防工业出版社. 1995.

［57］周德成,等. 摆动辗压成形过程中产生的缺陷及防止方法. 热加工工艺. 1992(1):35－37.

［58］王广春. 环形件摆动辗压的三维刚塑性有限元分析. 哈尔滨:哈尔滨工业大学,1996.

［59］赵宪明. 筒形件强力旋压三维弹塑性有限元分析及实验研究. 哈尔滨:哈尔滨工业大学. 1995.

［60］日本塑性加工学会. 旋压成形技术. 陈敬之,译. 北京:机械工业出版社. 1988.

［61］王成录. 挤胀成形过程的三维数值模拟和三通管成形规律的研究. 哈尔滨:哈尔滨工业大学材料学院,1998.

［62］苑世剑,王仲仁. 内高压成形的应用进展. 中国机械工程学报,2002,13(9):783－786.

［63］苑世剑. 轻量化成形技术. 北京:国防工业出版社. 2010.

［64］苑世剑. 现代液压成形技术. 北京:国防工业出版社. 2009.

［65］Ahmetoglu M,Altan T Tube hydroforming:state－of－the－art and future trends. Journal of Materials Processing Technology,2000,98(1):25－33.

［66］Hwang Yeong Maw,Su Yanhuang,Chen Bingjian. Tube Hydroforming of Magnesium Alloys at Elevated Temperatures. Journal of Engineering Materials and Technology,2010,132(3):031012.1－031012.11.

［67］张士宏. 管材内高压成形新加载方式的研究. 锻压技术,2008,5(33):95－101.

［68］汪奇超,等. 铝合金碰撞吸能管液压成形加载路径研究. 锻压技术,2011,36(6):55－58.

［69］章凯,等. 单侧双排四通管液压胀形壁厚与补料规律研究. 锻压技术,2011,36(5):51－54.

［70］旁钧,等. 大型铸锻件缺陷分析图谱. 北京:机械工业出版社,1990.

［71］谢云岫. 一重厂转子锻件锻造工艺的演变和发展. 第四届全国锻压学术会议论文. 1987.

［72］郭会光,杨明鼎,等. 大型汽轮机转子锻压技术的试验研究. 机械工程学报. 1993,29(4):71－74.

［73］Guo Huiguang,Lu Jianbin,Wang Quancong,et al. Controlling Hot Forming and Cooling for the Retaining Rings of Mn18Cr18N Steel. 4th ICTP. 1993:1199－1202.

［74］郭会光,等. 发电机护环液压胀形技术的研究. 中苏锻压学术会议论文. 1990.

［75］杨煜生,陶永发,等. 护环液压胀形法的新发展及补液胀形的生产应用. 大型铸锻件. 1992,(3):6－9.

［76］单德彬,王真,吕炎. 铝合金筒形机匣等温精锻成形工艺的研究. 哈尔滨工业大学学报. 1996,28(1):97－101.

［77］赵宪明,等. Ly12 大直径薄壁筒错距旋压工艺参数的优化计算. 塑性工程学报. 1995,2(4):40－45.

［78］郝南海,吕炎. 上机匣锻造时径向筋条成形过程的数值模拟. 塑性工程学报. 1997,4(2):9－13.

［79］郝南海,薛克敏,吕炎. 上机匣等温精锻工艺研究. 热加工工艺. 1997,(2):36－37.

［80］杜忠权. 锻件质量控制. 北京:航空工业出版社,1988.

内 容 简 介

　　本书系统地阐述了塑性成形件质量控制的理论,介绍了塑性成形件质量控制的思路和技术措施。塑性成形包括体积成形和钣料成形等,包括热成形和冷成形。塑性成形件的质量包括表面质量和内部质量。本书侧重阐述体积成形件的质量控制问题。

　　全书共 10 章,前几章运用金属物理、物理化学和塑性加工力学的原理阐述了金属塑性变形和塑性加工过程中(包括加热、冷却和塑性加工)组织、性能变化的理论和规律。第 5 章深入分析了影响塑性成形件质量的几个主要问题及其控制措施。第 6 章、7 章详细介绍了各种金属材料塑性成形件和各主要成形工序中常见的质量问题和控制措施。第 8 章介绍了大型锻件的常见质量问题与控制措施。第 9 章简要介绍了塑性成形件生产过程中的质量控制。第 10 章介绍了各种材料塑性成形件质量控制的实例,将理论和实际有效地予以结合。

　　本书主要供从事塑性加工的科研和技术人员使用,也可以供大专院校塑性加工专业的师生参考。

The quality control theories of plastic formed parts are systematically clarified and the thoughts and technology measures for quality control of plastic formed parts are introduced in this book. Plastic forming processes are conveniently divided into two groups: bulk forming and sheet forming, which includes hot forming and cold forming. The plastic formed parts quality includes surface quality and interior quality. This book focuses on the quality control issues during hot bulk forming processes.

This book contains ten chapters. The evolution of microstructure and properties during plastic forming processes (which include heating, cooling and plastic forming processes) are described in former chapters using metal physics, physical chemistry and plastic processing mechanics principles. Main problems and control measures which influence plastic formed parts quality are deeply analyzed in the fifth chapter. Common quality problems and control measures in various plastic formed parts and forming processes are described detailedly in the sixth and seventh chapters. Common quality problems and control measures of large forgings are introduced. The quality control of plastic formed parts during production process is introduced in the ninth chapter. Some quality control cases of plastic formed parts in various metals are introduced in the tenth chapter, which effectively links theory to practice.

This book is meant as an aid for scientific and technical personnel in plastic processing and intended as a reference for teachers, and students in colleges and u-niversities.